# 一般知识系统论

GENERAL KNOWLEDGE SYSTEM THEORY

◎李喜先　等　著

科学出版社

北　京

## 内 容 简 介

一般知识系统理论，即关于一般知识系统的元知识——元理论，对于自然科学和社会科学的整合和研究都有重要意义。本书运用现代系统概念、系统理论和系统观，从普遍存在的种类纷繁的系统中，抽象出一个与极其复杂的科学系统、技术系统和工程系统紧密相关的知识系统——意识化、符号化和结构化的信息系统，进而研究其整合生成、客观实在性、多种价值等。

本书可供科学、技术、工程领域的研究者和管理者，以及相关专业的研究生、大学生参考。

**图书在版编目（CIP）数据**

一般知识系统论 / 李喜先等著. — 北京 : 科学出版社，2024. 6. — ISBN 978-7-03-078824-5

Ⅰ. G302

中国版本图书馆 CIP 数据核字第 2024LS607 号

责任编辑：任俊红　贾雪玲 / 责任校对：韩　杨

责任印制：师艳茹 / 封面设计：有道文化

科 学 出 版 社 出版

北京东黄城根北街 16 号

邮政编码：100717

http://www.sciencep.com

北京盛通数码印刷有限公司印刷

科学出版社发行　各地新华书店经销

*

2024 年 6 月第　一　版　开本：720 × 1000　1/16

2024 年 6 月第一次印刷　印张：44

字数：862 000

**定价：398.00 元**

（如有印装质量问题，我社负责调换）

# 一般知识系统论
# 课题组

**组　长：** 李喜先

**成　员：** 李伯聪　李文林　孔德涌

刘峰松　陈益升　苗东升

郑易生　金吾伦　胡作玄

袁向东　董光璧　鲍琳洁

# 前　言

1989年夏，中国科学院、中国社会科学院和相关高校的专家、学者共13人组成了一般知识系统论课题组，从总体上研究科学、技术、工程和知识整体，即知识系统——主体上是理论系统。这一研究持续了20多年，先后形成了4本专著：《科学系统论》、《技术系统论》、《工程系统论》和《知识系统论》，共约140万字。最后，精炼成为本书。

本书主要运用现代系统概念、系统理论和系统观，从种类纷繁的系统中，抽象出科学系统、技术系统、工程系统和整个知识系统——意识化、符号化和结构化的信息系统，进而研究其整合生成、客观实在性、多种价值等。

在研究中，我们进一步认识到，只有坚持科学精神，即创新精神、质疑精神、合作精神等，才能超越传统的思维方式；只有坚持生成论与系统论融合的观点和方法，才能有效地研究这一极其复杂的知识系统。这一研究不仅涉及现代系统理论、科学哲学、技术哲学、科学社会学、技术社会学、工程哲学等，还涉及更大层次的自然科学、社会科学、人文科学等知识领域，因而有相当难度。其中，《科学系统论》研究自然界、人类社会、人类精神等科学知识，并升华到科学系统观；《技术系统论》研究与科学知识、工程知识紧密相关的技术知识，并升华到技术系统观；《工程系统论》研究与科学知识、技术知识紧密相关的工程知识，并升华到工程系统观；《知识系统论》则从整体上系统地论述系统的一般理念，即知识整合生成论、知识本体论，以及知识价值论，也即关于一般知识系统的元知识——元理论，从而升华为知识系统观。

基于书中所涉研究领域的理论基础，我们建立起一系列观念：知识的生成、进化、创新产生重大的价值；知识对于个人、民族、国家具有重大的意义。这使我们坚信，创建知识型、智慧型国家是最优的战略选择，也是整个世界迈向知识型社会的必然趋势。

李喜先

2024年1月

# 目　录

## 第 1 篇　科学系统论

## 第 2 篇 技术系统论

## 第 3 篇　工程系统论

## 第 4 篇　知识系统论

# 第 1 篇　科学系统论
# SCIENCE SYSTEM THEORY

# 导　　论

李喜先

在现代科学思维方式中，系统思维方式遍及大量的研究领域，成为主要的思维方式，并进一步表现为科学思维的一个新“范式”[①]。由此，我们主要运用现代系统概念、系统理论和系统观，从普遍存在的种类纷繁的系统中，抽象出一个极其复杂的科学系统，将其作为研究对象——认识客体，并把它视为一个自组织系统。

我们着意在多层次上研究这个系统，并适当采用模型特别是数学模型来描述，以得出一些规律性的认识，并最后建立科学系统观。

我们只有对科学系统有了深刻的认识，才能更好地应用这些认识，正确地判断科学发展趋势、确立科学发展战略思想、进行科技和教育改革、制定科学政策、采取战略措施，以及提高科学管理水平等。

1. 科学的系统反思

各分支学科从不同的观点，对科学的反思早已开始了。18世纪中叶以来，人们用历史学的观点，对科学的本质、科学的发展等进行反思，即从纵向的角度对科学进行研究，从而形成了科学史，包括自然科学史、社会科学史、哲学史和数学史等分支学科；用哲学的观点，对科学（主要是自然科学）的本质、目的、认识论和方法论等做哲学考察，即以科学为对象进行哲学反思，从而形成了各派科学哲学；用社会学的观点，研究科学与社会的互动，特别是研究科学的建制化、科学认识主体——科学共同体的规范等，从而形成了科学社会学；用心理学的观点，研究认识中的心理活动规律，从而形成了科学心理学；等等。

我们主要运用现代系统理论的观点和方法，从多维度、多层次对科学系统进行反思，更能揭示科学的本质，深刻地认识科学系统的特性、结构、功能、进化和环境。这样，可对科学进行更加系统的和整体性的研究，从而形成科学系统论。我们希望进行一种新的探索，为现代系统理论研究开拓一个

---

① 美国科学哲学家库恩(T. S. Kuhn)提出了“范式”（paradigm）这一概念。

新领域，并试图基于系统认识论和方法论建立一门新的科学系统学——以复杂的科学系统为研究对象的综合学科。

2. 系统概念和系统理论

系统是自然界、社会和思维的一种普遍形式。系统概念反映系统的本质属性。

古代文化中已蕴含着许多关于系统的朴素思想。“系统”一词，本身就带有组合、整体（集合）和有序的含义。古代的系统概念已初步反映了系统的本质属性。在近代，人们广泛地运用系统概念对现实世界（自然界和人类社会）进行概括，从而建立了几类系统，这几类系统主要是受机械观的影响而建立的机械系统。在现代，系统概念遍及各个领域，按不同标准，人们已把种类繁多的系统进行了划分：按尺度不同，分为宇观系统、宏观系统、微观系统；按运动形态不同，分为动态系统、静态系统；按与环境相互作用不同，分为开放系统、封闭系统、孤立系统；按克服外界干扰的能力不同，分为稳定系统、非稳定系统；按系统状态不同，分为平衡系统、近平衡系统、远离平衡系统；按认识程度不同，分为白色系统、灰色系统、黑色系统；按时空关系不同，分为并列系统、时序系统；按实体与概念的区别，分为概念系统、实物系统、心理系统；按人工与自然的成分不同，分为天然系统、人工系统（符号系统）、复合系统；按自然进化的层次不同，分为自然系统、社会系统；按复杂程度不同，分为简单系统、复杂系统、复杂巨系统、特殊复杂巨系统（社会系统）；等等。

由于系统理论的某些概念和术语的不确定性，系统的定义也有多样性。从直觉的、整体论的观点，冯·贝塔朗菲（L. von Bertalanffy）认为：“系统可以定义为相互作用着的若干要素的复合体。”[①]现代数学使用在集合上规定要素间关系的方法来定义系统。由此，从数学和分析的观点，梅萨罗维奇（M. D. Mesarovic）借助集合论把系统定义为关系的集合。用集合论定义的系统具有更大的普适性。

我们认为，系统是由相互联系和相互作用（一般是非线性相互作用）的若干要素有机地结合成特定结构的整体，具有各个要素独立存在时所不具有的新功能。

概言之，一切系统均由诸多变元的相互作用而生成；当相互作用趋于零时，相应的整体可抽象为非系统。

① 冯·贝塔朗菲. 一般系统论：基础、发展和应用. 林康义，魏宏森，等译. 北京：清华大学出版社，1987：51.

在现代系统研究中，尚无一门统一的系统理论，只有基于不同学科背景而形成的各种各样的具体的系统理论：基于生物学和心理学等，冯·贝塔朗菲建立了一般系统论，米勒（J. G. Miller）建立了生命系统理论，艾根（M. Eigen）建立了超循环理论；基于物理学和化学，普里戈金（I. Prigogine）建立了耗散结构理论，哈肯（H. Haken）建立了协同学；基于数学，莫萨诺维克、怀莫尔（A. W. Wymore）、克勒（G. J. Klir）建立了数学上的一般系统理论，香农（C. Shannon）等建立了信息论，维纳（N. Wiener）等建立了控制论；基于社会学，帕森斯（T. Parsons）、巴克利（W. Buckley）建立了行动系统和社会文化系统理论；基于经济学，乔治斯库-罗根（N. Georgescu-Roegen）等用熵定律研究经济系统；基于哲学，冯·贝塔朗菲建立了系统哲学（系统本体论、系统认识论和价值观），拉斯洛（E. Laszlo）建立了综合哲学，邦格（M. Bunge）建立了系统主义，一些马克思主义哲学家提出了系统观。

现代系统理论，特别是一般系统论、耗散结构理论、协同学、超循环理论和混沌理论等是系统科学的基本理论，主要是基于实验和数学方法而建立起来的自组织理论。它们都是揭示系统的形成、发展、运行、维持、解体，以及从一种结构向另一种结构转变或从低层次向高层次进化的一般理论。

3. 科学系统理论

我们从普遍存在的种类繁多的系统中抽象出的一个极其复杂的科学系统，是由相互联系和相互作用的科学认识要素、科学知识要素和科学社会要素有机地结合成特定的结构，从而具有各要素独立存在时所不具有的新功能、向新的有序结构进化的一个整体。这个系统也是一种自组织系统。

我们建立的科学系统理论就是在研究这个系统的特性、结构、功能、进化和环境中形成的一种理论，也可视为一种自组织理论。

科学系统具有一系列特性，如自组织性、整体性、相关性、动态性、开放性和层次性等。

科学系统内部各要素不同的组合方式形成了复杂的结构。探讨科学系统的结构，可从人类的科学认识及其产物和科学组织三个视角来考察，从而相应地建立了科学认识系统结构、科学知识系统结构和科学社会系统结构。

科学系统的功能是其与环境系统发生相互作用所表现出的外部秩序，是系统行为所引起的环境中事物的变化。科学系统的功能具有整体性，它虽以各部分的功能为基础，但不等于各部分的功能的简单叠加。在科学系统中，结构与功能是同时存在和结为一体的；而且，结构的多样性决定功能的多样性，不同层次的功能各异。科学系统作为一个整体的主要功能表现为认识功能、社会功能、文化功能，并在现当代突出地表现出多种经济功能。

科学系统的环境是更大的文化系统和社会系统。而且，我们也可以认为，文化系统是科学系统的母系统，它对科学系统的进化直接起着决定性的作用；文化背景具有时空特性，形成不同的文化层面和文化模式，相应地就伴随着不同形态、不同模式的科学。科学系统的环境的整体结构是围绕以科学系统为中心所联结的环境要素而构成的多层次的复杂的动态结构，而且对科学系统产生的作用表现为一种整体效应。科学系统还是一种能够适应外环境系统变化而随之变化的自适应系统。

科学系统的进化一般与天体系统进化、生物系统进化、社会系统进化和文化系统进化相似，都是包含时间和空间两个方面意义的单一过程。怀特（L. A. White）认为，在进化过程中，“时间和空间融合为一个不可分割的单一的事件”[①]。系统的进化是普遍存在的一种秩序的展开过程。一般地说，在达尔文建立了进化论后，探索其他系统进化的观点和方法都基于与其类比。现代几种自组织理论为建立统一的系统进化论奠定了基础。科学系统是一个开放的自组织系统，在外部与环境系统发生相互作用，在内部发生各要素之间的非线性相互作用，从一个定态转变到另一个更远离平衡的定态，即从一种低级有序结构转变到另一种高级有序结构，不断地向高层次、复杂化和自组织化方向进化。在严格的意义上，要应用一般系统普适的系统进化方程对科学系统的进化进行描述，这种方程的一般形式是非线性偏微分方程：

$$\frac{\mathrm{d}\boldsymbol{q}}{\mathrm{d}t}=\boldsymbol{N}(\alpha,\boldsymbol{q}(\boldsymbol{r},t),\nabla,\boldsymbol{r},t)+\boldsymbol{F}(t) \qquad (1.1.1)$$

其中，$\boldsymbol{N}$ 是一个非线性函数，是自组织系统所必需的确定性的驱动力；$\boldsymbol{F}$ 为随机性的涨落力。这表示系统在这两种力的共同作用下进化。$\boldsymbol{q}$ 为依赖于空间矢量 $\boldsymbol{r}$（$x,y,z$）和时间 $t$ 的状态变量，$q=n$（$r,t$）表示状态变量数目；$\alpha$ 为控制参量，表示系统受外环境的影响而远离平衡态；$\nabla$ 为哈密顿算子，是为考虑系统在连续扩展的非均匀条件下的扩散或传播等因素。这是一个非常复杂的方程，可以用来描述任何系统，要做普遍讨论几乎是没有希望的。但对于不同的系统，可忽略一些项，使方程具有简单的形式。即使这样，用于描述科学系统的进化也绝非易事。所以，我们试图从实际需要出发进行讨论：科学系统进化的判据，包括科学理论进化的判据、科学认识进化的判据和科学社会进化的判据；科学系统的自组织，包括科学理论的自生成、个体认识

① 莱斯利·A. 怀特. 文化科学——人和文明的研究. 曹锦清，等译. 杭州：浙江人民出版社，1988：11.

的自主性和科学社会的自治；科学系统的能控性，包括科学目标化、科学认识的调节原理和规范的科学论证。

4. 科学系统的模型

模型是塑造实在的工具。我们所使用的言辞是最基本的模型。

为了研究复杂系统，一般要采用建立模型的方法。模型是真实系统的精神映象或概念，即对对象系统的抽象。略去非本质的要素，抓住少数主要的要素，从而形成一个比真实系统简单但主要方面与真实系统的特性、结构、功能、行为等一致或接近一致的真实对象系统模型。

科学系统的建模要达到足够的准确性和有效性绝非易事，特别是，许多要素的量化是十分困难的。不过，许多方面可与生物系统等类比，并可利用生物数学等的成就来建立类似的数学模型。在科学系统的建模中，最重要的是建立数学模型——抽出对象系统的主要变量及其关系，并由公式、方程或逻辑表达式等组成的数学结构表示出来。

科学系统理论的核心是自组织理论，这是建立数学模型的基础。为此，我们主要采用确定性（动力学）模型和随机性模型，并使两者结合起来。首先，我们主要考虑的动力学模型有：封闭模式，包括连续的动力学模型和离散的动力学模型；开放模式，包括流动模型、捕食者-猎物模型、传染病模型和竞争模型。其次，我们也对科学系统的进化进行概率论描述，建立了随机性模型，并以符号逻辑（数理逻辑）的发展为例，说明其特性与用传染病模型所得到的结论具有一致性。

在科学系统的建模中，我们还对数学、社会科学、交叉科学和哲学建立了模型。

# 1 科学系统

李喜先

## 1.1 科　学

严格意义上的科学形成于近代。但追溯它的起源，有上古时期科学和中古时期科学之说。因此可以说，科学与技术史几乎和人类史同样久远。严格地说，技术的发端早于科学，古代科学是在古代技术积累的基础上产生的。

### 1.1.1 起源和演化

上古和中古时期的科学，统称古代科学。

在上古时期，即大约公元前 4000 年～公元 5 世纪，人们只能以原始的研究方式如思辨和猜测，从宏观上、整体上认识现实世界，从而获得包罗万象的知识，形成古代科学的雏形——古代哲学。这个时期，自然科学还未从哲学中分化出来，只是以自然哲学的形式囊括在哲学知识总体之中。这表明，各种知识之间存在着天然的联系。在古代自然科学萌芽的同时，研究社会和思维的学科也开始萌芽了，而且也是和哲学混杂在一起的。在几个文明古国，如中国、古埃及、古巴比伦、古希腊和古印度，都形成了发达的知识系统。古希腊的自然哲学发展成为欧洲古代最典型、最发达的知识系统，如亚里士多德（Aristotle）建立了哲学、逻辑学、心理学、伦理学、政治学、历史学、美学、物理学、数学、天文学、气象学、植物学和动物学等方面的庞大知识系统。在古代的中国，也有着非常丰富的自然哲学思想，主要表现在阴阳学说、五行学说、元气论等，此外也有对社会的研究，如荀子在《王制》《富国》篇中就论及这些内容。

在中古时期，即 5～15 世纪，欧洲处于历史学家惯称的“黑暗时代”。中世纪，欧洲的哲学、科学与神学融为一体，并都为神学服务。这时的社会科学研究也含在神学里，其中根据人类和社会两方面的观念构建出来的综合物即政治、社会地理和人类学的概念。特别是，在 6～7 世纪，欧洲的科学发展受到了严重的阻碍。11～14 世纪，欧洲的哲学发展成经院哲学，到 15 世纪，经院哲学日趋没落，哲学才逐渐脱离神学。在中世纪的大约1000年里，欧洲科学发展缓慢，几乎停滞。而在中国、印度和阿拉伯世界，自然科学却在不停地发展着，并处于遥遥领先的地位。在中国，由传统农学、中医药学、天文学、数学、物理学、化学、地学、动植物学和建筑学等组成的实用科学系统相当发达。

在近代时期（15～19世纪），近代自然科学得到了比较全面的、系统的发展。近代自然科学在欧洲文艺复兴后诞生，有力地抨击了宗教神学观念，并引起一场反对宗教的革命。首先，哥白尼（N. Copernicus）发表了《天体运行论》，这既是写给神学的挑战书，也是自然科学采用实验、观测和数学方法而取得独立的宣言书。后来，牛顿（I. Newton）建立了经典力学体系，并对其他学科的建立产生了重要的影响。直到19世纪，自然科学以垂直分化的方式，在中观层次（mesocosmic hierarchy）上形成了比较庞大的学科系统。这一时期的自然科学，主要运用分解、分析的方法，即把复杂的研究对象分离成各个要素，以进行分门别类的研究，从而形成各种专门化的经典学科。这个时期还形成了一些小跨度的交叉学科，一般认为1670年由法国科学家莱莫瑞（N. Lemery）首先提出植物化学和矿物化学是交叉学科的起源。这一时期的哲学，被称为近代哲学。西方近代哲学经历了三个阶段的发展，并在19世纪中叶产生了马克思主义哲学。在17、18世纪，随着社会科学思想的传播，人们对人类经验的复杂性、人类社会行为的社会和文化特征的认识在逐步地扩大，并形成了社会科学的一些奠基性思想。当时，一些社会科学家想建立一门总体社会科学，但后来发展成为建立了专门化的学科。严格地说，在19世纪才形成了社会科学。

在现代时期（1870年后或19世纪末以后），科学在微观、中观和宏观层次上都得到了充分的发展。在这个时期内，现代科学迅速地发展成为一个层次纷繁、纵横交叉、十分复杂的系统。

### 1.1.2 科学的定义

“科学”一词的含义，在不同时期、不同国家，不尽相同。

英国科学史家丹皮尔（W. C. Dampier）认为，拉丁语scientia（scire，学或知）就其最广泛的意义来说，是学问或知识的意思。但英语词science却是natural science（自然科学）的简称，最接近的德语对应词wissenschaft表示包括一切有系统的学问，不但包括我们所谓的science（科学），而且包括历史，语言学及哲学。[①]

在我国，“science”一词初译为“格致”，后来康有为和严复始译作“科学”，即关于自然、社会和思维的知识体系。

关于科学究竟是什么并如何定义，存在以下几种观点。

（1）把科学看作知识系统的观点，即强调科学不是零散的知识，而是这些知识单元的内在逻辑特征和知识单元间的本质联系被揭示后建立起来的一个完整的知识系统。也就是说，科学对事物的反映比生活知识、前科学知识和经验知识更深刻、更抽象，具有普遍性，亦即系统化了的知识。这种观点有其一定的历史地位。但是，人们又指出，这是 19 世纪以来的一种传统观点。随着现代科学的进一步发展，科学是知识体系的静态描述，不足以反映科学的本质特征。

（2）把科学看作是探索活动和工具的观点，即认为科学本质上是一种探索活动。此外，科学还常常被解释为应对外部世界的工具。然而，人们又指出，科学是探索活动的观点，虽然深化了我们对科学本质的认识，但那种工具主义科学观，即仅注意到科学的功能并在逻辑上引起混乱，是一种倒退性的观念。

（3）科学是信念和约定的观点，即认为科学定律不是由经验决定的，而是由科学家约定的，是科学家的集体信念。然而，人们指出，如果持这种观点，就会失去评价科学理论的合理性标准，为相对主义解释提供了机会。

美国人类学家怀特认为：“科学一词可以恰当地当作动词使用：某人科学，即某人根据一定的假设和一定的技术处理经验。”[②]同时，他又认为：“把科学一词当作名词使用也有它正当的理由。诸如化学、生理学、历史学、社会学等名词都是合理且有用的。”[②]当然，还有许多科学家、科学哲学家从不同角度给科学做出了种种描述。

我们认为，在严格的意义上，应采用揭示“科学”这一概念内涵的逻辑方法，如内涵定义和实质定义等，由此，语词“科学”具有两种互相联系的含义：一是研究和探索活动，作为一种人类行为和社会活动，它表现为物质的和精神的活动，即系统化的认识；二是研究和探索结果，作为人类认识最完善的成果，它是对现实世界给出正确反映的一种形式，它表现为概念的和精神的现象，即理论化的知识。概言之，科学是认识和知识相统一的复合体。

---

① 丹皮尔. 科学史及其与哲学和宗教的关系. 李珩译. 北京：商务印书馆，1975：9.

② 莱斯利 · A. 怀特. 文化科学——人和文明的研究. 曹锦清，等译. 杭州：浙江人民出版社，1988：3.

## 1.2 科学系统的含义

我们采用系统理论的观点和方法，从普遍存在的种类繁多的系统中抽象出一个极其复杂的、具有独特意义的科学系统作为讨论的对象。

我们认为，科学系统是由相互联系和相互作用的科学认识要素、知识要素和社会要素有机地结合成特定的结构从而具有各要素独立存在时所不具有的新功能，进而向新的有序结构进化的整体。其中，各认识要素形成一个子系统——科学认识系统，各知识要素形成一个子系统——科学知识系统，各社会要素形成一个子系统——科学社会系统。科学认识系统是在认识过程中由认识主体、认识中介和认识客体诸要素所构成的系统，科学知识系统是在认识过程中形成的结果或产物——科学概念、科学理论和学科诸要素所构成的系统，科学社会系统是由在科学认识过程中形成的社会关系并相应地形成的社会建制所构成的特殊系统。

### 1.2.1 科学认识系统

在传统认识论中，人们总把主体与客体、经验与理性截然分开。今天看来，这些认识论早已过时了，如汉森（N. R. Hanson）提出“观察渗透着理论”这一命题，就是在“经验论的背景上深深地打进了一个唯理论的楔子”①；而拉卡托斯（I. Lakatos）提出的“数学是拟经验的”论断，“是在唯理论的背景上画上经验论的图画”②。概言之，既然科学认识既包含经验又包含理性，那么，就应在经验论与唯理论之间保持一个必要的张力。这就是说，科学是建立在一种拟经验的基础上的。

皮亚杰（J. Piaget）在《发生认识论原理》中系统地阐述了人类认识的发生和发展过程，形成了发生认识论，取得了突破性的成就。他认为，认识是不断建构的产物。所谓建构，是指主体在和客体的相互作用过程中逐步建立自己的思维结构，然后再运用主体结构去逼近客体结构；每一次建构都把认识提高到一个新的水平，接下来再进行新的建构。

冯·贝塔朗菲在系统哲学中引出了系统认识论。他认为：“逻辑实证主义的认识论（以形而上学）是由物理主义、原子论的思想和知识的‘摄影理论’所决定的……经典科学的分析程序把分解了的组成要素和单向的即线性的因果

---

① 黄顺基，刘大椿. 科学的哲学反思. 北京：中国人民大学出版社，1987：60.

② 黄顺基，刘大椿. 科学的哲学反思. 北京：中国人民大学出版社，1987：65.

关系作为基本范畴：与此不同，研究许多变量的有组织整体则要求新的范畴，如相互作用、交感作用、组织、目的论等，这就对认识论、数学模型和技巧提出许多问题。”[①]他提倡把科学看作一种“透视”的理论。“透视，这里意指不是只盯住一点，不及其余，而是既看到前景又看到远景的一种正确的观察事物的观点。”[②]因此，要反对那种只主张通过简单地还原为组成部分来研究对象的认识论。

在科学认识系统中，认识主体是在同认识客体发生相互作用中获得其规定性的。在整个认识过程中，认识主体始终处于主导地位。在广义上，整个人类就是一般认识主体；在狭义上，科学共同体[③]，即人类群体中从事科学活动的特殊群体，就是科学认识主体。科学认识主体本身既具有自然属性，同时也具有社会性和历史性。这表明，科学认识主体只能在一定的社会和历史条件下产生其认识。

在科学认识系统中，认识客体同样是在与认识主体发生相互作用中获得其规定性的。这表明，主体与客体是相互规定的。科学认识客体不同于唯物主义哲学本体论中的物质、客观物质世界或客观实在，只有客观事物进入主体的认识范围，被纳入科学认识结构之中，并成为科学认识所指向的对象时，才能成为科学认识客体——一般认识客体的一部分。科学认识客体具有客观性、自身的能动性，并随时间而变化。科学认识客体既可以是物质性客体，也可以是精神性客体。后者是人的意识活动及其产物：各种意识活动就是心理学和思维科学所指向的认识客体，即波普尔（K. R. Popper）“三个世界”理论[④]中的“世界 2”——主观精神世界或精神状态的世界；而主体意识活动的结果或产物——各种形式的符号所表征的思想、情感、概念、命题、理论等，即“世界 3”——客观精神或客观知识，即思想的客观内容的世界，也即“世界 2”所创造的世界。此外，科学认识客体具有极端复杂性，从而对科学认识主体产生着制约作用，对认识中介也产生着深刻的影响。

在科学认识系统中，认识中介是使主客体发生相互作用的媒介，即全部手段，包括“硬件”和“软件”。硬件以实物形态表现为主体的效应器官、感觉器官和思维器官的延伸，是物化的知识力量，能强化科学认识；软件则以观

---

① 冯·贝塔朗菲. 一般系统论：基础、发展和应用. 林康义，魏宏森，等译. 北京：清华大学出版社，1987：修订版序言 5-6.

② 冯·贝塔朗菲，A. 拉威奥莱特. 人的系统观. 张志伟，等译. 北京：华夏出版社，1989：91.

③ 波拉尼（M. Polanyi）在《科学的自治》中首次引入了这个抽象的概念。

④ 波普尔. 科学知识进化论：波普尔科学哲学选集. 纪树立编译. 北京：生活·读书·新知三联书店，1987：309.

念形态表现为各类科学方法，是科学认识的产物，反过来又转化为新认识的中介。中介普遍存在，它在不同事物或同一事物内部的不同要素之间起联系作用，并在事物的转化或发展序列中起中间环节作用。同样地，在科学认识系统中，只有通过认识中介，才能把主体和客体要素联系起来，并形成认识运动。而且，在认识过程中，硬件和软件交织在一起，使认识中介日益多样化和复杂化。

### 1.2.2 科学知识系统

科学知识系统是由人类认识产生的成果——科学概念、科学定律、科学理论、学科等构成的一个整体。

人类认识的诸多结果在深刻性、系统性和抽象性的程度上并不相同，可分为常识和科学知识两类。科学知识系统是文化系统中最精致的子系统，属于概念系统，是人类认识的结晶。

在波普尔“三个世界”理论中，“世界 3”是在宇宙进化的更高层次上突然显现的人类精神的产物。他把知识分为主观知识和客观知识两类：前者主要是“世界 2”客体、主观精神的世界；而后者是没有认识主体的具有自主性的客观知识，并有自己的发展逻辑，由说出、写出、印出等各种陈述所组成，也就是“世界 3”客体。科学知识就是由科学理论等组成的“世界 3”客体，从而具有客观性和自主性。科学知识的实在性可从“世界 1”“世界 2”“世界 3”的相互作用的存在性阐明，并能为人类所认识和利用。因此，在认识论和知识论上，波普尔强调精神性客体的重要意义。

在科学知识系统中，存在着极其纷繁的、不同层次的知识要素，其中包含最基本的知识要素，且各要素间可以发生相互作用（一般是非线性相互作用），共同形成层次纷繁的知识大厦——科学知识系统。

无论在自然科学还是在社会科学抑或是其他科学中，通过各种科学观察、调查所发现并积累起来的经验事实，以及由此凝练而得的理论事实，都成为最初级或最基本的知识形态，并表现为一项陈述。普遍性论断的全称陈述，出现普遍概念；个别性论断的单称陈述，则出现个别概念。科学概念是在更深层次上认识客体的一般属性和本质属性的思维形式，不同于日常生活中产生的概念。科学概念蕴含了一些基本概念和导出概念，基本概念起着核心的作用，而导出概念则由基本概念来定义。

在微观层次上，科学知识系统是理论系统。它是由科学基本概念和对其有效的基本定律，以及用逻辑推理得到的结论所构成的系统。科学定律是表述事物联系的理论，常常表现为一些具有普遍性的陈述，其语言陈述的逻辑形式有两类：一类是用必然性陈述，表达必然性定律（决定论定律）；另一类用或然性陈述，表达概率性定律（统计性定律）。基本定律是在事物发生、发展的全过程中都起作用并且规定和影响其他定律的定律。逻辑结论是以已知的基本定律为前提，经逻辑推理得到的与客观内容相符合的新判断。一个科学理论越抽象、越具有普遍性，则蕴含的信息量越多。

在中观层次上，科学知识系统是学科系统。它是由众多的科学理论形成的系统。可以认为，非交叉学科是由同类的理论簇所构成的；交叉学科是由远缘的理论簇所构成的。

在宏观层次上，科学知识系统就是科学整体。它是由众多的非交叉学科和交叉学科构成的庞大系统。自然科学是由众多同类自然学科及其同系统中各层次（同级和跨级）的多元交叉学科所构成的；社会科学是由众多同类社会学学科及其同系统中各层次（同级和跨级）的多元交叉学科所构成的；交叉科学演化到高级阶段就是综合科学,是由众多跨系统的交叉学科所构成的。也可以认为，现代哲学就是在时空跨度不断增大和层次不断提高的交叉中主要表现为由更普遍的科学规范、信念和观点等科学精神的渗透、抽象和升华而形成的一门科学。

### 1.2.3 科学社会系统

科学社会系统是人类在科学认识或知识生产中产生特定的社会关系而形成建制化的小社会系统。这个小社会是抽象意义上特殊的人类“社区”，是由有特定目标、结构和行为规范的科学家所组成的社会群体——有功能目标、关系结构、价值标准和由各种规范组成的独特精神气质的科学共同体。科学共同体还分为不同的层次，如在科学共同体之下的学科专业共同体及其之下层次的若干子集团。而且，科学共同体内部也存在着分层现象，并形成了金字塔式的结构。科学认识是一种社会活动，通过认识主体间的合作，演变成社会化的不同结构：近代科学时期，已由学会式结构进入到专业式结构；在现代科学时期，特别是在 19 世纪中叶后，又由专业式结构转向中心式结构。在科学认识主体内部，既存在着有形的正式的结构，同时又存在着地理上分散的、非正式的学术交流网。

## 1.3 科学系统的特性

哈肯认为：“自组织系统是在没有外界环境的特定干预下产生其结构或

功能的。”[①]他在《信息与自组织》中进一步指出：“如果系统在获得空间的、时间的或功能的结构过程中，没有外界的特定干预，我们便说系统是自组织的。这里的‘特定’一词是指，那种结构和功能并非外界强加给系统的，而且外界是以非特定的方式作用于系统。”[②]科学系统可被视为一个开放的、复杂的自组织系统。这样，我们就可以基于自组织理论描述科学系统的各种特性了。

### 1.3.1 自组织性

在科学系统内部，认识系统与知识系统及其各要素都是积极而主动的，即彼此之间相互作用、互为因果、相互响应，使整个系统处于一定程度的有序运动之中。同时，基于自组织和自调节，科学系统又能与社会环境系统保持自主适应状态。这样，科学系统就能实现其自身的结构化、组织化、有序化和系统化，并不断地、自主地从低级组织水平向高级组织水平进化。科学系统的等级组织是一系列日益复杂结构的进化结果。这种不同层次组织的存在与不稳定性序列的关系表明，已存在的复杂性状态具有过去不稳定性的“记忆力”，每一个不稳定性都可促使一个新特性的形成。

在认识系统中，认识主体——科学共同体起着主导作用。通过类比，我们可以把科学共同体视为生态系统，并建立两者之间主要性质的对应关系。雅布隆斯基就吸纳了这一观点：“科学共同体产生、建构和交换信息正如生态系统产生、建构和交换生物量一样。”[③]科学共同体含有“物理”结构、社会结构和智力结构，而且这三种结构基本上是耗散的，科学基金、装备和其他物质资源起着能量通量的作用，新范式能吸引全体成员，限制因素会约束其增长并影响科学知识的增长；而生态系统则被视为共同获得能源和通过食物链、信息通量彼此相关的一群活机体，也因食物（能量）流入量的有限而引起物种较大的发散。

认识系统中物质、能量和信息的输入主要靠外环境系统，这样认识系统才能够存在和发展。在认识系统内部，认识主体通过中介对认识客体进行观察、调查、实验等，获得非组织化的信息，然后经过信息处理、转换，即思维加工，形成概念和理论系统，从而将非组织化的信息转变为组织化的信息，

---

① 哈肯. 高等协同学. 郭治安译. 北京：科学出版社，1989：iii.

② H. 哈肯. 信息与自组织——复杂系统中的宏观方法. 本书翻译组译. 成都：四川教育出版社，1988.

③ Yablonsky A I. The development of science as an open system//Gvishiani J M. Systems Research: Methodological Problems. Oxford: Pergamon Press, 1984: 216.

最后输出科学成果——知识系统。这表明，认识系统起着非线性转换器的作用。这些已组织化了的知识作为背景知识，再以正、负反馈的形式输入认识系统，使得科学认识表现为自重组和自稳定两种基本过程。这样，在两个子系统之间通过输入、输出而相互作用、相互影响，形成复杂的因果链，从而构成一种循环。

在知识系统中，进化呈现出非线性的特性。知识系统的进化表现为两个相联系的过程，即保持稳定状态（稳态）和暂时的扰动。稳态意味着知识系统具有抑制干扰的能力，一般性的涨落会被系统本身所吸收，即借助补偿作用来恢复。科学哲学家库恩认为，科学知识遵循常规科学与科学革命交替发展的模式。用简化模型就可以描述库恩的科学进化概念与普里戈金的远离平衡的开放系统发展模型之间的类似性:在常规科学时期,科学系统处于稳态，这时科学出现在一个范式框架内，直到这个范式耗尽为止；然而，当出现不适应范式的偶然发现或反常规现象即科学系统中的涨落，如出现新观点、新事实时，这些随机的涨落通过非线性相互作用不断地增大成巨涨落，就会导致科学系统的危机，继而产生各式各样的竞争假说；最后，触发科学革命，危机解除，新的范式形成，新的常规科学再次开始，科学系统进入新的稳态。雅布隆斯基指出:“实际上，可把常规科学解释为定态，而把范式解释为这些定态的特性，类似普里戈金系统中熵的特性。在危机点，范式发生变化（系统的涨落不稳定性），相应于系统从一个定态转变到另一个更远离平衡的定态（更高级的组织化）。最后，新范式的扩展‘解释’能力对应于进化的开放系统的低熵和高级组织化。”①

### 1.3.2 整体性

科学系统是一个有机的整体，这是其最本质的特性之一。认识系统和知识系统及其各要素之间能发生非线性相互作用，从而使科学系统表现出结构性或组合性（constitutive）特性，产生整体效应和协同效应。

科学系统作为一个整体，其结构、功能和行为等均不满足累加性特性即线性叠加，因而必须通过强相互作用才能形成具有新特性的整体。从系统方法上看，要用“整体不同于部分和”这一命题或判断来简要地描述整体性原理。科学系统的数学描述内含着一种整体性的形式特性，即描述由强相互作用形成的整体的数学方程是非线性的，其解不等于无相互作用的方程的解的线

---

① Yablonsky A I. The development of science as an open system//Gvishiani J M. Systems Research: Methodological Problems. Oxford: Pergamon Press, 1984: 214.

性叠加。所以，科学系统的复杂性就在于这些非线性相互作用，以及整体向部分的不可还原性；系统的整体结构、功能、行为均不同于其部分的线性总和。

科学系统的整体性与系统性实质上是同一特性。这种整体性表现在空间上，就是通过各要素的非线性相互作用形成的整体区别于系统外的事物；表现在时间上，就是系统具有特定的整体存续和进化的过程。

在认识系统中，三个要素之间只有通过非线性相互作用，才能形成认识结构，产生认识功能，建构知识系统。

在知识系统中，众多概念、理论、学科之间，也只有通过非线性相互作用，才能形成微观层次、中观层次和宏观层次的知识系统。而且，这个过程还要以符号系统作为载体才能实现。只有符号相互作用，才能达到信息交换，如进行科学概念、原理和方法等因素的相互移植，以及更为普遍的交叉、渗透和融合。符号相互作用是人类通过符号而发生的相互作用。怀特在建立文化进化论时提出："符号是全部人类行为和文明的基本单位。全部人类行为起源于符号的使用。"[①]正是符号的相互作用，才使文化系统、知识系统得以产生和永存。

### 1.3.3 相关性

科学系统的相关性是指构成系统的各要素、要素与系统、系统与环境之间都是相互依存和制约的。任何科学要素发生变化，都会影响其他要素乃至科学系统整体的变化。科学发展就是许多科学概念变革的过程。贝尔纳（J. D. Bernal）认为："许多科学观念的改变就总合成为一场科学革命……"[②]在认识系统和知识系统之间，通过反馈环或多重反馈环把两个子系统关联起来，科学系统不断地容纳更多的信息，向更复杂的组织性层次运动。

科学史表明，任何认识活动总是相关的，由此产生的众多科学概念、科学理论、各门学科也总是呈现出相关发展的规律性，即任何一个要素或子系统都不能孤立地发展。各要素彼此互为存在的条件，这样的依存关系导致了制约的关系。各类联系之间的界限具有相对性，这就使得未知的联系向已知的联系转化，以至形成已知的系统。由于科学系统中各要素的相关发展，许多知识要素被联系起来，如在宇宙学中，关于宇宙起源最早的知识，与在粒子物理学中关于组成物质世界最小单元的知识，便显现出一种共生关系。许多科学概念、科学理论，原本互不联系，但在相关发展的过程中，可能会成

① 莱斯利·A. 怀特. 文化科学——人和文明研究. 曹锦清，等译. 杭州：浙江人民出版社，1988：21.

② 贝尔纳. 历史上的科学. 伍况甫，等译. 北京：科学出版社，1959：210.

为密切联系的要素，甚至形成某一新学科或交叉学科。整个科学系统的存在和发展是各要素存在和发展的前提，而社会环境系统、文化系统又是科学系统存在和发展的前提。

### 1.3.4 动态性

科学系统的动态性是指系统在时空上的相互关系，即系统的状态与时间变化的密切关系。各类系统的动态特性或进化特性是普遍存在的。所有系统的进化过程都是一种秩序的展开过程，可用体积、组织层次、结合能量和复杂程度来描述。也可以说，科学系统的进化表现为组织层次、总体结构、功能和复杂性都在递增的一种不可逆过程。

在各类系统中，涨落的存在具有普遍性，而且，涨落又与新的宏观有序结构具有同构性，因而涨落对于系统进化起着积极的作用。一般地，在系统的进化中，层次性、复杂性都在不断地增加，其共同的进化机制都基于非线性的相互作用和超循环。

在任何系统中，不论其要素的性质，大量要素之间只要发生非线性相互作用，产生非独立相干性、非零时空均匀和多体的非对称性，就会导致相干效应（协同或合作效应）和临界效应，最终产生系统进化的内在动力。我们把科学系统视为一个自组织系统，其进化的内在动力也正是非线性相互作用。甚至可以说，非线性相互作用是一切运动的根本原因，而且能促使系统不断地向高层次方向进化，其进化的主要机制归因于超循环的存在。因为普遍存在的非线性反馈作用连锁成超循环，从而使系统从无序到有序乃至混沌态。

在科学系统内部，宏观层次的动态特性为：在认识系统中，主客体的非线性相互作用形成认识运动；在知识系统中，众多科学概念、理论、学科之间的协同与竞争，如相互影响、借鉴、启发、促进、批评、诘难、辩论、交叉、渗透、融合等。这样，科学系统才得以向高层次方向进化。

### 1.3.5 开放性

科学系统的开放性是指：在外部与社会环境系统进行物质、能量和信息交换，即与其发生相互作用；在内部各层次之间不断地发生相互作用，进行更迭代谢。我们把科学系统视为一个自组织系统，因而它必须是开放的。科学系统正是与外环境系统发生相互作用，才形成自身的结构、功能并向目的进化的。与科学系统最密切的外环境系统莫过于文化系统，因而它被称为母系统，对科学系统的生存、进化起着决定性的作用。文化背景具有时空特性，可以形成不同的“文化层面”和“文化模式”，相应地就伴随着产生出不同形态、不同模式的科学。薛定谔说：“有一种倾向，忘记了整个科学是与总的人类文化紧密相联的，忘记了科学发现，哪怕那些在当时是最先进的、深奥的和难于掌握的发现，离开了它们在文化中的前因后果也都是毫无意义的。”① 由于科学社会系统是嵌在社会系统之中的小社会系统，因而社会系统及其众多要素都会对科学社会系统产生作用。未来学家托夫勒（A. Toffler）指出：“科学不是一个‘独立变量’。它是嵌在社会中的一个开放系统，由非常稠密的反馈环与社会连接起来。”②外环境系统的作用总是表现为一种动态和整体的效应。

由于系统层次具有相对性，所以科学系统内部各级系统的开放性也是相对的，即低级系统的开放性表现为与更大的系统或高级系统、同级系统的相互作用。在认识系统中，专业科学共同体之间发生相互作用；在知识系统中，科学理论之间发生相互作用。特别是，科学系统的开放性还表现为与密切相关的技术系统发生强相互作用。正是科学系统内部各层次具有开放性，使其相互交叉、渗透，才使交叉科学、综合科学等得以形成。

### 1.3.6 层次性

科学系统内部各要素是按照等级有机地组织起来的，因而表现出纷繁的多层状态——等级系列，从而构筑成一个复杂系统。

层次性是一切系统具有的普遍特性之一。系统各要素在系统结构中具有层次性表现了系统本身的规定性，即反映了系统从简单到复杂，从低级到高级的发展过程。层次不同，其属性、结构、功能、行为等均不同；层次愈高愈复杂。系统作为一个整体，与个体有一定的相似性；系统的整体性愈强，就愈像一个似乎无结构的个体。所以，在一定条件下，一个系统常作为一个要素进入更大的、更高级的系统的运动过程中。层次序列的存在反映了系统的空间延展和时间延续。在认识系统中，主体与客体的相互作用存在着从简单到复杂的发展，大体上就是从力学到物理学、化学、生物学，乃至社会科学的发展，以及从科学概念到科学理论、各门学科，乃至门类科学的逐级汇聚，进而构筑成巨大的知识大厦。概言之，层次越高、复杂性越高的学科，在空间上得到广延、在时间上出现得就越晚。

---

① 伊·普里戈金，伊·斯唐热. 从混沌到有序. 曾庆宏，沈小峰译. 上海：上海译文出版社，1987：53.

② 伊·普里戈金，伊·斯唐热. 从混沌到有序. 曾庆宏，沈小峰译. 上海：上海译文出版社，1987：7.

## 1.4 科学系统观

正如世界观是关于世界的基本的、总的观点一样，科学观也是关于科学的基本的、总的观点，而且，两者密切联系并相互影响。

科学观是对科学的反思，或称为科学的“自我认识”。这种认识应是理论化、系统化的高度抽象，是认识的“升华”。

随着科学的进化，与之相伴的科学观也在发展和变化。在历史的进程中，确实出现了各种科学观，而且它们都带有相应时代的各种世界观的色彩。

我们基于现代主要的科学思维方式（模式、图式）即系统思维方式，并运用现代系统理论，对科学本身进行再认识，从而形成一种崭新的科学观即科学系统观。它踞科学之巅，鸟瞰科学的全景图；它通过多维度的、立体的思维，展现出一幅科学系统的“透视”图。

科学系统观也是一种整体性的科学观，它区别于以往各种传统的、片面的科学观，尽管传统科学观也含有许多合理的因素。

迄今，出现了许多对科学本身进行认真反思的学科，如科学史、科学哲学、科学社会学等。对于科学史，无论是自然科学史还是社会科学史，都是从整体上反映人类文明和科学进步的历史，科学观必须基于科学史。科学哲学源远流长，亚里士多德的著作就论及科学本身，但它真正形成一门学科还是在 20 世纪 20 年代以后。它是对科学本身进行的哲学反思，主要从科学内部揭示其发展的内在逻辑机制，包括实验与理论、各理论之间、新旧理论之间的矛盾等。因此，科学哲学基本上不涉及科学与社会系统诸多要素之间错综复杂的关系和相互作用。科学社会学是对科学本身进行社会学反思，主要从科学外部做社会分析，例如，科学发展需要怎样的社会环境，科学共同体如何形成和演变，科学对社会系统产生什么影响，等等。因此，科学社会学基本上不涉及科学内部的矛盾运动。必须强调，上述几门学科的具体研究，并非全部涉及科学观，但作为学科的整体，它们又必然把焦点集中在科学观上。

科学系统观就是科学观与系统观的融合，或者说是系统观透入科学观而形成的观点。我们把科学视为一个系统，专门抽象出这一特殊系统，并命名为“科学系统”。“科学系统观”是关于“科学系统”的基本观点。特别强调，我们把科学系统置于文化系统和更大的社会环境系统之中，并始终不渝地通过众多的系统要素之间的非线性相互作用来纵览科学系统。

只要把科学视为一个自组织系统，它的基本特性如整体性、相关性、动态性、开放性、层次性，就能充分地显现出来。而且，只有把科学作为一个自组织系统，才能深刻地理解它如何实现自组织化，如有机地形成复杂的结构，同时呈现出种种功能，随时间之矢逐级地向高级有序地进化，以及展现出科学发展的模式。

只有把科学知识系统置于文化系统中，把科学社会系统置于社会系统中，才能揭示出科学与文化、科学与社会的相互依存关系。而且，只有把科学系统放到外环境系统中，从一个更为广阔的文化和社会历史背景来进行考察，才能弄清文化系统和社会系统对科学系统的控制、选择和调节作用，以及科学共同体如何受到社会环境的制约作用等。

我们确立科学系统观，就必须把审视的目光集中到科学系统内部的子系统之间，各要素之间，以及科学系统与外环境系统之间的非线性相互作用上。正是在它们之间存在着这种作用才使得科学系统具有复杂的结构，表现出特定的功能，向更高层次进化，以及能自主地适应外环境的变化。正是这样，系统的认识论和方法论才得以形成。

之所以推崇科学系统观，就在于它能使我们拓宽视野，探索更高程度的普适性概念，把一系列科学概念重新概念化，乃至对一系列哲学、科学范畴的认识进一步深化，如消除确定论和概率论之间的鸿沟，把必然性和偶然性重新“装”在一起，在主体性和客体性之间保持“必要的张力”，在因果之间形成相互作用的链条，实现有序和无序的统一，如此等等，不一而足。

科学系统观反映了现代科学精神。虽然奇花初放，但是，它不仅强烈地冲击着传统的科学观，包括传统的科学哲学观和科学社会观，而且也必然影响着传统的世界观。科学观的变革使我们能在基本观念中划出一条新的巨大的“分界线”。

科学观特别是科学系统观，犹如科学系统的“序参量”或“序变量”一样，标志着科学系统的有序程度，并主导着科学系统整体的进化过程。

## 2 科学系统的结构

董光璧

把科学作为系统加以研究，其实质是建立科学的系统模型。科学的系统模型虽然只是从系统的角度描述科学活动的一种方式，但应当涵盖以科学为对象的诸学科所获得的有益知识。

关于科学较为准确的认识主要来自三个学科：科学哲学、科学史和科学社会学。这三个学科对科学的认识的研究结果至少奠定了科学的三个形象：①科学是一种系统的知识；②科学是获取知识的一种有效方法；③科学是生产知识的一种社会建制。

怀特所倡导的文化科学，不仅把文化作为经验科学的对象，而且以系统论为指导。他秉持一切人类活动及其产物都是“文化”的大文化观，把科学纳入文化科学的研究对象。他在1949年出版的《文化的科学——人类与文明的研究》[①]一书中，把文化区分为三个系统：技术系统、社会系统和观念系统。如果将怀特的文化系统观和科学哲学、科学史、科学社会学所给出的科学的三个形象进行对照，我们有理由建立科学活动的不同系统模型：科学知识系统、科学认识系统和科学社会系统。

科学知识系统与文化观念系统对应，科学社会系统与文化社会系统对应，而科学认识系统在方法论的意义上可以看作与文化技术系统的对应，因而探讨科学系统的结构也可以有三个进路，进而可以建立三种科学系统的结构模型。每一种进路虽然都只是从一个视角考察科学活动，却都可以建立一种科学系统的整体观。三种进路所建立的科学系统的结构模型各有优缺点，这可从它们对模拟科学活动诸方面有效程度的差别中显示出来，所以任何一种科学系统模型都不具唯一性。

我们探讨科学系统的结构，并将沿着三个进路建立三种结构：科学知识系统的结构、科学认识系统的结构和科学社会系统的结构。但是，在逻辑上

---

① 莱斯利·A. 怀特. 文化的科学——人类与文明的研究. 沈原，黄克克，黄玲伊译. 济南：山东人民出版社，1988.

我们并不将它们并列，而是以科学知识系统的结构为核心，通过它与科学认识系统和科学社会系统的相互作用，全面模拟科学活动。这是因为我们感到，符号文化观对于研究人类的科学活动比任何文化活动都更合适、更有效。所以，虽然我们讨论的是三种科学系统的结构，但在这样的思想背景下，它们并非并列关系，本书力图展现以科学知识系统为核心的不同结构层次。

## 2.1 科学知识系统的结构

科学知识系统结构的研究源于科学与非科学的划界问题。对科学与非科学的划界，最精确的方法应是对其进行分析重构。但是，知识作为文化客体不同于客观自然物。人创造的知识作为分析对象，虽然是客观的，但是与人的认识活动密切相关。因此，对知识结构的分析只涉及系统要素及其关系的描述必定是不充分的，要考虑从整体上做出对科学理论的合理解释。

根据这样的考虑，我们将讨论科学知识的三维性、科学理论的逻辑结构和科学理论的形式化结构。

### 2.1.1 科学知识的三维性

科学理论知识内容包含三个要素。我们可以用一个三维直角坐标形象地说明。在这个三维结构中，一个叫现象维，一个叫分析维，一个叫基旨维（图 1.2.1）。

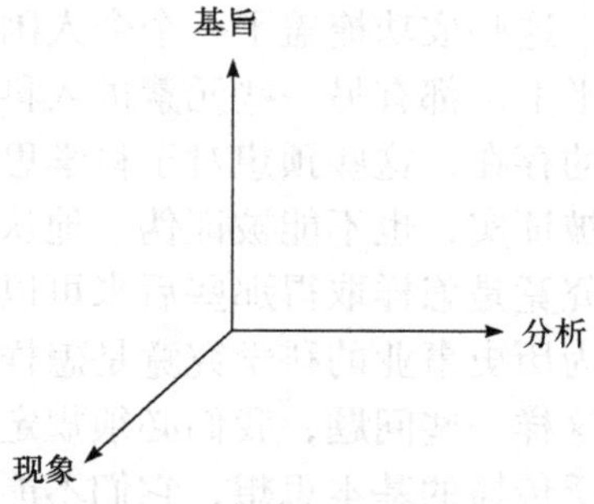


图 1.2.1 科学知识的三维结构

作为“把握经验”的科学，它的概念和命题包含经验的（现象的）内容，这一点从来无人怀疑。至于它所包含的分析的（逻辑的）内容，由于在某些情况下的隐含性而不太惹人注意。这里需要指明，事实上每个经验科学理论中，全都显含或隐含有逻辑性的命题，这些命题充当该理论的关系构架或表现出推理功能。这些命题充当支撑科学理论形成构架的逻辑性命题，往往穿上经验内容的外衣。由于逻辑经验论哲学家的反复申明和论证，现象-分析这个平面无须赘言。这里将重点介绍大家不很熟知的基旨维。

"基旨"作为科学知识的一维是美国科学史家霍耳顿（G. Holton）提出来的。[①]他认为对科学的传统理解只考虑现象的（经验的）内容和分析的（逻辑的）内容这两维，而忽视了信念、直觉、预想这类历史、社会、心理的因素。后者构成了科学知识的第三个维，他称其为 themes 或 themate，许良英将其译为"基旨"。在许良英为霍耳顿专门编的论文集《科学思想史论集》[②]中，霍耳顿自己在序言中对"基旨"概念专门向中国读者做了解释。

科学概念或科学命题必须同时具备经验的和分析的实质意义，这是逻辑经验论科学哲学家们不断强化的主张。他们认为，凡是没有经验和分析两方面实质意义的概念或命题都是"无意义的"。

这种传统的科学观要求在科学中排除不能证实或不能证伪的问题，不许这类问题进入科学讨论。因为这类问题的可能答案没有任何能够投影在经验（观察到的）事实的现象维上的分量，也不服从任何已经确立的能够对陈述的分析维的一致性加以检验的逻辑演算（文法演算除外）。

霍耳顿认为，正是这种态度使得科学自 17 世纪以来迅速发展。有意识地把谈论保持在两个维所规定的平面内，就意味着把谈论保持在公众科学的舞台上，陈述能够共享，并且人人可以加以证实或证伪。这种习惯使持续很久的争执、歧义或者仅以个人爱好为凭据之类的现象降到最低限度。它有助于清除某种伪装成经验或分析的形而上学命题。

但是，霍耳顿强调，这些成功掩盖了一个令人困惑的事实：无论在个人水平上还是社会集体水平上，都有另一些元素进入科学研究活动中。也就是说，它忽视了一些预想的存在，这些预想对于科学思想好像是无可避免的，但是它们本身却既不能被证实，也不能被证伪。他认为这种传统观点既无助于我们了解科学家个人究竟是怎样取得那些后来可以同二维平面相适应的成果的，也无助于了解作为历史事业的科学究竟是怎样成长和演变的。于是霍耳顿得出结论：要了解这样一些问题，我们必须规定第三个维，即基旨维。基旨是一种稳定的和广泛传播的基本思想，它们不能直接分解成观察结果和分析思考，也不能从观察结果和分析思考中直接导出来。

---

① Holton G. Thematic Origins of Scientific Thought: Kepler to Einstein. Cambridge: Harvard University Press，1973.

② 杰拉耳德·霍耳顿. 科学思想史论集. 许良英编. 石家庄：河北教育出版社，1990.

基旨从科学家个人的文化环境和科学与其他文化的关系两方面揭示了科学的文化特征。霍耳顿的“基旨”无疑也体现在库恩的“范式”中，体现在拉卡托斯的“研究纲领”，以及劳丹（L. Laudan）的“研究传统”中。通过他们的著作《科学革命的结构》（库思著，1962 年）、《科学研究纲领方法论》（拉卡托斯著，1978 年）和《进步及其问题》（劳丹著，1977 年）我们可以进一步理解“基旨”这一概念。

### 2.1.2 科学理论的逻辑结构

科学理论是一个命题系统。一个命题系统不只是一个命题的集合，因为在这种系统中，诸命题之间存在着逻辑关系的连锁。理论的逻辑形态是科学知识系统的固有特征，不因表达方式而改变。

早在 1930 年，逻辑经验论的创始人石里克（M. Schlick）就在其《哲学的转变》[①]中指出：

> 任何认识都是一种表达，一种陈述。即是说，这种陈述表达着其中所认识到的实况，而这是可以用随便哪种方式、通过随便哪种语言、应用随便哪种任意制定的记号系统来实现的。所有这些可能的陈述方式，如果它们实际上表达了同样的知识，正因为如此，就必须有某种共同的东西，这种共同的东西就是它们的逻辑形式。

作为系统的科学知识的理论，其逻辑形态中包括概念和命题两种逻辑成分。概念的形式称为词项，它是逻辑形态的“原子”。词项组成命题。词项和命题借助形成规则和变形规则等逻辑关系形成理论的一个形式系统。

从逻辑的角度看，形式系统的组成成分可区分为逻辑项和非逻辑项。逻辑项包含逻辑和数学的各种符号及相应的功能。非逻辑项即逻辑运算的对象，它们是各种概念的符号。各种非逻辑项凭借逻辑项及其功能联系在一起，形成一个演绎系统。

逻辑项在理论形式系统中的功能是规定非逻辑项之间的地位和推理。各个非逻辑项的意义完全由它们在系统中的逻辑地位决定。

从逻辑推理结构分析，系统中的概念和命题又被区分为三部分：①作为推理前提的基本概念或基本定律；②作为演绎推理的定理或定律；③作为推理结论的经验命题及其复合命题。

---

① 转引自洪谦. 逻辑经验主义. 上卷. 北京：商务印书馆，1982：7-8.

在一个形式系统内严格区分定律和理论，对于准确理解科学理论的结构是很必要的。定律是对有限范围内现象的简明描述，是实验室操作结果的符号表示，这类描述或表示确定着观察量之间的关系。而理论则是联系经验定律的逻辑或数学的方案，它能够把定律作为演绎结果包括在自身之中，所以可以把定律视为理论的“原子”。

无论是定律还是理论，都是由概念组成的命题或复合命题。概念可分为可观察概念和理论概念。可观察概念具有量纲结构。理论概念不是可直接观察的，但是它是可观察概念的组合，因而也具有量纲结构。因此，科学理论中的一切概念都是有结构的。

### 2.1.3 科学理论的形式化结构

关于理论的形式化结构有三派观点：语法学的观点、语义学的观点和结构主义的观点[①]。语法学理论观源于坎贝尔（N. R. Campbell）1920 年出版的著作《物理基本要素》。坎贝尔把理论看作是命题的一个连通集。逻辑经验者把它发展成关于理论结构的一种公认的观点：依据观察名词和理论名词二分法这一基本假定，把理论分析成一个经验地解释的假说-演绎系统。这种理论结构观到 20 世纪 60 年代末已被认为是错误的而受冷落。继之而起的语义学理论观被广泛接受。这种理论观认为理论并不是演绎的相连通的语句或命题的集合，而是由数学结构组成的关系系统。语义学理论观的一支发展成结构主义理论观。我们的课题决定了我们对结构主义理论观的特殊兴趣。

苏佩斯（P. Suppes）和亚当斯（E. W. Adams）通过集合论谓词定义法公理化开创的结构主义方向，经由斯尼德（J. D. Sneed）[②]和施特格米勒（W. Stegmüller）[③]发展，将逻辑和历史、形式和非形式有机地结合起来以讨论科学理论问题。他们坚信科学理论存在着一种形式化的数学结构。他们假定经验科学的最小单位是由该理论的一个核心 K 及其期望应用集 I 组成的理论元素 T=〈K，I〉，并主张用集合论描述这种理论的特征。

理论的基本结构对应着一个公理化理论模型 M。如果不理会公理本身而保留这个理论的完整的概念工具，就得到一个更大的可能模型集 Mpp。考虑

① 江天骥. 什么是科学理论——关于理论结构问题的三种观点. 自然辩证法通讯，1987，9(6)：1-9.

② Sneed J D. The Logical Structure of Mathematical Physics. Dordrecht: D. Reidel Publishing Company, 1979.

③ Stegmüller W. Collected Papers on Epistemology,Philosophy of Sciѐna and History of Philosophy Volume Ⅱ. Dordrecht: D. Reidel Publishing Company, 1977 .

到在系统内部的理论内容可以区分为理论性的和非理论性的，引入一个限制项 r“剪掉”Mp 的一切理论成分，则剩下非理论性的部分即可能模型集 Mpp。因为实际上理论的内容并非随意组合，所以对 Mp 就需要引进约束条件 C，排除某些函项，使得 $M \subseteq Mpp$。这样，理论核心是一个五元组：

$$K=(Mp, Mpp, M, r, C) \tag{1.2.1}$$

理论核心 K 在分析形式上存在一个期望应用集 I。如果有元素 Z 能够在 Mp 上扩展到一个结构上去，这个结构既满足 K 的基本定律，同时对 Mp 来说又满足约束条件，那该理论核心 K 可以应用到非理论的结构 $Z \in Mpp$ 上。$I \subseteq M$，则被定义为

$$I=R[Pct(M) \cap C] \tag{1.2.2}$$

这表示它既满足框架里的基本定律，又满足约束条件 C。期望应用集 I 与数学或逻辑学中的“域”（domain）相反，它不是完全的，并非外延封闭的，而是一个“开”集。只有由理论的典型应用组成的子集 $I_0$ 才是外延上肯定的。可以把 I 设想为由 $I_0$ 开始，随理论的发展而渐渐增大。

用理论元素 $T=\langle K, I\rangle$ 表示科学理论只是一个必要的条件，并不充分。还要考虑期望应用的种种非理想化。为此，结构主义引入“扩展核心”的概念。它们不断扩展形成一个核心网和期望应用网，从而构成经验科学的理论元素网 N。

扩展核心是最初核心的专化（specialization），一个理论元素 $T=\langle K, I\rangle$中 K 的 Mp 的成员附加新的内容，就可以得到一个新的理论元素 $T'=\langle K', I'\rangle$。如果 $Mp'=Mp$，$Mpp'=Mpp$，$r'=r$，$M' \subseteq M$ 和 $C' \subseteq C$，那么K 专化，并 $I' \subseteq I$，那么 T′就是 T 的专化。如此不断地专化下去，就形成了分层结构的理论元素网。

## 2.2 科学认识系统的结构

我们在“技术”的意义上谈论科学认识系统，也就是把科学活动看作知识生产，因而“认识”也就具有知识生产的技术意义。我们把客观知识世界置于讨论的中心地位，而不把与主体有关的认识层次性列入讨论。因为客观知识世界实质表现是个符号系统，所以科学语言被列为我们讨论的重点。基于这样一些考虑，本节要讨论的问题有三个：科学认识的四面体结构、科学认识的信息结构和科学认识的语言结构。

## 2.2.1 科学认识的四面体结构

我们提出的科学认识活动的四面体模型 *SOKL* 如图 1.2.2 所示。顶点 *S* 代表认识主体——科学家，顶点 *O* 代表认识客体——对象，顶点 *K* 代表认识结果——知识，顶点 *L* 代表上述三者的联系媒介——语言。

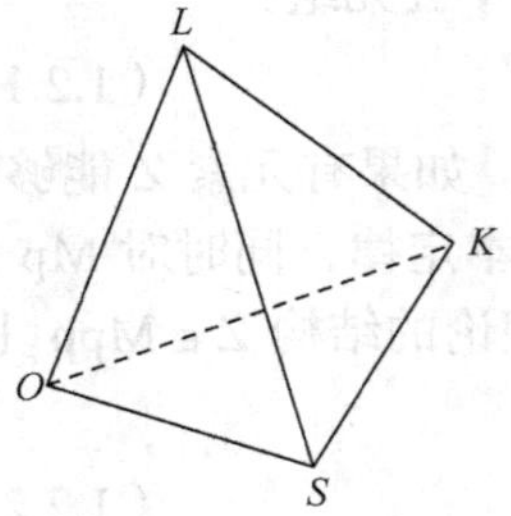


图 1.2.2 认识活动的四面体

这个模型基本上可以概括科学认识活动的各个方面。我们先分析六条边线：

*S—O* 研究者与其研究对象的关系：认识论。

*S—K* 研究者与其获得的知识的关系：方法论。

*K—O* 知识与原型的关系：本体论。

*S—L* 科学家与其语言的关系：语用学。

*O—L* 客观世界与语言的关系：语义学。

*K—L* 知识与语言的关系：语形学。

再看四个面：

*SOK* 平面代表科学基础论。

*SLO* 平面代表科学认识论。

*SLK* 平面代表科学逻辑学。

*KLO* 平面代表科学解释学。

我们还可以从这个模型得到这样的理解：无论认识论、方法论还是本体论都离不开语言。主客体通过语言相联系，认识主体与其获得的知识通过语言相联系，知识与其本源也经由语言相联系。语言在科学认识中的重要地位体现在它位于这个四面体的上顶点。不考虑语言的认识论研究、方法论研究和本体论研究的片面性是很显然的。

从这个模型，我们还可以看到，如果忽略语言，就把研究限制在了 *SOK* 平面上。这种传统的研究方式，自逻辑经验论哲学运动诞生以来已被打破。但是逻辑经验论的研究排除客观对象，其研究活动被局限在 *SLK* 平面，实质上只研究了科学逻辑学。

## 2.2.2 科学认识的信息结构

我们借用信号共振形象地表达认识过程中的主客体之间的相互作用。认识论的共振模型强调认识结果是主客体相互作用的产物，而不是单纯的客体的产物，实质上就是思维的通信模型。现在我们要结合香农等的意向发展这个比较初级的认识的信息模型。

的确，思维类似于通信，需要代码符号也即由许多概念构成的字母表。个体认识过程的任务是建立与外环境同构的概念间的联系。实现这种任务的共振过程不只是进行译码，还要进行编码。把概念组织成命题或理论就是编码，也就是对以概念形式存在的“知识单元”进行编码。思维过程的译码观还停留在知识是单纯的客体产物的水平上。包含译码和编码的认识过程模型，更能完全地体现主客体相互作用的过程。

认识的编码过程可以使马祖尔（M. Mazur）的信息智力模型更具体化。他的信息智力模型是一个对环境刺激做出反应的智能系统。外界刺激 $S$ 引起系统势位 $V$ 的变化，由内部传导系统对刺激做出反应 $R$。刺激从 $S_0$ 变到 $S$，势位由 $V_0$ 变到 $V$，通过功率为 $K$ 的传导，系统对刺激反应也由 $R_0$ 变到 $R$，如图 1.2.3 所示。智能系统接收的信息 $I=V-V_0$，如果定义传导率：

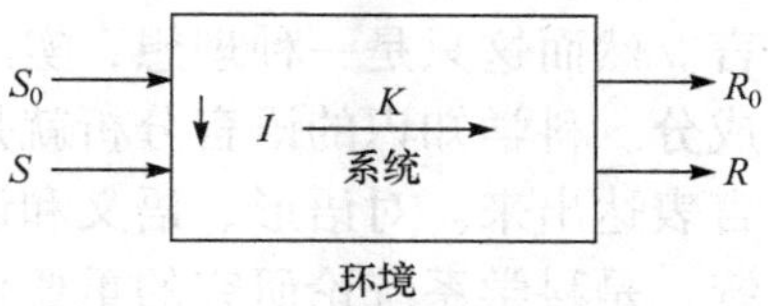


图 1.2.3 智能系统

$$G=K/(V-V_0) \tag{1.2.3}$$

则 $I$ 正比于 $K$ 而反比于 $G$。

马祖尔定义了三个描述智能系统的参数：能产生特定势位的元件数 $E$、系统材料的单位传导率 $g$、系统元件之间的距离 $d$。根据这三个参数，他又定义了三种独立的智能特性：①智力被定义为 $E$，$E$ 大则接受有效刺激多，表示系统对刺激的辨别能力强；②记忆力或易教力被定义为 $\Delta G/K$；③选择力或联想力被定义为总的元件距离 $D$ 与 $d$ 之比。

如果把元件视为知识单元，我们就立刻得到了关于科学认识过程的一个重要推论：人的认识能力的大小取决于所掌握的知识单元的多少。这点是很容易证明的，因为 $E$ 代表的是知识单元数，而 $D/d$ 代表的是知识单元的密度。

### 2.2.3 科学认识的语言结构

科学知识要行诸语言。从科学认识的四面体模型，我们可以清楚地看到科学语言的三维结构：语形、语义和语用。语形是语言和符号之间的关系，语义是符号和实在的关系，语用是在语义中引入应用的因素。

语言作为人类一切活动的“公器”，具有一定的保守性。它并不紧跟着我们的经验和认识活动的结果而发展变化，这反映出它具有一定的独立性。从积极的方面看，它作为人类理性的激发者和守护神，不易随人类经验发生经常性的大变化。但是，这并不是说语言完全没有变化。对于我们的研究来说，最重要的是要看到从大语言中不断分离出小语言的变化。粗略地说，日常用语是大语言，各种专业语言是小语言。科学语言就是一种小语言。虽然小语言和大语言在基本表达功能方面很类似，但两者之间有重要的差异。同日常大语言相比，专业性的小语言的内部规则比较清楚明确，但应对人类经验的范围却比较狭小单纯。20 世纪的分析哲学曾一度专注于语言认识的用法，追求语言使用的准确性，用逻辑、数学、科学等小语言“重构”我们的理性。

语言哲学家采取的符号学（Semiotics）方法促使新科学采取人工符号语言。然而这只是一种理想，实际上科学语言兼容了人工语言和自然语言两种成分。科学知识的语言分析就是把这种语言的逻辑结构用纯粹的人工符号语言表达出来。对语形、语义和语用进行这种形式化的分析以重构科学知识系统，是科学系统论研究的重要任务之一。①

语形研究的一个重要结论是，科学这个语言系统的认识力量根源于它是一个公理化的形式系统，由基本概念、公理和推论组成的语言形式系统产生的具有预见力的逻辑力量。语形研究的另一个重要收获是对语形意义单位的层次性的认识。语形本身没有经验内容，它是意义的载体。但语形不是符号的任意组合，乔姆斯基（A. N. Chomsky）已经揭示出语言的逻辑结构对意义的决定作用。一个语言系统有语词、语句和理论三个不同的语形水平，究竟以哪个语形水平作意义的单位有不同的意见。奎因（W. Van O. Quine）所主张的以理论作为意义单位的观点被很多人所接受。

语义研究已经提出各种形式化重建科学理论的方案。最早的方案是由塔斯基（A. Tarski）提出的，称为“模型论”。模型论采取给语形语言的符号确定指示的方式，使之成为经验理论。模型论所给出的语言 $L$ 的模型是有序对偶（$U$, $F$），其中的 $U$ 规定 $L$ 的每个符号的可能指示范围，$F$ 把 $U$ 的元素赋给 $L$ 符号。这种语义理论只规定了符号指示的外延，显然不够完备。卡纳普（R. Carnap）提出的“真值语义学”对这类局限性有所克服。为了使语形语言的符号不仅表达对象而且表达其性质和关系，他赋予符号以谓词，也就是确立语言表达符号对于谓词域的真值关系。这种语义学强调状态描述，语义语言 $S$ 中的每个状态描述都描述一种可能的状态。两个个体常值 $a$ 和 $b$ 及一个性质谓词 $P$ 和一个关系 $R$ 可组成 6 种状态描述：$Pa$，$Pb$；$—Pa$，$Pb$；$Pa$，$—Pb$；$—Pa$，$—Pb$；$Rab$，$Rba$；$Raa$，$Rbb$。赋予 $S$ 中的一个表达式以意义，就是确定它对哪些状态成立，给出 $S$ 中所有表达式的变程，即状态描述类。

① 周昌忠. 科学的语言哲学. 自然辩证法通讯，1990，12(2)：1-7.

语用研究还涉及语用因素对符号的外延即意义之指示部分的影响。蒙塔古（R. Montague）提出的语用分析理论，考虑到应用背景对语义的影响，外延不再是无条件的。影响因素构成一个指示集 $I$。于是，模型论的语言 $L$ 的模（$U$，$F$）就变成语用模型 $A=$（$I$，$U$，$F$）。涵项 $F$ 赋予 $L$ 的表达式已包含 $I$ 和 $U$ 的外延。

## 2.3 科学社会系统的结构

科学社会作为生产科学知识的组织与一般社会的结构不同。社会中轴转换原理①有助于理解科学社会的特征。社会中轴转换原理的中心思想是，社会的形态取决于社会的中轴结构，社会中轴结构的转变使社会从一种形态变为另一种形态，呈现社会的阶段性发展。社会中轴的形成和转换取决于道德、权势、经济和智力四种主要社会因素的相互作用。自形成人类社会以来，这四种主要社会因素之间的相互作用使它们之中的某一因素成为社会结构的中轴。以道德为中轴的社会被称为道德社会。当道德中轴转变为权势中轴时，社会就进入权势社会。当经济取代权势成为社会中轴时，社会又进入经济社会。一旦智力取代经济成为社会中轴，社会就进入智力社会阶段。按照社会中轴转换原理，社会发展的阶段性主要表现为社会中轴的不同，或者说支配社会的主要力量不同。作为标志性特征，道德社会的支配力量是道德，权势社会的支配力量是权力，经济社会的支配力量是财富，智力社会的支配力量是以科学为代表的智力。社会阶段性变化的本质是支配力量的改变。从一种社会到另一种社会的转变，不仅表现为支配力量的更替，更表现为支配力量的扩散。人类社会进步的本质就是道德、权力、财富和知识的不断增长、完善和扩散。

以社会中轴原理看科学社会，它是嵌在大社会中的一个小社会。这个小社会的文化环境随着社会中轴的转换而改变。但是，在进入智力社会之前，为了适应环境，它逐渐形成自身的独特结构，并且在环境选择与自适应的对抗中完善。

科学家组成一个特殊的小社会是从创建科学学会开始的。1568 年中国就出现了最早的医学学会——一体堂宅仁医会。西方公认最早的学会是 1603 年成立于意大利罗马的“猞猁学社”，1611 年伽利略（G. Galilei）加入了这个学社。由于培根（F. Bacon，1561—1626）在其著作《新大西岛》（1627）中强调学者合作研究，并描述了一个理想的科学共同体模式“萨洛蒙之家”，英

① 董光璧. 社会中轴转换原理. 光明日报，1989 年 5 月 26 日.

国于 1660 年经国王认可成立了“英国皇家学会”。而培根构想的国家研究机构则由 1666 年成立的“巴黎皇家科学院”得以具体实现。以后在欧洲各地设立的科学院都受到国家的保护，作为国家机构的一部分。18 世纪后半叶出现了兴设地方科学学会和科学院的新发展。1760 年法国已有 37 个地方科学院，不过在 19 世纪这些地方科学院都衰落了下去，此后科学活动又集中到了巴黎。在英格兰北部和中部兴起的地方学会，削弱了伦敦的绝对中心地位，成了工业革命的一种推动力。

学会的成立和科学的普及，扩大了人们对科学的关心，从而使从事科学研究的人数增加。特别是由于科学知识的积累和专门化，特定领域的专家产生了。与此同时，科学与产业的结合催生了人类对科学实用性的认识，因而专家的必要性及其社会作用被重视。

19 世纪以前并没有“科学家”这个名称。1831 年英国科学促使会成立时宣言书中使用的是“科学耕耘者”这个称谓。1834 年休厄尔（W. Whewell）发表匿名评论，其中与 artist 类比首次使用了 scientist 这个词。当其著作《归纳科学的哲学》（1840 年）出版以后，“科学家”这个词才逐渐流传开来①。另外科学家再生产机构的逐渐形成，是科学家社会继续发展的后备保障。法国 1794 年创立“中央公共工程学院”，现巴黎综合理工学院，成为现代工程技术学院的先导。19 世纪德国的大学改革形成一种自由研究的模式，自然科学学生人数激增。德国大学的实验室制度和研究班（seminar）制度作为培养科学家的有效形式，成为世界各国效法的榜样。科学的专门化和职业化、大学确立的“研究”思想和实验-研讨教学方式等，这一切都促成了科学共同体的成熟，使 16 世纪以来的个人探索者变成被科学共同体价值体系规范的研究者。

19 世纪后半叶以来，科学与产业结合，科学研究与技术研究的联系变得紧密。特别是第一次世界大战以后，科学产业化的倾向变得显著，相对以 19 世纪德国大学为典型的研究，这样的科学被称为“产业化科学”（industrialized science）。第二次世界大战以来，科学与国家的关系越来越紧密。科学家、技术专家和巨大的工业都被集结起来为国家的目的服务，以至变成“军工复合体”（the military industrial complex），科学成了国家的事业。1961 年美国物理学家温伯格（A. Weinberg）提出，当代科学已经从小科学变成大科学。即使在这种科学社会化和社会科学化的情况下，“科学社会”依然存在，正是科学社会系统的结构维持着其稳定性。这种结构不是具象的组织或形式，而是抽象的要素组织：科学社会的智力结构、科学社会的权威结构和科学社会的

---

① Ross S. Scientist: The story of a word. Annals of Science, 1962, 18(2): 65-85.

规范结构。

### 2.3.1 科学社会的智力结构

科学社会的智力结构的发现源于科学家论文生产率的研究。1926 年美国统计学家洛特卡（A. Lotka）发表了论文《科学生产率的频数分布》，从而发现了科学生产率的“平方反比定律”即“洛特卡定律”。他对化学和物理学两门科学中论文产量和科学家数的关系进行了统计分析。在化学领域，他利用了美国《化学文摘》1907～1916 年的目录索引；在物理学领域，他利用了德国人奥尔巴赫（E. Auerbach）编写的《物理学史一览表》中人名索引所列的 1325 位科学家及其著作。根据这两种资料提供的数据，他绘出的作者数-论文数对数曲线图接近为一条直线。运用最小二乘法作拟合计算，洛特卡得出这条直线的斜率为−2。于是他得出结论：发表 $n$ 篇论文的作者数与 $\frac{1}{n^2}$ 成正比。

洛特卡定律给出科学家贡献或智力的金字塔结构。如果我们把发表 $x$ 篇论文的作者概率记为 $f(x)$，按平方反比定律则有

$$f(x)=\frac{c}{x^2} \tag{1.2.4}$$

其中 $c$ 为比例常数。运用级数公式：

$$\sum_{x=1}^{\infty} f(x)=c\left(1+\frac{1}{2^2}+\frac{1}{3^3}+\cdots\right)=c\sum_{x=1}^{\infty}\frac{1}{x^2}=c\frac{\pi^2}{6} \tag{1.2.5}$$

和概率必然条件：

$$\sum_{x=1}^{\infty} f(x)=1 \tag{1.2.6}$$

可以求得比例常数 $c$=0.608。

论文生产率分布律 $f(x)$ 表明，高产者人数是作者总数的平方根，科学社会的智力结构呈金字塔形。普赖斯（D. J. de Solla Price）在其《小科学，大科学》[①]中指出：这种分布给出了区分贡献大小的客观方法，科学著作的一半是由那些发表了 10 篇以上论文的科学家完成的。

① De Solla Price D J. Little Science, Big Science. New York: Columbia University Press, 1963.

### 2.3.2 科学社会的权威结构

科学和科学家的声望或权威地位的等级分层现象，自 20 世纪 60 年代开始被科学社会学家研究。哈格斯特洛姆（W. O. Hagstrom）在其 1965 年出版的《科学共同体》①一书中较早论及学科声望的分层现象，而美国科学社会学家科尔兄弟（J. R. Cole & S. Cole）在 1973 年出版的《科学界的社会分层》②中，广泛地讨论了科学社会中的分层现象。他们讨论了科学家的个人等级、科学管理中的精英、科学中的非科学等级以及科学专业的声望高低。他们发现，科学成就多寡、管理权大小、任职高低和社会声望显微都呈金字塔形结构。他们通过对 1965 年《科学引文索引》的研究，统计地说明处于"塔尖"的精英科学家对科学发展产生了重大影响。

美国社会学家朱克曼（H. Zucherman）在其出版的《科学界的精英——美国的诺贝尔奖金获得者》③中，对美国科学社会的分层情况进行了调查分析。1974 年《美国统计摘要》表明，在美国的全国人口普查中，大约有 493 000 名美国人士自认为是"科学工作者"，美国国家科学基金会编制的《全国科技人员登记册》这一可靠的资料书却只列出了 313 000 位科学家。《美国男女科学家》标准更严，只列入获博士学位的或相当的科学家 184 000 位，而真正获得博士学位的科学家只有 175 000 位。被选入美国国家科学院的科学家有 950 人，居住在美国的诺贝尔奖获得者为 72 人。她根据这些数字简略描述出美国科学界的金字塔结构：1 个诺贝尔奖获得者对应有 13 个美国国家科学院院士、2400 位博士科学家、2600 名男女科学家、4300 名科技人员、6800 名自然科学家。

科学社会的权威结构以知识为基础，多数研究者对学术权威的作用持肯定态度。对于本书所要阐明的观点来说，刘珺珺的下述意见是一个支持：

> 科学家权威的作用，还在于维护科学共同体的自主性。科学权威的这种作用是通过科学家的社会化，使科学独立于其他的社会建制，维护科学发展的自主性。这就可以防止科学以外的其他社会因素及力量把自己的意志强加于科学本身。④

① Hagstrom W O. The Scientific Community. New York: Basic Books, 1965: 24.

② Cole J R, Cole S. Social Stratification in Science. Chicago: The University of Chicago Press, 1973.

③ 哈里特・朱克曼. 科学界的精英——美国的诺贝尔奖金获得者. 周叶谦，冯世则译. 北京：商务印书馆，1979.

④ 刘珺珺. 科学中的权威结构. 自然辩证法通讯，1987，9(6): 27-34.

### 2.3.3 科学社会的规范结构

科学共同体及其知识体系的稳定性是靠“博弈规则”维持的。这些规则在很大程度上是约定俗成的规范。它是科学活动的元规则，作为一种限制性的系统原理，调节着科学社会。科学社会的规范包括认识规范和社会行为规范。前者规定认识主体与被认识的客体之间的关系以及它们同客观知识世界的关系，是对准备纳入科学知识系统的新知识提出的限制性要求，以保证这些新构成物的纳入不致毁坏原有的知识系统。后者规定科学研究中的活动规则，规定科学家、科学共同体之间以及他们同整个社会相互关系的原则。这些规范体现了科学精神气质。

默顿（R. K. Merton）在其 1942 年的《科学的规范结构》中，第一次明确地把科学精神气质概括为四种道德规范：普遍主义（universalism）、公有主义（communism）、公正性（disinterestedness）、有组织的怀疑精神（organized skepticism）。

默顿的“规范结构”这一用语，突出科学家依赖于社会结构的特殊类型，其特殊之处就在于这四个既是道德的又是技术的“规范结构”。

普遍主义是科学精神气质的第一要素，即科学的国际性、非个人性和不争名性。对于未被经验确证的科学假说的接受与拒斥只有观察和已被证实的知识是否相一致这一标准，而不取决于该学说倡导者的个人属性或社会属性，因此与其种族、国籍、信仰、阶级和个人品质毫不相干。

公有主义是科学精神气质的第二要素，即真实的科学发现都是社会协作的产物，它应作为共同的遗产由社会全体成员分享；发现者应受到公认和尊重，但没有任何特殊的独占权。因此科学成果应当公开，通过传播促进科学的发展。

公正性是科学精神气质的第三要素，即要求科学家在涉及科学证实问题时要诚实，不带崇拜、派别、政治等偏见。

有组织的怀疑精神是科学精神气质的第四要素，即科学探索不受其他社会规范的束缚，科学家要勇于向涉及科学对象的各方面的事实提出疑问，探索真理。

# 3 科学系统的功能

陈益升

系统的结构反映了系统各要素的排列秩序和组合关系，属于系统的内部描述；系统的功能反映了系统与环境的联结秩序和约束关系，属于系统的外部描述。

因此，我们可以把系统的功能定性地表述为：构成系统的要素及其内部结构与外部环境的相互作用所呈现的系统行为功效和能力。这一表述的关系式可以写成：

$$F = f(K,S,E) \tag{1.3.1}$$

式中，$F$ 表示系统的功能（function），$K$ 表示构成系统的要素（key element），$S$ 表示系统内部要素的结构（structure），$E$ 表示系统的外部环境（enrironment），$f$ 表示相互作用关系。

所谓科学系统的功能是指，科学作为一个整体，在与外部环境相互影响、相互作用过程中所呈现出来的功效和能力的总和。具体而言，是指科学作为整个人类社会系统中的一个重要的子系统（次系统或亚系统），对作为外环境的整个社会系统及其子系统如生产、经济、政治、军事、文化、教育、生态等，施加影响与作用的功效和能力的总和。科学系统的功能具有明显的动态性、依从性、相对性、扩散性等特征。

## 3.1 科学系统功能的类型及其与结构的关系

### 3.1.1 科学系统功能的类型

人们对科学功能的类型，曾从不同的角度并按不同的标准做过不同的划分。例如，总体功能与分部功能、内部功能与外部功能、理论功能与实用功能、动态功能与静态功能、宏观功能与微观功能、显功能与潜功能、正功能与负功能、硬功能与软功能等。

贝尔纳认为：“要全面地看到科学的功能，就应该把它放在尽可能广阔的历史背景上来观察。”[①]对于科学系统的功能来说，更是如此。

美国著名科学社会学家默顿通过对 17 世纪英国的科学与社会的历史考察，不仅研究了影响英国科学发展的社会和文化背景，而且还探讨了科学的自主性、功利性和价值取向。正如他在 1970 年出版的《十七世纪英国的科学、技术与社会》中所说：

> 在科学被当作一种具有自身的价值而得到广泛的接受之前，科学需要向人们表明它除了作为知识本身的价值以外还具有其他的价值，以此为自身的存在进行辩护。[②]

默顿还具体介绍了当时英国的自然哲学家、教士、商人、矿主、士兵和民政官员开列的用来说明科学具有各种功能的清单：①展示出上帝杰作的智慧的宗教方面的功利；②使人们能够在日益加深的矿井里采矿的经济和技术的功利；③帮助航海者们安全驶抵更远的地方，以实现探险和贸易目的的经济和技术的功利；④提供出更有效、更廉价的杀敌方法的军事上的功利；⑤提供了一种智力训练形式来自我发展的功利；⑥（随着他们拥有更多的发现和发明的优先权）扩展和加深英国人的集体自尊心的这种民族主义的功利。[③]

因此，默顿认为：“这些宗教的、经济的、技术的、军事的甚至还有自我发展的功利，看起来为支持和开发科学提供出一种外在的、无须进一步阐发的理论基础。”[③]

诺贝尔物理学奖获得者、著名的德国理论物理学家玻恩（M. Born）对于科学功能及其类型问题，曾经做过这样一段明确的表述：

> 科学已经成为我们文明的一个不可缺少的和最重要的部分，而科学工作就意味着对文明的发展作出贡献。科学在我们这个技术时代，具有社会的、经济的和政治的作用，不管一个人自己的工作离技术上的应用有多么远，它总是决定人类命运的行动和决心的链条

① 贝尔纳. 科学的社会功能. 陈体芳译. 北京：商务印书馆，1982：542.

② 默顿. 十七世纪英国的科学、技术与社会. 范岱年，吴忠，蒋效东译. 成都：四川人民出版社，1986：20-21.

③ 默顿. 十七世纪英国的科学、技术与社会. 范岱年，吴忠，蒋效东译. 成都：四川人民出版社，1986：23.

上的一个环节。[①]

可见，玻恩是从科学对社会的影响角度来考察和划分科学功能的。

如果把科学作为一个系统来考察它的内部结构及其与外环境的相互关系，那么可以把科学系统的功能分为两大类型，即科学的知识形态功能和科学的社会化功能。其中，科学的知识形态功能包括构成科学知识的各个不同层次的要素系统所具有的功能，若从科学知识整体化的进程来看，则有科学理论的功能、科学学科的功能、科学门类的功能、科学体系的功能等；科学的社会化功能是指，作为相对独立于社会系统的科学知识，应用于社会系统其他各个层次和侧面领域所显示的功效和能力，主要包括科学的生产功能、经济功能、政治功能、军事功能、文化功能、教育功能、生态功能、管理功能等（表 1.3.1）。

**表 1.3.1　科学系统功能的类型**

| 层次 1 | 层次 2 | 层次 3 |
|---|---|---|
| 科学系统的功能 | 科学的知识形态功能 | 科学理论的功能<br>科学学科的功能<br>科学门类的功能<br>科学体系的功能<br>…… |
| | 科学的社会化功能 | 科学的生产功能<br>科学的经济功能<br>科学的政治功能<br>科学的军事功能<br>科学的文化功能<br>科学的教育功能<br>科学的生态功能<br>科学的管理功能<br>…… |

如果把科学看作是知识形态和社会建制的统一整体，那么可以认为，科学系统具有认识功能、经济功能和社会功能三大功能。

科学作为知识形态，其主要目标是揭示事物现象的本质和运动、变化、发展规律，因而具有对事物的认识功能。然而，科学不单是一种用来作为认识事物的方法和手段的知识形态，科学同时也是一种社会建制，它以变革事

① 玻恩. 我的一生和我的观点. 李宝恒译. 北京：商务印书馆，1979：21.

物为其根本目的。特别是由于在生产中得到了广泛应用，现代科学成为促进产业结构变革和经济发展的强大力量，从而使得科学具有了经济的功能。科学的认识功能与经济功能的结合和发展,通过多种渠道影响整个社会的变革,成为推动社会历史前进的革命力量，从而又使科学具有了社会的功能。

总之，科学系统的认识功能、经济功能和社会功能在人类认识和实践发展过程中相互关联、相互交叉、相互促进、相互补充，从而形成科学系统的总体功能。

### 3.1.2 科学系统的功能与结构的关系

科学系统的功能与结构之间，通常表现出“同构同能”、“同构异能”(或“一构多能”)、“异构异能”、“异构同能” 等多种复杂的关系。

科学系统的功能总是与科学系统的结构紧密联系在一起。它们相互依存、相互制约，并在一定条件下相互转化，从而形成不可分割的统一体。

一般地说，科学系统的功能对其结构既存在着极大的依赖性，同时又存在着制约性。也就是说，一方面，科学系统的结构决定着科学系统的功能；另一方面，科学系统的功能制约着科学系统的结构。

#### 3.1.2.1 科学系统的功能对其结构的依赖性

科学系统的功能是科学整体与外环境相互作用的表现。科学系统功能的状况，首先取决于科学系统自身的结构状况。在科学系统与外环境相互作用的过程中，由各组成要素以一定排列组合方式形成的科学系统的结构，会对外环境产生整体效应，从而显示出与科学整体结构相适应的整体功能。组成科学系统结构的要素或要素的排列组合方式如果发生变化，就会引起科学系统整体结构及其与环境关系的变化，甚至引起科学系统整体功能的改变，从而使科学系统的功能与结构形成一种新的对应关系。科学系统的功能与结构的这种对应关系表明，科学系统的结构状况决定着科学系统的功能状况，其中包括功能的性质和水平以及功能变化的方向和范围。

#### 3.1.2.2 科学系统的功能对其结构的制约性

科学系统功能的状况，首先取决于科学系统自身的结构状况。由各要素按一定排列组合方式形成的科学系统，一般都具有与其结构相适应的特定功能。然而，科学系统的功能本身又具有相对的独立性，可以反作用于科学系统的结构。这就是说，科学系统的功能与结构之间，并不是一一对应的关系，不同的结构可以有相同的功能，而相同的结构也可以有不同的功能。科学系统的功能对其结构的影响，既表现为功能优化或进化，可以导致结构有序化，也表现为功能劣化或退化，可以引起结构紊乱或消失。科学系统的功能能够对它的结构具有反作用的原因在于，科学系统的功能状况除主要取决于科学系统自身的结构状况外，同时还受到科学系统的外环境的制约。科学系统整体结构与外环境相互作用所呈现的特定功能，通常是维持系统结构稳定的必要条件。由于科学系统所处的外环境经常发生变化，科学系统为了有效地适应环境，被迫做出调整和改变功能。功能的变化势必又影响结构，从而促使结构也发生相应的变化。这就是说，外环境的变化引起系统各要素之间出现涨落现象，由涨落带来的相干作用的结果会导致结构稳定性的振荡，以至引起系统结构的变化。可见，科学系统的功能对其结构具有制约性。

#### 3.1.2.3　科学系统的功能与结构的相互转化

科学系统的功能与结构不仅相互依存、相互制约，而且在一定的条件下还可以相互转化。科学系统的功能与结构之间的相互转化，主要表现在两个方面：①科学系统的功能与结构彼此相通，包含着相互转化的因素。在科学系统中，功能与结构互为一体，彼此都不可能单独存在。同时，在科学系统中，功能本身或结构本身亦可构成一个系统，作为一个系统就必然有自己的结构和功能，因此，功能系统中有自己的结构，结构系统中也有自己的功能，功能与结构都通过系统而相互包含。②科学系统的功能与结构互为因果关系，形成相互转化的前提。在一定的条件下，科学系统的结构变化必然导致其功能变化；同样，科学系统的功能变化也必然导致其结构变化。这种可逆的双向过程，明显地反映出科学系统的功能与结构的相互转化关系。

## 3.2　科学系统的认识功能

从人类认识系统来看，科学本身就属于认识范畴。科学是人类认识的一个重要组成部分和构成因素，它与艺术、哲学、经验、宗教等认识形态并列，都以不同的形式反映着特定的认识对象，并且与艺术等认识形态相互对立、相互补充、相互促进，构成人类认识的总序列，因此具有认识世界的一般功能。如果把科学从认识系统的整体中分离出来，并作为一个单独的系统加以考察，那么科学对人类认识本身的形成与发展会产生重要的作用和影响。科学不仅具有客观真理性的特点，而且具有建构系统化知识的严密逻辑体系，因此科学在人类所有的认识形态中，始终占据主导地位，表现出独特的认识功能。

### 3.2.1 科学对认识构成的影响

认识一般由认识主体、认识对象和认识形式三项要素构成。科学作为相对独立的系统，对构成认识的三项要素的更新和发展都有重要影响。

#### 3.2.1.1 科学促使认识主体的认识能力不断提高

认识总是通过人来进行的，因此人是认识的主体。作为认识主体的人，不仅是自然界的一部分，具有自然属性，而且是社会存在物，人的生命是社会生活的表现和确证[①]，人的认识器官（人脑）和认识能力（智力）的发展也是在长期的社会实践过程中逐步实现的，因此作为认识主体的人，是社会化的人，更主要的是其具有社会属性。

科学对认识构成的影响，首先表现为不断地提高认识主体的认识能力。这种认识能力不仅包括对自然、社会、精神等现象认识的能力，而且包括对认识现象本身以及作为认识成果的科学本身再认识的能力，即科学反思能力。随着科学知识的积累和发展，特别是对有关人自身的生理和心理现象认识的深入发展，人们不仅利用科学成果来提高自己的认识素质，而且利用科学知识来武装自己的头脑，丰富和发展自己的智力，不断提高作为认识主体的人（包括个人、群体和人类社会总体）对事物现象和本质的认识能力。

#### 3.2.1.2 科学促使认识对象的范围不断扩展

认识对象是人进行认识活动的客体，凡是人的认识所及的事物都能成为认识对象。认识对象一般包括自然界、人类社会和人的精神活动。早在人类出现以前，自然界就已经客观地存在着，那时既无所谓认识的主体，亦无所谓认识的客体。当人类及其物质生产和精神活动出现以后，也并不是整个自然界都成为人的认识对象，而只是进入人的实践活动领域的那一部分自然界才有可能成为认识的对象。因此，在每一个历史时期，人的认识所及的范围总是限于自然界的一部分。人们借助于科学的知识和科学的方法，特别是近现代的科学仪器和工具，不仅能够逐步认识前人实践所不及的那一部分自然界，而且还有可能根据一定的自然规律和自己的需要创造出自然界中未曾有

---

① 马克思，恩格斯. 马克思恩格斯全集. 第四十二卷. 中共中央马克思恩格斯列宁斯大林著作编译局编译. 北京：人民出版社，1979：123.

过的新的物质客体（即人工自然、人化自然或人造对象），从而使人对自然界的认识范围不断地扩展。同样，人对自身的社会和精神活动的认识，也不断地随着科学知识和科学方法的进步而逐步扩展和深化。

#### 3.2.1.3 科学促使认识形式更加趋向多样化和精确化

认识是认识主体与认识客体（对象）相互作用的过程。作为认识主体与认识客体联系中介的认识形式是多种多样的，其中主要包括感觉、知觉、表象等感性映象和概念、判断、推理等逻辑映象。人们对事物的现象和本质所形成的各种不同的认识，就是通过这些不同的映象形式来实现的。映象是认识主体与认识客体相互作用的结果，因而具有客观性和主观性双重特征。正如恩格斯（F. Engels）所指出的：

> 世界体系的每一个思想映象，总是在客观上被历史状况所限制，在主观上被得出该思想映象的人的肉体状况和精神状况所限制。①

在人类实践发展的基础上，随着科学的进步，作为认识形式的映象也不断地获得丰富和发展，更加趋向多样化和精确化。

### 3.2.2 科学理论的作用

科学理论在科学认识中具有特殊的功能。它不仅能对已知事实和现存问题进行解释，对未知事实和发展趋势进行预测，而且能对科学观察和实验以及科学理论建构和创新过程进行指导，为具体科学认识的定向以及解决问题的技能和技巧提供科学方法论的启迪。因此，科学理论具有解释、预见和导向等认识功能。

#### 3.2.2.1 科学理论的解释功能

任何一个科学理论都具有解释功能，能对事物的本质和规律给予科学的说明和陈述。科学理论解释的对象可以是事实，也可以是理论，一般包括三个层次：①用定律解释事实；②用理论解释定律；③用广义理论（或新理论）解释狭义理论（或旧理论）。

科学理论的解释功能，首先表现在它所解释对象的种类和数量方面。一

---

① 中共中央马克思恩格斯列宁斯大林著作编译局. 马克思恩格斯全集. 第二十卷. 北京：人民出版社，1971：40.

个成熟的理论不仅能够解释建构该理论时所依据的已知事实和原有理论，而且还能解释建构该理论时尚未考虑的事实和理论，甚至能够解释那些与建构该理论时所依据的事实和理论相异或相悖的事实和理论；一个成熟的理论能解释的对象越多，即解释覆盖面越大，则说明它越具有普遍性和可接受性。其次表现在它对反常现象的应变方式和效果方面。比较成熟的科学理论，一般都具有一定的韧性，除能解释已知的事实和理论外，还能对新发现的事实和新构思的理论以及原有理论知识重构等现象，给予科学的说明、陈述和解释。

#### 3.2.2.2 科学理论的预见功能

科学理论除能解释已知的事实和理论外，还具有预见功能。科学理论根据理论自身的逻辑自洽性，不仅能从已知的事实和现象来推测其运动、变化规律和发展趋势，而且还能推断尚未观察到的事实和现象存在的可能性。科学理论的预见功能主要表现在三个方面：①对尚未认识其本质但已发现其现象的事物发展规律做出预言；②对尚未发现但确已存在的现象做出预言；③对尚未发生但将来在一定条件下可能发生的某种现象做出预言。

预见功能是科学理论赖以确立和发展的重要标志。一个科学理论，若能推断那些根据人们的背景知识所预想不到的事物现象及其规律，并且得到科学实践的验证，就会大大提高理论本身的可靠性和可接受性。

#### 3.2.2.3 科学理论的导向功能

科学理论既是科学认识的结果，又是进一步扩大和深化科学认识的前提和手段，因而对科学观察、实验活动和理论创新过程具有指导作用。科学观察和科学实验是一种有目的、有计划的科学认识活动。无论是从方案设计、方法选定来看，还是从数据处理、结果分析来看，科学观察和科学实验都离不开科学理论的指导。同样，科学理论本身的建立和发展也是一种有目的的科学创新活动。这种创新活动，作为认识的过程，自然要受已有科学理论的指导；作为认识的结果，又会在观念和方法上给人以启迪，从而影响和制约以后的科学认识发展和科学理论建构。

### 3.2.3 科学通过观念成为思想解放的先导

科学作为一种知识体系，属于一种特殊的意识形态，它对其他社会意识形态的变革起着巨大的推动作用，是人们思想解放的先导。

3.2.3.1 科学是人类摆脱愚昧状态的认识手段

科学就其本质而言，总是从根本上排斥和反对人们认识中的一切非科学的或反科学的因素，为人们摆脱愚昧、破除迷信提供了强大的思想武器。愚昧、迷信等社会现象都是人们对科学无知的产物。当人们对自然现象和社会现象的本质及其变化规律缺乏认识时，就容易表现出认识上的愚昧；当人们受到自然或社会力量左右而不能用科学知识的力量掌握自己的命运时，就往往寄希望于自身以外的非凡力量，并对其产生盲目崇拜的心理，从而导致迷信；科学的兴起和进步，对人们解放思想，发展理论思维，追求真理，摆脱愚昧、迷信的束缚，产生了重要的作用。随着科学的发展，愚昧、迷信、宗教偏见的地盘越来越小。正如恩格斯所说：

> 在科学的猛攻之下，一个又一个部队放下了武器，一个又一个城堡投降了，直到最后，自然界无限的领域都被科学所征服，而且没有给造物主留下一点立足之地。①

3.2.3.2 科学是哲学发展的认识基础

科学与哲学是人类认识世界的两种既相区别又相联系的重要形式。科学作为知识体系，总是要求助于一定的哲学思维；哲学作为世界观和方法论，又总是要不断地从科学特别是从自然科学中汲取营养，并随着科学的发展而发展。

古代的科学与哲学相互融为一体，以直观的思辨形式从总体上认识世界。近代的科学逐渐从哲学母体中分化出来，成为以观察和实验为基础的、经过严密逻辑论证的认识形式，对近代哲学的发展产生了深刻的影响。恩格斯在考察唯物主义哲学的发展与自然科学的关系时曾指出：

> 随着自然科学领域中每一个划时代的发现，唯物主义也必然要改变自己的形式。②

这既说明了自然科学对唯物主义哲学形式的改变所起的重要作用，也反映了唯物主义哲学发展的普遍规律。16～17 世纪期间，力学的跃进及其孤立、静止的研究方法，给唯物主义哲学打上了形而上学和机械论的烙印。从 18

① 恩格斯．马克思恩格斯全集．第二十卷．中共中央马克思恩格斯列宁斯大林著作编译局编译．北京：人民出版社，1971：540.

② 恩格斯．马克思恩格斯全集．第二十一卷．中共中央马克思恩格斯列宁斯大林著作编译局编译．北京：人民出版社，65：320.

世纪末到19世纪中叶，自然科学中诸如星云假说、地质渐变理论、能量守恒与转化定律、化学原子论、草酸和尿素的合成、元素周期律、细胞学说、生物进化论等一系列重大发现，揭示了自然界运动、变化及其物质统一性的图景，从而在哲学领域引起了根本性的变革，产生了既是辩证又是唯物的哲学体系，即辩证唯物主义哲学。20世纪以来，相对论、量子力学、分子生物学、现代宇宙学、粒子物理学、信息论、控制论、系统论、耗散结构理论、突变理论、协同学、混沌理论、超循环理论等一系列具有深远意义的重大科学发现的产生，以及现代科学整体化趋势的不断增强，促使人们的物质观念、运动观念、质能观念、时空观念、因果观念和宇宙观念发生了根本的变革，从而极大地推动着辩证唯物主义哲学进一步改变自己的形式，以及在本体论、认识论、方法论等领域更加有效地提高人们认识世界的能力。“科学思想的扩展对人类思想的全部形式的改造已成了一个决定性的因素。”①

## 3.3 科学系统的经济功能

经济作为社会上层建筑赖以建立和存在的基础，主要包括物质资料的生产和再生产，以及与一定社会生产力结构相关的一定社会中的国民经济结构。科学作为一种知识体系和社会建制系统，对社会生产力的发展和经济结构的变革都会产生巨大的作用和影响。

### 3.3.1 科学的生产力功能

科学不仅是生产力的重要组成部分，而且是生产力发展水平的重要标志。生产力包括知识形态生产力和物质形态生产力两种类型。其中，知识形态生产力属于一般生产力范畴，是一种潜在的、间接的生产力。科学这种知识形态的生产力进入生产过程，转化为物质形态的生产力，主要是通过以下两种方式和途径实现的：第一，科学并不是生产力构成中独立存在的要素，而是渗透于生产力各要素之中，并与生产力各要素相互结合、紧密融合在一起，从而使生产力各要素的性能和水平得到提高。第二，科学渗透、融合于生产力各要素中，不仅能够增强生产力各要素自身的活力，而且对生产力各要素起着组合、协调和控制作用，维系和推动着生产力系统的有效运转，从而使

① 贝尔纳. 历史上的科学. 伍况甫，等译. 北京：科学出版社，1959：3.

其产生协同效应。

3.3.1.1 科学对生产力的渗透功能

生产力的结构十分复杂，它由参与社会生产过程的全部人和物等要素构成，最基本的构成要素有劳动者、劳动资料和劳动对象。科学的生产力功能主要表现在,科学通过对生产力各要素,特别是基本要素的广泛渗透和融合，改变生产力的要素结构状况，从而不断提高生产力的发展水平。

1. 科学对劳动者素质的渗透

劳动者体力的增强和智力的提高，都与科学发展的状况和水平有关。从历史发展来看,一方面,人们依靠科学的力量不断地增强和延伸自己的体力，从最初直接用体力作为动力逐渐发展到相继用体力驾驭畜力和风、水等自然力再到用蒸汽、电磁和核能作为动力，利用有限的体力操纵着越来越大、越来越复杂的动力系统；另一方面，人们还依靠科学的力量不断地提高和发展自己的智力，使感官越来越灵敏，理性思维越来越开阔，劳动技能、技巧和经验越来越丰富。

在生产过程中，劳动者体力的增强毕竟是有限度的，而智力的提高却是无止境的。特别是在以科学为基础的现代化大生产中，随着生产过程由机械化逐渐转向自动化和智能化，智力在劳动者能力的构成中所占的比重越来越大，生产活动对劳动者的科学素质和文化水平的要求越来越高。因此，科学知识可以通过学习、教育和训练被劳动者熟悉并掌握，提高其劳动技能和经验，进而构成新的生产力要素进入生产过程，从而对生产发挥更加积极、能动的主导作用。

2. 科学对劳动资料的渗透

劳动资料是劳动者在生产过程中用于改变或影响劳动对象的一切物质手段及其综合体，主要包括生产工具、机器、仪器、仪表。以生产工具为主的劳动资料是社会生产力发展状况和水平的重要标志。

随着科学的发展，生产工具经历了从石器到金属器具、从手工工具和机械到普通机器再到机器体系的变革，其规模和效能都发生了巨大的变化。现代出现的以计算机为中心的控制系统指挥下的各种自动控制机和具有一定思维判断能力的智能机器人，完全是建立在科学基础之上的，使机器的功能发生了根本性的变化。以最新科学原理为基础的现代生产工具等劳动资料的更新，已经不仅是人体四肢的延长和体力的扩展，而且更主要的是人脑的扩充和智能的增强，从而极大地促进了生产力的发展。

3. 科学对劳动对象的渗透

劳动对象是人们进行生产活动时涉及的一切物质客体，主要包括自然资源（如河流、山脉、矿藏、土地、原始森林、水产资源等）和经过人类劳动加工的原材料（如农牧产品、矿石、木材、钢材等）。

从人类生产发展的历史来看，劳动对象的种类、效用以及开发规模和范围的不断扩大，与劳动者生产能力和劳动资料的变革一样，都是由科学发展及其物化程度决定的。人们借助于科学知识，不仅能够提高对原有劳动对象的认识、开发和利用的深度，而且还可以创造出自然界不能直接提供的各种新的劳动对象，从而不断地扩大劳动对象的广度和深度。

以材料工业为例，古代的劳动对象仅限于天然材料，如木、石和少数矿物等。到了近代和现代，随着科学的进步特别是材料科学的兴起和发展，人们不仅能够更加充分有效地开发和利用原有的天然材料，而且还不断地创造出各种类型的人工合成材料（如合成橡胶、合成树脂、合成纤维、塑料等）、功能材料（如耐高温、耐高压、耐腐蚀等材料）、复合材料（如金属陶瓷、复合塑料等），以及各种适应特殊需要并且具有特殊结构和性能的新型材料。当代科学的发展，正在从广度和深度上进一步丰富劳动对象，不断促使生产力更加迅速地发展。

3.3.1.2 科学对生产力的组合功能

科学的生产力功能，不仅表现为科学对生产力的基本要素具有渗透和融合作用从而提高生产力各要素自身的素质和水平，而且还表现为科学对生产力各要素具有组合、协调和控制作用从而增强生产力各要素之间的结合机制和整体效应。

> 科学是生产的二阶微分……用常规技术的方法进行生产上的扩大和改进，这是生产的一阶微分，它表示生产过程的变化率。科学研究创造出来的成果，则是（生产的）二阶微分，它是生产过程变化率的变化率。①

科学对生产力各要素的组合功能，主要是通过科学的组织与管理来实现的。现代科学作为一种庞大的知识系统和社会建制系统，不仅拥有自然科学、

① Bernal J D. After twenty-five years. //Godimith M, Mackay A. The Science of Science. London: Pengiun Books, 1966: 304.

社会科学、数学和哲学等传统科学门类，而且还在传统科学门类的基础上，相继推出了系统科学、管理科学、决策科学等新兴的、综合的交叉科学门类。现代科学的发展，特别是管理科学的崛起和发展，为生产管理的科学化和自动化，提供了日趋完善的管理知识、管理思想和管理理论，创造了日益先进的管理技术、管理方法和管理手段，从而为生产力各要素之间的优化组合、协同发展奠定了科学的基础。

1. 科学能使生产力各要素趋于质态适应

生产力一般是由劳动者、劳动资料和劳动对象三大要素构成。生产力作为一个均衡、有序的系统，其构成要素之间应在质量上相互适应，即一定类型的劳动资料需要具有一定科学知识水平的劳动者与之相适应，同时还需要能够与之相适应的劳动对象。科学依靠组织与管理的理论和方法，能够不断调节生产力各要素之间的相互搭配，使其趋于最佳的质态适应关系。

2. 科学能使生产力各要素达到量态匹配

构成生产力系统的各要素，不仅在质量上要相互适应，而且在数量上还要相互匹配，按照一定的比例结合在一起。一定数量的劳动资料需要一定数量的劳动者来操作，同时也需要一定数量的劳动对象与之相适应。科学通过组织与管理的理论和方法，能够不断调整生产力各要素之间的数量比例和聚积规模，使其相互保持适度的量态匹配关系。

3. 科学能使生产力各要素形成衔接的时间顺序和合理的空间布局

生产力的运动、变化和发展，总在一定的时间和空间进行。在生产过程中，生产力各要素需要按照一定的时间节奏和空间布局结合起来，才能获得理想的效果。科学借助于组织与管理的理论和方法，能够不断调控生产力各要素的时空范围，使其形成相互衔接的时间顺序和合理的空间布局。

### 3.3.2 科学的经济结构变革功能

科学的经济结构变革功能主要表现为，科学对一定社会中的国民经济结构变化所施加的作用和影响。

经济结构一般分为两个方面：一个是社会经济结构，即生产关系结构，主要指所有制结构；一个是国民经济结构，它主要包括生产力结构以及各个社会共有的生产关系的结构，如国民经济的部门结构、产业结构、地区结构、企业结构、技术结构、产品结构、就业结构等。

随着科学的进步，社会经济结构不断发生变化。20 世纪 30 年代，英国经济学家费希尔（A. G. B. Fisher）在《安全与进步的冲突》一书中提出，人类生产活动大致经历了三个发展阶段：第一阶段以农业和畜牧业为主；第二阶段以工业生产大规模的迅速发展为标志，人类开始从事纺织、钢铁和其他制造业活动；第三阶段中各种社会服务业迅速发展。

按照生产活动的历史发展顺序，社会的经济结构可以被划分为第一产业、第二产业和第三产业。关于三次产业划分的标准和范围，目前并不统一。一般说来，第一产业以农业为主，包括林、牧、渔等行业；第二产业以工业为主，包括制造、采掘、建筑等行业；第三产业以服务业为主，包括交通运输、邮电通信、商业贸易、金融保险、信息咨询，以及科学、教育、文化、体育、卫生等行业。

20 世纪以来，特别是 20 世纪中叶以后，随着现代科学的迅猛发展，许多国家的产业结构发生了深刻的变化，出现了一种新的发展趋势：在全部就业人数和国内生产总值中，第一产业比重逐渐下降，第二产业比重有升有降或保持稳定，第三产业比重则急剧上升。特别是到 20 世纪 70 年代后期，美国、英国、法国、联邦德国和日本等国家的第三产业的就业人数和产值，已经超过第一产业及第二产业的就业人数与产值的总和。

产业结构发生如此重大的变化，主要源于科学的进步。首先，随着科学成果的迅速应用，社会劳动生产率获得空前提高，使得物质生产部门对活化劳动和物化劳动的需求相对减少，从而为第三产业各部门的发展提供了充分的人力、物力和财力等支撑条件。其次，科学的进步、生产专业化和协作高度发展，使社会分工越来越细，从而导致科研和教育部门迅速发展起来；同时，许多原来由工业企业经营的科研、广告、设备维修以及农业中的良种推广、饲料供应等服务项目，都从工业和农业中独立出来，形成专门的服务机构。再次，随着经济活动特别是国际贸易活动的展开，金融、保险、海运、航空、邮电、通信等服务部门的规模也迅速扩大。最后，由于科学的进步，人们的劳动收入和闲暇时间增加，从而促使家务劳动社会化和社会文娱、体育、旅游等行业迅速发展。

与此同时，以现代科学原理为基础的知识密集型产业迅速崛起。例如，20 世纪以来相继兴起的现代化学工业（以高分子化学为基础）、电子工业（以固体物理学为基础）、宇航工业（以空气动力学、工程热物理学、自控理论、材料科学为基础）、原子能工业（以核物理学、核化学为基础）等，都属于知识密集型产业。它们与劳动密集型产业和资本密集型产业相比，由于所凝聚的知识多、价值高，因而能给人类带来巨大的经济效益，在社会经济发展中逐渐占据越来越重要的地位，以至引起整个工业生产部门结构的变革。尤其值得注意的是，科学研究活动已经开始成为一种独立的知识产业，有效地促使社会产品结构中知识产品的比重不断增大。

此外，随着科学的进步，社会的工农业结构、城乡结构和劳动结构也正在发生很大的变化，从而使得工农差别、城乡差别、体力与脑力劳动差别逐步缩小，这将会对人类社会发展产生深远的影响。

### 3.3.3 科学通过技术转化为现实生产力来推动经济发展

科学作为知识体系，是一种潜在的、间接的生产力。科学只有以技术为中介，才能转化为现实的、直接的生产力。

科学与生产的关系，历来大体上存在着三种形式：$P \rightleftharpoons T \rightleftharpoons S$，$S \rightleftharpoons T \rightleftharpoons P$，$S \rightleftharpoons T \rightleftharpoons P$①。从人类社会的历史发展来看，科学与生产的关系在古代和中世纪的漫长时期一直是 $P \rightleftharpoons T \rightleftharpoons S$，它反映了生产是科学的基础；到近代以后才是 $S \rightleftharpoons T \rightleftharpoons P$，它反映了科学是生产的先导；现代则是 $P \rightleftharpoons T \rightleftharpoons S \rightleftharpoons T \rightleftharpoons P$，它反映了以科学为中心的双向运动过程。从这三种表现形式可以看到，无论是哪一种形式，技术都作为科学与生产相互关系中的桥梁，处于中介的地位。

科学与生产本属于两种不同的范畴。作为知识形态范畴的科学，要进入属于经济范畴的生产领域，并成为生产力发展的主导因素，则必须通过技术作为中介环节，先把科学知识和理论变为技术的概念和原理，形成技术思想和技术设计，进而再与物质手段结合起来，逐渐对生产力各要素乃至生产力整体产生作用和影响，促进生产力各要素乃至生产力整体的素质、水平、性能和活力不断提高、拓展、更新，从而实现科学通过技术中介向直接生产力的转化，使科学真正成为推动生产发展和经济繁荣的动力。

经济结构主要是指社会物质资料的生产方式，它包括生产力和生产关系两个方面。科学通过技术中介逐步渗透到生产力各要素中去，不断提高劳动者的生产能力，创造新的生产工具，扩展自然资源的范围，从而极大地提高社会生产力的水平。生产力的发展，必然引起生产关系的变化。生产力与生产关系的矛盾运动，又将导致社会物质资料生产方式的变革，从而推动着人类社会的进步。因此，科学发展的水平，以及作为科学活化载体的劳动者的生产能力和作为科学物化载体的生产工具的发展水平，成为社会生产方式变革和人类社会进步的重要标志。马克思通过对以科学为基础的技术发展历史的考察，认为从手工业到工场手工业再到机器大工业的历史进步，正是科学的持续发展推动生产方式不断变革的结果。

---

① S、T、P 分别代表科学(science)、技术(technology)、生产(production)。

# 3.4 科学系统的社会功能

贝尔纳曾经指出，科学的一个“更重要的功能”表现为“它是社会变革的主要力量；它起初是技术变革、不自觉地为经济和社会变革开路，后来它就成为社会变革本身的更加自觉的和直接的动力了”[①]，“科学通过它所促成的技术改革，不自觉地和间接地对社会产生作用，它还通过它的思想的力量，直接地和自觉地对社会产生作用”[②]。

人类社会是由各种社会要素组成的、结构严密的、庞大而复杂的巨系统。构成社会系统的基本要素，除经济外，主要包括政治、军事、法制、科技、教育、文化以及人们的生活方式、价值观念和行为规范等。科学本身亦是构成社会系统的一个基本要素，或者说，科学“是经济和政治力量的组合中的一个因素”[③]。若将科学从社会系统中单独分离出来，作为一个相对独立的系统加以考察，则可发现科学对构成人类社会系统的其他基本要素和它们的变化、发展产生着深刻的影响。正如默顿所指出：“一旦科学成为牢固的社会组织之后，除了它能带来经济效益以外，它还具有了一切经过精心阐发、公认确立的社会活动所具有的吸引力”，“当科学同激励着人们广泛投身到具有指定功能的活动中的一个社会运动结成搭档，它便开足马力全速起航了”。[④]下面，我们主要考察科学对经济以外的各种社会要素（如政治、军事、文化、生态等）所产生的作用和影响，即科学的政治、军事、文化、生态等社会功能。

## 3.4.1 科学的政治功能

科学的进步，不仅通过技术中介推动着社会生产力的发展，进而推动社会经济结构的变革，而且还通过生产关系的中介作用，促进社会上层建筑和社会历史形态的变化。因此，“科学是一种在历史上起推动作用的、革命的力量”[⑤]，是人类社会发展的重要动力。科学与社会发展的历史证明，科学上的

---

① 贝尔纳．科学的社会功能．陈体芳译．北京：商务印书馆，1982：511.

② 贝尔纳．科学的社会功能．陈体芳译．北京：商务印书馆，1982：513-514.

③ 贝尔纳．科学的社会功能．陈体芳译．北京：商务印书馆，1982：544.

④ 默顿．十七世纪英国的科学、技术与社会．范岱年，吴忠，蒋效东译．成都：四川人民出版社，1986：124，125.

⑤ 马克思恩格斯．马克思恩格斯全集．第十九卷．中共中央马克思恩格斯列宁斯大林著作编译局编译．北京：人民出版社，1963：375.

重大发现和发明，必然引起生产领域的根本变革，而生产领域的根本变革又将推动社会制度的根本变革。这就是一般所说的科学革命通过技术革命推动生产革命，进而推动社会革命的历史发展模式。例如，以牲畜驯养、手工制作、农田耕种等技术为物化形态的古代科学，曾经促进了社会生产力的发展，陆续形成了畜牧业、手工业、农业等，使人类社会从蒙昧野蛮时期进入文明社会。

近代科学诞生以来，特别是 17 世纪以后，经典力学体系的确立以及纺织机、蒸汽机的发明和电力的应用，引起了近代产业革命，导致了封建社会的崩溃和资本主义社会的诞生。甚至连“十七世纪和十八世纪从事创造蒸汽机的人们也没有料到，他们所造成的工具，比其他任何东西都更会使全世界的社会状况革命化”[①]。

20 世纪以来，现代科学的发展，更加充分地显示了科学的社会政治功能。以相对论和量子力学为标志的物理学革命，特别是 20 世纪 50 年代以来以控制论、系统论、信息论为核心的方法论科学的兴起，以电子计算机、微电子技术、生物工程、新能源、新材料工艺为基干的高技术的崛起，迅速迎来了新的产业革命，即知识产业革命，有力地促进了现代社会形态的不断变革和更新，从而为人类社会的进步呈现出广阔的发展前景。

### 3.4.2 科学的军事功能

科学作为知识体系和社会建制，可以转化为军事战斗力，具有军事变革功能。科学及其物化成果，不仅能够提高军队的战斗素质，推动武器装备的发展和更新，而且能够促进军队组织结构和作战方式的变革。因此，世界上任何国家都特别重视军事科学的发展，并把科学成果应用于军事。特别是现代战争，更是一种以现代科学及其技术为基础的政治力和经济力的抗衡和较量，从而充分地显示了科学的军事变革功能。正如贝尔纳所说，“科学是直接牵涉到战争和社会革命所组成的猛烈而可怕的话剧中来了”[②]，以至“在一切国家里，政府都把科学看作是有用的军事附属物，在某些国家中，这实际变成了科学的唯一职能”[③]。

---

① 马克思恩格斯. 马克思恩格斯全集. 第二十卷. 中共中央马克思恩格斯列宁斯大林著作编译局编译. 北京：人民出版社，1971：527.

② 贝尔纳. 历史上的科学. 伍况甫，等译. 北京：科学出版社，1959：Ⅷ.

③ 贝尔纳. 科学的社会功能. 陈体芳译. 北京：商务印书馆，1982：253.

### 3.4.3 科学的文化功能

科学的社会功能不仅表现为推动社会政治和军事的变革，而且表现为促进人类社会文化的发展。

人类社会的文化是一个内涵丰富、形式多样的复杂系统。就其内涵来说，文化既可以指人类创造的一切物质财富和精神财富的总和，也可以指思想、哲学、科学、教育、艺术、道德、法律以及风俗习惯和宗教信仰等；就其表现形式来说，文化一般包括器物、制度、知识智能、行为规范与价值观念等。

科学是人类创造的客观知识体系，具有鲜明的文化特征，属于文化系统中的知识智能范畴，贝尔纳指出："由于科学变成物质文明的自觉的指导力量，它应该越来越渗透到一切其他文化领域中去。"[①]美国著名人类学家怀特在揭示文化作为一类崭新而独特的现象序列而存在的机制时，明确指出："文化是科学探索和解释的新领域""科学并不是资料的汇集，科学是一种解释技术。这种解释技术适用于文化现象，恰如适用于其他任何现象一样"[②]。如果把科学作为从文化系统中分离出来的一个独立系统加以考察，那么就可以发现，科学对人类文化系统母体产生着重要的影响。"科学所描绘的世界面貌虽然不断地变化，但是每经一次变化就变得越加明确和完整，在新时代中一定会成为一切形式的文化的背景。"[③]例如，科学可以通过技术和生产为精神文明的发展提供诸如纸张、印刷、图书、通信、计算等必要的物质条件和设施；科学可以借助知识及其技术成果的传授和再创造，不断地改变和更新教育内容、教育手段和教育方式，从而促进人才的培养和人类智能的发展；此外，"历史、传统、文学形式和直观再现，都将越来越属于科学的范畴"[④]，科学可以为艺术的繁荣提供重要的物质手段，人们应用科学知识及其技术成果能够不断更新和发展诸如建筑、绘画、表演、文学、影视、音乐、舞蹈、戏剧、装饰等各种艺术形式。

现代科学及其技术物化成果已经渗透到人类社会生活的各个方面，不仅促使人们的衣、食、住、行等生活方式的变化，而且推动着人们的价值观念和行为规范的更新，从而有力地推动着人类社会的物质文明和精神文明的建设。

① 贝尔纳. 科学的社会功能. 陈体芳译. 北京：商务印书馆，1982：546.

② 莱斯利·A. 怀特. 文化科学——人和文明的研究. 曹锦清等译. 杭州：浙江人民出版社，1988：1.

③ 贝尔纳. 科学的社会功能. 陈体芳译. 北京：商务印书馆，1982：547.

④ 贝尔纳. 科学的社会功能. 陈体芳译. 北京：商务印书馆，1982：547.

### 3.4.4 科学的生态功能

生态概念原指生物体与其生存环境之间的相互关系。目前，生态概念已有很大发展，由以生物界为中心转向了以人类社会为中心，泛指人类与其生存环境之间的相互关系。人类生存环境包括自然环境和社会环境。现在地球上的自然环境很多都受到过人类的干预，成为一种人化自然环境（人工自然环境），它与社会环境相互关联、交织，构成了整个人类社会的生态环境。

科学和任何事物一样，都具有两面性：一方面，科学作为人类征服自然、改造社会的有力武器，它能给人类带来幸福；另一方面，人们盲目地使用这种武器，往往导致人类社会生态环境的恶化，从而也给人类带来灾难。诺贝尔物理学奖获得者、著名的美籍德裔科学家爱因斯坦（A. Einstein）早就提醒人们要注意科学的“双刃性”，他指出：

> 科学是一种强有力的工具。怎样用它，究竟是给人带来幸福还是带来灾难，全取决于人自己，而不取决于工具。①

贝尔纳也曾指出：

> 科学好象（像）是不相干的社会力量的奴仆；它好象（像）是一种外来的不可理解的力量，有用处，但却是危险的东西。②

实际上，科学成果的滥用，对自然过程的非科学干预，对自然界的掠夺性开发，以及工业生产的无节制消耗和工业废物的大量排放，已经给人类社会带来了诸如环境污染、资源匮乏、能源枯竭、人口膨胀、粮食短缺，以及毁灭性武器竞争与破坏、计算机犯罪等一系列严重的后果，从而使人类作为一个从事社会活动的群体，与赖以生存的自然环境之间的矛盾日益尖锐。正如贝尔纳所说：

> 世界所以陷入目前的状态，完全是由于滥用科学的缘故。③

尽管如此，科学作为人类智慧的结晶，它的发展会控制人类活动朝着

① 爱因斯坦. 爱因斯坦文集. 第三卷. 许良英，等编译. 北京：商务印书馆，2010：69.
② 贝尔纳. 科学的社会功能. 陈体芳译. 北京：商务印书馆，1982：511.
③ 贝尔纳. 科学的社会功能. 陈体芳译. 北京：商务印书馆，1982：34.

有利于社会生态环境恢复平衡的方向发展。"科学意味着要统一而协调地，特别是自觉地管理整个社会生活；它消除了人类对物质世界的依赖性，或者为此提供可能性。"[①]因此，科学对社会生态环境具有调控作用。科学的生态功能，既是人类对自己控制自然活动的再控制，又是人类对自己调节社会活动的再调节。这种功能表明，科学自身具有克服科学异化现象的能力，也就是对科学异化现象的再异化，使科学成为自觉恢复、维持和调整人类社会生态平衡关系的有效手段。

### 3.4.5 科学通过体制实现社会变革功能

社会作为以共同的物质生产活动为基础而相互联系的人类生活共同体，是由各种社会要素组成的、多层次的、结构严密的复杂系统。社会体制作为社会的组织形式、机构设置和管理制度的总和，属于社会系统的结构，是不同的社会系统中不同社会功能的载体。一定的社会系统为了达到预定的目的，完成特定的社会功能，就必须以一定的社会体制为保障。

科学作为一种相对独立的知识形态和社会活动系统，它的社会变革功能总是通过一定的社会渠道，依靠一定的社会体制来实现的。这种社会体制除经济体制外，主要包括科学体制、政治体制、文化体制以及社会其他构成要素的体制。科学要发挥社会变革功能，不仅科学体制必须作相应的调整和改革，而且经济、政治、文化等社会相关体制也应该进行适当的调整和改革。正如贝尔纳所指出："如果要使科学可以充分地为社会服务，就必须进行变革，而且必须进行相当激烈的变革……要想使科学组织发挥应有的作用，就需要对社会的经济和政治组织进行适当的改革。如果没有这些改革，即便能在科学上作一些小小的改进、纠正某些弊端，也不能使目前的效率低下的、浪费的和令人沮丧的制度产生根本的变化"[②]。

以科学与文化为例，它们作为构成社会系统中的两个子系统，其相互作用是通过体制的调整与改革来进行的。就科学作用于文化这一过程来看，科学体制和文化体制都需要不断地进行调整与改革。一方面，科学要实现它的文化功能，必须根据文化发展的要求，对科学本身的体制进行相应的变革，以便更好地为实现科学的文化功能服务。与此同时，另一方面，文化在接受科学的影响时，首先做出反应和选择的总是文化系统结构中起主导作用的较高层次部分，即文化的领导、组织、管理和传播部门，它们根据科学的要求

---

① 贝尔纳. 科学的社会功能. 陈体芳译. 北京：商务印书馆，1982：544.

② 贝尔纳. 科学的社会功能. 陈体芳译. 北京：商务印书馆，1982：513.

和影响，对自身的体制进行适当的调整与改革；在此基础上，科学的要求和影响逐渐地扩散到文化系统结构中的较低层次部分，即具体的精神产品生产部门，使精神产品生产的组织管理体制发生相应的变革，以便更有效地实现文化发展的功能。

同样，科学对构成社会系统的其他子系统诸如政治、军事、法制、教育等子系统的作用过程，基本上也是如此。科学总是通过相关的社会体制的调整与改革，来实现自己对社会整体的变革功能。

# 4 科学系统的环境

陈益升

科学系统的产生和发展是自身内在逻辑与社会历史条件综合作用的结果。也就是说，科学系统的产生和发展，不仅取决于科学系统结构自身的历史演化，而且取决于科学系统所处历史时代的社会环境变化。

本章主要从社会的经济和文化这两个方面来具体阐述它们作为社会环境因素，对科学系统存在与发展所产生的作用和影响。

## 4.1 科学系统的环境及其类型特征

环境是指某一事物周围的境况。也就是说，环境是相对于主体而言的，围绕某一主体的外部世界被称为该主体的环境。概而言之，环境是主体赖以生存和发展并对主体产生作用和影响的各种外部因素的总和。例如，相对于人这一主体来说，围绕人并对人发挥作用的外环境就是自然环境、生态环境、社会环境以及具体的生活环境、工作环境、学习环境等。

主体与环境始终处于相互联系和相互作用之中。就人与自然环境来说，人既是自然环境的产物，也是自然环境的塑造者。人类为了自身的生存和发展，总是通过生产与消费活动，从自然界不断获取生存和发展的资源，又将经过改造与使用的各种自然物和废弃物还给自然界，从而不断地改变自然环境，推动着人类社会向前发展。与此同时，自然环境也不断地向人类施加负面作用和负面影响，诸如环境污染、资源枯竭、能源匮乏等生态平衡失调和破坏问题，严重地威胁着人类自身的生存和发展。

### 4.1.1 系统与环境

从系统论的观点来看，宇宙中的一切事物和现象都可以构成系统，任何系统都是由各要素按一定结构形成并具有特定功能的有机整体；凡是系统都处于一定的环境之中，受到环境的影响和制约。一般系统论创始人、美籍奥地利裔生物学家冯·贝塔朗菲曾经通过系统与环境的关系来定义系统概念和控制论。他指出：

> 系统可以定义为处于自身相互关系中以及与环境的相互关系中的要素集合。①
>
> 控制论是以系统与环境之间和系统内部的通信（信息传递），以及系统对环境的功能的控制（反馈）为基础的一种控制系统理论。②

任何一个具体的系统，作为时空上的一个有限的存在，总有围绕着它的外界事物和现象。因此，一般都把系统之外存在的并与系统发生作用的所有事物和现象，称为该系统的环境，有时亦称外部环境或外界环境。

环境是系统存在与演化的必要条件和土壤。任何系统都不可能没有自身赖以生存和发展的外部环境。环境对系统的性质和演化起着重要的作用。系统的整体性及其功能是在系统与环境的相互联系和相互作用中体现出来的。因此，没有一定的环境，就不存在一定的系统；当环境因素发生变化时，系统为维持自身的生存，也必然随之发生变化。

### 4.1.2 科学系统的环境及其基本类型

科学作为一个系统，它和其他系统一样，始终都与周围的各种事物和现象处于相互联系和相互作用之中。所谓科学系统的环境是指，作为整体的科学的周围存在的一切与之相关的事物与现象的总和。也就是说，以整个科学为中心，所有与科学相关的外部介质都称为科学系统的环境。如图 1.4.1 所示，若以 $S$ 表示科学系统，$E$ 表示环境，则相对于科学系统 $S$ 来说，与它相关的外部介质 $E_1$，$E_2$，$E_3$，…，$E_n$ 均可单独或共同构成科学系统 $S$ 的环境。

科学系统的环境，一般分为天然环境和人工环境两大基本类型。其中，天然环境又称为自然环境，一般由空间、水土、矿物、生物等自然要素构成，它们是影响科学系统形成与演化的自然条件和物质基础；人工环境亦称为社会环境，一般由经济、政治、文化、教育等社会要素构成，它们不仅是人类为创立和发展科学及其体系而利用和改造自然环境的结果，而且是推动科学

---

① 冯·贝塔朗菲. 一般系统论：基础、发展和应用. 林康义，魏宏森，等译. 北京：清华大学出版社，1987：240.

② 冯·贝塔朗菲. 一般系统论：基础、发展和应用. 林康义，魏宏森，等译. 北京：清华大学出版社，1987：19.

进步及其体系演化的人类历史文明和社会实践的综合体现。自然要素和社会要素以及由它们所构成的自然环境和社会环境，在人类认识自然和改造社会的实践过程中彼此相互依存和相互作用，形成有机统一的环境整体，对科学系统的存在和发展产生着深刻的影响。

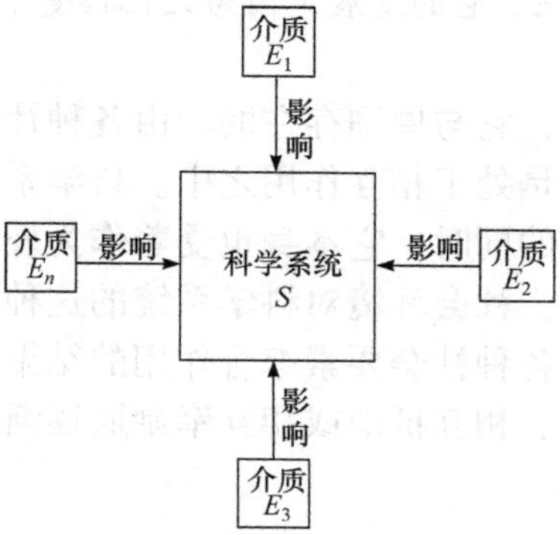


图 1.4.1　科学系统环境示意图

### 4.1.3　科学系统的社会环境及其构成特征

科学作为一种社会现象，是整个社会系统中的一个子系统，它与构成社会系统的其他子系统诸如技术、生产、经济、政治、军事、法制、文化、教育，以及包括哲学、宗教、伦理、美学、文学、艺术在内的观念意识等子系统，始终处于相互作用和相互影响的过程中，彼此之间不断地进行着物质、能量和信息的交换。就科学系统而言，科学知识的演化，科学研究对象的选择，科学认识方法的形成，科学理论体系的构建，科学发展方向、规模和速度的确定，科学成果的应用和评价，都要受到构成社会系统的各子系统即各种社会因素的影响和制约。

20 世纪以来，随着科学社会化与社会科学化发展趋势的日益增强，现代社会对科学系统的影响和制约越来越明显。其中，对科学系统影响比较强烈的社会因素主要有反映经济需要的社会生产发展水平和物质技术基础、社会政治制度和经济体制、军事发展与国防建设、文化和教育发展水平、社会思想意识形态等。这些社会因素的总和构成了科学发展的社会存在条件，亦即科学系统的社会环境。

科学系统的社会环境是以科学为中心联结其周围社会环境各要素而构成的、呈现着动态变化的有机整体。美国著名未来学家托夫勒在给《从混沌到有序》一书写的长篇前言“科学和变化”中，曾就科学受社会环境制约的问题指出：

> 科学不是一个“独立变量”。它是嵌在社会之中的一个开放系统，由非常稠密的反馈环与社会连接起来。它受到其外部环境的有力影响，而且一般说来，它的发展是因为文化接受了它的统治思想。①

科学作为一个系统，它与周围存在的、由各种社会要素及其相互关系构成的社会环境之间，总是处于相互作用之中。科学系统在对社会整体及其各构成要素发挥巨大功能的同时，它本身也受着作为外部环境的社会整体及其各构成要素的深刻影响。社会环境对科学系统的这种影响，一般是由社会环境整体以及构成整体的各种社会要素综合作用的结果，亦即通过整体与要素以及要素之间相互增强、相互抵消或相互牵制而逐渐形成一种社会环境对科学系统产生的整体效应。

## 4.2 科学系统的经济环境

科学系统的形成和演变总是与它所处的经济环境密切相关。所谓科学系统的经济环境是指，存在于科学整体之外并对科学整体产生作用和影响的经济因素的总和。

### 4.2.1 科学与经济的关系

现代社会的发展表明，科学与经济作为两个系统，它们虽然彼此不同，但存在着相互联系、相互影响和相互制约的关系。从总体上看，经济是大系统，科学可以被看作是该大系统中的一个子系统。因此，就科学系统而言，它的产生和发展要以经济系统作为基础，经济系统成为一种维持科学系统存在和演变的重要社会环境，即科学系统的经济环境；与此同时，经济系统作为科学系统的外部环境，它的产生和发展要受到科学系统的制约并以科学系统为先导，科学系统成为一种推动经济系统形态和结构变革的强大动力，从而显示出重要的社会功能，即科学系统的经济功能。

科学作为一个系统，它受经济系统这种外部环境的作用和影响，主要表现在经济发展需求和经济实力后盾两个方面。也就是说，科学系统要有经济

---

① 伊·普里戈金，伊·斯唐热. 从混沌到有序. 曾庆宏，沈小峰译. 上海：上海译文出版社，1987：7.

发展需求的刺激，并且要以经济实力后盾作支撑。

### 4.2.2 经济发展需求的刺激

经济作为社会上层建筑赖以存在的基础，是人类社会的基本实践活动。科学的产生和发展主要取决于人类社会的经济需求。经济包括生产、分配、交换、消费等四个环节，而以生产为核心。因此，经济上的需求主要是通过物质生产来满足的。物质生产是人类为求得生存和发展而运用各种劳动资料征服和改造自然，以获取所需物质生活资料的主要经济活动。科学作为一种认识活动和知识体系，从根本上说，是物质生产和社会经济发展需要的产物。物质生产和社会经济发展的需要，不仅为科学提供了日益丰富的经验、事实和资料，而且向科学提出了大量新的研究课题，开拓了各种新的研究方向和研究领域，从而推动着科学不断地向前发展。

美国著名科学社会学家默顿在考察 17 世纪英国社会经济需要对科学发展的刺激时，曾就英国皇家学会会员对科学研究课题的选择情况进行了统计分析。在这些研究课题中，与社会经济需要相联系的研究课题，主要包括海上运输与航海（如罗盘、海图、经纬度、潮汐时间、造船方法与材料以及与之相关的浮体运动、天体观测、植物生长等问题研究）、采矿与冶金（如提升矿石、水泵抽水、矿井通风以及与之相关的重物提升方法、大气压、空气压缩等问题研究），此外，还包括军事技术、纺织工业、一般技术与务农等方面急需解决的问题。通过对这些研究课题的分析，默顿得出了如下的结论：

> 可以尝试性地认为，社会经济需要相当可观地影响了十七世纪英国科学家研究课题的选择，粗略地讲，差不多百分之三十到六十的当时的研究，似乎直接或间接地受到了这种影响。①

人类社会进化的历史证明，早在古代以农牧业为主的生产实践，就孕育着科学的萌芽。例如，游牧民族和农耕民族确定季节的需要，激发了古代天文学的诞生；建筑、水利、航海的需要以及杠杆、滑轮等机械装置的应用，导致了古代力学的出现；丈量土地面积、衡量器物容积、计算时间和制造器皿等的需要，产生了古代数学。正如恩格斯所说，科学的产生和发展一开始就是由生产决定的。中世纪以后，欧洲机器工业生产的兴起和繁荣，为近代

① 默顿. 十七世纪英国的科学、技术与社会. 范岱年，吴忠，蒋效东译. 成都：四川人民出版社，1986：314.

科学的迅速崛起和发展创造了有利的经济环境。矿井排水与通风的需要，引起了流体静力学和空气静力学的研究；蒸汽机的应用和提高热机效率的需要，促进了热力学的研究；近代力学的发展，为矢量数学的出现创造了条件；染色、酿酒、医药、冶金生产的需要，推动了化学的进步；基于商业发展需要的远洋航海和地理上的大发现，不仅促进了数学和天文学的进步，而且为植物学、动物学和生理学的研究提供了丰富的资料。这些事例足以证明恩格斯的论断：

> 如果说，在中世纪的黑夜之后，科学以意想不到的力量一下子重新兴起，并且以神奇的速度发展起来，那么，我们要再次把这个奇迹归功于生产。①

20 世纪以来，特别是 20 世纪中叶以来，随着现代化大生产的兴起和发展，科学知识整体化和科学活动社会化的发展趋势日益强劲，从而导致现代科学逐渐形成一种具有严密知识结构和庞大社会建制的自组织系统。科学作为一个与技术、经济、社会相互关联的有机统一整体，它的存在和发展必然要受外部经济环境的制约。从现代科学发展的基础、源泉和动力来看，它与生产实践的关系具有一种双重性质：一方面，它与生产实践之间的分离趋势（相对独立性）正在日益明显；另一方面，它对生产实践的依赖性亦在不断加大。前者表明，现代科学对生产和经济的发展越来越起着主导性的作用，越来越发挥着巨大的生产力功能；后者则表明，现代科学仍然受生产实践的制约，脱离不开来自外部社会经济环境的作用和影响。事实证明，现代社会化大生产及其经济需求，明显地激发着现代科学整体及其门类与学科的形成和演化。例如，电力工业发展的需要，促进了对气体放电现象的研究，从而导致阴极射线的发现以及在此基础上相继发现了 X 射线、放射性和电子等，进而拉开了现代物理学革命的序幕，迎来了相对论、量子力学、粒子物理学的诞生；航空航天工业发展的需要，推动了空气动力学、材料科学和能源科学的迅速发展；原子能工业发展的需要，促进了核物理学、放射化学、放射生物学的发展；雷达、通信和自动控制的需要，推动了无线电电子学、半导体物理学、射电天文学、计算机科学、微电子学以及信息论、控制论的发展；化学合成工业的发展，激发了高分子科学的崛起；作物良种的定向培育、生

① 恩格斯. 自然辩证法. 中共中央马克思恩格斯列宁斯大林著作编译局编译. 北京：人民出版社，2015：28.

物激素的应用、遗传性疾病的诊断与控制、病原菌抗药性的防治等农业和医疗发展的需要，推动了分子生物学、生物控制论、医学工程学的兴起；现代工业、农业、军事以及现代科学技术本身发展的需要，促进了系统科学、管理科学以及诸如环境科学、空间科学、海洋科学等综合性学科的发展；等等。英国著名科学家贝尔纳在考察现代国际科学事业发展时，揭示了科学与经济发展方向一致性和发展规模成比例的现象。他指出：

> 科学的历史表明：它的成长基本上是符合经济发展的大方向的，科学发展的程度和规模也大体上和商业及工业活动成比例。世界上的主要工业国也就是科学发达的主要国家。①

后来，贝尔纳在 1954 年初次出版的《历史上的科学》这部巨著中，又进一步阐述了这一观点。他指出：

> 当我们……较详细地考察各门科学的最初出现，以及各发展阶段时，就更能明白，科学必须和生产机制有密切而活跃的接触，才能演进和增长。
>
> 科学的历史是非常不平静的，某些活动大爆发后，就连接某些长久休闲时期，直到重新再爆发一次，却常发生在另一个国家里。但是科学活动出现在何地以及何时，绝非偶然。我们察见它的兴盛时期同经济活动和技术进步相吻合。科学所遵循的轨道与商业和工业的轨道相同，是从埃及和美索不达米亚到希腊，从回教控制下的西班牙到文艺复兴时的意大利，而转入荷兰和法兰西，再到工业革命中的苏格兰和英格兰。在较早的时期，科学步工业的后尘，目前则是趋向于赶上工业，并领导工业。正如科学在生产上的地位被人所认清的那样。②

在此，贝尔纳通过世界历史上科学中心的转移来考察科学与生产和经济的联系，说明历代科学发展都离不开当时的社会经济环境。同时，贝尔纳也看到了现代科学“赶上工业，并领导工业”的新的特点，说明现代科学对经济环境的依赖将会呈现一种更加复杂的态势和模式。

---

① 贝尔纳. 科学的社会功能. 陈体芳译. 北京：商务印书馆，1982：275-276.

② 贝尔纳. 历史上的科学. 伍况甫，等译. 北京：科学出版社，1959：19.

### 4.2.3 经济实力后盾的支撑

科学的产生和发展，科学体系的形成和演化，不仅依赖于物质生产和社会经济发展的需要，而且取决于物质生产与社会经济的实力和水平所能提供的科学仪器和科学经费等物质支撑条件。

#### 4.2.3.1 科学仪器创新的基础

科学仪器和设备作为科学认识系统的重要构成因素，是人们用来研究自然、社会与人自身的现象和规律的物质手段。也就是说，科学仪器和设备连接认识主体与认识客体，并促使它们产生相互作用而达到把握认识对象性质和特征的目的的一切以实物形态存在的科学认识工具和装备。①

科学仪器和设备是人们为了达到认识和改造世界的目的而创造发明的工具，它们作为人的整个肢体、感觉器官和思维器官的延伸，与以观念形态存在的科学方法相辅相成，大大地扩展了认识主体与认识对象之间联系的范围和方式，有力地推动了科学发展及其整体化的进程。

任何以物质形态存在的科学仪器和设备的出现，都与其所处时代的物质生产、社会经济的发展状况和水平密切相关。在古代生产能力和经济水平十分低下的情况下，科学认识的手段也极其简陋，一般只是借助于直接的物质生产工具。在中世纪以农业和手工业为主体的自然经济条件下，人们开始制作一些用于科学研究的简单仪器和设备，从而帮助了天文学、地学、建筑学等学科的发展。随着近代机器工业生产的兴起和资本主义商品经济的发展，人们陆续制造了诸如天平、钟表、温度计、压力计、望远镜、显微镜等比较先进的用于科学观察和科学实验的仪器设备，从而为近代科学，特别是近代的天文学、力学、物理学、化学、生物学、医学等学科的迅速崛起和突破性发展，提供了重要的物质技术手段。正如恩格斯所指出：

> 从十字军征讨以来，工业有了巨大的发展，并随之出现许多新的事实，有力学上的（纺织、钟表制造、磨坊），有化学上的（染色、冶金、酿酒），也有物理学上的（眼镜），这些事实不但提供了大量可供观察的材料，而且自身也提供了和以往完全不同的实验手

① 列宁. 哲学笔记. 中共中央马克思恩格斯列宁斯大林著作编译局编译. 北京：人民出版社，1957：242.

段，并使新的工具的设计成为可能。可以说，真正系统的实验科学这时才成为可能。①

现代化的工业大生产和社会经济的蓬勃发展，为现代科学及其整体化和系统化提供了日益先进的物质技术基础。众所周知，现代科学的前沿领域，例如，基本粒子物理学、宇宙天文学、量子化学、分子生物学、智能科学等新兴学科的开拓和发展，是借助于高能加速器、射电望远镜、电子显微镜、X 射线衍射仪、巨型电子计算机，以及卫星、飞船、航天飞机等崭新的科学观察和实验手段来进行的。作为现代科学发展水平及其整体化进程重要标志的这些庞大、精密而复杂的仪器设备系统，只有依靠强大的工业生产体系和雄厚的社会经济基础作为后盾，才能够被设计和制造出来，并获得广泛、有效的应用，从而有力地支撑着现代科学及其整体的迅猛发展。

#### 4.2.3.2 科学经费增长的保证

科学经费，即科学研究活动所需的资金，是保证科学发展和科学系统存在的重要物质条件之一。

任何时代的科学发展水平，任何国家的科学进步速度，一般都与那个时代或那个国家所能提供的科学经费多寡有关。因此，科学经费的数量反映着一个时代或一个国家科学发展的规模、水平和速度。

任何时代和国家所能提供的科学经费，归根结底都取决于其生产能力和经济状况。就时代而言，从古代、中世纪到近代和现代，随着生产发展和经济进步，科学经费数量不断增长，因而科学活动的组织形式逐渐由个人、集体发展到国家和国际规模，科学发展的水平越来越高，科学发展的速度越来越快，科学知识发展的整体化也日益增强；就国家而言，生产发达和经济繁荣的国家，由于能够投入大量的科学经费，因而其科学的发展在总体上通常表现出规模大、水平高、速度快等特点。一个国家为科学发展所能提供的经费数量，最终要受这个国家的物质生产能力和经济发展水平的制约。

以结构复杂的知识体系和规模庞大的社会建制为特征的现代科学，已经远远超出“小”科学的范畴而进入“大”科学的时代。美国科学学家普赖斯认为：

---

① 恩格斯. 自然辩证法. 中共中央马克思恩格斯列宁斯大林著作编译局编译. 北京：人民出版社，2015：28-29.

> 大科学时代，最无规律的东西，莫过于科学的经费问题。科学经费的支出最无规律，因为，从社会和政治意义上看，它处于相当高的支配地位。①

现代科学发展需要巨额经费，其来源除主要依靠国家投资拨款外，还要依靠全社会的大力支持。其中，包括国家与私人、社团与行业、部门与地区等科学基金会在内的各种科学基金组织，不仅是国家资助科学发展经费的重要补充手段，而且是影响、引导和调节国家科学发展方向、研究课题选择、科研力量布局等科学活动的有力力量。正如默顿所指出：

> 在这种理性化的社会及经济结构之下，经济发展所提出的工业技术要求对于科学活动的方向具有虽不是唯一的、也是强有力的影响。这种影响可能是通过特别为此目的而建立的社会机构而直接施加的。由工业、政府和私人基金资助的现代化工业实验室和科学研究基金，现已成为在相当程度上决定着科学兴趣焦点的最重要因素。②

## 4.3 科学系统的文化环境

任何时代的科学都离不开它所在的文化环境，离不开它所处的文化氛围，并被深深地打上它生存时代的社会文化传统的烙印。

科学作为一个系统，亦是如此。所谓科学系统的文化环境是指，存在于科学整体之外并对科学整体产生作用和影响的人类文化因素的总和。

### 4.3.1 文化环境的构成

科学无论作为一种人类认识成果结晶的知识体系，还是作为一种人类实践活动构建的社会体制，都是整个人类文化系统的重要组成部分，属于整个人类文化系统中的一个子系统。如果把科学从整个人类文化系统中分离出来，作为一个相对独立的社会系统加以考察，我们可以发现科学系统与其母体文化系统之间存在着相互区别和相互联系的关系：一方面，科学系统具有特定

---

① De Solla Price D J. Little Science, Big Science. New York: Columbia University Press, 1963: 92.

② 默顿. 十七世纪英国的科学、技术与社会. 范岱年，吴忠，蒋效东译. 成都：四川人民出版社，1986：233.

的文化功能，对文化系统产生明显的作用和影响；另一方面，科学系统又受着文化系统的制约，以文化系统作为自身存在和发展的外部环境条件。

文化作为一种社会现象，通常具有广义和狭义两种理解。广义的文化泛指人类在社会历史实践过程中所创造的物质财富和精神财富的总和；狭义的文化专指人类创造的一切知识、思想和行为规范等精神因素的集合。最早把文化作为基本概念引入社会科学的是19世纪英国著名的人类学家泰勒。他在1871年出版的《原始文化》一书中明确指出，文化是一种复杂的集合体，它包括知识、信仰、艺术、道德、法律、风俗，以及其他从社会上学得的能力与习惯。①

美国著名人类学家怀特把文化看作一个有其自身生命和规律的自成一格的系统。他在1949年出版的《文化科学——人和文明的研究》一书的序言中提出：

> 随着科学的进步，人们逐步认识到，文化乃是事件的独特类型，乃是现象的独特的秩序。文化不再被看作仅是对生存环境的反应，也不再被看作是“人类天性”的简单而直接的表现形式。人们认识到，文化是一个绵延不断的过程，是一条事件之流，它自由地穿过漫长的岁月，从上代流入下代，从一个种族漫延到另一种族，从一地区扩张到另一地区。人们终于认识到，文化的决定因素乃在于文化之流的自身之内，语言、风尚、信仰、工具和仪式乃是先前的和同时的文化要素和过程的产物。简言之，从科学分析和解释的观点来看，文化是自成系统的，它是依据自己的原则和规律而运行的一种事件和过程，并仅能根据它自己的因素和过程来加以解释。这样，文化可被认为是一种自足、自决的过程，人们只能根据文化自身来解释文化。②

在对文化进行整体性的研究中，怀特把文化系统划分为三个子系统，即技术系统、社会学系统和思想意识系统。他认为：

> 技术系统是由物质的、机械的、物理的和化学的仪器以及使用这些仪器的技术构成的，人类作为一种动物，依靠这一技术系统使

① 黄顺基. 科学论——对科学多方位的分层研究. 郑州：河南大学出版社，1990：316.

② 莱斯利·A. 怀特. 文化科学——人和文明的研究. 曹锦清，等译. 杭州：浙江人民出版社，1988：2.

> 自己同那自然的生息之地紧密联系。在技术系统中，我们看到各种生产工具、生活资料的获得方式、掩蔽所的材料、进攻与防御器械。社会学的系统由人际关系构成，这种人际关系是以个人与集体的行为方式来表现的。在该系统内有社会关系、亲缘关系、经济关系、伦理关系、政治关系、军事关系、教会关系、职业关系、娱乐关系等等。意识形态系统由思想、信仰、知识构成，它们是以清晰的言语或其他符号形式表现的。其中包括神话与神学、传说、文学、哲学、科学、民间智慧以及普通常识。①

一般而言，文化作为一种社会系统，就其整个结构来看可以分为器物、制度和观念三个层次。其中，器物是指人们为了满足生存和发展的需要而创造的各种工具、器具、器械和物品，如劳动工具、生产设备、武器装备、科学仪器、医疗器械、通信器材，以及人们衣食住行和娱乐消遣所需的物件用品等；制度主要是指一定人群、特定社区和整个社会为有效地进行生产、生活和求知活动而建立的一种要求全体成员共同遵守并按一定原则和机制运行的管理体系，如机构设置、行业体制、社会制度等；观念主要包括文学、哲学、科学、宗教、法律等知识，艺术、经验、技巧、技术等智能，生活方式、伦理道德、风俗习惯等行为规范，以及制约行为规范的有关评价和鉴定真假、善恶、美丑问题的基本原则和标准等价值观念。在文化系统的整体结构中，器物文化处于外层，制度文化居于中层，观念文化位于内层。它们在文化整体中的地位反映了它们各自在文化进程中的作用。尽管每个层次都作用于其他层次，同时反过来又受其他层次的影响，但是，文化的器物、制度、观念三个层次，实际上分别属于物质、组织、精神三种文化形态。它们在整个文化系统中，相应地起着基础、载体、主导三种作用。就科学整体来说，文化的三种形态彼此相关，互为一体，从而构成一种维系科学系统存在和发展的文化环境。

文化作为科学系统的一种社会环境，它对科学发展的影响主要表现在物质文化的基础作用、组织文化的载体作用、精神文化的主导作用等三个方面。

### 4.3.2 物质文化的基础作用

物质文化主要是以工具、器具、物品等形式反映出来的一种文化形态。

---

① 莱斯利 · A. 怀特. 文化科学——人和文明的研究. 曹锦清，等译. 杭州：浙江人民出版社，1988：349.

日本学者森谷正规曾经指出，每一个国家的技术或制成品，全都是该国文化的产物，不同国家的文化或风俗习惯越来越明显地反映在他们所制造的产品中①。

科学作为一种知识体系，它本身是人类文化的一个重要组成部分。然而，当科学作为从文化系统中分离出来的一个相对独立的系统时，它与器物文化所存在的双重关系，明显地体现了器物文化对科学发展所起的基础作用。

首先，器物是科学知识的物化，即人类通过智力和体力劳动应用科学知识的产物。马克思在论述机器与科学知识关系时曾经说过：

> 自然界没有制造出任何机器，没有制造出机车、铁路、电报、走锭精纺机等等。它们是人类劳动的产物，是变成了人类意志驾驭自然的器官或人类在自然界活动的器官的自然物质。它们是人类的手创造出来的人类头脑的器官；是物化的知识力量。②

这一思想同样适用于说明器物的性质。器物不是现成的自然物体，它是人类为了满足生产、生活和求知活动的需要，利用对自然物体属性和运动规律的已有认识成果而制造出来的人工产品。因此，可以认为，器物是科学知识的物化。也就是说，科学知识以物化形式凝结和保存在器物之中，从而使器物成为科学知识世代相传、不断繁衍的物质基础。

其次，科学知识一旦完成物化过程，并以器物形式存在，它反过来又要依靠工具、器具、物品等器物作为自身进一步深化与扩展的物质手段。也就是说，科学知识的物化成果又变为科学知识继续演化和不断创新的基础。人类为了一定的目的，利用科学知识创造出来的各种器物，随着社会实践的发展和科学知识本身的积累而不断更新换代，经历着由低级到高级、由简单到复杂、由粗糙到精致、由通用到专用的历史演变过程，从而使各种特定的器物成为衡量人类科学认识能力和科学活动水平的重要标志之一。

### 4.3.3 组织文化的载体作用

组织文化是以各种形式的制度为特定载体的一种文化形态。众所周知，

① 森谷正规. 日本的技术——以最少的耗费取得最好的成就. 徐鸣，陈慧琴，孙观华，等译. 上海：上海翻译出版公司，1985：4，49.

② 马克思，恩格斯. 马克思恩格斯全集. 第46卷(下). 中共中央马克思恩格斯列宁斯大林著作编译局编译. 北京：人民出版社，1980：219.

制度作为人类的群体和社会要求成员共同遵守并按一定机制运行的组织管理规程，是人类文化的凝结，具有鲜明的地域和时代特征。就地域而言，已经出现诸如中国文化、印度文化、阿拉伯文化、等各种国家文化和民族文化；就时代而言，已经出现诸如古代文化、中世纪文化、近代文化、现代文化等各种历史发展势态文化。

以政治、经济、科技、教育、法律等社会制度为载体的组织文化，是人类社会发展形态的重要构成因素。因此，社会制度对科学发展的载体作用，不仅表现为它制约着科学发展的方向和科学应用的程度，而且表现为它影响着科学发展的规模和速度。

人类社会的历史证明，科学总是在一定的社会制度氛围中发展的。先进的、民主的社会制度能够推动科学迅速发展，而落后的、专制的社会制度则阻碍科学的进步，最终必然成为科学发展的桎梏。现代科学已经进入大科学时期，世界各国政府和社会都在不同程度上对科学体制以及与其相关的教育、经济乃至政治体制进行调整和改革，力图通过规划、政策、法规和投资等手段来加强对科学系统的调节和控制效能，以达到引导科学发展方向、把握科学发展规模和速度、影响科学作用范围的目的。

### 4.3.4 精神文化的主导作用

精神文化是以知识智能、价值观念和行为规范等形式表现出来的一种文化形态。精神文化作为整个人类文化系统极其坚韧的特质和内核，不仅制约着文化系统结构本身的物质文化和组织文化层面，而且对从中单独分离出来作为相对独立系统的科学知识和科学活动产生着深刻的影响，成为维系科学系统存在并推动科学系统演变的文化环境。

科学作为一种知识体系和社会建制系统，它始终受到包括哲学思想、宗教信仰、道德伦理、教育培训、文学艺术、审美意识等在内的精神文化的制约。其中，文化的价值观念和行为规范在整个文化系统中起着主导作用。器物、制度和管理方式需要依靠具有一定知识、思想、心理、态度和行为方式的人来赋予它们真实的生命力和特定的意识导向，从而使其得到充分和有效的使用、执行和实施。

默顿认为："文化包含用来规定善与恶、允许与禁止、美与丑、神圣与亵渎的各种价值、规范原理与理想的方案。"①价值观念作为精神文化的核心

① 默顿. 十七世纪英国的科学、技术与社会. 范岱年，吴忠，蒋效东译. 成都：四川人民出版社，1986：320.

内容，用于作为喜好或选择的“标准”或者作为待做和已做行为的“理由”，以期达成所愿的事态的一种判断。这种判断制约着人类在生存与发展实践中的一切选择、愿望以及行为的方法和目标，反映着人们对真假、善恶、美丑、好坏等方面的问题所做的评价和鉴定。价值观念折射在人际关系上，则形成一种社会公认的、存在于人们的内心并制约着人们活动的价值标准和价值取向原则，成为人们的行为规范。这种行为规范主要通过非制度化的民俗、道德和制度化的法律、条令等两种形式表现出来，它们是在一定价值观念基础上产生的，并直接受价值观念的制约，随着价值观念的发展而更新。因此，在整个文化系统中，价值观念总是处于系统结构的核心地位，它不仅对文化变迁起着决定性的作用，而且对科学发展产生最深刻的影响。

任何时代科学家的研究方向与研究领域的选择和判断，以及科学成果的发现和应用，都渗透着或显或隐的价值观念。例如，古代科学与哲学融为一体，与古代哲人富于直观、思辨的整体文化价值观念密切相关；近代科学脱离哲学而独立发展，与近代学者崇尚“知识就是力量”、追求实证或功利的文化价值观念相适应；现代科学的迅速传播和发展，与当今人们热衷民主和开放、勇于进取和创新的文化价值观念紧紧联系在一起。此外，任何地域，任何民族的文化价值取向的差异，也往往影响着该地域、该民族的科学发展的历程和性质。例如，古希腊探“力”求“知”的文化价值取向，导致人们注重对自然界及其本原的理性观察和研究，这也是古希腊科学居于近代科学历史源头的重要因素之一。许多历史事实证明，科学的发展，必须有与之相适应的文化环境，特别是精神文化环境作保证。利于科学发展的文化环境，不仅是开创科学精英荟萃、科学群星争灿时代的基础，而且是塑造科学实力雄厚、科学水平先进的民族和国家的保证。

# 5 科学系统的进化

董光璧

几千年来，特别是19世纪以来，学者们为探讨社会发展规律付出了许多心力。恩格斯相信：

> 社会力量完全像自然力一样，在我们没有认识和考虑到它们的时候，起着盲目的、强制的和破坏的作用。但是，一旦我们认识了它们，理解了它们的活动、方向和影响，那末，要使它越来愈服从我们的意志并利用它们来达到自己的目的，这完全取决于我们了。①

要制订计划就要懂得科学发展的规律，于是这些规律是否存在及其性质如何，就成了20世纪科学动力学研究的中心课题。科学哲学、科学史和科学社会学领域的学者们提出了种种科学发展所遵循的典型演化模式。但是，这些模式不是同自然规律相比的简单模式，而是规范的哲学理论，旨在讨论科学的进步与合理性问题。一方面，有些模式推论出，科学无规律可言，因而是不可规划的；而另一些模式则推论出，科学自动遵循着严格、确定的内在逻辑，人们无法干涉。这两类推论共同的结论是科学无法干涉。此外，基于科学具有解决问题的固定方法这一信念，有一些模式认为科学活动是可以干涉的。

从系统的观点讨论科学的进步是本章的任务。但是，我们对科学系统进化的讨论不可能具有很强的理论性，更多的是从实用需要出发选定我们的论题。我们将讨论这样三个问题：科学系统进化的判据、科学系统的自组织和科学系统的能控性。

---

① 马克思，恩格斯. 马克思恩格斯全集. 第十九卷. 中共中央马克思恩格斯列宁斯大林著作编译局编译. 北京：人民出版社，1963. 241.

# 5.1 科学系统进化的判据

自达尔文进化论诞生以来，“进化”的观点被到处应用，人们提出了各种进化机制和进化的描述方法，但是进化的定量判据问题至今也没有得到真正解决。在物理科学领域，熵减少、信息量增加、对称破缺被看作物理系统进化的判据，但是基本还停留在定性描述阶段，统一的定量描述仍不成熟。在社会领域，进化的概念为进步取代，进步判据似乎更难定量化。系统科学作为横断科学，由于本身的不成熟，也尚无对应综合一切系统的进化判据。

在这种知识背景下，我们谈论科学系统的进化，尽管可以借用各学科有关进化的机制、概念和描述方法，但很难避免某些方面的模糊性。我们讨论科学系统的进化首先提出“判据”这个很少被人讨论的问题，正是为了减少模糊性，探讨在理解科学发展过程中可经验地进行检验的方法。我们将讨论三种科学系统的进化判据：科学理论进化的判据、科学认识进化的判据、科学社会进化的判据。

## 5.1.1 科学理论进化的判据

自物理学宇称不守恒、化学分子轨道对称守恒原理的发现者先后获诺贝尔奖以后，对称性研究在学术界越来越广泛、越来越深入。物理科学和生命科学的研究都表明进化表现为对称破缺。于是相应的哲学总结也把对称破缺看作发展原理。

王开恩 1990 年发表的阐述对称破缺与发展的论文[①]作出如下结论：

> 发展的基本特征之一就是对称破缺和对称性的统一。对称破缺与否标志着系统的发展情况，系统的发展离不开破缺。因此，我们就可以对事物的发展状况给出一定的判断标准，即这事物或系统是否发展，是发展快还是发展慢，就可以从对称破缺的角度来进行判断，从对称破缺的程度如何来进行判断。但是这种发展的方向是向上还是向下还要从对称性来判断。如果经过对称破缺之后，系统达到一个新的对称性，这种对称性是旧对称性破缺之后而形成的，是对旧对称性的扬弃，那么，可以说，系统是朝着向上发展的方向发

① 王开恩. 试论作为系统发展的判据的对称破缺. 自然辩证法通讯，1990，12(2)：8-17.

展的。如果对称破缺之后，并没有新的对称程度更高的对称性的产生，则是朝着向下发展方向发展。

姜璐和王德胜也作出类似的结论，但似乎更具体：

> 研究表明，系统从无序（混沌）走向有序时，对称操作和对称元素都会逐渐减少；相反，系统从有序走向无序时，对称操作和对称元素就会增加，系统处于混沌状态时，会有无穷多的对称元素，任何对称操作都是允许的。①

对称性判据如何应用于科学系统还是需要进一步讨论的。王开恩虽然在他的论文中专有一节“对称破缺与科学理论的发展”来讨论这个问题，但是他过于拘泥于破缺，把科学理论的发展说成是破缺→对称→破缺的交替链。其实科学理论形式本身并未发生破缺，而是理论的对称性容纳不下新的经验内容。这往往表现为悖论的出现，如 20 世纪数论的悖论危机和物理学中的 EPR 悖论危机。

对此我们还要进行更深入的讨论。最重要的问题是“对称性”和“自组织”问题。因为系统论把进化归结为系统的自组织，我们把对称性作为进化的判据，因此我们就应当找出它们的内在联系。一个大胆的猜测可能有助于揭示这种联系。这个猜测是：逻辑悖论的出现根源于推理过程中不同层次的因果循环，而过程本身与其结果互为条件正是自组织系统的特点，所以思维具有自组织机制②。我们由此可以得到的结论是：在科学知识系统内悖论把对称性与自组织联系在一起。

### 5.1.2 科学认识进化的判据

科学问题的增长可被视为科学认识进化的判据。波普尔最早借助科学问题增殖说明科学知识的增长。张华夏沿着波普尔的思路提出的问题增殖模型，可以导出科学知识的指数增长定律③。

科学哲学的问题理论，强调科学研究始于问题并终于问题。详细地说，科学研究至少从某一问题（$P_1$）开始，进而提出试探性的解决办法（TS）或

---

① 姜璐，王德胜. 熵、信息、有序和对称性. 自然辩证法研究，1991，7(5)：20，21-26.

② 金观涛. 逻辑悖论和自组织系统. 自然辩证法通讯，1985，(2)：7-15.

③ 张华夏. 卡尔·波普和科学问题研究. 现代哲学，1988，(1)：33，70-74.

试探性的理论（TT）；由于提出的理论可能部分甚至全部是错误的，因而需要通过批判性的讨论或实验来消除错误（EE），于是又产生了新的问题（$P_2$）。对于一个科学问题，往往可以提出一组试探性的解决办法或试探性的理论，这些办法或理论又各自有对应的消除错误的批判讨论和实验检验，而且每一个批判讨论和实验检验都可以产生不止一个新的问题。科学问题的指数式增殖，犹如原子核裂变的连锁反应。

考虑到科学论文数指数增长的经验规律，假定每一篇论文都对应解决一个问题，我们就可以建立问题指数增长的数学模型。但是“问题增殖”作为认识进步的意义不仅在于“指数增长”，从认识上讲，更重要的是，从一个指数增长的“台阶”跳到另一个“台阶”。

按照库恩的科学革命理论，当一个科学理论陷入危机的时候，新的理论的产生也在酝酿着，然后科学革命就会到来。新理论一旦代替旧理论，在新的常规时期，它的生题能力又充分表现出来，继续促使科学知识和科学问题在更高层次上沿指数曲线增长。包含理论更替过程的问题增长曲线，是由一系列逻辑斯谛曲线组成的，它包括一系列的指数增长“台阶”，如图 1.5.1 所示。

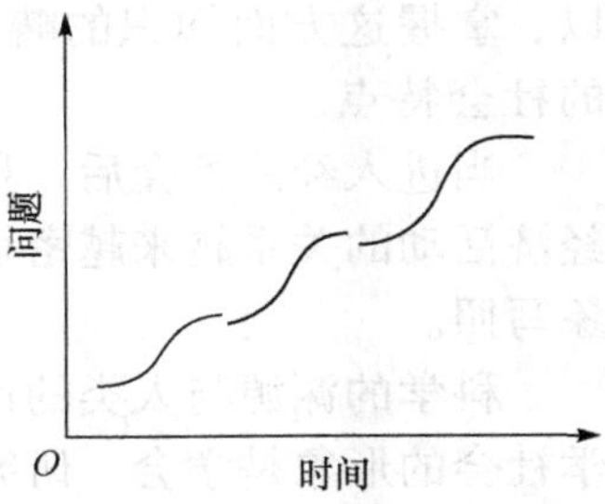

图 1.5.1　问题增长阶梯曲线

我们应当注重波普尔客观知识世界的观点。将客观知识世界的观点用于研究科学问题，解决认识进化的判据，要区分它的客观和主观两个方面。问题是客观存在的，它发生在客观知识之中，也发生在知识的逻辑引申之中。研究者的主观选择才使问题成为科学问题。所以，问题的增长可以作为认识进步的判据，而且这种判据有定量化的前途。指数增长率虽然尚不能作为严格的科学定律看待，但反映了认识进步的大趋势。

### 5.1.3　科学社会进化的判据

科学社会进化的历史表明，科学研究活动是遵循从个体到团体，从小科学到大科学的方向发展变化的，但我们不能从中抽象出科学社会的扩大程度并将其作为科学社会进步的判据。但是，从社会中轴转换理论逻辑地推论科学社会的判据似乎是可行的。

按照社会中轴转换理论，社会进化的顺序是道德社会、权势社会、经济社会、智力社会。在社会发展的任何阶段，科学社会都是嵌在大社会中的小社会。科学社会的进步不能脱离社会整体的进步。在社会的不同发展阶段中的科学社会，不能脱离整个社会的中轴。所以科学社会进步的本质表现也是中轴的转换。

在道德社会中，科学是“圣人”的智慧。《易传·系辞下》所描述的上古史，把原始社会的部落领袖描述为道德高尚的发明家，他们是结网捕鱼、耜耒种田、缝衣筑屋、车舟制作的发明人。联想到“在物为理，处物为义”的思想流传千年的历史事实，不难理解科学活动是如何绕着道德中轴旋转的。

在权势社会，科学活动则是另一个样子。在漫长的权势社会中，中国最发达的古代科学“律历”都是直接为统治者服务的。“武王伐纣，吹律听声”（《史记·律书》），“王者易姓受命，必慎始初，改正朔，易服色，推本天元，顺承厥意”（《史记·历书》）。因为律历涉及军国大事，不传宫廷之外，所以，掌握这方面知识的畴人都是世袭职业。这反映了权势社会中科学活动的社会特点。

当进入经济社会后，科学活动本质上是绕经济中轴运行的。科学活动和经济活动的关系越来越密切。“科学技术是生产力”正是经济社会中科学的形象写照。

科学的渊源与人类的产生同样久远，至少与文字的产生同时代。近代科学社会的形象是学会、研究所、科学院等，类比地说，中国钦天监和畴人之家是权势社会中科学社会的形象。在以智力为中轴的智力社会，科学社会的形象需要人们去想象。尽管科学社会受大社会环境的制约，但它毕竟主要由科学活动本身的特点内在决定。随着社会的发展，科学活动，能够不断为自己开辟道路，既受时代制约又超越时代的限制，最终使整个社会转向智力中轴。

## 5.2　科学系统的自组织

黑格尔在其《逻辑学》中解释“自己运动”时说：

> 同一与矛盾相比，不过是单纯直接物、僵死之有的规定，而矛盾则是一切运动和生命力的根源；事物只因为自身具有矛盾，它才会运动，才具有动力和活动。①

这种自己运动来自内部矛盾的观点，在中国可以说是尽人皆知。把这种

① 黑格尔．逻辑学．下卷．杨一之译．北京：商务印书馆，1976：66.

观点运用到科学的自我运动时可得，科学发展的内在动力是理论与实验的矛盾。但是，我们不打算把这些论点套上系统的外衣再次重复。本节将讨论科学理论的自生成、个体认识的自主性和科学社会的自治，而不打算以“矛盾”立论。

### 5.2.1 科学理论的自生成

如果我们依据科学理论形式化结构讨论理论动力学问题，那么理论的进步表现为理论元素网 $N$ 是时间 $t$ 的函数，即

$$N^0, N^1, N^2, \cdots, N^t$$

因为理论元素 $T=\langle K, I\rangle$，所以理论网的变化（ $N^t \to N^{t+1}$ ）只有三种可能：应用扩展、数学核心改变和两者都变，即

(1) $I^t \to I^{t+1}$

(2) $K^t \to K^{t+1}$

(3) $I^t \to I^{t+1}, K^t \to K^{t+1}$

或者表示为下述更明晰的形式：

(1) $I =< K_0, I_0^t > \to I' =< K_0, {I_0}^{t+1} >, {I_0}^t \subseteq {I_0}^{t+1}$

(2) $T =< K_0, I_0^{t+1} > \to T' =< K_1, {I_0}^{t+1} >, K_1$是$K_0$的专化。

(3) $T =< K_0, I_0 > \to T' =< K_1, {I_0}^t >, T' \nless T$的解，即$T' \nless T$的解。

从这里不难看出理论的进步。但是不进一步分析 $T'$ 和 $T$ 的逻辑结构，还难以看出理论的自生成性。所以我们还需要从理论的形式化结构回到理论的逻辑结构进行再讨论。

我们在前面讨论过理论的逻辑结构。在那里我们已经知道推理的结构包括三个逻辑部件：①作为推理前提的基本概念或基本定律，②作为演绎推理的定理或定律，③作为推理结论的经验命题及其复合命题。在这里我们要强调的是，大部分理论都具有这样的推论结构。这就是说，大部分理论的逻辑结构都是相似的，或者说理论的逻辑结构具有自相似性。

理论的自相似性需要进一步说明，因为仅仅理论 $T$ 和 $T'$ 具有相同的逻辑结构，只是具备了必要条件，并不充分。理论逻辑结构的充分条件是 $T \subset T'$。在科学发展史中，科学是否已具备这样的充分条件了呢？这个问题难以给出肯定性回答。

在一定的时期内，对同一个对象存在着彼此竞争的理论。这些理论，比如 $T_1$ 和 $T_2$，并不满足 $T_1 \subset T_2$。但是，科学的发展终将淘汰一些理论，保留

一些理论。那些保留下来的理论也并不是永恒的理论。后继的新理论，会把旧理论作为某种条件下的近似包括在自身之中。相对论与牛顿力学的关系就是这样一种关系。这种情况就满足 $T_1 \subset T_2$。

科学发展史还展现出另一种通往理论自相似的道路。例如，光和电磁现象开始是两种互不相干的理论，在麦克斯韦电磁理论诞生以后，光学理论被包括在电磁理论之中。这时我们说光学理论 $T_1$ 和电磁理论 $T_2$ 满足 $T_1 \subset T_2$ 的自相似关系。

纵观科学发展史，科学理论的大方向是综合统一。从逻辑结构角度看，这种统一的特征表现为

$$T_1 \subset T_2 \subset T_3 \cdots$$

这就是理论以自相似为基础的自生成的逻辑道路。

理论的自相似性还表现为理论的分维结构。1990 年赵红州等提出知识单元的量纲空间表示[①]。在这种智荷分布的基础上，梁立明等发现了智荷分布的分维特征[②]。他们用质点集合分维方法确定了物理定律智荷点集的分维数为 0.907。

科学理论逻辑结构具有自相似性，物理定律智荷点集的分维结构被发现，无疑增强了我们对科学理论自相似的信心。既然科学理论具有自相似性，混沌理论的数学方法就有希望用于描述科学理论自生成的演化。

### 5.2.2 个体认识的自主性

个体认识的自主性是科学自主性在认识系统中的表现。这一自主性是科学家自身认识的自主性。

我们强调个体认识的自主性，并不忽视集体认识中的相互作用，但个体之间的相互作用要经由个体选择才能成为现实。我们主张个体认识的自主性，也未忽略文化环境对人的行为的决定作用，这种决定作用也要经由科学家个人选择才能实现。

我们在前面讨论过科学认识的信息结构，简单地讨论了认识的译码和编码的综合过程。在这里我们将沿认识的信息结构这一进路讨论个体认识的自主性。

我们依据信息与知识的关系，用信息范畴把握个体认识的特征。尽管被

---

① 赵红州，唐敬年，蒋国华，等. 知识单元的静智荷及其在荷空间的表示问题. 科学学与科学技术管理，1990，11(1)：37-41.

② 梁立明，赵红州. 物理定律静智荷值分布规律的分维表征. 自然辩证法研究，1991，7(11)：53-54.

认识的对象是客观存在的，但关于它的知识却是由认识个体建构出来的。认识对象的各种存在形式、状态、属性和关系，转变为知识的整个过程的中介是信息。对于认识对象，信息代表其规律，对于认识个体，信息代表相应的实现的主观映象。认识的任务就在于查明信息究竟代表什么。这种查明就是阐明信号和客观规律之间的对应规则，阐明客观规律和主观映象之间的对应规则。这些对应规则既具有客观的性质，又渗透着认识主体的创造性。

建立对应规则是一个译码和编码的变换过程。在这个过程中，三维结构的语言扮演了重要的角色：

> 无论在通讯还是在认识中，信息作为关系范畴，所概括的都是这么一类现象：某物以自己的存在状态代表、指示、体现着他物的存在状态。此物的存在状态被称为信息的载体即语形。被体现的他物的存在状态是信息的内容，即语义。语形对语义的体现、指示作用是信息内在的语用。信息正是在这种三合一关系中产生出来的。一般情况下，人们习惯于不准确地把被体现物的存在状态，即信息的语义称为信息，而把体现物的存在状态称为信息的载体。①

在认识个体的这个“转换”过程中，认识个体是“自主”的，科学家的创造性正是这种自主性的表现。这是认识客体组合存贮知识单元的自主过程。在这个过程中，任何外部影响都不起作用。

### 5.2.3 科学社会的自治

科学系统的自组织在它的社会系统层面表现为“自治”。1942 年英国科学家和哲学家波拉尼（M. Polanyi）发表了专题论文《科学的自治》，首次提出“科学共同体”的概念②。法国社会学家魏因加特（P. Weingart）提出科学“自治”和“自我控制”的概念③，科学系统的自治可以从科学社会的规范结构和科学认识结构给予论证。魏因加特认为，科学社会本身具有的基本规范性是科学自治的根源或科学自治的内部原因。我们已在前文讨论过科学社会的规范结构。魏因加特正是从科学的规范系统角度去阐述科学自治的。他认

① 高文武. 简论认识活动的信息中介. 自然辩证法通讯，1990，12(3)：17-23.

② Polanyi M. Self-government of science//Polanyi M. The Logic of Liberty. Londom: Poutledge, 1951: 49-67.

③ Weingart P. Selbststeuerung der Wissenschaft und staatliche Wissenschaftspolitik. Kölner Zeitschrift für Soziologie und Sozialpsychologie, 1970, 22(3): 567-592.

为科学规范具有使科学建制保持科学自身的特性。此外，他认为，科学规范能保证研究是科学行为的自我目的，它是使科学建制不解体的约束，能使科学建制与其他社会建制既联系又区别，从而使科学建制不失其独立性。

科学自治的观点受到科学目标论者的挑战。在后面的章节，我们将会讨论他们的观点。科学目标化导致对传统科学自主性的拒斥，是他们的论点之一。芬兰科学哲学家尼尼鲁托（I. Niiniluoto）对这种“自主性拒斥”给予了反驳：

> 我认为这一结论是站不住脚的。从上可知，科学目标化命题的核心是如下观点：当且仅当基础研究已达到足够高级的阶段时，对研究进行计划以解决实际问题才是可能的。这种被广为接受的观点实际上就是节 3 中的孔德-赫舍尔观点。它并不能对传统的科学自主观造成威胁。科学自主性指的是科学家有制定研究课题、选择基本概念和方法、接受或拒斥某一假说、不受“外部”干涉而公布成果的权利。科学目标化并没有什么固定的方法可以把社会问题或科技政策纲领转变成为科研计划：详细的研究课题的制定还是科学家本身的任务，只有科学家才能判断基础研究是否已进步到足以解决实际问题的地步。①

魏因加特关于科学自治的第二个论据是科学系统的认识结构。他认为，认识的因素，更准确地说，是认识逻辑的因素，决定着一个学科或一个专业领域的内部结构和发展规律，而不受政策的直接支配。也就是说，它们对外部控制来说是一种主要的抵抗条件或抵抗因素。因为它们在认识结构上保持科学自身，它们才成为科学自治的核心。

## 5.3 科学系统的能控性

能控性是卡尔曼（R. E. Kalman）1960 年提出的控制论术语。我们试图把它应用于科学系统，为科学政策的可能性和限度提出理论根据。

控制论应对控制的必要性和可能性以及控制的条件和限度作出说明，为系统鉴别提供根据。因为任何控制过程都是通过输入一定的控制操作以改变

① 尼尼鲁托. 科技政策与科学哲学. 自然辩证法研究，1989，5(4)：65-74.

系统的状态或输出实现的,所以关于系统能控性的确定也应从输入-输出反应入手研究。控制论已经对线性系统建立起较完善的能控性理论，但非线性系统的能控性理论尚不令人满意。我们研究的对象是科学系统，人们普遍认为它是非线性系统。所以，我们在这里只想借用控制论的能控性概念，而无意将其数学工具拿来分析科学系统。

科学系统研究之所以需要能控性的概念，是因为科学技术已经成为国家事业并影响着每个家庭的生活，而且任何系统都不能恰当地自我评估认识。但是,人们从各个角度都想对科学加以控制。然而,科学究竟能不能被控制?如果科学能被控制，那么控制的途径是什么？人们对它的控制能达到什么程度？我们从这些出发点讨论这样三个问题：科学目标化、科学认识的调节原理和规范的科学论证。

### 5.3.1 科学目标化

“科学目标论”的思想最早大概出现于列宁 1918 年 4 月起草的《科学技术工作计划草稿》。从第二次世界大战开始，美国一直有计划地发展军事科学技术。中国 1956 年制订的《1956—1967 年科学技术发展远景规划》是世界上第一个全面的国家科技规划。到 20 世纪 70 年代，科学目标化才成为学者们讨论的理论问题。最初的讨论涉及农业化学、发酵理论、空气动力学、噪声研究、癌症研究、核聚变研究等。

科学目标论者认为，科学的发展有多种可能性，在这些可能性中做出的实际选择决定于科学的社会环境。他们还认为，在达尔文时代这种选择是自发的，而现在已进入新目标化阶段，人们可以同时根据科学的利益和社会需要进行自觉的规划而使科学合理化。通过科学目标化过程，科学的外部目标成为科学理论本身发展的指导原则，而且理论按外部目标的发展是一种与社会、军事和经济目标联系的战略目标，用应用研究不足以描述，因为它影响到理论的“认识结构”。

科学目标论者借助库恩的科学哲学理论论证科学目标化的可能性，把科学发展划分为前范式、范式和后范式三个阶段。科学目标论者认为，处在前范式的探索期的科学，用经验研究解决外部设定的问题，成功的希望极小；处在范式阶段的科学，由于理论形成过程中有其内在的逻辑，科学学科不受外部调控；只有在后范式阶段，对科学实行外部计划才是可能的，社会问题才能转换成研究路线。也就是说，科学目标化要建立在已经解决了本身问题的“成熟”理论的基础上，因为这时引导理论发展的内在逻辑已经失效，它进一步的发展决定于新的实际问题的出现。

科学目标论者的主旨在于，为科学发展的“社会外部论”和“认识外部论”辩护。按照科学目标论者的意见，外部目标不仅决定或影响理论研究课题的选择，而且影响理论建构的一般方法论标准。也就是说，外部目标不仅影响科学共同体对研究课题的选择，而且还会产生一种新的科学类型。关于理论研究的目的和方法，这种新型科学有全新的标准。这里值得注意的是“认识外部论”的辩护。

### 5.3.2 科学认识的调节原理

同样的经验资料可以形成不同的科学理论，因为科学认识主体是经验资料结构关系的组织者。在这个意义上，认识个体对科学发展具有调节能力。这种调节的实质在于，依赖某种原理探索解释性的假说并构成确定形式的理论。这种作用的原理叫“调节原理”（regulative principle）。

牛顿在建立其力学体系过程中所提出的四条“假说”（第一版）或“哲学推理规则”（第二版）就是调节原理。它们可以大致表述如下：①自然物的原因是用以解释其现象的原因；②对同样的自然结果有同样的原因；③实验确定一类物体的性质具有普适性；④相信归纳命题的正确性，直到出现反例。

康德（I. Kant）是最早系统论证科学中“调节原理”的哲学家。他批评休谟（D. Hume）关于科学定律的形式和内容完全是从感觉推论出来的观点。康德认为，虽然经验知识“起源”于感觉印象，但并非一切知识都是“在”这些印象中“被给予的”，休谟把心的作用还原为对从印象“复制”来的概念进行单纯的“复合、变换、扩大或缩小”，过分简化了认识过程。康德详细论证了经验认识组织化的三个阶段：第一阶段是用空间和时间这种可感觉的形式，把没有结构的“感觉”整理成“知觉”；第二阶段是借助统一性、实体性、因果性和偶然性诸概念，把“知觉”联起来形成“经验判断”；第三阶段是应用“理性调节原理”把经验判断组织成统一的知识系统。康德强调，科学最重要的特点是获得知识的系统组织，经验知识系统化是科学认识主体所追求的目标，而且朝这一期望目标前进是通过应用调节原理而实现的。

康德深知，推理的调节原理不可能用来证明经验判断的任何特定系统，但它可以规定建立科学理论的方法以符合系统组织的理想。他历数了许多科学中的调节原理，把物质守恒、惯性、作用和反作用相等三个力学原理看作指导探索具体经验定律的调节原理，还从调节原理的角度重新解释了“目的性”。

休厄尔虽主张科学发明不能归结为规则，但他对简单性、连续性和对称性经常作为选择假说的调节原理而加以肯定。

马赫（E. Mach）提出“思维经济原理”作为科学事业的调节原理。他所谓的“思维经济”，即关于思维形式的经济性质、科学是对事实的经济陈述、科学的经济功能，以及把简单性作为评价科学理论的标准等科学经济原理，[①]马赫把科学认识的调节原理推至最高峰。他认为，人类在短暂的生命及有限记忆的条件下，只能通过最高的思维经济才能获得有价值的知识。因此，他强调科学家要坚持思维经济原则，科学本身只能将最小劳力的追求作为它的任务，要像商人那样善于体会和应用思维经济原则，在研究工作中以尽可能少的思维消费、尽可能简单的方法、尽可能短的时间，获得尽可能多的知识。

爱因斯坦则实质上把统一性、简单性、相对性、对称性、几何化等作为科学中的调节原理。与康德、休厄尔、马赫不同，他的这些调节原理，不单是对前人科学实践经验的总结，而且是他自身科学工作经验的升华。

科学中调节原理的存在是科学认识能控性的表现之一。这种能控性由认识个体主导，因而即使在逻辑的约束下，科学理论形式也具有多样性。科学理论终究是对事实的陈述，因而又不失其统一性。

### 5.3.3 规范的科学论证

“规范”的科学根据问题，是一个至今未能解决的难题。因而，我们在前文节中讨论过的那些“科学规范”在此还要重新讨论。

逻辑经验论一直试图从人的思维能力中引出道德规范的结论，实用论则认为人遵守道德规范的根据在原则上不能科学地确定。在这两个极端之间的种种意见中，比较可接受的观点是，道德的社会使命在于根据社会和个人的利益一致精神来调整个体之间的相互关系。这种基于“利益一致”的“调整”道德观，有助于我们理解科学规范的调控作用。

科学规范作为社会规范之一，它可分为三类：第一类是具有共性的方法论规则，可称为认识论规范；第二类是研究活动中的集体行为规则，可称为科学社会规范；第三类是研究个体、集体之间，以及他们同整个社会之间的关系准则，属于同科学有关的一般社会规范。前文中我们曾把后两类合称为“社会行为规范”，这里分开讨论是要强调它们在科学的社会调控中的重要性。

① 李醒民. 略论马赫的“思维经济”原理. 自然辩证法研究，1988，4(3)：56-63.

# 6 科学系统知识增长的数学描述

李文林

## 6.1 数学模型的一般知识

数学模型，即由公式、方程或逻辑表达式等组成的某种数学结构，它所表达的内容与所研究的对象的行为、特性一致或近似。

### 6.1.1 建模步骤

（1）建模准备。明确建模目的，收集信息与统计数据等。

（2）建模假设。对问题进行适当简化，用精确的语言作必要的假设。

（3）建立模型。利用适当的数学工具，写出各个量（常量与变量）之间的等式或不等式关系，列出表格，画出图形或确定其他数学结构。

（4）模型求解。解方程，画图形，证明定理或进行逻辑运算等。

（5）模型分析。根据问题性质，分析各变量之间的依赖关系或稳定性质。有时根据结果做数学预测；有时给出数学上的最优决策或控制。

（6）模型检验。回到实际的对象，对模型的合理性与适应性作出检验。

### 6.1.2 模型分类

1. 按变量情况分类

（1）连续模型与离散模型。离散模型是指将实际问题直接抽象成离散的数、符号或图形，然后以离散数学为主要工具进行研究的模型，不包括将连续模型离散化的模型。

（2）确定性模型与随机性模型。

（3）线性模型与非线性模型。

（4）单变量模型与多变量模型。

2. 按时间变化对模型的影响分类

（1）静态模型与动态模型。

（2）参数定常模型与参数时变模型。

3. 按研究方法与对象的数学特性分类

（1）初等模型。

（2）优化模型。对从事的某项活动，采取策略使某个或某几个指标达到最优，也即使目标函数达到极值。

（3）逻辑模型。

（4）稳定性模型。

（5）扩散模型。

4. 按对对象的了解程度分类

（1）白箱模型：指可用力学、电路理论等一些机理清楚的学科来描述的现象（将对象看作一只箱子里的机关）。

（2）灰箱模型：指（化工、水文、地质、气象、经济等领域中）机理尚不完全清楚的现象。

（3）黑箱模型：指（生态、生理、社会等领域中）机理更不清楚的现象。

5. 按研究对象的实际领域分类

人口模型、生态模型、经济模型、生理模型、社会模型等。作为知识增长的数学描述，这里主要考虑的是动力学模型，一般情况是多变量、非线性的。在本章最后，我们也介绍个别随机性模型的例子。

## 6.2 知识增长的三种模式

知识可以看作时间的函数，它随着时间的变化而变化，我们将这种变化看作广义的“增长”。对人类各知识领域发展的考察表明，知识增长可以有三种不同类型的模式。

### 6.2.1 封闭模式

一个领域的知识，其当前的状态仅仅由该领域内部知识的历史积累所决定，也就是说，知识增长被看作新思想的积累，而这些新思想是已有思想的逻辑结果。这种模式强调的是科学知识的自身传统与内在逻辑，而不是环境作用与外来影响。

### 6.2.2 开放模式

这种模式，不仅考虑知识的内在逻辑发展，同时考虑研究主体的作用，从而允许所考虑的知识与环境之间的信息交流和学者之间的交流。

### 6.2.3 自由模式

封闭模式说明了连续的内部累积增长。开放模式则同时考虑了内部累积增长以及研究主体与环境的影响。自由模式，常被用于考察非科学知识的增长。自由模式认为，新思想不是起源于最近的发展，而是来源于这个领域的历史中任何已有的发展。自由模式中有跨越文化领域全部历史的一种自由选择。如果一个领域处于此种情况，科学创新者可以从以往任何时期完成的著作中汲取灵感，当代人无须在彼此工作基础上建立自己的工作。有人认为这种近于没有结构的增长是某些人文与艺术科学的特征①。因此，我们以下主要考虑封闭模式和开放模式。

## 6.3 数学描述

### 6.3.1 封闭模式的动力学描述

#### 6.3.1.1 连续动力系统与逻辑斯谛方程

首先我们要明确讨论的范围，我们把所谓“研究问题领域”作为讨论的基本单元，例如“数理逻辑”“不变量理论”“牛顿力学”等，可大可小。

其次我们要做两点基本的数学假设：

（1）变量的变化率正比于变量本身的大小：$\frac{\Delta x}{\Delta t}\propto x$。

（2）变量的相互作用（指相互作用下产生的变化率）大小正比于变量大小的乘积：$\frac{\Delta x}{\Delta t}\propto xy$。

这两条假设，是建立知识增长数学模型过程中要反复使用的简化条件，不仅适用于封闭模式，而且适用于开放模式。

现在回到封闭模式。

考虑一个研究问题领域。由于该领域的封闭性质，其知识增长依靠内部问题的积累来推进，设该领域未决问题（未获解决的问题）数为一变量 $I$，已发表论文数为变量 $y$，二者皆为时间 $t$ 的函数。考虑最简单的模型，即知识增长用发表论文数 $y$ 来衡量。那么发表新论文的可能性（亦即解决新问题的可能性）既取决于已发表的论文数 $y$，又取决于找到未决问题的可能性（亦

① 黛安娜·克兰. 无形学院. 刘珺珺，顾昕，王德禄译. 北京：华夏出版社，1988：20.

即可利用的未决问题)，后者与未决问题的总数间有函数关系 $V(I)$。这样，在 $\Delta t$ 之内发表论文数增量 $\Delta y$ 正比于 $V(I)$ 与 $y$ 之积：

$$\Delta y=kV(I)y\Delta t\text{（}k\text{ 为比例常数）} \tag{1.6.1}$$

类似地，$\Delta t$ 内未决问题数量的减少 $\Delta I$ 亦正比于可利用的未决问题数本身及已发表论文数之乘积：

$$\Delta I=-V(I)y\Delta t\text{（为方便起见比例系数取为 1）} \tag{1.6.2}$$

令 $\Delta t\to 0$，可得

$$\begin{cases}\dfrac{\mathrm{d}I}{\mathrm{d}t}=-V(I)y\\ \dfrac{\mathrm{d}y}{\mathrm{d}t}=kV(I)y\end{cases} \tag{1.6.3}$$

式（1.6.3）就是封闭系统知识增长的动力学方程组。此处 $V(I)$ 一般为非线性函数关系，若 $V(I)=\lambda I$ 即取线性近似，则得

$$\begin{cases}\dfrac{\mathrm{d}I}{\mathrm{d}t}=-\lambda Iy\\ \dfrac{\mathrm{d}y}{\mathrm{d}t}=\lambda kIy\end{cases} \tag{1.6.3}'$$

式（1.6.3）′有一个积分：

$$y+kI=P=\mathrm{cost} \tag{*}$$

$$P=y(0)+kI(0)\text{ 是初始值}$$

由积分（*）导出方程：

$$\frac{\mathrm{d}y}{\mathrm{d}t}=\lambda y(P-y) \tag{1.6.4}$$

导出的方程恰好就是逻辑斯谛方程，$\lambda$是参数。逻辑斯谛方程的解很容易通过分离变量法求得，形式为

$$y(t)=\frac{P}{[1+b\cdot\exp(-\lambda tP)]} \tag{1.6.5}$$

其中 $b$ 是由初始条件决定的系数。这是一种指数型增长，但时间趋于无穷时有一个渐近值 $P$（图 1.6.1）。这说明在作为封闭系统的研究领域，其知识增长存在着一个稳定的极限。这种知识增长的逻辑斯谛依赖关系已经为相当多

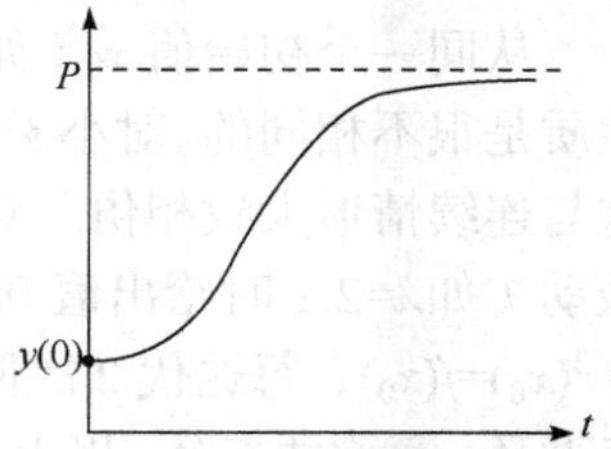

图 1.6.1 知识增长的逻辑斯谛依赖关系

的研究问题领域的个案分析所证实，如农业社会学、有限群论、行列式与矩阵理论、噬菌体理论等。

6.3.1.2　*离散动力系统与混沌结构*

封闭知识系统的连续动力学行为，在一段近指数增长之后是平稳的降速增长过程。这就杜绝了在充分长时间后继续发展的可能性。实际上，这只是连续模型的特征，当我们取离散的动力学模型时，封闭知识系统可以表现出不同的动力学行为而具有新的发展的可能性。

从所谓“反馈循环”过程开始讨论。反馈机制最本质的特征是：有一个随时间（或某个其他变量）变化的量 $x$，$x$ 在任意时刻的值按一定方式依赖于它前一时刻的值，在数学上可以用一个函数 $f(x)$ 来表示这种依赖关系：

$$x_{n+1} = f(x_n) \tag{1.6.6}$$

从 $x$ 的一个初始值 $x_0$ 出发逐次迭代得到 $x_1, x_2, x_3, \cdots, x_n, x_{n+1} \cdots$。$f(x)$ 含有一个参数 $\lambda$，参数的选择有时能明显地影响相应反馈过程的行为。

这种由 $x$ 的已有值迭代产生 $x$ 的新值的行为，正是封闭知识系统知识累积的特征。很自然会想到连续逻辑斯谛模型的离散化，即

$$x_{n+1} = x_n + \lambda x_n (P - x_n) \quad (n=0,\ 1,\ 2,\ 3,\ \cdots) \tag{1.6.7}$$

不失一般性，可设 $P=1$（适当改变度量单位），则

$$x_{n+1} = x_n + \lambda x_n (1 - x_n) \quad (n=0,\ 1,\ 2,\ 3,\ \cdots) \tag{1.6.8}$$

这里的 $x_n$ 表示第 $n$ 个时间段内发表的论文数。这与人口理论中的韦吕勒（Verhulst）方程是一致的。已有许多对韦吕勒方程的研究，并且揭示出参数$\lambda$取某些值时此动力学过程会出现混沌现象。这方面的结果应该可以借用来描述封闭模式中的知识动力学行为。

从同一个初始值 $x_0$（如 0.1）开始迭代，对于不同的$\lambda$值，式（1.6.8）解的性质是很不相同的。对小于 2 的$\lambda$值，迭代过程很快就稳定到 $x$=1 这个平衡值。这与连续情形大致相仿。对略超过 2 的$\lambda$值，迭代结果在两个数值之间作规则振动（如$\lambda$=2.1 时给出值 0.82 和 1.13），也就是说出现周期 2 解，或称两点环（$f^2(x_0)=f(x_0)$，每迭代 2 次回到初值，此时 $x_0$、$x_1$ 形成 $f$ 的周期 2 轨道，或叫两点循环，简称两点环，以上推理对任意整数 $n$ 亦相同），这个两点环是稳定的。$\lambda$继续变化，则两点环又失去稳定性，但出现稳定的四点环（周期 4 解）等，依此类推，这就是所谓“倍周期分岔现象”。此过程如下：

| $\lambda$值范围 | 定性性质 |
|---|---|
| $2>\lambda>0$ | 全局稳定平衡点 |
| $2.5>\lambda\geqslant 2$ | 稳定两点环 |
| $2.55>\lambda\geqslant 2.5$ | 稳定四点环 |
| $2.565>\lambda\geqslant 2.55$ | 稳定八点环 |
| $2.57>\lambda\geqslant 2.565$ | $2^4,2^5,\cdots,2^n$ 点环 |
| $\lambda\geqslant 2.57$ | $2^\infty$混沌 |

由上述过程可知，参数$\lambda$有一系列特殊的数值，使得式（1.6.8）的性质在此发生突变，产生周期$2^n$（$n$=0，1，2，…）解，也就是说，用发表论文数衡量的知识增长在某几个数值范围内周期性地变化，既不衰竭也不无限增长。最后出现周期$2^\infty$（无限倍分岔），即混沌解。因此，参数$\lambda$非常重要，它就像一个“旋钮”，它的数值变化，可以使动力系统出现不同的周期行为。这是离散动力系统的研究给知识增长封闭模式的发展带来的新的可能性。这方面的具体研究还很少。

### 6.3.2 开放模式的动力学过程①

对于开放模式来说，知识不是以往知识的简单增加，也不是从周围环境的简单提取，而是将无组织的信息转变为有组织的知识的过程，这种过程是通过科学共同体来完成的，共同体起着“非线性转换器”的作用。

对一个研究问题领域，我们可以假设三个基本变量：

（1）$I(t)$——信息流，用输入问题数度量；

（2）$x(t)$——共同体规模，用共同体内学者总数度量；

（3）$y(t)$——知识输出，用出版著作数度量。

那么知识的增长过程就是

$$I\rightarrow x\rightarrow y$$

知识增长数学模型就是要建立反映这些变量关系（$I$–$x$、$I$–$y$、$x$–$y$）的方程组。

#### 6.3.2.1 流动模型（$I$–$x$ 关系）

先考虑信息变化。信息增量 $\Delta I=\Delta I_0-\Delta I_1-\Delta I_2$。其中 $\Delta I_0$ 为输入共同体的

① Yablonsky A I. The development of science as an open system//Gvishiani J M. Systems Research: Methodologicd Problems. Oxford: Pergamon Press, 1984: 210-228.

信息流，设输入速度为常数，故 $\Delta I_0=v\Delta t$。

$\Delta I_1$ 为被学者有效利用后转化为科学知识的信息。设它与共同体规模 $x$ 成比例，比例系数 $V(I)$ 依赖于可利用信息 $I$，即有 $\Delta I_1=V(I)x\Delta t$，此为非线性项。

$\Delta I_2$ 为信息耗散，是由信息过于简单或过于复杂等原因引起的。假设其直接与信息量 $I$ 成正比，即

$$\Delta I_2=\alpha I\Delta t \tag{1.6.9}$$

故有：$\Delta I=v\Delta t-V(I)x\Delta t-\alpha I\Delta t$

令 $\Delta t\to 0$，得

$$\frac{\mathrm{d}I}{\mathrm{d}t}=\nu-V(I)x-\alpha I \tag{1.6.10}$$

其次考虑学者数的变化，即

$$\Delta x=\Delta x_0+\Delta x_1-\Delta x_2 \tag{1.6.11}$$

其中 $\Delta x_0$ 是学者的随机扩散，即以常数速率 $\mu$ 进入研究问题领域的学者，即

$$\Delta x_0=\mu\Delta t \tag{1.6.12}$$

$\Delta x_1$ 是由于信息的有效利用而被吸引加入研究问题领域的学者，显然正比于 $\Delta I_1$，即

$$\Delta x_1=k\Delta I_1\Delta t=kV(I)x\Delta t \tag{1.6.13}$$

$\Delta x_2$ 为 $\Delta t$ 内流出问题领域的学者增量（广义），设直接正比于 $x$，$\Delta x_2=\beta x\Delta t$。故有

$$\Delta x=\mu\Delta t+kV(I)x\Delta t-\beta x\Delta t \tag{1.6.14}$$

令 $\Delta t\to 0$，则得

$$\frac{\mathrm{d}x}{\mathrm{d}t}=\mu+kV(I)x-\beta x \tag{1.6.15}$$

与前面的方程联立得方程组，即

$$\begin{cases}\dfrac{\mathrm{d}I}{\mathrm{d}t}=\nu-V(I)x-\alpha I\\[2ex]\dfrac{\mathrm{d}x}{\mathrm{d}t}=\mu+kV(I)x-\beta x\end{cases} \tag{1.6.16}$$

这个描述 $I$–$x$ 关系的方程组称为流动模型（flow model）。

现在来作一些简化。

首先令 $v=\alpha I_0$，$I_0$ 是输入信息流密度。

其次为了数学上处理简便起见，设耗散强度对于信息流与学者人数而言相等，即 $\alpha=\beta=Q$。又设 $\mu=0$，即流入研究问题领域的学者数仅与研究前景有关。

最后设 $V(I)$ 为线性函数，即 $V(I)=\lambda I$。

在这样一些假设下，方程组（1.6.16）变为

$$\begin{cases}\dfrac{\mathrm{d}I}{\mathrm{d}t}=Q(I_0-I)-\lambda Ix\\[2mm]\dfrac{\mathrm{d}x}{\mathrm{d}t}=k\lambda Ix-Qx\end{cases}\tag{1.6.17}$$

值得注意的是，同样的方程描述了细胞增殖、细菌繁殖以及其他小生群的增长。因此若与生物学进行类比，似乎可以说：信息流的吸收引起研究问题领域共同体的增长。换言之，共同体吸收科学信息并通过研究前景吸引新成员。同样学者的流失可以类比为由于缺乏营养物而引起的生物个体死亡。而对于流动模型的方程组及其稳定性、平衡态动力学等，生物数学中已有大量的研究，有些结果可以被应用于知识增长流动模型的数学分析与解释。

例如方程组（1.6.17）是可积的，并且当时间 $t\to\infty$时 $x(t)$ 的渐近解服从逻辑斯谛关系，即

$$x(t)=\frac{L}{1+a\cdot\exp(-\lambda tL)}\tag{1.6.18}$$

只要作代换 $z=kI+x$，取导数后可积得

$$z=kI_0-A_0\mathrm{e}^{-\theta t}=f(t)\text{（}A_0\text{ 为常系数）}\tag{1.6.19}$$

代入 $x=k\lambda Ix-Qx$ 后得伯努利（Bernoulli）方程。然后再将 $\mathrm{e}^{-\theta t}$ 展成无穷幂级数并略去运算中的高阶无穷小项就可得到上述逻辑斯谛关系。

此处 $k$ 是共同体学者增长系数，$\lambda$是信息利用系数，$Q$ 是流量比率（输入与输出比）。

$a=L/x(0)$ 是由共同体初始参数决定的常数，$x(0)$ 是共同体初始规模。

$L=kI_0-Q/\lambda$ 是所谓的“环境容纳量”，它决定科学共同体达到平衡态的最大容纳量；$I_0$ 则是信息量达到的最大值。

方程组（1.6.17）所描述的科学共同体发展的动力学，当 $t\to\infty$时的渐近状态满足逻辑斯谛关系，这与许多经验数据相符合，因而成为支持流动模型的重要依据。

其次可以对方程组（1.6.17）解的稳定性进行研究而得到一些有意义的定性结果。

其中最重要的有：

**命题**　$k\lambda I_0 - Q \geqslant 0$，即 $I_0 \geqslant Q/k\lambda$，系统（方程组）是稳定的，即学者与信息量达到平衡态。

当 $k\lambda I_0 - Q < 0$，即 $I_0 < Q/k\lambda$，系统平衡态被破坏。这意味着研究问题领域的衰竭造成信息输入密度减小，从而产生了共同体学者离开该领域转移到其他更有研究前景的领域的不可逆过程。

这个命题可以通过方程组（1.6.17）的奇点及奇点稳定性分析，并应用所谓狄拉克（Dirac）函数来证明，此处从略。事实上此方程组有两个奇点：

$$P_1: x = 0, I = I_0$$

$$P_2: x = \left(I_0 - \frac{Q}{k\lambda}\right)\cdot k, I = \frac{Q}{k\lambda}, \qquad (1.6.20)$$

奇点分析表明 $P_2$ 是局部稳定的，再用狄拉克函数可证明 $P_2$ 又是全局稳定的，也就是说整个系统是稳定的（即不论初始值如何，最后方程组的解值都要趋于 $P_2$），如图 1.6.2 所示。

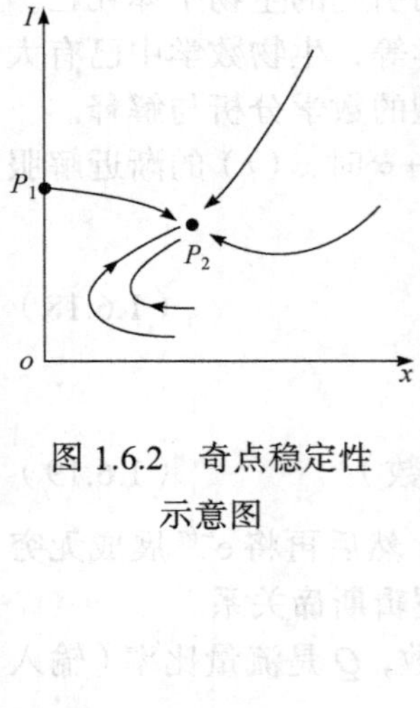


图 1.6.2　奇点稳定性示意图

以上是对 $V(I)$ 为线性情形的讨论。若 $V(I)$ 为非线性，情形远为复杂，笔者还未见到有这方面的研究结果发表。但应用稳定性理论可以进行一定的研究并得到一些结果。

另外，假设 $Q=0$，这就意味着没有流动，即系统是封闭的，此时方程组（1.6.17）变为

$$\begin{cases} \dfrac{dI}{dt} = -\lambda I x \\ \dfrac{dx}{dt} = k\lambda I x \end{cases} \qquad (1.6.21)$$

这与前面关于封闭模式的讨论是一致的。

6.3.2.2　沃尔泰拉（Volterra）方程（$y$ 拟 $x$ 关系）

$y$ 表示研究问题领域的出版物数量。

$x$ 为共同体学者数量（共同体规模）。

学者数量的变化：$\Delta x = \Delta x_1 - \Delta x_2$。

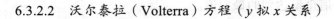

$\Delta x_1$ 是进入该领域的新学者数，主要是与已从事该领域研究的学者接触

的结果，故可设 $\Delta x_1 = a_1 x \Delta t$（$a_1$ 为比例系数，$x$ 为共同体规模）。

$\Delta x_2$ 是在出版一定数量论文后离开该领域的学者(学者流失或死亡)数。设 $\Delta x_2$ 与共同体规模 $x$ 和出版物数 $y$ 的乘积成正比，即

$$\Delta x_2 = b_1 xy \Delta t \tag{1.6.22}$$

故 $\Delta x = a_1 x \Delta t - b_1 xy \Delta t$，令 $\Delta t \to 0$ 得

$$\frac{\mathrm{d}x}{\mathrm{d}t} = a_1 x - b_1 xy \tag{1.6.23}$$

这里，假定学者增长仅由研究吸引力决定而无随机流入的情况。

出版物数量的变化：$\Delta y = \Delta y_1 - \Delta y_2$，其中，$\Delta y_1$ 是 $\Delta t$ 内出版物的增加量，它正比于共同体规模与已有可用出版物数的乘积，即

$$\Delta y_1 = a_2 xy \Delta t \tag{1.6.24}$$

$\Delta y_2$ 为 $\Delta t$ 内废弃的（过时无用）著作，它正比于已有出版物数

$$\Delta y_2 = b_2 y \Delta t \tag{1.6.25}$$

故有 $\Delta y = a_2 xy \Delta t - b_2 y \Delta t$，令 $\Delta t \to 0$ 得

$$\frac{\mathrm{d}y}{\mathrm{d}t} = a_2 xy - b_2 y \tag{1.6.26}$$

联立得

$$\begin{cases} \dfrac{\mathrm{d}x}{\mathrm{d}t} = a_1 x - b_1 xy \\ \dfrac{\mathrm{d}y}{\mathrm{d}t} = a_2 xy - b_2 y \end{cases} \tag{1.6.27}$$

这就是生物数学中著名的沃尔泰拉方程，是意大利数学家沃尔泰拉为了描述亚得里亚海中食肉鱼（鲨鱼类）与被食鱼数量变化而首先提出的数学模型。

沃尔泰拉方程是一组非线性方程。可以计算在约定的值( $x_0$，$y_0$ )之后，解（$x$，$y$）在相平面上构成的“轨道”，（$x$，$y$）随时间变化的图像呈波形，近似于周期振动的正弦函数与余弦函数。注意使 $x$（$t$）与 $y$（$t$）取极大值和极小值的 $t$ 值在 $t$ 轴上是交替的，这就是捕食者-被捕食者的周期振荡（或涨落）性质。这种振荡（或涨落）在科学发展中比较常见，因而沃尔泰拉模型可以被应用于知识增长。用沃尔泰拉模型刻画和分析科学技术不同分支中知识积累的振荡与涨落方面，已出现许多工作。

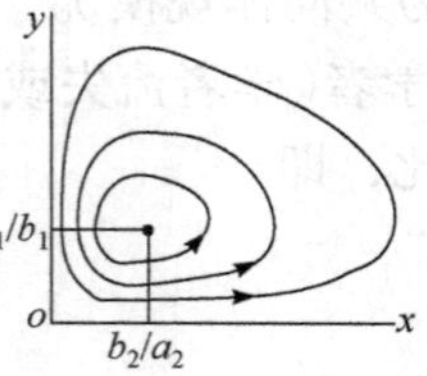


图 1.6.3　相平面中的（$x$，$y$）轨道

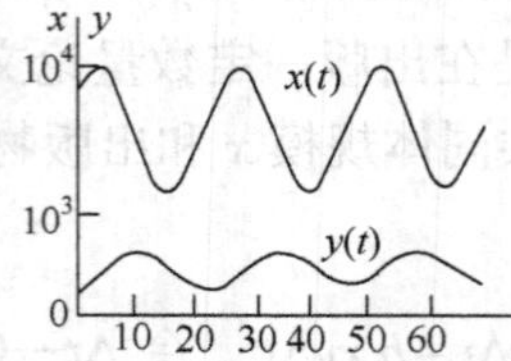


图 1.6.4　$x$，$y$ 随 $t$ 的变化趋势

6.3.2.3　传染病模型

对于开放模式，还有一个被普遍采用的将知识积累发展看作是一种扩散过程的数学模型，即所谓的“传染病模型”①。如果科学知识的增长代表一系列细小创新的积累，而学者们在创造新思想时依赖了彼此的著作，即采纳了其他人的创新，那么在这个意义上科学知识的增长就可以看作是思想从一个人传递到另一个人的扩散过程。学者们在彼此交流的时候，那些已接受了创新的个人会影响尚未接受创新的个人，这仿佛是个人之间新思想的“传染”（蔓延）作用。

在生物数学中已经有熟知的描述传染过程的微分方程：

$$\begin{cases} \dfrac{\mathrm{d}S}{\mathrm{d}t} = -\beta SI - \Delta S + \mu \\ \dfrac{\mathrm{d}I}{\mathrm{d}t} = \beta SI - \gamma I + \nu \\ \dfrac{\mathrm{d}R}{\mathrm{d}t} = \Delta S + \gamma I \end{cases} \tag{1.6.28}$$

这里 $S$ 表示易感染者数目，$I$ 表示传染者数目，$R$ 表示康复者数目。故总人数 $N$=$S$+$I$+$R$。$S$、$I$、$R$ 均为时间 $t$ 的连续函数。$\beta$——感染率；$\Delta$（$\gamma$）——易感者（传染者）消失率；$\mu$（$\nu$）——新的易感者（传染者）出现的比率。

这个方程组可以很自然地借用来描述知识增长的扩散过程，不过要改变各变量及参数的意义，即：

$S$ 表示潜在研究者数目（即那些将可能发表自己的著作的人的数目）；

$I$ 表示活跃研究者数目（已出版相当著述的人）；

$R$ 表示丧失研究能力者数目（即那些过去曾发表过著述但现在不再发表著述的人）；

① Goffman W. Mathematical approach to the spread of scientific ideas—The history of mast cell research. Nature, 1966, 212: 449-452.

$\beta$——新研究者的产生率（由于扩散的影响）；
$\Delta$——潜在研究者消失率；
$\gamma$——活跃研究者消失率；
$\mu$——新的潜在研究者进入共同体的比率（随机流动）；
$\nu$——新的活跃研究者进入共同体的比率（随机流动）。

对于传染方程我们知道系统进入传染状态的必要条件是

$$\frac{\mathrm{d}I}{\mathrm{d}t} > 0 \tag{1.6.29}$$

亦即

$$\beta SI - \gamma I + \nu > 0$$

$$S > \frac{\gamma - \frac{\nu}{I}}{\beta} = \rho \tag{1.6.30}$$

$\rho$ 称为易感染者（相当于潜在研究者）数的阈值密度（或临界密度）。这就是说，在时刻 $t_0$，只有当易感染者数目超过阈值 $\rho = (\gamma - \nu/a)/\beta$ 时，系统才会进入传染过程（$a$ 是时刻 $t_0$ 时的传染者数目）。而此时描述传染扩散过程的曲线由方程 $\frac{\mathrm{d}I}{\mathrm{d}t} = f(t)$ 给出。

当 $\frac{\mathrm{d}^2 I}{\mathrm{d}t^2} = 0$ 时这一过程达到峰值，并且过程本身是稳定的。此时有 $\frac{\mathrm{d}R}{\mathrm{d}t} = \chi$，即在稳定区域内康复者（相当于丧失研究能力者）数目的变化率为常数。

为了刻画和预测传染过程，求出方程组（1.6.28）的解是必要的，但一般不能求得方程组（1.6.28）的精确解，因而常常用下列的向量形式的递推表达式来求其近似值：

$$\overrightarrow{x_i} = \overrightarrow{x_{i-1}} + (t_i - t_{i-1})\overrightarrow{x'_{i-1}} \tag{1.6.31}$$

一个典型的例子是肥大细胞学的研究。

基本数据取自谢耶（H. Selye）1965 年的一篇综合性论述“The Mast Cells”。其中谢耶收集并列出了 1877～1963 年间有关肥大细胞的几乎所有论文及作者。总计有 2195 位作者，2282 篇论文。现在将所列作者分成两类：①在谢耶目录中，一个人在他发表其第一篇论文的那一年开始成为活跃研究者（传染者）；②在谢耶目录中，一个人在发表最后一篇论文一年以后，被认为是丧失研究能力者（康复者）。

根据以上定义及谢耶的统计数据，可以作出 1877～1963 年间 $I$（活跃研究者)、$R$(丧失研究能力者)及发表论文数的变化率($\Delta I/\Delta t$, $\Delta R/\Delta t$, $\Delta y/\Delta t$)的图像,时间区间 $\Delta t$ 选为 5 年。

根据对方程组(1.6.28)的定性分析(可以利用微分方程定性研究方面比较成熟的理论与手段来进行)而得到的结论,应当与经验曲线显示的某些特性相符合(我们不能要求理论曲线与经验曲线完全吻合,在细节上可以有很大的差别,但在一些带趋向性的特征上应基本符合,从而就可以说所建立的数学模型是合适的,并可用来作进一步的预测)。已有人作了对肥大细胞的研究工作,如戈夫曼(W. Goffman)指出,按照方程组(1.6.28)的稳定性分析,$\mathrm{d}R/\mathrm{d}t$ 在传染过程的稳定区域内应当为常数 $\chi$。而根据经验资料可知,$\Delta R/\Delta t$ 在 1878～1943 年确实趋向于常数值。

作为对肥大细胞研究传染过程未来行为的预测,戈夫曼的文章也给出了不少例子。如对变化率 $\mathrm{d}I/\mathrm{d}t$ 的预测。这种预测是有意义的。因为 $\mathrm{d}I/\mathrm{d}t$ 的峰值,标志着肥大细胞研究的高潮时期。式(1.6.30)的精确解目前还不可能,戈夫曼采用幂级数逼近的办法,即

$$\frac{\mathrm{d}I}{\mathrm{d}t}=f(t)=c_0+c_1t+c_2t^2+\cdots+c_nt^n+\cdots \tag{1.6.32}$$

先利用已知数据确定几项的系数,然后再推算 $\Delta I/\Delta t$ 的近似值,结果得到 $\Delta I/\Delta t$ 的外推曲线。利用方程组(1.6.28)还可以对肥大细胞研究中某些特别的趋势作预测,如电子显微镜的使用,整个做法与前述一样,只是将问题领域限制为利用电子显微镜的著作。

#### 6.3.2.4 竞争模型

一般来说,当一个研究问题领域趋于衰竭时,它的进一步发展取决于许多相互竞争的理论(或假设)的选择。下面对不同的理论之间的竞争给出一个简单的动力学模型。模型也是从生物数学中借鉴而来的,即利用生物学中两个不同种群的竞争模型。假设有两种理论 $T_1$ 与 $T_2$。

设有利于 $T_1$ 的信息和为 $I_1$(包括支持 $T_1$ 的事实、观测、出版物数量及从事 $T_1$ 研究的学者人数等)。有利于 $T_2$ 的信息和为 $I_2$。

在没有 $T_2$ 的情况下,$T_1$ 的动力学过程应为逻辑斯谛方程,即

$$\mathrm{d}I_1/\mathrm{d}t=I_1(a_1-b_1I_1)\ (见封闭模式)。$$

在存在竞争对象 $T_2$ 的情况下,还应考虑 $T_2$ 对 $T_1$ 的抑制作用(即由通过 $I_2$ 作用而获得的 $T_2$ 的结果引起对 $T_1$ 的怀疑)。我们假设这种相互作用效应正比于二者的乘积 $I_1I_2$,比例系数为 $c_1$,那么就可以得到方程,即

$$\frac{\mathrm{d}I_1}{\mathrm{d}t}=a_1I_1-b_1I_1^2-c_1I_1I_2 \tag{1.6.33}$$

同理有

$$\frac{\mathrm{d}I_2}{\mathrm{d}t}=a_2I_2-b_2I_2^2-c_2I_1I_2 \tag{1.6.34}$$

这正是生物数学中的两种群竞争方程，目前已有许多定性的结果，其中最重要的是高斯（Gauss）原理。所谓高斯原理是：

（1）如果$b_1b_2>c_1c_2$（即种群发展中内在因素大于竞争因素），那么式（1.6.33）和（1.6.34）的系统是稳定的，即两个不同种群可以相互共存、和平共处；

（2）如果$b_1b_2<c_1c_2$（即种群的对抗作用起主导作用），那么式（1.6.33）和（1.6.34）的系统是不稳定的，即只有一个种群可以生存下去。

高斯原理可以完全被推广到相互竞争的理论中去。即：若$b_1b_2>c_1c_2$，则两种理论可以稳定共存；若$b_1b_2<c_1c_2$，则仅有一种理论可以存在。例如，有人对库恩与波普尔的科学哲学理论的竞争进行了分析，指出科学的历史发展还没有提供充分的证据允许我们对这两种理论作出选择。

理论的竞争模型还可以使我们通过对参数的选择来对研究过程的未来趋势作出影响。

### 6.3.3 随机性模型

以上介绍的都是确定性数学模型。下面举例说明一个随机性模型及其在科学预测中的作用①。

一项科学发现$D$可以看成是一个科学研究领域里形成的信息元$a, b, \cdots, n$的集合，即

$$D=\{a,\ b,\ \cdots,\ n\}$$

这个集合是有序和有限的②，其元素本身可以是以往科学贡献的有序集。

科学发现行为可以被看成是寻求必要的信息元素，并找出适当的集合定义及定序准则的一系列努力的过程和成果，也就是在所讨论的时期内上述集合的形成及变换过程。

我们可以将科学发现过程分成四个阶段。

（1）第一阶段（$E_1$），不充分和无次序的信息。最初存在的可能是一个空

---

① Goffman W, Harmon G. Mathematical approach to the prediction of scientific discovery. Nature, 1971, 229(5280): 103-104.

② 对科学发现集合所具有的有序、有限以及其他性质的解释此处从略。

集。研究问题可能没有定义或定义是模糊的。可以利用的信息极少，即使有，对所讨论问题是否确切也难以确定。因此，这个阶段的关键是要获取信息，而不是信息的排序。一旦获得两个以上的有用信息，排序问题就提出来了。它们可以用不同的方式来排序，但所得到的信息量还不足以来确定合适的排序。

（2）第二阶段（$E_2$），不充分但有次序的信息。有一些信息元同所讨论的问题有关，其数量足以建立次序关系，这个阶段的问题主要变成确定信息元的次序和进一步增加可用信息元的数量。

（3）第三阶段（$E_3$），充分但无次序的信息。随着信息的不断增加，将有足够的信息元可以利用。此时集合的边界变得更明显了，但仍然存在某种程度的无序状况。

（4）第四阶段（$E_4$），充分与有次序的信息。信息元不断重新组合，直到获得一个令人满意的发现集合 $D$，集合的界限得到明确，那些无关的信息可以被排除。发现集合一旦建立起来，就会得到支持或反对这项发现的科学家们的进一步研究、精练或挑战。随着新的信息的获得或先前被排除的信息元重新发生作用，这个发现集合 $D$ 会部分或全部地解体。研究工作将会返回到状态 $E_2$ 或 $E_3$，有时甚至会返回到状态 $E_1$。这种获取信息并确定次序的循环过程将全部或部分地重复以便出现新的发现。

这种过程可以在数学上表示为马尔可夫（Markov）链，其状态转移概率也就是一个学科系统四个发展阶段的转移概率。如果描述一个学科发展的马尔可夫链是各态遍历的，那么根据一条关于马尔可夫链的著名定理，极限分布平稳概率的倒数就等于每个阶段的平均回归时间。这样我们就可以对每个阶段的出现进行一定的预测，特别是对第四阶段即给定学科的发现阶段的预测。

以符号逻辑（数理逻辑）研究为例。考虑 1847～1932 年符号逻辑的发展，从布尔（G. Boole）和德·摩根（A. de Morgan）到哥德尔（K. Gödel）。

基本资料取自丘奇（A. Church）的一份综合目录。其中列出了所讨论时期内符号逻辑发展的全部论著。丘奇将其中一些论著标*号，意指这些作品对符号逻辑发展具有特殊的重要意义。另外将更少量的论著标**号，表示这样的作品是具有基础性、重要性的新思想的首次出现。根据丘奇的统计与评估，可以将 1847～1932 年这个时期内符号逻辑的发展划分为如下几个阶段：

$E_1$　系统被认为在 $t_i$ 年处于状态 $E_1$，如果在这一年丘奇目录中没有任何带*号或**号的论著出现。

$E_2$　系统被认为在 $t_j$ 年处于状态 $E_2$，如果在这一年丘奇目录中出现一篇带*的作品，无带**号的作品出现。

$E_3$　系统被认为在 $t_k$ 年处于状态 $E_3$，如果在这一年丘奇目录中出现了一篇以上带*号的作品，但无带**号的作品出现。

$E_4$ 系统被认为在 $t_l$ 年处于状态 $E_4$，如果在这一年至少出现了一篇带**号的作品。

在作了上述定义后，可以按如下方式来计算从某一状态转移到另一状态的概率。设 $N_i$ 为系统处于状态 $E_i$（$i$=1，2，3，4）的总年数，$N_{ij}$ 是系统从状态 $E_i$ 在次年转移到 $E_j$ 的次数（$i$，$j$=1，2，3，4），则系统从状态 $E_i$ 到 $E_j$ 的（一步）转移概率应为 $N_{ij}/N_i$，记作 $P_{ij}$。对所有 $i$、$j$ 实行上述运算则可得下列的转移概率矩阵 $E$，即

| | $E_1$ | $E_2$ | $E_3$ | $E_4$ |
|---|---|---|---|---|
| $E_1$ | 0.53 | 0.21 | 0.21 | 0.05 |
| $E_2$ | 0.50 | 0.18 | 0.23 | 0.09 |
| $E_3$ | 0.21 | 0.35 | 0.26 | 0.18 |
| $E_4$ | 0.37 | 0.37 | 0.26 | 0.00 |

显然这是一个不可约的马尔可夫链，因为每一个状态皆可从另一状态达到。由各态遍历定理可知：

$$\lim_{n\to\infty} P_{ij}^{(n)} = \mu_j > 0 \quad (1.6.35)$$

其中 $P_{ij}^{(n)}$ 表示从状态 $E_i$（$n$ 步）转移到态 $E_j$ 的转移概率（$n$ 步转移概率矩阵 $E_n$ 可直接从一步转移矩阵 $E$ 求得），$\mu_j$ 是该马尔可夫链稳定极限分布中各态的概率（理论上是求 $\lim\limits_{n\to\infty} E^n$，实践上是通过求 $E$-$I$ 的特征向量来计算，具体过程从略）。计算结果为

| $\mu_1$ | $\mu_2$ | $\mu_3$ | $\mu_4$ |
|---|---|---|---|
| 0.44 | 0.25 | 0.23 | 0.08 |

因而各态的平均回归时间为 $E_1$：2.2 年，$E_2$：4.0 年，$E_3$：4.4 年，$E_4$：12.5 年。结果是系统平均每 12.5 年可以期望出现一项具有基础性、重要性的新思想。另外，根据以上结果可以期望平均每 4.4 年产生一些重要的论著；平均每 4 年出现一篇重要论著；平均每 2.2 年内则不能希望产生什么重要论文。值得注意的是，从转移概率矩阵 $E$ 可以看到，一旦系统达到状态 $E_4$，它稳定在 $E_4$ 上的概率等于零。这就是说，系统发现带有不稳定的性质，它将很快转变成一种更为无序的状态，即系统发现提出的问题比能回答的问题要多。另外，当系统处于 $E_3$ 状态时，也显示出极大的不稳定性，就是说将足够的信息整序使之成为一个发现集的最后一步不是平稳的，在达到成功的顶点以前，很可能要经历状态的倒退、摇摆。

我们也可用传染病模型来讨论符号逻辑在同一时期的发展，并根据丘奇的目录描绘出经验曲线，然后与上面随机性模型所给出的结论加以比较检验。图 1.6.5 是 1847～1932 年符号逻辑发展的经验（传染）曲线，虚线部分是其延长。在 1847～1932 年符号逻辑发展的过程中，弗雷格（F. Frege）、罗素（B. Russell）等关于算术基础以及逻辑与数学关系的研究引出的集论悖论，在 19 世纪末导致符号逻辑领域的研究进入传染过程，并稳定到策梅洛（E. Zermelo）的工作出现，正好相隔 12.5 年。而在策梅洛之后大约 12.5 年，希尔伯特（D. Hilbert）证明算术相容性的元数学方法引起了新的活跃时期，此后大约 12.5 年，出现了哥德尔的不完全性定理，重新使过程稳定下来。

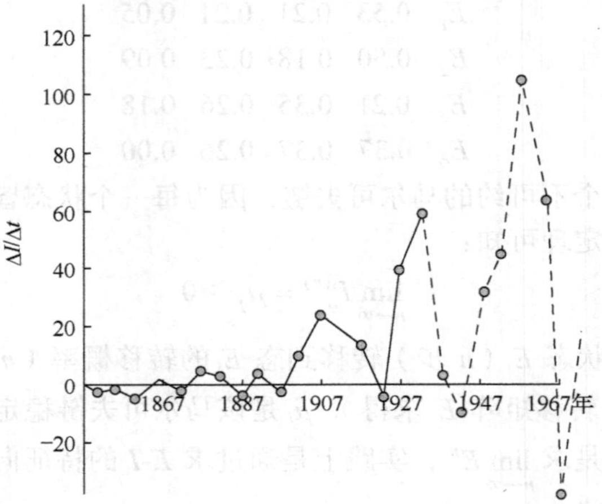


图 1.6.5 符号逻辑发展的经验（传染）曲线

# 7 数学系统中的模式和力

袁向东

数学是人类最早从事的科学活动之一，有十分悠久的历史，和人类的生产生活有着最广泛的联系。在现代，数学已成为一门几乎无处不在的科学。本章试图从系统的观点分析数学系统的构成及其形成的条件，数学系统发展中出现的某些带普遍性的模式，以及推动数学系统进化的各种力及其作用。

## 7.1 数学是什么

数学是什么？现在并无被学界普遍接受的精确定义。人们一般根据其研究对象和方法来描述它。现实中有两种相距颇远的看法。一些人会说数学无非是作加减乘除运算的算术，解方程的代数和讨论多边形、圆，至多是一般二次曲线（椭圆、抛物线和双曲线）的几何，这大致包含了17世纪解析几何和微积分创立前的初等数学知识。一些从事前沿数学研究的数学家则会说，数学是研究“形式结构”或“模式”的科学，著名数学家麦克莱恩(S. MacLane)曾给数学下过定义：“数学在于对形式结构的不断发现……数学研究相互关联的结构。”此处的结构指“现实世界和人类经验各方面的各种形式模型的构造”①。另一位颇具影响的数学家斯蒂恩（L. A. Steen）讲得更具体：“数学是模式的科学。数学家在数中、空间中、科学中、计算机中，以及在想象中寻找模式。数学理论解释模式间的关系；函数和映射，算子和态射将一类模式与另一类模式联系起来，产生永久的数学结构。数学应用则利用这些模式‘解释’和预测跟模式相符的自然现象。模式可以启发出新的模式，常常导致出现模式的模式；通过这种方式，数学按其自身的逻辑，从科学的模式开始，通过添加由初始模式派生的所有模式而成形。”②这里的模式可理解为

---

① Maclane S Mathematical models: A sketch for the philosophy of mathematics. The American Mathematical Monthly, 1981, 88(7): 462-472.

② Steen L A. The science of patterns. Science, 1988, 240(48521): 611-616.

诸如集合、拓扑空间、流形、群、环、域、微分方程等现代数学中的抽象形式概念，其结构由各种公理和定理确定。以上引证说明，人们对什么是数学的认识，主要局限在数学知识的特性方面。

我们试图以系统的观点看待数学。数学系统应视为数学知识体系、数学社会建制和数学观念的有机统一体。如上所述，人们对“数学知识”是熟悉的，而数学知识“体系”是一个历史概念，当人类刚刚创立抽象的数和几何图形时，我们尚不能认为这些数学知识要素可以构成一个体系，只有当要素积累到一定程度，形成某种具有整体性和自组织性的状态时，它才能构成有自主性的体系。仅注意数学知识的积累本身，不足以了解这种积累是如何发生的。数学是人类的一项创造性活动，这种活动的状态——数学社会建制，涉及数学家的工作方式、组织形式和所使用的工具等，它对数学知识体系的演化有极大影响。再者，对数学知识的本质及其演化的认识——数学观念，往往左右着数学家的活动。为书写简练，我们采用如下符号：数学科学系统{MS}，数学知识体系{Km}，数学社会建制{Sm}和数学观念{Vm}。

### 7.1.1 {Km}、{Sm}和{Vm}的简要发展图式

我们将{MS}的三个部分同时显示于图 1.7.1，以勾画{MS}发展中三者之间的对应联系。

**说明 1.** 图中“数学知识的增加”部分，只反映了新学科的产生和数学内部主要分支间的关系，而不能体现数学外部的学科或问题对某门数学学科产生的影响。现举出一些重要数学学科的产生所受的外部影响（在括弧内标明）：欧几里得几何①（逻辑学）、解析几何（哲学）、微积分（力学）、射影几何（工程、绘画）、概率论（赌博问题）、无穷级数（热传导问题）、微分方程（力学、天文学）、变分法（力学、光学）、数学物理（物理现象）。数学发展史表明，在 19 世纪前，数学外部的学科和问题对数学有较直接的影响；19 世纪后，数学内部问题和数学各分支学科间的聚合②成为数学发展最主要的动力；20 世纪后半叶，又出现了数学外部问题诱发应用数学学科（控制论、运筹学、对策论、计算机科学……）繁荣的情形。

---

① 简称欧氏几何。

② 这是数学家怀尔德(R. L. Wilder)在探讨数学作为一种文化系统时使用的概念，英文原文为 consolidation，意为使若干事物成为一个整体的行为或过程，也可视为一种力。

| | 公元前6世纪— | | 公元16世纪— | 17世纪— | 18世纪— | 19世纪— | 20世纪— |
|---|---|---|---|---|---|---|---|
| 数学知识的增加 | 实用算术<br>实用代数<br>实用几何 | 数论<br>简字代数<br>欧氏几何 | 符号代数 | 解析几何<br>微积分<br>射影几何<br>概率论 | 多项式方程<br>微分方程，无穷级数，变分法，微分几何 | 代数数论<br>解析数论<br>非交换代数<br>群论<br>分析严格化<br>复变函数论<br>数学物理<br>非欧几何 | ⋮<br>抽象代数<br>泛函分析<br>拓朴<br>⋮<br>应用数学<br>（形形色色的交叉学科） |
| 数学社会建制的演变 | | 师授徒式的学派 | 同左 | 数学家在各种形式的科学家集体中活动，如：<br>·意大利的林琴科学院(1601年)<br>·法国以梅森为核心的科学家通信联络团体(1630年左右)<br>·法国皇家科学院(1666年)<br>·英国皇家学会(1662年) | 同左 | ·数学成为大学中常设的重要课程；<br>·各国成立独立的数学会(1865年至1890年相继在英国、法国、意大利、美国、德国出现)；<br>·专门性数学期刊大量涌现 | 国际性数学家组织活跃，如：<br>·国际数学家大会(1893年始，至1990年已举行21次)<br>·国际性数学大奖(菲尔兹奖，沃尔夫奖) |
| | 刻痕，绳结，直尺，圆规 | 算筹，算盘 | 同左 | 算表、算尺、手动计算器 | 同左 | 机械式计算机 | 电子计算机 |
| 数学观念 | 数学的实用观 | 数学是对宇宙“理想”客体的认识观 | | 科学的数学化观念 | | 数学是人类自由创造物的观念 | 自由创造观念、与科学相统一的观念共存 |

图1.7.1 {MS}的三个部分

**说明 2.** 数学社会建制{Sm}，主要反映{Km}内知识的传播以及数学知识与数学外部知识互相传播[①]的强度。我们认为知识传播强度有三个指标：①传播对象即知识接受个体的数量。②知识传播者所代表的学科门类的数量，如只限于几何中某一分支的讨论班，其知识传播强度就小于涉及几何中若干分支内容的讨论班；由几何和代数等多学科的综合讨论班的传播强度则更高些。③知识传播体（由传播者和传播对象组成）的紧密程度，如定期举行的讨论班和大学中的专门课程，其传播强度超过一般的数学期刊。由于实际情况十分复杂，我们在评价知识传播的强度时应作综合的加权分析。

**说明 3.** 在“数学社会建制的演变”栏内，我们列出了主要数学工具的演变。数学史表明，20 世纪前的各类数学工具，仅对数学的应用，尤其是计算速度有影响。20 世纪 40 年代诞生的电子计算机则不仅可以从事以前无法进行的大型计算，从而极大地扩展了应用数学的领域和功能，而且它和纯粹数学的互动作用已得到迅猛发展，成为数学界极度关注的课题[②]。电子计算机已经在某种程度上改变了数学家的工作方式，从而影响了数学知识的传播和聚合。

**说明 4.** 我们之所以将{Vm}作为{MS}中的一个独立因素考虑，是鉴于数学史中几次大的演进都与此相关。笛卡儿（R. Descartes）因欧氏几何的尺规作图限制了对光学镜片形状的探究，提出要建立能研究一切自然现象中出现的次序和数量的普遍的科学——数学，这种观念为解析几何的创立奠定了思想基础。笛卡儿及其他学者关于科学数学化的思想成为整个 17、18 世纪主流的数学观念，促成了分析学的诞生与迅猛发展。19 世纪由于非欧几何和非交换代数的出现，人类能自由创造数学的观念又逐渐占据了主要地位，这对于相对独立于数学外部世界的纯粹数学的高速发展、数学研究中的专门化倾向、数学家人数的大幅度增加都起到了推动作用。

### 7.1.2 数学知识的客观性

数学知识由数学对象（如直线、三角形、代数方程、微分方程、流形等），刻画数学对象间关系的数学定理（如直角三角形的勾股定理）和自成系统的“对象-定理”组成的数学理论（如欧氏几何、射影几何、黎曼几何、同调代

---

① 传播是怀尔德研究数学文化时的又一重要概念。英文词为 diffusion，意为自由散布信息的行为或过程。怀尔德未论及数学社会建制，故也未提出传播强度的概念。

② Atiyah M F. Mathematics and the computer revolution. //Michael Atiyah Collected Works Volume 1-Atiyah M. Oxford: Oxford Science Press, 1988: 327-347. 中译文《数学与计算机革命》刊于《数学译林》1991 年第 10 卷第 1 期 62-67 页.

数、代数数论等）等要素构成。

数学对象不同于自然科学的对象，后者是自然界存在的客观事物。数学对象是思想事物，它不是铅笔或粉笔写下的符号，也不是物质三角形或其他物质的集合，而是只能用头脑来思考的事物。它具有三个特征：①它是由人类创造的。②它不是人类随心所欲的创造物，而是因日常生活和科学的需要而产生的，或是在已有的数学对象的基础上加工而成的。③数学对象一经创造，就具有完全确定的性质。这些性质独立于创造它的人而存在，例如我们可定义一个函数为某微分方程边值问题的解，那么该函数在边界内的点处的值是确定的，尽管我们可能缺乏有效的方法求出它①。基于这一认识，我们可以将数学知识看作一种客观实体，进场讨论它本身的演化。

### 7.1.3 数学是一种文化系统

"文化"这个词的内涵十分广泛，一般认为它含有如下要素：习惯、礼仪、信仰、工具、道德、语言、知识……文化现象是人类社会所特有的，以信息记录与交流符号的创造为其本质特征。在现代，文化已被当作一种超级有机实体（即不受有机体和心理因素影响的一种结构）来研究，用以解释和预言各种人类社会的现象。

数学系统中的{Km}、{Sm}和{Vm}无疑都可视为文化要素②，因此我们可以用有关文化科学的观点与方法来研究数学的文化问题。

首先需要从文化的角度检验那些数学文化要素是否已成为一种文化系统，或者说是否是一种子文化。怀尔德指出，在古巴比伦和古埃及，数学仅仅是一种文化要素而未获得子文化的地位（即数学尚未达到自成系统的超级有机实体的状态）。一般地，一种文化要素何时成为一种子文化，是人类学家尚未解决的问题。而目前普遍认为，当代的数学已是一种子文化，它可被看成一个向量系统，几何、代数、拓扑等众多数学学科是其中的独立的向量③。我们的讨论将把{Sm}和{Vm}也作为单独的向量来考虑。

下面我们提出作为数学由文化要素向子文化系统转变的判别标志：

---

① Hersh R. Some proposals for reviving the philosophy of mathematics. Advances in Mathematics. 1979, 31(1): 31-50.

② 这里的文化要素必定是为某个人群所共有的，其中单个的个人不具备该人群所具备的全部文化要素。关于文化作为超级有机体的论述，参见莱斯利·A. 怀特. 文化科学——人和文明的研究. 曹锦清等译. 杭州：浙江人民出版社，1988. 11.

③ Wilder R L. Mathematics as a Cultural System. Oxford: Pergamon Press, 1981: 13-17. 怀尔德建议，Mathematical Review 中对数学学科的分类可作为数学向量系统的基础。

（1）{Km}中的向量数≥2，并处于能互相聚合的状态。这里需区分向量间的“借用”状态与聚合状态的不同。在欧氏几何中，有以几何形式出现的代数问题及数论问题，这属于各向量间的互相“借用”；当16世纪完成了代数符号化之后，才出现了代数与几何的真正聚合，聚合后的产品——解析几何成为一门能处理原来各单独的向量难以解决或不予考虑的问题的、具有整体性的新学科。

（2）由{Sm}反映的数学传播强度发生质的变化。就解析几何诞生时期的背景看，出现了包括数学家在内的科学家团体，以梅森（M. Mersenne）①为核心的科学家团体中就有伽利略、费马（P. de Fermat）②、笛卡儿、帕斯卡（B. Pascal）③等当时一流的学者，其中笛卡儿和费马被公认为解析几何的两位创始人。这种数学社会建制比古希腊时期师傅传授徒弟式的传播方式，其强度增加了一个数量级。

（3）就{Vm}而论，人们开始认识到数学知识具有处于其他自然科学知识之上的特征。笛卡儿明确提出，数学研究的是一切事物的次序和度量性质，不管它们是来自数、图形、星辰、声音或其他任何涉及度量的事物。17世纪科学界兴起的科学数学化观念：一方面，把数学知识与自然现象的研究联系得更紧密；另一方面，突出了数学的抽象性与普遍性的特点。

综上所述，我们大致可以把数学由文化要素发展成一种子文化系统的时间定在17世纪，与近代科学的诞生时期大致相同。

## 7.2 数学知识演化的历史学模式

在怀尔德之前，{MS}作为一种文化现象主要是从历史学的观点讨论的。实际上，数学史家最早对数学发展做了系统的记录和分析。他们虽未明确提出寻找演化模式的问题，但在各类数学史书中隐含着对这类模式的提示。我们所谓的历史学模式即指这类提示。下面的分析可能有一定的牵强之处，但我们的初衷只是希望拓展思路，试图寻找数学发展中具有某种规律性的现象和法则。

① 法国科学家，以神甫为职业，他所在的修道院是当时学术交流的一个中心。

② 法国数学家，解析几何的奠基人之一。

③ 法国数学家，概率论的创始人之一，曾制造出世界上第一台能做加减运算的计算器。

### 7.2.1 个体创造模式

一般的数学史，往往以各个时期的数学家为主线，展示他们的有目的的创造活动：为解决某些问题，创造了某些概念、某些方法或某些理论。当然这些概念、方法和理论跟以前的概念、方法和理论的逻辑因果关系也会论及。简单的模式如图 1.7.2 所示。

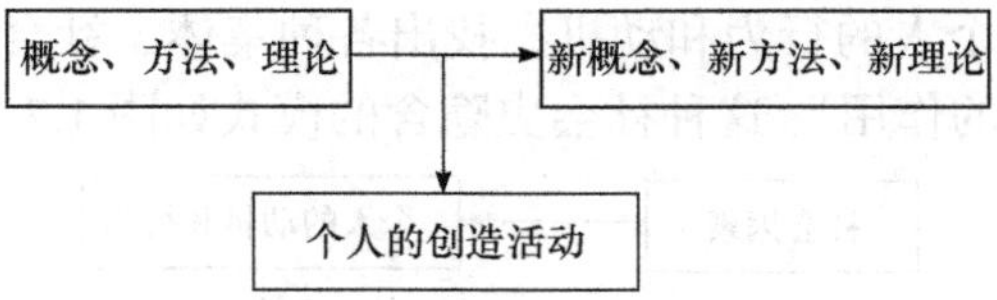


图 1.7.2 个体创造活动的简单模式

这种模式引出一个大的疑问：数学家又是怎样创造数学知识的呢？这曾引起法国数学家和物理学家庞加莱（H. Poincaré）、法国数学家阿达马（J. Hadamard）对数学创造心理学的研究。阿达马的《数学领域中的发明心理学》[①]、庞加莱的《数学创造》[②]概括了这两位学者的主要观点：

（1）数学的发明创造过程中往往存在着灵感或“顿悟”现象。这种顿悟不能简单地归为机遇或是对逻辑推理中间阶段的跳越，而是一种尚未被完全认识的“无意识思维”的结果。

（2）无意识思维在发明中有举足轻重的地位。因为发明就是各种“观念原子”（即基本思想元素）进行组合，以及以“科学的美感”为标准的、从中选取有用的组合的过程。在选择和组合这两个主要步骤中，无意识思维不受理智的约束，仅服从人的直觉，因而比有意识思维更深刻和有效。

（3）发明的总过程分四个阶段：①有意识的工作所形成的准备阶段，常常不能得到预期结果；②丢开原有工作，让无意识思维启动工作的酝酿阶段；③问题的答案或证明出乎预料的显见，即无意识思维造成的顿悟阶段；④对顿悟的结果精确化并严格加以证明的整理阶段。

阿达马还用多个例子强调了直觉型思维方式较之逻辑型思维方式的特色与作用。

对数学家创造心理的探索丰富了该模式的内容，深入到了{MS}发展的微观层次。但这种模式未涉及数学发展的宏观动力。

① 阿达玛. 数学领域中的发明心理学. 陈植荫，肖奚安译. 南京：江苏教育出版社，1989.

② Poincaré H. 数学创造. 世界科学. 1986，(3)：47-51.

### 7.2.2 社会动力模式

在 20 世纪 40 年代，美国数学史家斯特罗伊克（D. Struik）提出了数学社会学的概念，主张应关心社会组织的各种形态对数学概念和方法的产生及成长的影响。梅尔滕斯总结说，这一研究课题试图重建一系列相关事件的联系，使它符合数学发展的复杂性，同时又不损害历史行为者或事件的个体尊严。数学的社会史试图描述单个人的行为和动机；找出各种集体、社会结构和社会力量，以及阐释理性观念的作用[①]。这种社会史隐含的模式如图 1.7.3 所示。

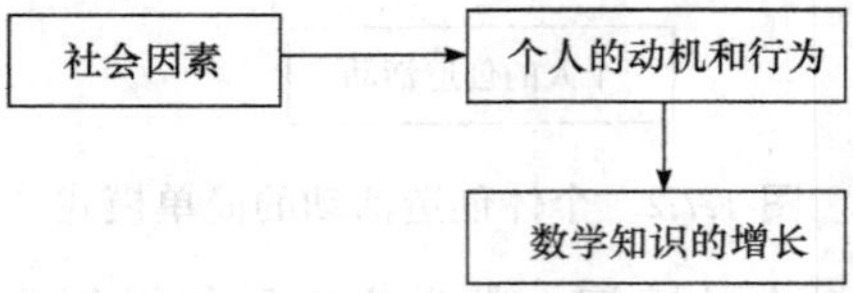


图 1.7.3 社会史隐含的模式

图 1.7.3 中的社会因素是广义的，包括经济的、政治的和文化的因素，它们笼统地被当作数学发展的外部动力。这种模式的理论依据可用美国心理学家和哲学家詹姆斯（W. James）在其论文“伟人及其环境”中提出的观点概括：没有单个人的冲力，社会就会停滞，没有社会的赞许，这种冲力就会消失[②]。尽管这种模式的意图是研究数学发展的动力，但目前似乎缺乏合适的讨论途径和方法，模式中的三个环节尚不能有机地联系起来。试图做这种努力的数学史著作，往往把社会因素作为孤立的背景，所使用的概念和术语也属于社会科学原有的范围，因此很难和另两个环节协调。例如伊夫斯（H. Eves）的《数学史概论》第 4 版在讨论 17 世纪的数学时，提到当时的政治、经济和社会的进步“无疑”给数学以巨大推力，他列举的推动因素有争取人权斗争的巨大胜利，具有经济价值的机械使用的显著增加，北欧较为令人满意的政治空气，以及发光和供热方面的进步克服了漫长冬季的寒冷与黑暗，造成数学活动从意大利向法国和英国的北移。第 5 版中添加了知识的国际化和科学的怀疑主义精神的增长；到第 6 版时，又增加了新教徒和海盗活动作为数学发展的背景[③]。但是，所有各版在讨论具体数学概念和理论的演化时，基本上又回到个体创造数学的模式。

---

① Mehrtens H, Bos H, Schneider I. Social History of Nineteenth Century Mathematics. Boston: Birkhäuser, 1981: 257-280.

② Tawes W. Great men and their emromment. The Atlamtic, 46(276): 441-459.

③ Eevs H. An. Introdwetion to the histohg of matheatics. 6th ed. Chicago; Holt Rinehawt and Winston, Inc. 1990.

### 7.2.3 历史-哲学模式

在数学史的基础上，以一般科学增长的哲学模式为指导，数学哲学家拉卡托斯提出以“证明和反驳”为机理的发现数学知识的方法模式。拉卡托斯在其《证明与反驳——数学发现的逻辑》①的引言中称，非形式、准经验数学的生长，靠的不是简单增加千真万确的定理数目，靠的是用证明和反驳的逻辑不停地改进猜想。他将若干数学史中的实例加以理性再造，提炼出数学知识增长的理想模式，如图 1.7.4 所示。

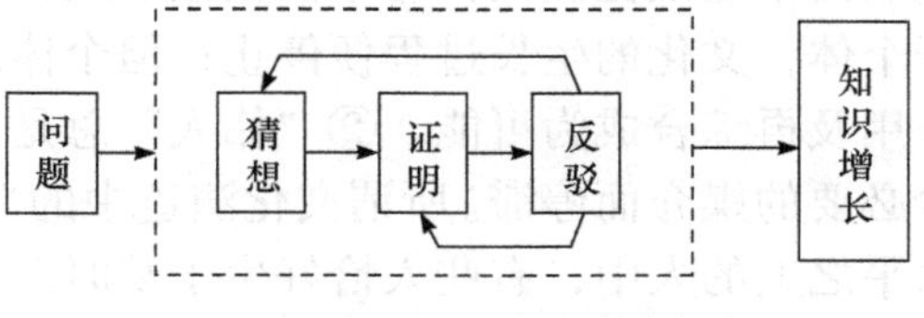


图 1.7.4 数学知识增长的理想模式

在图 1.7.4 中，虚线框内是拉卡托斯理论的主体。拉卡托斯以多面体的顶点数 $V$、棱数 $E$ 和面数 $F$ 的关系问题为例，详细地分析了对猜想 $V-E+F=2$ 的证明与反驳过程；利用“用局部而非全局反例来批评证明”“用全局反例来批评猜想”“用全局而非局部反例来批评证明分析”“批评将数学真理变成逻辑真理”等，解释如何通过不同性质的反驳达到数学知识的增长。

应该指出，这种理想的数学知识增长模式，在理论上仍存在不少困难（参见康宏逵为《证明与反驳——数学发现的逻辑》中译本写的“译者的话”）。由于强调了数学生长中的内部冲突，证明与反驳互为触发剂，协同作用于数学知识的革新，对从数学内部寻找演化的动力颇具启发作用，因此这种模型值得做进一步的探究。

## 7.3 {MS}进化中的若干文化模式②

自人类学的方法被引入文化研究领域以来，学者们一直试图把文化学纳入科学的范畴③。这引起了数学家们的注意，一些人开始从文化的角度分析

---

① 伊姆雷·拉卡托斯. 证明与反驳——数学发现的逻辑. 康宏逵译. 上海：上海译文出版社，1987.

② 前文已论述{MS}可视为一种文化系统。从文化的角度探讨数学演化中经常出现的、带普遍性的现象，我们称之为模式（pattern）。

③ 莱斯利·A. 怀特的著作是这方面的重要代表。参见：莱斯利·A. 怀特. 文化的科学——人类与文明的研究. 沈原，黄克克，黄玲伊译. 济南：山东人民出版社，1988：译者序.

数学的演化。怀尔德于1950年在国际数学界最重要的会议——四年一届的国际数学家大会上，作了题为“数学的文化基础”①的报告，后又出版了两部专著②，成为了这方面的专家。以下的讨论涉及的许多观点都是来自他的著作。

## 7.3.1 两个阶段

在前文中我们已说明了数学作为一种子文化系统的含义及可行性。为深入讨论，需补充说明两个基础性假设：①个体是数学文化生长的媒介，同时也是催化剂，离开个体，文化的生长过程便停止；但个体的作用只是使得文化要素间的相互作用及再综合成为可能。②“伟人”总是潜在地存在着。文化过程不会因缺少必要的媒介而停滞。所谓文化演进中的“伟人”，我们指“在许多能力在平均水平之上的人中，有些人恰好生于某时、某地，当时社会已形成具有充分潜在价值的文化模式，并已发展到充分成熟的地步，使得这些人的能力得以充分的实现和表现”③。

在上述假定下，个体不再当作文化要素的创造者看待，这是与历史学模式中个体的地位截然不同的。以下讨论都基于上述两个假设。

## 7.3.2 若干数学文化模式

### 7.3.2.1 创造的多重性

创造的多重性是指{Km}中的重大创造于同一时期在两个或多个个体上实现。这类例证在数学史上屡见不鲜：微积分——牛顿和莱布尼茨（G. W. Leibniz）；解析几何——笛卡儿和费马；对数——纳皮尔（J. Napier）和比尔吉（J. Bürgi）；最小二乘法——勒让德（A.M. Legendre）和高斯；几何中的对偶律——19世纪初期的普吕克（J. Plücker）、蓬斯莱（J. V. Poncelet）和热尔岗（J. D. Gergonne）；非欧几何——高斯、鲍耶（J. Bolyai）和罗巴切夫斯基（N. I. Lobachevsky）。这种现象反映出，{MS}的生长会到达使得某种概念或方法有望被创造出来的态势，由于不乏“伟人”，这些概念或方法便可能被多人各自独立地创造出来。一般而论，文化活动的焦点，即数学中的重要领

---

① Wilder R L. The cultural basis of mathematics//Tymoczko T. New Directions in the Philosophy of Mathematics. Boston: Bikhäuser, 1986: 185-199.

② Wilder R L. Evolution of Mathematical Concepts: An Elementary Study. New York: John Wiley & Sons, Inc., 1968; Wilder R L. Mathematics as a Cultural System. Oxford: Pergamon Press, 1981.

③ Kroeber A L. The Nature of Culture. Chicago: University of Chicago Press, 1952.

域或处于急速发展的领域，其中创造性的发现总是至少被两个人所获得。与此有关的是“天才集群”现象。当若干数学向量都处于文化活动的焦点处时，就可能出现一群天才。例如在 19 世纪前 30 年间，因几何、代数、分析的诸多领域内部积累了大量问题，{Km}、{Sm}和{Vm}中的相关要素又都达到适于聚合的文化态势，于是，数学这一超有机实体选择一批媒介来表现其各要素综合后的成果。当时出现了整个数学史上多位最重要的明星人物的事实不难证明这一点。这些非凡的人物有高斯、伽罗氏（E. Galois）、柯西（A. L. Cauchy）、阿贝尔（N. H. Abel）、鲍耶、罗巴切夫斯基（N. I. Lobachevsky）、傅里叶（J. B. J. Fourier）、蓬斯莱等。

### 7.3.2.2 超前现象与滞后性

超前现象是指某种文化力（下节将讨论各种文化力）促成了{Km}中某种新向量的诞生，但它被{MS}中更强的向量所遏制而无法成长，经过一段时间后，它才会获得{Sm}中某个群体或全体数学家的承认，从而开始正常的生长。17 世纪射影几何向量受投影方法（其媒介是文艺复兴时期的艺术家、工程师及地图制作者）的刺激而得到加强，出现了在纯粹几何中使用射影方法的突破，这集中体现在法国建筑师和军事工程师笛沙格（G. Desargues）[①]身上。但当时兴起不久的解析几何向量更强大，致使射影几何向量被抑制近两个世纪才重获新生。

跟超前现象有一定联系的是文化力所引起的文化要素的滞后性，即{Km}、{Sm}和{Vm}中的各要素都有不采纳或不适应新向量（新事物）的倾向，类似于人类个体的因循守旧，但后者可被人类个体克服，而文化要素的滞后性不仅具有普遍性，并且对整个系统的生存有重要价值。{MS}具有自我调节“滞后”性以适应演化的能力。若{MS}外部的力量（特别是政治的和经济的）破坏了这种机制，强制{Sm}中的向量经常地甚至连续不断地改变方向，就会影响{Km}中向量的正常聚合，从而阻碍了{MS}的演化。应该指出，滞后性的极端状态是文化阻抗。例如英国数学界在 17、18 世纪坚持使用牛顿的微积分符号，拒绝使用在欧洲大陆通行的更有效的莱布尼茨的符号，即可视为一种阻抗。这种公开拒绝接受新事物的行动，成为英国数学发展的一种障碍。

---

① 笛沙格（1591—1661），现被认为是射影几何的最早创始人。但他的代表作《试图处理圆锥与平面相交情形的文稿》(1639 年)未引起当时数学界的关注，后被遗忘。直到 1845 年，沙勒(M. Chasles)才偶然发现该书的手抄本，证明笛沙格已为射影几何奠定了坚实的基础。而射影几何本身在 19 世纪初为蓬斯莱等重新创立。

7.3.2.3 新概念的强制发生

我们以复数概念的发生过程为例，来说明“强制发生”这一模式的含义。16 世纪在解三次代数方程时，在形式上出现$\sqrt{-1}$这个符号。根据开方的定义，它表示一个平方后为 - 1 的数，这与当时的观念相悖，因而遭到很强的“文化阻抗”。但由于只有将它纳入数系，才可保持 $n$（$n \geqslant 1$）次方程有 $n$ 个根的重要定理，最终可被接受的复数的概念（其中包含了$\sqrt{-1}$）才被系统地建构起来，并通过其几何表示①和代数解释②而成为{Km}中的经典概念。为拯救一种有用的（指对于{Km}的演化是需要的）但尚不被承认的符号或思想，就会有新的概念“被迫”被创造出来，以克服原符号或思想的局限。现代数学中表示实无穷的“数”的发明，经历了大致相似的过程。这一模式在{Km}的演化中经常发生。

7.3.2.4 “数学证明严谨”的相对性

有一种看法认为数学证明是绝对严谨的。这里，我们不从哲学的角度讨论是否存在“绝对的严谨性”，而只关心{MS}这一系统中实际存在的、曾在各个时期被接受的严谨性标准的变化。历史表明，一代人关于什么是“证明”的认识，并不能满足下一代人或以后人的标准。数学证明是由文化要素确定的事物，任何给定时刻都存在“什么是可被接受的数学证明”的文化标准。欧氏几何在问世后的很长时期内都被认为是严格证明的典范。它在当时的逻辑学、数学知识和生活常识等文化要素支配下，确立了如下严谨性标准：几何对象（图形）应有直观的定义；任何对象需能用圆规和直尺作图（可构造性），以保证其“存在”。按照 19 世纪以来的现代严谨性标准，任何独立的数学体系必须用未加定义的名词作为讨论的对象；而实际上欧氏几何中关于点、线和面的定义并没有严格的数学含义。现代的公理体系需满足独立性、相容性和完备性，而欧氏几何给出的公理不满足独立性和完备性，这使得欧几里得（Euclid）在证明他的定理时不自觉地使用了一些假设，典型的如《几何原本》第一篇的第一个定理的证明中，隐含地使用了两圆相交必有一公共点的假设。上例说明，作为文化产品的数学知识的严谨性观念是随时代而变化的。我们认为，严谨性是属于{Vm}范畴的向量，它跟{Vm}中的另一向量——

① 韦塞尔（C. Wessel）于 1797 年，阿尔冈（J. R. Argand）于 1806 年，高斯于 1811 年分别给出了以复平面的向量表示复数的方法。

② 哈密顿（W. R. Hamilton）在 1837 年以数对的形式(a，b)表示复数 $a+b\sqrt{-1}$ 。

（数学的）实用性处于经常的相互作用之中，后者又跟{MS}外更具经验色彩的因素互动。正如冯·诺伊曼（J. von Neumann）所说："在数学抽象物之外的某些事物，作为补偿必然进入数学。"[①]力学、物理学，以至生物学、经济学都向{MS}输入原本不属于数学的问题和方法（当代许多科学门类研究的混沌现象为数学家所关注即是一个例子），这对数学的严谨性有巨大的影响。1990 年国际数学家大会授予威滕（E. Witten）数学界的最高奖——菲尔兹奖，这在数学界引起不小轰动，因为他的工作不完全符合 19 世纪以来的严谨性标准。他的理论有很强的物理背景，有可能在相对性理论、量子力学和粒子相互作用之间作出统一的数学处理，对他的授奖被认为是与坚固的传统决裂的象征。从{MS}的观点看，这种决裂反映了{Vm}中一个主要向量的转向，必会对{Sm}及{Km}发生影响。

#### 7.3.2.5 抽象的跃迁

任何科学的认识活动最终都导致一些理论出现抽象（包括概念、定理、定律、模式等），而随着某门学科的发展，不可避免地会出现更高的抽象。怀尔德提出，数学中的重大抽象不是在连续的演化中发生的，而是在先前的理论或概念上的跃迁，有时只是对现存理论的态度改变而引起的[②]。代数领域中由解代数方程到研究置换群的抽象就是一个典型的例子。

$$a_nx^n + a_{n-1}x^{n-1} + \cdots + a_1x + a_0 = 0(a_n \neq 0) \qquad (1.7.1)$$

代数方程的求解是数学中的传统问题。古巴比伦时代已解决了 $n$=1，2 的情形，到 16 世纪又找到了 $n$=3，4 时方程的根式解（以系数 $a_i$，经加、减、乘、除、开方等运算后用公式表示）。至此的连续过程中未发生抽象性的增加。按这个趋势应继续去找出 $n$=5，6，…时的根式解，但所有尝试皆未获成功。18 世纪的法国数学家拉格朗日（J. L. Lagrange）做了新的尝试，如用连分数解一般 5 次方程（1767 年），以根的置换性考虑 5 次方程的解（1771 年）。但他迈出的最重要的一步是提出如下问题和猜想："为什么适用于解 4 次及 4 次以下方程的方法，对于 5 次及 5 次以上的方程失效了？"他猜想后者根本不可能用原方法求解。之后，意大利数学家鲁菲尼（P. Ruffini）（1799 年）和挪威数学家阿贝尔（1824 年）证实了拉格朗日的猜想，最终由伽罗氏提出置换群的概念及理论（1828～1830 年），从更抽象的观点解释清楚了"不可解"的原因，并为数学中以结构观点研究数学对象奠定了基础。此例中拉格

① von Neumann J. Collected Works of John von Neuman, Vol. I. Oxford: Pergamon Press, 1961: 1-9.

② Wilder R L. Mathematics as a Cultural System. Oxford: Pergamon Press, 1981: 60-61.

朗日的问题和猜想代表了此次数学抽象化过程中跃迁的起点。还有一个例子是德国数学家、集合论创始人康托尔（G. Cantor）提出超限数概念，使“实无穷”成为{Km}中的向量。有人预测，{MS}作为整体已达到抽象的顶点，但具体的单个数学学科（如计算机理论）仍会发生抽象的跃迁。

## 7.4 推动{MS}演化的力

{MS}作为一种具有自主性的超有机实体，其变化由内部的遗传力和外部的环境力所驱使。怀尔德认为，自 17 世纪之后，很难在{Km}的各领域中找到共同的生长模式[①]，因而对这些力的性质及作用的分析，成为对{MS}演化认识的重要课题。下文中我们采用了怀尔德的许多观点，并做了补充和调整。

### 7.4.1 遗传力的各要素

遗传力指{Km}中的理论或领域的潜能（记作 $F_H$），它通过激活单个数学家（媒介）的综合能力而实现新概念、新理论的创立。怀尔德举出 $F_H$ 的 6 种成分[②]。

#### 7.4.1.1 容量

粗略地讲，容量（$F_C$）指一个理论或领域能够生产有意义的和富有成果的产品（定理、子理论、子领域、交叉领域）的潜能，它是时间的函数。例如欧氏几何的公理集，在其开创之时，有极大的 $F_C$，似乎可产生无穷多的重要定理。但到了 20 世纪，它能产生重要定理的可能性已很小，就其对{Km}的贡献而言，它已几乎耗尽了它的潜能。拓扑学在 20 世纪的情形正好相反，它（通过聚合等手段）产生了众多子学科——一般拓扑、代数拓扑和微分拓扑等，从而使其 $F_C$ 大增。在正常情况下，{Sm}中从事该理论或领域研究的媒介的数量和形式（是否有该理论或领域的专门杂志及专门学术团体），乃是衡量 $F_C$ 大小的重要标志。

#### 7.4.1.2 质度

质度（$F_Q$）专指某个理论或领域的容量的品质，反映该理论或领域对于{Km}及数学外部事物的重要程度。仍以欧氏几何为例，它在 17 世纪时具有较高的质度，这表现在三个方面：它和代数聚合推动了对变量的研究（解析

---

① Wilder R L. Mathematics as a Cultural System. Oxford: Pergamon Press, 1981: 41-45.

② 怀尔德在讨论遗传力时未使用字母符号，这里和下文中的符号是笔者给出的。

几何);它和工程、绘画等领域聚合促进几何向更高的抽象演化(射影几何);对促进智力发展有重要意义(训练逻辑思维能力)。到了 20 世纪,它的主要作用局限在促进智力方面,因而总的质度下降了。一般地,质度越高的理论或领域潜能越大。

7.4.1.3 强问题

强问题($F_p$)指一种理论或领域中出现的具有挑战性的问题,其特点是既困难又有吸引力,而且需要新的方法或概念才能解决。古代数学中的尺规作图三大难题[①],数论中的一系列猜想性问题(费马大定理、黎曼猜想、哥德巴赫猜想等),希尔伯特于 1900 年在国际数学家大会上提出的 23 个著名问题[②]等都属于此类问题。它是 $F_H$ 中最经常起作用的因素。

7.4.1.4 概念力[③]

概念力($F_I$)指要求提出新概念的压力。怀尔德认为这种压力以四种方式出现:①符号压力,即{MS}需要好的符号表示法,并对给定的符号找出最适当的含义。这是{MS}不断增加的抽象性和复杂性所迫使的结果。②解答需要新概念的问题(属于强问题的一种)。③为两种或两种以上理论建立次序的压力。如 19 世纪 70 年代前出现了多种几何理论(欧氏几何、解析几何、射影几何、非欧氏几何等)并存的局面,它们的相互关系不明朗,于是需要引入某种秩序(这是一种压力),以使各种理论占据其应有的位置。这导致了新概念框架的创立。克莱因(F. Klein)在他的《关于近代几何研究的比较考察》(1872 年)中,利用变换群和几何不变量的概念,对当时的几何进行了分类和排序,影响几何学研究达 50 年之久。④对数学的存在性的新态度。例如 19 世纪上半叶对数学存在性的看法,由数学具有客观实在性,是一系列绝对真理的组合的观念,转向数学是人类思维的自由创造物的观念,极大地促进了纯粹数学的发展。

按我们的区分,第四种方式的压力属于{Vm}的范畴,而前三种方式的概念力属于{Km}的范畴,其性质有所不同,它是一种对数学整体的影响力。

---

① 即所谓的“三等分角问题”、“化圆为方问题”和“倍立方问题”。参见 Eves H. An Introduction to the History of Mathematics. 4th ed. New York: Holt, Rinehart and Winston, 1976.

② 大卫·希尔伯特. 数学问题//中国科学院自然科学史研究所数学史组. 数学史译文集. 上海:上海科学技术出版社,1981:60-84.

③ 怀尔德的用词是 conceptual stress。

7.4.1.5 尊崇度①

通常，数学家对{Km}中各领域的 $F_Q$ 有较强的主见，按照其对{Km}中其他领域的贡献，以及对相邻自然科学或社会科学领域的贡献，确定它们在数学中的地位。一个领域的尊崇度（$F_E$）反映了人们对其评价的高低，$F_E$ 越高，越有利于该领域知识的积累与创新。我们认为，$F_E$ 和 $F_Q$ 紧密相关，实际上可以把 $F_E$ 作为 $F_Q$ 的一种度量，而 $F_E$ 的度量将依赖于适当的统计数据。

7.4.1.6 悖论或不相容性

数学发展中曾多次因发现悖论或不相容性（$F_O$）而促成新理论的诞生。最著名的有：古希腊时期发现的正方形对角线与边的无公度性（与当时的任何数都可表示为整数比的观念相悖）；17 世纪微积分创立时期对无穷小量的矛盾解释（在求导数的同一过程中，先令其为不等于零的很小的量，最后又令其值为零）；以及 20 世纪初出现的集合论悖论（即在讨论“所有的集合组成的集合”时发现的悖论）。它们对{Sm}产生过不小的压力，最终分别引导出比例论、分析的算术化和形式化的公理方法。20 世纪 30 年代，奥地利数学家、逻辑学家哥德尔证明：一个包括初等数论的形式系统，如果是相容的则它是不完全的。“不完全”意指该系统中必存在不可证明的真命题，亦即关于这种系统的相容性在该系统中不能证明。这一深刻结论使得数学家不再认为 $F_O$ 是{MS}演化的最重要的推动力；$F_O$ 只是一般的刺激因素。

### 7.4.2 聚合机制：力和过程

聚合是{MS}演化中一种具有多层内涵的概念，它既是力，又是反映演化的行为过程，类似于生物进化中的“自然选择”。按怀尔德的说法，聚合是两种或更多种概念、方法或实体 $C_1$，$C_2$，$C_3$，…的统一行为，其结果是形成一种比每种单个 $C_i$ 具有更大潜力的结构。按系统论观点，它可被视为{MS}的一种自组织行为：当{Km}中存在多个向量时，只要能导致更大的 $F_C$ 和更高的 $F_Q$，聚合最终必将发生。数学发展史中的大量实例反映了这种自组织行为。图 1.7.5（a）和图 1.7.5（b）给出了数学自组织的实例，是麦克莱恩给出的抽象代数概念的产生过程，颇具启发性②。

① 怀尔德原来使用的概念是 status，释义为：数学中某领域所受到的来自数学家的评价。我们使用“尊崇度”的说法，表明它属于{Vm}的范畴。

② Maclane S. 数学模型：对数学哲学的一个概述. 自然杂志，1986，(1)：51-56，82.

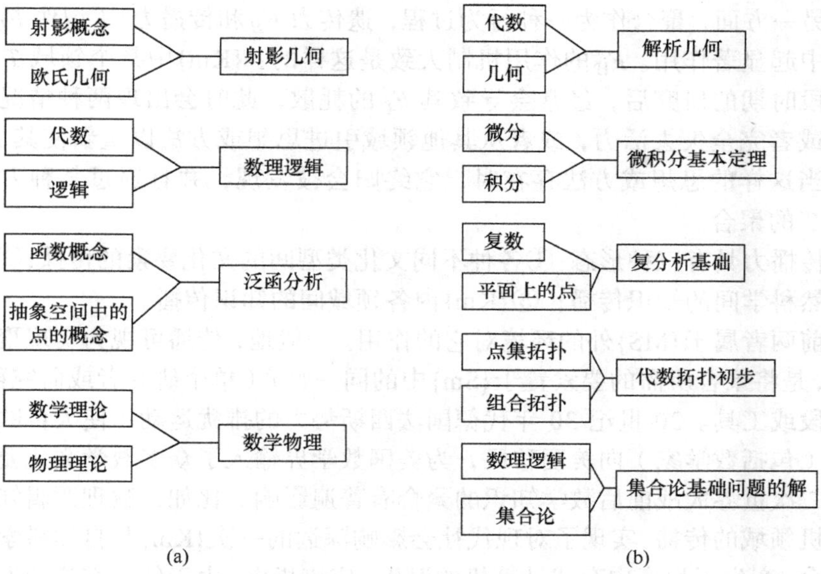


图 1.7.5 数学自组织的实例

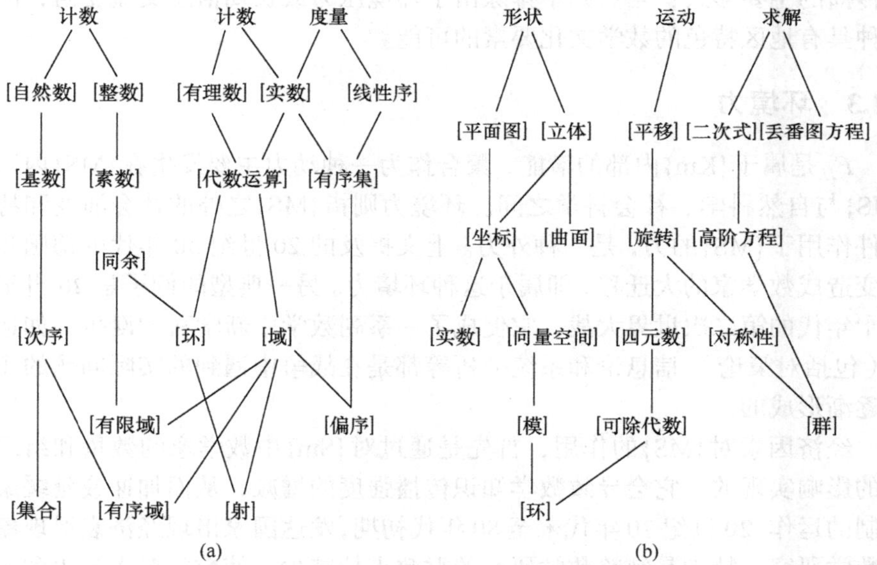


图 1.7.6 抽象代数概念的起源

图 1.7.5 和图 1.7.6 说明，聚合的确是产生新概念、新领域的一个重要推动力。

另一方面，聚合作为一种行为过程，遗传力 $F_H$ 和传播力[①]（记作 $F_D$）又在其中起显著作用。$F_\mathrm{H}$ 的作用机制大致是这样的：{Km}中某个领域 $T$ 在经过一段时期的研究后，经常会导致其 $F_C$ 的耗散，此时会出现两种情况：领域 $T$ 或者完全失去活力，或者从其他领域引进思想或方法以重新使其 $F_C$ 增大。当这样的思想或方法存在时，它终归会被发现，并且通过某种方式实现与 $T$ 的聚合。

传播力具有三种形态：①各种不同文化类型间的文化要素的传播；②{Km}与自然科学间的知识传播；③{Km}内各领域间的知识传播。

前两者属于{MS}外的环境对它的作用。一般地，传播可视为实现聚合的基础，是将聚合所需的要素置于{Sm}中的同一媒介（单个研究者或研究群体）的手段或工具。20 世纪 30 年代德国法西斯势力的排犹运动，使大量欧洲科学家（包括数学家）向美国移民，为美国数学界输入了众多数学文化要素，对第二次世界大战前后数学知识的聚合有普遍影响。比如，数理逻辑知识向计算机领域的传播，实现了对现代社会影响深远的一次{Km}与自然科学知识的聚合，产生了程序内存式计算机的诞生。应该指出，由于信息交流的发达，今天的数学在本质上已成为一种单一的文化实体，因此{Km}内部的知识传播是传播的主要形式；当然并不排除由于环境压力或长期信息交流受阻，出现某种具有地区特色的数学文化要素的可能。

### 7.4.3 环境力

$F_H$ 是属于{Km}内部的潜能，聚合作为一种动力主要发生在{MS}内以及{MS}与自然科学、社会科学之间。环境力则指{MS}之外的社会演变和特殊事件作用于{MS}的力，是一种外力。上文提及的 20 世纪 30 年代的德国政治演变造成数学家的大迁移，即属于这种环境力。另一典型的例子是 20 世纪三四十年代的第二次世界大战，它促成了一系列数学中新学科的诞生，如运筹学（包括对策论）、信息论和系统分析等都是在战争中遇到的实际问题的压力下逐渐形成的。

经济因素对{MS}的作用，首先是通过对{Sm}中数学家的数量和组织形式的影响实现的，它会导致数学知识传播强度的增减，从而加速或延缓聚合机制的运作。20 世纪 70 年代末至 80 年代初期，发达国家出现经济衰退现象，对数学研究，特别是纯粹数学研究的财政支持减少，使数学对大学生和研究生的吸引力降低，造成数学知识媒介数量减少，数学知识在媒介中实现综合

① 传播力指各种形式的文化传播所产生的推动{MS}演化的力。

的概率下降。这一事实引起美国数学界的高度关注。美国的数学研究评审小组，对数学受资助的情况及政策，以及美国数学发展前途作了详细分析①，在某种程度上阐述了经济对当代数学的具体作用：①从理论上看，通货膨胀对强劳动行业的冲击比对一般经济行业的冲击要大得多，而数学研究在所有科学活动中属于最艰苦和紧张的一种，因而最易受冲击。②美国数学研究的健康状况完全依赖于处于研究前沿的各大学数学院系的活动强度和活力。③ 美国联邦政府对数学研究的资助总额与其他领域相比达到了微不足道的程度。高水平的数学院系缺乏足够的研究资助，以致不能派出院系里最有研究能力的人员参加专业会议，高水平的研究生数量也在下降。④在只有少数资助机构支持数学研究的状态下，数学研究活动的灵活性和自由度受到极大的限制，而它们正是数学研究快速发展的必要条件。⑤数学属“小规模的科学”，即很少出现有许多研究者参加并为一个既定目标工作的大型计划。数学的这种相对分散的研究状态，很难对不适当的财政资助作出强有力的反馈作用。

上述报告发布后，美国联邦政府适当改善了对数学研究的财政投入。此后，在法国和中国都出现了类似性质的报告。这说明数学家们已认识到有必要在{Sm}中增加一项建制，其目的是经常向政府和公众展示数学的成就和功能，以获得维持{MS}正常运作的经济保证。

综上所述，对{MS}中的模式和力的分析，有助于更理性地了解和解释数学发展中的一些普遍现象。但目前的讨论离建构数学生长的系统模型还相距甚远。首先，我们对整个{MS}中的三要素{Km}、{Sm}和{Vm}的运作机制尚缺少全面的考察，其次对文中已论及的模式和力也还缺少合适的度量方法和必要的统计数据，这些都是值得我们进一步探讨的课题。

① Research Briefing panel on Mathematics. Report of the Reasemch Briefing panel on Mathematics. Notices of the American Mathematical Sociecty, 1983, 30(224): 271-279.

# 8 交叉科学模型

金吾伦

## 8.1 交叉科学的含义

交叉科学通常指两门以上的学科相互渗透而产生的新学科。在多数情况下，由于研究对象的复杂性，需要几门学科合作进行探索，这就是“多学科或跨学科研究”（multidisciplinary or interdisciplinary research），也被称作交叉科学。但严格说来，两者是有区别的[①]。只是限于篇幅，我们将二者合在一起讨论。有人也称交叉科学为“知识共同体”[②]；日本则称为“学际研究”。

交叉科学或跨学科有多种类型，或多种形态。

德国学者黑克豪森（H. Heckhausen）认为，按照成熟程度由低到高的秩序，跨学科有以下六种形态：①任意跨学科（indiscriminate interdisciplinarity），即把各种课程混杂在一起的百科全书式的跨学科；②伪跨学科（pseudointerdisciplinarity），即具有相同分析工具（如数学模型、计算机模型等）的学科可能会产生的某种内在跨学科；③辅助型跨学科（auxiliary interdisciplinarity），即参考和使用其他学科的方法所形成的跨学科；④综合型跨学科（composite interdisciplinarity），即为了解决那些向人类尊严和生存提出挑战的重大社会现实问题所展开的多学科综合研究；⑤增补型跨学科（supplement interdisciplinarity），即从不同角度来研究同一组研究对象所形成的学科；⑥合一型跨学科（unifying interdisciplinarity），即两门不同学科结合而成的学科，如物理化学、生物物理等[③]。

法国教授布瓦索（M. Boisot）从学科的结构上把跨学科分为三种形态：①线性跨学科，即把某个学科的原理成功地运用于另一个学科所得的成果；②结构性跨学科，即两个或两个以上的学科以新的形式相结合所形成的学

① 李光，任定成. 交叉科学导论. 武汉：湖北人民出版社，1989：37.

② 何琳. 略谈知识共同体. 哲学研究，1992，(7)：37-39.

③ 刘仲林. 当代跨学科学及其进展. 自然辩证法研究，1993， 9(1)：37-42.

科；③约束性跨学科，即围绕某个具体目标，多个学科相互配合所进行的研究[①]。

经济合作与发展组织（Organisation for Economic Co-operation and Development，OECD）下属的教育研究和创新中心（Centre for Educational Research and Innovation，CERI）对跨学科作了这样的定义："一种对在两门或更多门不同学科间相互作用的描述，这种相互作用的范围可以从观点的简单整合到一个相当大领域内许多有组织的概念、方法论、程序、认识论、专门术语、数据以及教育和研究的组织之间的相互整合。"[②]中国科学界比较通行的看法认为交叉科学主要有三种形态：①边缘学科，即对现实世界的不同层次的交错点进行研究，在两门学科的交界处成长起来的学科；②综合学科，即运用多门学科的知识，对一系列具有相互联系的众多层次加以综合研究发展而成的学科；③横断学科，即对各种层次、各个专门学科中的某些共同性问题进行研究所产生的学科[③]。

交叉科学在整个科学系统中具有怎样的地位？它本身是否具有独特的理论范畴与方法？它是否可以合理地分成若干子科学加以研究？如此等等，都还需要作深入具体的探索。无论如何，这类学科是在科学日趋综合，走向一体化的大潮流中应运而生的。

科学一体化，要求突破原有单一学科研究的狭隘界限，对知识进行重新组织与调整，开展多学科与跨学科的协同研究和综合研究，以实现以下目标：①解决复杂的问题；②指导广泛的争论；③探索学科与专业的关系；④解决那些超出任何一门单独学科范围的问题；⑤在一个有限的或广泛的范围内完成知识的统一；等等。

跨学科研究是现代科学领域里的一种极具特色的现象，它是以恢复事物的整体统一为出发点的，它是解决问题和回答问题的一种综合手段。美国跨学科研究专家预言，社会科学发展的下一个阶段将是跨学科研究[④]。

关于跨学科方法，法国斯特拉斯堡第二大学教授雷斯韦伯（J. P. Resweber）在他的《跨学科方法》[⑤]一书中认为，从为了达到预期效果而设定目标和完成分析过程看，跨学科方法同统计方法、分析方法或其他社会科学

---

① 刘仲林. 当代跨学科学及其进展. 自然辩证法研究，1993，9(1)：37-42.

② Pemberton J M, Prentice A E. Information Science: The Interdisciplinary Contest. New York: Neal-Schuman, 1990.

③ 李光，任定成. 交叉科学导论. 武汉：湖北人民出版社，1989：50-51.

④ 朱玫. 美国的跨学科研究. 国外社会科学，1992，(5)：66-70.

⑤ Resweber J P. La Méthode interdisciplinaire. Paris: Presses universitaires de France, 1981.

方法没有多大的区别，所不同的是，跨学科方法讲究策略，通过跨学科活动，有步骤地排除障碍解决难题，从而使一些原来不被人注意的学科活跃起来。而跨学科性比跨学科方法更容易被人们所接受，原因之一是，跨学科性既是一种文化的有效策略，一种理论和规则，同时又是一种思想与初衷。为了给跨学科性下一个明确的定义，首先必须从对跨学科的认识入手，分析跨学科方法的特点。

跨学科发展趋势由一系列一般科学整合化过程决定，其中最突出的是科学数学化（即数学的认识结构和方法对其他学科的影响）、物理学化、生物学化。现代科学中所采用的系统分析综合法、结构功能法、模拟法、自动化实验，都具有一般科学的跨学科性质。

一些重要的科学技术发展趋势也对整个科学系统的跨学科发展起到促进作用，如生物工艺和生产生物化、微电子技术、生产自动化和机器人化，这些都是现代科学中最广泛、最深刻的跨学科运动。科学的跨学科发展已与全球性问题融为一体。全球性问题的社会实质和人的实质规定这些问题具有特殊的跨学科性质，即科学认识的主要分支（社会科学、自然科学等）全都交织在一起了。

## 8.2 交叉科学的特征

交叉科学的最基本特征就是它的学科交叉性，它的多学科性与跨学科性。它承认事物联系的整体性与相互作用的复杂性，由此产生它的理论与方法的综合性及普遍性。

交叉科学的特征带有明显的历史烙印。20世纪交叉科学的兴起与发展主要动力来自综合性理论的产生与解决复杂现实问题的需要两个方面，而后者是跨学科研究的灵魂和生命力之所在。

综合性理论对交叉科学或跨学科研究的影响，我们可以用一般系统论来说明。这是因为系统思想代表了一种尝试，一种在跨学科层次上获得的更高的概念所进行的科学整合的尝试①。1954 年美国成立了国际一般系统论研究会，其任务是：①考察各门学科的概念、规律和模式的共同之处，帮助各门学科进行沟通；②鼓励一些缺乏恰当理论模式的学科通过模式的获取而得到发展；③尽量减少不同学科的重复劳动；④通过改善专家之间的交流，促进科学的统一。

---

① E. 拉兹洛. 系统哲学讲演集. 闵家胤，等译. 北京：中国社会科学出版社，1991.

冯·贝塔朗菲于1969年将一般系统论的主旨概括为：①总的趋势是整合各种科学（自然科学和社会科学）；②这种整合可能是以一般系统论为核心；③这种理论可以成为达到精神科学理论的重要工具；④通过发展统摄具有科学世界的统一原则，这一理论使我们逼近科学统一的目的；⑤这可以导致科学教育中极其需要的整合①。

信息论的产生进一步加强了综合性理论的力量。当信息论最初出现在通信工程学领域时，它的影响并不太大，但几年之后，在多种不同学科的出版物中都涉及了信息论的范畴，这几种学科是心理学、社会学、生理学、光学、物理学、语言学、生物学、统计学和新闻学。美国一些学术性的和非学术性的机构时常给不同学科的研究人员创造交流的机会，这在传播信息以及其他一系列综合理论方面起到了很大作用②。现代社会中需要研究和解决的问题，大多是综合性的。例如，生态环境的维护和改善、资源的开发和利用、重大自然工程与社会工程项目的建设，以及各种社会系统的管理问题等，无一不具有跨学科的性质。"实际问题是丰富多采（彩）的，为了对各种实际问题作出科学的说明，探求它们的发展规律，需要研究者运用多种已有的知识武器，并且创造新的方法和手段，在这种情况下，多学科、多角度、多层次的交叉研究和综合研究势在必行，而且随着这种研究的开展，许多新的边缘学科、交叉学科、横断学科必然不断涌现。"③面临着推动经济、社会发展这一艰巨任务以及科学自身发展的要求，我们迫切需要进行跨学科的综合研究。事实上，这种综合研究正以多种方式开展着。例如，美国斯坦福大学已开设了《地球系统》的课程，把地球作为一个相互联系的系统进行综合研究。这门课程融合了地球科学、生物学、经济学、政策分析及环境工程学等，旨在利用多学科交叉来研究环境的问题。

在国外，解决现实问题而展开的交叉研究或跨学科研究是科学、技术与社会（science, technology and society，STS）的综合研究。STS研究作为一种跨学科研究，在国外已有几十年的历史，它既是科学进步的标志，也是科学长足发展的结果。在很长的历史时期内，科学与技术是分离的。科学与技术的结合成了推动社会发展的巨大力量，但同时也给社会带来严重的危害，如原子弹威胁人类的生存。科技促进工业的发展，同时也可能破坏生态环境。STS研究就是为了协调科学与社会的关系。"在大学教育的三个阶段中，特别

① E. 拉兹洛. 系统哲学讲演集. 闵家胤，等译. 北京：中国社会科学出版社，1991.

② 朱玫. 美国的跨学科研究. 国外社会科学，1992，(5)：66-70.

③ 丁伟志. 对英国社会科学组织工作的几点观感. 国外社会科学，1986，(6)：1-6.

是最后阶段，科学与工程学教师和人文及社会科学教师合力完成真正的也像学科的教学。”①

STS 跨学科教学活动，主要是详细考察科学特别是技术的价值含义与社会情景。最初，这种考察通常具有高度的批判性，但后来情况有所改变，反技术的潮流已为更加积极的态度所补充，亦即力图解释支持人类文化成就的关键的文化价值。人们已越来越同意，科学与技术给我们带来莫大的益处的同时，也带来了不好的影响，其中有些是不可预见的。但所有这些都反映出对所在领域的科学与技术专门知识作出决策的那些人的价值观。

这种把科学与技术看成是有价值含义的社会过程的观点，发生于特定的社会情境中的复杂事业在文化、政治的反射与折射中，适应并转而塑造人类的价值观。好的 STS 项目必须向人们解释这种复杂的相互关系和相互作用，为此必须理解：①价值观是什么，人们怎样获得价值观，价值观又是怎样发展的；②在政治、文化与经济领域，社会制度的根源与功能是什么；③科学与技术的内在本质及其作用；④以上诸因素的相互作用；⑤这种相互作用的复杂性如何反映于艺术、文学、哲学与历史中。

很显然，要做到所有这一切，就必须进行跨学科研究，从不同角度在整体上把握相互作用的复杂性。

还有比STS更为专门的跨学科研究，如认知科学，它集合了计算机专家、生物学家、逻辑学家、语言学家、科学哲学家等。其中，科学哲学，按美国科学哲学家库恩的意见，本身就是一种跨学科研究。

在中国，跨学科研究主要是以软科学研究为总题目被纳入国家规划和组织领导之中，国家科学技术委员会（1998 年更名为科学技术部）发布的《中国科学技术政策指南：科学技术白皮书第 2 号》中充分阐述了软科学研究的重要意义。其中指出：所谓软科学，是指与现代社会的组织、管理和决策活动有关的学科体系，它正在不断地发展和扩充着；所谓软科学研究是借助于由这个学科体系互相关联、互相作用、互相渗透、互相补充所融合而成的知识形态，利用现代科学技术所提供的方法和手段，来研究复杂的社会、经济问题，特别是科学技术与社会、经济及自然界的协调发展的问题。此外还指出，软科学是一个学科范畴，是一类研究社会组织和管理的学科的总称，是自然科学、社会科学、数学和哲学的交叉与综合。软科学研究是一种综合

① 斯蒂芬 · H. 卡特克利夫，李昆峰，马惠娣. STS 教育：20 年来我们学到了什么？自然辩证法研究，1992，(31)：43-52.

性的研究活动，对不同尺度的社会系统中的组织、管理和决策问题进行研究。在现阶段，软科学研究的范围主要涉及科技与经济、社会、自然界协调发展中的战略、政策、评价、预测、规划、管理、科技立法，以及技术、工程咨询等方面的问题。

软科学研究具有高度的综合性。这种综合性主要表现在三个方面：①软科学研究的对象大都不是某一自然现象和社会现象，而是科技、经济、社会、自然界所组成的复杂系统，以及系统的运行、宏观管理和决策等问题。②软科学研究所用的理论、方法和手段，具有明显的综合性与跨学科性，既要综合利用人类已知的自然科学、社会科学等有关学科的理论和方法，还必须不断地创造新的软科学、软技术，以应对广泛而复杂的研究对象。③软科学研究队伍的构成必须是多种专业搭配，研究人员与管理者、决策者相结合，这种研究队伍的综合性，便于将科学研究与实际工作经验和管理技巧有机地融合起来，保证研究成果的实用性①。

软科学研究无疑是一种跨学科研究。它的理论意义和实用意义都极其明显，以至在中国已用政策法规的形式确立并固定下来了。

不过，中国的软科学起步较晚，还未引起各界的足够重视。从当前中国式现代化建设来看跨学科研究，那么其重要性和紧迫性就更为明显。

现代化建设的许多重要问题的妥善解决，都需要从科技、经济、社会等方面作综合的考虑，如生态环境问题、国土开发整治问题、三峡工程问题、南水北调问题、亚欧大陆桥建设问题、能源基地建设问题等。现在，人们已看得很清楚，科技的发展必须考虑社会、经济的需要和条件，而社会、经济的需要又成为科技发展的强大的外在动力。许多重大的综合建设任务，已很难单靠自然科学来解决，如黄淮海平原的开发治理、三江平原的治理和利用、太湖地区的发展、黄土高原的治理、能源基地的建设、农村能源的开发利用，都迫切需要社会科学工作者的参加。

单就中国的国土开发整治来说，迫切需要组织多学科、跨学科的综合研究。有科学家已经指出我国是世界上人口最多的国家之一，人均资源较少，对环境的压力较大，人口的地区分布很不平衡，各地的自然条件和社会发展水平与特点的差异巨大，致使有些地区资源短缺和环境容量超载的问题极为严重。可以想象，随着国民经济的发展和人口的持续增长，我们对资源的需要量和对环境的影响亦将随之增大，有可能使它们之间的矛盾进一步加剧。

---

① 国家科学技术委员会. 中国科学技术政策指南：科学技术白皮书 第2号. 北京：科学技术文献出版社，1987.

这一研究绝非单一学科所能胜任，应由地理学、经济学、社会学、生态学、资源科学、环境科学、技术科学、系统科学等多学科联合进行，定性与定量分析相结合，从整体上加强综合研究。[①]如果我们把视野转向国外，放眼世界，那么跨学科研究的意义便会看得更加清楚。

为了解决全球性的能源危机、粮食危机、环境危机，许多国家都建立了从事跨学科和跨国界研究的机构。这些机构中有由多国组成的国际应用系统研究所，有以个人为主的研究团体如罗马俱乐部（Club of Rome），也有以一国为主的研究团体如美国兰德公司。这些机构负责组织多学科的专家，甚至组织跨国界的多学科专家共谋其事。“总的来说，是两大类的学科：以社会科学为主的定性研究型思想库和以自然科学为主的定量型研究思想库。”[②]这里的“思想库”就是我们所称的“跨学科研究机构”。在全球一体化和世界性的激烈竞争的形势下，我们不能不加倍重视综合性的跨学科研究。在当前的经济建设中，对促进科技、经济、社会的综合协调发展来说，跨学科研究具有特别重要的意义。这种科学知识整体化的新趋势和社会发展的新要求，正在促使人们不断地完善综合研究的组织形式、理论观点、研究方法和途径，并已见这类完善工作成为科学探索的重要领域之一。

综上所述，交叉科学的特点有如下四点。

（1）很强的实践性。当代跨学科或多学科研究，尤其是社会科学和自然科学相结合的跨学科、多学科研究，是适应科技、经济和社会综合发展需要的产物。大量事实表明，它能卓有成效地解决现实发展中所提出的，已经或可能面临的综合性问题。这种研究，当然也包括对本身所需要的理论和方法论的研究，但它的活力来源于解决复杂的实际问题。它主要是为解决实际问题的决策服务的。如果跨学科或多学科研究不能为解决实际问题提供方案选择和决策性建议，这种研究就失去了发展的动力和活力。

（2）研究对象具有复杂性。跨学科研究的对象大都不是某一单独的自然现象或社会现象，而是一个复杂系统，其中还包括系统的运行、宏观管理和决策等一系列的复杂问题，并由此而规定了研究任务与研究手段的复杂性。

研究对象的复杂性至少可以从两个方面理解：其一，从经验上或直观上理解。以往研究对象比较单一、简单，或者可以分解成许多独立的因素，然后忽略研究者认为与主题关系不大的因素，抓住影响全局的决定性因素，作

① 胡序威. 加强对国土开发整治多学科综合研究//中国科学院《复杂性研究》编委会. 复杂性研究. 北京：科学出版社，1993.

② 方开炳. 全球一体化趋势及全球思想库. 世界科学，1990，(8)：31-33.

理想化处理。现在人们认识到，研究对象的复杂性在于它包含着许多因素，因素之间相互联系、相互制约、相互作用，不能被截然地分解，更不能被人为地取舍，即使其中一个微小的因素都可能对系统行为产生巨大的影响。其二，从理论上或观念上理解，研究中包含着概念的巨大变革。以往的研究是以机械论世界观和还原论方法论为基础的，其核心是"拆零"，"即把问题分解成尽可能小的一些部分"，并且"用一种有用的技法把这些细部的每一个从其周围环境中孤立出来……这样一来，我们的问题与宇宙其余部分之间的复杂的相互作用，就可以不去过问了"①。这是一种关于事物的复杂性约化为"某个隐藏着的世界的简单性"观念②。这里所指的复杂性，除了从直观上看研究对象有许多因素构成之外，尤其重要的是，这些因素间构成一个动态系统，有完整的结构，不能"拆零"，因为它不是孤立系统或封闭系统，而是一个开放系统。

（3）多学科研究协同效应产生的是新知识突变，而不是知识的线性积累。这就是所谓的协同作用的放大原理。

（4）跨学科研究实现了研究主体的变革，使研究主体从个体发展到群体。随之产生的群体效应，为各种学科和工程的发展提供一个综合方法。研究主体的变化必将产生新的认识论、方法论与价值观。

## 8.3 交叉科学知识的增长

交叉科学知识的增长，一般说来不同于单一学科知识的增长。

如果我们把单一学科知识的增长比作一棵分叉树，那么交叉科学知识的增长则可以比作一张网。如果我们要为交叉科学知识增长建立一个模型，那么，最简单、直观的模型就是网状模型。

网状模型中有三个主要的元素：节点、连线和交接点。分别论述如下。

### 8.3.1 节点

网中的节点是指单一学科。必须由两个以上的节点才能构成一个新的节点，即必须由两门以上的单一学科才能构成一个交叉科学。这是交叉科学的定义与特性所规定的。

---

① 阿尔文·托夫勒. 前言：科学和变化//伊·普里戈金，伊·斯唐热. 从混沌到有序. 曾庆宏，沈小峰译. 上海：上海译文出版社，1987：5.

② 伊·普里戈金，伊·斯唐热. 从混沌到有序. 曾庆宏，沈小峰译. 上海：上海译文出版社，1987：41.

节点，严格地说，并不是一个纯粹的点。这是从我们所讨论的交叉科学的含义上说的，也就是说，单一学科并非纯粹的单一学科，它实际上还内含着其他学科。例如，我们把生物化学看成是交叉科学，那么，组成它的节点——单一学科就是生物学与化学。但是我们决不能认为"化学"或"生物学"这两个节点就是纯粹的单一学科了。实际上，它们本身又是由更专门的学科组成的。就此而言，节点作为单一学科的概念是相对的。

### 8.3.2 连线

连线具有方向性。它只能从节点指向交接点，表示一门学科的原理或方法抽取出来，与另一门学科的基本研究程序相结合，两者互相融合而产生出一门新学科即交叉科学。其结果不是简单的组合或连结，而是有机的化合。

连线的方向不能倒转。这就是所谓的"禁止原理"，即禁止已形成的交叉科学朝着单一学科的特殊性和无限性方向发展[①]。其根据就是不可彻底还原论思想，虽然我们允许有一定程度的还原性。

如果连线箭头的方向可以倒转，这意味着生物化学可以彻底还原为生物学与化学；物理化学可以彻底还原为物理学和化学；那么，这种所谓的交叉科学便不是真正意义上的交叉科学。

### 8.3.3 交接点

两个或多个节点的交接点便是两门或多门单一学科所形成的交叉科学。交接点必定具有内部结构。

以化学物理学这门交叉科学为例。在 19 世纪，原子和分子只是化学中的概念。到了 20 世纪，化学家和物理学家一样认真地研究原子、分子及组成它们的粒子。1933 年，化学和物理学边缘领域处在定量描述的革命时期，那时量子力学已经成为分子光谱学和分子结构的理论基础；统计力学已经成为复杂系统在微观层次上的处理方法，而量子统计这时开始把原子、分子系统的量子力学描述和宏观系统的热力学描述沟通起来。由此，出现了化学物理学这门交叉科学。从这个过程可以看出，就化学物理学这门交叉科学来说，它至少有三方面的组成要素：化学、物理学与数学。缺了其中的任一个要素都不能处理化学物理学所要解决的问题。

从层次更高的 STS 来看，它包含了 S（科学）、T（技术）以及 S（社会）。后一个 S，实际上内含着社会的价值观念。

---

① 何琳. 略谈知识共同体. 哲学研究，1992，(7)：39.

但是，我们必须看到，交接点的结构具有相对性，当它与另一学科再次交叉时，它变成节点。例如，“科学技术社会学”这门交叉科学，我们可以看成是科学学、技术学与社会学的交叉，也可以看成是科学技术学与社会学的交叉。当我们采用后一种看法时，我们就将原是交接点的“科学技术学”相对地当作是一个单一学科的节点而与社会学发生交叉。

## 8.4 面临的问题及发展的前景

跨学科研究，虽然已有了较长的发展历史，但相对来说，还是一个新的研究领域。随着研究的深入展开，一些亟待解决的问题被提了出来。归纳起来，跨学科研究至少在理论上有以下三个方面的问题。

### 8.4.1 学科的专门化、精细化与综合化之间的矛盾

由于科学发展的需要和实际问题的多样化与复杂化，学科专业越分越细，研究的问题越来越专。为了得到同行专家的认可，研究成果只能在本学科的专业刊物上发表。不属于本专业的研究成果，不论其多么有创见和出色，只要是在其他专业刊物上发表，也会被同行视作异端，不被看作是本专业的成果。

《混沌：开创新科学》一书的作者格雷克（J. Gleick）在谈到混沌这门跨学科初创时期的那些开拓者们所经历的“辛酸史”，具体生动地反映了这种情况。格雷克认为，科学革命常常具有跨学科的特色，它的核心发现往往来自那些走出本专业传统范围的人们。这些理论家们倾心的问题经常被认为是离经叛道的臆想。他们的论文被否定，文章被编辑部退稿。这些理论家本身也不那么肯定能否在看到答案时就予以确认。他们在科学生涯中承受风险。有些自由思考者干脆独自工作，他们无法解释清楚问题的走向，甚至不敢告诉同事自己在做什么。

这种情况，显然限制或有碍于许多人向具有革命性的跨学科研究方向发展。

### 8.4.2 人才培养方面专与博的矛盾

前已述及，跨学科研究兴起的一个重要原因是有些学者反对各学科专业化的垄断，以及狭隘的专业知识满足不了日益发展的科学的整体化、综合化趋势的要求。它要求相关人员扩大知识面、拓宽视野，这就产生了知识的专

与博、深与广的矛盾。

美国的许多跨学科和多学科计划受挫甚至"流产"的情况表明，大学的教育计划深受传统的、单一学科教育的影响。这就要求突破单一学科的局限。但另一方面，没有单一的专门学科做基础，只注意去涉猎各门学科的基础知识，就易于浮光掠影，停留在表层上，无益于实际复杂问题的解决。

因此，在人才培养上解决一与多、专与博的矛盾，是跨学科研究中的一个值得深入探索的问题。

### 8.4.3 跨学科与多学科研究本身存在的理论和方法论问题

按照库恩的意见，相互竞争或对立的科学理论之间是不可通约的，不同科学共同体专家所使用的语言之间有很大的差异，所讨论问题的解答截然不同。因此，在跨学科和多学科的研究中，不同学科之间必然难以完全沟通和充分交流，它们的合作必然存在空隙和裂痕。集体从事的跨学科和多学科研究的成效，有时反而不如由符合条件的个人承担同类研究的效果。这就必然导致悖论性的问题：合作与个人之间的矛盾。

此外，从事跨学科研究还需要提高科技管理者的素质，他们必须知识广博，才能进行跨学科研究的组织与协调。

虽然存在一些尚待解决的问题，但前景是良好的。因为一方面跨学科研究是科学综合发展的必然趋势，另一方面它有着广泛的社会实际需要。由于这种研究以解决科技、经济、社会发展中所提出的实际问题为主要目的，因此，科学技术和经济社会越向前发展，人们所遇到的复杂性、综合性问题便越多，这种研究便越大有可为。

# 9 哲学科学模型

金吾伦

## 9.1 哲学科学的含义

### 9.1.1 哲学的各种规定

关于哲学的含义，每个哲学家都有各不相同的规定。人们普遍认为哲学世界观的理论形式，是关于自然界、社会和人类思维及其发展的最一般规律的学问。古希腊思想家称哲学为“爱智”。他们一直在寻求一套统一的观念，用以证明或批评个人行为和生活，以及社会习俗和制度，并为人们提供个人道德思考和社会政治思考的框架，他们还进行关于宇宙本源等问题的思考。“哲学”（“爱智”）便是希腊人赋予这样一套反映现实结构的统一观念的总称[①]。中国古代一般认为哲人是聪明而具有智慧之人。近代梁启超认为，哲学是从智的方面研究宇宙最高原理及人类精神作用，求出至善的道德标准[②]。

康德把哲学内容分为三个方面：①我们能够做什么？②我们应该做什么？③我们希望做什么？

康德的《纯粹理性批判》《实践理性批判》《判断力批判》三部著作就是分别论述以上三方面内容的，并且构成了完整的哲学体系。

如果我们把哲学研究的内容细分，那么，哲学大致上可以包括以下七类内容：①宇宙论：宇宙的本源、万物的由来。我们可以把这种研究叫作形而上学研究。②知识论：知识何以可能，知识的范围、作用和方法。我们可以把这类研究叫科学哲学。③伦理哲学：人生在世应该有怎样至善的行为。④ 社会政治哲学：社会国家应该如何组织、如何管理。⑤历史哲学：历史发展及其动因。⑥教育哲学：如何使人有知识、能思想、行善去恶。⑦宗教哲学：

---

① 理查·罗蒂. 哲学和自然之镜. 李幼蒸译. 北京：生活·读书·新知三联书店，1987：11.

② 梁启超. 游欧心影录（节录）//陈崧. 五四前后东西文化问题论战文选（增订本）. 北京：中国社会科学出版社，1989.

人生究竟归宿何处?

总之，哲学的内容十分丰富。它涉及世界的本源及存在形式问题，对世界的认识问题，人和整个世界的关系问题，人的形体与精神的关系问题，人类社会发展的规律和动因问题，人的伦理关系、审美关系及思维的形式问题，等等。

### 9.1.2 哲学作为科学

关哲学家的问题涉及理解人和宇宙。如果问：从北京到上海有多远?这不是哲学问题。但如果问：什么是物质?什么是空间?这便是哲学问题。问：明天是否会下雨?这不是哲学问题。但问什么是知识?这便是哲学问题。现在几点了?这不是哲学问题。什么是时间?这是哲学问题。所有的天鹅是否都是白的?这是动物学家回答的问题。但什么是真理?这是哲学家关心的问题。

哲学家的问题不是具体的问题，而是包含其中的普遍原理。从哲学问题出发，我们可以把哲学分成两类：哲学的科学（philosophical science）和作为统摄科学的哲学（philosophy as a comprehensive science）。

哲学的科学包括认识论（知识的本质、真理和确定性等）、逻辑（反思方法的科学）、科学哲学（科学的本质）、语言哲学（词、思想、事物等的意义）、形而上学（存在的本质等）、价值论（善与恶、价值的类型等）、美学（美是什么?艺术是什么?）、伦理学（正确与错误、责任、义务等）、宗教哲学（对宗教的理解）。我们还可以把社会哲学、政治哲学、经济哲学、历史哲学、物理哲学、生物哲学等归入哲学的科学。依据问题的不同，哲学的科学主要有三类问题：知识或经验的问题（认识论、逻辑、科学哲学、语义学）、实在或存在的问题（形而上学，包括本体论、宇宙论和神学）和价值及其社会表现问题（价值论、美学、伦理学、宗教哲学、社会哲学、政治哲学、经济哲学、教育哲学）。

作为统摄科学的哲学虽仍以哲学问题为其特征，但它起着三方面的作用：批判科学、综合科学以及成为科学之母。

每门科学都有预设，这些预设常常不能用经验验证，它们往往是未经证明的。哲学要仔细考察它们是否靠得住，它们的漏洞在哪里，一门科学所作的预设是否与其他科学的预设有矛盾和冲突，哲学将它们进行比较，考察它们的基本假定与结论。例如，科学家预设事物在时空中，事物是可分离的、定域的，这些构成他们进行研究的理论前提。哲学家就是对此提出问题，加以考察，进行批判性思考。

作为统摄科学的哲学的第二个功能是综合。每一门具体科学都只是研究世界整体的一个有限部分，但我们需要认识整体，而认识部分有时会曲解整体，如瞎子摸象或坐井观天的故事所反映的道理。科学的最终目标应该是理解整体，看清完整的世界图像。这个任务，任何一门具体科学都无法担当，而作为统摄科学的哲学就担当此任。它要每一位盲人所摸到的象的诸部分整合成一个整体的图像。在这一点上，它与科学的目标是一致的，甚至是科学的最终目标。物理学家冯·劳厄（M. von Laue）认为，所有科学都必须以哲学为其公共的核心组织起来，只有这样才能在科学日益不可阻挡地趋于专业化的情况下，保持科学文化的统一性，否则整个文化都会走向衰败。

哲学是科学之母，这是爱因斯坦的名言。从发生学上说，科学是由哲学孕育出来的，从自然哲学分离出了现在的各门科学。当然，更重要的是，哲学要为科学提供思想、观点、概念，作科学探索的开路先锋，并孕育新科学的诞生。

## 9.2 哲学和科学

### 9.2.1 哲学与科学的一般关系

科学研究的是命题的真理性，哲学研究的是命题的真正意义。科学的内容、灵魂和精神离不开其命题的真正意义。因此哲学的授义活动是一切科学知识的开端和归宿。哲学给科学大厦提供基础和屋顶。

哲学研究观念，是理智的洞悉；科学研究事实，是感官的观察。哲学是普遍原理，科学是特殊陈述。但这种区分只有相对的意义，这是由科学与哲学关系错综的历史发展造成的。

石里克认为，科学的任务在于要获得关于实在的知识；科学的真正成就既不能被哲学所毁坏，也不能被哲学所更改，“而哲学的目标是正确地解释这些成就并阐明它们的最深刻的意义。这一解释既是最终的也是最高的科学任务，而且将永远是这样”①。

### 9.2.2 从统一到分化

最初，哲学与科学是不分家的。它们被囊括在自然哲学的总称之下。哲学是指由受人尊重的个人智者所持的意见总和。这些意见中包括现在被称为

① 莫里茨·石里克. 自然哲学. 陈维杭译. 北京：商务印书馆，1984：1.

科学的东西。

古代欧洲的各种哲学流派，随着时间的推移，让位于基督教文明。作为西方思想生活框架的基督教，直到17世纪仍然为人类话语设定了基本轴系。在这一历史时期，“哲学”一词指的是将古代智者（尤其是柏拉图和亚里士多德）的思想用于拓广和发展基督教的思想构架。

哥白尼使科学从神学中解放出来，自然科学从此便大踏步地前进了。到了十七八世纪，自然科学取代宗教成了思想生活的中心。由于思想生活世俗化了，一门被称作“哲学”的世俗科学开始居于显赫地位。这门学科以自然科学为楷模，却能够为道德和政治思考设定条件。康德的研究对于这种思想的形成至关重要，他的研究一直被看作是一种范式，“哲学”一词是参照这种范式被定义的。康德提出的各种问题，他的术语体系，他划分的学科方式，都被人们奉为典范。这时的“哲学”，已不只是意见的总和，而是成为一种知识，一种关于具有根本重要性的东西的知识。康德以后，哲学才真正成了一门独立的学科，跻身于文化领域。

科学与哲学虽然已经分化为两门独立的学科，但此后一段时期内自然科学还继续采用“自然哲学”的名称，例如，牛顿阐明他的力学原理的名著以《自然哲学的数学原理》为书名；道尔顿（J. Dalton）用《化学哲学新体系》为其在化学史上划时代的著作命名；等等。

### 9.2.3　从分化到对立

哲学与科学的分化是人类知识和文化进步的表现。分化以后的哲学与科学之间呈现出错综复杂的关系。

一部分哲学家以科学为样板，并为科学寻求基础，从而为科学的发展奠定牢固基础。例如康德对知识何以成为可能进行的探讨，以及为科学建立了形而上学的基础。

但是康德同时又制造了自然科学与人文科学之间的裂痕。他把现实分为两个层次：一个是现象的层次，它对应着科学；另一个是实体的层次，它对应着伦理学。现象的秩序是人的思维创造出来的，是人类把自己的语言强加给自然所得到的结果。实体的层次超越了人的智能，它对应着一种支持人的伦理与宗教生活的精神的现实。康德认为，科学所研究的世界，是知识能够接近的世界，是“唯一”的现象世界。科学家不仅不能在事物本身中去认识它们，而且科学家所提的问题也与人类的现实问题无关。审美、自由和伦理不能成为实在知识的对象（即科学研究的对象），它们属于实体世界，属于哲学的领域，它们与现象世界无关。

这样，康德就把科学纳入一种封闭的体系之中。这样做的结果是，哲学支持了自然科学与人文科学之间的裂缝，“并使之永恒，它贬低并放弃了实在知识的整个领域，把它交给科学，与此同时却为它自己保留下自由和伦理学的领域，这些被想象成与自然界完全不同”①的领域。

由此，自然科学与哲学、人文科学之间的严重对立便开始了。

这种对立在黑格尔那里又以另一种形式扩大了。黑格尔假定了一种获取自然知识的新途径，这条途径与实验科学完全不同，甚至相反，它是一条纯粹思辨与推测的途径。它“为科学家与哲学家之间的对话带来了灾难性的后果。对大多数科学家来说，自然哲学变成了蹂躏事实的骄傲自大、荒谬绝伦的推测的同义语，且被事实不断地证明的确是错的。另一方面，对大多数哲学家来说,它变成了在处理自然以及与科学对抗时所包含的危险的一种符号。因此，自然科学、哲学与人文科学研究之间的裂痕，由于彼此蔑视和恐惧而变得更大了”②。“黑格尔的体系比任何其他哲学体系更甚地促使了科学家与哲学家的分道扬镳。它使哲学变成为一个嘲笑的对象，而科学家则愿意从他的道路上清除掉这种东西。”③哲学与科学之间对立的情况是如此的严重，以至于恩格斯大声疾呼，要求自然科学家学习哲学。他强调，“不管自然科学家采取什么样的态度，他们还是得受哲学的支配。问题只在于：他们是愿意受某种坏的时髦哲学的支配，还是愿意受一种建立在通晓思维的历史和成就的基础上的理论思维的支配”④。

然而这种对立依然继续存在着。它日益明显地表现在科学文化与人文文化的对立上。“两种文化之间存在着一个相互不理解的鸿沟，有时还存在着敌意和反感。”⑤持人文文化立场的部分哲学家拒斥科学，认为哲学无须科学作依托。

科学与哲学的对立，哲学对科学的损害，突出地表现在国际共产主义运动史上“左倾”的马克思主义者打着捍卫马克思主义纯洁性的旗号而对科学实行的围剿和批判。“哲学家对量子力学、相对论、共振论、摩尔根遗传学和控制论等的粗暴批评都超出了学术问题的界限，他们成了政界人物反科学思想的代言人。这种反科学思潮曾经给社会主义的科学事业带来了巨

---

① 伊·普里戈金，伊·斯唐热．从混沌到有序．曾庆宏，沈小峰译．上海：上海译文出版社，1987：130.

② 伊·普里戈金，伊·斯唐热．从混沌到有序．曾庆宏，沈小峰译．上海：上海译文出版社，1987: 130.

③ 赖欣巴哈．科学哲学的兴起．伯尼译．北京：商务印书馆，1983：61.

④ 马克思，恩格斯．马克思恩格斯全集．第 20 卷．中共中央马克思恩格斯列宁斯大林著作编译局译．北京：人民出版社，1971：552.

⑤ 查·帕·斯诺．对科学的傲慢与偏见．陈恒六，刘兵译．成都：四川人民出版社，1987，3.

大损失”[①]。

### 9.2.4 从对立到协调

协调趋向在以下三方面尤为明显。

（1）两种文化的统一趋势：①怀特海（A. N. Whitehead）寻求两者的统一。②系统论、协同学、耗散结构理论。③跨学科研究。

（2）科学哲学作为一门哲学主要分支受人重视。

（3）科学需要哲学：著名科学家对哲学的重视。

科学哲学家弗兰克（P. Frank）用“链条”来描述科学与哲学两者的关系，如图 1.9.1 所示，这是一条“连接科学和哲学、直接观察和易领悟的原理的链条”[②]。

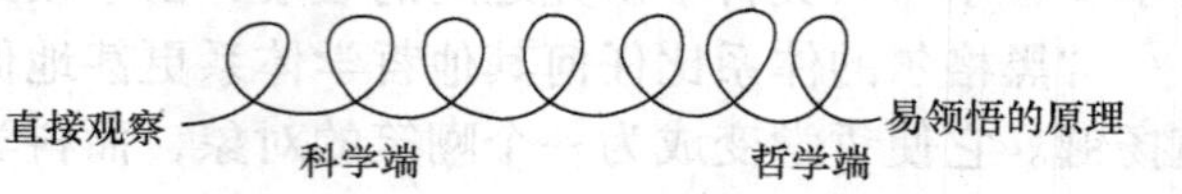


图 1.9.1 费兰克的“链条”

## 9.3 科学哲学理论

这里的科学哲学理论，我们取广义的理解。因此，它包括三个方面的内容：①前科学理论。成熟的科学通常是从前科学发展而来，前科学虽有科学的成分，但以哲学思辨为其主要特征。前科学可以说是自然哲学，所以，前科学模型不妨称作自然哲学模型。②元科学理论。元科学是对科学所作的哲学思考。相应学科就是科学哲学。严格说来，它是在科学与哲学分家之后才有的。它与科学相关且又高于科学。元科学为科学提供前提和方法论。元科学模型也称作科学哲学模型。③系统哲学理论。系统思想代表了科学与哲学发展的一种新态势，它在跨学科的层次上对概念作了科学的整合。它使自然科学与社会科学整合成为一个整体，形成了一种整体论的新思维模式。

关于系统哲学模型，因前面各章中均有所论述，限于篇幅，本章不再论述。

① 赵红州. 论反科学思潮(上). 科学学与科学技术管理，1991，12(8)：12.

② 菲利普·弗兰克. 科学的哲学：科学和哲学之间的纽带. 许良英译. 上海：上海人民出版社，1985：38.

### 9.3.1 前科学理论的特征

各门科学从发生学上说都具有前科学形态，这个时期，与其说是科学，不如说是哲学。

各门科学的起源与形成，都经历了一个前科学阶段。在这个阶段，它实际上是哲学，或者以某种哲学观作为基础研究的主导观念。例如，18 世纪以前的电学就是如此。在那时，几乎任何一位从事电学实验的人，如霍克斯比、葛雷、德萨古里西斯、杜菲、诺莱、华森、富兰克林等，对电的本质都有其独特的看法。但这些林林总总的关于电的观念有一个共同的东西——它们都部分导源于某一形式的机械-微粒哲学，这一哲学观主导了当时全部的科学研究①。我们把这种机械-粒子哲学称作“前科学”。

作为前科学理论的范例就是古代的原子论和宇宙论。前科学理论是观念的，不是物质的。前科学理论是逻辑的，不是数学的。它不能用图表、数据或方程式表现出来。

前科学理论的建立主要依据 4 种方式：观察资料、思辨性的基本假定解释和推论、类比和隐喻。

1. 观察资料

古代宇宙论是日常的天文观察所得到的现象和天地组成一个整体的假定。

德谟克利特（Demokritos）的原子论则是感觉经验资料与巴门尼德（Parmenides）的物质不变论思辨假定结合的结果。

2. 思辨性的基本假定

巴门尼德根据理性否定了变化的可能性。他认为，实在必定是一个整体，它必定具有整体性，而且作为同一的实在，它不可能变化。理性告诉人们，没有基本的统一性，普遍规律是不可能的；没有基本的同一和不变性，就不会有适用于过去、现在和将来的规律。正是基于巴门尼德的这种基本主张，德谟克利特才强调，原子无质的区别，只有大小和形状的不同。观察到的千变万化的事物只是不同大小和形状的原子之结合方式不同罢了。

3. 解释和推论

前科学模型的目的在于解释或说明人类观察到的现象。宇宙论模型在于说明日月星辰变化的现象。原子论模型在于说明各种物质变化的现象，解释

① Kuhn T S. The Structure of Scientific Revolutions. 2nd ed. Chicago: The University of Chicago Press, 1970:13-14.

事物的千变万化，解释事物的可变性与多样性。前科学模型最重要的方面是为人们提供一种自然观。大量的现象必定以某种统一性为基础，而这些现象的不断变化不过是一个基本不变的世界的一些方面。它说明变化中的不变性，以及这个不变世界的多样性。

前科学模型除解释与说明外，还可以作一些简单的推论。例如，从德谟克利特的原子论中可以推论出，除了不可分割的原子实体之外，一定还有虚空存在。原子实体的根本性质在于占据空间。按照这一规定，两个物体不能同时占据同一空间。原子与原子之间的空隙大小便是物体疏密的原因。轻且能渗水的物体可以被认为是空隙较大，坚实而沉重的物体则被认为是原子紧紧地挤在一起的；等等。

4. 类比和隐喻

前科学模型是在日常观察基础上形成的，常常使用类比和借喻的方法。例如，在宇宙论模型中使用“天圆地方”的类比；德谟克利特在原子模型中，为了说明原子间的牢固联结，认为原子都有一些凹陷和凸起，还带有各种钩和环。这些显然都是从自然物的性质和最简单的机械装置那里借用来的。有的还借用人类心灵、情感活动来说明自然物间的作用，例如恩培多克勒（Empedocles）利用爱和恨来说明物体的结合与分离——物体在爱的影响下结合，在恨的影响下分离。

### 9.3.2 元科学的公认观点

这是 20 世纪初由维也纳学派提出的主张，通常也称为科学哲学的标准模型。

标准模型可以表达为理论应当被解释为公理演算，其中，理论名词通过对应规划而得到部分的观察解释（由此，标准模型也被称为部分解释模型）；构成这一分析的基础是把理论的非逻辑词汇严格地分为观察词汇和理论词汇。

这个模型不是作为对理论在实际的科学实践中怎样被陈述的描述性说明而提出来的，而是对理论提出了一个标准的语言陈述，并且断言任何科学理论都可以按照这种标准给予一个实质上等值的重新陈述（逻辑重建）。因此，标准模型是作为对科学理论概念的诠释而提出来的。

这种标准模型属于科学理论的基本认识特征。这样一种标准的语言陈述具有下述特征：①理论由用语言 $L$ 所陈述的理论定律和对应规则所构成；② $L$ 的非逻辑词汇可以区分为观察词汇 $V_0$（由直接指称可观察的属性或实体的名词所构成）和理论词汇 $V_T$（由指称那些不能直接观察到的属性或实体的名词所构成）；③理论的定律被陈述为$L$的非逻辑名词仅来自$V_T$的那些语句；④ 对应规则被陈述为$L$中包含$V_0$也包含$V_T$的名词的语句，并且旨在体现各种实验程序等，以便将理论定律应用于直接可观察的现象；⑤$V_0$的意义根据与它们相对应的直接可观察的属性或实体来加以规定；⑥没有直接观察的解释或意义赋予$V_T$，$V_T$通过对应规则和理论定律得到间接的、部分的经验解释。

逻辑实证论者亨普尔（C. G. Hempel）①用图 1.9.2 表达科学理论的结构，即标准模型的亨普尔图例。

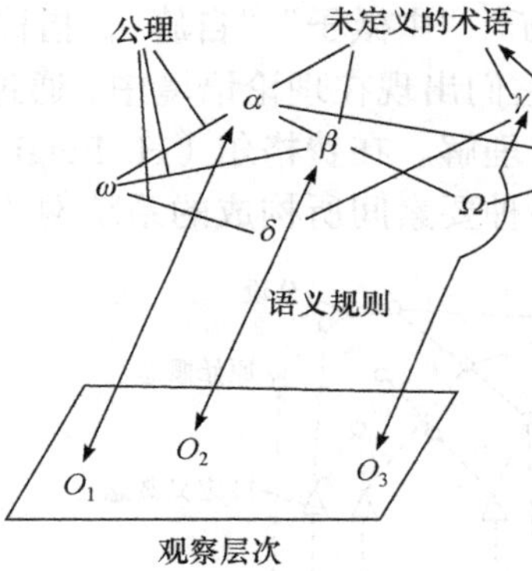


图 1.9.2 标准模型的亨普尔图例

这个模型由三部分组成。

1. 公理系统

公理系统包括两个主要成分：一是这个理论的逻辑框架，它是由原始语句（公式），即当作这个演算的公设的语句集合组成的，其中初始假说用公理语句表示；二是这些语句（公式）按照指定的变形规则演绎出来其他的语句（公式），这些语句用演算定理表示。演算也许还包含表达理论的基本逻辑的逻辑命题或数学命题的公理②。

2. 对应规则（correspondence rule）

对应规则是用一种与推理具有某种相似性且与翻译具有某种相似性的方法把理论词汇的陈述与观察语言中的陈述联系起来。"对应规则一般是连接理论语言中被定义的表达式与观察语言中可定义的表达式"，"它将人们从理

① 约翰·洛西. 科学哲学的历史导论. 第四版. 张卜天译. 北京：商务印书馆，2017：71.

② Braithwate R B. 经验科学中的模型//卡尔纳普等. 科学哲学和科学方法论. 北京：华夏出版社，1990：61.

论词汇中的陈述引导到观察词汇陈述去，或者相反”[①]。这就是说，对应规则是连接理论与观察的桥梁。

3. 观察框架中的经验概括

在这个模型中，一般认为公设中的概念（“原始概念”），以及公设自身，只能得到部分解释。这里预设了一个最基本的假定，即理论中的非逻辑名词被严格地区分为观察名词和理论名词。前者如“红的”“桌子”“较长”等词，指称可观察的对象的属性、关系和事件，能够不依赖于任何物理理论而被解释。后者如“电磁场”“中子”“中微子”“自旋”，指称不可观察的（即理论的）对象、属性等，只有当它们出现在理论语境中，通过例如公设、显定义、对应规则和操作定义才能被理解。在费格尔（H. Feigl）的图例[②]中，我们可以清楚地看出标准模型内各种要素间所构成的系统网（图 1.9.3）。

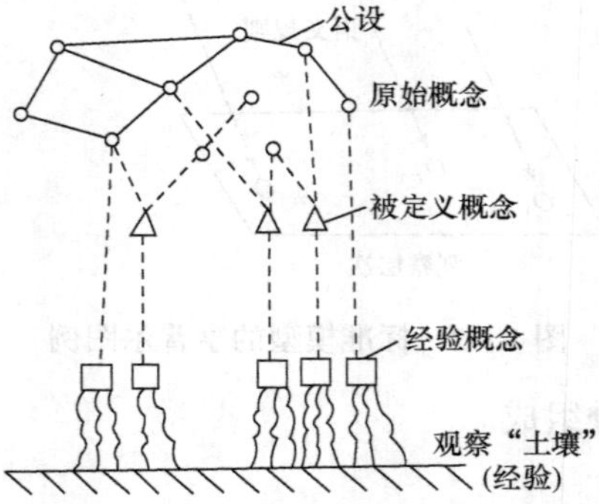


图 1.9.3　标准模型的费格尔图例

### 9.3.3　理论的关系系统模型

这种模型也称为理论的语义学模型，因为它对理论作语义分析，而不是标准模型所用的句法分析。

语义学模型认为，标准模型“对观察和理论之间区别的依赖，使得它模糊了科学理论结构的一些认识上重要并且具有启发性的特征”[③]。

按照关系系统模型，科学理论是描述一类被称作理论意指范围（论域）的现象特征的超工具。标准模型强调理论是一种由对应规则赋予部分解释的

① Sellans W. 理论的语言//卡尔纳普等. 科学哲学和科学方法论. 北京：华夏出版社，1990：74-75.

② Feigl H. 理论的“正统”观点：对批判和捍卫的几点看法//卡尔纳普等. 科学哲学和科学方法论. 北京：华夏出版社，1990：91.

③ Suppe F. What's wrong with the received view on the structure of scientific theories? Philosophy of Science, 1972, 39(1): 1-19.

公理结构；而系统模型认为，科学理论的基本任务是“向我们提供一组模型，用来表征经验现象”[①]。因此，以元数学方法将模型的类定义为满足公理、演绎结构诸定理的各种结构，这对于理论的任务来说是不必要的，而且从形式的观点看也无必要，因为可以直接定义模型的类，而无须诉诸句法上定义的定理，所以，这种系统模型力图代替标准模型，为科学理论的哲学分析提供一类新模型和新方法。

从这种新的模型看，理论参与确定对象系统的变化过程，这里把变化过程解释为被指定是这些对象的特征参数的有限集所发生的变化。这些参数在给定时间点产生的值便决定这个系统的状态。一个理论的预期范围便是物理上可能的系统的类。例如，经典粒子力学所涉及的是在一个真空中相互作用的没有广延性的质点的孤立系统的行为，其中，质点的行为仅仅取决于它们在给定时间的位置和动量。一个经典粒子力学的物理系统是由这样一个具体行为随时间而变化的质点所构成。理论描述物理系统的行为，而非单个现象的行为。

理论是通过确定现象系统的一类抽象复制品来描述其特征的。这种现象系统被称为物理系统。物理系统是可能现象的抽象复制品。一个理论的定义参数 $P_1 \cdots P_n$ 以物理量（属性）作它们的值。这些物理量可以是测量的量或质，而且它们可能是确定的或是统计的，一组同值的 $P_1 \cdots P_n$ 便是一种状态。每个给定的物理系统都处于一种特定的状态，且在此状态时间内变化。

在理论意指范围内与任何因果上可能的现象系统 $P$ 相对应，将有一个物理系统 $S$，假如满足了理论所规定的理想条件，且 $P$ 的情况只受 $P_1 \cdots P_n$ 的影响，则 $S$ 的情况也就是 $P$ 的情况。这样与因果上可能的现象系统（它构成理论的意指范围）相对应的物理系统的类，就是该理论的有因果可能的物理系统的类。科学理论的一个功能就是确定什么是因果可能的物理系统的类。理论是通过确定物理系统的一个类来完成的。物理系统的这个类，称为理论导出的物理系统的类。判断一个理论，就是要求有因果可能的物理系统的类与理论导出的物理系统的类的外延相同。只有外延相同，理论在经验上才是真的。

那么，理论是怎样确定理论导出的物理系统的类呢？

理论是一个关系系统，它由一个论域（domain of discourse）和该论域所规定的各种属性所构成。这个论域是物理系统中一切逻辑上可能发生的状态

① van Fraassen B. A formal approach to philosophy of science//Colodny R G. Paradigms and Paradoxes: The Philosophical Challenge of the Quantum Domain. Pittsburgh: University of Pittsburg Press, 1972, 311.

的集合，而论域的关系决定那些同它的预期辖域内可能系统的变化过程相对应的、依时间方向出现的状态序列，并且指出哪些状态变化是物理上可能的。这些排序关系就是这个理论的定律。

定律可能具有多种类型，它们各自以不同的方式决定状态出现的可能序列。我们列举四种情况。

（1）如果一个理论只有决定论的连续律（像牛顿力学那样），那么这些定律（排序关系）将决定系统可以随时间变化而呈一连续性状态的唯一序列。

（2）如果这个理论仅仅有统计性的连续律，关系将类似于那些显示马尔可夫过程所控制的分枝树的特征关系，其中，每一路线都指示一个系统后来在时间上可以呈现的状态的一个不同序列，并且给每一个状态变化分配条件概率。

（3）如果这个理论只有决定论的共存定律（像微观经济学的供求平衡理论那样），这些定律便把状态出现的类加以划分，而可能的、有时间方向的状态出现序列就是能够由一个单一的划分形成的那些序列。

（4）如果理论是有相互作用律的（决定论的或统计学的），那么就可以确定属性是由系统的相互作用产生的。定律有两种职能：第一，指出哪些状态是物理上可能的（这些状态是具有该理论属性的状态）；第二，指出物理系统能接受哪些状态的序列。这样，定律就确定了理论导出的物理系统的类。

理论的预测能力则根据它们具有上述哪个定律而异。理论必须规定在逻辑上可能的物理系统中，哪些是用因果可能的物理系统所特有的行为模式的普遍定律来达到的，用这样的方式使这些定律和初始状态及边界条件的规定一起使用，则可以预测随后出现的状态。

而且仅当这个理论所决定的状态出现的可能序列的类等同于在理想化条件下它的预期辖域内的系统的可能变化过程时，这个理论才是真实的。任何时候，当理论的预测辖域内的一系统满足了理想化条件时，这个理论便能预测这个系统以后的变化，其预测的准确性取决于这个理论具有上述中的哪种定律；如果系统不满足理想化条件，就需要求助于辅助理论，从而做出该系统变化过程的预测。

根据这个关系系统模型，静态逻辑模型中的观察名词和理论名词相区别的最基本性假定就不能成立且无任何必要了，因为理论所关心的主要不是将定律直接应用于现象，而是用定律来预测说明从现象中抽象出来的物理系统的行为，使这些物理系统的行为可以与现象联系起来。这样一来，标准模型就应当被关系系统模型所取代。

这个关系系统模型当然不是任意建构的，它受“来自下面”和“来自上面”两方面的制约。“来自下面”是指共同实验结果的限制；“来自上面”则是考虑如对称性等对理论模型的限制。

### 9.3.4 科学变化模型

目前已有了多种科学变化模型。其中主要有库恩的格式塔转换模型，拉卡托斯的研究纲领方法论，劳丹的解决问题模型，等等。

#### 9.3.4.1 基本主张

（1）理解科学变化的最重要单元是大尺度的、寿命比较长的概念结构，如库恩的范式（paradigm）、费耶阿本德（P. Feyerabend）的“整体性理论”（global theory）、拉卡托斯的“研究纲领”（research program）和劳丹的“研究传统”（research tradition）。用中性术语表示，这些概念结构即“指导性假定”（guiding assumption）。

（2）指导性假定一旦被接受，很少因为它们面临经验困难而遭抛弃，它们可以置否定性的实验检验或观察检验于不顾，即它们具有韧性。总之，在大尺度理论评述中，否定性证据的重要性要比通常所认为的小得多。这个结论与逻辑经验论和波普尔的经验证实或经验反驳的结论明显不同。

（3）资料不足以决定理论选择，即观察和实验并不为各组指导性假定之间或竞争理论之间的无歧义选择提供充足的证据。

（4）形而上学的、神学的或其他非科学因素在科学理论及指导性假定的评估中起重要的作用。评估不只限于指导性假定或理论与证据之间的关系问题。

（5）指导性假定的评估，既取决于对它们执行中的记录的判断，也取决于对它们潜在能力的判断，而对潜在能力的判断不能还原为对执行记录的判断。也就是说不能根据执行情况的好坏来判断其他潜在能力的强弱。

（6）科学家并不是对各组特殊假定或特殊理论的优劣作绝对判断，而是在对立假定或对立理论间作比较判断。

（7）科学中不存在中性观察，观察全部都有理论负荷，虽然并不一定有它们所要判别的理论负荷。

（8）新理论的产生和现存科学理论的修正不是一个随机过程；在多数情况下，它们总与一种启发式的理论或一套指导线索有关。

（9）在没有一套新的、有效的指导性假定取代之前，原有的指导性假定决不会被抛弃。

（10）竞争着的指导性假定的共存在科学中是规则而不是例外（这一条

不适合于库恩的观点）。

（11）一套指导性假定总是面临明显的经验难题。

（12）判定新的指导性假定不能用判定已稳固确立的指导性假定的相同尺度。

（13）新指导性假定很少容纳其前任假定的所有成功的解释因素。在它们的取代过程中有所得也有所失。

（14）验证理论和归纳逻辑的技术机理对理论评价的帮助很少。

（15）对低层次科学理论的评价部分建立在与之有关的指导性假定的成功之上。

（16）理论总面对着明显的经验困难，它们从不会被这些困难所抛弃。

（17）一个科学理论作为某个问题各种解答的整体，被一个新理论取代前，新旧理论常被看作是近似的。

上面这些主张①，在 20 世纪 60 年代科学哲学中的历史学派形成以前很少被科学哲学家认真考虑和接受，甚至被看作是令人讨厌的，但现在已成为科学变化模型的核心假定（core assumption）。当然，这些主张中的大多数尚未得到检验。

#### 9.3.4.2 科学变化理论的检验问题

对目前已有的关于科学变化的模型作出孰优孰劣的裁定并非易事。因为这种检验绝非理论和观察资料的直接对峙，资料对理论构成明显的证实或反驳的情况事实上很罕见。

但是这并不意味着不能检验，只是要认识到，必须尽可能谨慎地对待检验，检验是一个持续过程，而不能诉诸孤注一掷的判决性检验。

对科学变化理论的检验常常借助于案例研究。这里的问题在于，同一个案例可以得出完全相反的结论：有的坚持科学变化是间断的、革命的；有的强调科学变化是连续的、可通约的。结果是，案例研究并不是对关于科学变化的几种理论的检验，反而是理论应用于特殊的案例。为了对这些科学变化进行比较，加以检验，首先必须将每个理论的主张尽可能表述精确，然后再分别进行检验。另外，还可以比较竞争理论对同一案例的解释力，从而对理论作出鉴定。

对科学变化模型的检验还要注意到检验案例的选择。例如，库恩、拉卡

---

① Laudan L, Donovan A, Laudan R, et al. Testing theories of scientific change. Synthese, 1986, 69: 141-223.

托斯和劳丹常常用物理学中的案例来证明自己理论模型是正确的。但这些案例是不是适合整个科学变化?他们自己宣称,他们的理论适合成熟科学。但是,什么是成熟科学?关于这个问题还没有达成一致的意见。

至今我们还无法判定哪种模型更优。可以指出的是，库恩的科学革命模型的影响较大，较为持久。

元科学模型有多种多样。我们这里只讨论三类模型。

第一类标准模型或公认观点，把语言分析作为唯一的或主要的研究方法。它注意理论的语法分析，所以被称为语法学的理论观。

第二类模型着重研究确定对象的变化过程。它认为，理论并不等同于提出理论时所用的语言表达，不是演绎的相连通的语句或命题的集合，而是由语言外的数学结构（“理论结构”）组成的，这些结构作为同实在的或物理的可能现象处于某种表象关系而被提出来。我们能够给出对这些结构及其与现象的关系的几种不同的描述，所以理论的本质特征一般是非语言[①]的。这种理论观被称为语义学的理论观。

第三类模型不同于理论观，它不采用形式化方法，力图寻找比形式化、公理化理论更广泛、更灵活的概念单位，主要用来讨论理论变化和理论发展问题。例如，库恩的范式等概念“都含有指称那个支持某一科学理论的研究者共同体的语用学概念”[②]，所以，我们把这一类模型称为语用学的理论观。

### 9.3.5 哲学模型的建构及评价

哲学本身既不是纯粹的发现活动，也不是纯粹的发明创造。哲学要把人们的所有活动和知识作为自己的研究范围，它的最终目的是要建立一个包容人类思想和活动的理论体系。

建立这样的理论体系就必须对已有概念加以分类整理，确定所要使用的概念，并建立起概念体系或概念范畴和逻辑框架。

在这样做的时候，哲学家需要某种想象力，努力突破已有理论框架和思路的束缚，不拘泥于纯粹地为事物做出预见，而要有诗人的意境。这时的哲学十分类似于艺术。哲学的艺术性在于发现和描述事物之间的相似与区别，发现相似中的差别和对立之间相似的模式。

哲学本身是一种活动，是一种包含了体系的创立与旧体系不断被新体系所取代的活动。任何对世界总体的描述都是形而上学的，都不可能是最终的，

---

① 卡尔纳普等. 科学哲学和科学方法论. 北京：华夏出版社，1990：6-7.

② 卡尔纳普等. 科学哲学和科学方法论. 北京：华夏出版社，1990：18.

所以哲学的生命在于它的创造性与连续性的统一。

9.3.5.1 哲学发展的关键表现

1. 观察和体验

哲学来源于日常思维，它是我们每个人观察和感知宇宙的方式。

2. 概念论证

哲学就是要试图发现两个不同概念之间的特殊关系，确立概念的真正内涵，并建立它们之间的联系。康德说，最初的经验是一个现象的混杂，是一个知觉的散漫，纯粹是一个我们必须用智慧把它统一起来的杂乱的概念体系，在思想上分了类，排成系列或用某些思想方法联系起来，然后这个概念系统被作为“计算”印象的工具。一个印象在这个概念系统里能有一个地位，这个印象就算是被“了解”了。

3. 确定标准

哲学不能仅仅记录过去，而应先告诉人们该怎样描述我们的思想，怎样去思考和交谈。

4. 哲学家的哲学构思与描述

哲学在观察方面类似于科学和历史；在概念运用方面类似于逻辑；在标准确立方面类似于伦理学；在构思以及运用语言方面类似于艺术。

哲学可以迅速把握事物的本质，但哲学家必须通过辩论来启发人们，哲学论述本身需要令人信服。这里存在着一个作为艺术家的哲学家与形而上学哲学家的矛盾。后者总是受追根究源的思想驱使，以某种假设作为理论的最终结论，因为这是论战的需要；而前者则要求创造出一种体系并不断地加以修正，把发现事物之间的区别作为哲学进步的一部分。所以，哲学家必须善于在勇敢地发现事物本质与丰富的想象及其构造体系的描述之间保持平衡。哲学的作用就在于批判、分析和正面提供思想资源，为人们确立正确的宇宙观与价值观提供依据，就其自身的意义而言，在于哲学观念的发展，在于它有鞭策自己前进的思想力量，并勇于探索它所遇到的种种问题。

9.3.5.2 哲学模型的建立

1. 态势分析

主要是分析已有理论面临的概念困难和经验困难，力图找出解决困难的途径。

2. 目标定向与问题定向

在面临需要解决的诸多困难中，寻求其突破口。正如库恩在谈其著作《科学革命的结构》一书时说的，这个突破口应该具有关键性疑难，“一旦这疑难冰释，本书的草稿很快就完成了”[①]。这一疑难，指的是找到“范式”这一含糊概念。当然，寻求疑难，寻求目标和关键性问题是一个相当困难和需要长期努力的过程。

3. 提出关键概念与理论框架

哲学问题的出现、消失或形态改变，都是一些新的假定或新的词汇出现的结果[②]。这就是新概念的提出和理论框架的建立，其中对传统理论的批判性思考具有特别重要的作用。

4. 模型的确立

模型主要表现为理论，而理论是概念之网。理论的任务就是描述、预测并解释一类现象。一个哲学理论与一个科学理论一样，是一个演绎系统并且有自身的结构。不过哲学理论更要求概念上的逻辑严密性与自洽性。

5. 检验与评价

对哲学模型的检验并没有一套严格的程序。一个新哲学理论被人们接受，取决于多种因素。我们认为主要有以下四点[③]：①观点的新颖性；②对传统批判具有说服力；③理论自身的逻辑严密性与一致性；④与当时的社会环境和文化氛围的契合度。

至于究竟根据什么原则、标准来评价一个哲学理论的好坏或真假？如何在不同哲学体系之间进行比较和评价？有没有标准？有什么样的标准？这些都需要作深入的讨论。马克思提出“实践是检验真理的唯一标准”，这里的关键是对“实践”概念应作怎样的理解和把握。

## 9.4 知识增长的蚕茧模型

对知识增长问题，学术界已经有了许多讨论。科学知识如何增长已成为科学哲学与科学学研究主要课题之一。

波普尔提出了科学知识增长的证伪主义模式，认为知识通过不断地证伪，真性内容不断地增加而得到增长；库恩用常规科学与科学革命交替出现，范式更迭的模式取代波普尔的“不断革命论”。库恩此后更加强调科学知识的增

---

① Kuhn T S. The Structure of Scientific Revolutions. 2nd ed. Chicago: The University of Chicago Press, 1970: viii.

② 理查·罗蒂. 哲学和自然之镜. 李幼蒸译. 北京：生活·读书·新知三联书店，1987：18.

③ 笔者和施雁飞、吴国盛等对此做过不止一次讨论。他们的意见对笔者很有启发。

长模式类似于达尔文的进化模式。

科学学中关于科学知识增长的指数规律，已为大家所熟知。由此开创了知识增长的定量描述，著名的传染病模型即认为科学知识类似于一种传染病，由个别人提出的新思想扩散开来后传播给许多人，这些人又发表文章、著书立说，在这个扩散过程中，知识就得到了增长；还有"竞争"模型，即理论与理论之间的竞争，类似于生物群或群落间的生存斗争，有的群壮大起来，有的衰败甚至消亡。这些模型能用数学方程作定量描述。

很难找到判决性的证据对各种知识增长模型作决定性的评价，但是这些模型为我们提供了对知识增长问题的理解。

笔者这里打算提出一个关于知识增长的"蚕茧"模型。它主要用来表达20世纪以来科学哲学知识是如何增长的。所用的材料大多是科学哲学的理论，不过它同样适用于讨论科学知识的增长。

20世纪以来的各种科学哲学知识，呈现出的形象用模型表述出来，就是"蚕茧"模型。众所周知，自然界的蚕从幼虫期开始啃食桑叶，吸取大自然提供的各种养料，包括阳光、水和空气，渐渐长大变为成虫。到了成虫期，它就要吐丝结茧。破茧而出的蛾产下大量的卵，完成一个生命过程。这些卵孵化出新一代的蚕，新一代的蚕数量上大幅增加。这些蚕有的死亡，有的又变成成虫，并结茧产卵，又完成了一个生命过程……代代相似，代代不同。

我们把科学哲学知识的增长过程比作"从蚕到茧，从茧到蚕又结茧"的过程。这就是我们所说的哲学知识增长的"蚕茧"模型。从这个模型出发看科学哲学的发展历史，就会一目了然。逻辑经验论从20世纪20年代开始，处在蚕的"幼虫"时期，经历一段时期后变成了"成虫"，到了卡尔纳普等完成了他们的主要著作时，形成了一套完整的理论体系以后，就已基本上完成了一个自我封闭的"蚕茧"。后来，库恩、波普尔、劳丹等从逻辑经验论那里孵化出来后，又经历了从幼虫—成虫—结茧的过程。

### 9.4.1 蚕种

这里的蚕种指新知识的种子。它植根于两片土地中：一片是旧理论（即旧蚕茧）中的问题；一片是发现了这些问题并力图解决这些问题的科学家或哲学家主体。问题是旧蚕茧中存在的，而科学家或哲学家主体又是从旧传统中出来的，这正与新一代蚕种是从旧蚕茧中孵化出来是一样的。

历史上的任何一位著名科学家或哲学家都受到过旧传统的熏陶。爱因斯坦年轻时所受的教育、所读的书，都是关于牛顿力学体系的；拉瓦锡（A. L. Lavoisier）在学校中接受教育时，教师教的是燃素说。哲学家也同样先受传统的教育，然后才从传统中解脱出来。比如，叔本华（A. Schopenhauer）哲学与康德哲学截然不同，但叔本华说："我在很大限度内是从伟大的康德的成就出发的，但也正是由于认真研读他的著作使我发现了其中一些重大的错误。"[①]而且要读叔本华的著作《作为意志和表象的世界》，就必须要以"熟悉康德哲学为前提"[②]。

库恩在总结自己的研究起因时特别有说服力地反映了这一点。他原先是哈佛大学物理学博士生，他说自己对科学的本质及"科学之所以特别成功"的一套旧想法，"有一部分来自我所受过的科学训练，另一部分来自我对'科学的哲学'的长期业余兴趣"[③]。这里所说的"科学的哲学"指的就是逻辑经验论。但库恩接触了科学史以后，发现"这些想法与我研究科学史以后所获得的印象完全不相符"，于是他认为"值得彻底地追查下去"[④]。从而形成了理论的新蚕种。新蚕种的出现常常要以旧蚕的死亡为代价。库恩的发现意味着他将抛弃逻辑经验论哲学，而寻求一种新的哲学。

但是我们知道，逻辑经验论也是从旧蚕茧中孵化出来的。这个旧蚕茧就是以黑格尔为代表的思辨哲学。逻辑经验论的代表人物赖欣巴哈（H. Reichenbach）在他的《科学哲学的兴起》中阐明了一种新哲学如何从旧哲学中破壳而出：抛弃思辨哲学，建立起与之相对的科学哲学[⑤]。由此可见，新思想从旧传统中出来，犹如新蚕种从旧蚕茧孵化而来。

### 9.4.2 成虫

成虫，指新理论、新知识体系从提出到成熟的过程。蚕从幼虫开始，通过不断地吸食外界的各种养料、新陈代谢，渐渐发育为成虫。哲学知识体系也同样有一个从幼稚期到成熟期的发展过程。

20 世纪声势浩大的逻辑经验论首先抛弃了思辨哲学，批判了自康德以来的唯理论。它的创造者们运用了 19 世纪刚发展的新的逻辑分析技术，在新科学的基础上建构了一种新哲学。

这种新哲学并非一开始就是成熟的但它的目标是明确的，正像蚕种一旦

---

① 叔本华. 作为意志和表象的世界. 石冲白译. 北京：商务印书馆，1982：5.

② 叔本华. 作为意志和表象的世界. 石冲白译. 北京：商务印书馆，1982：5.

③ Kuhn T S. The Structure of Scientific Revolutions. 2nd ed. Chicago: The University of Chicago Press, 1970: v.

④ Kuhn T S. The Structure of Scientific Revolutions. 2nd ed. Chicago: The University of Chicago Press, 1970.

⑤ 赖欣巴哈. 科学哲学的兴起. 伯尼译. 北京：商务印书馆，1983：3.

被孵化出来之后，它的目标就是成长结茧一样。逻辑经验论从一开始就确定了自己的目标：使自然科学公理化与形式化，并寻求科学理论的形式数学结构。也就是说，逻辑经验论者一心想建造一个统一科学的单一系统，由此把整个实证知识都包罗于一个围绕着抽象符号逻辑而建造起来的单一的、无所不包的公理系统。按照这一目标，一切真正的科学知识首先必须求助于中性经验观察以证明可靠，然后需结合到更大的统一科学的图式之中。为此，逻辑经验论的创造者从一开始就重视科学理论的逻辑结构，用逻辑分析来区分科学与非科学，建立有意义和无意义的检验标准，提出观察与理论的二等分。这些都表明了新蚕种茁壮成长的势头。

#### 9.4.2.1 数理逻辑的新进展

弗雷格革新了亚里士多德的形式逻辑，发展出一套强有力且应用广泛的符号逻辑，并相应地发展了集合论，力图用此整合整个数学领域。希尔伯特提出了一整套“形式化”的数学纲领。意大利数学家皮亚诺（G. Peano）将算法系统公理化，发展了数理逻辑。

与此同时，牛顿力学在当时的发展也日益数学化，并形成了理性力学（rational mechanics）。马赫与赫兹（H. R. Hertz）等都注意到力学中内在性的、分析性的数学结构。赫兹在他的《力学原理》中尝试将一部分物理学公理化。

罗素与怀特海合著的《数学原理》，以及将“数学逻辑化”的口号，进一步推动了自然科学公理化与形式化的新潮流，并为解决传统的哲学问题提供了一种强有力的分析工具。

逻辑经验论的创造者们正是在这样的大环境下成长起来的。这是他们成长的重要条件。例如，卡尔纳普就从弗雷格那里接受了许多新思想①。

#### 9.4.2.2 相对论和量子力学的创立

曾经有近 300 年辉煌的牛顿力学被相对论和量子力学所取代，这激励了一大批科学家与哲学家注意寻求科学知识的新基础与最终目的的重新理解。而且科学知识的可靠性必须以经验观察作基础的主张在相对论与量子力学中得到了印证和加强。这就是：“爱因斯坦在相对论物理学中强调了观察者的根本作用。”②我们甚至可以说，相对论与量子力学为逻辑经验论哲学的成长奠定了科学基础，所以，赖欣巴哈说：“新哲学是作为科学研究的副产品

① 袁澍涓. 现代西方著名哲学家评传(下卷). 成都：四川人民出版社，1988：81.

② 图尔敏. 科学哲学//金吾伦. 自然观与科学观. 北京：知识出版社，1985：430.

而发生的。”[①]

9.4.2.3　经验论哲学的发展

经验论批判了唯理论。按照唯理论，世界上存在着一个特殊的知识范域——哲学知识范域，人类的智力需用一种叫作理性，或直觉，或理智的洞见的特殊能力才能获得这种知识。而哲学家的各种体系就是这种能力的产物。这些哲学知识是科学家所不能获得的，这是一种不能用科学的感性观察所能获得的超科学知识。现在经验论批判了这种唯理论的先验论，强调感性观察是知识的最初源泉，也是最终的检验者和评判者。与经验论哲学并行兴起的就是对归纳方法的推崇以及其概率表达。

这些都构成了逻辑经验论哲学发展的温床，极大地孕育了这种新哲学的成长。当然这些还是哲学成长的外部条件，它们只有与哲学家主体融为一体时才能真正发挥出作用。让我们再来看看库恩的理论又是怎样从“幼虫”发育为“成虫”的?

库恩发现了旧理论与科学史实际不符，所以抛弃旧理论并根据科学史发展自己的理论。首先是他发现科学发展并不像以前人们所说的是一个科学资料不断累积过程，而是有其阶段性的，即科学史中常有科学革命发生。其次是他发现科学总有一段时期以范式为指导的常规研究时期。常规研究中反常的积累，对旧范式造成危机带来范式更替，从而导致科学革命。最后是他再次发现互相替代的新旧范式之间具有不可通约性（incommensurability）。因为无论是旧范式还是新范式本身都有一个完整的体系，因而持不同范式的科学家似乎在不同的世界中工作。他们的理论体系、世界观、方法论以及所使用的语言含义有很大不同。

这些基本观点的形成，会经过一个漫长的“蚕食桑叶”的过程，仅自库恩从物理学博士生转而研究科学史再到 1962 年表述上述基本观点的名著《科学革命的结构》的问世，整整经历了 15 年。这期间他学习了许多人的思想观点，并消化吸收到自己的观点中[②]。

哲学理论成熟期（即蚕从“幼虫”发育到“成虫”）的标志是，基本概念、基本原则已经确立。下一步是精练、修补、完善成为一个理论体系，这就是我们所说的“作茧”。

---

① 赖欣巴哈. 科学哲学的兴起. 伯尼译. 北京：商务印书馆，1983：98.

② Cedarbaum D G. Paradigms. Studies in History Philosophy of Science, 1983, 14: 173-213. 作者在该文中详细考察了库恩“范式”概念的思想理论渊源。库恩在自己的许多著作中，尤其在《必要的张力》一书中谈到了他的基本观点的形成过程。

### 9.4.3 作茧

“作茧”就是完善理论体系。这是一个极复杂、艰苦的历程。

一是要达到理论上的逻辑自洽，回答其他理论提出的挑战，消融尚未与自己理论相一致的事实、资料、观念，最终形成一个自我封闭的体系。中国有一句很有名的成语叫作“作茧自缚”，我们常常把它当作一个贬义词。这个词的含义是把自己的手足捆绑起来，使自己失去自由活动的余地。这里除了这一层意思之外，还有另一层更具积极意义的、更重要的意思，即对一个理论体系或知识体系而言，它的第一要义就是理论自洽，也就是逻辑上的无矛盾性。

毫无疑问，作茧等同于自缚，但这是一个理论的完善性所必需的。任何理论，如果其基本概念或原理之间，在逻辑上是互相矛盾的，那就不是一个好的理论，也不可能被科学共同体所接受。这一点不但适用于哲学理论，也适用于科学理论。例如，在化学史上，当拉瓦锡要用氧化说取代燃素说并据以揭露燃素说的逻辑矛盾时，拉瓦锡是这样描述燃素说的：

> 它（燃素）时有重量时无重量；它有时是游离之火，有时却是与土结合之火；它有时穿过容器壁孔，有时却又穿不过；它既解释苛性又解释非苛性，既解释通透性又解释非通透性，既解释颜色又解释无色。它是一个每时每刻都在改变形式的真正的普罗透斯（Proteus)![①]

这种理论上不自洽，逻辑上矛盾的理论必然会被抛弃，继而被理论上自洽、逻辑上不矛盾的理论所取代。波普尔强调，一个新理论“应当从某种简单的、新的、有力的统一观念出发”[②]，这里所说的“统一观念”是逻辑一致性理论体系按此要求形成的“茧”。

我们对库恩理论的“结茧”过程特别感兴趣，库恩在《科学革命的结构》中使用“范式”概念比较含糊，据统计同一书中有 22 种不同用法和含义。到 1969 年，库恩用“学科基质”（disciplinary matrix）取代了“范式”。“学科基质”由四种成分组成，分别是：①符号概括（symbolic generalization）；②共有信念（shared commitment）；③共有价值（shared value）；④共有范例（shared

---

① 转引自 Gcerge Gale. Theory of Science: Ar Introduction to the History, Logic, and Philosophy of Science. New York: McGraw-Hill, 1979: 250.

② 波普尔. 猜想与反驳——科学知识的增长. 傅季重，纪树立，周昌忠，等译. 上海：上海译文出版社，1986：344.

example）。这四种成分中的核心成分是共有范例[①]。20 世纪 80 年代，他从语义学考察科学革命时，用“辞典”（lexicon）来表达原属“范式”的内容，认为科学史上理论间的取代就是“辞典”的更替[②]。没有理论家的辛苦“结茧”，就没有理论的完整性、严密性与深刻性，也就引不起社会的广泛重视。理论家创立理论并使其形成体系，这就是一个“结茧”过程。而且这样的“结茧”过程将一代一代地延续下去。

茧结成了，理论体系完成了，标志着某一旧理论的生命终止了，但新一代理论不是旧一代的简单延续，而是新生命的开始。

综上过程，我们可以将哲学知识增长过程用图 1.9.4 表示出来。

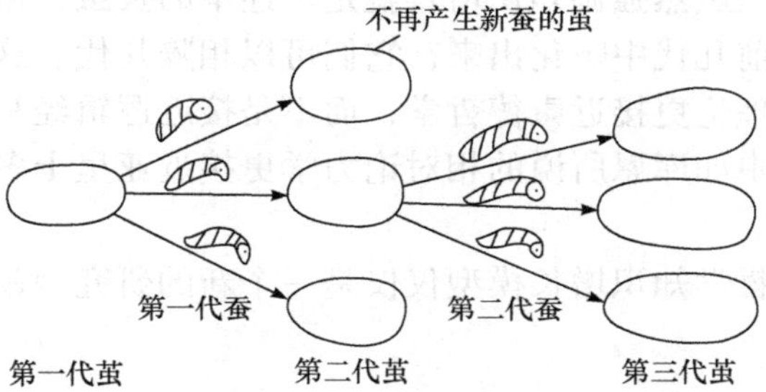


图 1.9.4　蚕茧模型示意图

## 9.4.4　蚕茧模型的优越性

考察已有的描述科学知识增长的类生物学模型，我们可以看出，蚕茧模型具有自己的优越性。

（1）它更切近于知识的实际增长过程，波普尔的知识证伪模型会导致虚无；库恩的生物进化类比似失之于笼统；生物种群间的竞争模型或传染病模型则过于简单。蚕茧模型则相当直观、形象。

（2）蚕茧模型解释了知识增长的继承与创新关系，解释了新知识体系如何从旧知识体系中破茧而出，最终形成一个自我封闭的“蚕茧”，即新知识体系。它描述了科学知识或哲学知识体系间的关系：老一代蚕孕育出新一代蚕。有的新蚕由于各种原因夭亡；有的虽然长为成蚕，但没有结茧；大多数则经历了从幼虫经成虫到作茧的整个生命过程。

① Kuhn T S. The Structure of Scientific Revolutions. 2nd ed. Chicago: The University of Chicago Press, 1970: 182-187.

② Kuhn T S. Possible worlds in history of science//Sture A. Possible Worlds in Humanities, Arts and Sciences: Proceedings of Nobel Symposium 65. Berlin: Walter De Gruyter, 1989: 9-32.

在我们讨论的哲学知识增长时期，结成茧的有波普尔的“证伪理论”、费耶阿本德的“无政府主义认识论”、劳丹的“问题解决”模型和“网状”模型、夏皮尔（D. Shapere）的“关联主义”模型，以及我们这里着重讨论的库恩的“科学革命”模型。不过，这些“茧”在一个历史时期内，并不是等量齐观的。这正像茧的质量不同，市场价值不同一样。其中总有一个知识体系在一段时期内占据优势，比其他知识体系更为学者所关注。

（3）蚕茧模型强调，理论（茧）与理论（茧）间的关系并非单纯的竞争关系。因为竞争不是目的。竞争只是对自己结茧的一种积极的防卫，为使自己的茧得到外界的承认，并力图要在知识的历史长河中保留下去，代代相传。

（4）蚕茧模型虽然强调知识增长就是一连串的蚕茧，但每一只新蚕并非必然从其相邻的前几代中孵化出来，它们可以相隔几代。这种现象正好解释了库恩等的哲学理论更接近康德哲学，而不是接近逻辑经验论哲学。这也解释了在科学发展中如库恩所说的相对论力学更接近亚里士多德物理学而不是更接近牛顿力学。

当然，这个哲学知识增长模型仅仅是一个新的研究纲领，还有待进一步完善。

# 10 科 学 分 类

胡作玄

## 10.1 一般分类概述

### 10.1.1 一般分类概念

分类是一般的认识手段，也是普遍的方法论。从操作来看，分类包括四个方面：定义、区别、划分、归类。定义，即确定概念，确定其内在及外在的种种方面及其联系。区别，即找出对象间的差异，“真正的科学从本质上说是批判的，即它是区别、区分、找出差异”[①]。划分，即把整体分解为部分：一是划分的整体，可以是现实整体、集合体，也可以是语言描述或概念；二是划分的基础，可以分为外在的（非本质的、偶然的）和内在的，前者往往从实用的角度考虑，后者从实质上考虑，更为科学，但不一定适合实用的要求，可构成实用的划分基础，本文试图从内在的（科学的、系统的）基础来进行科学分类；三是分支的产生，也即进一步再分，最简单的二分法，如线性-非线性，局部-整体等也在分类方案中有所反映。归类，即把划分中的各对象经过比较、排序归成由细到粗的划类。当然划分与归类应该完备，不相包含或重叠，而且一个分支的划分是在同一基础上来考虑的。历来分类的方案往往将不同的标准归在一个子类中，从而难以形成科学的分类方案。

### 10.1.2 科学分类的意义

科学分类是科学学的一个重要课题，在哲学上也有一定的重要性。实际上，分类本身是科学研究中的一项重要工作，许多学科本身就是分类学，分类是这些学科的主要目标，如动物分类学、植物分类学等。大多数学科，在某个层次上完成分类也是其重要的成果或突破之一，如作为 19 世纪化学最大成就的元素（或原子）的分类以及晶体的分类，20 世纪核与基本粒子的分类

---

① 阿·迈纳. 方法论导论. 王路译. 北京：生活·读书·新知三联书店，1991：63.

等。结构数学的主要目标也是分类，如 1981 年有限单群分类的完成是抽象代数学的最大成就之一。分类反映人们对某类对象的认识水平，绝不是简单的任意增减排列。

无论是在理论上还是在实用上，科学分类都有着重要的意义。从理论上讲，认识各门科学的目标、功能、作用及其在各门科学之间的地位，并由此认识科学的统一性，彼此之间内在的相关性，对象、方法、成果的相互联系，都需要考虑科学分类。从实用上讲，科学分类至少在三方面起着重要作用：一是图书文献情报分类；二是科研管理上的分类，使科研力量配备、科研资金分配、科研机构设置有所依据；最重要的是国家发展需要科学决策，而科学决策所依赖的问题正确提出和正确表述，以及切实的科学研究工作，都离不开正确的科学分类。

### 10.1.3 科学分类的历史

从历史上看，科学分类早在知识开始系统化时就已经出现，并随着科学的进步而发展。古希腊亚里士多德已将知识进行分门别类的研究，他分析“存在”的多样性，将每一类“存在”分离出来进行单独研究，每一类的单独研究都可以成为独立的学科。所以，亚里士多德是许多门学科的创始人，如逻辑学、伦理学、心理学、政治学、经济学，乃至动物学或生物学[①]。科学革命时期，培根按人类知识活动的三种形式（记忆、想象、悟性）将学问分为三类——史学、诗学及理学。其后，孔德（A. Comte）及斯宾塞（H. Spencer）对科学进行了更详细的分类。其他还有心理学家冯特（W. Wundt）、哲学家文德尔班（W. Windelband）及其弟子李凯尔特（H. Rickert）等的分类[②]。恩格斯的《自然辩证法》发表以后，以凯德洛夫（Б. М. Кедров）为首的哲学家对科学分类发表过许多论著[③]，对我国也有一定的影响。

## 10.2 科学分类的原则

研究科学分类，首先要对“科学”作一定的界定，其次要对科学分类的

① 汪子嵩. 亚里士多德//叶秀山，傅乐安. 西方著名哲学家评传. 第二卷. 济南：山东人民出版社，1984：1-76. 特别是第 10、14 页。

② 莱斯利 · A. 怀特. 文化科学——人和文明的研究. 曹锦清，等译. 杭州：浙江人民出版社，1988;

③ 如 Б. М. Кедров. Кдассификачия Наук т1, 2, 3. Наука, 1961, 1965, 1985，以及其他多种著作；Е. Я. Гражяанников. Иетоя построения системной классификачии Наук, Наука, 1987，以及其他多种著作。

系统性原则作一些阐述。

### 10.2.1 什么是科学

科学有多种定义，这里只针对指“科学知识系统”来讨论。科学与技术虽有密切联系，但也有重大的区别。大体说，科学主要反映人类对世界的认识，而技术则是在各种不同程度的认识基础上，对世界的改造。有些技术如电动机制造技术是在足够的电磁学知识的基础上产生的，而陶器、瓷器烧制技术，虽然没有相应的陶瓷“科学”，却也能烧制出陶瓷珍品。尽管电动机或发电机制造技术在“电工学”课程中有知名的教授，但不能由此说有所谓“电动机学”或“发电机学”，这些只不过是电磁学的普遍原理的特殊应用而已。

在区别“学”与“术”之后，还有必要更具体地探究一下科学的内容，可以最典型的科学——物理学为例加以说明：包括现象的原因，对象的本质（光是什么？热是什么？声音是什么？），客观物质的基本结构（分子、核、基本粒子），客观物质的变化、相互作用及其规律（如万有引力定律、库仑定律），事物的起源、生成、演化以及复杂事物的描述及分类，以及理论的解释。科学不在于达到什么功用性目的，而在于对世界有所认识。从科学史上看，所有门类的科学的前身都是哲学，牛顿 300 多年前写的著作的书名为《自然哲学的数学原理》，19 世纪初道尔顿关于原子学说的著作也被称为《化学哲学的新体系》①。只不过除了哲学思辨之外，科学还要同观察实验以及数学结合在一起。

为了排除一些空洞的理论或学说，作为一门经验科学必须满足一定的判据。①内涵性：科学的命题必须是最终能由经验证实或能证伪的（这里不去做哲学的讨论，而接受通常科学实践的准则）。②客观性：结果必须有客观性，不应因个人因素而改变。③系统性（预测性、普遍性）：科学的知识不是零散的而是系统的，对象不是特殊的而是有一定普遍性的，它必须能作出可检验的预测、预见。④进步性：科学必须是进步的，而且进步是可检验的。

随着科学研究的发展，我们的认识由定性到定量，变得更加精确，应用范围变广。当然，发现新的现象、新的规律，创立新的原理、新的理论（有实质内容的），更是科学进步的标志。科学的发展应有一套合理的方法，通过这些方法，应达到某种科学的进步。科学进步的形式并非一成不变的，不单是革命，也不单是积累，更不是简单重复。

从科学的认识出发，我们必须纠正过去科学分类中的错误倾向：其一，

---

① 柏廷顿. 化学简史. 胡作玄译. 桂林：广西师范大学出版社, 2003：150.

把什么都说成是科学；其二，存在许多没有内涵、无法衡量其进步程度的空洞的“科学”；其三，还存在许多科学分类的具体问题。

科学分类历来有两种相反的倾向：一种是综合难分，另一种是分得过细。世界有其统一性，各种事物是普遍联系、相互制约的。因此，在反映这个世界的各门科学之间，自然有着千丝万缕的联系，从而很难截然划分开或者划分得很合理。但是，既然要分类，就要进行分解或区分。在划界过程中，必须要求大异、存小同。要划分科学，应依据它们之间主要的区别，而忽略其中较小的、较次要的联系，否则就会成为一个囫囵整体，而无法进行科学分类。

## 10.2.2 科学分类的系统性原则

对每门科学进一步细分时，我们会从系统论观点来考虑。这里我们用到系统的四个特征，它们构成科学分类的四个维度。

### 10.2.2.1 层系结构及突现性

这是系统区别于集合（集体）的最主要特征。在分类上，层系结构可以分为结构上的层系结构与功能上的层系结构。研究前者的是形态学，一个新的层面出现时，往往造成一门学科重要的突破，同时也产生相应层面的科学理论与科学分支，如化学中的原子论、生物学中的细胞理论。在实用分类中，这些层面构成研究对象，从而明显地出现在分类系统中。但是这种分类常常忽略层面之间的关系，因而还必须有功能上的层系结构或性质上的层系结构作为补充。生物学中不仅有反映形态层次的细胞学、组织学、解剖学等，而且还有反映功能层次的生理学。后者是按“系统”分类的，如消化系统、循环系统等。

### 10.2.2.2 多样性

多样性的基础或统一性是一门科学的基础。一门科学在研究普遍性或一般性的同时不免也研究特殊性及个性。因此，一方面，科学总是研究多样性的统一原则以及其特性的产生方式，研究它们的是比较科学、分类科学、类型学；另一方面，每一种特殊的对象自然也构成分类体系中（一个维度）的一员。

### 10.2.2.3 动态性或历史性

除了抽象的形式系统之外，自然系统及社会系统等是永远变动的。系统表现的不变性实际上是许多微过程所形成的整体过程的宏观表现。系统的运动显然也分成多个层次，过程也各式各样，极为复杂，研究它们的是运动学、动力学、各种演化和过程理论以及机制理论。由此产生分类系统中的一系列历史性问题、起源性问题、演化问题与发展问题。

10.2.2.4 环境与开放性

科学研究的大多数系统是开放的系统，同环境有物质、能量及信息交换，同环境有相互作用，研究它们的有生态学等。

## 10.3 科学分类的方案

### 10.3.1 科学六大门类

我们把科学分为六大类。①哲学类：包括哲学、元科学与前科学。②符号科学或形式科学类：介乎哲学与经验科学（或实证科学）之间，包括语言科学、逻辑科学、数学科学、系统科学等。③自然科学类：包括物理学、化学、天文学、地球科学、生物科学、人体科学等。④社会科学类：包括经济学、政治学、社会学、文化人类学等。⑤心理科学类：主要指波普尔的第二世界，关于人的纯粹意识、记忆、智能、思维、创造等现象及活动的科学门类。⑥文化科学，即精神产品对象类：主要包括波普尔的第三世界的大部分，特别是艺术科学、技术科学、宗教科学、历史科学等。

10.3.1.1 哲学类

当然，科学六大门类之间有所交叉，但我们的目的在于区分与划界。我们把哲学放在一个至高无上的地位，这是因为其主题具有永恒性及普遍性。纯哲学的主题是存在论及认识论，它包括经典哲学认识论，即解决我们何以能知（或不能知）的问题，没有这个基础，下面的分类都是无从进行的。认识论还包括方法论，特别是方法的有效性问题。元科学命题是以科学命题本身为对象的命题，例如元数学，亦即证明论，它研究数学证明的结构，是比具体科学本身更高一层的东西。前科学命题是一种独断的、全面的命题，往往难于证实或证伪，或者根本不能证实或证伪。元科学命题在概念经过改造或具体化以后，就可转化成科学命题。在这里我们可以看到前科学（属哲学范畴）与科学之间的区别所在。以古希腊的原子论与道尔顿的原子论为例。众所周知，原子的本义是不可分的。古希腊原子论对原子有过一些描述，认为原子有无穷多种，但古希腊原子论的原子与道尔顿原子论的原子不一样。古希腊原子论的原子是哲学的，即使核分裂的发现也不能说明原子论不对。古希腊原子论只是讲物质有终极“物理不可分颗粒”，其对立面是“物质无穷可分”。这两个对立命题实际上是不大好验证的，道尔顿原子论中的原子适用于化学运动水平，是最终直接或间接可证实或证伪的命题，它们都是科学的命题。当然哲学在前科学阶段也有许多具体的论述如原子有钩等，这些同它们的对立面一样，一般并没有实际意义。

#### 10.3.1.2　符号科学类

与其他科学不同，数学的对象是一个聚讼纷纭、莫衷一是的问题，这里不能对它做全面的讨论。现在较多的人达成一些共识：数学不是一门自然科学，数学中的空间远远超出现实的空间；数学中的“形”决不局限于我们经验、感官能摸得着、看得见的东西；数学的题材有相当大的自由度，特别是“无穷”；在布尔巴基学派的影响下，数学重点研究数学结构等。这里需要强调的是：①正如伟大的物理学家吉布斯（J. W. Gibbs）所说：数学是一种语言，数学正如语言学一样是一门符号学。②单纯的符号集合，正如空集一样，当它有形式结构（语法学），有一定的解释（语义），有一定的变换、生成、运用方式（语用学）后，它就变得丰富多彩起来。③数学同语言学一样，严格讲不是纯形式科学，所以符号科学比形式科学更为恰当。逻辑（形式逻辑及符号逻辑）是更纯粹的形式科学，但大逻辑（包含数理逻辑中的模型论、递归论等）则是与数学和语言学地位相当的一门符号学。人文科学中的解释学（或诠释学、阐释学）也应归入大符号科学中。而修辞学则是语言学中语用学的一部分。④经过一定的手续，数学基本上可纳入符号科学范畴。但这里很快就会有一个争议，是不是这样数学就变成没有“内容”的科学了？对于这个问题不能给出简单的肯定回答或否定回答，数学的对象都是抽象的，1是数学的对象，1本身没“内容”，但1千克、1米就有内容，它们是1的模型或解释或运用（计算、操作），这时1又不是纯符号了。

理解了数学，就不难理解现在推行的系统科学是数学的推广，因此系统科学也就可以看成大数学科学的一部分。我们倾向于把系统看成集合的推广，这样来区别数学中的集合与系统：集合可看成元素的二级结构（即元素与集合），而系统可看成多层次元素的三级与三级以上的结构。正是因为系统复杂性及抽象系统的概念不确定，所谓系统科学还不能说是与其他科学一样成熟的科学。但有一点值得注意：正如数学并非具体科学一样，系统科学也不是具体科学。不能因为系统科学发源于生物科学就把具体的生物系统成果算成系统科学，就如同牛顿力学不是微积分一样。

从符号科学的内容看来，它的地位应处于哲学与自然科学之间，它与哲学的相似之处在于它的普遍性以及不受具体的、实在的对象的约束，它与自然科学的相似之处在于它的具体模型的具体成果及运用可以检验及做出预测。它与哲学和自然科学均不同之处在于，它可以说是只有形式而无内容，一旦它有某种实现，即存在满足一定条件的具体模型，它就会成为一种具有深刻科学内容的东西。这也反映了符号科学具有方法的性质、启发的性质以及工具的性质。

#### 10.3.1.3 自然科学类

自然科学是科学的典型，这里作两点说明：一是把物理学、化学等并列起来只是为了方便，严格意义上讲，化学是物理学的一部分，地球科学是天文学的一部分，生物科学是地球科学的一部分。物理学及化学是高一层次的学科，它们的基础假定是世界的统一性。二是我们把生物人作为自然科学的对象，而把精神人及社会人单独排在外，虽然这些不能截然分开，但我们可以在人与动物、生理与心理之间作一些区分，例如脑科学是边缘科学，主要是生物科学，而认知科学则是心理科学。关于自然科学的细致分类已有许多论述，我们依据前面的系统观点，可把自然科学分为三个层次。

1. 自然科学的三个层次

（1）模型科学，主要是物理科学，包括力学、物理学及化学，原则上还应该包括生命科学、认知科学和智能科学。但是，由于没有地外生命的确切证据，还难以建立一般的、抽象的、形式化的生命科学。成熟的模型科学与数学（或更普遍的系统学）有共同的研究领域，它们之间的差别类似纯粹数学与数学物理学及理论物理学的差别。理论物理学不脱离现实世界来建立模型，数学物理学则偏重数学的解及其物理意义，如三体问题及三维动力学系统，但数学研究不受现实世界及其模型的限制，它不仅研究三维空间的位势理论、高维空间的位势论，还研究一般的动力学系统。模型科学如同形式科学一样，只有认识史而没有本体史。从操作上看，模型科学可划分为理论科学与实验科学。

（2）无机自然科学，主要是天文学及地球科学，它们在很大程度上是观测性、描述性、历史性科学。它们的方法来自数学与力学、物理学及化学。它们与物理科学的不同之处是强调过程及演化，这些历史性问题是天文学与地球科学中最困难的问题之一。

（3）生物科学。一般认为，生物无非是地球上复杂的物理化学体系，但是对生命的本质始终没有深刻的认识。生物体与无机界的差别在于其系统性及复杂性。这种复杂系统就连细胞也没有很好的精确模型,更没有人工模型,因此有必要与前面的科学加以区别。

2. 物理科学的分类

从系统观点看,物理科学可以有四种不同维度的分类。

(1)按结构层次划分:基本粒子–核–原子分子–分子(原子)集团、晶体与其他凝聚态。

(2)按物性划分:机械–力学性质、热及辐射性质、电磁性质、光学性质、化学性质。

(3)按多样性划分:各种同位素、各种化合物、各种凝聚态、复杂的混合状态。

(4)按动态性划分:以化学反应为例,分为化学热力学、化学动力(或动态或运动)学;研究化学平衡、反应速度、反应机理、催化剂及其机理。

3. 生物科学的分类

从系统观点看,生物科学分类由四个基本特征形成四维框架。

(1)从形态上来看,层系结构可分为三到四个主层:高分子系统—细胞—个体—生态系统,每两个主层之间可有一些中间的子系统如细胞器;细胞—组织—器官—系统;个体—物种—种群—群落。对前一种分类的研究构成生物化学(分子生物学)、细胞学、组织解剖学等;对后两种分类的研究构成分子免疫学、细胞免疫学、组织免疫学、分子能学、细胞能学、个体(人类)能学、群体食物链等。

(2)从多样性研究可产生分类学、动物学、植物学等。随着科学的进步,分类的标准也由宏观到微观,实现了研究不变及变异的分子基础,形成分子遗传学、细胞遗传学、个体遗传学、群体遗传学等。

(3)从动态性及历史性的角度分类,相应的研究产生了一系列学科:系统发育孕育了进化论,个体发育孕育了胚胎学,生物化学及生理学,以及血液运动学、血流动力学等生物物理学的学科。

(4)从人与环境的关系方面的分类可产生生态学以及生物控制论、生物信息论、生物体通信理论等。

#### 10.3.1.4 社会科学类

社会科学的分类比自然科学分类的问题要多一些,分歧也大得多。首先,必须把社会科学及人文科学分开。它们的划分依据主要是:社会科学的对象是客观的,虽然它的对象是人的有意志的活动,但它大体上是有规律的、可认识的，同自然科学一样是普适的，其科学成果虽然是个人创造的，但并不带有个人的风格；而人文科学，我们称为文化科学，带有个人的、民族的、集体的创造特征，具有历史性及偶然性。严格地讲，人文科学是精密科学的对立面，似乎不太应该被称为科学。其次，社会科学及其分支的定义并不一致，什么是政治科学，什么是社会科学，甚至什么是经济学，学术界本身分歧就很大。我们社会科学的对象取为人群活动、组织与关系。例如，政治科学的对象可以是权力、统治或权威的关系，也可以是特定领域内或独立社团的关系[①]。马克思主义则认为是阶级关系、阶级斗争以及国家与革命的理论。不难把它们加以综合而成为一门科学。

孔德的社会学实际上等于社会科学，现在的社会学实际上是除去社会最主要的经济、政治以及文化、意识形态活动之后剩下的部分，当然它们之间有许多交叉，如政治社会学、经济社会学、文化社会学等。社会学着重讨论偏于局部、特殊的问题，从而有数量极多的分支，例如城市社会学、农村社会学、工业社会学、农业社会学、家庭社会学、知识社会学、科学社会学、经济社会学、政治社会学等。

有一些社会活动或实践，我们并没有归到社会科学中去。它们是教育、法律、军事、传播四大领域。每一个领域都有钱学森的系统论中所涉及的层次：一般哲学、对象的哲学、科学、技术科学、技术等层次，也许还可以加上个别活动及事件。这四大领域的研究工作都涉及"个案"。虽然早就有教育学、新闻学、法学、军事学（或军事科学）的提法，但我们还是倾向于认为，它们的科学环节并不成熟，恐怕尚处于前科学阶段，更进一步讲，它们也许处于第七大类——综合活动及实践科学类，如果确有这样一类。之所以不把它们归属于狭义科学范畴，是因为这些活动主要是为了实现某些社会集团或个人的意志，活动的成果极大地依赖于实践者的个人品质或能力，以及当时当地的特殊情况，从而相应的结果很难预测，甚至对结果的评估都难有共同的意见。当然，其中某些技术、某些制度可以作为科学问题进行讨论，但整体上很难成为一门科学。

#### 10.3.1.5 心理科学类

心理科学要比思维科学广泛，它包括认知心理学。这里指哲学上与物质（属自然科学）对立的领域，相当于黑格尔的精神现象学的内容。心理现象或精神现象既非绝对客观，也非绝对主观；既不属于自然科学也不属于社会科

---

① 罗伯特·A. 达尔. 现代政治分析. 王沪宁，陈峰译. 上海：上海译文出版社，1987：15-18.

学。认知、记忆、思维活动当然有共同的生理基础，但其内涵显然有差异，而且绝非由环境决定。另一个问题是，在波普尔看来，弗洛伊德学说不是科学，因为它不能证伪。实际上这是因为它处于科学发展的初级阶段，它所能排除的东西较模糊，但是它的“潜意识”概念并不比“原子”“以太”的概念更玄。对于一些智能活动，我们已经可以模拟，如计算、下棋等，这正如当年鉴定化合物需要先分析再合成的认识过程一样。钱学森提出，按维数把基本思维分为抽象（逻辑）思维、形象（直感）思维、灵感（顿悟）思维，这是一种比较深刻的提法，值得进一步探讨。

#### 10.3.1.6 文化科学类

这一大类是有争议的。

（1）首先，这一大类是否是科学？答案是肯定的。例如音乐学（musicology），其对象是所有已有的音乐作品，既包括巴赫、贝多芬的不朽名作，也包括民歌、小调、通俗乐曲。它属于波普尔所说的第三世界，一开始即是其他人可理解的、与别人可交流的客观的东西。文化科学的对象同自然科学及社会科学一样客观，但是又有差别，这主要在于它有鲜明的个性、主观性或者说创造性、选择性。音乐作品只占音乐的一小部分，它不像自然科学的理论那样具有全面概括性。如果基本粒子的理论预言的粒子长期找不到，或者出现没有预见到的粒子，理论就有问题。理论预言的元素要像门捷列夫周期表那样，一个不多，一个不少（当然在一定层次上），总有个尽头，而文化科学所讨论的第三世界却是无限外推的，可供创造者任意驰骋。

（2）文化科学也有它的研究主题：一是个体规律性，二是不同个体的比较。音乐学的研究之一是鉴定遗稿。贝多芬、莫扎特、李斯特等均有新遗稿被发现。靠什么鉴定呢？除了物理的方法、笔迹鉴定等之外，还应有风格鉴定，这才理应是文化科学的成果。同样，不同个体的比较十分重要，如比较文学已是公认的科学。

（3）文化科学大体可以分为两大部分。第一部分是个人创造，包括艺术、技术、发明、设计等创造具体成果的科学；还有一部分是文化方面的创造，如伦理观念、典章制度等，这一部分与社会科学的对象有所重合，但侧重面不同。文化科学侧重个人或民族的精神创造方面，特别是不同伦理学家、法学家的理论，社会科学侧重物化的制度及其社会功能，如经济体制、行政体制及其运行方式。

第二部分是历史，实际上是所有对象的认识史（而不是对象本身的历史）。通常历史科学包含政治史、经济史、社会史、文化史等，这些是比较客观的历史，同对象的科学密切相关，史学家在撰写相应的史学著作时靠证据、科学，虽然选题可能有差异，阶级立场不同，反映有所歪曲，但历史事实是存在的，基本上是可认识的。但是，认识史有相当的主观性、个性乃至创造性。认识史中对于对象的认识更多带有片面性，甚至由此产生不科学甚至反科学的东西，尽管如此，这也是一种创造（可能是一种捏造），只不过代表歪曲的认识，正如科学史上的燃素论、热质论一样。历史科学乃至一般社会科学，由于阶级利益以及各种利害关系，科学性与意识形态性之间的矛盾日益加剧，这是阻碍历史科学前进、造成其停滞甚至倒退的重要原因，由此也必定带来不可预见的恶果。

### 10.3.2 分支与交叉学科类

科学的学科好像多维建筑，学科之间通过相互作用组合起来或某些学科用形容词加以限定从而成为一门新学科。如物理学、化学、生物学可组成生物物理学、生物化学、生物物理化学、物理化学、化学物理学，这五门都是公认的，有专著、有期刊、有学会，甚至有标准的学科。许多科学就不那么明确了，例如数理生物学、生物数学、理论生物学，有的是生物学中的数学问题的汇集，有的生物数学书中只包含一些集合论、线性代数等，同数学书没有什么不同。在 20 世纪 60 年代一些科学家召开了一次会议，会议名称为“走向一种理论生物学”，参会的有突变论的创立者托姆（R. Thom）。相应的“实验生物学”从 19 世纪末已是公认的生物学分支，这也许是相对于“实验物理学”及“理论物理学”来讲的。“数学物理学”有好几种期刊，但“数学化学”的书刊出现得较晚（顺便提一句，数学化学在 19 世纪及 20 世纪均有人研究），其大部分内容属于数学物理学。随着计算机的发展，“计算物理学”和“计算化学”都有一定的讨论度，而“计算生物学”尚少见。

#### 10.3.2.1 附属性学科

附属性学科有以下四类。

（1）语汇学及命名法。任何科学一开始都离不开命名及术语，实际上，命名及术语代表人们的最初认识。而认识的任何变化都反映在命名及术语的理解及变化上，例如原子、以太等。任何新理论、新概念都必定带来新术语及新符号。许多科学在早期不得不花大气力来澄清术语及概念，并建构简明的术语概念体系。化学、动物学、植物学是如此，甚至数学也是如此。命名及术语的区分对于一门科学是极为重要的，没有它就无法统一思想，无法形成科学系统。这是科学的第一步，进一步发展是更加深入的分类。

（2）志包括图、表、记录及计量，也可称为描述学或形态学。这是搜集事实为理论做准备的阶段。

（3）史分为截然不同的两类，一类是对象（不管是实体，还是现象或者人的活动、实践）发展、演化的历史，如宇宙或天体演化史、生物的个体发育与系统发育史、社会史、经济史、政治史、制度史、文化史等。从时间上对对象进行描述，这是一门学科中重要的组成部分，也是科学认识对象的重要途径。另一类是认识史即科学史，如物理学史、生物学史、经济学史（特别是经济思想史）、政治学史（特别是政治思想史）、哲学史等。严格来讲，这一部分应归入文化科学部分，但历史上习惯把科学史归入一门学科，也有人把历史看作独立的历史科学。

（4）法、术主要是一些实验、观测技术、计量技术、统计、实验设计、搜集材料（人类学的野外观测法）的各种方法。工具、仪器也应归入此项，如加速器、电子计算机、射电望远镜、显微镜等。

10.3.2.2　限定性交叉学科或子学科

1. 按对象区分

按对象可分为生物物理学、生物化学、天体物理学、天体化学、地球物理学、地球化学，乃至更细的大气物理学、大气光学、地磁学等。还有按时间、空间、种类等细分的，如资本主义经济学、社会主义经济学、美国经济学、日本经济学、鱼类学（鱼类生物化学）、鸟类学、昆虫学等。

总的来说，这些分法都是适应当前科学专业化要求的，一般这种区分也是较客观的。

2. 按方法或观点区分

按方法或观点可分为理论物理学、实验物理学、数学物理学、计算物理学、统计物理学、观测天文学、射电天文学、X 射线天文学，这些一般都有公认的标准，比较明确。也有一些历史上形成的学科，需要认真加以界定：如解析几何与综合几何学在 19 世纪长期对立，到了 20 世纪，综合几何学的说法已极为罕见，而解析几何学的说法也有分歧。与此相似，有分析力学，但综合力学几乎没人提起，而牛顿力学可以说是真正的"综合"力学。与此相反，有综合经济学①，它是数理经济学，只不过采用了实证的观点。似乎没有分析经济学，但有经济分析（主要是理论分析）。在化学中，分析化学的确是其重要的分支，其对立面综合化学（synthetic chemistry）也译作合成化学。

3. 按照学科模式区分

按一门学科的不同侧面来区分，仿照力学，热力学分为热静力学（研究热平衡)、热动力学(研究能量转换的动因)、传热学(热运动学);化学分为化学静力学(研究化学平衡)、化学运动学(chemical kinetics,如今国内均译为化学动力学,也有译为化学动态学,研究化学反应速度、速度催化剂以及反应机制)、化学动力学(研究化学反应的动因,这部分课程完全是化学热力学);在历史上,孔德等也提出过社会静力学、社会动力学等。

#### 10.3.2.3　综合性学科

综合性学科有两类:一类是一个“大篮子”,里面装着各式各样的“菜”,但彼此之间的关系甚少,除对象之外,缺乏内在的统一性,这类科学甚多,如空间科学、环境科学、地球科学、大气科学、海洋科学等;另一类是一些新的综合,其对象、方法、成果均不同于原来的母学科,如 1975 年由威尔逊(E. O. Wilson)创立的社会生物学,以及认知科学、智能科学等。

# 第 2 篇　技术系统论

# TECHNOLOGY SYSTEM THEORY

# 导　论

李喜先

系统思维方式在现代科学思维方式中已成为主要的思维方式，它是在系统概念、系统理论和系统观的基础上形成的崭新的思维方式。它遍及广泛的科学、技术和工程领域，成为当代普遍的科学思维方式。本篇主要运用系统思维方式，犹如抽象出科学系统那样，从人类创造的文化母系统中抽象出一个技术系统，并将其作为思维对象——认识客体进行系统的研究。

尽管有多视角对技术的反思，但我们着意从系统观这个视角对技术进行反思，即从多层次上来研究这个系统，并将之作为他组织（hetero-organization）系统与自组织（self-organization）系统相结合的复杂系统来探讨，以得出一些规律性的认识，使我们确立起技术系统观，探讨内容包括其结构、功能、环境和演化等。

1. 多视角对技术的反思

从多种视角，包括历史的、工程学的、哲学的、人文科学的和社会科学的观点，对技术的反思早已开始，从而形成了技术史、技术哲学和技术社会学。

从历史的观点，研究技术的起源、发展及其与科学等的关系，形成了技术史、技术与文化史、科学与技术史等，这包括由英国辛格（C. Singer）、霍姆亚德（E. J. Holmyard）和霍尔（A. R. Hall）主编的多卷本《技术史》以及由法国多玛斯（M. Daumas）编著的四卷本《技术通史》等。这些是人类文明史的重要组成部分，对认识现在和预测未来的技术都有着重要的意义。

以哲学的观点，对技术的本质、目的、认识论和方法论等进行考察，即以技术为对象进行哲学反思，从而形成了多种技术哲学。

首先，最早形成的工程学观点的技术哲学（philosophy of technology），主要是技术专家或工程师从内部对技术的分析所形成的技术的哲学（technolgical philosophy），如在1835年由苏格兰化学工程师尤尔（A. Ure）出版的《工厂哲学》，以及1877年德国哲学家卡普（E. Kapp）创立的名副其实的技术哲学。在20世纪，与工程学相关的技术哲学得到持续而系统的发展，特别是在德国工程师的学术活动中，发展出了现代技术哲学。在德国创立的技术哲学传到了法国、荷兰、西班牙、日本和美国等。日本将技术哲学译作“技术论”。20世纪60年代，技术哲学在美国兴起，以美国技术史学会（The Society for the History of Technology）主办的会刊《技术与文化》为标志。此后，哲学家邦格、米切姆（C. Mitcham）和杜尔宾（P. Durbin）等编著了一系列技术哲学著作。在中国，工程的技术哲学始于1982年，特别是1999年陈昌曙著《技术哲学引论》的问世，展现出一个良好的开端。

其次，接着形成的人文科学观点的技术哲学也有较大的发展。人文传统的技术哲学或称人文主义的技术哲学，主要由哲学家和社会学家从广泛的视角，包括文化的、历史的和人类学的视角，把非技术的因素放在优先的地位，进行基本的考察。美国技术哲学家芒福德（Lewis Mumford）以人类学为基础，认为综合技术与人性相一致。德国哲学家海德格尔（M. Heidegger）认为，应当以一个非技术人的身份考察技术，指出有些技术具有限定自然、强求自然的特点，很少适于进入或补充自然环境。法国社会学家埃吕尔（J. Ellul）认为，技术是以自主性为中心而展开的，技术社会不可能是一个真正合乎人性的社会，因为它不把人放在首位。总之，人文传统的技术哲学对技术持一定程度的批判态度。

从社会学的观点对技术的反思而形成的技术社会学与人文的技术哲学十分类似，以至于二者难以区分，因为不可能脱离社会因素而产生纯技术哲学，也不可能脱离技术哲学而形成纯技术社会学。

2. 系统观对技术的反思

尽管可以从历史的、哲学的、社会学的观点对技术进行反思，但我们还是坚持以系统观对技术进行系统的、全面的考察，即主要采用系统思维方式对技术系统进行反思。

科学思维的特征是理性思维，主要含系统思维、逻辑思维、数学思维、概念思维和创造性思维等。其中，系统思维最具有普适性和有效性，它遍及广泛的领域，渗透到日常工作和生活乃至大众媒体中，以至成为当代最普遍的思维。系统思维已贯穿到其他思维中，并与其紧密结合，从而形成巨大的理性思维的力量：①它将逻辑思维作为系统思维的一种特殊情形而加以运用，这就犹如牛顿力学之于相对论一样；当系统元素间相互作用微弱，以至可忽略不计时，逻辑思维似乎就成为系统思维的一种极端情形，这时系统思维即可归结为逻辑思维。②系统思维再与概念思维、数学思维和创造性思维结合时，则能使科学思维发展到具有更高的抽象性、精确性、创新性和理论化的水平，形成理性思维，极大地推动着人类认识的发展。

我们主要运用系统思维，即运用现代系统理论的观点和方法，从多维度、多层次对技术系统进行深刻的认识，从而深入揭示其本质、特性、结构、功能、进化和环境。这样可增强对技术系统的系统性和整体性的研究，从而形成技术系统理论。我们出版了专著《科学系统论》之后，就转向与其有紧密关系的技术系统这一新的探索，继续为现代系统理论研究开拓另一个新领域，并试图基于系统认识论和方法论建立一门新的技术系统论——以复杂的技术系统为研究对象的综合学科。

3. 技术系统的生成和发展

技术系统是人类创造的文化母系统中的一个子系统，它还可再分为自然技术、社会技术和思维技术三个次级子系统。从起源的视角看，三个次级子系统几乎一样久远。经过长期的发展，它们大体上都经历过古代、近代和现代三个时期，只不过发展的程度存在着差异，其中自然技术发展得最为充分。

从整体上说，技术主要是从经验中产生的可操作的知识，尤其是在古代和近代时期所形成的各类技术；在现代时期，各类技术虽然仍与直接的经验有关，但越来越基于各类科学的发展。自然技术一方面是源于人类在改造自然中的经验，另一方面则是取之于自然科学的理论，故又可称为自然科学化的技术。同样地，社会技术既有源自人类在社会活动中所形成的行为规范，又有取自社会科学的原理，故也可称为社会科学化的技术。类似地，思维技术既来自人类在改造自身的活动中所产生的方法，也有基于思维科学的理论而形成的对概念等可操作的程序，故也可称为思维科学化的技术。实际上，在人类活动中，这三类基本技术必然是同时存在和相互关联的。

现代技术系统已经发展成为一个极其复杂的庞大系统，有多种多样的结构、内外的和多层次的功能，并在外环境中演化，不断地朝向增加复杂性的方向发展。

4. 技术系统理论

技术系统的显著特征是借助人的参与以实现其目的性，因而任何技术系统都是人工系统或人化系统，是他组织系统与自组织系统结合而生成的系统，从而催生了描述技术系统的他组织与自组织理论相结合的统一理论。

在第一篇“科学系统论”中，我们已阐释和应用了自组织理论。实际上，人工设计的人造事物就是典型的他组织系统与自组织系统相结合而形成的系统。对一个系统施加的控制力就是来自外部的他组织作用，而控制论就是发展得很充分的他组织理论。哈肯建立的协同学就是一门关于自组织的理论。因此，我们可以推论，如果外界有特定干预，这就是施加了他组织作用。哈肯经常将激光器看作是处于自组织与他组织边界上的系统，因为外部施加的控制参量达到阈值还是人工控制的。因此，我们认为，技术系统是自组织系统与他组织系统相结合的系统，而且后者只有通过前者而实现两者的统一，才能产生人工系统这类高级的组织形态。一般而言，描述这类系统的动力学方程必定为非齐次方程，而连续的动力学方程的一般形式为

$$\frac{d\boldsymbol{X}}{dt}=\boldsymbol{G}(\boldsymbol{X})+\boldsymbol{F}(t)$$

其中，$\boldsymbol{X}$为状态向量，$\boldsymbol{F}(t)$为他组织力。

一般来说，无论是人工系统还是自然系统，都有他组织与自组织或者控制与响应两者的结合，这样才能生成和发展。我们建立起技术系统的他组织与自组织相结合的统一理论，就能够统一地阐释人工系统和自然系统的生成与发展；同时，又能去除“技术自主论”和“技术社会建构论”的局限性。

# 1 技术系统

李喜先

## 1.1 技 术

要寻求技术的起源，就要追溯到文明史之前，甚至追溯到人类的起源。

在史前，人类在生存和发展的实际经验中有了技术的发端。自然技术的发端经历了最重要而漫长的过程，这时的技术甚至包含在自然生命的无思维的动物性活动中，加塞特（J. O. Gasset）称之为机会技术（technic of chance）①。同一时期内，社会技术也有了萌芽。这些原始技术构成人类创造的原始文化的重要部分。

从文明史的开端至公元 18 世纪中叶形成的技术称为古代技术，或称为工匠技术。大体上，这是以自然力（如风力、水力等）、畜力和人力为动力而形成的自然技术。同时，治理国家，建立政治、经济和法律制度等所形成的社会技术也有了发展。

从 18 世纪中叶至 20 世纪初叶所形成的技术称为近代技术。以纺织机技术改革为起点、蒸汽机技术的发明为标志，第一次自然技术革命产出并迅猛发展；在 19 世纪中叶，科学与技术的关系越来越密切，基于工程科学的技术得到了迅速的发展。特别是，钢铁冶炼技术、热机技术、电力技术、电信技术等蓬勃兴起，使材料、能源、信息三大技术发展到了新的阶段，出现了近代自然技术史上的第二次自然技术革命，形成了以电能利用为核心的技术系统。同时，社会技术也有了新的发展，社会制度、政治体制、法律体制等社会管理技术或社会控制技术已经形成。

在 20 世纪中叶，现代技术得到了充分的发展，形成了现代自然技术、现代社会技术和现代思维技术三大类所组成的现代技术系统。

---

① 拉普. 技术哲学导论. 刘武，康荣平，吴明泰译. 沈阳：辽宁科学技术出版社，1986.

### 1.1.1 起源

1.1.1.1 自然技术的起源

要寻求技术的起源，就要追溯到人类的起源。地质学、考古学、人类学、古生物学等学科已将人类的起源追溯到 300 万年前～150 万年前，这是人类的孩提时代。人类的真正形成还是发生在史前的 10 万年这一漫长的岁月里。在旧石器早期，最早的猿人已能打制和使用粗糙的石器，这就是自然技术的萌芽。因此，可以说，自然技术史几乎与整个人类史同样久远。

1. 石器技术

在石器（旧石器、中石器和新石器）时代，自然技术发端的第一个标志是石器技术。在几百万年的历史长河中，人类绝大部分时间都在石器时代度过，而且开创了人类文化史，涵盖工具、衣服、制度、语言、艺术形式、宗教信仰和习俗等中最重要、最早的部分。在旧石器时代，人类从实际经验中制造的典型石器是经打击形成的一端尖锐一端厚钝的石斧。它是被用作袭击野兽、挖掘植物块根等的"万能"工具。在中石器时代，石器技术有了新的发展，石器装上木制或骨制把柄，形成了镶嵌工具，如石刀、石斧、石矛等，石器技术进入了复合化阶段，如利用力学原理制造弓箭等工具。

2. 取火技术

在旧石器时代，人类已发现了火的用途，从对雷电引起森林、草原野火的恐惧到学会用火烧烤猎物。在旧石器晚期，人类终于掌握了人工取火的方法，如敲击燧石取火、钻木取火。因此，自然技术发端的第二个标志是取火技术。这表明，人类已在实际经验中掌握了通过敲击和摩擦把机械能转变为热能的技术。

3. 符号技术

在史前时期，自然技术发端的第三个标志是符号技术。在几百万年的进化过程中，人类为适应环境，主要在地面上生活。约在 50 万年前形成的直立人，能使用自由活动的双手，其脑容量也很快增大，因而智力能达到较高的水平。在本性上，人类就是群居的，要过社会生活，进行集体行动，如采集、狩猎活动等。这必然产生交往、合作等，如能做手势、能笑、能舞、能歌、能打鼓、能画画（洞穴壁画等），以至学会说话。这些都构成最原始的"符号"，其中画的起源较早，如在法国三弗雷勒斯山洞里保存下来的杰出的洞穴壁画①等；而

① 斯塔夫里阿诺斯. 全球通史——1500 年以前的世界. 吴象婴，梁赤民译. 上海：上海社会科学院出版社，1988：71-72.

语言、文字的发展则较晚，最初的语言可能是少数惊叹词，如惊惶的叫喊中用不同的声调表示不同的意思。口语的成长是一个很缓慢的过程，人类也是很缓慢地发展到用形态方式来表示行动和关系。文字的创造则标志着符号技术的真正形成，此后人类才开始进入文明时代，从而开创了文明史。人类的文明史还不足 6000 年，现在公认人类文明起源于美索不达米亚地区的苏美尔。在公元前 4000 多年，苏美尔人创造了图画文字，这是文字的萌芽形态，后来又创造出图形符号和楔形文字。差不多与国家产生的同时，正式的文字也产生了，如象形文字或线形文字。在公元前 2900 年时，苏美尔人已把图形符号从早期的 2000 个左右减少到约 600 个，这有了巨大的改进。在公元前 1300 年时，腓尼基人用 22 个辅音字母组成了字母文字，这后来成为希腊字母和阿拉米亚字母的来源，而希腊字母又产生了欧洲各民族的字母，阿拉米亚字母则产生了希伯来字母和阿拉伯字母。文字使人类能够记录和积累各种真实的情况，并将之世代相传，从而促进智力的发展。

人类能使用符号，而其他动物则不能使用符号。人类行为由符号的使用所组成。“符号”可以定义为使用者赋予意义或价值的事物。怀特在《文化科学》中指出：“全部文化（文明）依赖于符号。正是由于符号能力的产生和运用才使得文化得以产生和存在；正是由于符号的使用，才使得文化有可能永存不朽。”①

古代自然技术的发端对于人类社会的发展有着最基本的意义。古代三大自然技术，即石器技术、取火技术和符号技术，已构成现代材料技术、能源技术和信息技术的雏形：石器技术标志着把石头作为材料，加工成为器具；取火技术标志着挖掘一种强大的自然能源，即利用燃烧释放出热能，实现能量形式转化；符号技术标志着能进行思想交流，传递和存贮信息。这些技术为制陶、冶炼、建筑技术等奠定了基础，为人类进入农业社会开拓了广阔的前景。

#### 1.1.1.2 社会技术的起源

要寻求社会技术的起源同样需要追溯到人类的起源、社会的起源。远古时代只有自然技术，而没有后来意义上的自然科学。因此，大体上说自然技术的发端早于自然科学。

自然技术的发端是否早于社会技术的发端，还很难确认。但黄天授等认为：“一般说来，最初总是社会技术先发生，然后促进或引起自然技术的出现。”②而

① 莱斯利·A. 怀特. 文化科学——人和文明的研究. 曹锦清，等译. 杭州：浙江人民出版社，1988：31.

② 黄天授，黄顺基，刘大椿. 现代科学技术导论. 北京：中国人民大学出版社，1995.

社会技术则更早于社会科学。在自然技术中，石器技术最早，它产生于人类与自然界的关系，如最早的狩猎生活易于用到石器。人类要捕捉大型动物，只有集体参与才有可能，从而人与人之间的协作、合群的本性开始显露出来了。如几十人结成的群体便具有相互依赖的合作关系，即最原始的公社组织形式，其构成了具有亲密关系如血缘关系的最早的社会单位。这些群体在取得狩猎、采集丰富时，或遇到灾害时，都将之归功于超自然的存在物，而把有用的动物或植物作为本群体的“图腾”，树立偶像，后演变为宗教。由于经常举行宗教活动，脱离生产活动的巫师出现了，他们施弄巫术，为群体祈求平安和幸福。这些活动促进了人类语言与思想的发展，从而使社会组织的形成成为可能。因此，可以说，最简单的符号技术，如手势、语言等，后来发展成为各种文字，就成为传递信息的媒介，并进而使组成社会、形成社会结构、形成经济（如采集和狩猎经济）制度和建立社会准则等社会技术成为现实。人类从小规模的群体，演变到氏族、部落、公社，以至到国家、庞大的帝国，都必须有社会技术才能形成。

## 1.1.2 古代技术

### 1.1.2.1 古代自然技术

一般而言，在 18 世纪中叶之前形成的自然技术称为古代自然技术。在上古时期——指从人类开端直到原始社会形成的几百万年，自然技术即已经有了发端。在中古时期——大体上对应于奴隶社会和封建社会时期，自然技术有了新的发展。人类掌握的取火技术就为制陶技术和冶炼技术奠定了基础。利用火这种自然能源转换方式，便能烧制陶器，这不仅改变了材料的几何形状，而且改变了材料的物理、化学属性。接着，用木炭作燃料，可获得能熔铜的温度，由铜、锡、铅合金而形成的青铜熔点更低。后来，人类又经反复加热和锤打，从天然陨铁中去掉炉渣从而形成熟铁。这样，冶炼技术使人类经历了铜、青铜和铁器时期，并为建筑技术、农业技术和交通技术等打下了基础。在建筑技术中，最突出的是公元前 2800 年在埃及建造的胡夫金字塔，古代两河流域的神庙、巴比伦城，印度河流域的砖木结构建筑物等，古希腊的宫殿、庙宇和运动场，以及古罗马的大斗兽场、万神庙、水道、公路和桥梁等。在农业技术中，灌溉技术、种植技术、耕犁技术等有了发展，使人类的定居生活得以形成。在交通技术中，车轮的重大发明、造船的发展，对于商业、海上贸易、文化交流等起着重要的作用。

在古代自然技术发展中，中国古代自然技术具有遥遥领先的地位。技术与科学的发展状况表明，它们的兴衰与当时的社会制度或社会环境紧密相关。虽然，中国奴隶制的产生晚于埃及和两河流域，也不及古希腊那样达到全盛时期，但中国是最早从奴隶制过渡到封建制的国家。特别是，在欧洲进入中世纪（5～15 世纪）长达 1000 年的"黑暗时期"，中国技术与科学处于繁荣时期。这时，生铁冶炼、铸造和采矿等材料技术，纺织、陶器、造船和其他制造技术，火药等能源技术，指南针、造纸术和印刷术所标志的信息技术，以及水利、建筑等工程技术都远远超过同时代的欧洲。

#### 1.1.2.2 古代社会技术

大体上，在中古时期，人类社会经历了奴隶制和封建制两种社会制度，在这个时期社会技术有了更大的发展。从原始公社到奴隶制和封建制的建立表明了人类社会不断向前发展。社会制度，如政治、经济、军事、法律制度等，就是通过社会技术实现的社会活动的规范体系。在公元前 450 年，古罗马就出现了《十二铜表法》，后来还制定了适于罗马人与非罗马人的国际法——《万民法》。在漫长的 1000 多年里，古代的社会学思想有了萌芽，如柏拉图（Plato）、亚里士多德、阿奎那（T. Aquinas）等对社会起源、社会结构、社会发展等问题进行了探讨，形成了《理想国》、朴素的社会契约说（民约论）等，但未形成后来意义上的社会学。特别是，柏拉图有更精深的社会技术思想，"他认为，在一个理想的国家中有各式各样的知识，然而，说这个国家有智慧，有妥善的谋划，并不是因为它有木匠的知识（木匠的知识只能长于建筑技术），并不是因为它有铜匠的知识，也并不是因为它有种地的知识（种地的知识只能得到农业发达的名声），尽管铜匠、种地的人要多得多，却只有少数监国者的知识，体现在统治者身上的治国知识，才是真正的智慧，也才配称为智慧"。[①]起源于社会生活、社会分工、社会生产的许多需求，基于实际经验的方法，确实形成了有计划、有目的地建立国家、社会组织的社会技术。

### 1.1.3 近代技术

#### 1.1.3.1 近代自然技术

自 18 世纪中叶到 20 世纪初叶为近代自然技术产生和发展时期，也可称为基于工程科学的技术时期。近代自然技术以纺织机技术为起点，以蒸汽机技术

① 转引自陈昌曙. 技术哲学引论. 北京：科学出版社，1999：21.

为标志，大约比近代自然科学的产生晚两个世纪。在英国，瓦特的双向通用蒸汽机提供了蒸汽动力，导致了第一次自然技术革命，或称蒸汽动力革命——能源革命，并主导了第一次自然技术革命。接着，炼铜技术、机械制造技术、其他材料和能源（煤气等）技术的发展，特别是热力学的发展，使内燃机技术出现了。在 19 世纪中叶，技术与科学的关系开始密切起来，基于科学的技术不断地出现，掀起了基于电磁感应原理而产生的以电力技术为标志的第二次自然技术革命或第二次动力革命。

#### 1.1.3.2　近代社会技术

近代社会技术的出现仍早于近代社会科学。18 世纪，意大利思想家维科（G. Vico）、法国启蒙思想家孟德斯鸠（C. Montesquieu）开始探索人类社会秩序、社会制度、社会结构、法律制度等社会现象。孟德斯鸠使用了系统的历史分析法和翔实资料写下著作《论法的精神》，苏格兰思想家米勒（J. Miller）和弗格森（A. Ferguson）、法国圣西门（H. de Saint-Simon）等对社会不平等、经济关系、社会秩序等进行了观察和研究。后来，这些为孔德开创社会学奠定了思想基础。直到 20 世纪上半叶，近代社会科学（政治学、社会学、经济学、法律学等）形成了比较完整的体系。但是，由于社会科学研究的特殊性，如研究主客体均参与、社会现象的极端复杂、社会事件的随机性和不可重复性等，社会科学的研究极其困难，要成为一门真正的科学更加困难。因此，与其说近代社会科学是一门科学，不如说其中一些学科、学说或实际应用属于社会技术，例如，法国启蒙思想家、社会学家卢梭（J. Rousseau）的《社会契约论》《论人类不平等的起源和基础》等成为建立以契约为基础的国家的方法或技术；美国社会学家罗斯（Edward Alsworth Ross）的《社会控制》成为维持社会秩序的技术，而舆论、法律、信仰、宗教、礼仪等也是社会控制的手段或技术；法律社会学实际上起着法律技术的作用，如埃利希（E. Ehrlich）发表的《法律社会学基本原理》为法律规范奠定了基础，实际上使法律构成一种社会技术。

### 1.1.4　现代技术

在现代，技术与科学发生强相互作用，使得技术发展成为比较完整的系统，而且愈益成为科学化的技术系统，即由自然技术、社会技术和思维技术三大类所构成的现代技术系统，其中每一大类都具有多层次结构。

#### 1.1.4.1 自然技术

20 世纪 40 年代以来，原子能技术、电子计算机技术、激光技术、材料技术、能源技术、太空技术、海洋技术和生物技术等相继出现，形成第三次自然技术革命，其中电子计算机技术代替了人脑的部分智力，延展了人脑的功能，因而具有代表这次革命的、划时代的意义。

按照自然规律的性质或功能而实现的自然过程，即技术的科学来源，可将现代自然技术的一级技术或基本技术分为：力学技术、物理技术、化学技术、生物技术等。各类现代自然技术都是这几类基本技术的交叉和不同组合，并形成了次级多种技术。从构成世界的三大要素——物质、能量和信息来考察人类的技术活动，可把技术分为：物质变化技术、能量转换技术和信息控制技术。这样可在纷繁复杂的技术活动中发现其脉络，既能清楚地说明技术与科学的渊源关系，又能揭示技术本身的基本过程。由此，其他各类技术皆可派生出来。

#### 1.1.4.2 社会技术

现代社会科学有了新的发展。在自然科学研究的概念、手段、方法和模式向社会科学渗透的同时，社会科学研究的概念、理论和方法也在不断地发展，并向自然科学渗透。基于社会科学的社会技术正在持续发展。在逻辑上，与自然科学对应的有自然技术，而与社会科学对应的则应有社会技术；而且，现代社会科学也形成了多层结构，也像自然科学那样，存在着理论研究、应用研究、开发研究。

#### 1.1.4.3 思维技术

逻辑上，对应于人类改造自然、改造社会和改造人类自身的全部活动，应形成自然技术、社会技术和思维技术。思维技术是对概念等操作的程序，是人类在思维活动中形成的法则、方法等，如逻辑技术、数学技术等。

## 1.2 技术系统的含义

### 1.2.1 技术的概念

“技术”一词与“科学”一词一样，人们几乎天天都会用到。但是，要对技术的概念进行准确的陈述却马上就会陷入困境。对技术的考察可以有多种视角，因而对技术的概念就有不同的陈述。在本质上，可以认为，它是人在求生存和发展中与客体（自然界、社会和人类自身）之间的关系；从社会学的观点，可以认为，它是一种特殊的社会现象；从实践活动来看，可以认为，它是经验的科学概括的、可操作的知识。还要特别强调，不应把实践活动过程中使用的仪器、工具、机器等，以及产生出来的人造物和各类产品，视为“技术”。

在人类历史发展的漫长时期，“技术”概念的语义在不断地发生变化。在上古时代，人类为维持生存一直进行着各种活动，但还难于从实际经验中概括出“技术”概念来。有些人类学家认为，技术和科学的概念起源于信仰、原始宗教和巫术思维，巫术是技术的萌芽状态。埃吕尔也注意到巫术和技术之间的结构相似，他指出这两种活动都试图尽可能简便地达到目标。拉普（K. F. Rapp）却认为：“巫术和技术尽管表面上相似，但在几个重要方面还是不同的。正如卡西勒尔所强调的，这两者在人的活动，人同自然的关系，以及可能的活动范围上有着根本的区别。……不过，巫术思维虽然已开始了解自然过程的某种秩序，但它完全是用拟人说和泛灵论的词句来表达的。然而人已经从周围环境中分化出来，通过独立地创造未来事件的形象，人类向有意识和有计划地改革世界迈出了第一步。”①

在中古时期，“技艺”一词在希腊出现，古希腊语 techne 表示技能。在古代中国，《考工记》中已指出：“天有时，地有气，材有美，工有巧，合此四者，然后可以为良。”其中“巧”就是指工匠技术。

自近代以来，对“技术”的概念有了进一步的研究，包括从社会学和哲学的角度来研究。1615 年，美国出现了 technology 一词来表示一直沿用至今的“技术”。1772 年，德国经济学家贝克曼（J. Beckman）在文献中使用过这个术语，它是指关于工艺的学问，即关于技术的学问和理论。“1877 年，被称为技术哲学奠基人的德国地理学教授、黑格尔主义者卡普出版了《技术哲学纲要》一书，认为技术发明是设想的物质体现，手是一切人造物的模式和一切工具的原型，提出了所谓‘器官投影理论’，并认为技术乃是文化、道德和知识进步的手段，是人类‘自我拯救’的手段。”②

在 19 世纪中叶之后，技术与科学的相互关系越来越密切，技术的概念也随之发生了变化。技术中越来越渗透着科学，因而形成了科学化的技术概念，即技术科学化。

---

① 拉普. 技术哲学导论. 刘武，康荣平，吴明泰译. 沈阳：辽宁科学技术出版社，1986：62-63.

② 杨沛霆，陈昌曙，刘吉，等. 科学技术论. 杭州：浙江教育出版社，1987：57.

## 1.2.2 技术的定义

给技术下定义就是揭示技术概念内涵的逻辑方法。显然，技术的定义主要取决于其内涵的变化。由于技术是一种历史现象，只有在特定的历史时期才可能概括出近似正确的概念，从而给出定义。给技术下定义时，还存在着狭义和广义之分。一般而言，狭义的技术是指自然技术；而广义的技术应含自然技术、社会技术，乃至思维技术。这在邦格对技术的定义中已经表明了，他认为："按照某种有价值的实践目的用来控制、改造和创造自然的和社会的事物和过程并受科学方法制约的'知识总和'。这个定义是根据对工程学研究的概括提出的，不过它也适用于社会技术。"①

在广义上，我们对技术作出更具有普适性意义的定义：在普遍意义上，技术是在一定的自然和社会环境中，用于实现输入集和目标集之间有向转换的可操作程序。其中，程序指按时间先后的一系列有序工作指令；可操作指每一个指令都是确定的和可实现的，并经有限指令后转换完成。实质上，技术是关于输入、转换、输出的知识，在数学上，即是从输入 A 到输出 B 的映射 f：A→B，其中 f 是某种对应法则。

古代自然技术是从特定的目的出发，通过实践活动，不自觉地按符合自然规律的规则（天然符合劈尖原理打磨石刀）实现物质形式变换并导致人造物的经验——反复出现的粗浅知识，即造物的知识；而现代自然技术则以观念形式的周密计划开始，通过有意识的实践活动，一般而言要按自然科学发现的规律制定规则，经过设定的程序（指令的集合）实现物质多种复杂形式的转换、变化、传递、位移等并最终导致人造物的系统知识。现代社会技术是从特定的目的出发，通过社会活动，应用社会科学原理形成规则，经设定的程序，最终建立人造客体制度、体制、法制等的知识。社会技术主要指管理社会的知识，这包括建立：①政治体制，即政体结构形式及其具体制度表现形式，如政权组织形式有君主制、共和制、总统制、人民代表大会制等，国家结构形式有单一制、复合制等；②经济体制，即国民经济组织形式、机构和管理方式，如何组织社会的生产、分配、交换和消费以及划分经济管理中的权限、责任等；③法制，即管理国家事务的制度化、法律化，如立法、执法和守法等。

技术是与科学紧密联系但又有区别的系统化知识，同属于波普尔"三个世界"理论中的"世界 3"，即精神产物的世界：技术是造物的知识、可操作的知识，即实践理性活动的结果；科学是解释性的知识、可理解的知识，即理论理

---

① 拉普. 技术哲学导论. 刘武，康荣平，吴明泰译. 沈阳：辽宁科学技术出版社，1986：189.

性活动的结果。它们都是社会文化的核心部分。

### 1.2.3 技术系统的释义

技术系统是由相互作用的输入、运作、输出三个子系统结合成特定的结构，从而具有独自的功能并在自然和社会环境中进化成整体。技术系统又可陈述为由他组织系统与自组织系统相结合的系统，并可用系统的动力学方程来描述。

在自然界和社会中，组织现象普遍地存在着。在现代科学各个领域中广泛地使用着组织概念，它是指按一定的目的、任务和形式加以编制，从而显现出特殊的演化过程。在逻辑上，组织是上位概念，而自组织与他组织均是下位概念，它们都属于组织的真子类。哈肯认为："自组织系统是在没有外界环境的特定干预下产生其结构或功能的。"①苗东升认为：总体上看，自组织是第一位的、主导的，外部他组织是第二位的、辅助的。系统的内部他组织是在宇宙自创生后的演化过程中出现的。当自然界沿着不断增加复杂性的方向演化到一定阶段时，为对付不断增加的复杂性，系统需要分化出不同层次，或分化为中心部分与非中心部分，高层次对低层次、中心部分对非中心部分具有某种他组织作用，由此出现了具有控制中心这样的内部他组织系统。②

#### 1.2.3.1 自组织系统的动力学方程描述

在现实世界中，不同领域、层次存在着各式各样的结构、模式和形态，它们如何产生、演化，对人类的智力予以巨大的挑战。历史上的哲学学说以思辨的方式认为，它们是"自己运动"的产物，却没有揭示其机制。只有现代系统科学中的自组织和他组织理论才能作出比较正确的回答，并可用简化的动力学方程描述。

自组织理论认为，尽管现实世界的自组织过程产生的结构、模式和形态千差万别，但必定存在着普遍起作用的原理和规律。目前已经认识到，一系列自组织原理起着支配作用，使自组织形成，这些原理包括：突现原理，即众多元素相互作用，自组织才能在整体上突现出来；开放性原理，即一个系统与外环境系统发生物质、能量、信息交换，自组织才能产生出来；非线性原理，即系统内部元素之间、系统与环境系统之间发生非线性相互作用，而且往往是强的非线性相互作用，如合作与竞争等，自组织才能出现；反馈原理，即系统行为之"果"作为影响系统未来行为之"因"，并由正负反馈相结合，自组织才能

---

① 哈肯. 高等协同学. 郭治安译. 北京：科学出版社，1989：iii.

② 苗东升. 系统科学精要(第 4 版). 北京：中国人民大学出版社，2016：171.

实现；不稳定性原理，即以旧结构失稳为前提，但同时新结构又能够在接下来的一段时期内稳定存在，自组织才能形成；支配原理，即系统内不同元素之间，有少数元素、变量或称“序参量”在支配其他元素的行为，使之协同动作，才能形成有序结构；涨落原理，即系统通过涨落越过中间势垒，触发旧结构失稳，才能产生新结构；环境选择原理，即系统的结构要接受环境的选择，只有能与环境协调共存者，才能存在。

自组织的形成必定是系统元素之间互动互应的动态过程，应以动力学方程作为数学模型。自组织过程不存在特定的外部作用，因而不论连续或离散的，只能是齐次方程。对于一些简单的自组织现象，一般可以建立数学模型。自组织过程的实现有不同的方式，如自创生、自生长、自适应、自复制、自镇定、自学习等，以下仅对自创生和自生长作动力学方程描述。

1. 自创生的动力学方程描述

系统的自创生指在没有特定的外力干预下从无到有的自我产生。这实际上是新系统产生的基本方式，即差异的整合、整体的形成。可以设想，在同一环境中，存在着大量不同的小系统、元素。因受同一环境的制约，这些小系统、元素在其间逐渐地发生着相互作用。如果其中有 $n$ 个小系统经相互作用，整合成一个统一体，并能区分系统内部与外部环境，这 $n$ 个小系统就整合在一起成为具有统一的稳定状态的新系统。

首先，$n$ 个小系统可由确定的联立方程组描述它们的相互关系；其次，控制参量变化，在控制空间中一旦得到稳定态，动力学特性就固定下来，新系统已自创生了。

考虑最简单的情形，设环境中仅有两个小系统，其动力学方程分别为

$$\frac{\mathrm{d}x}{\mathrm{d}t}=f(x) \tag{2.1.1}$$

$$\frac{\mathrm{d}y}{\mathrm{d}t}=g(y) \tag{2.1.2}$$

因环境的变化，两者出现了耦合，方程变为

$$\frac{\mathrm{d}x}{\mathrm{d}t}=f(x)+p(x,y) \tag{2.1.3}$$

$$\frac{\mathrm{d}y}{\mathrm{d}t}=g(y)+q(x,y) \tag{2.1.4}$$

其中，$p(x,y)$与 $q(x,y)$表示 $x$ 与 $y$ 的耦合作用。在数学上，式（2.1.3）和式（2.1.4）构成了联立方程组，如果在适当的控制参量范围内，这个联立方程组出现稳定状态解，就表示一个新的二维的自创生。如果一个联立方程组没有稳定状态解，

意味着它不能代表一个事实上可以实现的系统，仍然只是有相互作用的不同系统。

2. 自生长的动力学方程描述

连续系统的演化方程为微分方程，有高阶方程和一阶联立方程两种形式，且这两种形式可以相互转换。其中，后者便于描述状态变量之间的相互作用，其一般形式为

$$\frac{\mathrm{d}x_i}{\mathrm{d}t}=f_i(x_1,x_2,\cdots,x_n) \quad (2.1.5)$$

$$(i=1,\ 2,\ \cdots,\ n)$$

$f_i$ 一般为非线性函数。解方程组

$$f_1=f_2=\cdots=f_n=0 \quad (2.1.6)$$

可得式（2.1.5）的定态解。

一般而言，讨论式（2.1.5）的求解问题是不可能的。非线性现象的多样性，正是现实世界无限多样性、丰富性和复杂性的根源。最简单的是一维非线性系统，其动力学方程的一般形式为

$$\frac{\mathrm{d}x}{\mathrm{d}t}=f(x) \quad (2.1.7)$$

非线性函数 $f(x)$ 仍有无穷多种不同的具体形式，式（2.1.7）代表无穷多种定性性质不同的系统。尽管式（2.1.5）在相当宽的条件下存在唯一解，但一般地求解此方程仍不可能。只有当 $f(x)$ 为可积函数时，方可用分离变量法求得解析解。

在自组织系统中，最简单的自我发育和完善就是系统的元素不断增加、规模不断扩大，这就是自生长。用简单的微分方程可描述系统的自生长，贝塔朗菲曾用式（2.1.7）来描述。设定态点为原点，并在定态点附近将 $f(x)$ 展开为泰勒级数

$$\frac{\mathrm{d}x}{\mathrm{d}t}=ax+bx^2+\cdots \quad (2.1.8)$$

忽略高次项，得式（2.1.7）的线性近似

$$\frac{\mathrm{d}x}{\mathrm{d}t}=ax \quad (2.1.9)$$

其解为

$$x=x_0\mathrm{e}^{at} \quad (2.1.10)$$

这个解表示线性系统按指数增长。这表示系统能够无限地增长，只在小范

围内近似地反映真实生长。真实系统的自生长是非线性的，故必须考虑展开式（2.1.8）中的 2 次项甚至更高次项，方能逼近真实系统的自生长。此时的方程解为

$$x = \frac{a\mathrm{e}^{at}}{ac - b\mathrm{e}^{at}} \tag{2.1.11}$$

这表明了系统的有限增长律，即逻辑斯谛增长律，为 S 型增长，如图 2.1.1 所示。它描述了许多领域的生长律。

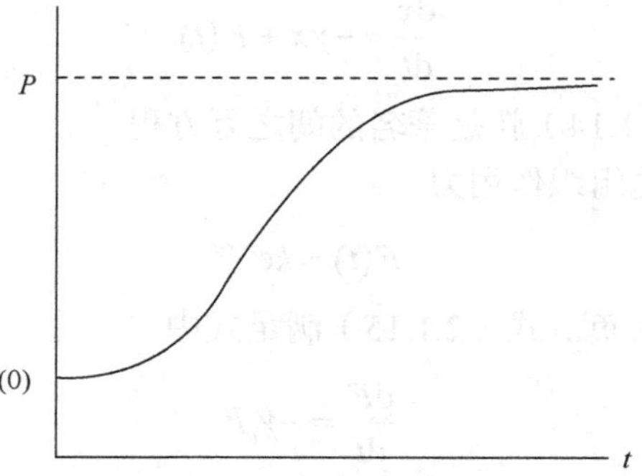


图 2.1.1　逻辑斯谛增长律 S 曲线

1.2.3.2　他组织系统的动力学方程描述

若用动力学方程描述他组织系统，必定是非齐次方程，其中外作用项代表他组织力。连续他组织动力学方程的一般形式为

$$\frac{\mathrm{d}\boldsymbol{X}}{\mathrm{d}t} = \boldsymbol{G}(\boldsymbol{X}) + \boldsymbol{F}(t) \tag{2.1.12}$$

其中，$\boldsymbol{X}$ 为状态向量，$\boldsymbol{F}(t)$为他组织力。在人体的心脏系统中，$\boldsymbol{F}$ 是起搏器施加的周期性外作用力；在人类社会中，$\boldsymbol{F}$ 是上级的指示；在技术系统中，$\boldsymbol{F}$ 代表输入子系统或运筹决策子系统的控制作用。

在非线性动力学中，受迫运动已有大量研究，为建立他组织系统的动力学描述提供了依据，如著名的杜芬方程和范德波尔方程等都描述了有异常丰富内容的动态行为。

1.2.3.3　自组织与他组织系统的相互转化

1. 他组织系统的特点

他组织过程的特点是在原因与结果、指令与行动之间的作用（激励）和响应的过程中，这种原因与结果、指令与行动之间的界限绝对分明，可作完

全因果性的描述。他组织作用项 $F(t)$只是原因，不是结果，不遵从系统的动力学方程；状态变化只是他组织作用的结果，不会成为 $F(t)$变化的原因。在最简化的情况下，设存在只有一个状态变量 $x$ 和一个外作用力 $F(t)$的系统。为保证 $F(t)=0$ 时，系统是稳定的，要求系统有阻尼，即满足条件

$$\frac{dx}{dt}=-\gamma x \tag{2.1.13}$$

其中，$\gamma>0$ 是阻尼系数。加入外作用力 $F(t)$，可得到他组织系统的方程式

$$\frac{dx}{dt}=-\gamma x+F(t) \tag{2.1.14}$$

实际上，式（2.1.14）就是著名的朗之万方程。

取一种特定的他组织作用力

$$F(t)=k\mathrm{e}^{-\gamma_1 t} \tag{2.1.15}$$

其中，$\gamma_1$可正可负。式（2.1.15）满足式中

$$\frac{dF}{dt}=-\gamma_1 F \tag{2.1.16}$$

取“绝热近似”假设（哈肯把物理学中的绝热消去法引入协同学中，其基本原理是绝热近似，即按热力学的观点，一个过程如果进行得非常快，以至几乎来不及与外界交换能量，则可近似地视为一个绝热过程，用热力学方法作简化处理），即假定系统的时间常数 $T_0=1/\gamma$ 远小于外作用力的时间常数 $T=1/\gamma_1$，这表明，系统的过渡过程十分短暂，可略去不计，即取状态量的变化为 0，$\frac{dx}{dt}=0$，有

$$-\gamma x+F(t)=0 \tag{2.1.17}$$

可得

$$x=\frac{1}{\gamma}F(t) \tag{2.1.18}$$

这表明，系统的终态（定态）完全由外作用力 $F(t)$决定，此即他组织系统的特点：系统的行为 $x$ 与外部的干预 $F(t)$同步变化，$x$ 受 $F(t)$的支配或控制，阻尼系数$\gamma$是控制参量。

2. 他组织系统向自组织系统的转化

在实际的系统中，他组织力 $F(t)$在系统运行中要受到反馈信息的反作用，如指令系统要按反馈信息修改，对飞行器的控制要受运行状态的反馈信息而加以调整。这表明，$F(t)$要受系统行为结果的影响，即受系统动态规律的影响。

式（2.1.12）和特例式（2.1.14）都未计及 $X$ 的变化对 $F(t)$的影响。在数学上，$F(t)$也属于状态变量，并与其他状态变量相互作用，共同遵守系统的动力学方程。这样，就把他组织系统的方程转变为自组织系统的方程。一般而言，一个 $n$ 维他组织系统，若将外力作为状态变量的一维，则转化为 $n+1$ 维空间中的自组织系统；相应地，若减少一维，则自组织系统变为他组织系统。

将 $F(t)$记为 $x$，仍取特定形式的式（2.1.15）；$x_2$ 代表原状态变量，阻尼系数记为$\gamma_2$，则式（2.1.14）可表示为

$$\frac{\mathrm{d}x_1}{\mathrm{d}t}=-\gamma_1 x_1 \tag{2.1.19}$$

$$\frac{\mathrm{d}x_2}{\mathrm{d}t}=-\gamma_2 x_2+x_1 \tag{2.1.20}$$

式（2.1.19）中忽略了 $x_1$ 与 $x_2$ 之间的相互作用项 $h(x_1,x_2)$ 。把这一项考虑进去，如取 $h(x_1,x_2)=ax_1x_2$ ，则得到

$$\frac{\mathrm{d}x_1}{\mathrm{d}t}=-\gamma_1 x_1+ax_1x_2 \tag{2.1.21}$$

$$\frac{\mathrm{d}x_2}{\mathrm{d}t}=-\gamma_2 x_2+x_1 \tag{2.1.22}$$

只要这两个联立方程有稳态解，就代表一个自组织系统。仍取“绝热近似”假设，即

$$\gamma_2 \gg \gamma_1 \tag{2.1.23}$$

可利用 $\frac{\mathrm{d}x_2}{\mathrm{d}t}=0$ ，近似地求解式（2.1.22），得

$$x_2 \approx \frac{1}{\gamma_2}x_1(t) \tag{2.1.24}$$

这表明，$x_1$ 是序参量，支配 $x_2$ 的变化。

实质上，式（2.1.18）与式（2.1.24）的意义相同。在他组织系统中，外力起支配作用；在自组织系统中，序参量 $x_1$（$t$）起支配作用。这表明，两者在本质上有着联系。当把他组织系统转变为自组织系统时，外力就变成序参量；反之，当把自组织转变为他组织时，序参量就变为外力。

上述表明了哈肯对自组织系统与他组织系统作统一的理论描述的合理性。

#### 1.2.3.4 技术系统是他组织与自组织相结合的系统

技术系统是由输入子系统、运作子系统和输出子系统组成的整体。在这一复杂系统中，输入子系统对其他两个子系统而言是他组织力，这时，就三维整

体系统而言，起支配作用的外力转变而成的“序参量”，仍是自组织力，因而技术系统是自组织系统。若将输入子系统作为外部他组织力或控制力，则另外两个子系统成为内部二维系统，这个二维系统就是自组织系统，这时，技术系统就变成外部和内部构成的三维系统，正如式（2.1.12）描述的由外力决定的他组织系统。

复杂的技术系统中，既存在着他组织性，同时也存在着自组织性。而且只有在他组织与系统内部形成的自组织的结合中，才能产生更高级的组织形态。一个具体的比较复杂的技术系统一旦被创造出来，便能自动地组织自己的运动，他组织力要通过自组织力起作用，如克隆技术等都要通过生物自组织机制才能达到预定目的。在更复杂的社会技术中，自组织与他组织结合，如上层对下层的控制作用，对子系统来说就是他组织力产生的作用，而对整个系统来说仍旧是自组织力产生的作用。在整体上，他组织实质上要建立在自组织运动之上才能发展起来。因此，在本质上，技术系统是他组织与自组织相结合的系统。

（1）输入子系统（运筹决策）。该系统主要由目标、计划、方案、决策等要素构成。目标是运筹决策系统的中心，使系统各要素结合成为一个整体，以信息形式指向系统未来状态。在目标的指引下，制定周密的计划，包括客观约束条件、资源配置、排序等，再作出决策，即系统进入运作系统或实施系统之前的输入系统。输入系统起着控制作用，是一种他组织力，是一种起支配作用的外力。但是，对整个技术系统而言，当把他组织变为自组织时，这种外力就转变成对系统起支配作用的“序参量”。为描述自组织现象，显然要把外力作为整个系统的一部分。因此，对整个技术系统而言，输入子系统就是整个系统的一部分。

（2）运作子系统（转换）。该系统主要依据技术原理，即合目的的规律性，按可实施操作的规则，通过由时间维控制的从始至终的程序即指令集，利用中介手段，实现主体与客体相互作用，经客体状态发生变化、转换的过程，即达到目标之前的转换系统。

（3）输出子系统（响应）。该系统最终实现了人的目的，达到了目标，即产生人造客体或人化世界。人造客体分为物质性客体和精神性客体，前者称为人造物或人化自然系统；后者称为人建事理系统，如人建立的经济体制、政治体制、法制等社会制度。人化产物为人所用，其功用、效果、价值等是否真正符合预计目的，将反馈至输入子系统，进行影响运作子系统的演进。这表明，起支配作用的输入子系统要依据运行状态的反馈信息而加以调整，作为原因的外力要受系统行为结果的影响，即原因与结果产生相互作用。

# 1.3 技术系统的特性

## 1.3.1 层次性

系统的层次性是一个系统本身的规定性，是系统的一种普遍特性。在多层次系统中，子系统是按层次划分的。技术系统具有多层次结构，这表明其从简单向复杂、从低级向高级的发展状态。人工设计的技术系统，从各个要素、各个子系统到系统的组合，都必须要求层次分明。高层次包含低层次，高层次支配低层次。层次不同，其属性、结构、功能也不同。从总体上说，系统是朝着复杂性方向演化的，层次愈多，其属性、结构、功能就愈复杂。只有层次分明的技术系统，才能进入正常的运行状态。

## 1.3.2 动态性

各类系统的动态特性或进化特性普遍存在着。同样地，技术系统也具有动态特性，即系统的状态随时间不断发生变化的特性。技术系统在进化中，层次性、复杂性都在不断地增加，功能也在递增。技术系统进化的终极动因在于各元素、各子系统、各层次之间的相互作用，关键是非线性相互作用。在技术史上，各技术子系统之间相互依赖、相互作用，形成了内在动力。例如飞梭技术推动了纺纱技术，纺纱技术引起了织布技术机械化，纺织技术的进一步发展催生了以蒸汽动力技术为主导（类似在科学中的“带头学科”所起的引导作用一样）的技术群，包括钢铁冶炼技术、制造技术、材料技术等，从而引起内燃机技术的出现。“因此，现代技术必然具有一种可以积累和强化的内在机制，工程技术的个别措施在总体上导致一种连续的、不可阻挡的技术化过程。正是这种内在动力可以说明技术从工业革命开始以来二百年内几乎爆炸性增长的原因。”“各种技术子系统之间的这种密切的相互关联绝不是偶然的……技术的系统性，即不同的子系统客观上是互相联系的，会造成现代技术的自我扩张，因为每一项革新都同时引起直接的预期后果和间接后果。”[①]技术系统与环境之间的相互作用形成了进化的外在动力，这主要表现为社会系统对技术产生的影响，制约技术发展的速度、规模和方向。技术系统的动态特性由动态系统理论进行描述，通常用系统演化方程描述。

① 拉普. 技术哲学导论. 刘武，康荣平，吴明泰译. 沈阳：辽宁科学技术出版社，1986：117，119.

### 1.3.3 整体性

系统都具有整体的特性，包含整体的结构、行为、功能等。技术系统也具有整体的特性，并具有整体突现性，即整体具有部分或部分总和所不具有的特性，高层次具有低层次所不具有的性质，或者说，整体具有非加和性。“整体不同于部分之和”这一命题表明了整体突现性，在数学上则蕴含着一种整体性的形式特性，即描述系统各元素按某种方式相互联系而产生的强相互作用所形成整体的数学方程是非线性的，其解不等于线性方程的解的简单叠加。任一技术系统都由元素、子系统按一定方式相互联系而显示出整体突现性，如一堆机器零件按一定的程序组装起来，则显现出特殊的功能，产生出整体效应，单个元素则不能产生这种效应。

## 1.4 技术系统与科学系统

技术系统与科学系统是两个相互区别又相互联系的系统。实际上，科学技术系统就是由技术系统与科学系统这两个子系统相互联系而形成的系统。

此外，从系统与环境的关系划分，又可将技术系统与科学系统间的关系视作互为环境的关系。在不同历史时期，技术系统与科学系统发展的状态不同，其间的关系也不同，而且十分复杂。

### 1.4.1 相互区别

两者在研究的客体、主体、方法、结果、目的、评价等方面存在着差异。

在科学系统中，研究的客体是自然界、人类社会、思维和符号（如数学、语言学等的研究对象）等；研究的主体是科学家，或称科学共同体；研究的方法一般采用实验、理论计算等；研究的结果是对客体的认识而形成的系统知识，表现为科学概念、定律、理论，即具有逻辑结构并经一定实验检验的概念系统，还包括不可检验、不可重复实验的新型理论，以及各门学科和多门类科学，含基础科学和应用科学，其评价标准只有正确与谬误之分，它们回答客体是什么、为什么；研究的目的是科学发现、规律的揭示，理论的建立，正确无误的知识的扩充。科学具有多种功能，主要表现在认识、文化、教育等方面。

在技术系统中，主体工程师、设计师出于对自然界、人类社会和思维进行改变和控制的目的，制定计划、方案，作出决策，按照规则和运作程序，通过中介即手段和方法改变和控制客体，最终形成原尚不存在的人造物或人化自然界和社会事物，如体制、制度等；直接的目的是技术发明或制度创新；所回答的问题是做什么、怎么做；评价的标准是成功与失败、实用与不实用、有效与无效。技术具有多种社会功能，涉及经济、军事、文化等方面。

### 1.4.2 相互联系

两者共生形成连续体，其一方面集中地表现科学的性质、结构和功能，另一方面集中地表现技术的性质、结构和功能。两者要素的交集在增多、相互作用面在不断地扩大，而强度也在增加。两者之间的相互作用、相互推动成为整个科学技术系统进化的内在动力。

在不同历史时期，两者的联系和相互作用存在着差异。在古代，科学与技术的相互关系并不密切，从事科学研究往往是学者的活动，掌握技术则是工匠的实践活动，以至形成了“学者传统”与“工匠传统”，使得两者各自沿着不同的道路发展；虽然，两者有相互作用，但其中主要是技术对科学特别是实用科学的推动作用，而科学对技术的影响甚微。可以说，科学的发展更多地得益于技术。在近代，特别是 19 世纪中叶以来，两者的关系越来越密切，以致发生了根本性的变化；科学越来越走在技术发展的前面，技术的发展越来越得益于科学，一系列重大技术的进展几乎都在科学上取得突破后才发生，其中技术原理在这种转化过程中起着不可缺少的中介作用。在现代，两者的关系则更为密切：“现代技术兴起的第二个前提可以看作是适当的研究方法论，它的一个决定性因素是科学和技术之间的互相补充。”①在未来，两者将互相依存，更多地发生融合，以至朝着一体化方向发展，科学高度技术化，技术高度科学化；特别是，未来技术就是科学化的技术，而未来科学也将是技术化的科学。正是科学技术系统内部的科学子系统与技术子系统的相互作用，导致其空前加速发展；加之，人类社会的发展和出现的社会危机正在呼唤着新的科学技术。

## 1.5 技术系统与工程系统

技术系统与工程系统也是极其密切而又相互区别的两个系统。中国古代在进行庙宇、桥梁等建造时早就应用了“工程”一词；现代经常采用的“工程”一词，多与英语 engineering 一词同义。各类工程，特别是巨大工程，也都是极其复杂的系统。

---

① 拉普. 技术哲学导论. 刘武，康荣平，吴明泰译. 沈阳：辽宁科学技术出版社，1986：120.

### 1.5.1 相互区别

相对技术系统而言，工程系统是更加有计划、有组织、大规模的人工系统，并把技术系统作为实现人工系统的手段和方法。

人类在改造自然、社会和自身的实践活动中，总要制定各类计划，特别是产生重大影响的大型计划，这实质上就形成了各类工程系统：大型科技工程系统，如曼哈顿计划、登月计划、人类基因组计划、国际日地物理计划、“两弹一星”工程等；改造自然工程系统，如建造地下通道、地下商场、运河、水坝、沙漠“绿洲”、海洋“绿洲”、空间站等；社会工程；教育工程；等等。

工程系统异于技术系统还在于：它有更特定的目标、更严密的计划；每个工程系统各不相同，具有专一性，几乎不存在着重复性；它要利用多种技术，以至多类技术系统，而且要求是可靠的现实技术系统；任何工程系统都具有综合性；对于工程系统，从设计到实施，一般不允许失败，直到工程系统全部实现，因而任何工程系统都不带有试验性。

### 1.5.2 相互联系

技术系统与工程系统同属于人类在改造自然、社会和自身的实践活动中所形成的复杂系统，它们只有紧密结合，才能有效地实现人类的多种目的。人们通常使用“工程技术”“生产技术”等词，这实质上就是指在工程和生产中的各类技术，在工程和生产中必须依赖各类技术。

先进的技术系统与浩繁的工程系统必须是相互联系的。一般而言，各类技术系统发展的水平将决定工程系统所能达到的水平，而任何工程系统所能达到的水平，既取决于相关技术系统的水平，又取决于综合地、合理地组合或集成相关技术系统的水平。

## 1.6 技术系统观

采用系统理论的观点，就能从普遍存在的种类繁多的系统中抽象出一个极其复杂的技术系统。这个系统是与科学系统关系最为紧密的一个相关系统。技术系统观就是对技术的基本观点、对技术自我认识的升华。技术系统观是技术观与系统观的融合，即以系统观透入技术观而形成的观点。持这种观点，可以系统、全面地透视技术的全景。

只有坚持技术系统观，技术的基本特性，如整体性、层次性、动态性、自组织与他组织性，才能充分地显现出来。要特别强调，技术系统必须是自组织与他组织相结合的系统，而且总由他组织控制自组织，唯此才能形成更高级、更复杂的组织形态。一个技术系统一旦形成，就会按其自身的规律运动，这称为自组织运动。这表明，他组织力要通过自组织力才能起作用。无论是自然系统还是社会系统，都是自组织与他组织的有机结合，也就是说，在自然界和人类社会进化过程中形成等级层次，上层对下层存在着他组织作用，而对于整个系统来说，则表现为自组织作用。

只要坚持技术系统观，则易于分辨技术系统进化的内在动力和外在动力，从而克服"自主技术论"与"技术的社会建构论"各执一端的局限性。强调这种观点，就是把技术系统进化的终极动因归于相互作用：内部各元素、各子系统、各层次之间的非线性相互作用，是产生内在动力的终极原因；而系统与环境（含自然环境和社会环境）之间的相互作用，如互动互应等方式，则是产生外在动力的原因。系统的进化有不同方向，主要朝着前进的方向，即由低级组织水平到高级组织水平发展；但系统的进化也存在着相反的方向，即朝着后退方向发展。系统的进化有其自身的规律：存在着一些简单的易于发现的规律，并可进行数学描述，如经常用著名的逻辑斯谛方程描述事物的进化，包括经济、文化、生态等领域的动力学现象，同样地也能描述技术系统的进化；对于非常复杂的现象，不易发现其变化规律，更无法进行定量的描述，而只能进行定性的描述，如大体上表述为朝着增加复杂性、增多层次性方向进化的规律。

确立起技术系统观，就易于克服争论不休的"自主技术论"与"技术的社会建构论"的弊端。其一，以埃吕尔为代表建立的自主技术论，强调了技术内部存在着固有的逻辑和规律，提出了"技术自主性"、"技术系统"和"技术社会"等概念，有着重要的意义。但是，这种理论的核心思想走上了片面性，以致发展到了错误的极端方向，甚至提出"技术摆脱社会控制""应当不受任何外部力量的控制""存在着不依赖外界条件而发生变化的内在规律"等。实质上，自主技术论是一种技术决定论。这种理论的错误已由拉普指出："可是任何简单化，尽管有其实用性，但由于把技术说成是自主的主体，实际上描绘了一幅根本错误的图景。这种人格化的重大错误是它给人带来技术只服从无情的自然定律而无须人类介入的印象，因而造成严重的后果。例如，埃吕尔就一直把技术说成是自主能动的主体。他必然合乎逻辑地得出十分消极无所作为的结论，即人孤立无援地面对着吞没一切、侵占和剥夺一切的技术恶魔。"[①]这种理论的错误还在于：未能全面地考虑技术发展要受内、外两种动力的作用，技术系统必须适应外环境产生的压力，并相应地改变组分特性和结构，获得新的整

① 拉普. 技术哲学导论. 刘武，康荣平，吴明泰译. 沈阳：辽宁科学技术出版社，1986：121-122.

体特性和行为，以适应环境；技术系统必须是自组织与他组织的结合，外界的特定干预，如指令、诱导、限定边界、条件约束等，就是他组织作用；技术系统发展的方向、规模、速度等都要受到社会的调控，以朝着合目的性方向进化。其二，以平奇（T. Pinch）和比克（W. E. Bijker）为代表提出的“技术的社会建构论”，又走上了另一个错误的极端方向。这种理论强调，每项技术、每件技术产物，从它们的构思、设计直到投入市场，其中包括不同方案之间的竞争、选择、演化与稳定化，都是由社会决定的，更具体地说，是由相关的社会群体建构而成的；而且，他们还明确地拒斥技术决定论。必须指出，这种理论片面地夸大了社会群体或发明家共同体的决定性作用，而未充分地认识到技术系统自我强化、进化和积累的内在逻辑。拉普认为：“技术进化和生物进化都可以被看作是有着‘内部’程序的自组织系统，为了选择结构和建造材料，它们能够利用世界上的任何东西。”[①]因此，任何社会群体都必须准确地顺应自然界本身的永恒法则，符合自然规律，如克隆技术只有通过生物自组织机制才能实现。这就是说，对于技术的社会群体建构必须与其自组织性相结合。

我们唯有确立起技术系统观，才能始终注视到技术系统内部各要素之间、各子系统之间，以及系统与外部环境之间的非线性相互作用。正是这种相互作用，才使得技术系统具有复杂的多等级层次结构，表现出行为和功能向高层进化，以及自主地适应外环境的变化。唯其如此，才不囿于传统的认识论和方法论，从而形成系统认识论和方法论。

我们秉持技术系统观，就能拓宽视野，从多维度透视技术系统，避免片面性，如在“自主技术论”与“技术的社会建构论”两个极端之间保持必要的张力。特别是，把技术系统视为他组织与自组织结合的系统，并可进行统一的动力学描述。

我们坚持技术系统观，还在于其与科学系统观紧密相关而形成完整的科学技术系统观，从而揭示出科学系统与技术系统之间的强相互作用，如相互依存、相互促进、相互补足等。这就指出了自 19 世纪中叶以来，科学技术系统之所以能够加速发展的内部动因。同时，我们还要把科学技术系统置于社会文化系统中，以从一个更为广阔的文化和社会环境母系统中进行考察，才能揭示出科学技术系统在内、外两种动力的共同作用下朝着合目的性方向发展的规律性。

① 拉普. 技术哲学导论. 刘武，康荣平，吴明泰译. 沈阳：辽宁科学技术出版社，1986：111.

# 2　技术系统的结构、功能和环境

李喜先

系统都有结构和功能，并与外部事物发生千丝万缕的联系，从而形成自己的环境。这些都是理性抽象结果所形成的基本概念，而且可表现为感性的形象，如建立一些理想化的模型等。为了认识技术系统的结构、功能和环境，首先要研究一般系统的结构、功能和环境。

## 2.1　一般系统的结构

一般系统的结构是一种模型，是为了解释观察到的活动而建立的模型，是从内部描述各要素一系列相互联系的运动的有序集合，即各要素之间相对稳定、有一定规则的联系方式的总和。结构形式千差万别，但基本形式有空间结构、时间结构、时空结构、深层结构与表层结构、硬结构与软结构等。

空间结构是指各元素在空间上排列组合形成的稳定结构，表示系统的广延性。时间结构是指系统依时间的进程所呈现出有规律、有秩序的变动性，如地月系统的周期性运动等。时空结构呈现出时间结构与空间结构的统一，即在有空间结构的同时显示出时间结构，如树木的年轮在空间上的一圈表示时间上的一年。深层结构是指比较稳定的结构，如社会系统的制度，而表层结构则易变，如社会系统中的体制；一般而言，深层结构总是决定着表层结构。硬结构是指有空间排列、框架建构形式；而软结构是指经常性的关联，特别是信息关联等。

在元素众多、结构复杂的系统中，要区分元素与子系统。元素具有基元性，即不可和不需要再分的单元；而子系统自身还有结构和整体特性，是元素之间按一定方式更紧密联系、具有相对独立性的成团现象，即：

$S_i$被称为$S$的一个分系统，如果它同时满足条件：

（1）$S_i$是$S$的一部分，即$S_i \subset S$，

（2）$S_i$本身是一个系统，

而$S$被称为总系统。

设系统$S$被划分为$n$个分系统$S_1$，$S_2$，…，$S_n$，正确的划分应满足以下要求：

（1）完备性$S=S_1 \cup S_2 \cup \cdots \cup S_n$

（2）独立性$S_i \cap S_j=\phi$（空集），$i \neq j$

划分分系统，确定分系统之间的关联方式，是刻画系统结构的重要方法。[①]

但是，当考察一个系统的某部分时，只需将该部分当作最小结构单元，无须当作子系统时，则仅视其为元素。在多层次复杂系统中，用子系统和层次来刻画系统的结构至关重要。要特别强调，一个系统的层次划分与部分划分不能混淆，因为一个系统除去了某一层次，其他层次就无法存在下去，如除去了原子层次的物质，则分子层次就无法存在，而且基本粒子层次也无法存在了；而一个系统的不同部分是彼此独立的，若除去了某一部分，其他部分依然存在着，如在太阳系行星层次中除去一个行星，其他行星依然存在，行星层次也依然存在。

一般系统层次结构的状态标志其复杂性的程度，层次增多代表着复杂性的增加。许国志在《系统科学》一书中提出："复杂系统不可能一次完成从元素性质到系统整体性质的涌现，需要通过一系列中间等级的整合而逐步涌现出来，每个涌现等级代表一个层次，每经过一次涌现形成一个新的层次，从元素层次开始，由低层次到高层次逐步整合、发展，最终形成系统的整体层次。"[②]一般来说，简单系统无须划分层次，而复杂系统必须划分层次，以至较大的子系统也要再划分层次。因此，认识一般系统的结构，尤其要分析其层次结构，因为层次结构构成了在元素整合为系统整体层次的过程中涌现出等级的一个"参照系"。

西蒙（H. A. Simon）和罗森（R. Rosen）用数学证明，分层形成系统比由元素直接形成系统的概率要大、速度要快，而且能够发展到相当稳定的程度，足以经受住环境的干扰和破坏。这是系统具有层次结构的内在原因，表明任何系统从简单到复杂的发展过程是分阶段、分层次的，是系统演化的时序结构。因此，层次结构揭示了自然界和社会的演化图景。

一个系统是否要再划分子系统，主要不是取决于有多少元素，而在于元素种类的多少、联系的紧密程度和联系方式的复杂性。一些系统的元素虽多，但仅

① 苗东升. 系统科学精要（第4版）. 北京：中国人民大学出版社，2016：24-25.

② 许国志. 系统科学. 上海：上海科技教育出版社，2000：22.

有非常单一的相互作用方式，就没有必要再划分子系统；而另一些系统的元素虽少，但元素间联系紧密且结构复杂，就有必要区分出不同的子系统，以便分别加以分析。

要全面地认识系统结构，还要了解系统的构成关系，即那些能把全部元素都联系起来形成系统并能产生整体新质的关系；同时，还有其他的非构成关系。

## 2.2 一般系统的功能

系统功能反映着系统与环境之间的关系。为了认识一般系统的功能，首先要了解系统的行为：一般系统的行为是指系统相对于它的环境产生的任何变化。这些变化属于系统自身的变化，并会对环境产生影响，因而是可以从外部探知的。一般系统在内部相干和外部联系中表现出来的特性和能力称为性能，而系统行为所引起的环境中某些事物（功能对象）的变化，称为系统功能。性能与功能既有区别又有联系，性能是功能的基础，为发挥功能提供了可能性；功能是性能的外化，每种性能都可能被用来发挥相应的功能。而且，只有在系统行为过程中，系统才能呈现出功能来，并且功能可通过系统行为引起外部事物的变化来衡量。系统性能具有多样性，从而可以发挥出相应的多种功能。

系统功能代表系统结构的目的性，并且是检测系统结构的尺度：系统接受外部的物质、能量和信息，形成输入集；经过转变，即加工、改造和处理等，使之变成另一种新形态的物质、能量和信息，形成输出集。还有一种观点：这种从输入集按照一定的转换规则或转换方式，完成向输出集的转换，这种转换方式就是系统功能，转换方式的效果优劣表现出功能的高低。

一般系统的功能具有层次性，特别是复杂系统的功能还具有多层次性。相对来说，一个子系统与整体系统的关系就是一个系统与一个更大的环境系统的关系。一个子系统的变化会对整体系统产生影响，如对整体系统的存续和发展作出贡献。在整体系统中，可将各个子系统按其产生的不同功能划分出来，构成不同的功能子系统。这种划分及其有规则的相互关联方式，称为系统的功能结构。复杂系统都有自己的功能结构，如人体系统中的器官、社会系统中的部分组织等都具有典型的功能结构。

## 2.3 一般系统的环境

系统环境是指与系统发生联系和相互作用而又不包含在系统内的一切事

物组成的整体，即为系统提供输入或接受它的输出的各种要素的集合。在广义上：

> 令$U$记宇宙全系统，$S$记我们考察的系统，$S'$记它的广义环境，则
> $S'=U-S$
> 实际上，不可能也无必要列举$S$和$S'$中的一切事物的联系。狭义地讲，$S$的环境，记作$E_s$，是指$U$中与$S$有不可忽略的联系的事物之总和，即
> $E_s=\{x|x\in U$且与$S$有不可忽略的联系$\}$
> ……只要$S\neq U$，它的环境就不是空集
> $E\neq\varnothing$
> 但环境的划分有相对性。①

在不同的研究目的下，对同一系统的环境划分也不相同。一般来说，某一系统的环境就是一个更大的系统，因而环境具有系统性，常被称为环境超系统；环境的复杂性是导致系统的复杂性的重要根源。环境中的事物发生的相互联系弱于系统内部的相互联系，因而在某种程度上，环境具有非系统性。环境既有稳定性又有变动性，既有确定性又有不确定性，这对系统的存续、运行、发展各有利弊。系统的结构、行为等对环境有依赖性，在一定条件下，系统只有涌现出特定的整体性以适应环境，才能与环境形成稳定的依赖性。

一切事物都以系统的方式存在着，把系统与环境划分开来的界限，形成系统的边界。在空间结构上，边界是把系统与环境分开的所有点的集合；在逻辑上，边界是系统构成关系从起作用到不起作用的界限。有一些系统的边界并无明显的形态，还有一些系统的边界模糊；复杂系统的边界还可能有分形特性，一个系统与其他系统的边界相互渗透。

系统环境是一个系统存在和发展的基本条件。没有环境，一个系统就无法活动，也无法显示其功能。环境对一个系统有两种相反的作用或输入，即积极的和消极的作用；反之，一个系统对环境也有两种相反的作用或输出，即积极和消极的作用。一个系统与环境的相互作用是通过物质、能量和信息交换而实现的。

---

① 苗东升. 系统科学精要（第4版）. 北京：中国人民大学出版社，2016：26.

## 2.4 一般系统的结构、功能和环境之间的关系

系统的结构与功能是相互依存的，结构是功能的基础，功能是结构的表现。一般系统的元素、结构和环境共同决定系统的功能：只有具备一定性能的元素，才能构成一定功能的系统；相同或相近的元素，按不同结构构成的系统，则功能各异；环境不同，对功能产生不同的影响，以至引起功能的差异。功能对结构有反作用，使结构发生变化。科尔戴（F. Cortes）等在《社会科学的系统分析方法》一书中，对系统的结构和功能等进行了详细的阐述。他们认为结构和功能构成系统的静态平衡或者说构成它的同步性：结构与功能都没有变化，所以它们的运行是共生或同步的。渐进性一词专门用来描述结构变化，也就是系统转换社会进程方式的变化。渐进性变化即结构的变化，也就是系统的变化。[①]这表明，渐进性变化一旦发生，新的结构就会出现。虽然，系统的结构与功能都是相对稳定的，但与结构相比，功能还是相对活跃的。

## 2.5 技术系统的结构

技术系统有着复杂的多层次结构。首先，技术系统的元素之间形成相对稳定的、有一定规则的联系方式，然后逐级组成垂直结构。这是经由自组织而形成系统的过程，其基本结合方式是分层次形成的，即先由元素组成子系统，再组合成系统，然后再组成高一级的系统，以至逐级一层层地产生下去。技术系统是由输入子系统、运作子系统和输出子系统形成的稳定结构，而子系统又包含众多元素组成的相对独立的结构。

技术系统（均指一般技术系统）有着复杂的结构，其基本形式包括空间结构、时间结构、分层结构、硬结构和软结构等多种多样的结构。同样地，自然技术、社会技术和思维技术也各有纷繁的结构。

技术系统的结构是由众多的元素相互联系、相互作用而组合成的相对稳定的形式，其中一些元素相互联系更紧密，从而形成了三个子系统，即输入子系统、运作子系统、输出子系统。一般而言，各类技术系统都应含有这三个子系统，并有多种形式的结构。

---

① 费尔南多·科尔戴，亚当·普热沃尔斯基，约翰·斯布拉格. 社会科学的系统分析方法. 孙永红，丛大川，宋强译. 北京：中国社会科学出版社，1990.

## 2.5.1 空间结构

技术系统的空间结构是指输入子系统、运作子系统和输出子系统三者之间在空间的排列分布方式。这种空间结构只有在抽象空间才有意义，而无法进行几何空间的直观描述。对这种抽象空间进行软结构描述可能更为合理，因为三者之间紧密关联，最主要是物质、能量和信息关联。

## 2.5.2 层次结构

技术系统具有三个子系统，而每一个子系统又由多个低一级的子系统和元素组成，形成一种垂直结构，如图 2.2.1 所示。

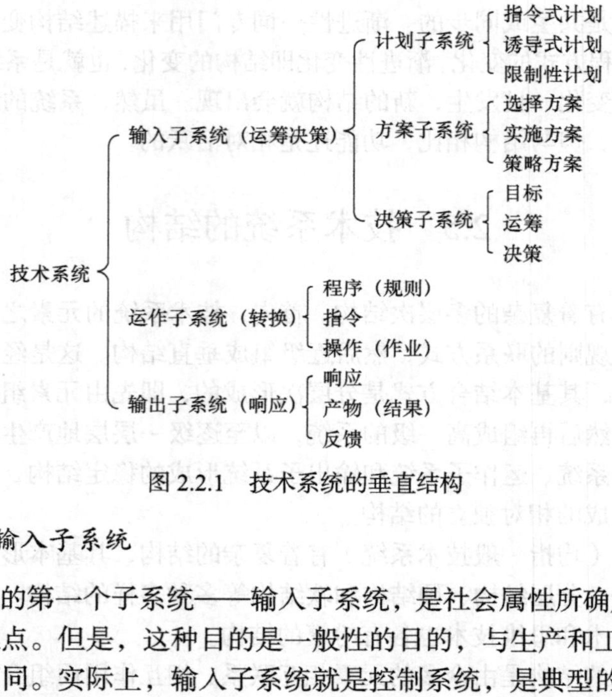


图 2.2.1 技术系统的垂直结构

### 2.5.2.1 输入子系统

技术系统的第一个子系统——输入子系统，是社会属性所确定的有目的的技术活动的起点。但是，这种目的是一般性的目的，与生产和工程的专一性、特殊性目的不同。实际上，输入子系统就是控制系统，是典型的他组织系统。这个子系统又由低一级多个子系统组成，而环境系统对技术系统的一切影响都应归结为输入子系统，这些主要包括计划、方案和决策等子系统。其下还可细分为若干低一级元素。输入子系统所含的第一个子系统是计划子系统，任何计划首先都应有目的性。控制也是一种有目的性的活动，追求和保持那些合目的的状态，引起被控对象的行为朝着合目的性的方向变化，并总是以信息形式发挥作用，实现控制目标。他组织作用就是通过计划实现外界的特定干预：第一种是指令式计划，如施行指令性计划、下达命令等；第二种是诱导式计划，如指导或引导性计划，主要靠方针、政策等；第三种是限制性计划，主要设置边界条件进行干预，以及法律、条例等规范。在计划中，目的性不但是始点，而且要贯穿于计划实施的全过程，并以目的的实现即达到目标为终点。这种目的性完全以信息形式存在于他组织系统中，即存在于主体或技术共同体，包括技术专家、工程师、设计师、指挥人员、领导人等进行人工和事理活动过程的人员的头脑之中。马克思（K. Marx）对人类在技术活动或其他劳动过程中的目的性有深刻的论述："蜘蛛的活动与织工的活动相似，蜜蜂建筑蜂房的本领使人间的许多建筑师感到惭愧。但是，最蹩脚的建筑师从一开始就有比最灵巧的蜜蜂高明的地方，是他在用蜂蜡建筑蜂房以前，已经在自己的头脑中把它建成了。劳动过程结束时得到的结果，在这个过程开始时就已经在劳动者的表象中存在着，即已经观念地存在着。他不仅使自然物发生形式变化，同时他还在自然物中实现自己的目的，这个目的是他所知道的，是作为规律决定着他的活动的方式和方法的，他必须使他的意志服从这个目的。"①这表明，目的性不仅在计划中具有中心的地位，而且在输入子系统乃至整个技术系统中也是最基本的元素。输入子系统所含的第二个子系统是方案子系统，它是计划的深入和细化，即要制定出多种备择方案、实施方案和策略方案等。输入子系统所含的第三个子系统是决策子系统，即在多个不同备择方案等中作出选择——选定一个行动方案。在目的指导下作出计划，然后在目标的指引下进行运筹，即决策前的全部谋划、策划，依据运筹的结果必须不失时机地，甚至带有风险地作出决策。因此，可以把输入子系统归结为运筹决策子系统，李伯聪在《人工论提纲——创造的哲学》一书中认为："运筹决策是实践理性的最高表现。"②在技术系统的内部，各子系统之间发生着复杂的相互作用，其中相对于运作子系统和输出子系统而言，输入子系统就是他组织系统，是对其他两个子系统施加控制作用的运筹决策子系统；而对技术系统整体而言，输入子系统是内部的子系统，即起支配作用的"序参量"。因此，整个技术系统是自组织系统。

#### 2.5.2.2 运作子系统

技术系统的第二个子系统，是实现他组织系统与自组织系统相结合的子系统。输入子系统是他组织系统，就是施加控制作用力的系统，是主体的意志、

① 中共中央马克思恩格斯列宁斯大林著作编译局. 马克思恩格斯文集. 第五卷. 北京：人民出版社，2009：208.

② 李伯聪. 人工论提纲——创造的哲学. 西安：陕西科学技术出版社，1988：56.

目的和主观能动性的体现。输入子系统中的活动还属于精神性活动，只有进入运作子系统，即进入自组织系统，才能使为达到目的的计划变为现实。运作子系统中主要包含程序、指令和操作等。其中，程序是在计划指导下制定的指令或规则，可细化到规程、法规、条令、守则、规定、章程乃至法律等；程序实际上是一系列有序步骤的指令集。操作或作业是经过中介（手段、方法等）与客体相互作用，这种作用受客观规律（自然的和社会的规律）的支配，即属于自组织过程，以实现物质转换或事理处理。而且，只有在人们的意愿服从这一子系统本身固有的规律时，才能产生出预期的结果，使客体状态发生合目的的变化。

#### 2.5.2.3 输出子系统

技术系统的第三个子系统即输出子系统，能对输入子系统和运作子系统作出响应，最终实现人的目的，达到预定的目标，创造人造客体，包括物质性客体和精神性客体。输出子系统是否按他组织作用或输入控制作用而达到预期的控制目标，要对比作出度量是很复杂的问题。为了在输入子系统的控制作用下使整个技术系统的状态发生合目的变化，必须采取多种控制方式，如自组织控制、递阶控制、随机控制和反馈控制等。

### 2.5.3 时间结构

技术系统在运行过程中呈现出来的内在时间节律或系统组分在时间流程中的关联方式，称为技术系统的时间结构。技术系统的运行过程按照时间序列进行，输入子系统、运作子系统和输出子系统就是依照时间序列运行的，各子系统内部也同样地呈现出时间结构。

## 2.6 技术系统的功能

技术系统的行为是相对于它的环境（如大的文化系统、科学系统等）所做出的自身的任何变化。而技术系统的行为对外环境系统产生的作用，则是技术系统的功能。这种功能刻画着系统行为与环境的关系。技术系统的功能是多样的、多层次的。技术系统的结构不同，功能各异；其功能变化，也会促使结构改变。

技术系统的功能与技术系统的行为、性能、环境（包括边界）和结构等都有着密切的关系，只有了解其间的关系，才能弄清技术系统的功能。这些关系只有在高度抽象的意义上才能把握其本质。

### 2.6.1 与行为的关系

一个技术系统相对其环境所表现出来的任何变化和自身的特性，构成技术系统的行为。在不同环境下，技术系统会表现出不同的行为，如自组织行为、自适应行为、稳定行为、临界行为和动态行为等。正是这些行为对环境产生的影响、作出的贡献等，构成一个技术系统的功能。

### 2.6.2 与性能的关系

一个技术系统自身的特性或性能是功能的基础，只有发挥出来，即在行为中表现出来，才能构成功能。许多技术系统具有多种性能，从而可表现出多种功能。

### 2.6.3 与环境的关系

技术系统之外的一切与它相关的事物构成的集合形成其环境。技术系统与其环境有依存关系，整个系统的生存、结构、运行、演化和功能等都与环境相关。一般而言，技术系统的环境可含时空条件（初始条件、边界条件）、约束条件等，而且是不断地改变的动态环境。因此，技术系统功能的发挥状况与环境有着密切的关系，如火箭发射成功与否就与当时、当地的大气环境（气象条件等）、太空环境（电磁环境等）状态相关。一种社会技术如管理技术能否发挥功能，法规、条例等能否实施，就与其文化环境、社会环境状况相关。

### 2.6.4 与结构的关系

技术系统的功能与其结构存在着最重要、最基本和最复杂的关系。技术系统的结构与其功能既相互依存，又相互相对独立：有结构就有功能，有一定的结构就总是表现出一定的功能，结构构成功能的基础；功能由结构产生，一定的功能是由一定的结构承载的。这是任何技术系统都普遍存在着的基本关系。

技术系统的元素、结构和环境共同决定功能。一般而言，一个技术系统的功能状态不能单独由一种因素决定，而应由多因素决定。

（1）一个技术系统的功能状态与构成本系统的元素有关。基本元素太差也不能产生出良好的功能来，如一批机器零件质量太差，就组装不出优异性能的机器，从而使机器不可能发挥出高效的功能。

（2）一个技术系统的结构，即各种元素之间相对稳定的、有一定规则的联系方式，与其功能的关系十分复杂。相同的结构可发挥出多种功能，如整个技术系统就具有生产力功能、文化功能和社会变革功能等，某一级社会组织有多种功能，一个家庭具有管理行为、教育子女、向子女传递社会的价值观念等多种功能；相同的功能可由多种不同结构的系统完成，如定时系统的功能可由具有多种不同结构的钟表、授时天文台来实现；相同的结构具有相同的功能，如相同结构的机翼产生出同等的升力，相同结构的乐器发出相同的声音；不同结构具有不同功能，如不同结构的生产系统生产出不同的产品，不同结构（空间排列形式不同）的碳原子形成性质不同的石墨和金刚石。概言之，一个技术系统的功能与组成系统的元素、结构和所处的环境相关，它们之间构成复杂的关系。而且，结构与功能的关系还具有相对性，在一定条件下，原属大系统内部的结构关系，可在小系统之间转化为功能关系；子系统的行为对母系统产生的作用，就是该子系统发挥出的功能。

我们在了解上述技术系统的功能与其行为、性能、环境和结构的关系之后，就能更正确地理解技术系统如何发挥其功能。技术系统最直接地产生的作用或发挥的功能就在于推动科学系统和社会系统的发展，从而具有巨大的价值。首先，它为科学系统提供研究的方法和手段，引起了科学系统发生革命性的变化。特别是在 19 世纪中叶之前，科学系统更多地得益于自然技术系统；在现代科学时期，科学系统的加速发展仍得益于技术系统的推动作用。其次，技术系统最重要的功能还在于全面持久地推动社会系统的进步，包括在经济、军事、政治、文化等广泛领域的发展。

## 2.7　技术系统的环境

技术系统的环境是与其发生联系、相互作用的更大的文化系统和社会系统。所处的不同环境，对技术系统的结构和功能会产生不同的影响。技术系统内部各个子系统之间互为环境；各类不同技术之间，如自然技术、社会技术和思维技术等之间也是互为环境的。

技术系统的环境是指与其发生密切联系和相互作用的外在有机整体——社会大系统。这个整体由诸多子系统构成，其中与技术系统发生密切联系的是科学、经济、政治、军事、教育等子系统。

与技术系统最难分解的环境系统莫过于科学系统，以致人们往往误将两者混为一谈。1970 年，美国社会学家默顿在《十七世纪英国的科学、技术与社会》一书中强调，“自始至终相当清楚地对科学和技术加以区别”[①]。实际上，科学系

① 默顿. 十七世纪英国的科学、技术与社会. 范岱年，吴忠，蒋效东译. 成都：四川人民出版社，1986：11.

统与技术系统应互为环境，由此才可以深刻地理解二者的区别和联系。

### 2.7.1 最密切的环境是科学系统

在社会大系统中，科学系统是技术系统最密切、最直接的外环境系统。

在古代时期，科学系统与技术系统都在社会大系统中演化，各自具有内在的自主发展的逻辑，经历了自己的发展道路。这两者虽然是互为环境的，但关系并不十分密切。在较长时期里，技术系统（自然技术和社会技术）得到了充分的发展，以至科学系统（自然科学和社会科学）的发展更多地得益于技术系统。

在近代时期，特别是自 19 世纪中叶以来，两者的关系越来越密切了，而且相对地位发生了重大的变化：自然科学加速发展并走在自然技术的前面，这突出地表现为自然科学革命中孕育着自然技术革命；社会科学的思想、理论和观点也对社会技术的发展产生着重大的影响。

在现代时期，自然科学成为最紧密的环境系统，不断地为自然技术的发展提供更多的输入因素，导致技术科学化，培育了更多的高新技术群，以至成为自然技术系统发展的源泉；同样地，社会科学已发展成学科门类齐全的系统，并对社会技术，如法制、管理技术等，产生着重大的影响。

### 2.7.2 较密切的环境含经济、政治、军事、文化等子系统

在社会大系统中，构成技术系统的环境还有诸多子系统，它们都分别提供输入因素，对技术系统的发展产生着重大的作用。

（1）经济系统与技术系统的发展有着更直接的关系。经济体制，如市场经济、计划经济、超市场经济（市场与计划经济结合）等，对技术的发展就产生了不同的影响。近几百年来，西方世界在资本主义制度下，建立了以市场为主体的经济体制，刺激了技术的发展，并选择了能迅速发展的技术。这表明，只有适应经济体制或经济环境系统的技术，才能更好地发展。但是，从未来看，特别是从人类社会可持续发展的观点来说，超市场经济体制将会形成，且可能更具有优越性。这样的经济环境系统将使技术系统得到合理的、全面的发展。

（2）政治系统作为环境对技术系统产生着重大的影响，而且总是采取更加直接的干预和控制手段。政治体制——政体的制度，即居统治地位的阶级、集团组织政权采取的形式，包括国家管理形式、结构形式和民众行使政治权利的制度等。古今中外，无论是民主政治，还是独裁政治，都在不同程度上关心、利用、干预、管理和控制技术。任何国家为了实行政治统治都必须负有社会职

责，而且只有执行了社会职能才能维持下去。

一般而言，民主政治会促进技术的发展，而独裁政治往往会阻碍技术的发展。现代大技术系统需要国家更多的介入，特别是其中涉及的大型、巨型技术（含尖端军事技术等）研究发展计划的制定，巨额经费的投入，以及坚持计划的实施等。高新技术的发展带有时效性、风险性、创新性等特性，如大型太空技术、海洋技术、核技术发展计划等都必须有政府的参与才能实现，世界许多国家的高技术发展计划能成功地完成都提供了例证。可以说，当今世界的许多国家，特别是主要发达国家，在政府方面对技术的参与远多于和大于对科学的参与。

政治系统作为环境对社会技术的控制和利用又多于和大于对自然技术的控制和利用。政治统治集团对社会技术的强化控制主要是使其得到充分的利用，使之成为达到政治目的的手段和方法，如法制技术、组织技术、管理技术、防范技术等都有利于稳固政治统治。

（3）军事系统作为环境对技术系统有着十分显露的正负两面作用。战争的起源和演变一直是令人费解的社会现象，消灭战争已成为全球难以解决的问题之一。一种有影响的观点认为，战争是阶级矛盾、民族矛盾、种族冲突激化的产物，属于流血的政治。还有另一种观点认为，在人类中发生自相残杀的战争，属于文化的冲突，特别是价值观的冲突，可能还渗透着生物本性。

在客观上，一方面，战争刺激着技术的发展，尤其是高新技术、与军事直接相关的尖端技术；另一方面，战争又对技术的发展产生一定的破坏作用。战争相关的政治统治集团为了在战争中取胜，总是不惜进行巨额投资，集中大量优秀人才，优先发展与军事直接相关的先进技术，其他与军事相关的技术也相应地得到了发展。现代技术中的大多数高端技术如信息技术（计算机技术、光电子技术、强激光技术等）、能源技术（核技术等）、材料技术（隐形材料等特殊材料技术）、太空技术、海洋技术、自动化技术（微型机器人技术、自动控制技术等）、生物技术（基因武器技术等）几乎都与军事活动相关，或称军民两用技术。军事上的强烈需求又刺激着各类前沿科学的发展，从而推动了科学技术的整体发展。

同时，战争又对技术系统产生着极大的破坏作用。战争极大地破坏了科研的物质基础，包括许多长期才能形成的科学技术基本设施，特别是损害科学家、工程师的研究环境，甚至使他们遭受人身迫害。两次世界大战给人类带来的巨大灾难，足以表明其破坏性了。

（4）文化系统作为环境对技术系统产生着深刻的、渗透性的、长期性的、决定性的作用。“文化”一词源于拉丁文 cultura，经过长期的演变，其含义有了很大的拓展。在不同时期、不同国家中，对文化概念的理解和界定虽很多，大体上还是趋于一致的。文化系统是由人类创造的物质文化和精神文化构成的一个复杂系统，主要包括器物层次、制度层次、精神层次和价值规范层次。精神文化主要包括哲学、科学、技术、宗教、文学、艺术、伦理道德和价值观念等，并可归为科学文化与人文文化。精神文化最具有活力，它可以“外化”为制度和器物，“内化”为价值规范，其中价值观念和行为规范起着核心作用。价值观念是存在于人们内心中评价行为和事物的总依据，而行为规范则是价值观念的具体化。

在人类历史发展的长河中沉淀下来的、相当稳定的、成为习惯的思维方式、价值观念、行为准则对于技术、科学等子系统产生着决定性的、制约性的作用。这在不同历史时期、不同国家中已充分地表明。

近代时期的英国出现了牛顿等大批伟大的科学家，并伴生了绅士传统文化，而商业、工业、工程、技术、经营等却未得到重视，这可能就是英国传统文化对于科学、技术、工业产生的不同影响。

美国是一个移民国家，移民中的中坚分子是一批反抗旧秩序、旧教会的清教徒，是一批经过资产阶级民主思想熏陶的先进人士，是一批不想受封建君主专横统治的反叛者。由于在同一地域长期的共同生活中，他们逐渐形成了一个民族，并创造出崭新的民族文化，显现出强烈的独立精神、独立的创业精神、艰苦奋斗精神、求实精神、开拓进取精神、冒险精神等，以及新的独特性格和价值观。正是这种崭新的文化背景或环境系统，对技术、科学、工业等系统的发展产生着巨大而深远的影响。

在近现代日本的技术发展中，我们也能明显地观察到文化传统的影响，如日本的技术就重视“现场传统”，即日本型工程师首先是生产现场的实际指挥员，必须是能解决车间问题的人。企业对生产现场投入优秀的技术人员，以至日本有能力的技术人员甚多；特别是在明治维新后，日本更延续了现场优先的观念，强调实际动手的能力和效果。陈昌曙曾撰文着重介绍了日本的“现场优先主义”传统①。今天，日本的技术仍然处于世界上先进技术之列，这是与其文化传统紧密相关的。

在中国，技术和科学等深受文化的影响，特别是封建文化的长期影响。在世界范围内，中国进入封建制最早，持续时间很长，结束时间比欧洲晚几百年。在古代，中国虽创造了灿烂的文化，但由于长期存在的封建文化的保守性，在近代文明时期走向衰落。特别是，在精神文化中，封建文化产生了独特的作用。

---

① 陈昌曙. 技术哲学引论. 北京：科学出版社，1999：230.

自秦汉建立了统一的封建帝国之后，中国形成了特殊的封建文化，其中儒学文化占据中心的地位。特别是，自汉武帝实行“罢黜百家，独尊儒术”的政策以来，儒学就上升为官方正统哲学，以至演变为具有保守性的国家意识形态。这也是近代科学不能在中华大地上产生的认识根源之一。长期的封建文化内化的价值观和行为规范就将人们引导到“内圣外王”“学而优则仕”的方向，鼓励人民潜心于研习“君臣之礼、善恶之道”。这种专制文化致使中国长期地停滞在封建制的“静态”之中。20 世纪以来，许多志士仁人在中国风云激荡的时代大潮中，敦请“赛先生”（science）和“德先生”（democracy）来华参加救国大业，但十分艰难。辛亥革命虽推翻了帝制，但未完全达到革命的目的。后来，五四运动特别是新文化运动的目的在于引起民族心态的更新和国民性格的重塑，从而形成新的中华文化，然而，在诸多方面仍然遗留下了重大的缺憾。这表明，中国封建文化的超稳结构并不亚于中世纪的欧洲神学封建文化体系，是长期形成的民众心理积淀，以至演变为道德、风俗、习惯，尤其是价值观念，是最不易变的部分，并易被统治者所强化而赓续绵延。因此，在新时代的中国社会大系统中，落后的封建文化起着“序参量”——对系统起支配作用的控制参量的作用，像“紧箍咒”般地束缚着中华民族的创造性，特别是创新思想和创新精神。

### 2.7.3 社会大系统作为环境超系统对技术系统产生着整体的塑造作用

在社会大系统中，科学、经济、政治、文化等子系统都分别作为环境因素对技术系统产生着不同的控制作用，在这一环境超系统中的科学、经济、政治、文化等子系统不是相互孤立地产生各自独立的作用，而是相互联系为整体产生全面的、持久的控制作用，即环境超系统的整体控制作用不同于部分环境子系统之和的控制作用，这是环境系统的整体突现性原理。

社会大系统作为环境超系统对技术系统的整体塑造作用具有几个特点：①同时性，即对技术系统产生的控制作用是同时发生的，而且是经常性地、连续地产生的；②综合性，即对技术系统产生的作用绝非各个子系统孤立地进行的，也不存在只有一个子系统，如经济子系统，产生作用而其余的子系统不产生作用的现象；③动态性，即在不同历史时期、不同国家中，对技术系统的控制作用，如整体的发展速度和规模等，有着很大的差异。

这表明，社会大系统作为环境超系统对技术系统的整体性制约作用，是任何一个环境子系统所不具有的，也不等同于各子系统各自所起的制约作用之线性和。

# 3 技术系统的演化

董光璧

任何规模的人群总是要在人与自然和人与文化两种基本关系中生存。不利的自然环境和文化环境有时会构成对生存的“挑战”，因而人们不得不发挥其潜在的创造力而作出某种“应战”。按照英国历史学家汤因比（A. J. Toynbee）的观点，人类社会进化的动力就根源于这种“挑战”与“应战”的相互作用①。在一次又一次的自然或者文化的“挑战”与“应战”中发展着的文化，逐渐形成了怀特所谓的文化系统，即人类学意义上的文化系统，它由技术、制度和观念三个子系统组成，并且随着自然与文化的相互作用而不断加以改进和发展，从而相继表现为农业文明、工业文明和科业文明等不同的社会形态②。

按照广义进化论的基本观点，作为整个文化系统的一个子系统的技术系统，它的演化取决于其本身的变异和环境的选择，但不一定是达尔文式的“渐进”方式。不仅技术系统本身由自然技术、社会技术和思维技术三个子系统组成，而且其环境包括文化系统内的制度和观念两个子系统，以及文化系统外的自然系统两个层次。制度系统又区分为政治、经济和社团三个子系统，观念系统又区分为信仰、理性和价值三个子系统，而自然界是一个由物质、能量和信息三大基本元素构成的更为复杂的系统。所以这种变异选择是一种相当复杂的相互作用。

以自组织论的观点考察系统的进化，任何系统的进化机制都可以归结为正反馈和负反馈的某种往复循环过程③。正反馈是系统变异产生的条件，而负反馈是系统变异稳定的条件，只有通过“正反馈-自生成”和“负反馈-自稳定”

---

① 汤因比在其 12 卷本的《历史研究》中提出文明产生和发展的“挑战-应战”机制。

② 刘吉曾经提出“科业革命”“科业社会”的概念（《我们究竟面临了什么革命？》，《上海科技日报》，1984-04-27）。社会学家们对未来社会已经赋予了种种名称，诸如后工业社会、超工业社会、后现代社会等。刘吉从与农业和工业对应考虑，特别是考虑到科学技术产业的兴起，把未来社会称为“科业社会”，相应地把未来文明称为“科业文明”，应该说是一种明智的选择。一般意义上的文化系统概念被区分技术、制度和观念三个子系统。本书对刘吉的文化系统的结构给出了新的理解，也可以说进行了改造。

③ 牛龙菲在其《人文进化学》（甘肃科学技术出版社，1989 年）中提出异质发生学的“一般进化论”，把“正反馈-自生成”和“负反馈-自稳定”看作不断产生异质性存在的机制。

反复循环，系统的变异才能经选择而稳定存在下来。

本章将借助于上述有关广义进化论研究的理论结果，讨论作为人类学意义上的文化系统中技术子系统演化的逻辑结构和历史结构，以及技术系统在文化系统中地位的演变诸问题。

## 3.1 技术系统演化的逻辑结构

技术系统演化的逻辑结构主要取决于其内部各子系统之间的相互作用，也受来自文化系统内外各种相互作用的影响。为了形象地理解技术系统的行为，可以把技术系统中三个子系统的关系结构看作一个技术三角形，可以把文化系统中三个子系统的关系结构看作一个文化三角形。那么技术系统的“变异”也就相当于技术三角形的“变形”，文化系统作为其内环境对于技术变异的“选择”作用就是文化三角形对技术三角形的制约，自然系统作为技术系统外环境则是通过使文化三角形变形而影响技术三角形的。

### 3.1.1 技术扩散过程中的变异

技术演化的基本逻辑结构是发明通过扩散导致新发明的连锁过程。发明本质上是一个新操作程序的诞生，而扩散就是这个程序不断被“复制”，技术的“变异”可以看作是复制的“出错”。自然技术、社会技术和思维技术无一不是通过扩散复制而发生变异的，并且它们之间的组合和变形导致整个技术系统的变异。技术的组合变异可能是技术自主发展的重要方式，在形式上可以区分为串联和并联、分叉和环结以及网络结合。只要粗略地总览从古代到现代的技术发展史，我们的这种认识大体上是可以得到印证的。

就对物质操作的自然技术来说，在物质变化、能量转换和信息控制三类基本技术中，摩擦取火、制造轮子、用火推动轮子和用电脑控制机器的运转，可以说是最具代表性的四项伟大发明。物质变化技术源于以木、石等材料制造工具，在打磨和钻孔之类的技术扩散过程中，与其目标无关的火星的出现，导致击石和钻木等摩擦取火技术的诞生。人工取火技术与其他技术组合又衍生出一系列的新技术，其中包括与作物种植结合的烧荒技术的发明、与黏土成型技术结合的烧陶技术的发明，以及在烧陶过程中偶然混进的矿石而导致的冶金技术的发明。在制陶过程中均轮的发明是轮子诞生的标志，而车轮的出现则成为轮轴技术扩散变异的关键，随之而来的是水轮机、风轮机以及各种以轮轴为要件的机器。在火与轮子的结合的基础上才有了蒸汽机的发明，继而有内燃机、电动机等机械的诞生，它们作为动力机而成为工业革命最显著的和决定性的技术特征。从电与火及其作为传递信息的载体的发明，一直发展到电脑的发明及其被用于控制各种机械运转，把人类带到信息控制主导自然技术的时代。

就对人类行为操作的社会技术来说，在组织、交易和学习三类基本技术中，法律、货币和学校可以说是最具代表性的伟大发明。这些发明几乎同样古老，其渊源似乎都可以追溯到上古时代。人类在群居的过程中养成了一些风俗习惯，其中的一些逐渐演变为调节个体与群体之间各种利益关系的禁忌。这些禁忌作为诱导人类去恶从善的行为规则，一方面随着分工的进展，一部分进而发展成为各种职业性道德规范；另一方面在财产和权力的集中过程中，一部分异化为一些惩罚性的刑律并发展成为法律体系。而舆论又作为维护道德和法律的辅助手段出现，舆论从口头发展为媒介经历了一个漫长的历史时期。在以物易物的交易过程中，人们逐渐发明了通用货币，并且从石币、贝币、铁币、银币、金币、纸币发展到电子货币，再到各种有价证券及其众多的衍生金融工具。从经验中学习和从学习中获得经验是人类重要的获取技术。学习从行为模仿开始，逐渐衍生出各种操练、游戏、仪式和学校，特别重要的是在这个过程中，行为运演发展为形式运演。皮亚杰在其《发生认识论原理》[①]中提出，对运演进行运演的能力使得认识超越了现实。在法律和道德基础上的市场交易技术，为人类进入社会技术主导技术系统的时代创造了基本条件。

就对概念操作的思维技术来说，在语言文字、逻辑推理和数学计算三项基本技术中，文字、逻辑和算法可以说是最具代表性的伟大发明。作为思维技术基础的语言和文字的发展经历了非常复杂的过程，语言的发展经历了表达、交往、描述和论证，而文字的发展也经历了一系列的演变，都是在扩散过程中的变异过程。语言和文字运用的发展，不仅导致严密的推理逻辑规则的产生，而且发展出详尽说明自然语言陈述结构的生成语法规则。计算是思维的另一类技术，从计数和排序开始逐渐发展出种种计算方法，直到逻辑推理规则成为数学的普遍语法以及各种算法程序的发展，也是一个扩散变异的过程。推理与计算结合发展出适合于思维计算的数理逻辑，数理逻辑、生成语法这两种思维技术与自然技术的物理信息载体结合发展出电子计算机，为人类进入思维技术主导技术系统的时代奠定了基础。

如果把文化进化看作自然进化的继续，那么我们就应该建立类似生物变异的技术变异概念。生物变异分为非遗传的表现型和遗传的基因型两种变异，基

① 皮亚杰. 发生认识论原理. 王宪钿，等译. 北京：商务印书馆，1981.

因型变异又被区分为基因组合、基因突变和染色体畸变三类，而染色体畸变又有结构变异和数目变异之别。对于技术变异，我们也应当进行类似的详尽研究，不仅要建立起技术基因和技术染色体之类的基本概念，而且要对技术变异进行分类并确定一些基本类型，这无疑是一项非常细致而艰巨的工作。这种工作绝不是照搬生物进化的概念，而是要通过类比建立能描述技术演化的有效模型。我们必须充分认识文化进化与生物进化的区别，比如生物的基因突变率一般为百万分之几，而技术的突变率则可能要高得多。虽然迄今我们还没有明确的技术基因概念，当然也没有测定技术基因突变率的方法，但我们所目睹的技术的巨大变化，无疑支持我们关于技术基因高突变率的观念。

本章的研究作为整体属于宏观水平的研究，自然技术、社会技术和思维技术这种划分大体可与动物、植物、真菌、原生生物和原核生物的分类相比拟。自然技术区分为物质、能量和信息，社会技术区分为组织、交易和学习，思维技术区分为读写、推理和计算，这样能与生物学研究的器官水平相比拟。我们的研究还没有达到可与生物学细胞水平研究相比的程度，更不用说同分子生物学水平对应了。我们的研究还没有达到规定技术基因和技术染色体概念的程度，我们只是沿这样一个方向思考问题。但我们的技术系统模型为向微观水平深入提供借鉴和依托，而且实际上有些技术研究在一定程度上已经进入微观水平，例如交易技术找到了货币这个细胞，而推理技术则找到了概念这个逻辑原子。如何从微观水平说明宏观现象，需要一个一个地去研究，而本章只是给这种研究提供一种框架。

### 3.1.2 文化系统对技术系统的选择作用

技术系统的环境选择主要表现为文化系统各子系统之间相互作用的总效果。在文化系统内部作为技术系统环境的制度系统和观念系统对于技术三角形的选择，也可以说是文化三角形以其自身构形对于技术三角形所施加的某种选择作用。这种相互作用的总效果是趋向于文化三角形的等边结构，有如三角形最大面积原理所要求的条件。技术变异的结果往往是破坏文化三角形的等边结构，而制度和观念这两个文化子系统的选择作用不过是一种平衡作用。

技术系统的终极目标是效率，制度系统的终极目标是公正，而观念系统的终极目标是创意。在文化系统中，技术、制度和观念三个子系统之间的相互作用，是寻求其不同目标之间的平衡。这种平衡的过程就是文化系统结构走向优化的进程，技术系统也在这种优化进程中承受制度和观念的选择。

对于技术系统来说，制度系统和观念系统的选择作用，在自组织论的意义上是一种反馈机制。正反馈相当于对技术系统变异的认可，而负反馈相当于对技术系统变异的拒绝。由于不仅技术子系统是变化着的，制度和观念两个子系统也是变化着的，文化系统必然处于由内部各子系统之间的相互作用决定的动态平衡之中。

按照系统论中功能与环境关系的一般观点，系统的功能体现在系统与环境的相互作用过程中。制度和观念两个子系统对技术系统的选择作用，要从制度和观念两个子系统如何影响技术系统的功能中去寻找。这种影响最终体现在技术系统结构的变化，使某一子系统成为技术系统的主导并形成主导技术群。

制度对于技术系统的选择主要以公正目标规范技术系统，并且这种规范随着主导制度的更替而变化。在政治制度主导制度系统的时代，权力成为规范的主导因素，因而使权势成为社会的中轴。在经济制度主导制度系统的时代，自由竞争成为规范的主导因素，因而使经济成为社会的中轴。在社团制度主导制度系统的时代，知识扩散成为规范的主导因素，因而使智力成为社会的中轴。

观念对于技术系统的选择主要以创意目标规范技术系统，并且这种规范随着主导观念的更替而变化。在信仰主导观念系统的时代，信仰的创意成为规范的主要价值尺度，因而使自然技术成为维持权力中轴的主要技术基础。在理性主导观念系统的时代，理性的创意成为规范的主要价值尺度，因而使社会技术成为维持经济中轴的主要技术基础。在价值主导观念系统的时代，价值的创意成为规范的主要价值尺度，因而使思维技术成为维持智力中轴的主要技术基础。

制度的统一往往与观念的统一相契合，制度和观念统一的时期往往为技术系统向某个方向的发展创造某种条件。中国古代技术的发达是大一统的政治制度的选择，大规模的水利建设是维持大一统的条件。古希腊的希罗发明了历史上第一台以蒸汽作动力的机器原型，但当时的社会既没有把它作为动力机械加以使用的需要，也不可能为它提供完善化的物质手段，这也是技术系统受制度和观念选择的案例。

制度系统和观念系统以其各自的终极目标规范技术系统，而技术系统也以自己的终极目标进行反规范。例如超声速运输机，出于噪声危害健康和污染环境的考虑，经过美国政府、工业界和公众之间长达 12 年的争论，最终国会通过了取消其发展规划的决议。但超声速飞机技术并没有因此而中断发展，英法两国联合开发的协和式飞机使之得以实现。这是技术自主发展的逻辑力量之所在，是环境对其选择有限的例证。

制度或观念的选择作用尽管可以通过推进或阻止某种技术而影响其扩散，

但不能阻止技术系统变异的产生。虽然制度对于技术的选择总是为制度自身的巩固和发展服务，而观念的选择总是为观念自身的更新和发展服务，但技术的自主发展最终又总是以其效率突破制度和观念的约束并推进新的制度和观念的建立。文化系统内部的技术系统，特别是现代技术系统，就其本性而言是敌视制度和观念的历史传统和多样性的，各种制度结构和观念形态对技术系统的限制总归是有限的。人类由于不能消除技术和技术发展的不可逆性，而不得不在现代技术与制度和观念传统的张力中进行文化选择。

### 3.1.3 自然系统对技术系统的选择作用

自然系统对文化系统的变异进行选择，或者说文化系统通过来自自然系统的反馈循环而进化。自然系统作为人类的生存条件和文化系统作为人类的生存方式，彼此之间的相互作用主要是以技术系统为中介的。人类自诞生以来的绝大部分时间寄生于自然系统的动植物之中，只是近一万年以来才逐渐走上改造生存环境的道路。人类以技术为手段适应自然系统并局部地改造自己的生存环境，尽管这种改造的进程可以说是日新月异的，但人类活动对于整个自然界的影响仍然是有限的。迄今作为人类生存方式的文化演变都还是自然选择的结果，并且主要是地球自然环境直接选择的结果。

寒冷和酷热、洪水和干旱、地壳震动和火山爆发等是自然规律的表现，但对人类的生存和发展来说则是灾难。人类一方面寻找适合生存和发展的自然环境，另一方面通过改进和完善文化系统来适应或改造不利的生存环境。为了减少和抵抗自然灾害而发展起来的相应的文化系统，在某种意义上可以看作是自然选择的结果。作为文化系统一个子系统的技术系统，尽管有其自主发展的逻辑，但其演化不仅受制度和观念的制约，而且也受自然选择的制约，使那些能够与自然环境相适应的技术发明得以发展，而那些不能与自然环境相适应的技术发明被淘汰。任何自然技术都要在自然规律的制约下发挥作用，任何社会技术都要在社会规律的制约下发挥作用，任何思维技术都要在思维规律的制约下发挥作用。一个由自然技术、社会技术和思维技术构成的技术系统，在自然规律、社会规律和思维规律的制约下协调运作，才能维持和发展。

为了生存和发展，人类发明了改造自然环境的自然技术系统；为了发挥自然技术的作用，人类通过发明社会技术不断扩大合作的范围和相应行为的规模；为了发挥自然技术和社会技术的作用，人类不断改进思维技术，使其行为更为有效；为了充分发挥技术系统的作用，人类又不断改进制度和观念系统。几千年来的农业文明破坏了森林和草原的生态，几百年来的工业文明造成了大气、水体和土壤的污染，大自然的这些报复对人类创造的技术再次进行选择，污染环境的自然技术、有碍合作的社会技术和不利于智力发挥的思维技术都将被淘汰。人类的一切技术都必定要接受自然环境的选择，技术系统的演变一旦造成生态环境失衡，维护环境安全的技术就会在原有的技术系统中衍生出来。为克服这种文化危机而被迫发展新技术的过程，仍然可以看作是自然界对于技术系统选择的一种表现。

当今的人类住在高楼大厦里，出门乘坐汽车、火车和飞机。人类的足迹不仅遍布地球的角落，而且踏上了月球。但人类迄今还主要是生活在自然环境较好的沿海和平原地带，辽阔的沙漠和秃山野岭仍然是渺无人烟。人类可以创造局部环境，但对于四季变化，以及火山爆发和地震等仍然无力控制。在阿波罗 17 号宇宙飞船在飞往月球时拍摄的地球全景照片中，整个地球的很大一部分都呈现其上。海洋的蓝色和沙漠的黄红色以及森林和草原的绿色可以很容易地被辨认出来，然而照片上没有人类文化的迹象，看不到人类对于地球表面的改造痕迹。这张地球全景照片告诉我们，在行星的尺度上说，人类是微不足道的，只不过是在一个偏僻与孤独的天体上面的一薄层生命。

但我们不能赞同以法国思想家博丹（J. Bodin）、德国社会学家拉采尔（F. Ratzel）和德国学者豪斯霍费尔（K. Haushofer）为代表的地理环境决定论，他们主张地理环境在社会生活和社会发展中起决定作用，甚至以自然规律代替社会规律。尽管文化进化是自然演化的继续，技术的变异是要经受自然界选择的，但不能把自然的选择作用夸大到单方面的决定作用，而对技术演化自主性的一面视而不见。

## 3.2 技术系统演化的历史结构

技术系统的演化可以想象为技术三角形的膨胀变形，在膨胀过程中代表自然技术、社会技术和思维技术的三个边，由于它们的增长速度不一样而产生变形。技术三角形的这种膨胀变形，在短暂的时期内不容易觉察出其规律性，但在一个相当长的历史时期内的平均效果则表现出一定的统计规律性。技术系统三个子系统之间的相互作用的总效果，倾向于使技术三角形成为一种等边的结构，而技术系统的任何变异却总是破坏这种等边状态。技术三角形的变形通过环境选择作用而演变的趋势，大体上是沿着自然技术主导、社会技术主导和思维技术主导的方向发展的。

### 3.2.1 自然技术主导的技术系统

技术系统各子系统之间的相互作用在环境的选择作用下，会形成自然技术相对发达的技术发展状态，即自然技术主导技术系统的状态。自然技术主导技术系统的特征，以技术三角形的语言说，自然技术占据最长边。在自然技术主导技术系统的时代，自然技术系统是由物质变化技术主导的，社会技术系统是由组织管理技术主导的，思维技术系统是由语文读写技术主导的，由物质变化技术、组织管理技术和语文读写技术所形成的主导技术群呈现为技术系统的特征。

虽然可以认为自然技术、社会技术和思维技术是伴随着人类的诞生同时而来的，但人类在初民时代的主要利害关系是人与自然的关系，分布在广大地域中的稀疏的人群几乎不发生矛盾和争夺资源的争斗。不仅在几百万年的人类历史长河中，而且在整个农业文明时代，人类的生存和发展都是在自然技术主导下完成的。随着人群的逐步扩大，社会技术和思维技术显得越来越重要，但直到几百年前技术系统的主导才由自然技术转变为社会技术。

在自然技术主导技术系统的时代，自然技术系统是由物质变化技术主导的，以物质变化技术的广泛应用为标志。人类通过感性直观积累了对农作物、牲畜蓄养与自然环境及人为操作的各种关系的经验认识，并摸索出一系列相关的操作规范和技术方法。耕牧、纺织、建筑、服乘和冶金五类技术，成为支撑农业文明的自然技术基础。考古学的一些发现表明，人类大约在 380 万年前学会了用火，在 260 万年前开始制造石器工具，在一万年前学会了耕种和畜牧，继而开始了摩擦取火、制陶和编织，建筑居室和村落。其后的两千余年间，随着机械、历法和医药的改进，人类的生存能力和生活质量不断提高，艺术对自然的模仿和宗教对宇宙起源的独断还激发了科学探索的好奇心，文字、逻辑、计算和实验的产生推进了理性的发展，特别是造纸、印刷、火药和指南针的发明以及地球和太阳系的发现，引发了农业文明向工业文明的转变。

在自然技术主导技术系统的时代，社会技术系统是由组织管理技术主导的，以国家权力的日益扩大为标志。随着人们控制自然能力的增强和财富的迅速积累，私有制和早期的国家也就相应地产生了。公元前 40 世纪～公元前 6 世纪古王国时期，在西亚的两河流域、北非的尼罗河流域、南亚的印度河流域出现了三大文明摇篮。公元前 29～前 24 世纪为苏美尔人城邦争霸时期，公元前 24 世纪乌鲁克第三王朝统一了两河流域，古巴比伦王国使两河流域的文明极盛约 300 年，接着的是大约 600 年的衰退亚述帝国的统治，迦勒底人建立的新巴比伦王国结束了两河流域的古王国时期。公元前40～公元前30世纪为埃及南北分裂的前王朝时期，后来埃及历经了31个王朝，其中的第十八个王朝达到埃及的鼎盛期，后为波斯人统治。在黄河流域的中国文明，自公元前21世纪起进入了古王国时期，经历夏朝、商、周，公元前221年秦始皇统一了中国。自公元前6世纪以来的古典时期和中世纪时期，先后建立起来的六个地跨亚、非、欧三洲的大帝国推进了人类文明的融合，它们依次为波斯帝国、亚历山大帝国、罗马帝国、拜占庭帝国、阿拉伯帝国和奥斯曼土耳其帝国。

在自然技术主导技术系统的时代，思维技术系统是由语文读写技术主导的，以语言和文字的广泛使用为标志。虽然迄今我们还无从知道旧石器时代的人是否能随意谈话，但文字的发明却是有考古证据的。两河流域的苏美尔人在公元前40世纪中期就已在泥板上刻画图形文字，但到公元前35世纪发明的音节性的楔形文字取代了图形文字，在西亚这种文字直到公元2世纪才完全废弃。尼罗河流域的古埃及人在公元前27世纪发明了写在草纸上的象形文字，后来他们又发明了拼音文字，从而形成象形文字与拼音文字并用的局面，并且其拼音文字对欧洲文字的形成有决定性的影响。黄河流域的古中国人传说在公元前26世纪的黄帝时代已有仓颉造字，在殷商时代已有系统的甲骨文字。地中海沿岸的古希腊人在公元前10世纪也发明了文字。印度河流域的印度人在哈巴拉时期已有了文字。

### 3.2.2 社会技术主导的技术系统

技术系统的各个子系统之间的相互作用在环境的选择作用下，形成社会技术相对发达的技术发展状态，即社会技术主导的技术系统的状态。社会技术主导技术系统的特征，以技术三角形的语言说，社会技术占据最长边。在社会技术主导技术系统的时代，自然技术是由能量转换技术主导的，社会技术系统是由市场交易技术主导的，思维技术系统是由逻辑推理技术主导的，由能量转换技术、市场交易技术和逻辑推理技术所形成的主导技术群呈现为技术系统的特征。

在社会技术主导技术系统的时代，自然技术系统是由能量转换技术主导的，以蒸汽动力的广泛应用为标志。工业革命是机械化技术纵向和横向扩散的过程，首先在纺织行业内由织布机到纺纱机，由毛纺到棉纺，由工具机到动力机。在纺织机械化的过程中，制造机器的材料和印染的需求促进了钢铁工业和化学工业的发展，而这些工业又要求增加作为动力燃料的煤炭的供应，对煤炭的需求又引起采掘和运输业的技术改进。一直在经验基础上发展的技术，由于自然科学的诞生而有了科学基础。尽管自然科学在 17 世纪的形成是工匠与学者结合的结果，但直到 19 世纪下半叶科学才真正成为技术原理的主要来源。任何技术产品，比如一个普通的机械系统，一般要包括工具、动力和传输三个基本组成部分，也就是说，它包含物质变化、能量转换和信息控制三个基本过程。冶金、化工、纺织、酿造和制陶的核心技术属于物质变化，各种不同类型的热机、电机和各种电池的核心技术属于能量转换，信号的编码和传送、机械的齿合和带连乃至基因的人工操作都属于信息控制。但能量转换技术是工业文明时代自然技术的核心。

在社会技术主导技术系统的时代，社会技术系统是由市场交易技术主导的，以在货币广泛使用的基础上账簿会计普遍运用为标志。市场交易技术是伴随着劳动分工发展而发展的，原始的交易广泛发生在青铜时代，而金属货币的使用是随着铁器时代一起到来的，纸币首先出现在 11 世纪的中国。但纸币的广泛用于交易是以会计为条件的。账簿会计作为一种商业语言，直到文艺复兴时期才开始萌芽，工业革命以来才逐渐形成一套比较完整的现代会计技术体系。账簿会计作为一种确认、计量和传递经济信息的方法，为受信者提供经营管理方面的判断和决策依据。与组织技术和舆论技术相比，交易技术在社会技术中的地位得以突出。

在社会技术主导技术系统的时代，思维技术系统是由逻辑推理技术主导的，以逻辑推理的广泛运用为标志。逻辑推理是从一些判断合理地得出另一些判断的规则，凡运用概念、判断和推理都必须遵守。古希腊哲学家亚里士多德就建立了由大前提、小前提和结论组成的逻辑学三段论。中国墨家学派发展了一种由故、法和类组成的名辨学三物法。印度正理派创立了由宗、因、喻、合、结组成的因明学五支论法，在公元 5 世纪佛教哲学家陈那（Dignāga）把五支中的合和结去掉，简化为三支。虽然它们在各自民族的日常生活中都发挥了重要作用，但只有古希腊的逻辑学对现代科学的产生和发展留下了深刻的影响。亚里士多德倡导一种归纳–演绎的科学研究程序，并且认为科学应该是通过演绎组织起来的一组陈述。他对于科学理论的这种逻辑上的要求，不仅被欧几里得在其几何学中和阿基米德（Archimedes）在其静力学中最早得以实现，而且通过中世纪的唯名论哲学家对逻辑问题比较深入的讨论，被以牛顿为代表的科学家们继承和发展。以演绎方法为中心的形式逻辑的现代发展是数理逻辑的诞生，德国科学家和哲学家莱布尼茨的“思维演算”思想，经英国的布尔和德·摩根两位数学家的发展奠定了符号逻辑的基础，并通过公理方法的发展和逻辑演算的确立，逐渐形成演绎逻辑、集合论、递归论、模型论、证明论等诸多分支。形式逻辑及其现代形式数理逻辑对于科学的运用，产生了更为具体的科学问题的逻辑、科学发现的逻辑、科学检验的逻辑、科学解释的逻辑以及科学理论的逻辑结构等科学的逻辑方法。这些科学研究的思维规则能帮助科学家把握各种思维的逻辑关系，做到概念明确、判断恰当、推论合理、论证有力。

### 3.2.3 思维技术主导的技术系统

技术系统各个子系统之间的相互作用在环境的选择作用下，形成思维技术相对发达的技术发展状态，即思维技术主导技术系统的状态。思维技术主导技术系统的特征，以技术三角形的语言说，思维技术占据最长边。在思维技术主导技术系统的时代，自然技术系统是由信息控制技术主导的，社会技术系统是由学习技术主导的，思维技术系统是数学计算技术主导的。由信息控制技术、学习技术和数学计算技术所形成的主导技术群呈现为技术系统的特征。

在思维技术主导技术系统的时代，自然技术系统是信息控制技术主导的，以电子计算机的诞生及其广泛应用为标志。包括物理载体、生命载体和心理载体三个方面的信息控制技术，极大地扩展了人类的感觉、神经、思维和执行等生理器官的功能。物理载体的信息控制技术包括应用最为广泛的电子和光子的控制技术，以及在20世纪中叶以来发展起来的示踪原子技术和分子识别技术。生命载体的信息控制技术在分子遗传学的基础上迅速发展起来，包括细胞核融合技术、基因重组技术和蛋白质工程技术，为人工控制生命工程提供了前所未有的有效手段。心理载体的信息控制技术与其物理载体和生命载体的信息控制不同，是一种心理操作的过程，其主要体现是目前还不太成熟的心理分析技术。

在思维技术主导技术系统的时代，社会技术系统走向由学习技术主导，以学习型社会的出现为标志。为了适应自然和文化两种环境，人类发明了学习技术。人类的每个成员都不得不改变自己的行为模式，适应经常变化的自然环境和文化环境。这种适应能力的获得就是学习，古希腊哲学家柏拉图曾将其归为“获得术”之列。学校是学习技术中的重大发明，学校作为人类利用集体积累的间接经验的有效方式，在工业文明时期成为普遍化的学习方式。随着知识更新速度的加快，人类进入了终身教育时代。终身教育概念的提出被认为是教育的哥白尼革命，学校将不再是学习的主要场所，整个世界将变成每个人创造学习机会的社会。学习将成为一种主要的生活方式，教学将从以教为主转变为以学为主，资格认证将取代学历认证。一个学认知、学做事、学生活、学生存和学发展的学习型社会将逐渐形成。

在思维技术主导技术系统的时代，思维技术是由数学计算技术主导的。所谓计算就是依据一定的法则对有关符号串进行变换的过程，抽象地说，计算的本质就是递归。直观地说，计算就是从已知符号开始，一步一步地改变符号串，经过有限步骤后，最终得到一个满足预定条件的符号串的过程。计算所依据的法则称为算法。算法是求解某类问题的通用法则或方法，通常要求能在有限步骤内一步一步地完成对问题的求解。算法是对有关数据或符号进行变换的方法规则。计算就是对算法的执行或对数据、符号依据有关的规则进行的变换操作。早在 17 世纪，莱布尼茨就提出了思维可计算的设想，但直到 20 世纪对于计算的本质追究才被认真提出来。由于德国数学家哥德尔和英国数学家图灵（A. M. Turing）等的研究，可计算函数被归结为哥德尔的一般递归函数，而且可计算函数的计算也归结为图灵理想计算机的计算。可计算函数不仅为计算机的发明奠定了理论基础，而且还实现了以计算机模拟人的思维，同时也为通过人工智能认识人的智能开辟了道路。神经元的基本功能被认为是计算，思维即计算，或者说，思维是由神经元的计算功能逐级整合而形成的。由于人类抽象思维的各种逻辑规则可用数理逻辑中的谓词表示，而谓词的真假值又可用 1 和 0 表示，故谓词演算可转化为计算机中的计算，于是人们普遍认为逻辑思维不仅可以归结为符号计算，而且可以用计算机模拟。而且音像的感知和识别，以及记忆和联想，甚至规划和决策等具有形象思维特点的操作已在人工神经网络中实现，有人还认为形象思维也可用网络计算加以模拟。

## 3.3 技术系统的文化地位演变

技术系统在文化系统中地位的演变，可以通过文化三角形的膨胀变形而得以形象地理解。代表技术系统、制度系统和观念系统的文化三角形的三个边，因为增长速度不同而导致文化三角形的变形。像技术三角形一样，文化三角形的变形在相当长的历史时期内的平均效果才表现出统计规律性。

在整个人类文化系统的变异-选择过程中，文化三角形的某个边处于长边地位，意味着某个子系统主导文化系统。文化系统三个子系统之间的相互作用倾向于形成等边的文化三角形，而系统的变异则总是倾向于破坏其等边结构。整个文化发展史所呈现的演化图景表明，文化系统的变异通过环境选择而演化的大趋势，大体上是沿着技术主导、制度主导和观念主导的顺序发展的。

由于文化系统中主导子系统的更替，技术系统在文化系统的地位发生了变化。这种变化表现为技术系统与制度和观念两个子系统的主从关系。在技术系统主导文化系统的时代，技术的发展主要表现为技术自主。在制度系统主导文化系统的时代，技术的发展主要表现为制度建构。在观念系统主导文化系统的时代，技术的发展主要表现为观念塑造。

依据对人类历史的宏观考察，大体上可以认为，技术系统主导文化系统的时代与农业文明相对应，制度系统主导文化系统的时代与工业文明相对应，观念系统主导文化系统的时代与科业文明相对应。技术系统主导文化系统的时代早已成为过去，20 世纪下半叶以来的当代文化系统正在从制度系统主导走向观念系统主导。

### 3.3.1 技术主导文化时代的技术系统

文化系统中各子系统之间的相互作用，通过作为其环境的自然系统的选择，形成技术系统主导型的文化系统，技术系统在文化三角形中占据最长边。在技术系统主导文化系统的时代，技术系统是由自然技术主导的，制度系统是由政治制度主导的，观念系统是由信仰观念主导的。由自然技术、政治制度和信仰观念形成的主导文化群，其所呈现的文化系统特征体现为农业文明。

技术系统主导文化系统的时代出现在文化系统演化的第一阶段，也是技术系统本身发展的第一阶段。前面我们已经阐述了技术发展的三大阶段，即自然技术主导、社会技术主导和思维技术主导。在自然技术主导技术系统的时代，物质变化技术、组织管理技术和语文读写技术构成主导技术群；在社会技术主导技术系统的时代，能量转换技术、市场交易技术和逻辑推理技术构成主导技术群；在思维技术主导技术系统的时代，信息控制技术、学习技术和数学计算技术构成主导技术群。在技术主导文化系统的时代，其主导作用的本质在于，以技术的效率目标规范公正和创意，并引导着整个文化系统的发展。

技术发展主要表现为技术的自主发展特征。在自然与文化夹缝中的人类，在文化系统演化的第一阶段，其生存和发展主要取决于利用自然的效率。这是一个科学还没有成熟的时期，一切技术都源于实践经验，无论是自然技术、社会技术，还是思维技术。制度和观念的发展相对落后，为技术提供了自主发展的环境条件。对于整个文化系统的发展来说，技术在这个时期起着一种决定性的作用。但是，这种情况是一个历史阶段的事实，而不是贯穿整个人类历史的普遍规律。我们不赞同技术决定论的技术理论，技术决定论和技术建构论一样都是有条件的。

在技术系统主导文化系统的时代，自然技术的自主发展突出地表现为金属革命。在整个农业文明时期，耕牧、纺织、建筑、服乘和冶金是自然技术的支柱，但冶金技术具有特别重要的意义。金属的发现和利用是从蒙昧到文明的转折点，青铜器的使用导致氏族社会的解体和奴隶制社会的诞生，而铁器的使用则导致奴隶制社会的解体和封建制社会的诞生和维持。在初民时代，效率对于人类的生存比公正和创新更重要。铜、铁和钢被用来制造各种礼器、用具、农具和兵器。铁制农具的普遍使用极大地提高了农业生产力。维持一个人的生存，在渔猎、采集时代需要几千亩地，在使用木制农具的刀耕火种时代需要几百亩地，到铁犁牛耕的时代则只需要几亩地。这极有说服力地证明了金属对于农业时代的革命意义。西亚是最早发明冶铁技术的地区，而中国则后来居上而成为冶金技术发展的主角。中国早在公元 6 世纪就发明以煤炭为能源并以兽力和水力驱动鼓风器的冶铁技术，到公元 10 世纪冶炼铸铁的高炉已达五六米高，并且其腰鼓似的形状已接近于近代高炉。在整个中古时代，中国都是铁器出口大国，铁器沿着丝绸之路源源不断地运往西域各国。工业时代的冶金技术的发展主要是通过使用焦炭燃料、鼓风机和平转炉，从而使更大规模的炼钢成为可能。

在技术系统主导文化系统的时代，社会技术的自主发展表现为法律革命。古巴比伦第六代国王汉谟拉比的法典柱是留存下来的人类第一部法典，在两米多高的黑色玄武岩石柱上刻着楔形文字的 3600 行 282 条之多的法律文件。可与汉谟拉比法典媲美的是出现在公元前 10 世纪的中国西周的《吕刑》，它是吕侯受命为周穆王制定的法律，其刑法包括墨、劓、剕、宫、大辟五刑。在公元前 486 年由罗马执政官卡西乌斯（S. Cassius）领导通过的使平民获得土地的土地法，导致《十二铜表法》于公元前 450 年左右在罗马诞生。它不仅成为全部罗马共和国法的基础，而且其立法权归人民的思想通过英国哲学家洛克（J. Locke）的《政府论》延续下来。美国的《独立宣言》、法国的《人权宣言》和联合国的《世界人权宣言》都可以看作是罗马法思想的继续。

在技术系统主导文化系统的时代，思维技术的自主发展表现为文字革命。文字是人们思想的新工具，是思想活动范围的巨大扩展，是先后绵延的新手段。口语传统通过文字固定下来，相隔千百里的人和不同代际的人之间能够互相沟通思想。随着印刷和阅读技术的不断进步，越来越多的人开始分享共同的书面知识和对过去及未来的感受。人类的思想变得能够在广大的范围里发生作用，千百个头脑在不同的地点和不同的时代能够相互引起反应，这个思想作用过程成了一个更加持久的过程。由于文字的发明，一种永存不朽的传统开始扎根在人们的心目中，人类日益清晰地意识到本身和所生存的世界。

### 3.3.2 制度主导文化时代的技术系统

文化系统中各子系统之间的相互作用，通过作为其环境的自然系统的选择，形成制度系统主导型的文化系统，制度系统在文化三角形中占据最长边。在制度系统主导文化系统的时代，技术系统是由社会技术主导的，制度系统是由经济制度主导的，观念系统是由理性观念主导的。由社会技术、经济制度和理性观念所形成的主导文化群，其所呈现的文化系统的特征体现为工业文明。

制度系统主导文化系统的时代出现在文化系统演化的第二阶段，制度系统本身的发展已经经历了政治主导而进入经济主导的时期，并且其继续发展到达社团主导。政治制度、经济制度和社团制度也各有其结构，政治制度由家族、政府和国际联盟三大政治要素构成，经济制度由生产、流通和消费三大经济要素构成，社团制度由教会、行会和学会三大社团要素构成。在政治制度主导制度系统的时期，家族、生产和教会形成主导制度群。在经济制度主导制度系统的时期，政府、流通和行会形成主导制度群。在社团制度主导制度系统的时期，国际联盟、消费和学会形成主导制度群。在制度系统主导文化系统的时代，其主导作用的本质在于，以制度的公正目标规范效率和创意，并引导着整个文化系统的发展。

在制度系统主导文化系统的时代，技术系统的发展表现为技术的社会建构特征。不是蒸汽动力技术的发明直接推动了产业革命，而是一系列的制度为工业革命铺平了道路。当代经济学家、诺贝尔经济学纪念奖得主诺思（D. C. North）认为，对经济增长起决定作用的不是技术，而是制度，政治制度和经济制度决定着经济实绩以及知识和技术存量的增长速率①。

在制度系统主导文化系统的时代，制度系统对自然技术的建构作用主要表现为市场流通为技术的发展提供公平竞争的环境。作为市场经济制度一部分的专利制度，对技术发展的规范作用是显而易见的。专利作为对技术秘密的一种赎买，既推进了技术扩散，也刺激了技术发明。专利技术能否实施取决于市场选择，尽管被登记的专利件数很多，但最终被实施的却很少。制度对于技术的建构，体现着公正与效率的结合。技术合理性与经济合理性并非总是一致的，市场选择的本质就是这两种合理性的一致性。同样的自然技术在不同国家的功能差异主要根源于制度，当代世界中发展中国家与发达国家之间的差距，不仅表现在自然技术水平上，更表现在制度水平上。

在制度系统主导文化系统的时代，制度系统对社会技术系统的建构作用主

---

① 道格拉斯·C. 诺思. 经济史中的结构与变迁. 陈郁，罗华平，等译. 上海：生活·读书·新知三联书店，1994.

要表现为市场经济制度与其他制度的合力将交易技术建构成社会技术的主导。买卖交易、管理交易和配给交易这三大交易技术，体现着公正与效率结合所达到的程度。单纯的买卖交易可以满足买卖双方的需求，但不足以实现经济公正。管理交易是为了实现国内交易的公平，而配给交易是为了保证大规模交易的公平。迄今，社会技术还没有进入专利保护的范畴，如何把社会技术纳入专利制度，这可能是完善市场制度的一个重要方向。

在制度系统主导文化系统的时代，制度系统对思维技术系统的建构作用主要表现为市场经济制度与其他制度的合力将逻辑推理建构成思维技术的主导。思维技术的三大要素——语文读写、逻辑推理和算法程序，在市场经济的条件下出现软技术和硬技术的区分，与物化于生产工具及其物质产品的硬技术不同，凝结在技术过程和技术文献中的软技术是思维技术。经济学的“理性人”假设是市场经济制度对思维技术塑造的一种重要表现。

### 3.3.3 观念主导文化时代的技术系统

文化系统中各子系统之间的相互作用，通过作为其环境的自然系统的选择，形成观念系统主导型的文化系统，即观念系统在文化三角形中占据最长边。在观念系统主导文化系统的时代，技术系统是由思维技术主导的，制度系统是由社团制度主导的，观念系统是由价值观念主导的。由思维技术、社团制度和价值观念形成的主导文化群，其所呈现的文化系统的特征体现为科业文明。

观念系统主导文化系统的时代出现在文化系统演化的第三阶段，观念系统本身经历了信仰主导和理性主导而进入价值主导时期。信仰、理性和价值也各有其结构，信仰由神圣信仰、规律信仰和生命信仰三大信仰要素构成，理性由逻辑理性、实验理性和数学理性三大理性要素构成，价值由道德价值、功利价值和审美价值三大价值要素构成。在信仰主导观念系统的时期，神圣信仰、逻辑理性和道德价值形成主导观念群。在理性主导观念系统的时期，规律信仰、实验理性和功利价值形成一个主导观念群。在价值主导观念系统的时期，生命信仰、数学理性和审美价值形成一个主导观念群。在观念系统主导文化系统的时代，其主导作用的本质在于，以观念的创意目标规范效率和公正，并引导着整个文化系统的发展。

在观念系统主导文化系统的时代，技术系统的发展表现为技术的观念塑造特征。信仰、理性和价值这三大观念要素，在塑造技术方面各自发挥着可能的作用，但价值观念在这个时代起主导作用。自然技术、社会技术和思维技术都受价值取向的支配，伦理价值、功利价值和审美价值各有其作用，但审美价值越来越成为主导。观念的创意活动重心从理性转移到价值，而且价值创意的重心从功利价值移动到审美价值，整个技术系统都在这种演变中被重新塑造。

在观念系统主导文化系统的时代，自然技术的观念塑造表现为价值观念规范技术的社会运用。文化系统进化到这个阶段，技术已经发展到很高的水平。由于自然技术的社会运用带来的一些未曾预料到的问题，诸如战争破坏、环境污染、生态失衡、信息安全，限制技术的滥用和预测技术的长远后果成为人类价值观念关注的焦点。当技术进步被用来毁灭人类历尽千辛万苦而获得的劳动成果时，科学家们的内心满怀忧虑与无奈，对于社会迫使他们去做他们认为是滔天罪行的事时，他们往往以“不合作”的方式对抗权势。以奥本海默（J. R. Oppenheimer）为代表的科学家，在1945年目睹原子弹威力的残酷以后拒绝继续制造氢弹。控制论创始人维纳毅然退出由哈佛大学和美国海军主办的讨论大规模计算器的专题讨论会，因为他害怕他从事的工作被用到大规模的屠杀中。美国万余名科学家和工程师曾公开宣布，拒绝为政府的“星球大战计划”服务。20世纪70年代以来，持续不断的群众性的环保运动更有说服力地体现着人类的文化自觉。

在观念系统主导文化系统的时代，社会技术的观念塑造表现为学习技术成为社会技术的主导。越来越多的人认识到学习的重要性，并且不断探索并实践共同学习的方式。随着集体学习方式的培育和发展，创造真正期望结果的能力得到扩展，集体的抱负得以充分释放。知识的生产和传播是一个学习的过程，而学习的过程本质上是创新的过程。学习与创新的相互交融成为一个整体，形成一个建构知识的经济活动过程。

在观念系统主导文化系统的时代，思维技术的观念塑造表现为算法技术成为思维技术的主导。思维技术的三大要素包含语文读写、逻辑推理和算法程序，人类的实践表明人类行为具有合理性，且不仅要合规律性，还要合目的性。以审美价值为中心的思维技术的价值塑造，把思维技术三大要素中的算法技术推到了历史的舞台。

# 4　技术的分类

胡作玄

技术分类是按照一定的标准把技术分门别类，从而揭示其相互关系的探索。技术分类的目的是理解技术之间的从属关系、结合方式、差别与相互补充以及每种技术在整个技术系统中的地位与作用。技术分类对于全面理解技术系统，探索技术发展方向，认识技术的社会功能以及技术与科学、产业、经济、社会各方面的关系都是必不可少的参照系与概念框架。

技术分类与科学分类不同，迄今为止没有大家公认的、系统的标准和结果，其原因有四点：①对技术的认识远没有对科学的认识完整而清晰。对于技术尚没有很好的定义，也缺乏全面、系统的阐述。总之，技术哲学远远落后于科学哲学。没有明确的技术哲学基础就很难对其内涵及外延有很好的把握。②技术与其他领域的关系错综复杂，特别是与科学、工程、产业、社会、文化等方面的关系纠缠不清。尤其是把技术混同于科学的说法更是司空见惯，国内把“高技术”翻译成“高科技”，并广泛加以传播就是最典型的例子。这样非但无益于问题的解决，反而大大增加了混乱。③技术是一个极为复杂的过程，不像各门科学有十分明确的对象。技术的内涵不完全局限于某种实物，有时更强调某种步骤及方法。虽然科学也在发展，但其对象范围并不因此而改变。科学集中体现于系统的知识当中，而技术则不限于此。④技术有漫长的历史，特别是有不断演变的未来。技术的前沿永远是开放的，可以说是难以预料的。科学也是不断发展的，但是无论如何发展总是可以纳入分类体系的框架之中，例如，X射线、激光、放射性等大发现，总可以在物理学已有的分类中加以修正并找到它的位置。但是，技术的发明往往难以给予恰当的划分和预测。例如，电子计算机发明，除了计算器械这个大类之外，无处容纳。也许有人把它放在电子技术中，如果这样，就很难把 DNA 计算机、量子计算技术和量子计算机、神经计算机等加以分门和归类。新技术往往是多种因素综合而成的，很难恰当归类，这就使得某些技术分类往往是传统的，甚至是过时的技术列表，而不是面向未来的、开放式的、活生生的、能与时俱进的分类。

基于上面所说的困难，我们在下文采取多标准、多方面的分类方法，特别是设计一些面向技术发展、面向未来的初步技术分类方案。

# 4.1 技术的通常分类

由于上述种种原因，技术并没有公认的分类，这与科学有着明显的不同。正如路甬祥主编的《现代科学技术大众百科全书·技术卷》"技术的分类"条目中所指出的，这个条目中也列举了十种以上不同的标准对技术进行分类，但即使是这种极为粗糙的标准，技术分类也很难说符合规范性。技术哲学、技术理论以及技术工程的著作中，不是没有任何技术分类的论述，而是只有粗糙的、不合规范的分类，这样就使得相应的分类没有较好的理论价值，也没有实践的指导意义。尽管如此，我们还是列举其中一些分类标准及分法，以求在考虑这个问题时有所参考。

## 4.1.1 通常技术分类的十个标准

技术分类的标准很庞杂，这里简单归纳为下述十个分类标准。

### 4.1.1.1 按技术出现的时间顺序分类

这种标准有一定的优点，它反映出技术由简单到复杂、由落后到先进的自然深化过程，而且越早期的技术越反映人类的更基本的需要，同时构成后来技术发展的起点。这种分类标准采用者颇多。例如，《大众百科全书》据此把技术分为旧石器时代技术、新石器时代技术、青铜时代技术、工场手工业时代技术和近现代工业技术等，但这种分类太粗略。《大美百科全书》依据技术史和社会史进行的分类更为准确，而且每个时期列举了该时期产生的标志性技术，其分期为：①石器时代；②城市的兴起；③希腊和罗马的文明；④中古前期；⑤中古后期；⑥文艺复兴和巴洛克时期；⑦英国工业革命时期；⑧19 世纪；⑨20 世纪。如果按照辛格等的八卷本《技术史》，则分类将更为科学。

### 4.1.1.2 按技术水平高低分类

这种分类方法大致反映技术随时间的进步，但与 4.1.1.1 节有所不同。4.1.1.1 节是将所有技术分类，4.1.1.2 节则可以对每一种技术进行评价，即技术可以分为先进技术、中间技术、落后技术，在对技术进行比较、评价以及预测时，它们有一定参考价值。

1980 年左右，西方提出了高技术的概念。这个概念并不十分确切，只是

20世纪一些技术群的统称，其中包括信息技术、新材料技术、新能源技术、生物技术、海洋技术和空间技术。高技术的概念大致包含如下的意义：它在最新科学的基础上产生，是当前的核心技术，对社会、经济等影响很大；它具有六大特性，即创新性、智力性（知识密集）、带动性、战略性、风险性和时效性。但从近二十多年的实践看，只有计算机和信息技术影响很大，堪称技术革命，而其他高技术领域还有待发展。

#### 4.1.1.3 按技术处理对象分类

如技术处理的是自然对象，可分为动物、植物以及矿物三大范畴。除了自然对象之外，技术处理的对象可以是准自然对象（如沙漠）、人、人的心理及意识、社会、知识、符号系统等。

#### 4.1.1.4 按技术成果或结果分类

对狭义技术而言，技术对象经技术处理产生一定的技术成果。它们可以是自然产品（如捕获的鱼）、仿自然产品（如农作物）、加工的自然产品（如木材）、组装的产品和人工制品等。技术结果包括人和人的生理与功能状态的改变（如医疗技术）、人的知识增长、人的能力增长等。

#### 4.1.1.5 按技术过程分类

大致可分为简单的技术和复杂的技术。最简单的技术类似于化工的单元操作，复杂技术则由它们组合而成。对于一般物质技术来说，可以分为直接获取技术、间接获取技术、加工技术、广义加工技术等。

#### 4.1.1.6 按照技术媒介分类

在实现技术的过程中，有些主要靠人的体力、技巧、能力和智力，有的则需依赖工具乃至更复杂的机器以及自动控制机，甚至更复杂的程序机器人以及人工智能系统等。

#### 4.1.1.7 按产业结构分类

这是比较常见的分类标准。在实用上有较大的参考价值，但许多分类不在同一基准线上。例如农牧技术、工业技术、采矿技术、冶炼技术、建筑技术、化工技术、材料技术、能源技术、信息技术、航天技术等（《大众百科全书》），显然有所遗漏，而且技术与产业也不完全一一对应。因此，通过下面的按技术的社会功能分类可弥补一些缺失。

4.1.1.8 按技术的社会功能分类

《大众百科全书》大致分为生产性技术和非生产性技术。前者大致可同产业分类对应起来，而非生产性技术包括医疗技术、教育技术、军事技术、环境保护技术、防灾减灾技术等。

4.1.1.9 按技术系统分类

技术系统是满足社会整体需要，具有综合功能的技术群体。按照这种分类，可分为资源技术、制造技术、传输技术、能源技术、建筑技术、信息技术、保健技术、管理技术等。

4.1.1.10 按技术学科与知识分类

现在通常的错误是把科学与技术混为一谈，甚至把“高技术”译为“高科技”，这造成很大的混乱和误解。实际上，科学未必对应相应的技术，有些技术也不是来自科学认知。由于上述的混淆，产生出按学科分类来分类技术的做法，这显然有偏颇之处，甚至李约瑟（J. T. M. Needham）在他的《中国科学技术史》中也采用这种分类法。因此，这里也重复一下。这种分类包含物理技术、化学技术和生物技术等，但是数学技术、天文学技术、地学技术究竟指什么需要明确定义。现当代广泛知道计算技术，但也有人分辨不清计算机制造技术、计算机应用技术、软件技术与计算技术的关系。科学分类比较准确，但相应技术往往不够清晰。

### 4.1.2 常见实用技术分类

由于技术有重要社会功能，它在实践上不可避免地要有一些实用的、方便的分类，这些分类法突出地表现于下述情形：①专利申报与检索；②技术资料的检索；③产业、职业、工种等的分类；④各国、各机构部门乃至个人对未来的规划与技术预测。这些分类主要出于实用目的，但对技术的科学分类也有所借鉴。

最有代表性的是日本五年一次的技术预测调查所做的分类。从 20 世纪 60 年代末起，日本科学技术厅进行五年一次的技术预测调查，一般对十几个领域，千余个课题进行调查。这是官方组织的最大规模的技术战略预测的活动。因此，从管理角度讲，日本的分类方式有参考价值。各次预测的分类稍有出入，这里只举第四次的分类为代表，其覆盖面比较完整。它把技术共分为 17 个领域：①物质、材料、加工；②信息、电子、软件；③生命科学；④航天；⑤海洋；

⑥地球；⑦农林水产；⑧矿物、水资源；⑨能源；⑩生产、劳动；⑪保健、医疗；⑫生活、教育、文化；⑬运输；⑭通信；⑮城市、建设；⑯环境；⑰安全。

### 4.1.3 技术按时间顺序分类

技术按时间顺序分类虽然不是科学的分类方法，但是由此可以看出技术的发展要素以及比较基本的技术。古代的技术涉及人类生存的必要技术，因此是最先发展起来的，这些技术通过不断发展一直延续至今。当然，这些基本技术大都经历过近代科学和技术的改造，落后的技术也不断地被淘汰。总的说来，技术的发展是一个进化过程，技术的先进性是不断加强的。但不可否认，有些技术有地域及文化的独特性，其他的地域和文化如果不通过技术交流和输入很可能造成技术缺失。最典型的是，在一定的时期内外国缺少中国的制瓷技术，中国也缺少外国的玻璃的制造与加工技术，有些地区甚至没有制轮子和用轮子的技术。

按时间顺序，可把技术分为古代技术、近代技术和现代技术。古代技术大约是 1800 年之前的技术，大都关联着手工劳作以及少量辅助工具，基本上是基于经验的技术。其后的技术多是基于科学的技术，也有基于经验的技术和混合型的技术。

（1）古代技术。可分为十大领域：捕捞、狩猎与农业畜牧业技术，纺织与制衣技术，土木建筑技术，交通运输技术，冶金与物料（石、木等）加工技术，制造技术（陶瓷、玻璃、漆器等），武器（制造加工）技术，简单机械与仪表技术，文字、计算及测量绘图技术，医疗、保健技术。

（2）近代技术。时间大约从 18 世纪末到 20 世纪中叶。除了古代技术的近代改造之外，有明显的基于科学的技术，特别是基于化学与电学的技术。主要包括：动力机械技术，主要是蒸汽机及内燃机；电技术，主要是电动机、发电机电力系统以及电光源与电池等；通信技术，主要是电报、电话以及无线电技术；机械系统，主要是机床系统以及对各种产业的机械化；化工技术，主要是无机化工、煤化工以及有机合成、化学制药等；规模材料制造及加工技术，主要是钢铁及合金、水泥、混凝土等；抗生药物等治疗传染病的方法、免疫学方法；热兵器技术。

（3）现代技术。在 20 世纪中叶以后形成的现代技术，主要是基于科学的技术，尤其是高技术。主要包括：航空技术；航天技术；石油化工与高分子化学技术，特别是塑料、人造纤维等后来发展为新材料技术；电子技术；激光技术；核技术以及新能源技术；电子计算机技术；生物技术；自动化技术；信息技术。

## 4.2 技术分类的理论标准

1994 年，米切姆在出版的《面过技术思考——工程与哲学之间的通路》一书中，通过四条途径来定义技术，即作为对象的技术、作为知识的技术、作为活动的技术、作为意愿的技术。这四条途径比较全面地概括了技术的各方面。从哲学的角度来看，技术产品是人工产品，反映了技术的本体论，实际上是其实体部分；从形而上学的角度来看，也有人把它看成技术的目的论。技术知识反映技术的认识论，不少技术知识来源于科学，但大部分来源于经验。许多人把技术与科学混为一谈，这完全是概念上的错误。技术成功的背后，虽然有科学原理的支持，但成就技术时相关人员不一定对这种原理有所认识，甚至完全不认识。例如，在 1903 年，飞机上天完全是实验的结果，而不是科学原理的指引，相应的科学原理实际上在 1904 年才由德国力学家普朗特（L. Prandtl）得出，即所谓附面层理论。

与科学不同，技术必须是可以操作、可以实现的，因此，技术往往等同于操作过程。科学往往只论证过程的可行性或做出优劣的评价，但技术如何操作和实现则相当于技术哲学的方法论，也就是其工程师的工作方面或者狭义的技术哲学方面。

技术哲学的另外一部分是其人文的方面。米切姆指出技术的目的论方面，即技术是人的意愿的体现，很大程度上通过物质来体现，也有相当一部分通过行为、精神、社会体制、文化来体现。狭义技术，即我们通常所说的科学技术中的技术，缺乏这方面的考虑，所以是不完整的。值得注意的是，技术的目的论其实不单是改善生活以及提高生活质量，它在发展过程中也包含许多邪恶目标，如制造大量灾难的核武器、化学武器、生物武器等。除了技术中的科学因素与狭义技术因素外，还应考虑其中的社会因素，其中包括：①政治因素，即技术的政治结果；②经济因素，例如市场前景以及利润评估；③环境因素，对环境的破坏以及长期影响；④社会因素，涉及人口、道德、文化、教育、传播、法律、宗教等诸多因素。

总之，科学一般来讲是价值中性的，而技术则是有价值取向的。技术的这个方面必须在技术研究特别是分类时受到重视，它对于未来的技术发展有着重要的指导意义。

### 4.2.1 作为产品的技术分类

产品是技术最为直观的体现。大多数技术的最终目标是产生出具有特殊功能、满足特殊需要的产品。随着技术的进展，产品的技术含量不断增加，也不断复杂化。这个过程也就产生出亚当·斯密时代起就开始认识到的“分工”现象。分工实际上就是凝聚在产品中的各种技术的分类。现在的产品无论在结构方面，还是在组成方面，都十分复杂，产品中凝聚的技术也各种各样，涉及的知识、技能也有高有低，有深有浅，因此，产品的技术分类是很困难的。这里对于产品的分类偏重产品的功能和需要来划分，从某种意义上讲，这比较接近于行业的分类，也接近于实物专利的分类。

我们把技术产品及其相应技术划分为以下 12 种。

#### 4.2.1.1 原料

一般指直接或间接从自然获取，或经过粗糙的初步加工所得到的产品。这类产品有些供直接消费，有些则是用于制造更复杂产品的原材料。这部分产品包括农业产品、木材、石材、煤、石油、金属材料、非金属材料、陶瓷等。

#### 4.2.1.2 化工产品及材料

一般经过比较复杂的加工过程获得，特别是随着化学的进步而制造的精细化工产品。其中包括大宗的化工产品，有化肥、农药、玻璃、日用化工产品（如洗涤剂、去污剂、润滑剂）等，以及主要靠人工合成，需要比较先进的化学知识的产品，特别是：①塑料、合成橡胶、人造纤维等高分子产品；②医疗用药以及其他辅助产品；③化学试剂；④日常精细化工产品，如食品添加剂、香水等。

这部分还包括各行各业需要的有特殊用途的加工材料，如半导体等。

#### 4.2.1.3 工具

参与技术过程的通用器械，有的用于手工操作，也有的用于机器，如：木工用的斧、凿、刨、锯；机工用的刀具（车刀、铣刀）、磨具、夹持固定用具、量具等；农业用的锄、犁等；土木建筑用的铲等。

#### 4.2.1.4 仪器仪表

科学技术中用于检查、测量、计算、控制的器具和设备。它们一般具有精密的结构及灵敏的反应，其工作原理是依据科学原理，包括机械、电磁、光、化学等原理，这些仪器仪表的工作是在严格条件下进行的。随着科学的进步，仪器仪表的精密程度与工作性能有很大的提高，特别是电子数字计算机的出现全面改变了过去的仪器仪表的使用情况。

这类产品包括钟表、测量仪器、绘图仪器、计算机、物理仪器、化学仪器以及包含测量各种物理量的仪表，如气压计、温度计、湿度计、电流计、电压表等。任何技术领域都具有自己一套仪器仪表，如气象仪器、航空仪表、航海仪表、化工仪表、热工仪表、电工仪表等。

#### 4.2.1.5　零件部件

构成机器、仪器仪表以及其他各种装置的基本组成单元，如螺钉、螺母、弹簧、轴等通用机械零件，电阻、电容、半导体等电器电子元件，以及手表中的游丝、发条等。

由零件元件通过简单的连接形成的构件，如轴承等是介于零件与部件之间的中间组成部分，从技术上也可以作为零件看待。

机器设备中一个独立的组成部分称为部件，它由若干零件、构件组装而成，如汽车的变速箱等。

#### 4.2.1.6　机器

机器是用来利用和转换机械能完成一定工作的装置。它的范围可大可小。按马克思的学说，机器可分为原动机、变换机、工作机和控制机四大类：①原动机把自然界的能或其他非机械能转变为机械能，如蒸汽机、内燃机、汽轮机、电动机等。②变换机是把机械能变为另外形式的能量的装置，如发电机、空气压缩机等。③工作机是把机械能用于完成生产过程的装置，它用来改变物体的性质、外形、状态、位置等，如各种机床、起重机、纺织机等。根据其功能可分为：加工机械，如车床、铣床、刨床、钻床、磨床、镗床等；搬运机械，如起重机、搅拌机等；成型机械，如水压机；铸造机械如制芯机、浇注机等。④控制机，包括传感器、调节器、控制器、操纵器等。

#### 4.2.1.7　机器系统

机器系统往往包含不止一个机械部分，而且还包含其他类型的产品。它们作为最终产品，用于特定的目的，如汽车、火车、飞机等。比较复杂的有各种航天器。近来的机器系统大都通过计算机实现整体自动化或局部自动化。

4.2.1.8 复杂自动系统

典型的是计算机和机器人系统，还包括一系列的复杂系统的组织与管理系统，以及人类重大的社会发展、决策支持系统和专家系统等。

4.2.1.9 人工生物系统

如转基因植物、动物以及经过改造的生物体，人类基因组计划等。

4.2.1.10 大型工程

包括各种桥梁、道路、隧道、运河、大坝、长城、阿波罗登月工程等。

4.2.1.11 信息载体

如报纸、书籍、电影片、唱片、计算机存储设备，还有大型书库等。

4.2.1.12 电子信息产品

如无线电接收与发送系统、医学成像系统、网络系统等。

### 4.2.2 作为过程的技术分类

一般来说，技术是通过一定的方法把输入变成输出的过程，这个过程要经过一系列的操作，它们是技术最为核心的部分。按照过程的观点将技术分类，实质上就是将这些操作和变换加以分类。

典型的物质处理过程是化工过程。化工涉及复杂的传质、传热过程，其中最基本的是分离过程。无论是经验技术，还是基于科学的技术，都有许多把各种混合的物质分离开的技术，如蒸馏、吸收、吸附、结晶化、蒸发、萃取、透析、电析、膜分离等。有的原理及操作简单，有的则十分复杂，在不同情形下需要经历一系列的技术过程来完成一个任务，如海水淡化。这些都反映作为过程的技术的重要性。它们可以分类成如下部分：获取原材料及成品、产品的技术，包括捕捞、狩猎、采掘、农耕等；人工制造材料技术，如陶瓷、玻璃、塑料、水泥等材料的制造；加工技术，对于原材料进行加工、改造，包括金属切割、成型等；组装技术，把不同零部件拼接和组装成新的产品，如机床等；能量技术，包括能量产生、转换、传输、变换、存储、测量和利用等技术；信息技术，包括信息产生、获取、传输、变换、加工、存储、显示、测量和利用等技术；控制调节技术；医疗技术。

由于过程都是对某类对象进行处理、加工、改造、操作，技术可按照操作对象分成以下四大范畴。

#### 4.2.2.1 物质处理技术

涉及自然界物质的获取，包括天然物质的变化、加工、改造、定做仿制，人工合成物质，人工制造材料等技术。更一般的物质处理技术包括，对一定的物质材料进行加工、处理、改造、拼接、组装等技术，经过许多工序、操作之后获得一定的产品。另外，该技术还包括各种物质特别是废弃物的回收、利用等技术。

#### 4.2.2.2 能量处理技术

涉及能量的产生、转换、存储、传输分配和有效利用等技术。特别是，可再生能源的有效开发、能源的节约、绿色能源的开发、廉价能源的利用等技术，受到更多的关注。

#### 4.2.2.3 农业技术

涉及天然植物、动物的获取以及人工对作物的栽培、种植、培育、改良和加工利用，对动物的驯养、繁育、品种改良，对于动植物病、虫、害的防治等方面的技术。

#### 4.2.2.4 医疗卫生技术

医疗卫生技术一般分为两部分：狭义的医疗技术就是疾病的治疗，广义的医疗技术就是人体状况的改善。这里主要介绍狭义的医疗技术，它大致可分为以下四个部分。

（1）监测技术：对于人体的状态、状况进行定性及定量的描述，为诊断提供事实基础。由于人体的复杂性，监测涉及许多难以直接看到的地方，而且涉及许多微量物质以及微过程，包括极快速的过程以及较慢的过程，以及各种各样的变化的积累效果，因此，监测技术是建立在物理、化学、生物、计算机科学等基础上不断改进的技术领域。这形成了快速进步的、相当专门化的一些技术部门。近年来，最显著的是医学成像技术，特别是 CT 技术、核磁共振成像技术、正电子成像技术等；此外还有微量及超微量分析技术等。除了静态分析技术之外，还有动态的追踪技术，这些都为诊断及治疗提供可信的事实依据。

（2）诊断技术：诊断是根据或多或少的事实做出一定的判断或推断，从而为治疗提供方向。通过监测和诊断技术，对患者的疾病可以形成一定的判断。诊断技术既有一定的理论负荷，也与经验有关。这是由于人类对疾病尚没有完全科学的认识，疾病的分类还难以准确地、严格地定位。另外，许多新的疾病的产生与演化也增加了诊断的困难。

（3）治疗技术：疾病的治疗在很大程度上还是经验技术。许多疾病的病因并不确切，而且即使已经明确病因的许多疾病也往往没有有效方法去治疗，例如，19 世纪末已知肺结核是结核菌感染的结果，但半个世纪之后才有比较有效的药物如链霉素、异烟肼等问世。药物只是治疗的一个方面，尽管是主要的方面。此外，外科手术、物理疗法乃至一些非主流技术也是常用的。医学的主要发展在于治疗技术的发展与改进。

（4）代用技术：当某些器官、组织甚至细胞不能修复时，就需要使用代用品来维持功能，其中包括器官移植与代用品合作（如人工心脏、假肢）。

## 4.2.3 作为知识的技术分类

现代关于科学技术的提法有一个明显的错误，那就是技术源于科学，技术一定有科学背景，技术知识即科学知识。实际上从古到今的技术大部分不是来源于科学知识的。典型的例子有很多，例如，许多药物为什么有疗效，至今也搞不清楚；玻璃的原料配方并不精确，也不知道为什么透明；等等。即使是基于科学的技术，也需要不断地试验和改进，才能得到较先进的技术。当然在许多情形下，传统技术也由于科学的发展和进步而转化为科学的技术，这种情形反映科学推动技术的直接影响，标志着人类认识的飞跃。不可否认，科学与技术是相互促进的，较难截然分开。但是，技术系统一般是复杂的，关于复杂系统的技术知识往往很难由系统知识来表述，这就是哈贝马斯（J. Habermas）区别技术知识与科学知识的理由。

可以说，古代的技术均为经验的技术，近现代的技术也有不少并非基于科学的技术，例如自行车、拉链等。

基于知识来分类技术可以分为两大类：一类是基于经验的技术，另一类是基于理论知识的技术，或者基于科学的技术。当然，它们之间也不是截然划分开的。不过历史常常是划界的好判据。

### 4.2.3.1 基于经验的技术

依据知识的来源可分为四类：①由偶然发现的知识产生的技术，如用火技术、采集技术等，一些材料的制造技术如玻璃、陶器、酒的制造等。②经验累积的知识产生的技术，如狩猎捕捞技术（对于猎物出没情况要有长时间的观察和积累）、农耕技术、冶金技术、制瓷技术等。与第一种技术不同，这种技术具有普遍性，几乎各民族都或快或慢地产生这种技术，它仍构成原始文化的重要组成部分，而且传承下来，一直到今天。在没有科学的技术干预的情形下，它仍具有相对的稳定性，成为基本的生存技术。③通过实验错误产生的技术，实验错误永远是人类产生新认识的重要手段。但是，这里的实验与科学实验还有一些不同。主要不同之处在于科学实验有理论基础，而这里的实验多少有些盲目性。这类技术主要的例子有纺织技术、造纸技术、冶金技术、金属材料加工技术（如铸造）、机械制造技术、蒸汽动力技术、植物和动物育种技术等。④基于思辨学说或理论的知识而形成的技术，典型的是各民族的传统医疗技术。这种知识停留在非科学阶段。

#### 4.2.3.2 基于科学的技术

这类技术的形成是一个复杂的过程：①由科学启其端，也就是说，技术的最终产品是科学理论及概念的具体实现；②科学提供思维框架，包括各种可能性、规律及禁戒；③科学提供研究及改进的方向、有效改进的步骤；④科学提供不同层次的技术手段来鉴定、观测和分析物质及过程，这种技术过程是可控制的、可操作的、可重复的。

当然，这种转化过程不可能是完全确定的。由于科学认识的局限性、实际过程的复杂性以及理论与实际的差别，经验方法仍然要用到。但是，上述四点却是本质的，特别是，从科学出发、有科学理论指导、减少盲目性是划分科学的技术与经验的技术的重要标准。现代化技术是基于科学的技术的实例，而近年来这类技术形成的产业越来越多，典型的有无线电技术、激光技术、半导体技术以及基因重组技术，它们显然是相应科学的产物。

基于科学的技术最方便的分类方法是依据科学的分类，如我们在科学系统论中设计的分类框架。基于科学的技术按其来源分为如下技术群：物理技术群、化学技术群、生物技术群、数学及系统科学技术群、心理技术群、社会技术群等。下文就前三个技术群展开说明。

（1）物理技术群是依照物理学及力学的原理和理论形成的一系列技术，其中包括：热工技术，即基于热力学的技术，许多热机如蒸汽机、内燃机、汽轮机的设计与改进都基于热力学理论以及流体力学等；电工技术，即基于电磁学理论，包括发电机、电动机、电路及电力网络技术等；无线电技术，涉及无线电的发射、接收、调制、放大等技术，从波段来分，有微波技术等；光学技术，包括光学仪器技术、光学成像技术，从波段来分，又分为近红外及远红外技术等；微电子技术，包括半导体、集成电路等技术；固体物理技术；声学及超声技术；激光技术；原子物理及分子物理技术；核技术，如放射性检测技术、同位素技术、核能技术等；核子物理技术，如正电子成像等；等离子物理技术；

极端状态技术，包括高压技术、真空技术、低温技术等；量子技术，如量子信息、量子计算机等技术。

（2）化学技术群，即基于化学关于物质的组成、结构、性质及化学反应的知识而形成的技术群，其中包括：化学分析技术，鉴定物质的组成及结构；化学合成及制造技术，其最主要的目标是通过一系列过程合成或造出具有给定性质的物质；化学反应调控技术，对一定的化学反应使之加速、减速以及按照确定方向进行的技术，其中重要的组成部分是催化技术。

（3）生物技术群，即基于生物科学的理论形成的技术，其中包括：基因技术，特别是基因重组技术，由此产生转基因作物；细胞技术，特别是克隆技术、酶及蛋白质技术。

### 4.2.4 作为意愿的技术分类

从满足人的需求来看，技术是完全不同于科学的。科学知识是客观的，“不为尧存，不为桀亡”。但技术过程、技术产品及技术手段一般都是有一个目的的，要达到一定的目标。当然是否能够达到目标是另外一回事，这与技术是否先进有关。

人的意愿、目标、需要、需求非常多，也没有完全统一的分类。现在，参照马斯洛（Abraham Maslow）的人本主义心理学中论及人的基本需要进行分类。

（1）人的生存及繁衍技术：①食物及饮水获取与加工技术，包括农业技术、烹调技术、食品储藏技术、水的清洁技术、水的传输等；②住居建造及维修技术，包括土木技术、建筑材料制造和输运技术等；③衣物制造及加工技术；④生活用品制造技术；⑤医疗技术，包括卫生技术、治疗技术、妇产科技术、育儿技术等；⑥生产技术，包括基本生产工具、陶瓷技术、冶金技术等；⑦交通运输技术；⑧经济管理及分配技术。

（2）社会维持及交流技术：①语言技术以及其他交流技术；②信息传输技术；③信息储存、积累技术；④教育技术；⑤防卫技术；⑥商业技术；⑦政治与行政技术。

（3）促进个体及群体发展的技术：①军事技术；②研究开发技术；③大规模工程（海底隧道、填海造陆、运河开凿等）；④海洋开发与资源利用；⑤身心健康增进技术；⑥精神文化的发展；⑦思维技术。

（4）维持及改进环境的技术：①自然灾害的预测预报与控制技术；②污染的防治技术；③废弃物处理技术；④森林、草原等保护及再生技术；⑤沙漠、荒漠等绿化技术；⑥环境破坏的探测与修补技术（如臭氧层破坏）；⑦新兴环境创设技术（如生物圈计划）。

大多数人类的需求导致产业的形成与发展，相应地，技术的分类可以反映在产业分类之中。同时，这引起所谓“高技术”概念的兴起，它与知识密集度密切相关。

加拿大葛拉（S. Gera）①等，将社会所有产业部门归纳为55个，以知识密集度划分为三群：①高知识密集产业群。科学与专业设备、通信及其相关电子设备、飞机及零部件、计算机及相关服务、商业机械、工程与科学服务、药品与医疗生产、电力、其他化学产品、机械制造、精炼石油与煤炭、管理咨询服务、教育服务、卫生与社会服务、管道运输、其他商业服务等16类。②中知识密集产业群。其他运输设备、其他电子与电气产品、有色金属、纺织、橡胶、塑料、通信、汽车及零部件；纸张及制品，采矿、建筑，生铁金属工业，非金属矿业生产，批发贸易、印刷与出版，原油与天然气，金属产品制作，粮食、饮料、烟草，金融、保险和不动产，娱乐与休闲服务，其他公用产业，其他服务等17类。③低知识密集产业群。捕捞与狩猎，其他机械制造，木材、家具与耐用消费品，林业，运输、仓储、农业、零售，个人服务，土石沙方挖掘，居住、食物与饮料，成衣，皮草等。

从技术中研发密集度，即研发经费对总产值的比，经济合作与发展组织将制造业划分为高技术、中技术、低技术部门，其中，中技术部分又细分为中高技术和中低技术部门。高技术有五类：航空航天、计算机、办公设备、电子-通信、制药。中高技术有五类：科学仪器设备、电子机械、汽车、化学工业、非电机设备。中低技术有七类：船舶制造，橡胶、塑料设备，其他运输设备，石、土和玻璃制品，有色金属，其他制造业，金属制品。低技术有五类：石油提炼、黑色金属、造纸和印刷、纺织和服装、木材和家具等。食品与饮料也属于低技术。

## 4.3 广 义 技 术

上述技术的分类大体上是从通常的技术，也就是狭义的技术角度来研究的。而技术系统论则要求把技术的概念加以推广，即形成所谓广义的技术的概念。许多思想家都研究过这一概念。

① Gera S, Mang K. The knowledge-based economy: shifts in industrial output. Canadian Public Policy-analyse de Politiques, 1998, XXIV(2): 149-184.

### 4.3.1 福柯的广义技术分类

法国著名思想家福柯（M. Foucault）把技术分为四大类型：①生产型技术，这是我们通常理解的狭义技术，如产品的制造、组装等；②权力型技术；③符号型技术；④自我型技术。这个观念受到许多人的重视，也产生了许多研究。

从这些观点出发，我们可对以上分类加以拓展。在本篇中，我们对技术也做了广义的分类，特别是把技术分为自然技术、社会技术和思维技术三大类，并对各类技术进行深入的探索，尝试性做了一定的分类，有关情况请参照相应各章。

### 4.3.2 技术系统及其分类问题

关于技术的哲学问题有许多讨论及争议，“什么是技术”比“什么是科学”更加难以回答。不过，为了进行深入的研究，必须明确技术的概念。依据波普尔的说法，我们必须在科学与技术、技术与产业之间适当地划界，尽管这个界限有一定的模糊性，而科学哲学与技术科学的研究就是要一步一步地使得这个界限更加清楚。同时，对于技术的内涵，我们也需要适当界定，以免流于空泛，大而无当。

哈贝马斯曾把知识类型分成四类，它们大致是技术知识、理论知识、道德实践知识、美的实践知识，而它们产生的可以流传下来的成果分别是技术、理论、道德、法律观念和艺术作品。我们不一定拘泥他的论述，却可以将之作为考虑问题的出发点。因为最常见的技术论述，为了强调与科学的理论性相对立的实践，认为一切实践知识都是技术知识，这不利于抓住技术的本质，也不利于从科学到技术转化的研究。这种定义的另一类麻烦来源于实践，有客观性及主观性、社会性及个体性、常规性及创新性诸多侧面，对这些性质不加区别不仅不利于讲清楚问题，而且容易使技术与个人的技能、技巧、技艺混淆起来。因此，我们对技术的特征做如下刻画，通过这些特征把技术与科学和其他实践知识相区别。

（1）技术是一种客观的知识。它与实践主体基本无关，在这种意义上与科学没有区别，因而是可以传播的、可共享的。

（2）技术是目的论的行为。即掌握技术知识的人知道技术结果，这与科学是确认事实的行为截然不同。正因为如此，技术是可以评估及比较的。

（3）技术是可操作的过程。通过一定的机制可以实现这个可操作的过程，并取得确定的效果。在这种意义下，它必须一方面同个人的技艺相区别，另一方面同技术的物质化载体——机器或产品相区别。

（4）技术的多样性介乎科学的多样性及产业的多样性之间。科学提供了全面的可能性及限制。例如，科学原理在其适用范围之内是不能违背的，如热力学第一定律、热力学第二定律指出第一类及第二类永动机的不可实现性。但在这种一般限制之下，在改进热机，或更具体讲，在提高蒸汽机、内燃机的效率上仍然存在种种限制。现实层面上的限制，限制了技术的多样性，许多理论上的预言只有在技术条件成熟时，才有可能实现，例如激光技术和全息技术都是在理论创立几十年后才发展起来的。

现实实践证明，从技术到产业的转化过程是很复杂的，这正是开发研究需要解决的问题。这个过程之所以曲折，是因为除了科学、技术的约束条件之外，还有诸如环境、市场、经济效益等社会因素的限制，因此，技术的选择空间更为狭窄，相应的风险更大，需要更进一步分析。

这条原理表明，多样化的系统分析提出了进行科技开发、实现技术及产业的转化的关键。而通常单打一的技术经济分析及市场分析则缺少这个环节，这也是发展中国家长期技术及经济落后的原因之一。

（5）技术的产生是发明的结果，是主动创新的过程。技术家在多维的选择空间中有较大的回旋余地，这与科学产生于观测、发现事实、追求确定的普遍原理的情况大不相同。当然在科学发现过程中，无论是实验技术、观测技术，还是计算及数学技术，技术的改进往往起着决定性的作用。这些技术的结果是得出"真理"，技术创新不能改变真理本身（当然能改变我们认识的程度），但技术使我们能力增大，而这正是"知识就是力量"的真正含义。

（6）技术的人工性表明，技术要经历人工过程，技术产品均为人工产品。尽管技术有仿造、模拟自然的可能性，技术目的可能是开发和利用自然资源，技术过程仍然是在人的干预下进行的。

根据技术系统论的考虑，我们把技术系统的分类框架确定一下。我们认为，技术系统的分类必须满足四个基本原则：①覆盖性；②开放性；③系统性；④实用性。

任何分类系统必须满足覆盖性。也就是说，已有的技术应当在框架中有其一定的地位。覆盖性也就是完备性。但是，技术系统不是封闭的、一成不变的体系，它每时每刻都在不断进步、不断创新，高新技术层出不穷。如果我们的技术分类不能包容新的技术门类，就会有极大的缺陷。因此，技术系统的分类要足够宽泛，能够包含技术进步带来的新事物，这就是技术的开放性。过去的技术分类的一个缺点是缺乏系统性。各种技术平摊在一个层次上，缺少多层次的隶属关系，这种技术分类有较大的局限性。当然，任何分类没有绝对的科学性及客观性。分类系统或多或少地反映分类者的目的，也反映分类者认识的局限性。因此，在任何时候，分类应该考虑实用性。

从操作上讲，我们应该先粗分后细分，继而考虑分层。下面给出技术系统的粗分类框架。

我们把技术系统分为三级：①基元技术，是技术的原子，相当于化工中的单元操作。所有技术操作可由它们构成的基元技术分为八大类，即获取技术、加工技术、组装技术、调控技术、输运技术、交流技术、设计技术、转换技术。②基本技术，其对象是自然物质与物质系统、人工物质与物质系统、能量系统、生命系统、个人、个人思维、信息系统、社会系统。③复合技术，则是基元技术和基本技术经过分化、组合、交叉及整合而成，大部分实用技术均为复合技术，如医疗技术、教育技术等。

# 5 技术整合

袁向东

## 5.1 技术整合在技术系统研究中的作用和地位

### 5.1.1 技术整合概念的提出

如本篇第 3 章所论，我们在探讨技术系统的演化时，借鉴了广义进化论中有关变异和选择的进化机理和美国文化人类学家怀特在《文化科学：人和文明的研究》中的人类学意义上的文化系统的观点。这对分析技术系统的演化提供了一种类比，并为探究技术系统与其外环境的相互关系提供了多角度的启示。一方面，我们注意到在与生物进化的类比中有两个困难之处，即在技术系统内界定相应于生物系统中“基因”的类比物十分困难，以及技术变异中非完全随机设计的普遍存在。另一方面，由于我们将技术定义为属于知识范畴的事物，这跟怀特在文化系统分类中的技术（子）系统也是有区别的，他的技术（子）系统的内涵由物质、机械、物理（过程）、化学（过程）诸手段，以及运用这些手段的技能共同构成。所以，当我们将技术系统作为一种知识系统来探究时，会遇到一些完全不属于广义进化论和怀特的文化系统观的概念，所谓的“技术整合”就是其中之一。我们注意到，在现实世界中，作为某种特殊知识［记为：输入（input）+确定的、可行的程序（procedure）+输出（output），简记为 I+P+O］的单个的技术（或称技术单元，记作 $T_u$）是静态的，像存放在专利局的一项项技术专利。为了探讨它们之间的相互作用，需要一个让它们活动起来的舞台，含有技术的各种人工过程（包括其设计、制造、销售、使用、改进、换代和弃用等过程）无疑就是这样的舞台，各式各样的技术能够在这个舞台上得到显示（或者说“表现”）和互动，并作用于外环境又从外环境得到反馈。因此我们需要谨慎地引入技术整合的概念。

### 5.1.2 技术整合的定义

我们给出技术整合的描述性定义：技术整合是指若干项技术在某种标识下同时被蕴含于一种（技术）载体之中。换言之，当若干项技术在某种标识下同时被蕴含于一种载体中并发生相互作用时，我们就说，这些技术实现了整合。这里的载体一般是指实在的（即物质的）人工制品、人们的实践活动或掌握技术知识的人，而非仅仅是知识；这里的标识是指赋予载体的名称，载体及其名称显然具有某种同一性，一个标识代表一类人工产品。我们也称上述技术载体为技术整合体（或简称整合体）。所有的技术整合体构成与技术系统相对应的技术载体系统，简称技载系统。关于人工制品的内涵，我们需要作广义的理解，它不仅可指工业产品、农业产品、第三产业中的产品，同时也包括人类各种实践活动及技术人员。下面我们各举一例来说明。

工业产品方面，以内燃机为动力、能在普通道路上以较高速度行驶的运载工具是一类载体，其标识是某类汽车。它蕴含成百上千项技术，如内燃机技术、传动与转向技术、特种钢炼制技术、模压技术、制动的防抱死技术、电子控制技术、安全气囊技术、照明技术等，这些都属于自然技术的范畴；同时这类载体也蕴含社会技术，如生产这类汽车的公司所特有的管理技术（成本核算、生产流程管理、质量管理等）、对公司员工的教育培训技术等；当然它还蕴含思维技术，如设计人员在部件和整车设计时使用的逻辑推理技术，以及各种数字技术等。这是技术整合的一个典型例子。应该指出，我们必须看到汽车这一人工制品还蕴含其他非技术的因素，如生产过程中除了已经被技术化的组织管理技术之外，还有非技术化的组织管理工作等。

农业产品方面可举转基因大豆为例，其中蕴含转基因技术，还含有自动喷灌技术、烘干技术、豆与荚的分离技术等。第三产业方面，可以举旅游业中的产品为例，例如北京到新马泰的七日游，由于其中涉及交通工具、线路安排、成本核算、人身保险等方面，因而蕴含相应的自然技术（如与交通工具有关的技术）、社会技术（如组织技术、交易技术等）和思维技术（如数字技术等）。人类实践活动方面，如规范化的各种选举活动及结果，可以看成人类实践活动中的政治产品。技术人员所指的范围应比我们通常理解的范围更广，除像土木建筑工程师、电子工程师等各类技术人员以外，所有参与构想、设计、传播技术知识的人都包括在内。有一类技术载体要特别提一下，即保存技术资料的书籍和音像制品。我们可以把它们定义为文化产品。从上面引述的这些例子可知：我们在讨论技术在载体上的整合时，不应只看到某个技术子系统（自然技术子系统，或社会技术子系统，或思维技术子系统）内的不同技术的整合，还应关注技术系统中属于不同子系统的技术间的整合。

这里我们需要对“整合”一词做些解释。对于某个技术整合体所蕴含的所有技术单元 $T_u^i$（$i$=1，2，…，$n$），我们强调它们各自的 I+P+O 在载体中的相互作用、相互制约和相互渗透，而不单是它们简单的组合。一部医用的 CT 机蕴含精密机械制造技术、电控技术、X 射线发生技术、计算机技术、显像技术等，它们各自又含有更多的基本技术单元，它们之间的相互作用错综复杂，最终实现对人体某部分的断层扫描和显像。我们可以说，上述各项技术在 CT 机中实现了整合。我们也可以说，它们经过整合产生了一项比原来的技术都复杂的新技术：计算机断层扫描与成像技术。这在技术整合过程中是较普遍的现象。在现实中，若干人工制品可能结合成具有不同于原有制品功能的新的人工制品，此时我们说原有制品中的技术实现了更高一个层次的整合。以此类推，我们可以得到各种层次的技术整合体。

### 5.1.3 技术整合是技术系统存在的基本前提

按照现代系统论研究的开创者贝塔朗菲的定义，系统是相互作用的多元素的复合体。从逻辑上说，一个对象集能成为系统，它必须包括至少两个可以区分的对象——这对于由丰富多彩的技术组成的集合而言是具备的；同时，对象集的任一元素必须与该对象集中的其他元素相关，即系统中“不存在与（系统中）其他元素无关的孤立元素”——这对于属于知识范畴的技术而言，如何理解它们之间的相关性呢？此时我们需要在技术整合这个舞台上来考察。在近代，这个舞台变得十分广阔。由于工业化带来的人工制品的种类和数量的激增，其中蕴含的技术单元不仅种类和数量剧增，而且呈现错综复杂的相互作用，许多看似没有什么联系的技术单元也发生了联系。比如随着技术的发展，母牛催奶技术和造纸技术就产生了相关性：蕴含母牛催奶技术的奶产品在出售时，过去常用玻璃容器盛装，现代则经常使用纸盒包装。因此可以说，母牛催奶技术和造纸技术相关。

我们认为，技术整合乃是技术相关性的基本前提，因而也是技术系统存在的基本前提。因此，我们在讨论技术系统时，由于引进了技术整合的概念，任何一项技术必然跟不同于它的另一项技术存在相关性这一命题几乎可以认为是一条公理。我们之所以说“几乎”，是因为无论从现实还是逻辑上讲，我们并不能完全排除未被蕴含于任何载体中的技术的存在。我们可以把尚未被蕴含在任何一个载体中的技术称为潜技术，而把已被蕴含在某一个载体中的技术称为显技术。严格地说，技术系统中的元素应都是显技术。因此，我们可以作如下的划分：所有的技术形成一个技术圈，其中的显技术组成我们讨论的中心内容——技术系统，其中的潜技术成为技术系统的外环境的一部分，是外环境中跟技术系统关系最密切的一部分，在一定的条件下可直接成为显技术。

### 5.1.4 技术整合为技术系统提供了演化的舞台

技术系统的演化是十分复杂的过程，本篇主要对其进行宏观的分析。本章则对其演化的舞台加以探讨。如前所述，我们将技术系统分为三个子系统：自然技术子系统、社会技术子系统和思维技术子系统。它们各自由众多相应的技术组成。这些技术的变异和新技术的产生，以及环境对它们的选择，是整个技术系统演化的基础。其中技术的变异和新技术的产生，与蕴含它们的技术载体所受到的经济的和社会的需求的刺激、该载体的协调性指标、自然环境和文化环境、科学的发现等有关。

我们需要特别注意：技术进化过程中的选择作用，并不是直接作用在作为知识的技术本身之上的，而是直接作用在蕴含技术的载体之上的。文化环境和自然环境首先是对人工制品、制造人工制品的企业、设计制品的人员进行选择，从而间接地对技术做出选择。这一观点被一些技术史研究者所提倡。如莫克尔（J. Mokyr）在谈到技术进化时指出："进化的'实体'——技术——是一种程序或规程，技术史中的主要演员（actors）——人类、人类组织和人工制品——各自扮演着有些不同的角色。他们是将各个实体从一个'时期'承载到另一个'时期'的载体。但是，对于选择所操纵的单元是基因还是表型生物，是'信息'还是承载它的载体，进化生物学家颇有争议。在技术史中，选择所操纵的实际单元是人工制品、人或企业，而不是这样的技术本身……"[①]例如，飞机的发展史上，出现过用于飞机起落架设计的多项技术，它们基本上对应于两类起落架：固定式的和回收式的。随着飞机速度的提高，减少气动阻力成为选择起落架的主要因素。到 20 世纪 40 年代，高速飞机全都使用了可回收的起落架，与此相应的技术得以遗传、变异和不断进化[②]。制造固定起落架的生产线大都被拆除，相应的设计人员改行，于是对应于固定起落架的大部分技术被弃用，成为潜技术。

这里再一次强调我们在"技术整合的定义"那一节中的观点：技术系统对应着一个技载系统，后者由蕴含技术单元的所有技术整合体组成。技术系统的演化是在技载系统这个舞台上表现的。

---

① 约翰·齐曼. 技术创新进化论. 孙喜杰，曾国屏译. 上海：上海科技教育出版社，2002：69.

② 约翰·齐曼. 技术创新进化论. 孙喜杰，曾国屏译. 上海：上海科技教育出版社，2002.

# 5.2 技术整合的发生机制

## 5.2.1 技术三要素的标志特性及技术的底层信息

在我们的技术定义中，一项技术由三个要素构成：输入，确定的、可行的操作程序和输出。一般而论，“输入”主要反映该项技术所使用的资源，是该技术的资源标记；“确定的、可行的操作程序”主要反映该项技术运行的规则和过程，这是技术三要素中最活跃、易变异的部分，是该技术的规则标记；“输出”主要反映该技术所对应的产出物。应该指出，输出所对应的产出物实际上分为两个部分：一是跟该项技术的直接目标相关的目的物，以能实现某种（人们需要的）功能为特点；二是跟该项技术的目标无关的非目的物。例如内燃机技术的输出物中，目的物是能成为带动各种机械运动的活塞的往复运动，而非目的物是燃料不完全燃烧或燃烧不充分所形成的一氧化碳和某些碳氢化合物，以及内燃机内高压、高温下形成的氮氧化物，还有由炭黑、焦油及重金属组成的颗粒物。这些非目的物即我们通常所说的内燃机运转时排出的废气。在技术整合中，输出中的目的物是实现相应载体功能的主要部分，而输出中的非目的物往往成为相应载体与环境相互作用时不可忽略的不利因素。因此，每项技术中的输出是该技术参与整合的最突出的部分，我们不妨称之为该技术的功能标记。

我们在讨论进化问题时，把单个的技术（即技术单元）作为最基本的要素是否理想、恰当呢？即把它们和生物进化中的基因类比是否合适呢？这是个难解决的问题。齐曼（J. Ziman）在将技术进化和生物进化类比时指出：“不存在严格意义上的生物分子基因（gene）的技术对应物。为了维持全面的类似，我们常常方便地采用‘縻母’（memes）这一术语来讨论技术系统，那是一个历时持久、自我复制并塑造实际人工制品的基本概念。”[①]按照我们的定义，虽然技术单元属知识范畴，但其中的规则标记是易变异的，缺乏持久性，不适合作为縻母。例如，生产人力驱动、前后两轮的交通工具（其标识为自行车）所应用的技术不断地改进，相应的自行车经历了前轮大后轮小到前后轮同样大小的变化，所使用的材料和工艺也时有改进。但是我们注意到，在生产各种各样自行车的技术背后有一个持久不变的底层信息（或者说底层知识），即制造人力驱动的两轮运输工具是可行的。所有的自行车都蕴含这一底层信息。将这种底层

① 约翰·齐曼. 技术创新进化论. 孙喜杰，曾国屏译. 上海：上海科技教育出版社，2002：6.

信息看成縻母也许更可取。它是技术系统演化中可以一代一代遗传的要素。应该指出，底层信息可以来自实践经验、科学知识或二者的结合。上例中所述的底层信息主要来自经验。莫克尔在“技术变化中的进化现象”中指出：“从历史上讲，最晚到 1850 年左右，在其设计者或使用者对其操作原理毫无概念的情况下，大多数技术得到了使用（Martin，ch.8；Turnbull，ch.9）。试错，偶然的运气，甚至完全错误的原理（David，ch.10），也可导致行之有效的技术在选择过程中得以生存。”[①]而在近代科学有了巨大发展的时代，更多的縻母可能来自科学的定律、理论和知识。

### 5.2.2 技术单元在“标识”下聚集并实现整合

如前所述，我们所谓的“标识”是对应于某种人工制品的名称。可以假定所有人们所希望得到的人工制品都附有一个名称，一个标识是已存在的或者可能将要存在的一类人工制品的代名词。任何一类人工制品必定具有某种或某些特定的功能，比如种类繁多的以人力驱动的两轮交通工具，其主要功能在于靠人的双腿的肌肉运动，驱动两轮以较快和较省力的方式行进，它们的代名词即是“自行车”。于是自行车这一标识跟上述功能联系在一起。一般而论，针对某个标识，所有输出与该标识所代表的功能有关的技术单元，都有可能聚集到该标志之下待选。就自行车这样比较简单的人工制品而论，有可能聚集到它名下的技术就有齿轮传动技术、刹车技术、减震技术、特种钢的炼钢技术、轧钢技术、防锈技术、电焊技术、橡胶提炼技术、生产管理技术等。其中的每一项技术都可能包含许多技术单元，例如齿轮传动的方式多种多样，涉及前后齿轮的齿数比、传动链条的长短等。到底哪种方式被选中，除了偶然的因素外，传动技术跟其他技术的相互关系起着重要的作用，即该传动方式是否能和属于其他技术的技术单元协调在一起，实现自行车的功能。因此，技术单元间的协调性成为实现整合的关键。例如为了省力，前后齿轮数之比最好接近 1，而为了能提高速度，这个比数越大越好。以人力为动力的条件约束了这个数值，同时这个比值还要跟刹车能力、车架强度、减震设备等相匹配，从而实现整合。

### 5.2.3 整合杠杆及其作用

一般情况下，技术整合是围绕人工制品的标识发生的。当出现新材料、新理论、新经验、新观念时，它们都可能成为促进新标识产生的推动力，从而促

---

① 约翰·齐曼. 技术创新进化论. 孙喜杰，曾国屏译. 上海：上海科技教育出版社，2002：61.

成整合的发生。我们不妨称这些新材料、新理论、新经验、新观念为整合杠杆。例如半导体材料的出现，促成了半导体收音机这一标识的产生，于是带动了一系列技术单元在半导体收音机这一标识下的重新整合。曾经一统天下的电子管收音机被性能更好、体积更小的半导体收音机所取代。在这一过程中，收音机中相应于电子管滤波的技术单元让位于相应于晶体管滤波的技术单元。当信息的数字传输理论出现后，新一轮的技术整合便开始了，原来在电话、电视、各种录音录像设备、各种音像传输设备中蕴含的模拟技术，被数字技术所替代。在近现代科学突飞猛进的时代，每一种新的材料的出现、每一项新的科学理论的诞生，几乎都成为新的技术整合发生的有力杠杆。

新经验也是促成技术整合的重要因素。自工业革命以来，大量技术的应用不断满足着人们在物质方面的需求。在很长一段时期，人们并没有认识到非目的输出物对人类赖以生存的自然环境的不良影响。随着时间的推移，这种不良影响朝着可能引发灾难的方向发展。到 20 世纪七八十年代，频繁的酸雨、臭氧层的空洞以及温室效应引起的气候变化，恶化了全球的环境，种种经验警示着环境保护的紧迫性，从而使环保产品的目录单日益加长。环保产品所蕴含的技术，现在常被冠名为环保技术，诸如环境监测技术、环境污染控制技术、工业污染防治技术等。

新观念在推动技术整合中的作用也不容忽视。以能源的开发利用为例，20 世纪 70 年代以来，世界能源结构开始由以煤、石油、天然气为主逐渐向以可再生能源为主的方向发展。这是人们深刻认识到不可再生能源经大规模开采已渐趋枯竭，必须开发利用可再生能源和非常规能源这一新的能源观使然。在核电站、潮汐发电站、太阳能电池、地热发电站这些标识下，各自聚集了一大批能源技术和其他技术的整合体。

这里，我们需要指出，整合杠杆的出现不一定会立即引发新标识的产生，继而导致新技术、新的技术整合的发生。也就是说，整合杠杆不一定能在技术整合体中表达。新的科学发现尤其是如此。我们知道，科学发现有比较大的随机性，新的科学理论的发生可以认为是科学进化中的突变现象。莫克尔在讨论技术经济史所关注的进化问题时指出："经过高度随机的突变过程和选择性保留，知识的新项（Ω中的变化）得以引入。这种突变可能或者不能在表型中得以表达，也就是说被映射到λ；的确，大多数突变不能。如果它们没有被表达出来，则仍然保留在Ω中，在随后的时间里它们可以'被激活'（也就是被表达），从而作为适应如互补性知识（complementary knowledge）的涌现等变化环境的一部分。”[①]莫克尔用符号Ω表示“有用知识集合”，λ表示“可行技术集合”，显然$\Omega \geqslant \lambda$。他在这里主要想表达的意思是生物学范式在解释如技术之类文化现象方面的局限性，但就科学知识不一定在技术、从而不一定在蕴含技术的整合体中被表达这一点而言跟我们是一致的。

### 5.2.4 整合的特性指标

技术整合体的性状特征很难被唯一地分解成其所蕴含的技术单元的底层信息——持久不变的技术麼母。正如齐曼所述：“一个人工制品的性状特征不能被唯一地分解成持久不变的、明确定义的设计要素。例如，所有的自行车都有车轮，但这些车轮无论在设计上还是在构造方面都是各式各样的，因而认为它们是存在于一个个车型中的‘车轮麼母’的表现并不是很有用。”[②]为了刻画技载系统中各种技术整合体的特性，从而提供一些对它们进行比较的指标，我们初步提炼出技术整合体的三种特性指标：多血统指标、协调性指标和环境超适应指标。

跟生物进化的情形不同，来自远缘世系的技术单元经常发生整合。“‘多血统’是通则。没有任何生物有机体能像（譬如）计算机芯片那样，结合了来自化学、物理学、数学和工程学等众多不同领域中的基本思想、技术和材料。”[③]根据我们对技术的分类方法，每一种分类法下的不同类别的技术单元都具有不同的血统。于是，对任何一个技术整合体，我们可以对其中蕴含的技术单元按我们的分类法进行分类。假设技术整合体 T 蕴含有 $n$ 个技术单元，记作 $T_1$，$T_2$，…，$T_n$，它们在分类法 A 中分别属于 $m$ 个子类，即分别属于 $A_1$，$A_2$，…，$A_m$，我们便称 T 在分类法 A 下的多血统特性指标为 $m$。于是，我们可以在指定的分类法下比较不同技术整合体的多血统指标，以帮助认识它们技术含量的多寡。

对于一个技术整合体而言，其蕴含的各技术单元的协调程度如何，将直接影响该整合体的生存能力和效率。我们举两个例子。在蒸汽火车出现之初，蒸汽发动机的强大动力和原始的刹车系统非常不协调。那时使用的刹车系统是这样的：在每节车厢安装类似于牛车使用的杠杆式的人力刹车装置，这种装置对飞速转动的轮子的制动力不大。当司机需要停车时，一面制动机车，一面向每节车厢上的刹车员发出停车信号，刹车员们看到信号后便用力拉动刹车杆。由于刹车员的反应能力不一，用力程度参差不齐，刹车效率极低，大大影响了火

① 约翰·齐曼. 技术创新进化论. 孙喜杰，曾国屏译. 上海：上海科技教育出版社，2002：62.
② 约翰·齐曼. 技术创新进化论. 孙喜杰，曾国屏译. 上海：上海科技教育出版社，2002：6.
③ 约翰·齐曼. 技术创新进化论. 孙喜杰，曾国屏译. 上海：上海科技教育出版社，2002：7.

车的行进速度。这是典型的不协调的例证。不出现有效的刹车技术，火车这种高速轨道交通工具很可能无法生存。同样地，早期的电子计算机（如 ENIAC——Electronic Numerical Integrator and Calaulator）由于使用了电子元件，实现了初等运算的高速运行，但指挥其运行的程序却是“外插型”的，需要用外接线路的方式来实现。为了进行几分钟或一小时的数字计算，准备外接程序的工作要用几小时甚至一两天时间。这在某种程度上抵消了电子元件的优越性，从而无法实现真正的高速计算。上述的不协调性都成为新技术、新整合发生的动力。火车的刹车装置后来发展成由司机控制的气动刹车装置。而计算机的发展史告诉我们，正是将“程序”像“数据”一样内存于计算机内这一新观念，促成了“程序内存式计算机”标识的出现，从而诞生了现代高速电子计算机。如何将不协调性给予数量化的刻画很困难，因为一个整合体内往往蕴含许多技术单元，它们之间的制约关系十分复杂。我们大致可以从其中的技术单元的目的输出物受限制的程度来判断不协调的程度。这方面的问题值得进一步深入探讨。

环境超适应指标直接反映了技术整合体在其生存环境中的生存能力。适者生存是生物进化的一条基本原理。技术整合体的进化在大部分情况下也遵循这个基本原理。我们知道此前一定时期中具有最先进技术的全球铱星通信系统，因通信费用昂贵、用户少，不适应社会经济环境而一度停止运行；其中蕴含的一些技术成了潜技术。我们这里提出“环境超适应指标”是借鉴了生物进化中所谓的超适应现象（如鸟类飞行用的羽毛最初仅用来保暖）。莫克尔在“技术变化中的进化现象”中说：“最初因为某种性状而被选择的一项技术，却因它恰好拥有的另一种性状而获得其后来的成功和生存。……当代许多最为重大的发明，其最初选择时的目的，与最终证明是其最持久的性状截然不同。例如，留声机最初是由爱迪生作为口述录音机而发明的。……当阿司匹林被介绍时，它扮演了一个口袋（package）的角色：能同时退烧、缓解疼痛。后来又发现，它还能预防心脏病。”[①]这说的就是技术整合体的超适应现象，只不过他没有对技术和技术整合体加以区别，而把它们统称为技术。按照我们的观点，技术只有进入整合体后才能表现出它的适应环境的能力，环境直接检验的是技术载体的适应能力。显然，一个技术整合体能适应环境提出的要求越多，其在环境中的生存能力越强。它的环境超适应指标的值跟它能适应的环境要求的多少成正比。

应该指出，技术整合体的超适应现象很自然地会使我们联想到技术本身的超适应性问题。我们知道，一项技术很可能在多种不同种类的载体中得到应用。

① 约翰·齐曼. 技术创新进化论. 孙喜杰，曾国屏译. 上海：上海科技教育出版社，2002：64.

比如扇叶制造技术，它不仅蕴含于日常使用的电风扇、电子计算机主机内的微型风扇，还存在于轮船和飞机的螺旋桨中。所以，技术的超适应指标的值跟蕴含它的技术整合体的种类数成正比。

技术整合体的上述特性指标与技载系统的演化有密切的关系。

## 5.3 刺激-反应机制

### 5.3.1 技载系统是复杂适应系统

美国著名学者霍兰（J. Holland）在《隐秩序——适应性造就复杂性》一书中，对所谓的复杂适应系统的性质做了分析。刺激-反应机制是霍兰描述复杂适应系统演化的主要理论之一。1969 年，诺贝尔物理奖得主盖尔曼（M. Gell-Mann）在评论该书时说："他清晰而风趣地解释了复杂适应系统的重要性质。沿此道路，他为经济学、生态学、生物演化和思维研究都提供了非常宝贵的洞见。"[①]

盖尔曼提到了霍兰的复杂适应系统的理论可用于解释生物演化现象。本篇常将技术演化跟生物演化做类比，自然想到技载系统是否是霍兰所谓的复杂适应系统。实际上，《隐秩序——适应性造就复杂性》中并没有给复杂适应系统下严格的定义。霍兰举出若干例证，比如大城市作为一种系统能够在灾害不断和缺乏中央规划的情况下保持协调运行，人体免疫系统在适应环境时不断完善其特性而在某些情况下又变得极为脆弱，哺乳动物的中枢神经系统中神经元的相互协调作用能对外界刺激作出准确反应等；并指出这些系统具有的共同特点，即它们都是由大量有主动性的元素（他借用经济学中的词 agent 表示这种主动性元素，国内学者将它译为"主体"）组成的。这些系统在形式上、性质上各不相同，而其整体行为都不是其各部分行为的简单相加之和。霍兰进而指出，主体的行为可看成是由一组规则决定的，这组规则就是刺激-反应规则。他说："刺激-反应规则非常典型而且通俗易懂。IF（若）刺激 s 发生，THEN（则）作出反应 r。IF 市场行情下跌，THEN 抛售股票。IF 车胎撒气，THEN 拿出千斤顶。"[②]应该注意，霍兰自称他的意图不是要在真实主体中明确地找出其具体规则，而只是给出描述主体行为的一种方便的途径。

---

① 约翰·H. 霍兰. 隐秩序——适应性造就复杂性. 周晓牧，朝晖译. 上海：上海科技教育出版社，2000："对本书的评价".

② 约翰·H. 霍兰. 隐秩序——适应性造就复杂性. 周晓牧，朝晖译. 上海：上海科技教育出版社，2000：7.

霍兰的这一套理论似乎可以用来分析我们的技载系统。唯一需要注意的是，技载系统中的主体是技术载体，如何来看待它们的主动行为能力呢？上文我们曾提到，人是技术载体之一，其主动性毋庸置疑。可是像汽车这种技术载体的主动性在哪里？汽车一经问世，它的展示、销售、使用、维修，以至更新换代，便都和作为技术载体之一的人结合在一起，成为一种综合技术载体。这时它便具有了主动性。因此，技载系统中的主体都应是如上所述的综合技术载体。以下的讨论中，凡提到主体时都是指综合技术载体。

### 5.3.2 对技载系统中主体的刺激

在探讨技载系统的演化时，我们需要关注的是主体所受刺激的种类和可能作出反应的范围。本小节先讨论刺激的种类。

（1）第一类刺激来自主体外部的不断变化着的需求。这里所说的需求是政治、经济、社会、科学、文化和军事诸方面的综合因素构成的对主体的刺激。巴萨拉（G. Basalla）在《技术发展简史》中引述了19世纪英国纺织业界使用的非自动精纺机所受到的经济和社会因素的刺激："非自动的精纺机需要由技术娴熟、报酬很高的称作纺织工的人来伺候。……他们是工厂运行的绝对核心……要求半管理性的权力，制定工作条件、获得加薪的待遇。"[①]纺织厂老板对此极为不满，想要发明家造出一种自动的精纺机。在这一标识下，不久就出现了蕴含新技术的人造物：自动走锭精纺机。它的诞生削弱了纺织工的独立地位，压低了他们的工资，限制了他们动不动就罢工的倾向。这里，刺激涉及非自动精纺机效率低、投入多（包括给纺织工的高工资）等经济因素，也涉及劳资关系等社会因素。巴萨拉还分析了 19 世纪另一项纺织业的技术创新，即给印花工艺带来革命的滚筒印刷机。原来的工艺靠印花工人用刻有阴文的木模版在布料上印图案，效率极低：印一匹 28 码长的布要用手工操作蘸墨印模 448 次。19 世纪后期，组成严谨行会的印花工人又发动了一系列罢工。这些经济和社会因素促成了机械印花技术的诞生，其相应的人工制品就是滚筒印刷机。在上述两例中，刺激还包括市场需求、劳动力匮乏等经济和社会因素。军事的需求也一直是技术演化的强大推动力。巴萨拉指出，20 世纪的"许多最令人激动的新技术都有军事背景的烙印。它们包括喷气式飞机、飞船、雷达、计算机、数控机床、微电子产品"。[②]

（2）第二类刺激来自主体自身，即其所蕴含各项技术的不完全协调性所引

① 巴萨拉. 技术发展简史. 周光发译. 上海：复旦大学出版社，2000：122.

② 巴萨拉. 技术发展简史. 周光发译. 上海：复旦大学出版社，2000：183.

发的刺激。上文提到的早期火车的强大动力和软弱的刹车的矛盾、最初的计算机的高速数字运算能力和笨拙的程序输入方法的矛盾，都是典型的不完全性的表现。实际上，某一标识下的人工制品一旦产生，这一主体内部的不完全协调性将长期存在，成为不断刺激该类主体革新演化以至逼近完全协调性的动力之一。

（3）第三类刺激来自环境，包括自然环境、经济环境、人文环境等。这类刺激经常出现在人工制品传播的过程中。巴萨拉分析了斧头、轮船和火车的机车在由发明地向其他地区传播的过程中，自然背景——森林、河流和地势等——导致对原人造物的改造。现代的很多人工产品经历着同样的过程。“汽车、电话、家用电器……每种东西在介绍给不同国家时，都随着变化了的环境和使用方式不同而作相应改变。……汽车，被改造得与各国的驾驶习惯、道路状况、燃料成本、安全规则和地形相适应。”[①]

（4）第四类刺激直接与科学发现及技术梦想有关。前文在讨论整合杠杆时，提到了科学发现对刺激人工制品演化的重要作用。这里说一下技术梦想在刺激人工制品演化方面的作用。按巴萨拉的定义，技术梦想指技术人员按照想象构想出的机器、技术建议和技术假象。他以文艺复兴以来机械类的技术梦想著作为例，“在 1400 年和 1600 年间，大量附有精心绘制插图的此类著作在德国、法国和意大利出版。……在这些机械学著作中描绘过的某些新机器装置后来被融合进了实用机器中，另有一些仍未被采用……”[②]实际上，技术梦想为技载系统中的已有主体的演化和新主体产生提供激励素材。

（5）第五类刺激来自技术整合体的功能缺陷。早期的自行车无刹车系统是明显的功能缺陷。再如，原来的汽车刹车装置易发生抱死现象，行驶中的汽车一旦出现这种情况，就可能造成交通事故；这一缺陷刺激了所谓的 ABS 系统的诞生，它具有防抱死功能。汽车安全气囊的发明也是由于汽车在发生事故时缺少保护驾乘人员安全功能。

（6）第六类刺激是由技术的非目的输出物造成的。这些非目的输出物在技载系统的主体上的体现往往表现为各种副产品、废料、废气，如汽车的尾气、核电站的核废料、冶炼厂的废渣废气等。其中有的可再利用，有的不仅不能再利用，还成为危害自然从而危及人类安全的污染物。20 世纪下半叶，由此引发的环境问题已成为推动技术改造（技术变异）、催生新技术的重要刺激因素，环保技术就是例证。

---

① 巴萨拉. 技术发展简史. 周光发译. 上海：复旦大学出版社，2000：100.

② 巴萨拉. 技术发展简史. 周光发译. 上海：复旦大学出版社，2000：73-75.

### 5.3.3 技载系统中主体在刺激下的反应

上述各类刺激往往是综合地对主体发生作用的。受作用的主体的反应则是各式各样的。我们在这里仅就三类明显的反应略加描述。

#### 5.3.3.1 主体中所含一项或多项技术发生变异，呈现出技术进化的多样性和延续性

仍以自行车为例，最早的自行车是一种玩物，轮子很高，是中产阶级男子运动休闲的工具。骑车人离地面高又没有刹车装置，所以较难控制而易出危险。人们认识到它可以作为省力和方便的个人交通工具时，便把车子的高度降低，附加了刹车设备。为有助于在有两轮马车车辙的道路上骑行（灰尘极大，因而极易损坏齿轮传动所使用的金属），那时的自行车是前轮大后轮小的式样，随着相对平滑和干净的碎石路面的出现，自行车的式样逐渐发展成现代标准的形式。不断变化的需求刺激又促成了具有各种功能和形式的自行车：场地赛车、越野车、变速车、各种大小轮子的轻便车、杂技用车等。再后，小型动力装置的出现又刺激产生了自行车的变种：各种助力车（靠人力和其他动力相配合来驱动的自行车）。

#### 5.3.3.2 主体发生形状和功能的巨大变化，也可称为突变

如对速度和承载量的需求，使自行车融合进了汽油发动机技术，而且汽油发动机成为唯一的动力，其功能和形状相对于原来的自行车都发生了质的提升。我们注意到，在现代，现存主体和某特定科学知识的融合，常常是突变发生的必要条件。

#### 5.3.3.3 现存主体退出技载系统

蕴含先进技术的协和式超声速客机，由于飞行成本高、噪音扰民，加之所含技术的协调性不完善而故障不断，终于在使用若干年后退出了民航业。其中蕴含的某些技术从显式转为潜式。

### 5.3.4 选择在刺激-反应过程中的作用

上述两小节分别探讨了刺激和反应的一些类别。实际上，两者之间还有一个重要环节：选择。技载系统中的主体对刺激的反应存在多种可能性，这些可能性要通过选择才有可能成为现实。

我们举一个铁路技术演化过程中的例子。1830 年，第一条适合蒸汽动力列

车运行的铁路投入使用。随着路轨、机车和车辆制造技术的稳步演化，铁路建设也以缓慢的速度发展。但运行在铁路线上的列车有巨大的噪声和严重的污染，以及消耗大量的煤炭，这些社会及经济因素成为对它的一种刺激。到 19 世纪 40 年代中期，由于资本主义经济的发展，大量物资和人员快速流动的需求又成为一种更强的刺激因素。于是英国和欧洲大陆掀起了铁路建设热潮。

在拟建 2800 英里铁路计划的刺激下，与传统铁路技术不同的气动铁路技术被一些技术人员和铁路公司看好，得到了快速发展。这里需要对气动铁路技术略作解释。气动铁路无须牵引机车来拉动各列火车。相反，在气动铁路线的铁轨之间，增加了铸铁制成的圆柱形管道，管道的直径在 15 英寸[①]左右，管道延伸于整条铁路线上。安装在列车引导车的行走装置上的一种特殊的活塞，紧贴圆柱形管道。汽缸则安置在铁轨所在的平面上。铁路线上每隔 2～3 英里[②]安装一部蒸汽驱动的气泵，用来抽空汽缸中的空气，促使活塞和与之相连的列车向压力低的方向移动。我们可以这样认为：在各种刺激的作用下，相对于传统的铁路的技术分化出一个变异品种，即气动铁路技术，其载体即是气动铁路线。此时出现了两种技术载体的竞争局面。

气动铁路线有其优点：首先是“为那些经受了早期蒸汽机车的喧闹和烟尘之害的乘客们提供了清洁安静而快速的交通。其次，它将其蒸汽引擎及附带的燃料牢固地置于地面。蒸汽牵引方式浪费能源，因为笨重的机车及其专用煤和水必须沿铁路线不断地供给。……它只要间隔性地动用蒸汽牵引的气泵，在火车到达的前 5 分钟左右就需要它们，在别的时间汽缸不需排空气，这就大大节省了燃料。”[③]

当时建成了 4 条气动铁路线，总长 30 英里。但是，气动铁路的缺点是一目了然的：司机控制列车的能力下降；置于路基上的动力系统很难与每小时行驶 50～60 英里的列车协调工作，因此设备极易损坏，燃料消耗比设想的要增加许多；一连串气泵中只要有一个坏了，整条铁路就得停运；等等。环境很快对它们做出选择：气动铁路线淘汰，气动铁路技术从显技术变成了潜技术。[④]

我们还需要指出，选择不仅发生在技载系统的主体身上，也可能发生在潜技术和技术的整合过程之中。20 世纪 50～70 年代，美国围绕是否发展超音速客机的问题展开的辩论，充分反映了对技术的选择是个十分复杂的过程，

① 1 英寸≈0.0254 米。
② 1 英里≈1609 米。
③ 巴萨拉. 技术发展简史. 上海：复旦大学出版社，2000：193-195.
④ 巴萨拉. 技术发展简史. 上海：复旦大学出版社，2000：192-196.

巴萨拉在《技术发展简史》中用整整一节讨论这一例证[①]。我们在此作一简单的剖析。

自 1903 年的飞机处女航以来，飞机演化的一个方面是速度在稳步提高。第二次世界大战期间，美国建立了政府补贴高速新型飞机开发的机制。战后由于苏联和美国的冷战对峙，美国又延续了政府与飞机制造商的密切合作。国家利益和政府行为成为选择的重要依据。20 世纪 50 年代，波音、道格拉斯和洛克希德飞机公司开始对超声速运输（简记为 SST）做可行性研究。美国政府作出选择，决定由联邦航天局承担 SST 的开发责任。当时联邦航天局设想的是具有马赫数为 3 的飞行速度的钛合金不锈钢飞机。

1962 年，英、法两国政府宣布联合开发研制马赫数为 2.2 的协和式飞机，这使美国政府更加不敢轻视 SST。国与国之间的竞争也成为对美国 SST 研究工作的刺激。1963 年，泛美航空公司订购了 6 架协和式运输机，这一市场经济行为又推动美国政府和国会同意负担开发 SST 的大部分研制费用：在所需的 10 亿美元中，联邦政府负担 75%，各私营开发公司负担 25%。联邦航天局很快公布了 SST 发动机和飞机机体结构的标书细节，并预计这种飞机将于 1970 年开始商业飞行。

美国对 SST 的选择似乎已成定局，但事实并非如此。国家利益、经济可持续发展、环境保护、生活质量等诸多因素开始介入这一选择过程。总统咨询委员会认为 SST 在商业方面是否明智值得怀疑：经济学家没有把握说乘客一定会选择超声速飞机，因为乘坐即将出现的大型喷气式客机更便宜；公众则更关心超声速飞行产生的声爆将使人无法忍受。SST 面临着夭折的危险。

1968 年和 1969 年，苏联的图-144 超声速飞机和英、法联合研制的协和式飞机相继进行了处女航。国外来的刺激再次成为美国 SST 得以生存的强心剂。1968～1971 年，争论趋于白热化，其中组织严密的公众利益集团是反对 SST 的中坚力量。这一选择过程最终在 1971 年以国会投票的方式结束：取消所有对超声速飞机开发的投资。

这 20 年在美国展开的对一种新技术产品的选择，确实对我们理解选择的复杂性有很好的启示作用，选择绝非只是单一的经济因素或政治因素，或别的因素的孤立作用所致，而是多因素综合作用的结果。顺便指出，上面提到的运行多年的协和式超声速飞机最终也退出了历史舞台，究其原因，实际上跟美国社会拒绝 SST 的理由大同小异。虽然技术演化在不同地点、不同时间可能有不同的表现，但只要有相同的刺激存在，演化的最终结果应该是一样的。这就是技载系统演化中的趋同现象。

① 巴萨拉. 技术发展简史. 上海：复旦大学出版社，2000：167-172.

通过以上讨论，我们对技载系统演化的动力和机制做了粗线条的描述，由此又可以引申到对技术系统演化的动力和机制的了解。技术系统是跟技载系统相对应的。虽然技术系统中的技术单元跟技载系统中的主体的对应不是一对一的，但确实存在着两个系统间元素的某种完全的对应。对技载系统中主体的刺激必然引发对技术系统中技术单元的刺激。技载系统中主体的反应则是经由技术单元的变异或突变实现的。这也是我们引入和讨论技术整合的意义所在。

# 6 自然技术

李伯聪

在整个技术系统中，自然技术是一个十分重要和包含范围很广的类型。虽然本篇对技术的含义作了“广义”的理解，认为技术的范围既包括自然技术，又包括社会技术和思维技术，但我们注意到学术界还是存在着另外一种对技术的“狭义”理解。例如，《辞海》对技术的解释是：①“泛指根据生产实践经验和自然科学原理而发展成的各种工艺操作方法和技能”；②“除操作技能外，广义地讲，还包括相应的生产工具和其他物质设备，以及生产的工艺过程或作业程序、方法”。[①]《自然辩证法百科全书》把技术解释为：“人类为了满足社会需要而依靠自然规律和自然界的物质、能量和信息，来创造、控制、应用和改进人工自然系统的活动的手段和方法。”[②]尽管以上解释中还出现了“广义地讲”这四个字，但以上显然都是对技术定义和范围的“狭义”的理解。可以看出，所谓对技术的狭义的理解实际上也就是把技术的范围限定在自然技术的范围内的一种理解和解释。陈昌曙在《技术哲学引论》[③]一书中也是以对技术的“狭义”理解为基础而立论和进行分析的。

本篇不采用对技术的“狭义”的理解绝不意味着我们低估了自然技术的地位和重要性。在整个技术系统中，自然技术具有特殊的重要性。

控制论的创始人维纳认为，物质、能量和信息是构成世界的三大要素，据此我们可以把自然技术划分为物质技术、能量技术和信息技术三大类。

应该指出，在实际的技术活动和技术实践中，这三类技术是密不可分的。从严格的意义来说，“纯粹的”、没有其他类型的技术渗透在其中的、孤立的物质技术、能量技术和信息技术是不存在的。可是，为了分析和论述的方便，同时还有理论和实践的理由，我们还是把自然技术分为物质技术、能量技术和信息技术，并且把分析和考察的重点放在物质技术上面。

---

① 转引自：陈昌曙. 技术哲学引论. 北京：科学出版社，1999：94-95.

②《自然辩证法百科全书》编辑委员会. 自然辩证法百科全书. 北京：中国大百科全书出版社，1995：214.

③ 陈昌曙. 技术哲学引论. 北京：科学出版社，1999：91-95.

## 6.1 能量技术

能量技术是指能量释放、转化、传输和节约的技术。工业中的动力技术、电力技术、某些电气技术、能源技术、节能技术等都属于能量技术的范围。

在人类历史上，火的利用是一项最伟大的技术发明。它对人类文明的进步起到了非常重要的作用。在近现代历史上，蒸汽机的发明被看作是第一次技术革命的主要标志，电力技术的发明被看作是第二次技术革命的主要内容，而蒸汽机技术和电力技术都属于能量技术的范围，由此即可看出能量技术的重要地位和作用。

如果以上所述是能量技术重要性的“正面”表现，那么在现代社会中，曾经使某些国家和某些政治家“谈虎色变”的“能源危机”就是能量技术重要性的“负面”表现。应该说，在现代许多国家中，“能源短缺”是一个至今仍然没有“退去”的阴影。

原子能的利用曾经被许多人认为是一次空前的能量技术的革命，有些人甚至认为由于有了原子能，人类就在“实用”的意义上拥有了一种可以说是“取之不尽，用之不竭”的能源。可是，震惊世界的美国三英里岛核电站事故、苏联切尔诺贝利核电站事故以及核电废料处理方面所产生的诸多问题，使得那种对于“原子能时代”的过分乐观的观点迅速地成为过眼云烟。目前，已有愈来愈多的人愈来愈深刻地认识到：要解决现代人类社会所面临的能源短缺和能量技术方面的许多问题，实在是一个非常艰巨的任务，因为现代人类需要的不但是强有力的能源，而且还必须是“清洁”的能源。

## 6.2 信息技术

信息技术包括信息接收技术、信息传输技术、信息加工技术、信息安全技术、信息存贮技术等。许多人都曾听说过的烽火报警方法，就是中国古代的一种信息传输技术。中国古代的四大发明中，造纸术和印刷术都属于信息技术的范围。

虽然从技术史的角度来看，信息技术的历史可以追溯到很久远的年代，但在哲学发展史上，哲学家是在比较晚近的年代才把信息当作一个独立的概念和范畴来进行研究的。香农是信息论的创始人，但他关心和试图解决的主要是信息的度量问题，即关于信息的“量”的问题，却不太关心信息的“性质”或者说信息的“本质”。他要解决的问题是通信工程中的信息“量”的问题，他认为通信的语义方面的问题与工程问题是没有关系的。虽然在香农之后，有许多人研究过关于信息的本性的问题，提出过形形色色的关于信息的定义，但迄今为止，在“什么是信息”这个问题上，学者们还没有取得一致的意见。

从哲学的角度来看，一个可供参考的观点是把信息定义为“他在之物”①，这个定义的优点是从多元关系中定义信息，并且考虑到了信息概念与作为“自在之物”的物质概念之间既相互区别又相互联系的关系。

从历史的角度来看，信息技术的地位、作用愈来愈重要，信息技术的发展呈现加速上升的势头。

人类历史上的某些时代是以技术的特征来“命名”的，例如旧石器时代、新石器时代等。在人类社会早期，所谓旧石器时代、新石器时代和青铜时代等都以材料技术（属于物质技术的范围）作为时代的特征；而在近现代时期，又出现了蒸汽机时代和电力时代。许多人都认为，第一次技术革命以蒸汽机的发明为标志，第二次技术革命以电力技术为标志，而蒸汽机技术和电力技术都属于能量技术的范围。目前，尽管对于所谓第三次技术革命或第四次技术革命的标志究竟是什么，还没有一致的看法，但许多人都认为，人类社会在20世纪下半叶开始进入所谓信息时代。信息时代这个表述，明白无误地指出了信息技术是现代社会中独领风骚的技术。

计算机的发明不但是信息技术发展史上的一个革命事件，而且无疑地还是整个人类的技术发展史上的一次革命。迄今为止，计算机技术的发展历史向人们表明：计算机技术的潜力几乎是无穷的，人们往往低估了计算机技术的潜能和发展的可能性的空间。

最初，计算机都是“独立的”计算机，或者说是“孤立的”计算机，可是在互联网技术发明之后，计算机“联合”起来了。马克思和恩格斯在《共产党宣言》中，曾发出了一个响彻云霄的呼声：“全世界无产者联合起来！”目前，共产主义和人类大同的理想还没有实现，可是我们欣慰地看到，通过互联网技术，全世界的个人计算机正在迅速地“联合起来”；尽管“英特纳雄耐尔”还没有实现，但互联网已经实现了。

在现代社会中，信息技术正以不可思议的速度向前发展，一个又一个的信息技术的奇迹令人瞠目结舌。尤其需要加以强调的则是，计算机和其他信息技术——例如电信技术和互联网技术等——的发明不但具有重要的经济意义，而且具有重要的社会意义。实际上，也正是由于信息技术不单纯具有“自然的意

① 李伯聪. 赋义与释义：多元关系中的信息. 哲学研究，1997，(1)：49-56.

义”，而且具有重大的“社会意义”，人们才把现代社会称为“信息社会”，把这样的时代称为“信息时代”。

# 6.3 物 质 技 术

物质技术包括采掘技术、材料技术和加工制造技术等。由于加工制造技术是最典型的物质技术，以下我们着重地对加工制造技术和加工制造过程进行一些简要的理论分析和论述，分析中也顺便论及材料技术。

## 6.3.1 自然资源和原材料

自然资源或原材料是物质加工制造过程的物质起点。我们可以把自然资源和原材料统一称为原料（质料）。在物质加工制造过程中，人类通过使用工具或操作机器而对原料（质料）进行一定方式和一定程序的加工，在此过程结束时实现人类预定的目的，原料变成了相应的产品。

### 6.3.1.1 无限的物质自然界和有限的自然资源

人类产生之前就存在着物质自然界，在“陈述”那时的自然界时，物质这个概念是不可少的，而资源这个概念却是毫无用武之地的，对于那时的自然界来说，谈论什么资源问题是没有意义的。伴随着人类的出现，资源问题也就产生了。人类出现之后，以“人类的尺度”为标准，物质自然界发生了“分化”——对人类的生存和发展不可缺少和“有利”的那部分自然界成为“资源”，而对人类的生存和发展并非不可缺少的部分和甚至是“有害”的部分则成为“非资源”。

如果我们并不局限于从经济学的角度来解释价值关系和价值含义，而是从一个更广义的角度，从哲学的角度来解释价值关系和价值含义，那么，我们也可以说，自然资源就是全部物质自然界中那个对人类有“正的”价值关系的部分。

古今中外，哲学家在思考整个物质世界即整个宇宙时，他们感慨最深的就是整个物质世界即整个宇宙的无限性；而经济学家在研究和分析经济问题时，其最基本的出发点却是有限性问题，更具体地说就是稀缺问题。

对于古人来说，甚至对于近代经济学家来说，有些自然资源是稀缺的，而另一些自然资源却并不是稀缺的。于是这就产生了斯密的“钻石与水悖论”的问题。对于人的生存来说，水的重要性要远大于钻石的重要性，可是，钻石的价值（价格）却远大于水的价值（价格）。为什么出现这种背反或曰悖论性的问题呢？

斯密提出，可以用价值的两种不同含义——使用价值和交换价值——来解决这个问题。他说："使用价值很大的东西，往往具有极小的交换价值，甚或没有；反之，交换价值很大的东西，往往具有极小的使用价值，甚或没有。例如，水的用途最大，但我们不能以水购买任何物品，也不会拿任何物品与水交换。反之，金刚钻虽几乎无使用价值可言，但须有大量其他货物才能与之交换。"①

经验和常识告诉我们，造成钻石价格居高不下的根本原因是钻石的稀缺性（需要注意，这里所说的稀缺性是针对人的需求的稀缺性，而不是"天然物质"在比例和分布上的稀缺性）；如果钻石像水一样多，像水一样普遍易得，钻石的价格也就会和水一般无二了。

从古至今，人们一向认为有些资源是稀缺的，而另一些资源——例如空气和水——实际上是"取之不尽，用之不竭"的。也就是说，人们一向认为许多资源是有限的，但也有一些资源是无限的。

在 20 世纪 60 年代，人类的这种认识有了一个根本性的改变。1962 年，罗马俱乐部公开发表了研究报告《增长的极限——罗马俱乐部关于人类困境的研究报告》。这个研究报告的首要结论是作者的如下观点："我们深信，认识到世界环境在量方面的限度以及超越限度的悲剧性后果，对开创新的思维形式是很重要的，它将导致从根本上修正人类的行为，并涉及当代社会的整个组织。"②

虽然事实已经证明，这个研究报告的一些具体结论并不正确，但我们应该承认这个研究报告在改变人们的资源观方面发挥了振聋发聩的作用，甚至应该说，它标志着人类的资源观发生了新的变化。

整个物质自然界"实际上"是无限的，而自然资源却是有限的，这就是现代资源观的核心观点。生活在 20 世纪末的人类已经不再认为"清洁空气"和淡水是"取之不尽，用之不竭"的自然资源了。生活在 21 世纪的人类将愈来愈强烈地感受到自然资源的有限性所带来的压力。

#### 6.3.1.2 物质的无目的的本性和原材料的目的导向的潜能

在生产过程中，自然资源成为人的劳动对象。从整个人类历史的角度来看，

① 亚当·斯密. 国民财富的性质和原因的研究. 上卷. 郭大力，王亚南译. 北京：商务印书馆，1972：25.

② 罗马俱乐部. 增长的极限——罗马俱乐部关于人类困境的研究报告. 李宝恒译. 成都：四川人民出版社，1983：223.

最初的劳动对象都是“天生的”自然资源，虽然在现代社会中人类仍然在某些情况下以“天生的”自然资源作为生产过程中的劳动对象，但现代社会中的人类在更多的情况下却是以“人工的”东西作为直接的劳动对象。

人们常常把物质生产过程中作为“物质起点”的劳动对象称为原料或材料。生产过程的原料或材料可能是天然资源，也可能是通过原材料生产过程而生产出来的“人工的”原材料。为了分析的方便，我们以下将不再区分天然的原材料和“人工的”原材料。

任何原材料都是物质。一物有一物的本性。原材料自然也有自己的本性。原材料是不可能脱离自己的本性而发挥作用的，相反，原材料只可能以自己的物质本性为前提和基础来发挥作用。虽然任何物质都有自己的本性，但并非任何物质都是原材料，可见“作为原材料”的原材料必定还有自身的特殊性质。那么，原材料自身的特殊性质是什么呢？原材料自身的特殊性质中最根本的一点是目的定向的“可塑性”，或者用哲学中的术语来说是其在目的导向下可发挥潜能的“广泛性”。

原材料是对产品而言的。在生产过程中，原材料经过一系列的加工和变化而变成产品，从哲学的观点来看，这正是一个从“潜能”变成“现实”的过程。原材料之所以是原材料，乃是因为它具有通过生产过程而变成产品现实的“潜能”。一般来说，有可能经过加工和变化而变成多种多样的产品的物质才是原材料。

虽然对于那些“非批量生产”的产品，甚至是“单件生产”的产品，我们也要承认该产品必有其相应的、稀有的，甚至是具有极特殊“潜能”的原材料，从而看出以“潜能”来解释原材料的本性具有普遍的“解释力”，但我们还是应该强调，一般来说，原材料的特殊性在于其潜能的“丰富多样性”。

在一般哲学的物质论中，“潜能”是对“现实”而言的；而在技术哲学和工程哲学的物质论中，原材料的“潜能”是对“目的”而言的。只有那些有可能使目的变成现实的物质才被当作“原材料”，所以，原材料的潜能乃是目的导向的潜能。

必须强调指出，物质生产过程不是也不可能是从纯粹的“虚无”开始的。具体来说，原材料就是物质生产过程的物质开端。

在物质生产过程中，原材料的存在是必需的物质前提和基础；没有这个物质前提和基础，物质生产过程就不可能进行。

亚里士多德不但提出了四因说，而且提出了从潜能变成现实的理论。亚里士多德的哲学是一种目的论的哲学。亚里士多德的四因说认为，任何物质都有目的。我们认为，这种观点是不正确的，因为非生物界的物质是没有目的的。

“自然界”一语有广狭二义。广义的自然界包括人类社会在内的一切存在物，而狭义的自然界指与人类社会相区别的非生命系统和生命系统。人造自动机系统、复杂的生命系统特别是社会系统，具有不同层次的目的性。在谈到所谓原材料的“目的导向的潜能”中的“目的”时，“目的”一词指的是人的“目的”。

### 6.3.2 工具和机器

人类不是赤手空拳来“对付”原材料的，在生产过程中，人类是使用工具来“对付”原材料的。

马克思说：“在太古人的洞穴中，我们发现了石制工具和石制武器。”“劳动资料的使用和创造，虽然就其萌芽状态来说已为某几种动物所固有，但是这毕竟是人类劳动过程独有的特征，所以富兰克林给人下的定义是‘制造工具的动物’（a tool-making animal）。”对于工具即劳动资料的作用和意义，马克思给予了高度的评价，他说：“各种经济时代的区别，不在于生产什么，而在于怎样生产，用什么劳动资料生产。劳动资料不仅是人类劳动力发展的测量器，而且是劳动借以进行的社会关系的指示器。”①

什么是工具呢？有人说，工具是“直接作用于劳动对象并使之改变状态的物质手段。广义地说，人们为了实现某种目的所使用的器具、装备、学说和方法均可称为工具。在工业和工程活动中，工具专指用来改变原材料的物质性技术手段，是这种活动中的硬件，区别于工艺、技能和控制程序等软件。古代的石斧、骨针和水磨，近代的车床、钻床、纺纱机和蒸汽机，现代的连链连轧装置、电子计算机和工业机器人，都是劳动过程中的工具。机器是高度发展了的特殊工具，是自我依赖的工具。在一些情况下，人们所说的工具仅指手工劳动所使用的器件，以便与机器相区别”②。这就是说，工具有广狭两个含义，狭义的工具仅指手工工具，广义的工具则把机器也包括在内。机器一词也可有广狭两个含义，狭义的机器不包括手工工具，广义的机器则把工具也包括在内。于是，广义的工具和广义的机器成了相同的概念，而狭义的工具和狭义的机器则是互斥的概念。在以下的分析中，我们将根据行文的需要，或在广义上或在狭义上使用工具和机器这两个词，这是希望读者注意的。

技术史和经济史的一个重要发展线索就是工具和机器的发展史。回溯这个

---

① 马克思恩格斯全集．第二十三卷．中共中央马克思恩格斯列宁斯大林著作编译局译．北京，人民出版社，1972：204.

②《自然辩证法百科全书》编辑委员会．自然辩证法百科全书．北京：中国大百科全书出版社，1995：113.

发展史不是本篇的任务。我们在这里仅简单地谈一谈关于机器结构的问题。

马克思对他那个时代的机器的结构进行了分析，他说："所有发达的机器都由三个本质上不同的部分组成：发动机，传动机构，工具机或工作机。发动机是整个机构的动力。""传动机构由飞轮、转轴、齿轮、蜗轮、杆、绳索、皮带、联结装置以及各种各样的附件组成。它调节运动，在必要时改变运动的形式（例如把垂直运动变为圆形运动），把运动分配并传送到工具机上。机构的这两个部分的作用，仅仅是把运动传给工具机，由此工具机才抓住劳动对象，并按照一定的目的来改变它。"[①]

从马克思那个时代以来，机器的结构又有了新的发展。现代的"新机器"又增加了控制机这样一个组成部分，在现代企业中，许多单个的机器又组成了复杂的机器系统。从某种意义上，我们可以说，现代社会是一个"机器社会"。没有现代机器，就没有现代社会；没有现代机器，现代社会就会瓦解。

#### 6.3.2.1 机器是实现目的的中介

一般来说，动物的活动中已经表现出了目的性。人类的活动更有很强的目的性。除了很少的例外，动物在活动中是"直奔"目的的；而有理性的人类却并不"直奔"目的，而是借助于中介，走了一条"曲折"的路线，在这里突出地表现出了"理性的机巧"。

黑格尔说："理性是有机巧的，同时也是有威力的。理性的机巧，一般讲来，表现在一种利用工具的活动里。这种理性的活动一方面让事物按照它们自己的本性，彼此互相影响，互相削弱，而它自己并不直接干预其过程，但同时却正好实现了它自己的目的。"[②]马克思很欣赏黑格尔的这个观点，他在《资本论》一书中引证了黑格尔的这段话。

马克思说："劳动资料（引者按：劳动资料就是生产工具）是劳动者置于自己和劳动对象之间、用来把自己的活动传导到劳动对象上去的物或物的综合体。劳动者利用物的机械的、物理的和化学的属性，以便把这些物当作发挥力量的手段，依照自己的目的作用于其他的物。劳动者直接掌握的东西，不是劳动对象，而是劳动资料（这里不谈采集果实之类的现成的生活资料，在这种场合，劳动者身上的器官是唯一的劳动资料）。"[③]利用机器作为物质中介进行生

---

① 马克思恩格斯全集．第二十三卷．中共中央马克思恩格斯列宁斯大林著作编译局译．北京：人民出版社，1972：410.

② 黑格尔．小逻辑．贺麟译．北京：商务印书馆，2011：396.

③ 马克思恩格斯全集．第二十三卷．中共中央马克思恩格斯列宁斯大林著作编译局译．北京：人民出版社，1972：203.

产活动，达到自己的目的，并不是生产活动的“表面的”特征，而是生产活动的“本质的”特征。

我国军事家孙膑在《孙膑兵法·奇正》中说：“圣人以万物之胜胜万物，故其胜不屈。”哲学家荀子在《荀子·劝学》中说：“君子生非异也，善假于物也。”[①]应该承认，孙膑和荀子的这些话都不是针对生产活动而言的，但是他们都已经看出“君子”或“圣人”的“最高明”之处乃在于他们并不直接地投入“人-目的物”关系之中，而是“机巧”地在“人-目的物”之间加入了一个“中介物”，通过“中介物-目的物”之间的相互作用来达到自己的目的。很显然，对于孙膑和荀子的上述观点，我们是应该给予高度评价的。

我国研究黑格尔的专家王树人说：“黑格尔把作为人类实践特征的目的性揭示出来，是他的一项历史功绩。但是，目的性的实现没有中介是不行的。所以，黑格尔把实践活动作为中介活动揭示出来，则是他的又一项历史功绩。事实说明，黑格尔关于中介所作的论述，即关于实践中手段（工具等条件）的地位和作用，在他考察人类实践活动的论述中，乃是内容丰富而又深刻的篇章之一。”[②]对于物质中介即手段的重要作用与意义，黑格尔给予了高度的评价。

黑格尔在其早期著作手稿《伦理体系》中说：“由于劳动工具具有这种合理性，因此它作为中介物，既高于劳动，又高于劳动对象，也高于享受或目的；正因为这个缘故，一切处于自然阶段的民族也都对劳动工具表示那样的尊敬，在荷马的作品中我们可以看到对劳动工具的这种尊敬，以及对于这种意识作了多么美妙动人的描述。”[③]

值得特别注意的是，在使用劳动工具和机器的过程中，又“派生”出了一个极其重要的现象：“中介的无限进展”。

黑格尔说：“假如我们考察一个前提，即主观目的与那由此而变成手段的客体的直接关系，那么，主观目的并不能够直接与那个客体相关，因为那个客体与另一端的客体，同样是一个直接的东西，而在另一端中，目的就须通过中介来实现。所以在它们被建立为有差异的东西的情况下，就必须在这种客观性和主观目的之间插入它们的关系的一个手段；但这个手段同样又是一个已经被目的所规定的客体，在它的客观性和目的性的规定之间，又要插入一个新的手段，如此以至无穷。这样就建立了中介的无限进展。”[④]

---

① 生：本性；假：利用.

② 中国社会科学院哲学研究所. 论康德黑格尔哲学. 上海：上海人民出版社，1981：318.

③ 中国社会科学院哲学研究所. 论康德黑格尔哲学. 上海：上海人民出版社，1981：305.

④ 黑格尔. 逻辑学. 下卷. 杨一之译. 北京：商务印书馆，1976：440-441.

在现代社会中，人们对这种“中介的无限进展”的现象可以说已经是司空见惯了。

在人们要生产出某种“目的用品”M时，人们并不“直奔”M，而是先去制造可以生产出M的机器（物质中介）$N_1$；而为了得到$N_1$，人们往往又不得不先去生产$N_2$；而为了得到$N_2$，人们往往又不得不先去生产$N_3$，如此递进，这就形成了一个“中介进展”的“链条”。

很显然，黑格尔所说的“中介的无限进展”的含义只是说任何具体的中介都绝不可能是设置中介的“最后界限”的意思，是从历史的角度来看的物质中介发展的“无限性”，而绝不是针对某一具体生产目的而言的“中介进展”的无限性。因为针对某一具体生产目的而言的“中介设置”必然是有限的。

应该强调指出的是，虽然从“表面”上看来，人类并不“直奔”目的反而“走”一条“通过中介”的曲折路线是不“经济”、不“明智”的；实际上，这却是人类理智和人类理性的最集中的表现之一。

以机器作为中介，不但在实现目的时可以获得“量”的放大的效应，而更重要的是人类的许多目的只有通过中介的途径才能实现。为了实现多种多样的目的，人类才在“中介的无限进展”的过程中制造出了许许多多的机器；也正是依靠这些许许多多的机器，人类才有可能去实现那些多种多样的目的。因此，作为人类历史发展的结果和产物，现代社会也就不可避免地成为一个“机器社会”，一个“物质中介”的社会。

#### 6.3.2.2 “殊途同归”的中介和“同途殊归”的中介

中介是对目的而言的。中介也就是达到目的的途径，目的也就是途径的归宿。为了实现某一目的，所能够采取的手段或中介往往不止一种；为了走向某一个目标，达到某一个归宿，其途径往往也不止一条。这就是外国人所说的“条条大路通罗马”，也是中国人所说的“殊途同归”。

虽然在某些情况下存在着途径问题并不重要的现象，但在更多的情况下，途径问题并不是一个不重要的问题。正因为中介和途径可以是多种多样的，也就产生中介和途径的选择问题。

如前所述，黑格尔已经谈到了“中介的无限进展”的问题。实际上，在社会现实生活中，特别是对于那些重要的和重大的生产目的来说，“中介链条”或“技术路线”的选择常常是一个至关重要的问题。一般来说，所谓的“中介链条”或“技术路线”是一个十分复杂的问题，本节所关注的只是“物质中介链条”或“机器技术路线”方面的问题。

1973年，英国经济学家舒马赫（E. Schumacher）出版了《小的是美好的》一书，提出对于不发达国家的具体情况来说，实现其经济目的的最好途径并不是盲目采用发达国家的“尖端技术”，而应该是采取“中间技术”的路线。对于舒马赫的观点，不同的学者有不同的评价，我们在这里也不全面评价他的观点，我们只想指出，他的观点无疑是有启发性的。

如果说舒马赫的观点涉及“宏观”层次的“中介链条”或“技术路线”的选择，那么现实的经济和生产领域中，显然还存在着“中观”层次和“微观”层次的“中介链条”或“技术路线”的选择问题。无论是“宏观”层次的“中介链条”、“中观”层次的“中介链条”，还是“微观”层次的“中介链条”，对于实现相应的目的来说，都具有重要意义。

“条条大路通罗马”或“殊途同归”这个成语中，往往在某种程度上带有“目的重要而途径不重要”这样的含义；而从生产技术的角度来看，这个“殊途”，即机器中介或中介链条的选择，乃是一个具有重要意义的问题。

实际上，在生产和技术领域，生产或技术进步最重要的表现形式之一就是为达到同样的生产目的而发明了新的机器或新的工艺，即找到了新“途径”的“中介链条”或“技术路线”。例如，吃饭用的碗是一种重要的生活用品，碗的形状和用途，千百年来并没有多大变化。在漫长的历史时期中，生产进步的主要内容和表现是，造碗的材料（包括生产新材料的过程）、造碗的工具和机器以及造碗的工艺过程有了“天渊之别”，即造碗的“中介链条”有了根本的变化。由此来看，“殊途”的意义十分重大，而绝对不容轻视。

在中国古代文献中，“殊途同归”一语出自《周易·系辞》。令现代中国人感到非常出乎意外而又非常兴奋的一件事是，1973年马王堆汉墓出土的帛书《易传》之《要》篇中又谈到了“同涂（途）殊归”的意义和重要性。对于“同涂（途）殊归”这个理论观点和思想方法在中国哲学史和思想史上的意义和重要性，已经有专文进行分析和论述[①]，我们在这里感兴趣的乃是同途殊归方法在生产和技术领域中的重要性。

历史和现实中的许多事例告诉我们，技术和经济进步的一个重要形式就是为已发现的或已有的原料、材料、机器“找到”新的用途。例如，近代石油工业生产最初的目的是为当时人们夜间照明用的“油灯”提供“燃油”（当时是以石油替代了原先所用的鲸油），而情况很快就发生了变化，石油另外有了新用途。在今天，石油工业生产的目的再也不是为“油灯”提供“燃油”，而是新的生产目的。

① 李伯聪. 论“同途殊归”. 文史哲，1999，(4)：19-25.

由于此处的分析和论述的主要线索是目的定向的，为免枝蔓，我们在此也就不再对工具、机器和中介的同途殊归的问题作更多的分析和论述。

6.3.2.3　作为技术范式的机器和“器官延长”说

许多人都知道，库恩提出了关于范式的理论。他认为，科学形成的标志就是范式的形成。受库恩理论的启发，人们也会很自然地提出关于技术范式的问题。技术是一个很宽泛的概念，我们在这里只论及生产领域中的技术。

有人把技术看作是科学的应用，从历史的观点来看，这种观点是有缺陷的。因为在历史上，技术的产生要比科学早得多。早在原始社会中就有原始人的技术，而科学的出现则不过是近一两千年的事情。

技术范式的核心是什么呢？技术范式的核心就是工具的使用，是人类使用工具达到自己的目的。

中国古代的《庄子》一书中，有着丰富而深刻的技术哲学思想。《庄子·外物》云：“荃者，所以在鱼，得鱼而忘荃；蹄者，所以在兔，得兔而忘蹄。”[①]在鱼鹰捕鱼时，在猫捉老鼠时，发生的是鹰-鱼、猫-鼠的两项关系；而在人类的生产活动中，由于人使用了劳动工具，这就使人-劳动对象的两项关系变成了人-工具-劳动对象的三项关系。如果说两项关系是“直接关系”，那么，三项关系就变成了“中介性关系”。可以说，劳动工具或者物质中介的参加或介入就是生产性技术活动的最根本的特点。

庄子的“得鱼忘筌”说还明确地指出，在生产性三项关系的技术活动过程中，在目的实现后中介即工具就会被“遗忘”。如果换用现代哲学家喜欢使用的术语，庄子已经看出，技术过程或技术关系的一个根本特征就是目的实现后工具或中介的“退隐”。

技术哲学家博格曼（A. Borgmann）在他的《技术和当代生活的特征》一书中，对技术范式的问题进行了论述和分析。博格曼认为，技术范式就是手段范式（device paradigm）。博格曼所理解的手段（device）连接着机器和（机器造出的）用品、机器和功能、中介和目的。博格曼指出，目的凸现时，中介退隐（concealment）；目的生效时，中介疏离（unfamiliarity）。博格曼也注意到为实现同一目的可以通过不同的中介途径的现象，也就是上文所说的“殊途同归”现象。他举出的一个例子就是机械手表可以代以数字石英电子表。博格曼非常重视中介的作用，他说：“只有在魔法中目的才是独立于中介的。在劳

① 荃：通“筌”，捕鱼的器具．蹄：捕兔的器具．

动中必然明显地涉及机器。”[①]

有理由认为，博格曼所说的 device paradigm 在汉语中既可以翻译为手段范式，也可以翻译为机器范式。英语中 device 一词既可以指物质工具，又可以指人的“居心”。而汉语中“机器”这个双音词也有两个词素：机者，“机心”也，“机事”也；器者，工具也，器具也，英语的 device 和汉语的“机器”在含义上恰好都是把物质工具和人的目的结合在一起的词汇。

机器就是负载着目的的物质中介。生产技术范式也就是机器范式。应该说，这就是物质技术的最根本的特征，这就是生产过程的最根本的特征。

令人遗憾的是学术界目前在这一点上似乎尚未取得共识。例如当代著名的技术哲学家米切姆在其堪称代表当代技术哲学研究水平的著作《通过技术而思考》[②]中，在分析和论述技术的各种特征时，几乎没有涉及中介问题。

在这里，我们顺便谈及所谓“器官延长”说。在我国，人们似乎普遍接受把工具和机器看作人的某个器官的“延长”（或曰投射）的观点。按照这种观点，显微镜是人眼的“延长”，扳手是人手的“延长”，千斤顶是人的肩膀的“延长”，等等。许多人只是满足于使用这个比喻，而从哲学上首先对之进行较多的分析和论述的哲学家大概是卡普[③]。

应该承认，把机器看作人的器官的“延长”的观点，在某种程度上能够说明或解释一些问题，但是，这种观点的最大缺点就是它实际上是以“人-对象”的两项关系的范式来看待和分析问题，而不是以“人-中介-对象”的三项关系的范式来看待和分析问题。所以，最好还是抛弃把机器看作是人的器官的“延长”的观点，而采取把机器看作物质中介的观点。

### 6.3.3 操作和程序

为生产而准备原材料和机器设备的工作可以说是生产过程的“物质条件”或者说“硬件”条件方面的准备工作。

除了“硬件”条件方面的准备工作之外，生产过程还要有“软件”条件方面的准备工作，这就是工艺流程和操作程序的计划和设计。生产者必须既做好“硬件”条件方面的准备工作，又做好“软件”条件方面的准备工作，并且在生产作业过程中把这两个方面很好地结合起来，这样才能在实际的生

---

① Borgmann A. Technology and the Character of Contemporary Life. Chicago: The University of Chicago Press, 1984: 48.

② Mitcham C. Thinking through Technology. Chicago: The University of Chicago Press, 1994.

③ 卡普《技术哲学原理》一书的出版，标志着技术哲学的诞生，这本书讨论了技术究竟是什么这一重大基础性问题。

产中取得成功。但我们以下所说的操作和程序并不是指生产计划阶段的“工艺流程”设计方面的问题，而是指生产作业过程中的实际操作和操作程序的问题。

6.3.3.1　操作

从严格意义上来说，实际的物质生产过程是由一系列的操作构成的。

陈毅的《冬夜杂咏》中，曾有一首诗云：“一切机械化，一切自动化，一切电钮化，总要按一下。”这首诗非常生动而又富于哲理地告诉人们，在生产过程中，操作这个环节非常重要，甚至可以说，它具有“最终的”重要性。

什么是操作？操作是在加工制造过程中工作人员使用工具或机器对相应的对象施加的动作。操作是通过人的身体——特别是手——来完成的。思维是人脑的功能，而操作则是人体，特别是人手的功能（应当强调指出，我们这样说绝对不意味着可以把人脑和人手割裂开来）。

一方面，操作自然离不开操作主体；另一方面，操作还需要有操作对象。操作主体和操作对象指称的都是实体，而操作指称的却不是实体。

操作是某种形式的运动，但操作又不是一般意义上的运动；操作指的是操作主体和操作对象之间的相互作用，是操作主体对操作对象施加的“作用”。

在历史上，不知道有多少哲学家对人的大脑唱了多少“赞歌”（请注意，这句话中绝对没有认为不应该唱这种“赞歌”的含义），却很少有人注意到人手的重要性——特别是从哲学上注意到人手的重要性。

在哲学史上，正是恩格斯对人手进行了最深刻也最生动的哲学分析和评价。在《劳动在从猿到人的转变中的作用》一文中，恩格斯说：“……我们看到：在甚至和人最相似的猿类的不发达的手和经过几十万年的劳动而高度完善化的人手之间，有着多么巨大的差别。骨节和筋肉的数目和一般排列，在两种手中是相同的，然而即使最低级的野蛮人的手，也能够做出几百种为任何猿手所模仿不了的动作。没有一只猿手曾经制造过一把哪怕是最粗笨的石刀。”[①]恩格斯认为，在从猿到人的转变过程中，“手”从四肢中分化出来乃是“具有决定意义的一步”。恩格斯认为，人手不仅是劳动的器官，还是劳动的产物。正是在世世代代的劳动中，由于“愈来愈复杂的动作，人的手才达到这样高度的完善，在这个基础上它才能仿佛凭着魔力似的产生了拉斐尔的绘画、托尔瓦德森

① 马克思恩格斯全集. 第二十卷. 中共中央马克思恩格斯列宁斯大林著作编译局译. 北京：人民出版社，1971：510.

的雕刻以及帕格尼尼的音乐”[①]。在实际的劳动过程中，人手是和人脑密不可分地结合在一起而进行操作的。然而，许多人“无意”地忽视了人手的作用，更有一些人“故意”地抹杀或贬低人手的作用，我们认为，有必要在这里特别地强调一下人手的重要作用。应当注意，强调人手的重要性、强调操作的重要性和强调劳动工具的重要性是没有矛盾的，是完全一致的。

虽然现代社会中也还存在着人“徒手”操作的情况，但在更多的情况下却是劳动者或工作者使用工具或机器，甚至是自动机器进行操作的情况。操作的重要性集中地表现在工程过程的“本体”是由一系列的操作（请注意这是指实际的操作）构成的。

如果我们需要讨论技术哲学和工程哲学的“本体论”，那么，操作论（或曰运作论）就是技术哲学和工程哲学的“本体论”的最核心部分。在传统哲学的研究中，几乎没有人认为需要把操作当作一个哲学范畴来进行研究。可是，在技术哲学和工程哲学的研究中，“操作”（或曰运作）这个范畴却成为最核心的范畴之一。

现场的劳动者和“操作者”、第一线的工人和工程师都是深知“操作”的重要性的；可是，作为“远离”实际操作过程的“思想者”，许多哲学家却忘记了他们也应该把操作当作一个重要的哲学范畴来对待。工人和工程师关心的是技术和工艺范围的“操作”问题，是具体的操作问题；而哲学家应关心的是“一般性”的“操作”问题，是作为一个哲学范畴的“操作”问题。

#### 6.3.3.2 操作和运作

在进行以下的分析和论述之前，我们有必要先对操作和运作这两个术语进行一些说明和解释。

运作这个词大概是中国港台学者先使用的。20 世纪 80 年代之前，中国大陆学者几乎无人使用运作这个词。第 1 版和第 2 版的《现代汉语词典》只收入了操作这个词，而没有收入运作这个词。《现代汉语词典》（第 7 版）对操作一词的释义为：“按照一定的程序和技术要求进行的活动或工作。”20 世纪 90 年代以来，运作这个词在大陆也逐渐地流行开来，于是，1999 年修订版的《现代汉语词典》中新收入了运作这个词，其释义为：（组织、机构等）进行工作；开展活动。

同汉语的操作、运作或作业相当的英文单词是 operation。operation 是一个

① 马克思恩格斯全集. 第二十卷. 中共中央马克思恩格斯列宁斯大林著作编译局译. 北京：人民出版社，1971：511.

多义词，在工程技术和管理学的语境中，可以译为操作，亦可译为运作、作业等。以下是几本教材中对 operation 的释义。

希尔（T. Hill）在《作业管理》一书中认为，生产管理（production management）和操作管理（或译为运作管理）（operation management）描述的是同样的一组任务，生产管理和操作管理这两个术语将被当作同义词看待[①]。在马克兰德（R. Markland）等所著的《作业管理》一书中，operations 被分成了 manufacturing operations（制造操作）和 service operations（服务操作）两大类，作者指出制造操作和服务操作有许多相似之处，但它们也有重要的差别[②]。另外一些以《生产与作业管理》为书名的教材中，似乎其书名本身已在暗示其作者认为需要把制造业的生产管理和服务业的运作管理（operation management）加以区分。

从以上的材料中可以看出，国外学者对英文中的 operation 并没有统一的定义和统一的解释。英文中的 operation 有时被用来同时指生产过程的活动和服务过程的活动，有时又被用来单指服务过程的活动。与英文中的情况相似，在汉语中，操作和运作的含义和用法可以说也没有严格的一定之规。这不但表现在各种文章中，而且表现在有关的教材中。

从词语运用的实际情况来看，英文的 operation、中文的操作和运作等术语既可以有“广义”的解释，也可以有“狭义”的解释。在中文中，就单一术语的含义而言，“广义”的操作既包括物质生产过程中的活动，又包括服务和管理过程中的活动；而“狭义”的操作则仅指物质生产过程中的活动。“广义”的运作也是既包括物质生产过程中的活动，又包括服务和管理过程中的活动；而“狭义”的运作则仅指服务和管理过程中的活动。从汉语的操作和运作这两个术语的相互关系来看，有人有时把它们看作含义相同、可以相互替换的术语；也有人把它们看作含义和所指不同的术语。

应当在此申明，由于汉语中操作和运作这两个术语的含义和用法没有统一，更因为笔者有时想强调不同的“重点”，所以本篇在使用操作和运作这两个术语时，其含义和用法也是并不统一的。有时二者是在“广义”上使用，有时二者是在“狭义”上使用；有时二者是可以互换的，有时则不可以互换。这是需要提请读者注意的。

---

① 特里·希尔. 作业管理. 北京：中国人民大学出版社，北京：Prentice Hall 出版公司，1997.

② 罗伯特·E. 马克兰德，肖尼·K. 维克利，罗伯特·A. 戴维斯. 作业管理. 英文版第 2 版. 大连：东北财经大学出版社，1998.

#### 6.3.3.3 操作和操作界面

在操作这个环节中实现的是操作者和操作对象的物质性相互作用。于是，在这里出现了一个“操作界面”的问题。

当操作者不使用工具或机器时，操作者直接面对操作对象，其操作对象也就是生产对象，这时只有一个操作界面；当操作者使用工具或机器进行生产操作时，操作者通过工具或机器面对生产对象，这时就不是只有一个操作界面，而有两个操作界面。

当操作者使用工具或机器进行生产时，我们可以把操作者和机器之间的操作界面称为第一操作界面，把机器和生产对象之间的操作界面称为第二操作界面。

第二操作界面上实现的是物与物之间的相互作用，人的生产目的是通过在这第二操作界面上的机器和生产对象之间的物与物之间的相互作用而实现的。所以，人在设计和制造机器时，也就不得不使机器的设计和制造符合“物的标准”或“物的尺度”。

第一操作界面上实现的是人与物之间的相互作用，更具体地说是操作者和机器之间的相互作用。如上所述，由于人在设计和制造机器时，不得不使机器的设计和制造符合“物的标准”或“物的尺度”，而“物的标准”或“物的尺度”并不是“人的标准”或“人的尺度”，于是操作者往往就不得不面对一台与“人的尺度”不能良好“匹配”的机器。如果出现了这样的情况，我们可以说，这样的机器乃是只具有“强大的物性”而缺乏“良好的人性”的“烙印”的机器。很显然，当操作者处于这样的第一操作界面时，我们认为他处于一种异化的环境中。

随着社会的进步，人在设计和制造机器时，有意识地努力使机器的设计和制造在符合“物的标准”或“物的尺度”的同时，又尽可能地使之适应“人的标准”或“人的尺度”，使机器在具有“强大的物性”的同时，又打上“良好的人性”的“烙印”，努力为操作者创造一个更“良好的”、更“人性化的”人-机界面。人机工程学就是一门从技术学科的角度来考虑和解决第一操作界面的“人性化”问题的学科。

在前面我们曾强调指出，工具或机器作为中介而发挥作用时是处于“人-工具-劳动对象”的三项关系中的。现在，我们又提出了两个操作界面的问题。当我们考虑和解决第一操作界面的问题时，实际上是在“操作者-‘机器-生产对象’”的“模式”中考虑和解决操作问题的；而当我们考虑和解决第二操作界面的问题时，我们实际上是在“‘操作者-机器’-生产对象”的“模式”中考虑和解决操作问题的。

应该承认，一方面，这两种分析、考虑和解决问题的“模式”是有区别的，二者甚至是有可能出现矛盾和冲突的；但另一方面，二者又是有可能统一起来的。

6.3.3.4 单元操作和操作程序

一般来说，生产过程不是一次操作就可以结束的，生产任务也不是一次操作就可以完成的。除极个别的情况外，生产过程都是包括多次操作和多种操作的过程，生产任务也都是必须通过多次操作和多种操作才可以完成的任务。于是就出现了单元操作和操作程序的问题。我们在对操作进行分析时，既需要进行质的分析，又需要进行量的分析。所谓操作乃是操作主体根据指令对操作对象施加的作用，操作不是某种实体，所以，所谓操作的“质”也就不是指某种实体性的“质”，而是指（实体的）相互作用性的“质”。所有的操作都是指某种类型的相互作用。发明一种新的操作，就是发明一种新型的相互作用。

汉语是一种有量词的语言。汉语中，在分析和研究实体（例如原子）时，要使用量词“个”；操作不是实体，所以在谈到操作的数量时，不能使用量词“个”；操作是某种动作，在分析和研究操作的数量时，需要使用“次”这个量词。

正像物质实体有其最小的单位一样，操作也有其最小的单位。我们可以把最小的操作单位称为单元操作。从实用的观点来看，也许最好还是不要强调最小这个含义，而把单元操作解释为组成操作系统的一个一个的“基元性操作模块”。

一个加工制造过程的全部的实施过程是由一系列的操作组成的，我们可以把这个操作的系列称为一个程序。对于加工制造活动来说，操作程序具有特别的重要性。有一些学科很注重研究程序，例如社会科学中的法学和现代自然科学中的计算机科学。但迄今为止也有一些学科是不注重研究程序问题的。

从哲学思想史的角度来看，韦伯（M. Weber）关于合理性问题的研究也许应该被视为对程序问题进行哲学研究的开始。

西方哲学思想一向是以理性（reason）这个范畴为核心的，而韦伯却是以合理性（rationality）这个范畴为核心展开他的理论分析的。虽然理性与合理性并不是两个没有联系的范畴，而是有密切联系的范畴，但对于经济学、经济哲学和工程哲学等学科来说，它们之间的区别是值得特别注意的。在现代西方经济学和哲学的文献中，到处可见的是 rationality 这个词，而很少能见到 reason 这个词。这个转变所提示的哲学思想上的深刻含义是值得仔细品味的。

韦伯认为，有两种合理性：形式合理性与实质合理性，或称工具合理性与价值合理性。这两种不同的合理性各是什么含义呢？“形式合理性主要被归结为手段和程序的可计算性，是一种客观的合理性；实质合理性则基本属于目的和后果的价值，是一种主观的合理性。”[①]有研究者认为，韦伯关于形式合理性的理论与西方法学关于法律程序的理论有直接的联系。

西蒙是 1978 年诺贝尔经济学奖获得者。作为一位既是经济学家，又是管理学家和心理学家的学者，他提出了程序合理性（procedural rationality）这个概念。在《从实质合理性到程序合理性》一文中，他指出，拉特西斯（S. J. Latsis）所“命名”的关于公司理论的两个相互竞争的研究纲领——“情景决定论”和“经济行为主义”，也可以进行另外的分析和解释，即从实质合理性（substantive rationality）和程序合理性的角度进行分析和解释。

西蒙指出，所谓实质合理性是指行动者只考虑他的目的这个方面的合理性，而古典经济学的分析是建立在效用最大化或利润最大化假设和实质合理性假设上的。西蒙又指出，詹姆斯等心理学家在研究人的行为时，主要关心的是人的认知加工过程，而不仅仅是其结果。

西蒙认为，古典经济学家关心的是实质合理性，心理学家关心的是程序合理性。经济学原来是不关心程序合理性问题的，可是，第二次世界大战期间和战后的“操作研究”（虽然英文的 operations research 在汉语中目前已经“约定俗成”地译为运筹学了，但我们在此为行文和分析的需要仍将它硬译为“操作研究”）及其应用给经济学带来了关心程序合理性的新风尚[②]。

还有学者认为，经济学家从只关心实质合理性转变到更关心程序合理性还有深层的理论上的原因。从理论的角度来看，古典经济学派关于最优化的理论即关于实质合理性的理论有着难以克服的内在矛盾。应该承认，经济学中关于最优化的理论在面对“无穷回归”和“自指”（self-reference）的指责时，显得有些手足无措。

正如有的学者所指出的，古典经济学派的最优化理论是没有考虑为获得这种最优所必须花费的费用问题。“一旦我们试图在考虑获得最优化的费用的基础上把最优化思想具体化，我们就会得到无穷回归：由于做决策 A 是有花费的，

① 苏国勋. 理性化及其限制——韦伯思想引论. 北京：商务印书馆，2016：221.

② Simon H A. From substantive to procedural rationality//Hahn F, Hollis H. Philosophy and Economic Theory. London: Oxford University Press, 1979.

于是就不得不做另一个关于决策A是否值得做的决策B；但是，既然决策B也是要有花费的，这就必须做关于决策B是否有利的决策C，依此类推。这种回归只能被独断地打断或成为一个恶性循环。对决策问题的最优的、实质理性的解决是不可能的。这个在个别决策者水平上的评论可以用作采用程序合理性概念的一个论证。”[①]从以上所述中可以看出，韦伯以来的一些学者，特别是一些现代经济学家对程序合理性问题给予了高度的关注。

现代经济学家把关注的重心从理性问题转向合理性问题，这个转移是意味深长的。经济学家把关注的重心从理性问题转向合理性问题实际上是他们把关注的重心从“纯粹思维”问题转向现实实践问题的反映。

传统哲学所理解的理性是思辨的理性，是纯粹理论的理性，它是不关心实施和实施过程的。而一旦人们需要分析现实和实践问题时，程序理性这个概念也就自然而然地“浮出水面”或者说“水落石出”了。

可以说，任何脱离了对程序问题的思考和分析的“理性思维”，都不是真正针对实践的“理性思维”。只要真正地面对工程实践，就离不开操作程序，特别是程序合理性。程序合理性是物质生产和工程的实施阶段的一个关键性问题。程序是否合理及程序合理性的程度在很大程度上决定着物质生产和工程在实施阶段能否成功及能在何种程度上取得成功。程序带有很大的普遍性：与法律实践相联系的法律程序、与计算机应用相联系的计算机程序、与工厂生产相联系的工艺和工序等。所谓技术进步，它最重要的内容之一就是工艺和工序方面的进步。

程序问题的重要性在计算机科学技术中得到了最充分的表现。电子计算机能进行的最基本的单元操作的数目是很有限的，可以说电子计算机的“无边法力”主要是建立在计算机程序的强大功能上的。

《二十世纪科学技术简史》一书中说：“同一台计算机（我们称它作‘硬件’），只要给它配上不同的程序（叫‘软件’），它就能做诸如：下棋、证明定理、诊断、翻译、控制生产过程、作曲、教学、绘图、编辑、数学计算等各种各样的工作，甚至可以同时从事这些工作。硬件只是提供了能实现种种‘智能’的物质基础，真正起到智能作用的是软件，即程序。只要研制出新的软件，就可赋予计算机以新的功能。”“当今的技术状况是，在计算机工业的发展以及计算机在各方面的应用中，软件都起着主导作用。”[②]从理论分析的角度来看，程序的

---

① Mäki U. Economics with institutions//Mäki U, Gustafsson B, Knudsen C. Rationality, Institutions & Economic Methodology. London: Routledge, 1993: 32.

② 中国科学院自然科学史研究所近现代科学史研究室. 二十世纪科学技术简史. 北京：科学出版社，1985：280.

极端重要性在图灵机中得到了最集中、最典型的表现。

所谓图灵机是图灵提出的一种理想计算机，它由一个控制装置、一条存贮带（可以无限延长）和一个读写头组成。存贮带划分为一个一个的格子。机器可以处于 $m$ 种内部状态的一种之中。机器可以完成以下指令：$P_0$——在存贮带正对读写头的格子中打上 0；$P_1$——在存贮带正对读写头的格子中打上 1；$E_1$——抹去正对读写头的格子中的符号；R——存贮带向右移动一格；L——存贮带向左移动一格。

很显然，从单元操作的角度来看，图灵机是很简单的。然而，从理论上说，它却能完成任何一种大型计算机所能完成的工作。从这个角度看问题，图灵机的威力在本质上就是程序的威力。

当然，我们并不认为，其他的工程过程中的程序也可以像在图灵机中那样表现出同样巨大的威力。在不同类型和性质的工程过程中，虽然程序都极具重要性，但在不同类型和性质的工程过程中，程序的重要性在性质和程度上仍然不同，甚至有很大的不同①。

操作是重要的，程序也是重要的。也许应该更具体地说，在不同类型和性质的活动过程中，操作和程序的重要性在性质和程度上有可能是不相同的，特别是单元操作和操作程序的相互关系有可能是很不相同的。一般来说，真正的关键乃是真正处理好单元操作和操作程序的相互关系和相互结合的问题。

虽然以上在分析自然技术时，我们把重点放在了物质技术尤其是加工制造技术上，但我们想再次强调，在实际的技术实践活动，从严格的意义上说，一方面，能量技术、信息技术和物质技术的成分和活动是密切结合在一起的，三者是缺一不可的；另一方面，我们也需要承认，对于具体的技术活动来说，多种技术形式中往往也存在着一种“主体性”的技术形式。

① 在此应该特别强调，“社会工程”中的程序同“物质技术工程”中的程序在性质上是有很大不同的，例如，“社会工程”中出现了程序的公正性的问题，在这方面，法律程序的公正性就是一个典型例子。

# 7 社会技术

董光璧

社会技术虽然并非一个新概念，但仍远未为学界所共识。日本学者三隅二不二把社会技术界定为控制人际关系和精神现象的技术①，美国人赫尔默（O. Helmer）、布朗（B. Brown）和戈登（T. Gordon）把社会技术视为社会科学的方法②，而金周英把社会技术包括在"软技术"范畴内③。有关社会技术的研究还处于起步阶段，主要的困难在于对社会和技术这两个范畴没有一个明确的并取得共识的界定，各家所说的"社会技术"所指并不完全一致。

本篇的社会概念是相对自然而言的，比社会学的社会概念要宽泛得多。本篇的技术概念是相对科学和工程而言的，因而社会技术是相对社会科学和社会工程而言的。本章最主要的理论目的在于把属于技术范畴的那些知识从社会科学中分离出来。类似于自然技术物化在生产工具（工具、仪器、设备）及其物质产品之中，社会技术实化在社会组织之中，政治组织（政府、议会、法院等）、经济组织（工厂、农庄、商店、银行、保险公司等）和文化组织（学校、医院、剧场等）都是社会技术的载体。各种社会组织的运行程序的总和形成一个社会技术系统，而它与自然技术系统和思维技术系统的并列共存和相互作用，进一步构成一个完整的技术系统。

从起源的视角看，社会技术与自然技术几乎一样源远流长。但从科学性的视角看，社会技术却远远落后于自然技术。无论是自然技术，还是社会技术，都首先是从经验中产生并发展起来的。但是，在自然科学发展起来之后，自然技术又增添了自然科学这个基础，从而成为"科学的自然技术"。虽然从18世纪起，人们就开始努力发展社会科学，但迄今社会科学的学科成熟程度也不能与自然科学相比拟。之所以社会技术落后于自然技术，就是因为缺乏真正的社会科学作为其基础。"科学的社会技术"有赖社会科学的进步，期待着社会科学家摆脱意识形态的禁锢。

---

① 三隅二不二. 社会技術入門. 東京：白亜書房. 1955.

② Helmer O, Brown B, Gordon T. Social Technology. New York: Basic Books Inc., 1966.

③ 金周英. 软技术——创新的空间与实质. 北京：新华出版社，2002.

组成一个大系统的科学、技术和工程，依据其目的、性质和特征的不同而加以区分，尽管在实际的活动中它们密切相关。技术从它产生之日起就表现为人类对物质、行为和概念的控制手段。技术发明的任务不在于揭示现象的规律，而在于局部地控制自然和创造非自然的事物，技术所提供的不是理论，而是操作规则。技术作为人的能动性表现的本质在于，延长人的自然肢体和活动器官，放大人的劳动器官、感觉器官和思维器官的功能。本章试图对操作人类行为的社会技术系统的结构、功能和演化给出一种系统论的描述。

## 7.1 社会技术系统的结构

作为技术系统中一个子系统的社会技术系统，它至少可以区分为三个子系统，即组织技术系统、交易技术系统和学习技术系统。组织技术作为人类结群的主要手段，交易技术作为人类互通有无的主要手段和学习技术作为适应未来环境的主要手段，通过相互作用而形成一个社会技术三角形结构。

### 7.1.1 组织技术系统

人类在其文化进化过程中逐渐认识到，必须结群生活才能增强其生存的能力，以使每个人的生存尽可能地得到保障。这种社会集团的出现本身就意味着人与人之间关系的有序化，意味着社会组织纽带的形成。在系统论的意义上，有组织的社会系统具有自动调节和自组织的功能。美国学者拉兹洛（E. Laszlo）曾指出[①]，人类作为社会动物的进化倾向于按一定程度的内聚力来行动，在个人之间形成了某种社会约束力，这种约束力在血缘纽带中已经明显地呈现出来，核心家庭、大家庭和整个血缘系统都按照已奠定的行为规范发挥功能。我们把这种起约束作用的行为规范概括为组织技术，它包括伦理、法规和舆论三大要素，伦理作为人类行为内在的自觉约束手段，法规作为外在的强制约束手段和舆论宣传作为诱导的手段相互补充。

伦理的中心问题是确立那些有助于人类进步的道德准则，以作为人们选择正当的行为和生活方式的基础。伦理有世俗伦理和宗教伦理两种载体，前者的规范体系由于基于经验而易改变，后者的规范体系由于基于信仰而比较稳定。世俗伦理以中国儒家伦理最为典型，宗教伦理以基督教伦理最为典型。儒家创始人孔子的伦理思想包含体现平等思想的“仁”和维护等级秩序的“礼”两个

① 拉兹洛. 进化——广义综合理论. 闵家胤译. 北京：社会科学文献出版社，1988：92.

方面，其后继者孟子强调仁，荀子则强调礼，而董仲舒则把儒家伦理思想改造成“三纲五常”的伦理规范，使之既是维护宗法等级制度的工具，又具有约束统治者的某种作用①。这种以纲常礼教为核心的社会伦理体系，不仅影响中国两千年之久，而且还影响到汉语文化圈诸国。《圣经》讲述的伊甸园故事成为欧洲人伦理规范发展的源泉，亚当和夏娃偷吃禁果被赶出伊甸园并注定他们的后代永远为赎罪而生存。神圣权威的力量还要有自觉遵循道德原则来实现，即通过在行为者自身的思想意识中造成价值冲突，以使其畏惧、悔恨并寻求弥补。宗教禁欲主义认为，人的灵魂是善良的，而肉体及其产生的欲望生来就是有罪的，人生就是一场以消灭物欲来拯救灵魂的斗争。相对世俗伦理体系来说，宗教作为超理性的一种文化形态，其伦理体系具有更高的普适性和稳定性。

法律起源于伦理禁忌，人类学家对此已有分析。禁忌在全世界一切野蛮人中都可以见到，如兄弟和姐妹之间的禁忌、回避继母的禁忌、逃避长老震怒的禁忌。这些禁忌本质上是属于伦理性的，违反禁忌要受到宗教性的制裁。当宗教的制裁失灵或宗教的禁忌规范为人们忽视时，法律作为最后的救助手段来维护宗教的权威。法律技术的发展经历了从非成文法到成文法的漫长过程，公元前 18 世纪的古巴比伦《汉谟拉比法典》和公元前 10 世纪的中国西周《吕刑》可以看作是人类早期成文法的典型，公元前 5 世纪的古罗马《十二铜表法》则开人民立法权的先河。人民立法权的现代化是从 17 世纪开始的，美国的《独立宣言》（1776 年）和法国的《世界人权宣言》（1789 年）成为各国效法的典范，而第二次世界大战后的联合国《世界人权宣言》（1948 年）则为国际法的发展奠定了基础。法律技术系统作为人类行为外在的强制控制手段，随着文明的发展其范围扩展到方方面面，但主要是维持权力和财富分配的某种社会秩序。法律作为现代社会中用以控制人类本性和行为的重要手段已经发展得相当成熟，但它仍然不能与伦理完全协调，法律与伦理之间的冲突往往使人们陷于两难的矛盾之中。在法律与伦理发生冲突时人们究竟该如何行动，还是一个没有得到合理解决的问题。在爱因斯坦看来，道德规范应该高于法律，当法律与道德规范发生矛盾时，人们应当按道德规范行事。

舆论作为人类行为导向的手段，包括向公众灌输某种意识形态观点的政治宣传和推销商品及服务的商业广告。政治宣传作为引导民意的手段至少已有 2000 多年的历史，从古希腊共和国的辩论到现代议员竞选的游说均属于政治宣

① 李书有. 儒家伦理的评价//中国孔子基金会. 孔子诞辰 2540 周年纪念与学术讨论会论文集. 上海：生活·读书·新知三联书店，1992：311-317.

传。在当代民主政治中的“竞选”活动，无论是议员竞选，还是总统竞选，为获得尽可能多的选票，竞选者都想尽办法大造舆论。广告作为诱导消费的工具由来已久，在公元前1550～前1080年的埃及就出现了书写在莎草纸上的文字广告。中国现存最早的商业广告实物收藏在上海博物馆，为960～1125年济南刘家功夫针铺的广告铜板，其中心绘有商标白兔捣药图。1525年，德国出现第一张纸广告，1610年，英国出现广告代理商，1812年，世界第一家广告公司在伦敦开业。进入20世纪，由于广播、电视和互联网的发展，广告几乎到了无孔不入的地步。作为组织技术之一的舆论技术，无论是政治宣传，还是商业广告，夸张的不实之词比比皆是。

### 7.1.2 交易技术系统

交易技术是伴随着劳动分工的发展而发展的。第一次分工是游牧与农耕的分工，它导致农牧产品之间的交易。第二次分工是农业与手工业的分工，它导致农牧产品与手工业产品之间的交易。第三次分工是职业商人的出现。按照《易传·系辞》记载，中国古人就有神农氏发明的“日中为市”的交易技术。原始的交易广泛发生在青铜时代，腓尼基人和阿拉米人在交易技术方面为人类做出了早期的贡献，前者在东地中海沿岸建立起大商业城市，而后者在阿拉伯和波斯沙漠上开拓了商路并成为西亚的主要经商人。在交易技术的发展过程中，货币、账簿和证券作为重要手段被发展起来并广泛应用。

货币的发展经历了一个从“必需品货币”到“装饰货币”，再到“纸币”的过程。公元前6世纪以前的交易几乎都是以物易物，具有普遍价值的必需品作为交换手段从而导致货币的产生。作为交换的媒介物，古罗马人曾用过牛，古西非人曾用过松子酒，古北美人曾用过烟叶，但最普遍使用的是“盐”，古埃塞俄比亚人、古埃及人和古罗马人都用过。必需品货币的进一步发展是具有审美价值的装饰货币，美丽的卵石和贝壳、稀有的琥珀和珠玉、难得的织物和金属，都曾作为交换的媒介。西太平洋克罗尼西亚群岛的雅浦岛使用过“石币”，中国、日本、非洲和部分欧洲国家使用过“贝币”。最早炼铁的赫梯人曾以铁作为通用货币，古埃及人最早以白银作货币，小亚细亚人以金银混合的琥珀金铸币，中国人在11世纪开始使用纸币。但直到17世纪机械印刷术的发明以后，纸币才逐渐取代金银作为通行的价值尺度，随着20世纪信息技术的发展，电子货币正在取代纸币的地位。

账簿的使用非常古老，账簿的早期应用主要在政府的税务活动中，直到工业革命时期账簿才发展为一种普遍的商业语言。15世纪，“复式簿记”在意大利诞生，以数学家帕乔利（L. Pacioli）的《算术、几何、比及比例概要》（1494年）一书的出版为代表。工业革命以来，随着企业规模的扩大和资金流动量日益增加，以及资本持有者与管理者的分离，管理者报告经营状况促进了会计技术的发展，成本会计、预算控制和差异分析等专门技术，形成一套比较完整的现代会计技术体系。

证券与货币同样古老，可以追溯到公元前 20 世纪写在泥板上的信贷证书和盖有商号印章的作为支付定量金银契约的羊皮纸。中世纪中期，欧洲的股份制是证券交易的真正起源，由于家庭作坊和亲朋筹资方式已不能满足工业化生产购买机器设备的资金需求，意大利出现了合伙企业股份制。这种以入股的方式把属于不同人的资金集中在一起统一经营，并按股份获得股息或红利的经营方式，是商品经济发展到一定阶段的产物。自英国第一个股份制的海外贸易公司莫斯科公司成立（1553 年）以后，又有英国利凡特公司（1581 年）和荷兰东印度公司（1602 年）等股份制的著名海外贸易公司相继成立。股份公司的发展导致股票交易的诞生，自 1602 年在荷兰阿姆斯特丹成立了世界第一个股票交易所以后，巴黎、伦敦、纽约、东京和香港等大都市先后建立了证券交易所，证券市场在 19 世纪末的工业化国家广泛发展起来。进入到 20 世纪以来，在英、美、德、法等经济发达的国家，股份公司成为主要经济形式并在国民经济中占主导地位①。

### 7.1.3 学习技术系统

维纳在 20 世纪 40 年代给学习下过一个明确的科学定义：能够在过去经验的基础上改变自己的行为模式，通过反馈使个体（或系统）行为模式能更加有效地应对其未来环境②。这种学习定义既适用于动物，也适用于机器系统，为机器学习理论奠定了基础。艾什比（W. R. Ashby）发现了适应与稳定机制之间的联系③，指出生物体的适应和维持生存这类行为从结构上看就是稳定性，适应行为等价于稳定系统的行为。这样就把系统的反馈机制与生物的适应行为联系起来，将学习看作生物体从不适应变为适应的过程，个体发育和系统发育的学习都是动物根据环境变化调节自己行为的方式。动物的学习能力和生殖能力从表面看来是如此不同的两种现象，但却密切相关，动物的学习指在环境的影响下改变自己，而动物的生殖指繁衍出相似的后代。

---

① 赵涛. 股份制——现代企业的重要形式. 北京：经济科学出版社，1997：10.

② 维纳. 人有人的用处——控制论和社会. 陈步译. 北京：商务印书馆，1978.

③ 艾什比. 大脑设计：适应性行为的起源. 乐秀成，朱熹豪，等译. 北京：商务印书馆，1991.

学习与教育是一个问题的两个方面，犹如生物的遗传与进化。旨在应对未来环境的学习类似于生物的适应进化过程，而旨在保持文化传统的教育则可以看作是文化遗传基因的复制过程。学习包括模仿学习、试错学习和生成学习三大类型，学校作为学习和教育的基地发挥了重要作用。在中国，原始社会氏族公社末期已经出现学校的萌芽“成钧”和“庠都”，西周时期的官学被分为“国学”和“乡学”两类。由于孔子创办私学，春秋战国时期进入官学和私学并行发展的时期，隋唐时期以降科举取士制度进一步使从中央的国子学和太学到地方的州学和县学的官学教育居于主导地位，北宋时期集教育与研究为一体的私人书院又把学习和教育提高到一个新的高度，这种局面一直延续到20世纪初。在欧洲，古希腊时代就有了著名的柏拉图学园，后来又出现了寺院学校，11世纪和12世纪，教会学校取代寺院学校成为学术中心。这些教会学校大多是由热贝尔（Gerbert of Aurillac）的学生们创建和发展起来的，直到12世纪晚期发展出附属于修道院和大教堂的新型学校“大学”。所谓“大学”意指“教师和学生的组合”，享有不向封建领主纳税和免服兵役的特权，并且在文艺复兴之后逐渐发展成为学术中心。

学习技术与人的心理活动密切相关，一切有关学习的理论都以某种心理学为基础，因为学习过程包括语言、记忆和理解等心理过程。19世纪下半叶兴起的学习理论以行为心理学为基础，包括德国心理学家艾宾浩斯（H. Ebbinghaus）的记忆研究、巴甫洛夫（I. P. Pavlov）的条件反射学习说、桑代克（E. L. Thorndike）的联结主义、赫尔（C. Hull）的驱动力降低说、斯金纳（B. F. Skinner）的操作性条件作用说和格式塔心理学派的完形说等。20世纪60年代以来，由于认知心理学取代了行为心理学出现了一批新的学习理论，主要表现为学习的分类理论，或者依据学习方式分类，或者依据学习的结果分类。例如加涅（R. M. Gagne）根据学习的内容或方式，把学习分为信号学习、刺激-反应学习、动作连锁学习、语言连锁学习、辨别学习、概念学习、规则学习和解题学习八类；有些人则根据学习结果把学习分为语言信息学习、智慧技能学习、认知策略学习、动作技能学习和态度学习五类。我们把学习技术概括为模仿学习、试错学习和生成学习三大基本类型。

## 7.2 社会技术系统的功能

按照系统论有关系统功能的理论，作为刻画系统行为的功能概念与环境相联系，指系统的行为所引起的有利于环境中某些事物乃至整个环境存续与发展的作用。作为技术系统一个子系统的社会技术，首先其最直接的作用是对于技术系统内部的自然技术系统和思维技术系统的影响，其次是对于文化系统内的观念系统和制度系统的影响，最后是对于作为文化系统外环境的自然系统的影响。

### 7.2.1 社会技术在技术系统中的地位和作用

社会技术系统与自然技术系统和思维技术系统在相互作用中发展，社会技术作为技术系统的一个子系统对技术系统中其他两个子系统的影响是直接的。社会技术与自然技术和思维技术的相互作用表现为，自然技术和思维技术为社会技术的实施提供有效的手段，社会技术为自然技术和思维技术的社会运用提供规范。就社会技术对自然技术和思维技术的影响来说，社会技术中的伦理、法律和舆论三大基本社会技术都有控制作用。公元前 3 世纪秦始皇借助法律统一了文字和度量衡，15 世纪以来的专利法，以及 20 世纪下半叶以来的有关核技术和基因技术的条约和法规，是社会技术操作自然技术的典型。

"专利"指政府授予某项发明以有一定时间限制地制作和使用或者出售专利的权利，以通过延长创新与模仿之间的时间间隔来鼓励人们创新①。但专利权的目的在于推进技术扩散，它本质上是对那些保守秘密的发明者的一种赎买"政策"。世界上第一部专利法是由威尼斯共和国在 1474 年颁布的，其后有英国（1624 年）、美国（1790 年）、法国（1791 年）、奥地利（1810 年）、俄国（1812 年）、瑞典（1819 年）、西班牙（1826 年）、巴西（1859 年）、意大利（1864 年）、加拿大（1869 年）、德国（1877 年）、日本（1885 年）等也先后颁布了专利法，1883 年通过了世界性的有关工业所有权的《巴黎公约》，1970 年又通过了规定跨国专利申请的《专利合作条约》。知识产权保护在 20 世纪成为各国政府的重要职能，但是过分苛刻措施已有悖专利的初衷。

作为衡量人类行为的规范和准则的伦理道德，从来就有强烈的时代特征。自然技术的进步日益增强人的能力，使得原来不能实现的成为现实。人们可以预测原来不可预测的行动后果，一些新技术发展的预期后果迫使人类作出伦理决定。第一次世界大战的化学武器、第二次世界大战的核武器、研制中的生物武器正在威胁人类的根本安全。特别是核武器的出现及其应用于战争，其巨大的毁灭力威胁到整个人类的生存，从而引起了广泛的关注和思考，遂有《核安全公约》（1994 年）和《禁止化学武器公约》（1997 年）等国际条约生效。随

① Machlup F. An Economic Review of the Patent System. Washington: U. S. Government Printing Office, 1958.

着人类对生命认识的深入和医疗技术的突破，试管婴儿、人工变性、人工授精、人工器官、安乐死、精子库和克隆人等带来了许多复杂的伦理问题。自然技术的进步促进了伦理技术的更新，促进了职业道德的产生，网络伦理、环境伦理、人口伦理、性伦理和生态伦理等许多伦理学的新分支应运而生。1976 年，美国国立卫生研究院首次公布了有关 DNA 安全操作的准则《重组 DNA 分子研究准则》，规定了一系列限制性、禁止性条款，并建立了重组 DNA 技术研究实验的组织管理体制和严密的生物与物理防护制度，对这类研究实验加以严格的控制和管理，预防其对人类与环境造成不可逆转的消极后果。

### 7.2.2 社会技术对于文化系统的影响

由技术、制度和观念组成的文化系统，在三个子系统之间的相互作用中寻求其不同目标之间的平衡，这种平衡的过程就是文化系统结构走向优化的进程。在这种优化进程的动态平衡中，技术作为文化系统中的一个子系统，既承受制度和观念的选择，又对制度和观念两个子系统产生影响，但技术的这种作用是间接的。因为制度和观念也是有结构的，制度由政治制度、经济制度和社团制度组成，观念由信仰观念、理性观念和价值观念组成，技术子系统与制度和观念两个子系统之间的相互作用是相当复杂的。就社会技术与制度的相互作用来说，制度本质上是社会技术的稳定体系，制度的建构主要靠社会技术，儒家伦理政治化和基督教伦理经济化可以视为社会技术影响制度的典型。就社会技术与观念的相互作用来说，观念对社会技术有着深刻的塑造作用，而社会技术间接地影响观念，货币对社会人的思想意识的作用可视为社会技术影响观念的典型。

对于基督教伦理与欧洲资本经济制度形成的关系，韦伯曾在《新教伦理与资本主义精神》①中给出比较详尽的论述，他认为新教伦理发展出的资本主义精神导致了资本主义经济制度的形成。在某种意义上，修道院制度的全部历史就是与财产的世俗化影响不断斗争的历史。韦伯仔细研究了禁欲主义的新教的基本宗教观念与日常经济活动所树立的准则之间的联系，他认为清教徒的职业观及其对禁欲行为的赞扬必然会直接影响资本主义生活方式的发展。一方面，世俗的新教禁欲主义与自发的财产享受之间的对抗束缚着奢侈消费，另一方面，新教伦理又有着把获取财富从传统伦理的禁锢中解脱出来的心理效果。新教伦理不仅使获利冲动合法化，而且把获利看作是上帝直接的意愿。新教伦理打破

① 马克斯·韦伯. 新教伦理与资本主义精神. 于晓，陈维纲，等译. 上海：生活·读书·新知三联书店，1987.

对获利冲动的束缚以及排斥肉体诱惑，并反对依赖身外之物的运动，这不是一场反对合理地获取财富的斗争，而是一场反对非理性地使用财产的斗争。

货币的普遍兑换性给有钱人以移动的自由和闲暇，使这一类人不再被束缚在土地、房屋、仓库和牛羊群上，而以前所未闻的自由去改变他们占有物的性质和地点。人们可以把他们的钱消费掉，或布施给庙宇，或花费在学习上，或储存起来以备不可预见的需要。在公元前 3 世纪，货币的这种解放力就开始影响罗马和希腊的一般经济生活。货币所展现的自由、运气和机会使罗马人浮躁起来，人人都想通过赚钱发财致富，农夫们也抛弃耕牧而通过买卖土地获利或借钱做投机生意，但结果只能是少数人富起来而令多数人失望。马克思在其《资本论》中曾这样描述资本主义社会："一切东西，不论是不是商品，都可以变成货币。一切东西都可以买卖。流通成了巨大的社会蒸馏器，一切东西抛到里面去，再出来时都成为货币的结晶。连圣徒的遗骨也不能抗拒这种炼金术。"[①]货币的这种资本主义发展导致被剥夺了财产的群众不断增多，他们那种莫名其妙地被打败了的模糊、困惑和绝望的感觉，为伟大的革命运动准备了条件。20 世纪末的东亚金融危机表明，迄今货币还带有一种人们难以控制的魔性。

### 7.2.3 社会技术对于自然系统的影响

社会技术对自然系统的影响比其对文化系统的影响更为间接。社会技术作为文化系统二级组分与自然系统相互作用所呈现的功效和能力，体现为文化系统对自然系统的反抗和控制。与自然技术和思维技术一样，社会技术在本质上也是反自然的。通过对自然技术的操纵和对思维技术的影响，社会技术间接地反抗自然系统。农业生产活动改变了自然生态结构，工业生产污染了土地、水体和大气，特别是大规模战争对自然环境造成了严重破坏。历史上游牧民族进犯农业民族的金戈铁马、近代以来并延续至今的工业文明侵略农业文明的飞机大炮，不仅毁坏了人类积累的大量文化遗产，而且也严重地破坏了自然系统。

有自我意识以来，人类就开始了控制自然的努力，从最初的那种"傲物天命"的巫术时代到认识和利用自然规律的科学时代，一直以征服自然为初衷。巫术时代的人们相信"可以用交感巫术或妖术去强迫自然就范"[②]，虽然这种

① 马克思恩格斯全集. 第二十三卷. 中共中央马克思恩格斯列宁斯大林著作编译局译. 北京：人民出版社，1972：151-152.

② 丹皮尔. 科学史及其与哲学和宗教的关系. 李珩译. 北京：商务印书馆，1975：112.

不切实际的幻想都像后羿和夸父一样以悲剧告终，但它导致人类从失败中转向科学的道路。自近代科学诞生以来，利用自然规律征服自然和改造自然的呼声日盛，直到 20 世纪下半叶才被威胁人类生存的工业污染遏止。现代技术未曾预料到的一些灾难性的后果，使一些思想家认识到，忽视精神价值会造成社会混乱。这些思想家主张把技术区分为同生活需要和人性一致的技术与谋求经济扩张和军事优势的权力技术，人类需要的是前者而不是后者。

上古时期，游牧民族与农耕民族冲突的本质是两种文化的冲突。游牧民族作为征服者往往把他们的意识形态和生活方式强加给被征服的农耕民族，这不仅中断了原地的文化，而且把当时最先进的冶金技术用于铸剑从而引向毁灭文化的无尽战争，并且战争掠夺的加剧导致奴隶制社会出现。农耕与游牧之间的冲突表现为征服—同化—再征服—再同化的历史特征，古希腊文明的形成过程成为人类这一段历史的一个典型。以米诺斯王朝为代表的公元前巴尔干半岛城邦文明，在其后的 15 个世纪中经历了北方游牧民族三次入侵的毁坏和重建，第一次为印欧语系的亚细亚人在公元前 15 世纪发展出迈锡尼文明，第二次为多利安人在公元前 13 世纪对迈锡尼文明的毁坏和重建，第三次毁坏和重建发生在公元前 8～6 世纪，最终导致古希腊的强大及其文明的繁荣。

战争首先是政治问题，其次是道义问题，而现代战争还同时有科学问题。在第一次世界大战期间，大多数参战国一开始就做了科学动员。有人把战争看作科学发展的动力，这种看法是十分有害的，而且是不符合事实的。不能只见一批技术因适应战争的需求而成熟并迅速应用于武器以及在战后转变为和平应用，战争是物质资源和智力资源的巨大浪费，是对人类生存方式和生存环境的巨大破坏。第二次世界大战期间，美国在日本投下了两颗原子弹，造成广岛、长崎两座城市大量建筑被毁以及大量人员伤亡。

大多数科学家曾一直认为，科学的社会运用与他们无关，意大利裔美国物理学家费米（E. Fermi）曾说他是为了做出一些发现才来到这个地球上的，政治领导人的所作所为与他无关。但当科学成果落入滥用政治权力的那些人的手中而对人类生存造成威胁时，科学家们一般会感到心灵的震惊。发明烈性炸药的瑞典化学家诺贝尔（A. B. Nobel）正是由于这种良心发现导致的赎罪感，才决定把遗产用于奖励那些对科学和和平事业作出贡献的人。即使费米也为那些鼓吹核武器所导致的危险而震惊，他与其他科学家一起签署了一份著名的文件，敦促美国政府不要制造核武器，他还将这种武器说成是“罪恶的”的东西。建议美国总统赶在纳粹德国之前制造出原子弹的匈牙利裔美国物理学家西拉德（L. Szilard，1898—1964），当美国政府决定向日本投掷原子弹时，是最早站出来反对并成为战后反对核战争的和平运动领袖之一。曾主持原子弹制造的美国物理学家奥本海默在原子弹被投到日本领土时，甚至说“科学家的双手沾满了鲜血”，断然拒绝政府要他接着制造氢弹的要求。

## 7.3 社会技术系统的演化

按照本章技术系统演化的讨论，社会技术系统的演化决定于其“变异-选择”过程，并且由于主导子系统的更替而呈现出社会技术系统发展的阶段性。整个社会技术发展的历史表明，社会技术系统的演化经历了组织技术主导和交易技术主导两个阶段，当代正处在向学习技术主导过渡的关键时期。社会技术系统演化的这三个阶段，大体分别对应于农业文明、工业文明和科业文明三个时代。

在组织技术主导社会技术的农业文明时代，技术系统是自然技术主导的，并且文化系统也是由技术主导的；在交易技术主导社会技术的工业文明时代，技术系统是社会技术主导的，而文化系统是由制度主导的；在学习技术主导社会技术的科业文明时代，技术系统是由思维技术主导的，而文化系统是由观念主导的。

### 7.3.1 组织技术主导的社会技术系统

社会技术系统内诸子系统之间的相互作用，在某种内外环境的选择作用下，形成组织技术相对发达的社会技术发展状态，即以组织技术主导社会技术系统为特征的状态，组织技术占据社会技术三角形的最长边。在组织技术主导社会技术系统的时代，自然技术系统是由物质变化技术主导的，思维技术系统是由语文读写技术主导的，物质变化技术、组织技术和语文读写技术构成一个主导技术群，并且整个文化系统呈现为由技术主导的农业文明特征。

在组织技术主导社会技术的农业文明时代，组织技术系统是由伦理主导的。不仅在初民社会，伦理与法律不分①，即使在法律与宗教分离之后，甚至在整个农业文明时代，法律都是以宗教伦理为其思想基础的。特别是权力的合理性总是需要神学论证支持，统治一方的皇帝不得不以“天子”自居。人们寄希望于神灵并坚信它们会对人的任何一个特定的行为作出赞成或反对的反应，人们认为，在生活的大多数或某些重要的方面，人服从于神的意志，生活必须与神的意旨相协调。这种普遍的神圣信仰使法律与宗教相互依存，以宗教观念为出

① 霍贝尔. 初民的法律——法的动态比较研究. 周勇译. 北京：中国社会科学出版社，1993：96-98，151，152，175.

发点，以法律的操作为归结。社会秩序更多地依赖于宗教，法律往往作为宗教的一种保证而存在。

在组织技术主导社会技术的农业文明时代，交易技术系统是由直接交易主导的，其经济学特征主要表现为商品数量和商品价格。农业文明时代的小农经济以家庭为单位，是自己生产并自己消费的直接经济。主要的交易发生在农产品和手工业产品之间，主要的交易方式是生产者和消费者在集市上直接进行的，只在那些比较发达的城市才集中出现作为交换中介的商号。在这种直接交易的农业文明，社会分化不充分，经济效率不高。

在组织技术主导社会技术的农业文明时代，学习技术系统是由学校学习主导的，并且学习成为贵族或富裕人家的特权。学习以人文教学为主要内容，并且以示范和模仿为特征。中国古代的学校教育是农业文明时期学校学习的典型，除秦朝短期实行了"以法为教，以吏为师"，以道德教育为中心的儒家教育思想主导中国几千年之久。儒家将德育过程划分为知、情、意、行四个阶段，强调陶冶学生的道德情感和指导学生自我修养，并把教学具体概括为学、思和行三个相互联系的基本环节。唐宋时期兴办的白鹿洞书院（940 年）、岳麓书院（976 年）、石鼓书院（810 年）和应天府书院（1009 年）四大书院，不仅实践了儒家的教育思想，而且代表了中国古代的教学水平。欧洲中世纪的大学的主要任务是培养牧师，一般分为学艺、法学、医学和神学四个学部，前三个学部都是作为进入神学部的预备而设立的。12 世纪以后的 200 年间先后兴建的大学有巴黎大学、牛津大学、剑桥大学、帕多瓦大学、那不勒斯费德里克二世大学、萨拉曼卡大学、布拉格大学（今查理大学）、维也纳大学等著名大学，这些大学成为欧洲学术文化发展的基础。

### 7.3.2 交易技术主导的社会技术系统

社会技术系统内诸子系统之间的相互作用，在某种内外环境的选择作用下，形成交易技术相对发达的社会技术发展状态，即以交易技术主导社会技术系统为特征的状态，交易技术占据社会技术三角形的最长边。在交易技术主导社会技术系统的时代，自然技术系统是由能量转换技术主导的，思维技术系统是由逻辑推理技术主导的，由能量转换技术、交易技术和逻辑推理技术构成主导技术群，而整个文化系统呈现为由制度主导的工业文明特征。

在交易技术主导社会技术系统的工业文明时代，组织技术系统是由法律主导的。由于洛克的《政府论》（1690 年）的影响，人类社会从自然法的个人自由进入社会契约的自组织状态，一个政治的或公民的社会逐渐形成。社会的每个成员都放弃了自然法的执行权，社会成员之间可能发生的关于任何权利问题的争执，都交给那些由社会授权来执行这些法规的人来判决。这个裁判者就是立法机关或立法机关委任的官长，任何个人都必须遵守整个社会的共同规范。正是这种法治精神使得工业文明比农业文明获得了更高的稳定性。

在交易技术主导社会技术系统的工业文明时代，交易技术系统是由迂回交易方式主导的，其经济学特征主要表现为货币数量和货币流速。早在 19 世纪晚期，就有人提出工业社会是“迂回经济”的概念。与农业社会中人们在家里生产和消费的直接经济不同，在工业社会人们到工厂里去为别人生产并通过商店卖出去。生产者与消费者之间的这种交换，因为要通过商店等迂回的中间环节，被称为迂回交换。正是这种迂回的交换方式使得工业社会比农业社会获得了更大的经济成果。

在交易技术主导社会技术系统的工业文明时代，学校学习从贵族和富裕人家的特权发展为普遍享受的形式，科学日益成为教学的主要内容，并且试错学习成为主要特征。工业文明时代的教育以欧洲的大学教育为典型，而它又是由古希腊的教育观演化而来的。欧洲中世纪大学学艺部的课程包括自然哲学、道德哲学和合理哲学三大类，其中自然哲学的科目包括形而上学、数学和自然学，而数学又包括算术、几何学、天文学和音乐。但真正的科学教育出现在文艺复兴之后，大学脱离教会的束缚而成为新思想的摇篮和科学进步的策源地。由于英国哲学家培根提倡实验精神和捷克教育改革家夸美纽斯（J. A. Comenius）提倡实验教育，特别是法国启蒙思想家狄德罗（D. Diderot）重新提倡培根的实验物理学思想，以法国综合技术学校的创设（1795 年）为先导的科学技术教育在欧洲兴起。德国语言学家沃尔夫（F. A. Wolf）把大学引向研究型的方向，一大批大学在 20 世纪成为既是传授知识的场所又是科学研究阵地，英国的剑桥大学、美国的哈佛大学、德国的柏林洪堡大学和法国的巴黎大学是其中最著名的一批研究型大学。

### 7.3.3 学习技术主导的社会技术系统

社会技术系统内诸子系统之间的相互作用，在某种内外环境的选择作用下，形成学习技术相对发达的社会技术发展状态，即以学习技术主导社会技术系统为特征的状态，学习技术占据社会技术三角形的最长边。在学习技术主导社会技术系统的时代，自然技术系统是由信息技术主导的，思维技术系统是由算法技术主导的，信息技术、学习技术和算法技术构成一个主导技术群，并且整个文化系统呈现为由观念主导的科业文明特征。

在学习技术主导社会技术系统的科业文明时代，组织技术系统是由舆论主导，以多媒体的广泛应用为特征。近代以来的各种传媒技术的发展，为舆论提供了越来越有力的载体。媒体从报刊、广播、电视，发展为互联网，在网上发布多媒体信息的“第四媒体”为舆论提供了最有力的载体。遍布全球的宽带互联网正进入每个家庭，把电话、有线电视和计算机三大通信网络集成为统一的社会信息网络。超文本链接可以将相关的多媒体资料文献和正在阅读文献的相关词联系起来，使整个网络成为一个包含图文声像多媒体的巨大信息库。人人都可以自由地利用互联网，每个人的声音都可以迅速地传到地球的各个角落，舆论因此有条件成为组织技术系统的主导。

在学习技术主导社会技术系统的科业文明时代，交易技术系统是由网络交易主导的，其经济学特征主要表现为信息量和信息流速。在网络化的市场交易中，电子商务和电子货币占主导地位，订货和销售通过网络电子商务进行，无论个人收入、消费、投资、买卖股票，还是纳税都将使用电子货币。网络上的电子商场虽然也叫商场，但本质上已是不同的事物，因为它省去了中间迂回环节而被说成是“直接”交易。网际网络介入零售流通业而使中间通路消失，生产厂家可以通过网络向消费者进行直接销售。这打破了既有的商品流通秩序，并使市场界限变得模糊。网络商场可以不要商场建筑，经营规模不再受场地的限制，这些都便于生产厂商与顾客保持更直接、更密切的联系，而且交易不再需要长期维持一个组织机构，减少了长期的风险和经营成本。在信息世界的商务精神中发现自由，是直接经济所能给我们的最好的礼物。

在学习技术主导社会技术系统的科业文明时代，生成学习主导学习技术系统，以学习型社会的形成为标志。随着知识更新速度的日益加快，人类已开始进入终身教育的时代。学习经过模仿学习和试错学习主导的两个阶段，进入了生成学习的新阶段。生成学习作为一种行为结构，在控制论的意义上可以被看作一种正反馈过程。维特罗克（M. C. Wittrock）的生成学习理论强调学习者本人的主动行为，在时间和空间上扩展到个人的各个方面，教育活动让位于学习活动。适应信息社会发展的要求而出现的自主学习的形式，使知识超越个人从而形成“网络智慧”。这种在网上形成和发展的超智慧为人的自由创造了新的基础，把个人的智慧转变成集体智慧，形成一个全球大脑和创造出一个集体意识。

# 8 思维技术

金吾伦

前已阐述，思维技术是自然技术、社会技术发展的一个新阶段。人类社会的发展表现在技术的进程上，首先是以自然技术为主导，随后发展到以社会技术为主导，最后是以思维技术为主导。本章的任务是对思维技术作具体的阐述，我们首先从思维技术何以成立说起。

我们主张把思维技术纳入技术系统的范围之内，这样做能使技术系统的结构更加完整。

首先，本篇第 1 章已从技术的视角对技术进行了实质性的明确定义。思维活动过程符合一般的“技术”定义要求，至少是符合“广义技术”定义的要求。陈昌曙在《技术哲学引论》一书中对“广义技术”作了定义。他认为：“所谓广义技术大体上指人类改造自然、改造社会和改造人本身的全部活动中，所应用的一切手段和方法的总和，简言之，一切有效用的手段和方法都是技术（technique）。”[①]按此定义，凡用来改造自然、改造社会和改造人的一切有用手段和方法都是技术，不仅仅单指物质的或有形的手段和方法，还应有无形的手段和方法。而思维活动是人类活动中最原初的活动之一。有了思维活动，才会有人类自觉改造自然和改造社会的活动，也才会有人工自然的创造。这是从技术的含义来说的。

其次，思维过程是一个与物理过程和社会过程相似的过程。只不过它是在大脑内部进行概念操作（conceptional operation）的活动过程。人们把这种活动作为一个对象进行科学研究，称为思维科学。人们将外界的信息输入大脑，运用概念、判断、推理，对信息进行加工，得到某种结果输出，这就是思维技术。

思维技术的巨大意义和作用在英国科学家霍金（S. W. Hawking）身上得到了充分的展现。霍金无疑是一位伟大的科学天才，在宇宙学的研究中做出了杰出的贡献。他是英国皇家学会（The Royal Society）的会员，又担任了剑桥大

① 陈昌曙. 技术哲学引论. 北京：科学出版社，1999：95.

学卢卡斯数学讲座教授。这是牛顿生前担任过的极具荣誉的学术职位。但霍金是一位躺在轮椅上的患者，他不能行动、不能说话，甚至连身体都无法动弹，唯一活跃的是他的大脑。霍金运用大脑进行思维，思索着宇宙学、物理学中最前沿的科学与哲学问题，用电脑语言合成器将他的思维结果传之别人，这也许正是思维技术的魅力。

于光远写过《思维的年轮》一书，其中对他从幼年开始到 80 岁的工作做了回顾。他在“序”中说：“由于我的工作是受我的思维支配的，故而用了《思维的年轮》作为这本书的书名。”[①]其中也透露出他具有高超的思维技术能力。

## 8.1 思维的本质

思维科学与思维技术都涉及思维的本质，但关于思维的本质至今还没有一个公认满意的答案。有人认为思维是“个体人的一种认识活动过程。思维是人的认识活动过程的最高水平，其特征是概括地、间接地反映客观现实。客观事物直接地作用于人的感官，产生感觉和知觉，它们以感性映像反映事物的个别属性或个别的事物，使人把握事物的外部联系。思维则是在感觉、知觉的基础上，通过一系列的智力运演，使人认识那些没有直接作用于人的感官的事物，把握事物的本质和内部联系。人认识了事物的本质和内部联系，就能预见事物的未来变化和发展，从而能动地改造世界”[②]。上述对思维的定义还较抽象，似乎还没有直入思维的本质，所以争论颇多。爱因斯坦对思维有一个论述。他说：“准确地说，‘思维’是什么呢？当接受感觉印象时出现记忆形象，这还不是‘思维’。而且，当这样一些形象形成一个系列时，其中每一个形象引起另一个形象，这也还不是‘思维’。可是，当某一形象在许多这样的系列中反复出现时，那么，正是由于这种再现，它就成为这种系列的一个起支配作用的元素，因为它把那些本身没有联系的系列联结了起来。这种元素便成为一种工具，一种概念。”[③]从爱因斯坦的这段论述中可见，概念便是思维技术的一种工具，思维过程就是将以往没有联系的系列联结起来。

也有人把思维看作是大脑对信息的加工过程。鲍威尔（G. H. Bower）用箭

① 于光远. 思维的年轮(一九七七—一九九五). 长沙：湖南出版社，1995：2.

② 王丕，李沂. 思维//《自然辩证法百科全书》编辑委员会. 自然辩证法百科全书. 北京：中国大百科全书出版社，1995：512.

③ 爱因斯坦. 爱因斯坦文集. 第 1 卷. 许良英，李宝恒，赵中立，等编译. 北京：商务印书馆，2010：3.

头和方框组成的流程图表明，信息加工是在环境输入与最终反映或输出之间发生的一组操作。这就是前述的概念操作。人心是由心内装置组成的一个单一的极为有效的信息加工系统。图 2.8.1 代表信息流入内心和在心内流动的流程。这里所说的"人心"，也就是"大脑"。

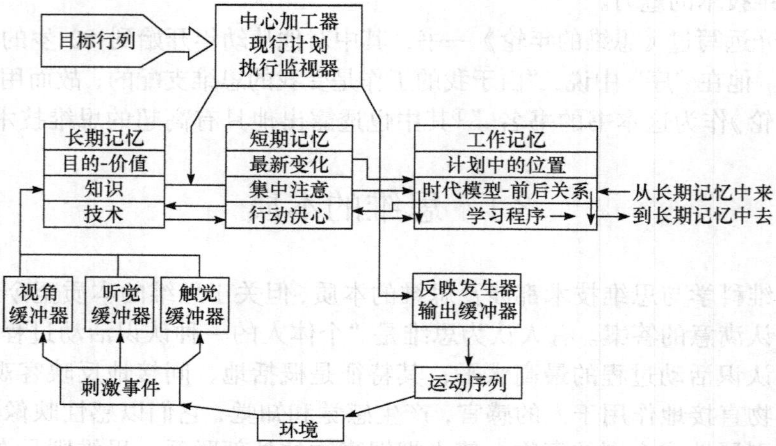


图 2.8.1　信息流入内心和在心内流动的流程

思维所涉及的信息加工流程与物质技术所涉及的物质与能量流程是相似的。这也可以说明，思维技术与自然技术一样是实在的，不是虚构的。我们对思维技术的认定是合理的。

为了叙述的方便，我们从思维方式讨论入手，然后再来叙述思维技术。

## 8.2 思维方式的特征与类型

### 8.2.1 思维方式的特征

思维方式的特征表现在四个方面：①思维方式是一切创造性思想的组织形式；②思维活动是人所特有的，所以思维技术是人类与动物分野的标志；③思维活动是人类活动中先导的活动，所以，思维技术是人类进步的原动力；④思维方式是决策、策划人类行动的基础和手段。

思维方式的变革、思维方式的转变是一切变革与转变的开端。一切变革都有赖于思维方式的变革。

## 8.2.2 思维方式的类型

### 8.2.2.1 按思维方法进行分类

有专家把“解决问题”的思维方法分成四种基本类型，即无为型(do-nothing type)、偶然型（chance type）、感性型（perceptive type）和理性型（rational type）①。

1. 无为型

这是一种对问题不采取特别的政策，听之任之，放任自流的做法。在现实生活中，对问题采取这种态度的人相当多。无为型的特点是，它相信人不能也无法控制世上各种各样事件的发生。历史上曾经有过几个这样的文明，它们不鼓励解决问题，因为在它们看来现世的灾难，无论是饥饿、洪水，还是战争，与光辉的来世相比不过是一些微不足道的烦恼。无为型的支持者不仅仅有信奉来世的宗教信仰者，也有知识阶层中的支持者。原因在于，对一些人来说无为是最好的解决问题的方案，在另一些人看来却是违反道义而应该放弃的。中国古贤有“无为而无不为”的论断，这是无为型的一种积极能动的主张。

2. 偶然型

在远古时代，人类大概主要靠偶然来发现解决问题的方法。偶然型的前提是偶然支配人的努力。但是，偶然型思维方式在方法论方面却向两个不同的方向发展：一是通过被动闪现来洞察或偶然发现问题的正确答案，即爱因斯坦所说的“未探索就获得的发现”(finding without seeking)；二是重视世间不断发展的偶然事件，并以合理的态度对待这些事件。

3. 感性型

感性型思维方法包括灵活运用人所具有的情感、感觉直觉和预感等特性，将瞬间出现在头脑中的方案付诸行动，而不是遵循既成的方法。这种类型的基本原则和方法因人而异，很难定义。使用感性型思维方法解决问题的人，一般不能解释他们为什么采取某一解决方案，这大概是由于达到这一解决方案的过程太复杂，流动性太大，难以用语言表达。善于感性思维的人，常常能够发现自由联想、类比、洞察、直觉以及常被人们认为无相互关联的信息之间的紧密联系。在很多情况下，这些发现都是通过视觉形象来完成的。例如，发现苯分子结构的化学家，据说是在看到了古代的蛇尾咬在蛇嘴里的图案后，直观地悟出了苯的环状型分子结构。

---

① 陈颖健，日比野省三. 跨世纪的思维方式：打破现状的七项原则. 北京：科学技术文献出版社，1998：16.

4. 理性型

这种类型的思维方法大约是在400年前与近代科学同时出现的，并在自然科学领域取得了巨大的成功。理性型的特点是单向（single-direction）和单因素（single-factor）的思维模式，其特征是客观性以及系统的逻辑过程。它的基础是以下四个主题。

（1）实证主义。理性型思维者相信用科学技术和科学方法能够解决所有问题，相信用观测、实验等经验方法能获得对世界的认识。例如，“如果人类能登上月球，人类也一定能够消灭贫困”，这种论断便是实证主义的现代版。

（2）还原主义。理性型思维者积累和分析大量的信息，将大问题分成小问题，并认为解决了小问题即解决了大问题，这就是笛卡儿曾经倡导的还原主义。还原主义寻求能够数量化的客观事物，并将不可能数量化的主观要素和信息视为不重要的外来因素。例如，在还原主义者看来，谁来实施问题的解决方案以及具体如何执行方案，这些与人密切相关的因素是不重要的。因为用科学方法得到的解决方案是绝对正确的，无论是谁来执行都会得到同样的结果。

（3）专家崇拜主义。几乎所有的领域都有收集数据的专家，一般认为，只有那些拥有所需信息的专家才能提出正确的解决问题的方案。人们倾向于认为专家的观点是没有偏见的。专家也认为，只有自己才知道什么是正确的。这种对专家的崇拜，助长了专家特有偏见的形成。毫无疑问，专家是重要的，但是，世上不是所有的领域都是依靠专家确立的，尤其是现实社会中的许多问题，只用有限的科学方法是不够的。而且在任何时代、任何社会，专家总是少数，人民群众的力量必须被重视。所以，一切委托给专家的做法是不全面的，也是有风险的。

（4）决定论。理性型思维方法认为，通过收集事实、分析数据得到的解决方案，有理性的人都会同意，而且方案一旦被提出，该方案总是适当的。实际上，这种决定论的结论并不一定被遵循。拉普拉斯决定论是一种机械决定论，它忽视了事物发展变化的随机性。这种决定论模式基于因果推理，具有一定的合理性。不过随着不确定性因素的增加，这种基于推理的模式也未必都是正确的，尽管至今决定论仍然盛行。

将理性型思维方法一般化在推动研究方面，特别是在自然科学领域，是卓有成效的。但是在解决当今人类面临的诸多社会问题方面，它暴露了其局限性，例如对解决自动化工厂或原子能发电这种大型技术系统的问题，需要对人类以及社会技术系统的作用问题有广泛而深刻的理解。一般来说，理性型思维方法是线性的，只能解释从某一特殊的过去到现在的特定变化，不适合动态的、整体的和循环变化着的现实世界。

以上分类带有哲学含义。

8.2.2.2 按功能意义进行分类

1. 推理的思维方式

从推理（reasoning）的角度说，克罗毕认为能经受时间考验的思维方式有六大类：①数理科学中的演绎；②实验探究；③通过类比进行模型的假说性建构；④通过比较和分析的有序化；⑤人口规律的统计分析；⑥发生学发展的历史起源[①]。

2. 创造过程的思维方式

直觉、想象是创造思维的一种，它们没有严格的逻辑过程，所以不能应用逻辑推理。贝弗里奇（W. Beveridge）从创造过程的角度将思维过程分为三类：①批判性思维；②想象性思维；③无控性思维。

贝弗里奇指出："每一类思维方式都有自己的优点及其局限性；它们只适用于特定的场合。科学研究的一般程序是按批判性思维展开的，只有当批判性思维无法解决问题时，想象性思维的大门才被打开，从而找到一条解决困难问题的途径。如果这样还是不能找到一条前进的途径，那么，人们就应该求助于无控性思维，用新的眼光去寻求解决问题的希望。"[②]按思维过程进行分类，波斯纳（M. Posner）等区分了自动思维过程和注意思维过程。自动思维过程和注意思维过程之间的区别类似于直觉思维和逻辑或理性思维之间的区别。逻辑思维是有意识的、分析的、串行的、有序的；直觉思维不是有意识的，不在随意控制之下，其产物是一种猜测、一种预感和一种顿悟。通常情况下，这两种思维技术可能是结合着起作用的。

3. 科学发展的思维方式

库恩从科学发展历程的研究出发，从中得出两种思维方式及其间保持"必要的张力"的观点。这两种思维方式是：发散式思维和收敛式思维。科学的发展要求思维活跃，思想开放，但科学同时也要求持久地、牢固地扎根于当代科学传统之中。唯其如此，才能"打破旧传统，建立新传统"[③]。发散式思维的代表人物如爱因斯坦，不断有创造性的新思想；收敛式思维的代表者如测电子电荷的美国科学家密立根（R. A. Millikan）和测光速的迈克尔逊。这两种思维方式都应进入创造性思维之列。而且库恩强调过，这两种思维方式并不

① 伊恩·哈金. 驯服偶然. 刘钢译. 北京：中央编译出版社，2000：8.

② 贝弗里奇. 发现的种子——《科学研究的艺术》续篇. 金吾伦，李亚东译. 北京：科学出版社，1987：7.

③ 托马斯·库恩. 必要的张力——科学的传统和变革论文选. 范岱年，纪树立，等译. 北京：北京大学出版社，2004：224.

只限于科学活动范围。因此，我们可以把它们推广到管理创新和制度创新等领域。

4. 打破现状的思维方式

日本学者日比野省三于 1990 年提出了一种新的思维方式，他称为“打破现状的思维”（breakthrough thinking）。中国学者陈颖健和日本学者日比野省三在其合著的《跨世纪的思维方式：打破现状思维的七项原则》一书中，将发散式思维和收敛式思维作了整合，提出了第三种思维方式，被称为“展开·整合思维”。三种思维方式的关系图示如图 2.8.2①所示。

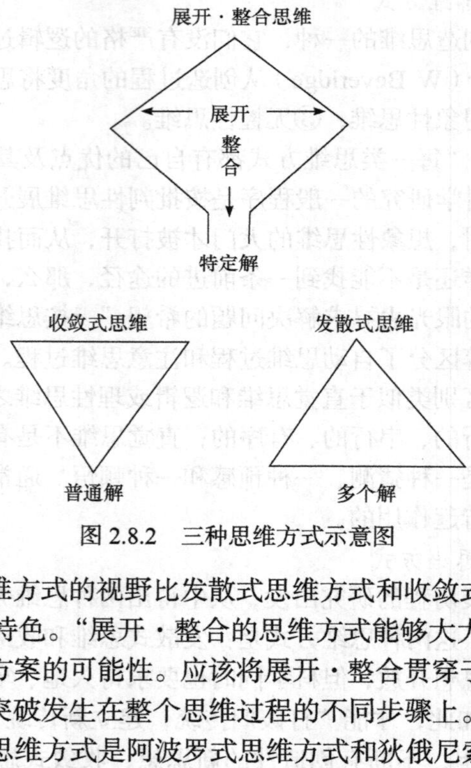


图 2.8.2　三种思维方式示意图

展开·整合思维方式的视野比发散式思维方式和收敛式思维方式要宽广得多，而且更具时代特色。“展开·整合的思维方式能够大大地减小发现错误问题之‘正确’解决方案的可能性。应该将展开·整合贯穿于打破现状思维的全过程中，因为很多突破发生在整个思维过程的不同步骤上。”②与发散式思维和收敛式思维相仿的思维方式是阿波罗式思维方式和狄俄尼索斯式思维方式。阿波罗式思维方式具有理性的特点——和谐、有序和有计划，而狄俄尼索斯式思

① 陈颖健，日比野省三. 跨世纪的思维方式：打破现状思维的七项原则. 北京：科学技术文献出版社，1998：12.

② 陈颖健，日比野省三. 跨世纪的思维方式：打破现状思维的七项原则. 北京：科学技术文献出版社，1998：14.

维方式则充满情感、意象、狂热[①]。它们也需要展开和整合。

展开·整合思维具有时代特色，因为它符合当代知识发展的新要求，能够实现潜知识与显知识的展开、整合和转化；实现既思想活跃，又保持头脑冷静；既处理人们的现实思想，又顾及人们的愿望；既要发散，又要收敛；等等。这是一种整体论的思维方式，也是适应新时代的创造性思维方式。

当然还有模仿复制式思维，在此不再展开。

各种类型的研究结果表明，大多数人同时在使用两种以上的解决问题的方法时，上述四种类型没有哪一种能够满足“完全方法”的标准。无为型是听之任之，放任自流；偶然型方法过于宿命论，容易产生消极的对策；感性型虽然具有创造性，但有不能保证问题解决方案正确实施的弱点；理性型过于重视专家、调查测定、技术因素，而没有扎根于人的目的意识、洞察力和需求等一些好的解决方案所必需的基本要素之中。

我们需要的是一种集中各种类型方法之长的综合方法，它是一种充分认识到上述四种类型的不足，并吸取了它们的长处的“完全方法”——打破现状的思维方法[②]。这种“打破现状的思维方法”被认为是对笛卡儿以来的传统思维方法的重大而深刻的变革。

## 8.3 思维方式的演进

人类思维的历史发展可分为四个阶段：①原始思维。原始思维萌发于蒙昧、迷信，敬畏鬼神、相信来世、笃信报应，表现为巫术、算命等。②古代思维。古代思维建立在语言、文字基础之上，是一种哲学童年的思维方式。③近代思维。近代思维建立在逻辑、理性基础之上，就是我们在 8.2 节中所说的理性型思维方式，它是一种机械论科学时代的产物。它把思维对象，即物质世界看作机器，把宇宙看作钟表，从而形成一种机械论的思维方式，因而也被称作机器思维。④当代思维。从 20 世纪开始，科学思维有了新的内容。科学技术的发展迫使人们不能按机器的方式去思考，而要用“系统思想”去思考。“从工业企业，武器装备，一直到论题深奥的纯科学领域，系统思维方式在广阔的范围内起着显著的作用。”[③]关于系统思维，我们将在复杂系统技术一章中再进行讨论。

① 奥托·卡尔特霍夫. 光与影——企业创新，赵楠，方小菊译. 上海：上海交通大学出版社，1999：1.

② 奥托·卡尔特霍夫. 光与影——企业创新. 赵楠，方小菊译. 上海：上海交通大学出版社，1999：16.

③ 冯·贝塔朗菲. 一般系统论：基础、发展和应用. 林唐义，魏宏森，等译. 北京：清华大学出版社，1987：1.

我们若把原始思维与古代思维合在一起称为神学思维，则人类思维的历史演变成为三个阶段，如图 2.8.3 所示[①]。

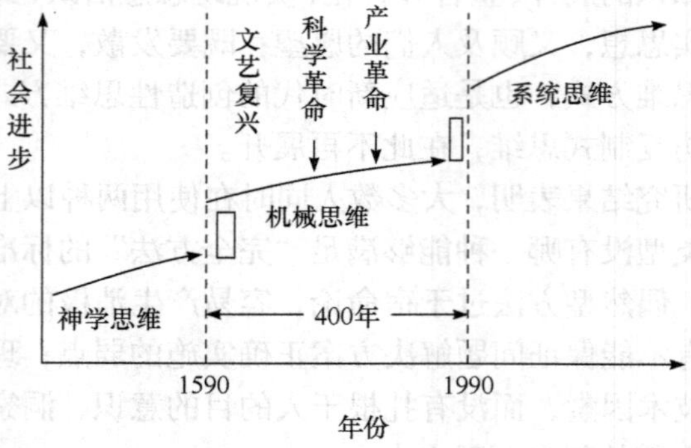


图 2.8.3　人类思维的历史演变

16 世纪前是“上帝的思维时代”，即上帝支配世间万物的思维方式，也即神学思维；16 世纪后，神学思维被笛卡儿的思维方式所替代，这种思维方式实质上就是分析-还原的方式，这便是近代思维方式，也称为机械思维。运用这种思维方式解决问题的思维步骤如图 2.8.4 所示。

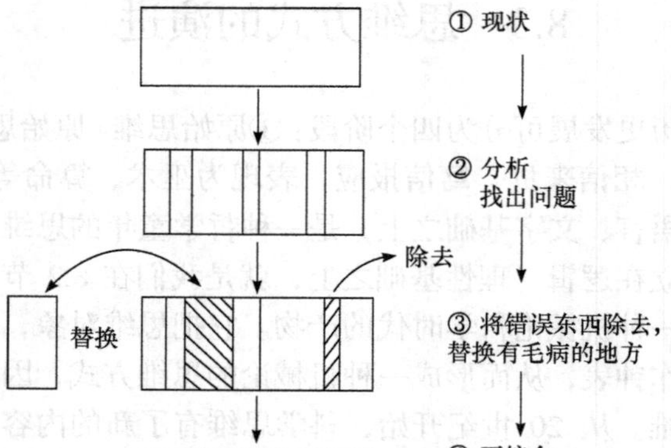


图 2.8.4　近代思维方式的思维步骤

这种近代思维方式的程序就是近代思维技术：①将对待和研究问题分解为或还原为构成要素；②分别对各个要素加以认识与研究；③再将这些对要素的

① 陈颖健，日比野省三. 跨世纪的思维方式：打破现状思维的七项原则. 北京：科学技术文献出版社. 1998：5.

认识加以综合；④最后得出整体认识。

“这种程序被描述为构成主义方法或还原主义方法。在过去三十年里，人们已经认识到，在科学技术的许多部门里，这种方法无法考虑我们生活于其中的世界的基本方面，即大多数事物不是孤立地存在的，而是以有组织的复合体或系统的各部分整合地存在着，构成这些系统的要素以这样一种方式彼此相互作用：整体所具有的特征并不存在于分离的部分中；统一体要比它各个部分的简单集合包含更多的东西。传统的力学科学不顾及这种由组织化而实现的无形增加的某种东西，因而科学思维需要基本的重新定向以帮助我们理解系统的、有组织的整体，和有意义的复合体的基本本质。这已经导致了新兴学科的出现。这门新兴学科具有深远的理论意义和实际应用价值。”[①]分析还原的传统思维方法规定了人们从事研究和实践的程序和方法，从而也就忽视了“整体所具有的”比“简单集合”所包含更多的东西。所以分析还原的思维方式必然由新的思维方式代替。这就是整体思维方式，也即系统思维方式。

我们所强调的系统性或整体性就是某一总体的各个要素（或者包括在单个个体的各个要素）的关系，亦即那样一种联系，它把各个要素结合起来，并使总体出现新的（整体的）、那些孤立的要素所不具有的属性。这样的整体的唯一性质就是不能把状态划分或分解为某些要素的集合，这种整体性就是本原的或真正的整体。[②]

系统思维或整体思维的程序与分析还原思维的程序有原则性的区别。整体思维的程序可表达如下：①确认所关心的系统和领域的许多目的，不管是问题、机会、计划、规划，还是活动；②从小到大展开目的，将其排列成阶层，然后选出一个或多个作为基本出发点的目的以及完成目的的有关标准；③为达到选定的作为基本出发点的目的和较大的目的，提出许多“应有状态”和理想系统的想法，然后将这些想法归纳成主要的选择方案；④评估这些方案，以决定“应有状态”目标（对规则状况）；⑤开发接近“应有状态”目标的变革实施方案（包括不规则状况）；⑥为确保变革实施方案运转，对其进行详细说明；⑦设计实施和过渡计划；⑧具体实施方案；⑨提出改良的日期以达到更大的目的和目标的更多部分[③]。

在这里，思维的对象不再是机器，而是系统。贝弗里奇总结了系统七个方

① 贝弗里奇. 发现的种子——《科学研究的艺术》续篇. 金吾伦，李亚东译. 北京：科学出版社，1987：92-93.

② 孙慕天，采赫米斯特罗. 新整体论. 哈尔滨：黑龙江教育出版社，1996.

③ 陈颖健，日比野省三. 跨世纪的思维方式：打破现状思维的七项原则. 北京：科学技术文献出版社，1998：147.

面的共同特征[①]。对系统进行研究不能再使用还原的方式，而要应用系统分析的方式。

为了更好地理解人类思维的发展历史，我们先来看一看人类思维的个体发育。人类思维发展的历史进程与人类个体发展的历史进程具有相似性。据研究，人类思维的个体发育可分为以下四个阶段。

（1）感觉运动阶段。这个阶段是从婴儿出生到 18～24 个月的时期。在这个阶段，他们已有感觉，能做出越来越有目的的活动，但除了他们自己的知觉外，他们对世界一无所知。他们还没有智力符号或意象，甚至还没有意识到他们不予观看或触摸的物体仍然存在着。他们也许会注视一个玩具，把玩或吸吮玩具，但如果玩具掉落后看不见了，或者玩具藏在枕头或毛毯底下，他们不会去寻找它，而且立刻变得不知道这个玩具了，仿佛这个玩具已经不复存在。换言之，他们只能想此时此地的东西。

到 1 岁至 1 岁多时，儿童的活动日益增多。他们有了“客体”的概念。由于反复的接触和记忆的发展，他们开始具有能用来代替感觉的智力意象和概念，他们心中有了一个与外界实在大致相符合的世界雏形。

（2）前操作思维阶段。这个阶段大致是 2～7 岁。在这个阶段，儿童虽然迅速地获得表示外部物体和过程的意象概念和词，并且日益记住种种事物从而谈论它们，但是儿童对世界的内心意象还是原始的，缺少诸如空间、时间、因果性和量等起组织作用的概念。他们不能利用这些概念完成智力操作，所以这个阶段是前操作思维阶段。在这个阶段中，他们的思维仍未摆脱婴儿的以自我为中心的世界观。

（3）具体操作阶段。到 7 岁左右，儿童开始进入这个阶段。在这个阶段，他们能从事智力操作，即操纵他们心中的符号，仿佛他们正在操纵实在事物。但他们只有具体的符号——物体和动作的符号，而没有抽象的观念或逻辑过程。他们越来越能领会在他们自身以外的事件有其自身的原因：太阳并不跟着他们走，晚上天黑不是睡觉导致的。他们已经意识到自己的种种思想是与外界实在分离的，他们知道梦发生在内心，我们在心中看到梦而不是用眼睛看到梦。

（4）形式操作阶段。这个阶段在 11～15 岁。在这个阶段，儿童不仅能思考具体的物体和活动，而且能抽象关系，如比率、可能性、正义和美德。他们不仅意识到论证的内容，而且意识到论证的形式，并且能说出有关的个人感情。他们能够提供假说，有条不紊地研究问题，并能将抽象概念进行分类。

① 贝弗里奇. 发现的种子——《科学研究的艺术》续篇. 金吾伦，李亚东译. 北京：科学出版社，1987：95-97.

他们能想象过去、将来和感知到的世界以外的世界。他们到了智力发育的最后阶段[①]。

由此可见，人的思维个体发育阶段与我们前面所述的人类思维历史发展阶段基本上是相应的。

## 8.4 思维技术释义

思维技术是思维方式的精髓与核心。思维方式是人类进行思维的一种总体框架，例如机械思维或系统思维等，它不是严格的思维技术，因为其中有些还不属于技术性的范畴。思维技术是对概念进行操作的技术。

### 8.4.1 思维技术的构成

语言文字技术、逻辑推理技术和数学计算技术是思维技术的三种基本技术。

语言是与人类的生活分不开的，它是在人类劳动交往实践中逐渐形成和发展起来的。语言是人类最重要的交际工具，是“做出叙述和传达知识”的工具；而逻辑和算法可以说是人类最具代表性的基础。语言的发展经历了表达、描述和论证的复杂过程，它有各种用法，不同语言的性质也各不相同。汉语、英语是自然形成的语言，世界语是人造的语言，BASIC 是人造的计算机语言。文字也有各种各样的用法和性质，它经历了从诸如象形文字再到字母文字的演变。

随着语言文字的运用以及对它所作研究的进展，逻辑推理技术也随之形成并不断地精密化。逻辑推理技术发展的一个重要来源是对语言进行的研究。例如，亚里士多德的逻辑学是与语言分不开的。他的逻辑著作《工具论》中，有许多章都与语言有关：“范畴篇”主要讨论语词及其意义；“解释篇”主要讨论命题的形成与命题之间的关系，包括讨论语言与思想之间的关系等。培根的《新工具》主要是科学研究的结晶，是他致力于发展“心用的工具”的硕果[②]，但该书也是对亚里士多德《工具论》的批判，例如，培根在第一卷第一章“一四”中说：“三段论式为命题所组成，命题为字所组成，而字则是概

① 邱仁宗. 当代思维研究新论. 北京：中国社会科学出版社，1998：189-191.

② 培根在《新工具》第一卷第一章第二节中说：“赤手做工，不能产生多大效果；理解力如听其自理，也是一样。事功是要靠工具和助力来做出的，这对于理解力和对于手是同样的需要。手用的工具不外是供以动力或加以引导，同样，心用的工具也不外是对理解力提供启示或示以警告。”这里所说的“手用的工具”就是我们讨论的上述技术——金吾伦注。

念的符号。”[①]这表明，培根重视逻辑与语言间的关系。

数学计算是思维技术的一种，随着计算机的广泛应用与数字化进程的加速，数学计算的地位越来越重要。

### 8.4.2 语言文字技术

语言文字技术之所以是思维技术，是因为说话是人们大脑的思维和神经活动，人们用语言文字来作为表达和交际的工具。

关于语言与思维的关系的问题，在语言学中是有争论的。其中主要的语言学理论有两派，一派是 20 世纪早期占主导地位的结构主义学派，另一派是 20 世纪中期以后兴起的以乔姆斯基为代表的生成语法学派[②]。

（1）结构主义学派的哲学基础是经验主义，其心理学基础是行为主义。

行为主义心理学的基本思想：①只有行为，没有精神。心理、意识之类的精神因素最终也都可归结为行为。②一切行为都是由物理原因造成的，都可以看作有机体对环境造成的刺激所作的反应。③环境决定一切，言语无非是刺激反映；言语只有物理形式，没有心理内容。

按这种行为主义语言观，言语的全过程可表示为：

$$S \to r \text{-----} s \to R \tag{2.8.1}$$

式中，S 代表说话者所受的物理刺激，r 代表说话者的反应，s 代表听话者所受的物理刺激，R 代表听话者的反应。中间虚线部分就是语言。言语乃是刺激-反应-反应活动，其中并非无思想。

（2）生成语法学派的语言观有根本不同于结构主义学派语言观的看法：①结构主义只承认语言有物理表现，不承认语言有心理表现，因此只能限于研究已经说出来的或写出来的句子，无法探究人头脑中可以造出来，但没有说出来或写下来的句子；②结构主义只承认语言是通过经验获得的，不承认语言与人脑结构有关，因此只能限于各种语言的不同之处，无法解释人类语言的许多相似之处；③结构主义只承认语言是通过刺激、反应养成的习惯，不承认有通过生物遗传获得的先天知识，因此不能解释为什么每个儿童都在短短的两三年中凭着极其有限的经验学会如此复杂的语言，而且任何一种语言都能在大致相同的时间内学会。

生成语法学派的代表人物乔姆斯基认为，心理表现就是“心理上，最终是

---

① 培根. 新工具. 许宝骙译. 北京：商务印书馆，1984：10.

② 徐烈炯. 生成语法理论. 上海：上海外语教育出版社，1988.

大脑中的表现"，也即"心理/大脑"的表现。正是在这种认识的基础上，我们把语言技术归入思维技术的范畴之内。

不同的规则产生不同的表达方式。图 2.8.5 是语法组织与表达式层次的框图①。其中框代表规则系统，是规则处理后构成的表达式，箭头表示输入和输出方向。

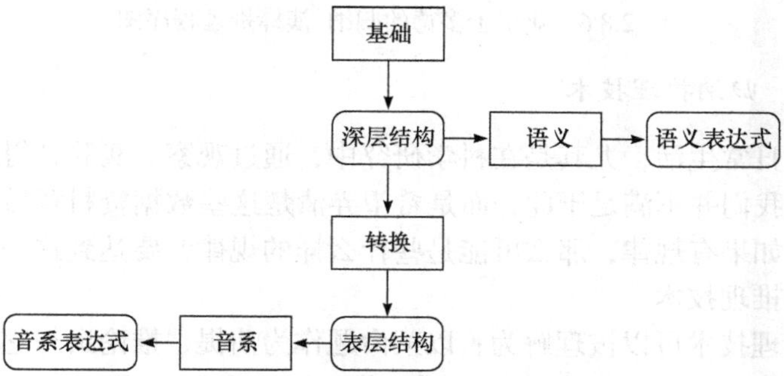


图 2.8.5　语法组织与表达式层次框图

## 8.4.3　逻辑推理技术

逻辑推理技术是人类文明进步的一个光辉的里程碑，是思维把握世界的一个重要工具。

逻辑推理技术是在语言技术基础上发展起来的一种思维技术。所谓逻辑，是指正确认识事物运用的符号的规律。用语法学的术语说即是语法（grammar）的规律②。所谓推理，可以定义为"从命题导出命题的思维活动"③。我们则把它看成思维技术。逻辑推理技术作为一种思维技术，就是运用概念进行推理、判断的技术。运用概念进行推理和判断都必须符合一定的规则，即从一些判断合理地得出另一些判断的规则。

科学研究过程中，归纳推理和演绎推理常常是同时使用的。亚里士多德指出，科学研究总是观察上升到一般原理（归纳），然后再回到观察（演绎），因此他主张，科学家应该从要解释的现象中归纳出解释性原理，然后再从包含这些原理的前提中，演绎出关于现象的陈述。亚里士多德的归纳-演绎推理程序可用图 2.8.6 表示。

① 徐烈炯. 生成语法理论. 上海：上海外语教育出版社，1988：159.

② 末木刚博，等. 逻辑学——知识的基础. 孙中原，王凤琴. 译. 北京：中国人民大学出版社，1984：5.

③ 末木刚博，等. 逻辑学——知识的基础. 孙中原，王凤琴. 译. 北京：中国人民大学出版社，1984：43.

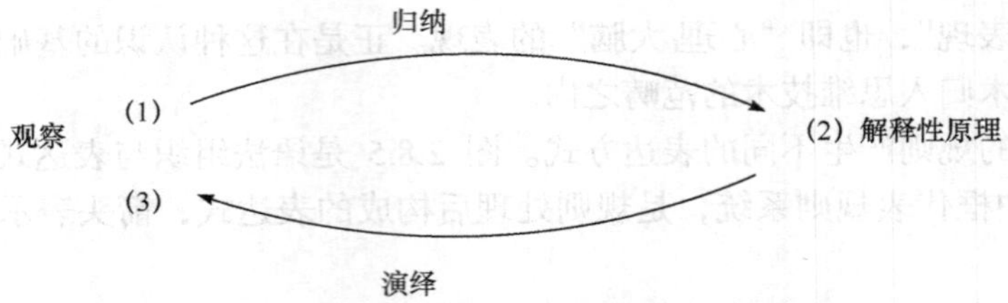


图 2.8.6 亚里士多德的归纳-演绎推理程序图

8.4.3.1 *归纳推理技术*

我们在日常生活，尤其是在科学研究中，通过观察、实验，得到了许多数据资料，但我们并不满足于此，而是希望弄清楚这些数据资料背后是否隐藏着某些规律。如果有规律，那么可能是些什么样的规律？要达到这一目的，我们就需要归纳推理技术。

归纳推理技术可以被理解为：以某命题作为前提，推论出与它有归纳关系的其他命题的技术。这里的归纳关系是指，两个命题 P 和 C 之间存在逻辑关系：从命题的真假说，若 P 为真时 C 也真，这种关系是“演绎关系”；若 P 为真时，C 不一定真，但断定 P 为断定 C 提供了某种支持，这种关系被称为“归纳关系”。

归纳推理技术是随着近代科学的出现而得到丰富并发展起来的。英国哲学家培根被罗素誉为近代归纳法的创始人，马克思称培根是英国唯物主义和整个现代实验科学的真正始祖。培根提出了“知识就是力量”的至理名言，他认为知识是由对事物及其发展规律的研究、发现和解释构成的。培根认为，知识不是通过思辨能获取的，而是像蜜蜂采集花蜜一样一点一滴累积而成的。科学研究是在我们所能看到、听到、触摸到和知觉到的东西的基础上进行的。所以，我们必须运用归纳推理技术，才能得到科学知识。或者说，归纳推理是获得知识的一种基本推理技术。

归纳推理技术广泛地应用于科学研究和日常生活中。举一个最简单的例子，我们在某地观察到许多天鹅都是白色的，换一个地方又观察到天鹅也都是白色的，于是我们得到一个结论，“所有的天鹅都是白色的”。又如，我们将一根金属棒加热，金属棒膨胀了，我们又加热了许多根金属棒，它们都膨胀了，于是我们就得出结论，“所有的金属棒被加热时都产生膨胀”。这就是归纳法。归纳法是从对个别现象和具体事物的观察达到对全体的一般的认识。对个别现象的观察总是有限的，而要从有限的观察达到对现象的普遍认识，其中运用了归纳推理或归纳原理。归纳原理可作以下的表达：如果大量的 A 在各种各样的条件下被观察到，而且如果所有这些被观察到的A都无例外地具有B性质，那么，所有的A都有B性质。

我们还可以表达成这样的形式：

$a_1$具有性质P

$a_2$具有性质P

$a_3$具有性质P

所有的a都具有性质P

这样的归纳技术称为“简单枚举归纳”。它是从特殊推到一般，这是第一类归纳推理。

第二类归纳推理是从特殊到特殊的归纳推理。它是对那些体现在现象中的一般原理的直观，所以被称为“直观归纳推理”。例如，一位科学家观察到若干情况下月球亮的一面总是朝着太阳，他由此推断出月球发光是由于它的表面对太阳光的反射。直观归纳推理需要洞察力，是一种只有积累了广泛的经验之后才能获得的能力①。

第三类归纳推理是求同归纳推理技术，它有以下的形式：

| 事例 | 事项 | 结果 |
|---|---|---|
| 1 | ABCD | e |
| 2 | ACF | e |
| 3 | ABEF | e |
| 4 | ADF | e |

由此人们有理由推断出，e可能是原因A的结果。

第四类归纳推理是差异推理，它的形式是：

| 事例 | 事项 | 结果 |
|---|---|---|
| 1 | ABC | c |
| 2 | AB | — |

从中得出结论：事项C的结果可能是c。

我们已经强调过，归纳推理所得的结论并不一定是真的。

归纳推理有一定的操作程序，大致分为四步：第一步是搜集材料，即通过观察和实验，将所得材料即事实和数据汇集起来；第二步是分析、整理所得到的材料，找出材料之间的相关关系；第三步是排除法，即排除那些与给定形式无关的、非本质的性质，最后余留下来的便是一个肯定、坚固、真实和定义明确的形式；第四步是解释和预见，就是将所得的假说或结论试探着去解释新现

① 约翰·洛西. 科学哲学的历史导论. 第四版. 张卜天译. 北京：商务印书馆，2017：6.

象，甚至预言新现象，这一步相当于对归纳所得结论的验证。

归纳推理的这四步都是不可缺少的。培根就指出过，只知搜集材料的人相当于是蚂蚁，而只进行下面几步推理的人有点类似于只从肚子里吐丝的蜘蛛，应当像蜜蜂一样，不但要从花里采集材料，还要用自己的力量去改变和消化这些材料。

归纳推理技术并非处处适用，它只有在一定范围内使用才是有效的、合理的，也就是说它有不可克服的局限性。例如，我们前面说到的“观察许多白天鹅，我们通过归纳推理技术得出一个结论：所有的天鹅都是白的”。但实际上我们只要找到一只黑天鹅就能把它否定掉。

归纳推理技术第一步中搜集的材料要求具有绝对客观性，实际上这一条要求是做不到的。不同的观察或材料搜集者具有不同的经验、期望和知识背景，即使是对同一个东西的解释也会不同；甚至由于知觉经验的差别，他们根本就没有意识到他们看到的是同样的东西。由此，归纳推理技术的前提正在经受挑战。

更为重要的是，归纳推理技术在科学研究中并不单独使用，它总是与演绎法结伴而行。

#### 8.4.3.2 演绎推理技术

演绎推理技术是逻辑推理技术中最重要的推理技术。最具代表性的是三段论法。三段论是由两个前提（大前提、小前提）和一个结论构成，其形式是：

所有的M是P（大前提）

所有的S是M（小前提）

∴所有的S是（P结论）

三段论法又可分为直言三段论法、假言三段论法、选言三段论法和二难推理等。

用逻辑公式表达就是

$$\{(A \supset B) \cdot B\} \supset A$$

笛卡儿是近代有关演绎推理的倡导者与系统阐述者。他把培根所倡导的归纳推理的程序倒转了。培根的归纳推理是从特殊的、具体的关系逐渐归纳上升以发现一般的规律，而笛卡儿则试图一开始在金字塔的顶部，通过演绎程序往下进行推理研究。笛卡儿演绎金字塔如图2.8.7所示。

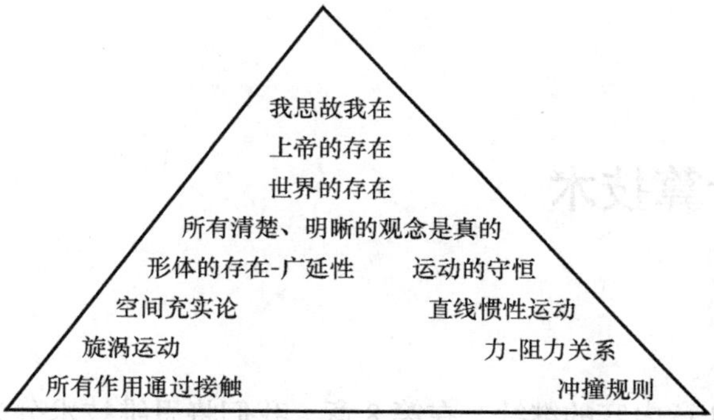


图 2.8.7 笛卡儿演绎金字塔

如果我们把培根的归纳推理的基础称为经验主义，因为他强调感性经验的基础性，那么我们就可以把笛卡儿的演绎基础称为理性主义，因为他强调理性思维以及思想观念的根本性和普遍性。

英国科学哲学家波普尔创造性地将演绎推理技术应用于科学进步的研究，从而发展了“假说-演绎”科学推理模式。他认为：“科学理论的增长不应看作是收集、积累观察资料的结果；相反，观察及其积累应当看作是科学理论增长的结果。”这即是波普尔的“科学的探照灯理论”[①]。按照波普尔的批判理性主义理论，他提出以下的图示

$$P_1 \rightarrow TT \rightarrow EE \rightarrow P_2$$

即问题 P→试探性理论→评价性排除谬误→问题 P[②]。这一图示不是归纳推理技术，而是演绎推理技术。

亨普尔（C. Hempel）和奥本海姆（P. Oppenheim）把演绎推理应用于科学解释问题。他们提出，解释一个现象的演绎模式采取如下形式[③]：

| | |
|---|---|
| $L_1$，$L_2$，……$L_k$ | 一般定律 |
| $C_1$，$C_2$，……$C_r$ | 先行条件的陈述 |
| $\therefore E$ | 现象的描述 |

逻辑推理技术在人类实践活动各个领域的广泛应用中得到了丰富和发展。思维技术还包括数学技术，有关技术将在另章论述。

① 卡尔·波普尔. 猜想与反驳——科学知识的增长. 傅季重，纪树立，周昌忠，等译. 上海：上海译文出版社，1986：180.

② 波普尔. 科学知识进化论——波普尔科学哲学选集. 纪树立，编译. 北京：生活·读书·新知三联书店，1987：348.

③ 约翰·洛西. 科学哲学的历史导论. 第四版. 张卜天译. 北京：商务印书馆，2017：162.

# 9 数学计算技术

袁向东

本章是第 8 章内容的继续。在第 8 章，我们将思维技术分为三种类型，即语言文字技术、逻辑推理技术和数学计算技术。本章主要阐述数学计算技术。

## 9.1 数学计算技术的来历与构成要素

### 9.1.1 数学计算技术这一术语的来历

到目前为止，数学计算技术这一术语在文献中并不多见。我们比较熟悉的是两个相近的术语：计算数学和数学技术。自 20 世纪 40 年代电子计算机诞生以来，计算数学已是人们耳熟能详的词汇。按《中国大百科全书 · 数学》的解释，它是数学科学的一个分支，研究数值计算方法的设计、分析和有关的理论基础与软件实现问题。数学技术这一术语出现得较晚，到了 20 世纪 50 年代之后才见其端倪。最有影响的一种说法是曾任尼克松科学顾问的戴维（E. E. David）提出的，他在评论高技术时说过这样一句话："很少人认识到当今如此被广泛称颂的高技术在本质上是一种数学技术。"①何为数学技术？人们有大致相同或相近的各种解释。欧洲工业数学联合会（European Consortium for Mathematics in Industry）曾给出如下的解释：一是数学模型的技术，即用数学语言来系统阐明一个"真正的实际问题"；二是把这种数学陈述重新构造成一种能给出定性和定量回答的技术②。

随着电子计算机的快速发展，人们对数学技术重要性的认识也越来越清晰：从天气预报，各种功能的卫星的设计、制造、发射和运行控制，到形形色色的家用电器，高技术所体现的高精度、高速度、高自动、高安全、高效率和高质量等特点，都是通过建立数学模型、创立和使用数学方法，以及借助计算机的计算和控制来实现的。不难看出，上述数学技术属于一种跨学科的技术领域，

---

① 徐宗本. 人工智能的 10 个重大数理基础问题. 中国科学：信息科学，2021，51(12)：1967-1978.

② 贺世球. 数学技术和信息技术的融合研究. 电子技术与软件工程，2016，(1)：1263.

主要涉及以下学科和领域：数学各分支特别是计算数学，跟社会、文化、经济等方面相关的各种自然科学和工程技术领域，当然还有计算科学和计算机科学。其中，跟社会、文化、经济等方面相关的各种自然科学和工程技术为数学技术提供问题、思路和目标这样一些背景性的素材；数学为将这些问题、思路和目标转化成由数学符号（包括数学图形）和数字构成的数学模型提供理论工具；计算数学的功能在于为解答数学模型提供确定、可行的方法；计算机科学则研究用自动手段来实现数据处理的方法；最后，计算机运行相应的程序并得到实用的结果。在以上所有环节中，跟人们的思维活动最密切、最直接的是数学和计算。因此，本篇中作为思维技术的一部分，我们将采用数学计算技术这一术语来代替数学技术。

### 9.1.2 数学计算技术的构成要素

按照本篇对技术的定义，数学计算技术也应由三个要素组成：输入，确定的、可行的程序，输出。数学计算技术的输入应是对应于某个数学模型的初始数据和符号。由于数学模型是实际问题在数学时空中的投影，这些数据和符号已不是纯数学的无实际意义的数学符号和数字，而具有实际意义。数学计算技术中确定的、可行的程序实际就是依据计算方法编制出的计算程序（它能够在现代计算机上运行），它的每一步骤都是确定的，并且相应的计算工具在可行的时间内完成整个程序。数学计算技术的输出是一组数据或符号，它们给出相应数学模型的解答，据此可以得到该数学模型所对应的实际问题的解。

## 9.2 数学计算技术的历史回顾

虽然数学计算技术这一术语的出现是近期的事情，但是其精神实质在数学的起源时期即有所反映。现在我们循着数学发展及计算工具演变的历史，来概述数学计算技术的几个演化阶段。

### 9.2.1 数学计算技术的肇始

数学史家的研究表明，数学作为一门独立的学科大约出现在公元前 600～前 300 年。数的符号、进位计数法和算术运算的出现则要早得多。我们以古巴比伦为例。现存的巴比伦泥板文书（制作的年代大约始于公元前 3000 年）表明，楔形文字中就有一套计数方法，是 10 进制和 60 进制的混合物：60 以下用 10 进的累数制，60 以上用 60 进的位值制。代表 1 和 10 的符号是基本符号。1～59 的数用基本符号组合而成，它们的加减法只需增加或去掉一些基本符号即可。泥板文书中也有表示加法运算、减法运算的特殊符号。我们可以想象，一名记账员需要计算两个牧羊人的两群羊的总数时，先要这两个人报上各自的羊数，这就是数学计算技术的输入，然后他按照运算规则在一个数上增加相应的基本符号——确定的、可行的程序——做加法运算，最后得到的数字符号即数学计算技术的输出。由此他知道两个牧羊人共有多少只羊。注意，此时跟羊的多寡相应的数学模型就是代表数的符号本身。最原始、最简单的数学计算技术大致如此。此时的数学计算技术的载体主要是人，还有泥板文书等。

### 9.2.2 初等数学时期的数学计算技术

初等数学时期亦称常量数学时期。这一时期的数学著作已承载着两类不同的数学思维模式，即构造性思维模式和非构造性的公理化思维模式。20 世纪伟大的数学家外尔曾撰写论文《思考的数学方法》①，并分析了这两种模式的特点与关系。我们不在这里展开讨论。我们想要指出的是，构造性思维模式对数学计算技术的发展具有重要作用。构造性思维模式是指对任何对象，都要至少给出一种办法，用符号把它具体构造出来。外尔举了一个例子："符号式构造的最简单、同时在某种意义上也是最深刻的例子，就是我们用来数东西的自然数 1，2，3，…，表示它们最自然的符号是一个接着一个地划道：/，//，///，…。东西可能消散、融化、解冻而消释为露，但是它们的数目却能用符号记录下来。更进一步，我们可以通过一种构造性方法，对于用符号表示的两个数，决定其中哪个大些，也就是对两个符号中的道道进行比较。"①这种"比较"的功能是了不起的。外尔说："这种做法能揭示在直接观察中不易明显察觉的差异；在大多数情况下，直接的观察是无法区别即使是像 21 和 22 这样小的两个数的。"①

构造性思维模式在具体的数学内容上的体现，是数学家对算法的追求。初等数学时期代数学的发展（主要是解各种代数方程）充分体现了这种倾向。中国古代数学是这方面的典范。至迟于公元 1 世纪问世的我国古典数学名著《九章算术》中的"方程"章，有解多个未知数的联立一次方程组的消元法：根据实际问题，给出其数学模型——联立一次方程组；针对方程组的系数（可看成数学计算技术中的输入），规定对它们进行加减运算的次序（即数学计算技术中的确定的、可行的程序）；按规定的次序进行运算，最终得到解答（即数学计算技术中的输出），从而给出原实际问题的解。除上述算法外，这一时期著

① Wey H. The mathematical way of thinking. Science, 1940, 92(2394): 437-446.

名的数学计算技术还有求两数最大公约数的欧几里得算法（公元前 3 世纪）、希腊和中国数学家设计的求圆周率近似值的割圆术（公元前 2 世纪及公元 3 世纪）、中国数学家开创的求解不定方程组的大衍求一术以及求解高次代数方程数值解的正负开方术（公元 13 世纪）等。至于计算工具，当时较流行的是各种算盘。由于造纸术的发达，此时传播数学计算技术的载体中增加了纸质的书籍，书籍逐渐成为主流。

### 9.2.3 16 世纪至电子计算机问世前的数学计算技术

随着 16、17 世纪光学和力学的发展，解析几何和微积分诞生，数学进入一个全新的发展阶段，即所谓的变量数学时期。在电子计算机问世前的漫长岁月里，一方面，数学家们在函数逼近法、一般的插值方法和差分方法、高次方程迭代求根法等方面取得了大量成就；另一方面，自 18 世纪后期开始，自然科学出现了众多新的研究领域，如热力学、流体力学、电学、磁学、测地学等，这时实际问题的复杂程度增加了，跟它们相对应的数学模型大部分是各种类型的微分方程，针对这种类型的方程的初值问题和边值问题或混合型问题求数值解的算法也随之出现。以这些模型、算法为基础的数学计算技术，由于技术手段和计算工具的限制，其发展比较缓慢，和整个数学的发展不可同日而语。这一时期代表性的计算工具有对数计算尺，以及各类手摇和电动的机械计算机。但这些工具的计算速度缓慢，无法实现当时提出的数学模型及其算法所需的大量计算，从某种程度上遏制了数学计算技术的进一步发展。

### 9.2.4 电子计算机诞生后的数学计算技术

电子计算机诞生前后，人们对计算理论的研究为现代的数学计算技术奠定了理论基础。英国数学家图灵于 1936 年发表了著名论文《论可计算数及其在判定问题上的应用》，解决了怎样判断一类数学问题是否机械可解的问题，并给可计算性概念下了严格的数学定义。同时，他的“理想计算机”模型从理论上论证了制造通用数字计算机的可行性。第二次世界大战推动了电子计算机的研制，使图灵的理论很快变成了现实。20 世纪 40 年代后期，电子计算机的问世给数学计算技术的快速发展带来了勃勃生机。之后，随着半导体与集成技术的进步，电子计算机朝着运算速度更高、功能更完善的方向大踏步前进，这使得越来越多高难度的、大规模的计算问题陆续被解决。对于过去根本无法对付的许多非线性微分方程模型，在计算机的帮助下，人们至少能够计算它们的近似数值解。为了更快、更有效地在计算机上完成对各种模型的计算，计算数学这一数学分支应运而生并迅速发展。此后，计算数学和计算机成为数学计算技术的两大支柱。广泛开展的针对实际问题的数学建模活动使数学计算技术如虎添翼，数学计算技术开始把触角伸向人类社会几乎所有的领域。所谓数字化时代的到来，正是这一动向的真实写照。

这里需要提一下科学计算与数学计算技术的关系。自伽利略、牛顿以来，一般认为推动近代科学发展的是科学理论和科学实验两大手段；20 世纪 50 年代以来又增添了科学计算这一全新的手段。目前三大手段已成鼎立之势，它们相对独立，又互相补充，缺一不可。科学计算实际上就是在计算机上进行数值实验，“在很多基本物理规律业已明确、数学模型业已定型的科学领域中，计算手段所取得的成果，其精确可靠性已经接近、达到或超过实验手段的结果，数值实验还可以直接模拟客观世界的现象与规律。实验手段往往费人、费时、费钱，而且在一些异常条件下进行实验是非常艰难，甚至非常危险的。这时，计算的手段就成为非常关键甚至是唯一可行的办法”①。应该说，虽然科学计算得到的是虚拟的结果，但随着计算机科学的进步和计算机功能的不断提升，它们跟现实世界的一致性将越来越高。目前科学计算已成为现代数学计算技术的重要组成部分。

这一时期的代表性计算工具无疑就是电子计算机。数学计算技术的演化跟计算工具变革之间的关系是值得进一步探讨的课题。

## 9.3 思维技术在密码通信中的作用

本节将通过密码通信方面的几个实例，说明思维技术特别是数学计算技术在其中所起的关键作用。在前面我们曾提到过现代的高技术本质上是数学技术，即我们所谓的数学计算技术。在本节中，我们将看到现代的高技术产品——公开密钥密码体制，其核心部分确实是数学计算技术。为了描述方便，我们要使用密码学中的一些专门用语，因此先简单介绍几个常用的密码学术语。

### 9.3.1 密码学的常用术语

编制密码在人类早期的活动中就有迹可循。据称，密码最原始的雏形是墓碑上的铭文：约 4000 年前古埃及的有些墓碑上，用一些奇怪的象形符号代替普通的文字，这样通过有意地改变文字的书写方式，以隐去墓主的信息，达到

① 中国大百科全书总编辑委员会. 中国大百科全书·数学. 北京：中国大百科全书出版社，2002：354.

保护坟墓免遭破坏的目的。文艺复兴时期，欧洲各国在政治、军事和外交领域使用密码，重要的信件都采用密写的方式传递。到 18 世纪，各国普遍建立所谓的“黑屋”，用以截获密写的信件并破译它们，从而获取他国的政治、军事和外交情报。19 世纪电报和无线电技术的诞生，推动了现代密码编码学（消息加密）和密码分析学（密码破译）的产生，我们把密码编码学和密码分析学合在一起称为密码学。以下是几个常用密码学术语的通俗解释。

**加密**　发信方将通信的真实内容隐藏在虚假形式内的过程称为加密。它在现代常用加密算法来实现。

**明文**　通信的真实内容称为明文。

**密文（或密码）**　明文经过加密后得到的结果称为密文或密码。

**脱密**　通信的收信方用已知的方法将密文恢复成明文的过程称为脱密。

**破译**　第三者截获密文后推断和恢复该密文所对应的明文的过程称为破译。

**密码体制**　一种加密算法和实现该算法的体系称为密码体制。

**密钥**　为了防止经常使用同一种密码体制从而被第三者破译，发信方必须经常改变加密算法。但完全改变加密算法需要全新的设备，这样做既不方便，也不经济。20 世纪初至 20 世纪 50 年代末，密码体制一般用复杂的机械和电气设备来实现。20 世纪 60 年代后，密码体制主要用微电子设备来实现。设计制造一套新设备不仅耗费时日，且费用昂贵。于是加密者在设计加密算法时引进几个可变的参数。对同一算法，采用不同的参数可得到不同的加密效果。参数可在一定的范围内变动，选定参数是比较容易的事，被选定的一套参数值就是一把密钥。一旦密钥确定，加密的方式也就确定了。此时，只要发信方和收信方事先约定用哪一把密钥，收信方就能根据已知的加密算法和这把密钥，将密文唯一地脱密为明文。

### 9.3.2　文字替换密码体制中的思维技术

所谓文字替换密码，是指发信方和收信方按事先约定的符号（包括文字在内）、图形或数字，替换明文中的词语而加密成的密文。它是人们较早使用的一种密码，往往靠人工手段来编制，有时需利用一些简单的设备，如木棒、漏格板和恺撒密码盘等。

我们来看由语言文字技术生成的一段文字，它是由若干词汇（输入）按语法规则（程序）得到的一段文字（输出）。选定要加密的文字为“不慌不忙走路的人，任何路程都不会是漫长的，耐心地准备上路的人，一定能达到目的地”。

如要发送这段文字，它就被称为明文。我们使用一块漏格板对此明文加密具体步骤如下。

（1）漏格板是有 6×6 个方格的板子。如图 2.9.1 所示，把图中所有写有“漏格”两字的小方格镂空，这等于在板上开了 9 个窗口。

（2）将漏格板放在纸上，由左向右在窗口处书写明文。如图 2.9.2 所示，可写出明文的头 9 个字。

| | | | | | |
|---|---|---|---|---|---|
| 漏格 | | | | | |
| 漏格 | | | 漏格 | | 漏格 |
| | | | | | 漏格 |
| | 漏格 | | 漏格 | | |
| | | | | 漏格 | |
| | | 漏格 | | | |

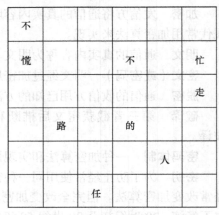

图 2.9.1　文字替换密码 1

| | | | | | |
|---|---|---|---|---|---|
| 不 | | | | | |
| 慌 | | | 不 | | 忙 |
| | | | | | 走 |
| | 路 | | 的 | | |
| | | | | 人 | |
| | | 任 | | | |

图 2.9.2　文字替换密码 2

（3）让漏格板的中心保持不动并顺时针旋转 90°。请注意此时窗口的位置已改变。我们在这些尚无字出现的窗口处继续写明文（图 2.9.3）。

（4）如法炮制，再顺时针旋转漏格板 90°，并继续填写明文（图 2.9.4）。

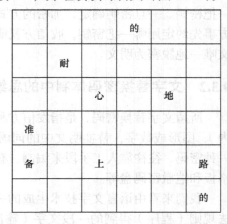

| | | | | | |
|---|---|---|---|---|---|
| | | | | 何 | 路 |
| | | 程 | | | |
| 都 | | | | | |
| | | 不 | | 会 | |
| | 是 | | | | |
| | | | 漫 | 长 | |

图 2.9.3　文字替换密码 3

| | | | | | |
|---|---|---|---|---|---|
| | | | 的 | | |
| | 耐 | | | | |
| | | 心 | | 地 | |
| 准 | | | | | |
| 备 | | 上 | | | 路 |
| | | | | | 的 |

图 2.9.4　文字替换密码 4

（5）第三次顺时针旋转漏格板 90°，填完明文的最后 9 个字（图 2.9.5）。

于是，拿走漏格板后在纸上留下了这样一段密文（图 2.9.6），即：不人一的何路慌耐程不定忙都能心达地走准路不的会到备是上目人路的地任漫长的。

| | | | | | |
|---|---|---|---|---|---|
| | 人 | 一 | | | |
| | | | | 定 | |
| | 能 | | 达 | | |
| | | | | | 到 |
| | | | 目 | | |
| 的 | 地 | | | | |

图 2.9.5 文字替换密码 5

| | | | | | |
|---|---|---|---|---|---|
| 不 | 人 | 一 | 的 | 何 | 路 |
| 慌 | 耐 | 程 | 不 | 定 | 忙 |
| 都 | 能 | 心 | 达 | 地 | 走 |
| 准 | 路 | 不 | 的 | 会 | 到 |
| 备 | 是 | 上 | 目 | 人 | 路 |
| 的 | 地 | 任 | 漫 | 长 | 的 |

图 2.9.6 文字替换密码 6

收信方收到密文后，在 6×6 的方格纸上依次写上密文；然后把同样的漏格板放在方格纸上，窗口首先显示出明文的前 9 个字；接着再顺时针旋转漏格板三次，就可得到全部明文。这就是脱密的方法。

从以上的描述能得到哪些启示呢？我们看到：在加密需求的刺激下，语言文字技术发生了某种变异。原来由字、词按正常语法规则构成的句子，根据某种确定的操作程序并借助物质工具，产生了一种违反常规的变种，从而达到了保密的要求。这说明，语言文字技术在外界环境的刺激下能够发生特殊演化。实际上，介入这一演化的因素很多。譬如，上述漏格板的窗口应按什么规则来开呢？一方面，从逻辑上分析，如果随意地开窗口，那么在旋转漏格板填字时，很可能在纸的同一位置摞两个字甚至多个字，而在另一些位置上没有填上字。如果窗口的开法能保证窗口在每旋转 90°后都不产生重叠，旋转 360°后又都回到开始时的位置，则能避免摞字现象的发生。这从逻辑上指明了开窗口的原则。另一方面，为了让 6×6=36 个格子都填上字，而漏格板经过旋转共存在四种状态，作简单的计算可知需要开 36 ÷ 4=9 个窗口。由此又不难推断，开有不同类型窗口的漏格板共有 $4^9$ 种。这是逻辑思维技术在起作用。

一般而言，我们可以用有 $n×n$ 个格子的漏格板来加密信息。所以明文的变种的数量可以很大。为了弄清其数量级，我们需要用一点数学计算技术。考虑

具有 $n\times n$ 个格子的漏格板，当 $n$ 是偶数时，窗口的开法共有 $4^{\frac{n^2}{4}}$ 种；当 $n$ 很大时，变种的数量是很可观的。因此，这类密码体制具有相当的生存能力，不易很快被淘汰。事实也是如此：在计算机出现前，这种密码的破译主要靠人工进行；当 $n$ 较大时，为破译一条密码，所需的工作量非常大，因此经此类密码体制传送的密文很难被及时破译。缺少高速计算机械的环境是它们得以生存的条件。

综上所述，我们看到文字替换密码体制这一技术载体，蕴含了思维技术中的所有三类子技术，以及像制作漏格板所使用的自然技术等，这些技术在文字替换密码体制中实现了整合。

### 9.3.3 序列密码体制、公开密钥密码体制与数学计算技术

由于计算机的出现，上述的文字替换密码体制便在高速计算机械面前败下阵来，它们所产生的密文极易被第三方破译，因而失去了生存环境。随着 20 世纪 60 年代微电子技术广泛应用于通信业，高深的数学知识开始步入密码领域，序列密码体制便随之诞生。

序列密码体制的工作平台是一个由 0 和 1 两个数字组成的二元字母表（表 2.9.1）。

表 2.9.1　0 和 1 两个数字组成的二元字母表

| 字母 | 编码 | 字母 | 编码 |
|---|---|---|---|
| A | 11000 | Q | 11101 |
| B | 10011 | R | 01010 |
| C | 01110 | S | 10100 |
| D | 10010 | T | 00001 |
| E | 10000 | U | 11100 |
| F | 10110 | V | 01111 |
| G | 01011 | W | 11001 |
| H | 00101 | X | 10111 |
| I | 01100 | Y | 10101 |
| J | 11010 | Z | 10001 |
| K | 11110 | — | 00100 |
| L | 01001 | / | 01000 |
| M | 00111 | @ | 00010 |
| N | 00110 | ▼ | 11011 |
| O | 00011 | ? | 00000 |
| P | 01101 | , | 11111 |

按照表中的对应关系，我们可以用 32 个长为 5 的二元元素来代表 26 个英文字母和 6 个操作符号。这些符号所代表的操作为："—"是字段，"/"是字母和数字间的转换，"@"是回行，"▼"表示上端，","表示停顿。于是，任何文字信息都可以编成一个二元序列。可以说，这种二元序列就是文字信息的数字模型。例如，good morning 所对应的二元序列是：

0101100011000111001010001001110001101010001100110000011001011。

其中下画线处 Z 的二元符号 10001 表示词之间的间隔。如要发送 good morning 这条信息，上面的序列便被称为明文二元序列。如何来为这条信息加密呢？首先，我们要设计一种算法，它可由密钥控制，用以产生一种无穷二元序列，不同的密钥产生不同的无穷二元序列。其次，将明文二元序列和所得到的无穷二元序列用某种方法混合，从而产生供发送用的密文二元序列。最后，收信方收到该加密的信息后，用事先约定的密钥由算法产生同样的无穷二元序列，并用一种分离器将此无穷二元序列从密文二元序列中分离出去。这样收信方便得到了明文二元序列，再对照二元字母表立即可知原来的文字信息。在整个加密和脱密过程中，密钥起着特殊的重要作用。密钥本身是一种无穷递归的周期二元序列，它的设计要用到比较高深的数学知识和数学计算技术，这里不作详论。由于序列密码体制中的密钥的数量非常之大，即使利用高速电子计算机，破译工作仍然十分困难，而且即使编制密码的密码机丢失（相当于丢失了算法），只要保守好密钥的秘密，这种序列密码体制仍是相当安全的。

由文字替换密码体制向序列密码体制的演化中，有两个因素起了关键作用。一是环境变化使原有的密码体制（像生物进化中的一种物种）丧失了生存条件，使它们被逐渐淘汰。二是微电子技术和数学计算技术的结合产生了新的技术糜母。后者可以看成是原有的技术糜母（漏格板制作技术和语言文字技术相结合而成），在环境的刺激下发生突变而生成的。

密码体制并未止步于序列密码体制，因为社会在不断地产生需求刺激：随着经济活动的数量和范围极度扩展，要求对信息加密的行业越来越多，人们需要一种更方便、更安全的密码体制。上面提到，序列密码体制在丢失密码机的情况下仍然安全，即是说加密算法本质上可以公开，但通信双方约定的密钥需绝对保密，这给双方的加密和脱密工作带来了极大的约束。1976 年，两位科学家提出了全新的公开密钥密码体制的设计思想，它的特点是加密算法及加密密钥跟脱密算法及脱密密钥不同。这样不仅可以公开加密算法，而且可以公开加密密钥，这给使用者带来了极大的方便。它的运行过程如下：①想使用这种体制的用户先申请一个加密密钥，这种加密密钥是公开刊登在一本使用手册上的；②当任何人（发信方）想把一份信息发给该手册上具名的人（收信方），只需按此人的加密密钥将信息加密后发送给他；③收信方用自己特有的、对外保密的解密密钥即可将收到的密文脱密。

1978 年开始出现了实用的公开密钥密码体制。以著名的 RSA 体制（以三位发明者姓氏的首字母命名）为例。它不但使用方便，而且非常安全。其安全性主要跟数论中的大数分解有关。每一位通信者需要选定两个不同的大素数 P 和 Q（所谓“大”是指大约 100 位的数）。现在已有一些数学方法，利用高速计算机在很短的时间内（几秒钟）判定位数高达 100 位的数是不是素数。加密密钥中有这两个素数的乘积 N 的信息。由于加密密钥是公开的，想要获取通信信息的第三方可以知道 N。但是目前还不存在有效地将大数分解为素数的算法，因此第三方无法由 N 找出 P 和 Q，因而不可能得到与这些素数有关的脱密密钥。所以在目前的计算环境下，公开密钥密码体制是相当安全的。不难看出，公开密钥密码体制之所以能安全地运行，关键在于有判定大数是否为素数的数学计算技术。我们还要指出，一旦有了大数分解的有效算法，RSA 体制又将退出历史舞台，让位于密码的新变种。这说明不仅现存的密码体制这一高技术的核心是数学计算技术，它的消亡也将取决于数学计算技术的发展。

### 9.3.4　结语

数学计算技术目前正处于蓬勃发展的时期，它所介入的领域遍及社会、经济、军事、科研及技术的方方面面。以上我们通过它在密码体制方面的作用，管中窥豹，可见一斑。它对人类社会的影响，从一些大学新开设的一个数学专业似可见微知著。该专业的名称是 Technomathematics，直译为“技术数学专业”。该专业开设的课程跟传统数学系的课程有很大的差别。以德国克劳斯塔尔工业大学的技术数学专业的课程设置为例，其基础课（延续四个学期）有分析学、线性代数和解析几何、数值数学、数据处理基础、程序设计原理、计算机构造、技术力学基础、流体力学和电子工程。专业课（延续五个学期）由学生根据其专业取向选择，选择的范围很广，包括数学和计算机科学方面的科目。但学生必须在工程科学方面选定一个专业领域，譬如可选择应用力学、机械工程、工艺过程管理、系统工程或电气工程等领域之一。该专业的学生毕业后主要在技术部门工作。设置这一专业的初衷很简单：许多仅用传统数学看似无法解决的技术问题，利用数学模型 + 数值计算方法 + 计算机程序 + 计算机运算（即数学计算技术），便能在短时间内解决。所以培养能掌握现有数学计算技术并能开发新的数学计算技术的人才便成为一种强大的社会需求。当社会上逐渐形成强大的技术数学家群体时，数学计算技术可能将和另两种基本技术一起，成为影响整个技术系统演化的主导因素。

# 10 复杂系统技术

金吾伦

我们越来越意识到，复杂系统理论正在成为一个热门的话题，已引起社会各界的广泛重视，以至要求我们不能不对其给予足够的关注。尽管我们对它还没有充分的理解和把握，但我们深信，它对技术的未来发展必将具有重要的意义。为此，我们将复杂系统技术的讨论纳入我们的“技术系统”的研究之中。而且我们还相信，复杂系统中肯定还存在除了我们通常所考虑到的科学类推之外的特殊技术。

## 10.1 复杂性的含义

复杂性是什么？对于这个问题，许多文献作了讨论。

吴彤说，“复杂性”一词在20世纪70年代以前，是无法认识和难以处理的代名词。目前已知有30种以上的复杂性的概念，如计算复杂性、语法复杂性、生态复杂性、演化复杂性等。所以，他认为，复杂性已经不是一个定义，而是一个各种意义的家族。吴彤自己讨论了三种复杂性——结构复杂性、边界复杂性和运动复杂性，并把它们统称为“客观复杂性”①。

苗东升说：“据劳埃德统计，复杂性的定义已有45种，实际不止于此。……复杂性是现代科学面对的最复杂的概念之一，复杂性要是轻而易举就能给出统一定义，便不成其为复杂性了。”②按这句话的理解，复杂性就是不能“轻而易举就能给出统一定义”的东西。那么简单性是最能给出统一定义的，否则就不成其为简单性了。这显然是一种误解。对科学家和哲学家来说，使科学概念尽量明晰清楚，并寻求一个统一的定义是责无旁贷的，否则我们有可能落入霍根的陷阱中。

霍根说：“复杂性也有其它许多种定义……这些问题揭示了一个令人尴尬

① 吴彤. 科学哲学视野中的客观复杂性. 系统辩证学学报，2001，(4)：44-47.

② 苗东升. 复杂性研究的现状与展望. 系统辩证学学报，2001，(4)：3-9.

的事实，即从某种媚俗的意义上说，复杂性存在于观察者的眼光里（好比色情描写）。”[①]括号中的话用中国话说就是“情人眼里出西施”或“月下看情人”。霍根的意思是，事情到了这一步，也就不成为科学了。

事实上，1999 年 4 月 2 日，《科学》“复杂性系统”专辑的两位编者加拉格尔（R. Gallagher）和阿彭策尔（T. Appenzeller）在其所写的《超越还原论》一文中说：“我们渴望避开语义上的争议，采用了一个‘复杂系统’的词，代表那些对组成部分的理解不能解释其全部性质的系统之一。”[②]这句话虽然不是严格的定义，但它给复杂系统一个统一的说法。

卢曼（N. Luhmann）指出，关于复杂性到目前为止，在定性和定量方面都还没有一个概念明确的定义，但这绝不意味着放弃对此作进一步的探索。事实上，人们还在不断进行探索。卢曼于 1985 年提出了一个工作定义，该定义说：“复杂性要求在一个系统中，存在着比能够实现的有着更多的可能性。”[③]伍德（R. Wood）在讨论“什么是复杂性”时提出：“复杂性是用来指涉一类科学学科的术语，所有这些学科都关注寻找行为或现象之间集合的模式。”[④]这意味着，复杂性科学是研究系统的行为或现象模式的科学。

以上这些关于复杂性概念的解释，严格说来，都不能称为对复杂性的定义。这里只是要强调一点：不要放弃关于复杂性的“统一定义”的追求！

为了弄清复杂性的含义，对以下五对关系进行讨论是必要的：简单和复杂、复杂和混杂、整体和还原、复杂性和混沌、生成和构成。下面我们分别简要讨论这五对关系。

### 10.1.1 简单和复杂

毫无疑问，事物及对其的认识具有相对性：一方面，简单与复杂之间具有相对性；另一方面，区别事物及其属性还是有界限的，是有度的。全然没有界线，把相对性绝对化，取消事物及其属性间的区别，就无法对事物有正确的认识。

简单和复杂之间的关系也同样如此。它们之间虽然具有相对性，但还是有限度，有界线，并有区分标准的。那么，用什么来区分简单与复杂？

一种通常的观点是用线性或非线性来区分简单系统与复杂系统：线性系统

---

① 约翰·霍根. 科学的终结. 孙拥军，等译. 呼和浩特：远方出版社，1997：292-293.

② Gallagher R., Appenzeller T. Beyond reductionism. Science, 1999, 284(5411): 79.

③ Luhmann N. A Sociological Theory of Law. London: Routledge and Kegan Paul, 1985: 25.

④ Wood R. Managing Complexity: How Businesses Can Adapt and Prosper in the Connected Economy. London: Profile Books Ltd., 2000.

是简单系统，而非线性系统是复杂系统。按这种区分标准，复杂系统就是那种“非线性反馈”系统。

### 10.1.2 复杂和混杂

我们把 complicated 译为混杂，也可以译成复合。它与复杂（complex）有本质的不同。复杂系统是由非线性关系和反馈环的错综集合所构成的，而混杂系统或复合系统虽然可能有非常大量的组分并执行繁复的任务，但可以用一种方式加以准确地分析，或可以用其组分加以完整的描述。复合系统的诸组分之间不存在相互作用，如喷气式飞机是由各部件构成的。而复杂系统中大量独立因素进行着多种相互作用，系统与环境之间也存在着相互作用。有的复杂系统只存在机械相互作用，系统作为一个整体，不可能通过分析其组分而获得对其整体的完备认识，更重要的是，这些关系是不固定的，常常作为一种自组织的结果发生转移和变化，并由此导致新的特点，即突现的性质。希利尔斯（P. Cilliers）对此作了讨论[①]。我们认为，复杂系统是一种自组织系统，是不可拆分为“零部件”的有机系统，如生命系统。

### 10.1.3 整体和还原

用整体和还原来区别是否是复杂系统：一个复杂系统的性质是不能还原为其组成要素的性质之和的。新的进展表明，复杂性科学正在作出从定量的还原论向定性的动力学整体观的转变。在我们这个复杂世界中，旧的社会等级系统和还原论的控制结构行不通了。[②]还原论方法对复杂性问题已无能为力。钱学森甚至强调，“凡不能用还原论方法处理的需要用新的科学方法研究的问题，都是复杂性问题”[③]。

### 10.1.4 复杂性和混沌

人们常把复杂性与混沌问题混为一谈论，希利尔斯提出要区分复杂性与混沌理论之间的关系。他承认，混沌理论对复杂性研究会有贡献，但这种贡献极为有限。例如，在混沌理论中，对初始条件的敏感依赖性是一个重要问题，但在复杂系统的分析中，不是敏感依赖性而是鲁棒性（robustness）起重要作用。所谓鲁棒性是指复杂系统在不同条件下以相同方式运作的能力，以保证系统的

---

① Cilliers P. Complexity and Postmodernism: Understanding Complex Systems. London: Routledge, 1998: 3-4.
② 布里格斯，皮特. 湍鉴——浑沌理论与整体性科学导引. 刘华杰，潘涛译. 北京：商务印书馆，1998.
③ 于景元. 关于复杂性研究//中国科学院《复杂性研究》编委会. 复杂性研究. 北京：科学出版社，1993：33.

稳定和生存。

复杂性与混沌的区别还在于，确定性混沌中的混沌行为是由相对少量方程的非线性相互作用造成的结果。而复杂系统中，则总是有巨大数量的相互作用存在。鉴于这些区别，希利尔斯认为，当描述一个系统不同状态间的过渡时，使用“自组织临界性”（self-organized criticality）概念比用混沌理论中的蝴蝶效应更为合适[①]。

刘式达对鲁棒性作了这样的描述：“现在的计算机是串行结构，计算机坏了一个元件就不能用了，编错一个程序计算机就不为你计算。但人脑是并行运算的，头痛、碰倒可能使脑子坏了好多元件，但是人脑照样可以判断事物。亚运会的大型团体操，其中若有一两个人动作不对，并不影响整体图像的宏观美丽。……鲁棒性是和耗散性（dissipation）相联系的，耗散性把初始信息全部抛掉，因此任何随机扰动才能不影响鲁棒性。”[②]以上说明复杂系统的鲁棒性与混沌理论中的蝴蝶效应不同，因而复杂性与混沌也不可混同。

### 10.1.5 生成和构成

按照生成论者的观点，复杂系统是生成系统，反过来也一样，生成系统必定是复杂系统。简单系统是构成系统，也可能是复合系统或混杂系统，而复合系统可以归入简单系统。

由此，我们可以用生成来作为区分简单系统和复杂系统的一个判别标准。用这个标准，构成系统是简单系统，混杂系统是可还原的系统，它们都不是复杂系统。

关于什么是构成系统，什么是生成系统，金吾伦已在《生成哲学》一书中说明了，在此不赘述，有兴趣的读者请看《生成哲学》[③]。

与复杂性含义有关的问题还有很多，例如徐京华早在 1991 年就有关复杂性问题提出过这样的问题：什么叫复杂？它和大小有关吗？它和多少有关吗？能不能给个定义或给个度量？他回答说：大小与复杂之间不是简单的关系，长城是个庞然大物，但它比一个草履虫要简单，描述一升空气的动力学行为比经典力学中的三个粒子的动力学也要简单得多，所以也不是多少的问题。同时，

---

① Cilliers P. Complexity and Postmodernism: Understanding Complex Systems. London: Routledge, 1998: 9.

② 刘式达. 关于对复杂性的几点认识//中国科学院《复杂性研究》编委会. 复杂性研究. 北京：科学出版社，1993：65-66.

③ 金吾伦. 生成哲学. 保定：河北大学出版社，2000.

复杂性与有序有关，但“有序不一定复杂，复杂不一定就是无序”[①]。

## 10.2 复杂系统的特征

复杂系统通常是与生命物体相联系的系统，但也存在大量的非生命复杂系统。复杂系统是大量独立因素在许多方面进行相互作用的系统，如细菌、大脑、神经系统、社会系统、语言等。复杂系统的特征有不同的表达，以下我们介绍三种观点。

### 10.2.1 复杂系统的四特征说

按此观点，复杂系统有以下四个特征。

（1）存在着无穷无尽的相互作用，这些相互作用使每个系统作为一个整体产生出自发性的自组织。单个的动因在寻求相互适应与自我延续中或这样或那样地超越自己，从而获得生命、思想、目的这些作为单个的动因永远不可能具有的集成的特征。

（2）这些复杂的、具有自组织性的系统是可以自我调整的。在这种自我调整中，复杂系统能积极试图将所发生的一切都转变为对自己有利的。例如，物种为在不断变化的环境中更好地生存和演化，市场随消费者的口味和生活方式变化，各国对移民、技术发展、原材料价格的变化和其他因素的变化不断地作出反应和调整，等等。人类在组织管理方面，也因环境的变化而不断地作出调整，不断地演变。有人称这种复杂系统的自我调整能力为具有智能。

（3）这样自组织、自调整的复杂系统都具有某种动力。复杂系统具有将秩序和混沌融入某种特殊的平衡的能力，也就是使它处于“混沌的边缘”的能力。这种能力使一个系统中的各种因素永不真正静止在某一个状态中，但也没有动荡至解体的那种地步，即它处于混沌和有序（浑序）状态。这便是复杂系统能够自发地调整存活的地带[②]。

（4）复杂系统在方法论上是针对还原论的。研究复杂系统的科学家们逐渐意识到，在过去的 300 年中，科学家们所采用的技术方案都是想方设法地把完整的东西拆分，把它们拆解成分子、原子、质子、中子和夸克，即所谓“拆零”，

---

① 徐京华. 生物学的复杂性//中国科学院《复杂性研究》编委会. 复杂性研究. 北京：科学出版社，1993：161.

② 米歇尔·沃尔德罗普. 复杂：诞生于秩序与混沌边缘的科学. 陈玲译. 北京：生活·读书·新知三联书店，1997：4-5.

以此寻求宇宙的规律。这种方法就是还原论方法，这种技巧就是还原论技巧。

科学家们死守着这种还原论教条的壁垒，直到逐渐被复杂系统研究的科学家们的工作攻破，他们才开始把还原论者的工作程序颠倒过来。“他们开始研究这些东西是如何融合在一起，形成一个复杂的整体，而不再去把它们拆解为尽可能简单的东西来分析。”[①]这是一种科学研究基础的转变，同时也意味着技术路线的转变。

### 10.2.2 复杂系统的五特征说

（1）自组织。所有生命系统都是自组织的，而且以同等的力量扩展到社会和经济。在组织内，自组织以许多不同的方式存在。例如对咖啡机或自动售货机（dispenser）所发生的问题的思考，一些非正式的流言蜚语、小道消息和信息共享，能使诸关系产生可能的不同组合，而突现在非正式的相互作用期间发生共同影响。在经理们中间、在实验室，甚至在饭桌上，新思想的突现也可作如是观：它们从已存在的知识和关系的富汤内自组织出来，而且不可能以任何形式的方式编程。

（2）创造性。从一个网络的诸组分的相互作用中能够突现出许多惊奇的特征，而这些特征又不是组分本身的特征。例如在人类的层次上，一个团体的合作所产生的结果，不可能通过所包含的诸个体行为的简单加和来获取，正如大脑中数以亿计的神经元相互作用的结果产生意识，而意识不是这些神经元本身的一种性质。

（3）非线性。小原因可以在人类系统中产生大结果。“蝴蝶效应”（巴西一只蝴蝶翅膀的扇动能够改变得克萨斯州的气候状况）是一个众所周知的混沌理论的例子，而非线性效应在人类事物中同样能清楚地看到。例如，1997 年底，泰国股市的极小崩溃导致了其后几个月的亚洲经济危机，以至几乎导致俄国经济的崩溃。个人关系中，在不当的时间使用不当的语言能够导致人际关系的恶化或友谊的中断。

（4）记忆。复杂系统具有记忆功能。这种记忆不局限在特殊地方，而分布于全系统。任何复杂系统都具有历史，这对整个系统的行为是决定性的。

（5）适应性。复杂适应系统能重组它们的内部结构而不受外部作用的干扰。这种前适应或适应有可能使系统具有在它的生态系统和环境条件改变时继续

① 米歇尔·沃尔德罗普. 复杂：诞生于秩序与混沌边缘的科学. 陈玲译. 北京：生活·读书·新知三联书店，1997：3.

生存的高度可能性，是无意识学习的结果。

### 10.2.3 复杂系统的十特征说

这是由希利尔斯概括出的复杂系统的十大特征[①]。

（1）包含数量巨大的要素。当数目达到足够大时，惯常的手段（例如一个微分方程系统）不仅不可行，而且已阻止对系统的任何理解。

（2）大量的元素是必要的，但不是充分的。海滩上的一堆沙粒不能作为一个复杂系统使我们感兴趣。为了构成一个复杂系统，元素之间必须相互作用，而且这种相互作用必定是动态的。复杂系统随时间而变化。相互作用并非必须是物理的，也能被设想成是信息的转移。

（3）相互作用是富余的，即系统中的任何元素都或多或少影响其他元素并受它们的影响。复杂系统一般由大量元素构成。当数目相对少时，元素的行为常常能够用惯常的术语进行描述，而不是由与特殊元素有关的相互作用的精确数量决定的。如果系统中存在足够多的元素，那么较少相关数目的元素能够执行与较多相关数目元素同样的功能。

（4）相互作用本身具有许多重要的特征。相互作用一般是非线性的。由线性元素构成的大系统通常能坍缩成一个非常小的等价系统。非线性还确保了小原因可以导致大结果，反之亦然。这是复杂的前定条件（precondition）。

（5）相互作用通常是短程的，即主要从直接邻接处获得信息。长程相互作用不是不可能存在，但由于实际的制约因素通常可以认为是不可能的。这并不排除广泛范围的影响——由于相互作用很多，从一个元素到另一个元素的路程常常在几步之后就被遮盖。

（6）存在着诸多相互作用的环，任何活动的效应都能反馈到其自身，有时直接，有时在许多步骤之后。这种反馈可以是正的（提升、促进）或是负的（减损、抑制）。这两种类型的反馈都是必要的。复杂系统关于这一方面的技术术语便是回归（recurrency）。

（7）复杂系统通常是开放系统，即它们与所处的环境相互作用。实际上，要定义复杂系统的边界常常是很困难的。代替系统本身的一个特征是，系统的范围通常是由对系统作描述的目的来加以确定的，并且因此常受观察者所持立场的影响。这个过程被称为拟构（framing）。封闭系统则通常是单纯的复合。

（8）复杂系统都是在远离平衡的条件下运作。它必定存在一种恒定的能量

① Cilliers P. Complexity and Postmodernism: Understanding Complex Systems. London: Routledge, 1998: 3-5.

流以保持系统的组织性，并保证其生存。对复杂系统而言，平衡是死亡的另一种说法。

（9）复杂系统具有历史。它们不仅随时间而演变，而且其过去是它们当下行为的共同负责者。对复杂系统做任何分析，如果忽略时间维度，都是不完备的，或者充其量只是历史进程的一张快照。

（10）系统中的一个元素对系统整体的行为都可略而不计。它只对系统局部有效的信息作回应。这一点至关重要。如果每个元素都“知道”作为一个整体的系统正在发生什么，那么，复杂性的一切都必定体现在任何一个元素中。这要么在单一元素并没有必然能力（necessary capacity）的意义上推出物理上的不可能性（physical impossibility），要么在整体的“意识”被包含在一个特定单元内的意义上构成一种形而上学运动（metaphysical movement）。复杂性是简单元素丰富的相互作用的结果，这些简单元素只对其中的每一个有限信息作回应。当我们看到作为一个整体的复杂系统的行为时，我们的目光从系统内的个体元素转移到系统的复杂结构上。复杂性是作为元素之间相互作用模式的结果显现出来的。

复杂系统的这些特征使我们只能用定性方式谈论复杂性，而对于复杂性作定量的深入了解，人们正在努力之中。

## 10.3 各领域中的复杂性

复杂性已在各领域中得到研究，但复杂性研究并非自今日始。按照美国科学家、人工智能的先驱者西蒙的看法，复杂性研究已经历了几次热潮，它们依次是：第一次世界大战后，关注的是整体论（holism）、格式塔理论（gestalt theory）以及创造性的演化（creative evolution）；第二次世界大战后，热点问题是信息论（information theory）、一般系统论（general system theory）；最近这一波复杂性研究热潮关注的是混沌理论（chaos theory）、自适应系统（adaptive system）、遗传算法（genetic algorithm）以及元胞自动机（cellular automate）等[①]。

信息论的代表人物是香农和维纳，一般系统论的代表人物是贝塔朗菲。贝塔朗菲于1928年在其毕业论文中将生物机体作为系统加以描述[②]，1949年以“生

① 金吾伦，郭元林. 国外复杂性科学的研究进展. 国外社会科学，2003，(6)：2-5.

② Cowan G A, Pines D, Meltzer D. Complexity: Metaphors, Models, and Reality. Boulder: Westview Press, 1994: 2.

物学世界观——自然的和科学的生命观”为书名的德文版问世。贝塔朗菲在书中既批评了机械论生命观和活力论生命观，并提出了机体论生命观。

贝塔朗菲认为，机械论生命观主要表现为“分析与累加”的观点、“机器理论”的观点、“反应理论”的观点，其特征是：把有机体分析为许多基本单位，再通过将这些基本单位累加的方式解释有机体的性质；把生命过程的有序基础视为预先建立好的机器式的固定结构；把有机体看作本质上是被动的系统，有机体只有受到外界刺激才作出反应，否则就是静止的。他详细分析了这些机械论生命观的观点在近现代生物学的具体表现，尤其指出了传统的细胞理论、生物发生律、自然选择理论、基因论、神经中枢和反射理论等重要的生物学理论所内含的机械论和它们的局限性。

同时，贝塔朗菲认为，活力论生命观是由于机械论生命观未能解释生命的主要特征而出现的另一极端思想，但它本质上仍把活机体看作各个部分的总和，看作机器式的结构，设想它们是由灵魂似的操纵者控制的，从而对生命现象的解释同样陷入困境。

贝塔朗菲根据生命有机体的等级秩序、逐渐分异与逐渐集中化、均等潜能与等终局性、动态有序、远离平衡态的开放系统、自我调整、节律-自动活动等特征，提出了机体论生命观的基本原理：整体原理（组织原理）、动态原理、自主原理。这些原理表明：有机体是一个独特的组织系统，其个别部分和个别事件是受整体条件的制约，遵循系统规律；有机体结构产生于连续流动的过程，具有调整和适应能力；有机体是一个原本具有自主活动能力的系统[①]。贝塔朗菲的一般系统论批判了还原论，唤起了人们对复杂性研究的兴趣。

此后的复杂性研究的前沿阵地是美国新墨西哥州的圣塔菲研究所（Santa Fe Institute）。考恩（G. A. Cowan）是该所的第一任所长，也是最早预见了“复杂性科学”的人[②]。他与派因斯（D. Pines）、梅尔策（D. Meltzer）合作主编的书《复杂性：隐喻、模型和实在》出版于 1994 年。圣塔菲研究所聚集了一大批优秀的科学家。除了诺贝尔奖获得者盖尔曼、安德森（P. W. Anderson）外，还有霍兰、考夫曼（S. Kauffman）、兰顿（C. Langton）、卡斯蒂（J. L. Casti）、经济学家阿瑟（W. B. Arthur）等。

复杂性研究分布在各个领域。大致上，我们可以看到以下六个领域是复杂性研究最活跃的领域。

---

① 路德维希·冯·贝塔朗菲. 生命问题——现代生物学思想评价. 吴晓江译. 北京：商务印书馆，1999：译者前言.

② 米歇尔·沃尔德罗普. 复杂：诞生于秩序与混沌边缘的科学. 陈玲译. 北京：生活·读书·新知三联书店，1997：472.

（1）生物学领域。生物学家已经开始探索一个最根本的奥秘：上千万亿脱氧核糖核酸分子是怎样使自己组合成一个能够移动、反馈和繁殖的整体，这个问题令生物学家致力于对生命系统复杂性进行探索。

（2）脑科学领域。神经学家正在努力探索心智的本质：我们那个只有 3 磅重的大脑里几百亿稠密而相关联的神经细胞是如何产生感情、思想、目的和意识的？

科学家们预言，21 世纪将是脑科学时代。人类大脑至今仍是一个谜。人类大脑虽然只有 1～5 千克，却由大约 140 亿个神经细胞组成，是人体最复杂的部分，也是宇宙中已知的最为复杂的组织结构。大脑是人体的神经中枢，人体的一切生理活动大部分都是由大脑支配和指挥的。大脑的复杂性还在于神经细胞在形状和功能上的多样性，以及神经细胞结构和分子组成的千差万别。

关于大脑功能的研究，已经成为现代科学最深奥的课题，也是最难攻克的科学堡垒。为了探索人脑奥秘，攻克各种疾病，开发人工智能技术，欧美国家纷纷制定了脑科学研究的长远计划。在我国，脑功能研究已列入重大基础科学研究——“攀登计划”。

神经科学的发展已揭示出，大脑是复杂适应系统，即使是简单的神经系统也具有令人吃惊的复杂性。这一点反映在它们的功能、进化历史、结构以及用来表示信息的编码策略上[①]。

（3）混沌的数学理论。无数碎片形成的复杂美感以及固体和液体的内部的怪异运动，揭示蕴藏于其中的一个深奥的谜：为什么受简单规律支配的简单粒子有时会产生令人震惊的、完全无法预测的行为？为什么简单的粒子会自动地组成像星球、银河、雪片、飓风这样的复杂结构——好像在服从一种对组织和秩序的隐匿的向往[②]？

（4）数字与计算机领域。科学家们深入探究后发现了“非线性妖魔”，这个“妖魔”打碎了还原论者的迷梦。与之相伴随的是对反馈概念的认识，进而推动了复杂性科学的发展[③]。

（5）经济学领域。例如阿瑟打破了传统经济学家的市场稳定和供求均衡论，提出了报酬递增率。阿瑟相信，未来经济学领域中，经济学家将与物理学家、生物学家共同致力于对这个杂乱无序、充满剧变、自发性和自组织的世界进行

---

① 戴汝为. 复杂性研究文集. 北京：中国科学院自动化所复杂系统与智能科学实验室，1999.

② 米歇尔·沃尔德罗普. 复杂：诞生于秩序与混沌边缘的科学. 陈玲译. 北京：生活·读书·新知三联书店，1997：3.

③ 布里格斯，皮特. 湍鉴——浑沌理论与整体性科学导引. 刘华杰，潘涛译. 北京：商务印书馆，1998.

理论探索。经济学正在迈向复杂性，或者说，复杂性科学和技术正在进军经济学。

（6）组织管理领域。有学者指出，复杂性理论已被广泛地应用于组织管理的各种领域，各种复杂性方法已在实践中被采用①。复杂性科学应用于管理，有时被称为“以复杂性为基础的管理方法”（complexity-based approaches to management），有时干脆被称作“复杂性管理”②（complex-M）。国外复杂性研究已经观点纷呈，学派林立。

# 10.4 复杂系统技术的应用

## 10.4.1 开放的复杂巨系统方法的应用

对中国学者来说，最熟知的复杂系统技术就是以钱学森为首所倡导的“开放的复杂巨系统”方法，即定性定量相结合的综合集成方法。实践已经证明，这种方法是现在唯一能有效处理开放的复杂巨系统（包括社会系统）的方法，我们这里称为“复杂系统技术”。

钱学森、于景元和戴汝为指出，这种方法是在以下三个复杂巨系统研究实践的基础上，提炼、概括和抽象出来的，这就是：①在社会系统中，由几百个或上千个变量所描述的定性与定量相结合的系统工程技术，对社会经济系统的研究和应用；②在人体系统中，把生理学、心理学、西医学、中医和传统医学以及气功、人体特异功能等综合起来的研究；③在地理系统中，用生态系统和环境保护以及区域规划等综合探讨地理科学的工作。在这些研究和应用中，通常是科学理论、经验知识和专家判断力相结合，提出经验性假设（判断或猜想）；而这些经验性假设不能用严谨的科学方式加以证明，往往是定性的认识，但可以用经验性数据和资料以及几十、几百、上千个参数的模型对其确实性进行检测；而这些模型也必须建立在经验和对系统的实际理解上，经过定量计算，通过反复对比，是从定性上升到定量的认识。综上所述，定性定量相结合的综合集成方法，就其实质而言，是将专家群体（各种有关的专家）、数据和各种信息与计算机技术有机结合起来。这三者本身也构成一个系统。这个方法的成功

---

① Wood R. Managing Complexity: How Businesses Can Adapt and Prosper in the Connected Economy. London: Profile Books Ltd., 2000.

② McElroy M W. Integrating complexity theory, knowledge management and organizational learning. Journal of Knowledge, 2000, 4(3): 195-203.

应用，就在于发挥这个系统的整体优势和综合优势[①]。

这种方法、这种技术是在复杂巨系统研究实践的基础上，提炼、概括和抽象出来的，但它们又可以用来解决开放复杂巨系统的问题，即复杂系统技术的应用。

用综合集成方法解决开放的复杂巨系统的问题，大致可分为以下步骤：①明确任务、目的是什么。②尽可能多地请有关专家提意见和建议。专家的意见是一种定性的认识，肯定不完全一样。此外，还要搜集大量的有关文献资料，认真地了解情况。③通过上述两个步骤，有了定性的认识，在此基础上建立一个系统模型。建立模型的过程中必须与实际调查得到的数据结合起来，统计数据有多少，就需要多少个参数。然后用计算机进行建模的工作。④模型建立后，通过计算机运行得出结果，但结果的可靠性如何还不能确定，需要对结果反复进行检验、修改，直到专家认为满意时，这个模型才算完成。

这个方法综合了许多专家的意见和大量书本资料的内容，不是某一个专家的意见，而是专家群体的意见，是把定性的、不全面的感性认识加以综合集成，达到定量的认识。这里充分强调了人的作用及经验知识的重要性，主张人与计算机结合起来[②]。

成思危充分肯定了"定性定量相结合的综合集成方法是研究开放的复杂巨系统的有效方法"[③]。他提议，为了在软科学研究中更好地运用综合集成方法，需要认真研究解决以下几项关键技术。

#### 10.4.1.1 定性变量及其相互关系的量化技术

在软科学研究中，经常会遇到一些定性的随机变量（简称定性变量），这类变量的特点是它们的状态不能直接用数值来表示，例如社会制度、运输方式、灾害的严重程度、群众的满意程度等。这些变量之间的相互关系（例如因果关系、主从关系、消长关系等）也相当复杂。它们都需要经过量化处理才能够建立数学模型并进行计算机运算。传统的量化方法是通过分级、对比、排序等处理将各个定性变量的状态化为一维向量（通常是等间距的），再进行回归分析、判别分析或对应因子分析等处理，以得出其数量关系。这种方法一般仅适用于有序的定性变量。由于这种方法对其各个状态所赋予的数值的大小仅仅表示它们之间的顺序，而不能表示其差异的程度，而且不少变量的状态需要用几种属

① 钱学森，于景元，戴汝为. 一个科学新领域——开放的复杂巨系统及其方法论. 自然杂志，1990，(1)：3-10.

② 戴汝为. 从定性到定量的综合集成法的形成与现代发展. 自然杂志，2009，31(6)：311-314，326.

③ 成思危. 论软科学研究中的综合集成方法. 中国软科学，1997，(3)：68-71.

性才能较全面地表征，这种方法往往不能较准确地反映各因素之间的本质联系，从而会降低其分析结论的可信度。近年来，有些科学家提出了多维标度（multidimensional scaling，MDS）法，其特点是将各个定性变量相互比较，从而得到各种相似的或非相似的度量，然后将各变量的状态定量地表示为欧氏空间中的点，以便进一步分析各变量之间的种种关系，例如用关联系数来衡量变量之间的相似性及非线性关系的强弱等。这一方法已较成功地应用于地质、社会及心理学等领域中，在软科学研究中可以考虑先用此方法初步得出各定性变量之间的关系，再结合专家的经验进行调整及修正。

#### 10.4.1.2 复杂巨系统的总体表征技术

软科学的研究对象往往包含数量众多的组元，在结构上是多层次的。研究人员实际上很难对每个组元都进行研究，而且即使对每个组元都进行了深入的研究，也难以从总体上把握系统的特征及运动规律，因此需要从系统的微观结构及组元之间的相互作用的认识出发，说明或预测系统总体的特征及运动规律，以便建立起由微观到宏观的桥梁。这一技术可以称为复杂巨系统的总体表征技术。

采用经典的统计方法可以用某些参数（例如正态分布中的平均值和方差）来表达总体的特征，但在软科学研究中往往要采用非参数统计的方法。这种方法的优点是不需要知道总体的分布类型，而且便于处理定性变量的观测结果。

统计物理学由于在处理非平衡态问题时取得的显著进展，以及在化学和生物过程研究中的成功应用，鼓励了一些自然科学家着手探索将在热力学及统计物理学的基础上发展起来的理论与方法推广到社会及经济的研究中。其中包括用相变理论研究系统的演化，用耗散结构理论研究社会系统的自组织现象，用突变理论研究决策过程，用协同学研究人口迁徙问题，用超循环理论研究社会系统的行为，用混沌理论研究复杂的经济现象，等等。

必须指出，尽管上述方法在自然界的无生命系统及生命系统的研究中确实起到了重要的作用，但将其用于研究社会、经济系统时还应注意到其局限性。由于社会、经济系统中各组元的千差万别，只有将统计方法与案例分析结合起来，才能较准确地表征系统的总体性质。

#### 10.4.1.3 价值体系的建立及表达技术

由于软科学研究的目的是为各级各类的决策提供支持，价值体系的建立是必不可少的。没有公认的价值体系，就不可能进行方案的选择，更不可能进行综合集成。

一般而言，价值是人的某种需要与满足这种需要的客体属性的特定方面的界面，它是客观的，但又与人们受一定社会历史条件所制约的需要、利益、兴趣、愿望等密切相关。在决策过程中，价值体现为决策者对其所希望达到的目标与其所愿付的代价之间的折中准则，作为评价及其选择方案的依据。对于多目标决策，就需要建立一个包括有关价值准则及其优先顺序的价值体系。

价值体系的建立是一个十分复杂的问题，通常决策者自身也不能较清晰地表达其价值观，这就需要软科学专家采用阐明规范、深入交谈、不断调整、逐步逼近等方法来明确有关的价值准则及其优先顺序。

数学模型中，通常采用带有权重或优先级的目标集合来表达价值体系。在采用权重时，各目标的变量的量纲应当一致；在采用优先级法时，同一级上的量纲也应保持一致，以免在计算机上运算时出错。

10.4.1.4 群体决策中的妥协技术

在软科学研究中运用综合集成方法时，需要依靠决策者与领域专家群体来进行优先顺序确定、模型修改、方案选择等方面的决策。尽管已建立的公认的价值体系为实现决策中的综合集成创造了条件，但在进行群体决策时，由于参加决策的每个人看问题的角度不同，以及局部利益与全局利益的矛盾，还需要用适当的方法进行妥协。这时可能采用对策论的妥协值①。

成思危还进一步提出了在软科学研究中运用综合集成方法时的“三个结合”和“三项注意”。

（1）“三个结合”是：①软科学专家、领域专家及决策者相结合。软科学研究通常应由软科学专家负责组织领导，但一定要有与此项研究相关的领域专家的参与。软科学专家与领域专家不仅是在一起工作，还要相互了解、相互尊重。领域专家一定要树立总体观念，不能只顾追求自己领域内的局部最优。决策者应当向软科学专家提出课题，并尽量参加总体框架的制定及方案选择的讨论，还要在研究过程中经常与软科学专家及领域专家交换意见。②定性分析与定量分析相结合。通过定性分析建立系统总体及各子系统的概念模型，并尽可能将它们转化为数学模型，经求解或模拟后得出定量的结论。再对这些结论进行定性归纳，以取得认识上的飞跃，形成解决问题的建议。③专家经验判断与计算机辅助决策相结合。要注意发挥专家群体的作用，包括请他们参加总体设计的评审、分析统计数据及案例研究的结果、预测未来、收集并整理他们的知识以建立专家系统，以及请他们评论计算机运算的结果、参与方案的讨论等。

---

① 成思危. 论软科学研究中的综合集成方法. 中国软科学，1997，(3)：68-71.

（2）“三项注意”是：①应当使群体中的各成员充分了解该决策的价值体系及有关的各种信息；②妥协值的形成是群体中各成员之间反复交换意见的结果，而不是各成员意见的简单线性叠加；③尽量防止由于决策群体中各成员的影响力不同所造成的妥协值的漂移[①]。

## 10.4.2 复杂系统技术在管理中的应用

以复杂性为基础的技术应用于管理可以称为“复杂性管理技术”（complexity management technology）。这种技术已经在商业和管理实践中得到了迅速而广泛的应用，可以以图 2.10.1 来表示。

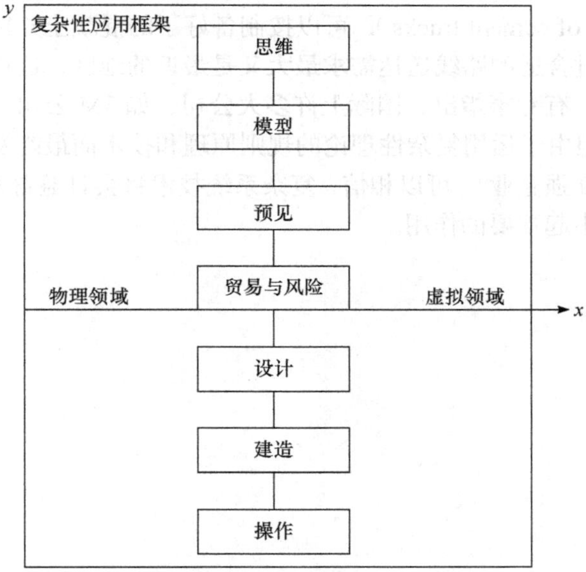


图 2.10.1 复杂系统技术在各个领域中的应用[②]

图中 $x$ 轴代表从物理领域到虚拟领域的应用，左边是具体的、物理的世界，右边是大脑和网络空间（cyberspace）的虚拟世界。$y$ 轴代表从思维到操作的整个人类活动领域。顶端是复杂性在思维、模型、预见和贸易与风险中的应用。底部是应用部分，包括使复杂性技术变成组织内的一种特殊功能。例如，英国电信公司（British Telecom）就利用合适的代理软件（agent software）更有效地

① 成思危. 论软科学研究中的综合集成方法. 中国软科学，1997，(3)：68-71.

② Wood R. Managing Complexity: How Businesses Can Adapt and Prosper in the Connected Economy. London: Profile Books Ltd., 2000.

帮助其管理通信网络业务。

具体说来，复杂系统技术的应用在管理上可概括为以下四个方面：①战略管理。右上区表明思维或虚拟活动如未来情景思维（scenario thinking），本质上是典型的战略。②管理和改变组织。左上区是复杂性的思维和物理应用区。例如，利用分形或控制论原理围绕有机的、适用性的模型来设计组织和发展决策过程。③信息系统管理。右下区代表操作和虚拟的复杂系统技术应用，包含具有适应性和智能的复杂信息系统的展开和扩展。例如，有一种应用是利用智能代理（intelligent agent）寻找与查询一个与关键词 Internet 有关的问题，从而提供一个由利用复杂适应系统技术的神经网络的智能答案。④操作管理。左下区表示操作与应用的区域，是制造并改变产品的物理世界。例如，水泥车的调度（the scheduling of cement trucks），可以按制备好了的混凝土并按要求作相应的快速改变，通过合适的路线送达需求最大又是最近的地区，这正是复杂性早期商业应用之一。有专家指出，国际上许多大公司，如 3M 公司、惠普公司，原先是小公司，但由于运用复杂性理论的规则原理和技术而最终发展成财富杂志评选的世界 500 强企业①。可以相信，复杂系统技术将会日益普及，在社会、经济和科学发展中起重要的作用。

---

① Wood R. Managing Complexity: How Businesses Can Adapt and Prosper in the Connected Economy. London: Profile Books Ltd., 2000: 66.

# 第 3 篇　工程系统论
# ENGINEERING SYSTEM THEORY

# 导　论

李喜先

我们主要运用现代系统概念、系统理论和系统观，从普遍存在的种类纷繁的系统中，抽象出一个与科学系统、技术系统紧密相关的工程系统作为研究对象——认识客体，并将其视为一个他组织系统，也可作为他组织系统与自组织系统相结合从而具有更高级组织形态的系统。实际上，凡人造事物都是他组织系统，工程系统就是典型的他组织系统。

工程活动的发生在于满足人类生存的需要，由此显露其价值。我们追溯工程的起源和演变，从中可以看出其构成要素的形成，这些要素逐渐突显并发展成为非常复杂的工程系统，以至衍生成自然工程系统、社会工程系统和思维工程系统等。我们将研究其结构、环境、功能、演化、模式和类型等，从而形成相应的工程系统理论。最后，从整体上加深对工程系统的认识，进行系统的反思，从而建立起工程系统观，以引导我们科学地创建现代工程和未来文明工程，特别是，理想社会工程。

1. 工程系统的形成

在生存论的意义上，工程的意义要比技术和科学更为根本，由此引申出，工程的发端应早于技术，而技术的发端则早于科学。由于工程的发生和演变都与产业紧密相关，我们将工程的发展阶段大体上分为三个时期：农业时代的工程、工业时代的工程和知业时代的工程。自工业革命以来，构成工程的多种要素逐渐突显发展成为非常复杂的工程系统。在构成工程系统的多种要素中，主要有价值、科学、技术和管理四种：其一，价值在工程系统中是具有核心地位的要素。价值是指客体的固有属性，能满足主体的需求。因此，工程系统所具有的包括物质的、精神的价值，就成为主体所追求的对象。据此，我们可以推断，在构成工程系统的多种要素中，价值自始至终起着支配作用，就类似于哈肯在《协同学导论》《高等协同学》等多部著作中论及系统内序参量所起的支配作用。其二，任何工程系统皆蕴含科学。无论是最早发端的原始工程，还是复杂的现代工程，都必须符合科学原理。相反地，凡是违背科学原理的工程，或者不合人意，或者迟早会失败，甚至带来灾难。其三，任何工程系统都将经过选择而集成众多类技术。也就是说，工程系统不但要集成数量众多的技术，而且集成技术的复杂程度、集成密度还存在递增现象。其四，管理在工程系统中起着他组织作用或控制作用。在概念上，控制与管理基本相同。但是，在社会系统即有人参与活动的系统中，一般都称为“管理”。工程系统是有目的的活动系统，凡有目的的系统都必然存在着控制或管理。这样才能将诸构成要素——价值、科学、技术和管理——聚集齐备，从而整合为能运行起来的工程系统。

工程系统独自具有而其他系统如科学系统和技术系统等所不具有的特殊属性如下：专一性，是指它满足特殊用户的需求，从而只能存在专项的工程系统；一次性，是指任何工程系统都要受到时空的限制，因而不可能完全一样；目的性，是指任何工程系统都有明确的目的，并通过控制或管理，使目的具体化，从而达到规定的目标，实现最终的目的。同时，工程系统与科学系统、技术系统在研究客体、研究主体、研究方法、研究起点、研究结果、研究目的、评价标准、社会功能和社会价值等方面，既存在着显著的区别，又有着密切的联系。

2. 工程系统理论

1）他组织控制自组织系统原理

工程系统理论与科学系统理论、技术系统理论一样，都是特殊系统理论，即研究具有特殊系统意义的工程系统所形成的系统理论。凡工程系统都是人工系统，而且是典型的他组织系统。实际上，任何的工程系统，无论是自然的、社会的工程系统，还是思维的工程系统，都必须通过控制或管理的作用，即他组织力或强迫力，才能将各构成要素组织起来，最终形成能运行的人工系统。即使是一个具有自组织机制的自组织系统，也要经过外部的他组织作用，从而形成一个他组织与自组织相结合的具有高级组织形态的系统。因此，可以说，在工程系统理论中，须强调他组织系统控制自组织系统的原理。

2）工程系统的结构、环境、功能及其间的关系

在工程系统中，正是通过他组织作用，才能把诸要素“黏合”起来，使经过选择的多类知识发生多种相互作用，从而形成知识结构。同时，工程系统还存在信息结构，即系统各要素之间通过信息交流变换而形成的有机整体，以及过程结构和价值结构等。

工程系统与其他系统一样，都必须在环境系统——外部一切不可忽略的相联系的事物——中生存和发展，并承受环境系统的塑造、限制和压力。而与工程系统最密切联系的环境系统，是由科技环境、文化环境、社会环境和自然环

境构成的系统，其间形成必不可少的构成关系。在广义上，工程系统之外还有非系统，也构成它的环境。

凡系统都有其行为、功能和环境。维纳等人把“行为”概念推广到一切系统，并将系统行为定义为“系统相对于它的环境做出的任何变化”，即相对于它的环境，系统自身的变化是系统自身特性的表现。而系统行为引起环境中的某些事物——功能对象——发生有益的变化，形成系统的功能。由此可见，功能只有在系统行为过程中才能表现出来，并可以通过功能对象发生的变化来度量。工程系统的功能主要包括科技功能、文化功能、社会功能、经济功能等。

系统的结构、功能、环境之间存在复杂的关系：一般来说，功能不仅仅由结构决定，而应由系统的元素、环境和结构共同确定，而功能还对结构有反作用；系统的结构必须在环境的支持和制约下才得以建构和维持，系统的状态也必须以环境为参照物才得以显现。

3）工程系统沿社会中轴演化

我们不仅要认识工程系统的结构、功能和环境，而且还要了解它的演化和模式。

一般来说，事物的演化是普遍存在的现象。凡现实的系统都因相互作用而导致演化一种特殊的运动形态，即一种不可逆的、沿着特定路线的有限运动。在人类学的意义上，我们来考察工程系统的演化，特别是在文化母系统这种环境超系统中，考察与自然工程系统、社会工程系统和思维工程系统相互作用而不断地演化。同样地，文化系统作为环境系统，自身也在不断地演化，即既有稳定性，又有变动性。而文化系统总是沿着价值观所凝聚的社会中轴的转换演化，依次演化的历史逻辑表征的社会中轴为道德、权势、资本、智力和情感。为了适应环境系统的变迁，工程系统也要沿着不同历史时期的特定社会中轴演化。我们依次重点论及由权势、资本、智力中轴主导的工程系统演化形态。

在农业文明时期，权势主导的工程系统受“权力本位”价值观的支配，从而形成象征权势的各类工程系统，如炫耀权力的巨型埃及法老陵墓、国王立法的罗马法律体系，以及知识权力化的中国科举制度等，都是以满足权力需要而追求的对象。

在工业文明时期，资本主导的工程系统受“金钱本位”价值观的支配，从而形成以金钱取代权力为标志的各类工程系统，如为了改变落后的农业经济而发展资本主义的法国大革命，开凿黄金水道苏伊士运河，建立智力商品化的知识产权制度等，都以谋求资本、金钱为中心。

在知业文明时期，智力主导的工程系统受“智力本位”价值观的支配，涌现出许多以生产、传播、扩散、储存知识为目的的各类工程系统，如知识与经济结合的工业园区、国际互联网、认识自然界的大科学工程等，都是围绕智力展开的伟业。

特别是，我们还要认识到，工程系统要随时空不断地沿着复杂性方向演化，这归之于：适应环境。系统要素本身的特质及其相互作用的非线性化，以及系统要素、结构等的复杂化，必然引起系统不可逆地朝着复杂性方向演化。

4）工程系统总以一定模式存在

系统总是以一定的"模式"存在着。模式概念的引用十分普遍，特别是在计算机科学、心理学、人工智能等领域中有着广泛的应用。正因为其应用的广泛性，其将依语境、目的不同而异。一般来说，模式一词又译作"范型"，指可以作为范本、模本的式样，也可以指图像等具体对象或形态、外形、类别等抽象对象，往往区别于以数字形式来描述的对象。在此，我们在抽象的意义上利用这一概念来刻画工程系统的模式。

首先是以开发资源为目的的工程系统，包括农业时代以金属革命为标志、工业时代以能量革命为标志、知业时代以信息革命为标志的各类工程系统，这可归为资源型工程系统模式。

其次是以扩大空间为目的的工程系统，包括：在农业时期，扩展疆土，如张骞陆上开拓丝绸之路，哥伦布、麦哲伦等远洋航行，开拓海疆；在工业时期，继续扩大疆域，如开垦美洲、澳大利亚等，进入海洋、大气层，开辟航线；在知业时代，继续扩大探索，从地球两极、海底，直到月球等近地天体，乃至茫茫太空。这可归为扩张型工程系统模式。

最后是以保持安全为目的的工程系统，包括：防御安全，如古代构筑万里长城；生存保险，如英国建立劳埃德保险商协会；环境安全，人类建立国际地圈-生物圈计划；等等。这可归为安全型工程系统模式。

5）工程系统衍生出新系统

在逻辑上，我们将工程系统区分为三大类子系统：自然工程系统、社会工程系统和思维工程系统。这三类工程系统对满足人类生存、发展的需要起着最基本的和永续的作用。但是，随着人类向更高级阶段的发展，衍生出崭新的工程系统，包括学习工程系统（含教育工程系统等）、知识创新工程系统、文明工程系统和理想社会工程系统等。这必将为人类创建学习型社会、迈向知识社会奠定坚实的基础。

6）工程系统的虚拟现实

一般而论，工程系统的虚拟现实是指真实的工程系统在虚拟环境中的实现。随着现代计算机软硬件技术和网络技术的发展，在一定程度上具备了在计算机及其外部设备和网络中（即虚拟环境中）进行工程活动的可能性。我们可以在真实的工程活动进行前，在这些设备上对工程的全部生命周期内的全部或部分运作进行虚拟，从而构筑起一个虚拟的工程系统——实体虚拟工程系统。从另一视角，我们又可以定义另一类虚拟工程系统，即工程系统在其要素空间上的投影——要素虚拟工程系统。这就构成工程系统的两类虚拟现实系统。

3. 工程系统观

正如科学系统观、技术系统观是对科学系统、技术系统所持基本的、总的观点一样，工程系统观就是对工程系统形成的基本的、总的观点，也应是对工程系统的反思或再认识。这种认识应是理论化、系统化的高度抽象，即一种认识的“升华”。

在追溯起源中，我们更能意识到，原初的工程活动对于维系人类的生存进而增进人与自然界、人与人之间的社会关系的重大意义。在漫长的历史长河中，工程的演化又总是与人类的发展和命运息息相关的，不断地增进人类文明的进程。

坚持工程系统观，就是坚持工程观与系统观的融合，即系统观透入工程观的全部观点。这样，工程具有的一系列系统特性，如整体性、层次性、开放性等，特别是他组织系统的特性也就显现出来。进而我们可以认识到工程系统的复杂结构、多种功能、与环境的互塑共生关系，以及如何以不同的模式，沿着社会中轴向复杂性、高层次方向演化。尤其是，在不断地满足人类更高、更多的需要中，即在建立高级社会文明的过程中，我们应坚持在工程系统观中渗透新的伦理观。

坚持工程系统观，就能够发现形成具有系统意义的工程系统的原理：其一，只有遵从自组织原理，才能形成工程系统；其二，必须满足他组织控制自组织原理，才能形成工程系统。因此，我们推崇工程系统观，就是要坚持自组织系统与他组织系统相融合从而达到高级系统形态的观点。

# 1 工程系统

李喜先

我们运用现代系统概念、系统理论和系统观，从普遍存在着的种类纷繁的系统中，抽象出来一个与技术系统和科学系统紧密相关的极其复杂的工程系统，并研究其结构、功能、环境和演化等，从而形成工程系统理论。

首先，我们要界定工程和工程系统的含义，研究工程系统的特性，论及工程系统与科学系统和技术系统的区别和联系，并认清工程系统论与系统工程学的区别。

## 1.1 工　　程

### 1.1.1 工程的含义

工程一词的含义泛指一切工作、工事以及有关程式。①工事为营造制作之事的总称，而程式是指规程、法式。

在不同历史时期、不同国家和不同民族中，工程的含义不断地变化。我国宋代，在欧阳修、宋祁等约始于 1044 年编撰的《新唐书》（共 225 卷，历时 17 年）②中，“工程”一词已出现，即书中一二六《魏知古传》：“会造金仙、玉真观，虽盛夏，工程严促。”后来，1370 年，宋濂、王祎等在撰写的《元史》（210 卷）中，也论及了工程一词；1791 年，《红楼梦》第十七回中论道：“园内工程，俱已告竣。”18 世纪，欧洲创造出了工程一词，其本来含义是指兵器制造、以军事为目的的各项劳作，并扩展到许多领域，如建筑屋宇、制造机器、架桥筑路等。后来，凡指改造自然的实践活动，统称为工程，以至将其引申为把自然科学、社会科学原理应用于社会实践中而形成的各种方法、技术的总称。

---

① 广东、广西、湖南、河南辞源修订组，商务印书馆编辑部. 辞源（修订本）. 第二册. 北京：商务印书馆，1980：953.

② 宋德金，张希清. 中华文明史. 第六卷. 石家庄：河北教育出版社，1994：632.

在英语词类中，engineering 一词是多义词，其含义主要为“工程（学）、机械术、工事、操纵”等，它与汉语中工程一词的含义相近。

工程一词的含义还有狭义和广义之分：凡人类实践仅作用于物质世界而形成的工程，称为狭义的工程；而广泛地作用于物质世界和精神世界而形成的工程，称为广义的工程。实际上，人类实践不仅限于物质世界，同时会广泛地涉及社会交往、思维活动等观念形态及其载体符号世界。

本篇论及广义的工程，并给出一般定义：工程是按价值取向，整合科学、技术与相关要素，有组织地实现特定目标的实践。

在不同的历史时期，工程的发展有不同的特性，并相应地形成历史分期。我们在“科学系统论”一篇中，将科学区分为古代科学、近代科学和现代科学；在“技术系统论”一篇中，我们将技术区分为古代技术、近代技术和现代技术。

## 1.1.2 工程分期

在本篇中，我们将工程区分为农业时代工程、工业时代工程和知业时代工程。之所以如此区分，主要是基于工程与生产、产业的紧密关系。

#### 1.1.2.1 农业时代工程

农业时代工程较早地出现在约公元前 8000 年至新石器时代末与农业、畜牧业密切联系的时期。这时产生了人类史上一次巨大的农业革命或新石器革命，相继地出现了与生活、定居相关的建筑工程等，如出现了聚居的村落：土耳其恰塔尔·休于遗址反映了新石器时代早期人类定居公社的建筑情况。这一遗址占地 32 公顷，住房由土坯砌成，每一房屋由一面积为 5 米×4 米的起居室和一个至几个附属房间组成①。同时，人类由于在长期的实践中，积累起经验，能用语言符号交流思想，发展出推理的能力，以至形成了抽象概念，建立起人类社会最初级的组织形式，如自然形成的、以血缘关系为纽带的氏族制，直到拥有公共权力的国家机构。

农业文明经历了漫长的过程，一直延续到以工业革命为标志的 18 世纪 60 年代。在这一漫长的时期里，人类创造了古代文明、古典文明和中古文明，即经历了原始社会、奴隶社会和封建社会。

在古代文明时期，人类建造了许多大规模的工程。大约在公元前 6000 年，苏美尔人已经能利用水利开凿渠道、建造灌溉网、引水肥田。在公元前 3000 年，苏美尔地区已出现了 12 个独立的城市国家，其中的乌鲁克就占地 1100 英

① 吴于廑，齐世荣. 世界史：古代史编. 上卷. 北京：高等教育出版社，1994.

亩（1 英亩=0.405 公顷）；苏美尔人建筑塔庙，其中最著名的乌尔大塔庙共 4 层，底层面积为 2787.7 平方米，装饰精美。特别是，在公元前 4000 年末，苏美尔人最早创造了文字，这种书写符号能保存和传达语言，扩大了在时空上的交际作用，促进了人类的文明。因此，苏美尔成了人类最早的文明中心。在公元前 4000 年以后，埃及出现了许多巨大的建筑工程，其中举世闻名的金字塔约始于公元前 2686 年，基于经验知识、简单的力学原理，聚集多种简单的技术，如材料技术、运输技术、雕刻技术等，采用手工工具，共建成了大小不同的 70 多座，规模最大的是第四王朝法老胡夫的金字塔，其高达 146.6 米（现高 136.5 米）、塔基两边宽 230 米，共用平均重 2.5 吨的石块 230 万块。大约在公元前 2500～前 1500 年存在的一规模宏大的印度河文明，也出现了巨大的建筑工程，如在印度河口以北、以南海岸为底边，朝东北延伸至喜马拉雅山脉的山麓丘陵地带，形成每边长约为 1000 英里①的三角区，从中发掘出两座大城市、67 个市镇和村庄，主要是用窑内烧的砖建造的。在中国夏、商王朝时期，考古发现，河南偃师县二里头有大型宫殿建筑群遗址，略呈正方形夯土台基，总面积约 1 万平方米，这是中国古代存在的巨大的建筑工程的证据。

在古典文明时期，已不同于沿大河流域扩展的古代文明，而是出现了横跨欧亚大陆所形成的不间断的、相互联结起来的整体文明核心区。这主要由古希腊、古罗马、古印度和中国文明所构成，这时的巨大工程对当时的农业、商业、军事、政治、文化、科学和技术等的发展起着重大的作用。希腊的古典时期是人类历史上三个学术发展最惊人的时期之一，给人类留下了光辉的遗产。同时，它还建造了大规模的公共工程，包括灌溉系统、矿山、采石场和陶器工厂等，特别是建造出精致、壮观的神庙，以及 200 多艘最新式的三层划桨战舰和大批商船。古罗马人爱好实践活动，因而在工程上作出了重要的贡献，最显著的大型工程包括建造了圆形剧场、竞技场、大斗兽场、庙宇、导水管、沟渠、公路和桥梁等。在公元前 221 年，中国秦代修筑了世界闻名的万里长城，广袤万余里，对北防匈奴起到巨大的作用；同时，统一文字也是一项巨大的社会工程，这对国家统一、社会发展起到巨大的作用。

在中古文明时期，中国、印度和阿拉伯世界处在繁荣时期。这时，农业中的商品在不断增加，手工业也很发达，尤其海上贸易十分发达。因而这时的工程主要与水利工程和造船等密切相关，如在这一时期，仅在中国唐代的水利工程就多达 200 多项。在元、明代，建造了可坐几百人的巨大海船，远洋航海工程举世闻名。阿拉伯世界也出现了造船工程，并学会了海上航行，进行频繁的

① 1 英里≈1.6 千米。

海上贸易。西欧的扩张，如葡萄牙和西班牙为向外扩张，也发展了造船工程。

在农业文明时期，虽出现了各类巨大而繁多的工程，但因其多基于经验知识、古代技术和较低的管理能力，所以发展速度很慢；在完成这些工程的过程中，其动力主要是利用自然力、畜力、人力和简单的机械力；实施这些工程主要是为达到发展农业和畜牧业、稳定的居住和军事等目标。

1.1.2.2 工业时代工程

“工业”被理解为用自然物质制造物品的事业，以此为特征所开辟的工业时代始于18世纪60年代。这时，西北欧强国荷兰、法国和英国争夺世界霸权，直到1763年以英国发展为世界占统治地位的殖民帝国而告终。以英国为首的欧洲能获得对世界大部分地区的霸权，并进行前所未有的扩张，源于科学革命、工业革命和政治革命给予了不可阻挡的推动力。因此，工业时代工程与科学、技术发展的水平，以及与资本主义制度的管理水平紧密相关，并推动了近代史上最重要的工业化运动，其中包括机械化、电气化和初级信息化等。这时，许多工程的集聚开拓了许多新的产业或行业，例如：公路工程、铁路工程（含巨型的桥梁架设工程、隧道工程等）形成了交通运输行业；越洋海底电缆工程形成了电报、电话等通信行业；架设发送和接收无线电的电台工程，开拓了无线电通信产业；采矿工程等形成了建筑、冶炼等产业；化学工程导致了化学工业的发展；如此等等，不一而足。总之，工业时代工程普遍地利用了新的能源，如机械能、热能、化学能和电能等，并广泛地采用了新的动力机，如蒸汽机、内燃机、发电机、电动机等，构成了有效的工具，特别是引入了先进的管理技术，使得工程实施合理化，使得动力机代替了人的体力，因而仅仅在大约200年间就实现了工业化，使资本主义社会制度得以建立并进一步得到了巩固。

1.1.2.3 知业时代工程

20世纪40年代，人类开创了知业时代，并开始进入知识社会的初级阶段——信息社会。贝尔（D. Bell）在《后工业社会的来临——对社会预测的一项探索》一书中，对后工业时代进行了概括。实际上，后工业社会与信息社会是指同一历史阶段。在这种社会里，信息技术，即卫星通信技术、光纤技术、激光技术、机器人技术，特别是计算机技术有了迅速的发展，因而机器能代替一部分人脑的功能，信息成为社会最重要的资源，信息取代资本成为社会中起决定性作用的因素。同时，贝尔又使用了知识社会这一概念，并指证后工业社会双重的意义上直接就是知识社会。最早，莱恩（R. E. Lane）采用了“知识社会”这一术语；1969年，德鲁克（P. Drucker）在《不连续的时代》中，不遗余力地强调知识的中心地位；1993 年，德鲁克在《后资本主义社会》一书中，论及后资本主义社会既是一个知识社会，也是一个组织社会，这样的社会是以知识为主的社会，充当主角的产业是知识或信息产业；1994 年，斯特尔（N. Stehr）在《知识社会》一书中，综合地论及了知识社会，强调知识社会的特性是知识价值论，而不是劳动价值论。因此，我们认为，正在形成的信息社会本质上应是知识社会。在这种社会里，最根本的资源不再是资本、自然资源、劳动力，而知识才是社会、经济发展的战略性资源，是社会和文化变迁的源泉，创造财富的核心是知识创新。由此，我们将这个时代的工程集聚的产业称为知识产业，简称知业，这样的时代称为知业时代，这个时代的工程称为知业时代工程。

知业时代工程是集价值、科学、技术、管理等多要素于一体的种类纷繁的工程：利用新能源核能的巨大工程，如各类核电站工程，制造原子弹、氢弹工程；在航天工程中，如登月工程、空间站工程、卫星通信工程、卫星导航定位工程、卫星勘探工程等；通往人类知业时代的世纪工程“信息高速公路”——“国家信息基础设施”（NII），由通信网络、计算机、数据库等构成，能通过声音、数据、图像、文表相互传递信息，使全球成为一个具有智慧的大脑；中国建设的“四金”工程（金桥工程，即国家公用经济信息工程；金关工程，即国家外贸海关信息网工程；金卡工程，即电子货币工程；金税工程，即全国一体化税务管理信息系统工程）；大型水电工程；大科学工程，如大型天文观测台，粒子物理、核物理实验工程（各类粒子加速器、对撞机等），聚变能实验工程；激光实验工程；生物工程；海底实验室工程；等等。总之，在知业时代，充当主角的工程所集聚成的各类产业，主导生产知识或信息。

在知业时代，各类社会工程已突显出来。在逻辑上，对应自然工程，则存在着社会工程，即应用社会科学的理论，采用多种社会技术，为实现特定的目标，如改进社会制度等，形成多类社会工程。

## 1.2 工程系统的含义

工程系统是复杂的人工系统或建构系统。关于工程系统的含义，我们将采用他组织系统理论来论述，也可以采用他组织系统与自组织系统相结合的系统理论来描述。哈肯在其所著的《高等协同学》一书中认为：“自组织系统是在没有外界环境的特定干预下产生其结构或功能的。”[①]他又在其所著的《信息与自组织——复杂系统中的宏观方法》一书中作了进一步的论述：“如果系统在

① 哈肯. 高等协同学. 郭治安译. 北京：科学出版社，1989：iii.

获得空间的、时间的或功能的结构过程中，没有外界的特定干预，我们便说系统是自组织的。这里的‘特定’一词是指，那种结构和功能并非外界强加给系统的，而且外界是以非特定的方式作用于系统的。”①苗东升在其所著的《系统科学精要》一书中，又提出了与自组织并列的他组织概念，即组织是属概念（上位概念），而自组织与他组织均是种概念（下位概念），并进一步地阐明：组织力来自系统内部的是自组织，组织力来自系统外部的是他组织②。实际上，哈肯指出，自组织与他组织可以互相转化，因与果互相影响，即他组织力与系统状态变量会发生相互作用，从而可将他组织力视作整个系统的一部分，这样就可以将他组织方程变为自组织方程。

自组织与他组织过程均是动态过程，在数学上，均须以动力学方程或演化方程描述：前者只能是齐次方程，而后者必定为非齐次方程。其一般形式为

$$\frac{\mathrm{d}\boldsymbol{X}}{\mathrm{d}t}=G(X,\ C)+F(t) \tag{3.1.1}$$

其中，$X$ 为状态向量，$C$ 为控制向量或外环境参量，$F(t)$ 为他组织力或强迫项。一般来说，一个 $n$ 维他组织系统，若将时间 $t$ 变为新的变量，上述方程可转化为 $n+1$ 维空间中的自组织系统；反之，在 $n$ 维空间中又转化为他组织系统。这在《系统科学精要》一书 8.3～8.4 节中已有详细论述③，并在《技术系统论》一书 1.2.3 节技术系统的含义中已有引用④。

根据上述论述，工程系统的含义就可以用他组织系统理论来论述。

我们可将工程系统视为他组织系统，即将管理所起的支配作用转化为外部的强迫力，这时，描述他组织系统的动力学方程必定为非齐次方程，而且外部的强迫力 $F(t)$，即管理要素，通过系统内部的价值、科学和技术三个要素的相互作用，使系统变成有特定的结构、功能、能满足人类需求的他组织系统。也可认为，工程系统是他组织力通过系统内部的自组织作用而形成的他组织系统与自组织系统相结合的人工系统。

在任何工程系统中，工程的属性是否能满足主体的需求，即是否具有价值，这必然要涉及价值判断，以及相关的选择和评价等。在工程活动的全过程中，又必须有科学思想、原理、理论和方法渗透其中，这样才能导致其更具有科学性和合理性。技术与工程之间有着更为直接和密切的关系，即不可能存在脱离技术集成的工程。管理是起控制作用的他组织力，它贯穿工程活动的全过程，

① 哈肯. 信息与自组织——复杂系统中的宏观方法. 成都：四川教育出版社，1988：29.

② 苗东升. 系统科学精要. 北京：中国人民大学出版社，1998.

③ 苗东升. 系统科学精要. 北京：中国人民大学出版社，1998：171-181.

④ 李喜先等. 技术系统论. 北京：科学出版社，2005：14-20.

只有经由管理，才能整合各个要素，使之进入自组织运行状态。因此，工程系统就是自组织系统与他组织系统统一的高级组织形态。

### 1.2.1 工程系统的价值

首先，我们要认识何谓价值，再进一步地论及工程系统的价值。

一般来说，价值是指客体的固有属性能满足主体的需要而导致主体追求的对象。因此，价值必须在客体的属性与主体的需求二者之间实现统一。价值有其客观性，包括各类物质的、精神的现象所固有的多种属性，从而才可能满足主体，包括个人、集团、阶级和社会等多方面的需求。若离开了客体的属性，价值就失去了客观基础，就无从满足主体的需求了；若离开了主体的需求和如何满足需求，则不可能有价值。在本质上，价值是一个社会历史范畴，人们的需求具有复杂性和流变性，即根本不存在永恒不变的价值，包括价值标准、选择、评价等形式。同时，就满足同一主体的不同需求而言，价值可分为物质的、经济的、科学的、技术的、工程的、道德的、美学的、法律的、政治的、文化的和历史的等；就满足不同主体的需求而言，价值标准，如利害、是非、善恶、美丑等，总存在着差别。一般来说，在一定的时代，人类共同的价值标准总是以社会进步、人类文明作为衡量的价值尺度，凡能起促进作用，就具有正价值；反之，则具有负价值。

在价值论中，英国拉蒙特（W. D. Lamont）有许多独到新颖的观点。他在其著作《价值判断》和《道德判断的原则》中，融入了经济学和心理学的理论，从而形成了不同于盛行的传统观点的新观点，代表了一个新的方向。在《价值判断》一书中，他强调，要区分价值判断和道德判断，以及在价值判断中的绝对和相对两种不同形式。他认为，价值判断是评价的一种表现形式，评价与选择又密切相关，选择是评价的外化。只有当人们面临选择时，才会有评价的思想活动。评价遵从经济原则、代价最小的原则，也称为“机会成本”（opportunity cost）或“择一成本”最小原则。对评价理论来说，“机会成本”就是十分重要的概念，因为价值是根据机会成本来衡量的，机会成本越小，则价值越大。“机会成本”这一概念是 19 世纪末由英国经济学家马歇尔（A. Marshall）提出的，而拉蒙特在引用这一概念时又进一步地解释：“机会成本”就可以定义为未实现的需求内容，这一内容本来能够利用对购买力的偏爱来实现，但这购买力实际上都被用于实现另外的需求内容了[①]。这表明，在资源有限的情况下，从事某项经济活动，必须放弃其他活动的价值。例如在一块地上，种 A、B 两种作

① 拉蒙特. 价值判断. 马俊峰，王建国，王晓升译. 北京：中国人民大学出版社，1992.

物，只能择其一，若种 A 可收入 50 元，而改种 B 可收入 100 元，这样，在这块地上种 B 的机会成本就是 50 元，即经过比较，尽可能付出较小的代价去换取较大的经济效益。

价值判断本质上是一种复杂的精神活动，表达一种完整的心理状态，这包括认知、情感和意动的统一，而意动占有主导地位。意动倾向表现出赞同或不赞同某事物，赞同就是认为它好。价值就相当于需求的内容，主体所需求的就是有价值的。

工程活动的发端就源于能满足人类自身生存的基本需要，从而具有生存论的意蕴。可见，工程的发生已经显露其最大的价值在于能满足人类生存的需要。因此，就人类的生存意义来说，工程的价值比技术、科学更为根本；由此引出，工程的起源早于技术，技术的起源早于科学，其时序演化结构为：工程→技术→科学。经过演化，工程越来越起着文化整合的作用，使科学、技术和工程融为一体，其逻辑结构为：科学→技术→工程。人类经历了农业时代、工业时代，现在正在朝向知业时代迈进。相应地，工程也随之发生着巨大的变化，特别是，自工业革命以来，构成工程的各种要素也突现出来了，以至发展成为非常复杂的工程系统。正是工程系统变得越来越庞大、结构多样、功能多种，才使人们的多种需求都能得到满足，从而工程系统的价值就显露出来。

工程系统种类繁多，几乎没有完全一样的工程系统。因此，不同的工程系统的形成自始至终蕴含它本身的价值，如一个工程系统从设计直到完成的全过程出现偏差，或在结构、功能上不能如愿地满足主体（含个人、某个集团等）的需求，其价值将会不同程度地失去。

在不同时期内，工程系统的价值会发生变化。在农业时代，工程系统的价值主要是利用自然资源满足衣、食、住、行等需求，如与农业相关的水利工程、与居住相关的建筑工程，以及与交通相关的公路、桥梁工程等。由于满足的生活需求比较简朴，采用的动力主要是由自然力、畜力和人力构成的机械力。因此，这时的工程系统主要顺从自然界，对自然界的索取十分有限，所产生的负面影响也很小。因此，当时的工程系统具有的正价值应大于负价值。在农业时代，人类实际上经历了原始社会、奴隶社会和封建社会三类社会制度，这时因社会变革依次所建立的新社会制度等社会工程系统，尽管经历了曲折而复杂的形式，但从历史的观点判断，它们总是促进了社会进步，从而也具有重大的价值。在这个时代，从逻辑上判断，同样存在着思维工程系统，如采取多类社会技术，对社会成员进行思想控制、实施政策、贯彻统治者的意志等，这时只不过系统所含要素尚未突显出来，但对于社会发展来说，同样也具有社会价值。

在工业时代，工程系统的价值发生了巨大变化，特别是自然工程系统引起的价值判断，包括评价、选择等形式都变得十分复杂起来。这时，人类通过工程系统以图主宰自然界，从而使自然界发生了空前的变化，人类的活动遍及广阔的领域，如从马里亚纳海沟到巨大的地球空间乃至太阳系其他天体，信息工程系统成为全球的巨大神经中枢，使每个角落实现相互瞬息交流和沟通，如此等等，不一而足。虽然，现代工程系统为满足人类的多种需求产生了巨大的正价值，但是，现代工程系统为人类带来了幸福的同时，福兮祸之所伏。人类有巨大的能力改变自然界，以至超出其所能承载的，这必然危及人类自身在地球上的可居住性。这样，从总体上看，随着工业时代工程系统的正价值增长的同时，其负价值也在增长。但从社会历史性决定的价值标准来判断，工业时代自然工程系统的正价值总是大于其负价值的。工业时代社会工程系统的价值主要在于建立起资本主义制度，包括政治制度、经济制度，以及法律等社会规范等，这对社会发展、经济增长等起到了积极作用，即产生了重要的社会价值。我们在所著的“科学系统论”和“技术系统论”两篇中，已经论及了思维科学和思维技术，由此在逻辑上推论应存在思维工程。它是依据科学理论，特别是更直接地依据思维科学理论，聚集语言文字、逻辑推理和数学计算等多种思维技术而形成的人工系统。随着人类智力的发展，思维工程系统越来越起到重要的作用，满足社会发展的多种需求，从而也具有重要的价值，乃至最大的价值。

人类正在迈向知业时代，开始有了新的觉悟，正在反思工业时代工程系统所产生的负价值。从根本上说，建立工程系统是反自然的行为，特别是自然工程系统的活动。许多巨大的工程系统潜伏着当下难以预料的危害，只是当自然界无情地报复或惩罚人类时，我们才突然警觉。以往存在的传统哲学，包括工程哲学，都主要论及人类认识自然是为了改造自然，强调人与自然的对立，确立人对自然的统治地位，形成了人类中心主义。相反地，自然界以其自身的规律启示了人类，必须摒弃人类中心主义的旧价值观，确立起崭新的人类与自然界和谐一致的价值观。大体上，从 20 世纪下半叶开始，研究全球问题已进入国际组织和一些国家政府，其中最负盛名的罗马俱乐部提出了关于人类困境的报告《增长的极限》，其为解决全球问题、建立可持续发展的理论作出了举世公认的重大贡献。与此同时，世界环境与发展委员会（World Commission on Environment and Development）提交联合国的调查报告《我们共同的未来》，以及沃德（B. Ward）和杜博斯（R. Dubos）所著的《只有一个地球——对一个小小行星的关怀和维护》、卡逊（R. Carson）所著的《寂静的春天》等“绿色圣经”，对唤醒人类增进绿色精神、环境意识起着巨大的作用。接着，环境哲学、环境伦理学或生态伦理学应运而生，引导人类开始走向新的生态文化，开创绿色文明时代，建立人类全球性新的绿色文明。由此可以预见，随着人类对工程系统的全面认识，以及科学与技术水平的不断提高，在知业时代的工程系统中，正值价将越来越大于负值价。从上述可见，在农业、工业和知业三个不同时代，工程系统的价值已经发生和正在发生着变化。而且，即使在同一时代，因不同主体的不同需求，工程系统的价值也将不同，例如：某一客体具有的属性能满足某个人、某个集团的需求，从而具有价值；相反地，对其他人、其他集团显得没有太大价值，甚至是负价值。最典型的军事工程系统是对敌方有正价值，对我方则变成负价值。由此推论，凡支撑战争的军事工程，特别是具有巨大破坏力、毁灭性的庞大核武器工程系统，对企图统治全球而实现其欲望的少数人来说，就具有正价值；对全人类主体而言，只能具有反人类的负价值。今天，在科学、技术和工程高度发达的社会里，人类的生命反而变得脆弱了。“在‘冷战’的年代里，全世界动用 500 万科技人员（几乎占全世界科技人员总数的一半），60%的世界资源准备战争。”①

工程的起源原本为满足人类生存的需求，迄今已演变到了纷繁的工程系统，满足了人类的多种需求，创造了现代文明。就整个人类史而言，如何从总体上评价工程系统的价值？是祸还是福？这种评价十分复杂。实际上，对这类重大而复杂的评价，历史学家、人类学家和有良知的科学家都深邃地思考过，如历史学家斯塔夫里阿诺斯（L. S. Stavrianos）在其所著的《全球通史：从史前史到 21 世纪》一书中，思考了历史对我们今天的意义，特别是，从历史记载中来认识人性的本质。他认为，以往战争，特别是第一次世界大战和第二次世界大战的发生，不是因为人性，而是因为人类社会。他说：人创造了人类社会，人也可以改造人类社会。他在书中谈到人类学者阿什利·曼塔古有关人性的论断的要点：我们生来就具有以遗传为基础的指导许多种行为的能力，但是，使这些能力变为才能的方法取决于人们接受的训练，取决于学习。我们真正的遗传在于我们塑造自己——不是我们命运的创造物，而是我们命运的创造者——的才能。书中还写道伟大的科学家爱因斯坦认为：光有知识和技能并不能使人类过上幸福而优裕的生活，人类有充分的理由把对高尚的道德准则和价值观念的赞美置于对客观真理的发现之上②。总之，人类通过工程系统能满足所有的需求，但不能满足所有贪婪的欲望。人类的前途完全取决于自己的觉悟程度和价值观。

① 尹希成，侯文若，何贤杰，等. 全球问题与中国. 武汉：湖北教育出版社，1997：12.

② 斯塔夫里阿诺斯. 全球通史：从史前史到 21 世纪（第 7 版修订版）（下册）. 2 版. 吴象婴等译. 北京：北京大学出版社，2006.

### 1.2.2 工程系统蕴含科学

任何工程系统皆蕴含科学。前已论及，工程起源于人类生存的需要。因此，就演化的意义而言，最早发端的原始工程必然是在生物进化过程中转变为能进行思维的人类的活动，因为只有人类才能利用自然界创造预定的生存环境，并从中创立当时当地尚不存在的事物和观念。任何一个人的行动根本不可能实现创造能适应生存的环境，而必须是合群的社会行为才能完成。当时，无论是多么简陋的原始工程，要能满足人生存的目的，必须具有粗浅的经验知识，采用简单的多种技能，最终才能完成。而且，这类简陋的工程，无论是满足穿着、居住，还是食用，都必须天然地符合科学原理，才能成功，否则就自然地失败而不能满足需要，例如：为抵御寒冷，必须采用能保持温暖（热学原理）的兽皮；为有效狩猎，必须采用天然符合劈尖原理（简单力学原理）的尖端长矛；为栽培植物，必须满足植物生长原理；为了居住，必须寻找能避风、雨的山洞，或选择温暖的地区；等等。

在农业时代，人类所建造的能满足生存需要的各类工程系统，随着其复杂程度的增加，必须满足多种科学原理，包括力学的、热学的、数学的、天文学的原理，乃至含有哲学（含伦理学）、美学观念。

在工业时代，凡要成为成功的各类工程系统都必须在科学理论的指导下进行。凡违反科学理论的工程系统，或早或迟，总会引起某部分或子系统失败，甚至招致整个工程系统完全失败。在现代工程系统中，凡是成功的、令人满意的工程系统，特别是，一类大型的复杂工程系统和一些精确建造的大科学工程系统，几乎都要蕴含各门类科学及其分支学科，包括数学科学、自然科学、社会科学、哲学等大门类科学及其有关分支学科，以及最直接而密切的各门工程科学。例如大型的复杂的航天工程系统，将涉及运载子系统（发射场、测控网等）、航天器任务子系统（测控网、航天器和应用等），其中仅航天器又有次级子系统（有效载荷，包括航天员等、物质性载荷等，如仪器设备等；航天器平台，包括服务与支持系统，如姿态控制、轨道控制、热控、测控、能源、生命保障等，以及结构平台，包括结构舱、返回舱等）。航天器在太空飞行时，其质心的运动轨迹必须根据天体力学理论准确计算，才能完成飞行任务。还有用于粒子物理研究的各类粒子加速器工程系统，如中国北京正负电子对撞机，以及用于核物理研究的重离子加速器等；用于核聚变能转化为可利用能量的大型工程系统核聚变反应堆，以及裂变-聚变混合堆等；用于天文学观测的大型观测工程系统；如此等等，不一而足。这些有精确设计要求的复杂装置工程系统，必须应用相关的科学原理，特别是要有工程科学理论的指导，才可能成功。还有众多的工程系统不仅要涉及与自然科学有关学科，如物理学、化学、力学、环境科学，而且还会涉及伦理学、美学、心理学等多门学科。因此，在任何工程系统中，特别是在演化至今的当代各类工程系统中，科学都自始至终地渗透其中，以至融为一体。相反地，违背科学原理的许多工程系统，一时看来，尚合人意；但长远看来，弊大于利，甚至带来灾难。

极其复杂的社会工程系统中，同样必须蕴含科学理论的指引，才有成功的可能性，或者用社会学中的某种理论来解释社会工程的合理性。现在存在着三种社会学理论：冲突论、结构功能主义理论和互动论。它们都蕴含在一些社会工程或社会变迁中，用以指引人们的社会行动或解释某些社会现象。在社会发生的巨大变革中，如一种社会制度转变到另一种新的社会制度，这可被视为一类重大社会工程系统从设计到实施直到完成的过程，源于马克思主义社会学中的冲突论就有利于指导实施这种社会变革工程，特别是，它指出社会阶级冲突是历史的"火车头"，会导致社会变迁，是永恒的社会现象；源于孔德和斯宾塞的结构功能主义理论强调，社会每一个部分都对整体发生作用，以维持社会稳定，它指出社会像人类的肌体或任何活的有机体一样，以系统方式结合在一起，社会和谐一致就能导致社会进步，这种理论有利于指导建立和谐社会的工程伟业。实际上，社会学中的几种理论都仅限于某一种视角，它们之间应是相得益彰的关系。这表明，我们建立一种社会制度就是构建极其复杂的社会工程系统，必须有社会科学，包括社会学、经济学、法学、政治学，乃至哲学（含伦理学等）等理论的指导，才可能建立起合目的性的和合理的社会制度。事实上，我国在构建社会工程系统中，出现过一系列重大失误现象，主要蕴含在政策和决策系统中。这一再给我们以深刻的启示：在构建社会工程系统中，正确的社会科学、哲学理论的指导作用极其重要。

在逻辑上，已存在着思维科学、思维技术，必然存在着思维工程系统，其中也必然渗透着思维科学和相关的科学理论。

### 1.2.3 工程系统集成技术

任何工程系统都将经过选择而集成众多技术。与科学系统和技术系统一样，工程系统也经历着漫长的演变过程。一般来说，工程系统集成技术的复杂程度存在着递增现象：在农业时代，工程系统中只需要和可能集成种类少和数量也少的技术；在工业时代，工程系统则集成了种类纷繁、数量众多的技术；而在知业时代，工程系统将会集成种类纷繁、知识密集、环境友好、数量众多的技术。

工程系统集成技术的复杂程度递增现象可以引用在微电子技术中集成电路发展的标志“高集成度”和“高集成密度”的概念来描述。工程系统集成技术的复杂程度既包括不同类别的技术，又包括不同数量的技术，即任何一项工程系统中既包含自然技术系统，又包含社会技术系统和思维技术系统，而其中还要按层次结构逐级包含其子系统，而且所包含技术的数量也有差异。例如航天工程系统将集成自然技术，其中至少包含制造技术、电子技术、信息技术、光电子技术、能源技术、材料技术、生物技术等；还必须包括社会技术，如组织技术（含法规技术等）、学习技术、决策技术等；而思维技术必然渗透在工程系统中，包括用系统思维形成的概念、判断、推理等。航天工程系统下属两个次级（2 级）子系统，其一是航天运载子系统，其下还包括次级（3 级）子系统，即航天运载器、发射场和测控网子系统，还有 4 级、5 级等子系统；其二是航天器任务子系统，其下包括次级（3 级）子系统，即航天器、地面设施和测控网配套服务子系统，还有 4 级、5 级等子系统。这表明，凡是复杂的工程系统，其集成技术的种类繁多，而且数量巨大，即在同一级系统层次上的技术有“高集成度”。因此，任何工程系统在本质上自始至终就是在集成技术。

### 1.2.4 工程系统突显管理所起的他组织作用

工程系统与科学系统和技术系统的显著差异就在于，它必须突出管理所起的他组织作用。

前已论及，工程系统是在人为的控制作用下才能将其要素价值、科学和技术聚集齐备，从而整合为能自动运行起来的自组织系统的。工程系统的管理就是从外部施控使其达到合意的目标，这种来自系统外部的控制力被称为他组织力或强迫力。实际上，控制论、运筹学等都是发展得很充分的他组织理论，从而也为管理科学奠定了基础。李伯聪在其所著的《人工论提纲》一书中强调，包括计划、方案、决策在内的“精神Ⅲ”是人工系统的起点，它指向目标，去控制创造尚不存在的客体。实际上，工程系统的计划、方案、决策等就是起控制作用的输入变量——他组织力。

任何有目的的活动必然存在着控制。实质上，原因导致结果就是实现了控制。这表明，控制是十分普遍的现象。在工程系统中，控制与管理的概念基本相同，只是在施控过程中加以区分：“在具体讨论中，我们通常把对一个‘死’系统（系统中不包括人）的控制（组织）过程称为控制，这里的系统多是人造的机械、设备，采用的方法、理论多为工程控制论。对于包含人的‘活’系统，其控制（组织）过程称为管理，采用管理科学方法、理论，如对学校的管理、对工厂产品的管理等。”[①]在工程系统中，无论是自然工程系统，还是社会工程系统等，都有大量人员参与活动，这既涉及物理，又涉及事理，乃至人理，因而只有通过管理才能起到整合作用，进而控制工程系统全过程，最终达到预定的目标。

## 1.3 工程系统的特性

工程系统的特性是指它独自具有而其他系统如科学系统或技术系统所不具有的特殊属性或性质。工程系统的主要特性主要表现为专一性、一次性、目标与目的性、干预性等。

### 1.3.1 专一性

任何工程系统都是为了满足人们（用户）的需求而构建的人工系统。由于工程系统要适用于各个特殊的用户，包括个人、不同集团，乃至不同国家，因而每项工程系统的科学含量、技术集成程度、规模大小、工期长短等都呈现出差异，不可能存在完全通用的工程系统来满足不同用户千差万别的需求，而只能建立专项的工程系统。

### 1.3.2 一次性

任何工程系统的建立都要受到时空的限制，因而不可能完全一样。即使是建立跨江河的桥梁也是唯一的或一次性的工程系统，如重庆长江大桥就不同于南京长江大桥，因为两者所处的地理位置不同，当地的地形地貌、地质结构、江面宽度、江水流速等均不同，因而两者各具有唯一性，不可互相代替。各类社会工程系统，其性质也是各个特殊，不可能套用和通用。

### 1.3.3 目标与目的性

任何工程系统都有明确的预定要达到的特殊目标。通常，我们将实现了的目的称为目标，即目的的具体化，因此，工程系统总是要通过控制或管理达到目标。工程系统显著的特性就是有预计目的的目的系统，而且从“精神Ⅲ”起始，就在以工程师群体为主体的头脑中，即在思想或“概念空间”中已形象地存在着，往往以蓝图等信息形式显示其终端图像，指导实际行动。关于人工目

① 许国志. 系统科学. 上海：上海科技教育出版社，2000：174.

的系统的特性，马克思早在《资本论》中就有过精辟的论述：蜘蛛的活动与职工的活动相似，蜜蜂建筑蜂房的本领使许多建筑师感到惭愧。但是，最蹩脚的建筑师从一开始就比最灵巧的蜜蜂高明的地方是，他在用蜂蜡建筑蜂房以前，已经在自己的头脑中把它建成了。劳动过程结束时得到的结果，在这个过程开始前就已经在劳动者的表象中存在着，即已经观念地存在着。他不仅使自然物发生形式变化，同时他还在自然物中实现自己的目的，这个目的是他所知道的，是作为规律决定他的活动的方式和方法的，他必须使他的意志服从这个目的。同样地，社会工程系统也是具有目的性的人工系统。社会系统就是目的系统，而且是生物系统演化导致的最高层次的目的系统。动态系统理论已发现了目的性这一动力学特征，并用“吸引子”概念来描述系统的目的性。

### 1.3.4 干预性

由于工程系统具有突出的满足人类需要的目的性，因而要创造出自然界尚不存在的客体，其本质是反自然的，必然带来对自然的干预，并随着人类一步步地进入Ⅰ型、Ⅱ型和Ⅲ型文明[①]，其干预程度将越来越大。现代人类建立的各种工程系统已经改变了人类居住的本星球全貌，并已开始进入Ⅱ型文明，如干预本星球的卫星月球乃至类地行星火星的现状，包括建立月球基地、开发月球资源，以及火星探测和开拓天疆构想等。

人类通过建立社会工程系统对社会、国际社会产生重大的干预作用，包括建立不同的社会制度，如政治、经济和军事制度等，从而引起人类的和平与战争、合作与竞争、贫穷和富裕等人为现象，以及人类产生复杂的心理状态。

## 1.4 科学系统、技术系统与工程系统

在普遍存在的种类繁多的系统中，我们抽象出了既相互区别又相互联系的三个系统：科学系统、技术系统与工程系统。它们在研究的客体、主体、方法、结果、目的、评价、社会功能和社会价值等方面存在着显著的差异。

① 有些天文学家把文明分为三种类型：Ⅰ型文明是只能控制本星球的文明，人类文明就属于此类型；Ⅱ型文明是能掌握整个恒星和所属行星系统的文明；Ⅲ型文明是掌握整个星系的文明（中国大百科全书总编辑委员会《天文学》编辑委员会. 中国大百科全书：天文学. 北京：中国大百科全书出版社，1980：60.）。

### 1.4.1 相互区别

1.4.1.1 科学系统

（1）研究客体：狭义的自然系统或天然系统，即以天然物为要素的系统，包括生命界与非生命界，如天体系统、粒子系统、生物系统等；人类社会系统；思维系统；符号系统，如数学、语言等。

（2）研究主体：科学家，包括自然科学家、社会科学家、数学科学家、哲学家等，他们组成科学共同体和各类专业科学共同体，即形成科学社会。

（3）研究方法：按其抽象和适用程度，可分为哲学方法、各门科学采用的一般方法、各门具体学科采用的专门方法和经验层次的特殊方法四种，其中将各门具体学科采用的专门方法作为最主要的方法，包括采用实验、观察、观测，提出假说，抽象出理论、科学计算以及系统论方法等。

（4）研究起点：不断地提出各种科学问题。

（5）研究结果：对客体的认识而形成的系统知识，即构成科学结构，这表现为科学概念、定律、理论、学术论文和学科等，即具有逻辑结构并经过一定实验检验的概念系统、理论系统，其中包括不可检验、不可重复实验的新型理论，以及各门学科和多门类科学（自然科学、社会科学、思维科学、数学科学、哲学及交叉科学等），包含基础科学、应用科学、工程科学等。因此，科学知识具有系统性，认识的结果具有普遍性、客观性和真理性。

（6）评价标准：只有正确与谬误之分、绝对正确与相对正确之分，能否正确回答客体是什么、为什么。

（7）研究目的：科学发现、规律的揭示、理论的建立、对客观现象的解释和预见，以及扩充正确无误的知识。而且，将普遍的科学知识作为人类公有的精神财富。

（8）社会功能：科学活动或科学系统的行为能引起社会环境系统的许多重大的变化，从而影响人类社会的发展。这包括：①认识功能，即对自然界、人类社会有深刻的理解，提高智力水平，确立起正确的世界观、自然观；②文化功能，即形成精神文化，包括科学文化与人文文化，以及新的科学人文文化；③社会变革，即引起社会进步，引领社会向合目的性的高级社会发展；④促进生产方式的变革，从而推动生产力向高水平方向发展。

（9）社会价值：主要能满足人类的精神需要，以产生智慧，区别于其他动物，确立起人类在自然界中的地位，并以人类所具有的智慧思考一切。科学价值是中性的，只是在应用时才存在似“双刃剑”的两重性，既能造福于人类，又能引起破坏乃至毁灭人类。

（10）自组织特性：科学系统主要是由认识要素（子系统）和知识要素（子系统）构成的自组织系统。在相同的客观条件下，由认识系统导致知识系统是自然的自组织现象，即能实现其自身的结构化、组织化、有序化和系统化。把客观条件视作自然规律或客观环境的控制作用，这正如天气条件控制植物生长一样，而不作为人工控制的他组织作用。类似地，科学哲学家波普尔在“三个世界”的理论中提出，即由“世界 2”导致“世界 3”，即精神活动的世界导致精神产物的世界，如蜜蜂采花粉的活动产生出蜂蜜一样。总之，由“世界 2”创造出“世界 3”，也再现科学系统中认识导致知识的自组织原理。

1.4.1.2　技术系统

（1）研究客体：一般指人工自然界或人化自然界，以及人类社会中的组织、法律、制度、管理等。

（2）研究主体：技术专家或技术家，包括自然技术家、社会技术家、技术哲学家、技术社会学家等，他们组成技术共同体和各类专业技术共同体，如中国电子学会（Chinese Institute of Electronics）等，即形成技术社会。

（3）研究方法：实验、观察、调查、操作、提出原理和方案、建立模型等，以及在技术方法论的指导下形成技术发明法、技术设计法、技术开发法、技术预测法、系统设计法等。

在许多方面，与科学的研究方法相反，如从一般到个别、从普遍原理到特殊原理、从理论到经验，我们主要采用想象、综合的方法来建构客体。

（4）研究起点：不断地解决技术目的及其手段间的矛盾性，如技术目的的实现源于技术手段，而技术手段的发展又变成技术手段自身的目的。

（5）研究结果：为了对自然界、人类社会和思维进行改变和控制而转变为技术目的，形成了计划、设计方案、规程（规范、规章等）、准则、程序和标准等，以及经验知识、技术原理，即关于如何做、做什么等知识。

（6）评价标准：成功与失败、实用与不实用、有效与无效。

（7）研究目的：最直接的目的是技术发明、技术创新、制度创新、体制创新和管理创新等，最终目的是满足人类的多种需要。而且，在一定时期，某些技术知识以专利形式而具有私有性，但从根本上，也会转变为公有性。

（8）社会功能：①首先，直接对经济发展起着推动作用；②对社会发展产生深刻的影响，特别是使人们的生活方式发生巨大的变化，以致会引起社会的变迁；③给政治、法律、国际关系等带来重大的影响；④对国家安全，特别是新军事革命，起着决定性的作用；⑤在社会文化系统中形成技术文化。

（9）社会价值：从根本上判断，技术与科学一样，呈价值中性，而强调技术的两种属性，即既具有自然属性，又具有社会属性，同样是不正确的。只是在技术应用时，似“双刃剑”的两重性才因善恶的目的而显露出来。

（10）自组织与他组织融为一体的特性：技术系统是由表现为目的的输入要素、按程序进行的转换要素和最后表现为结果的输出要素所组成的有机整体。其中表现为目的的输入量变成系统外部的控制作用或强迫力，也就是他组织力，并通过转换和输出两个要素形成的自组织系统达到系统的目的。因此，技术系统是自组织系统与他组织系统相结合的系统。若将输入要素视作系统内部的序参量，则技术系统就变为自组织系统，就实现了将他组织系统转化为自组织系统来研究，并可进一步地实现他组织与自组织的相互转化。

#### 1.4.1.3 工程系统

（1）研究客体：人工自然系统，即给自然界打上了印记的人工系统，也可称为第二自然系统；社会系统，包括对社会制度、社会组织、社会文化的建构，形成最高层次的人工化系统；人工系统与自然系统重合和嵌套而构成的复合系统。

（2）工程活动主体：工程专家（工程家）、工程师、工人、投资者、设计师群体（总工程师、总设计师、总指挥等）、工程哲学家等，他们组成工程共同体和各类专业工程共同体，如各类工程协会等。

（3）建造方法：尽管建造的各项工程系统千差万别，但采用的方法总有共性，最主要的方法就是系统工程，或称为系统分析、系统方法。在方法论的意义上，这种发展比较充分、被广泛采用而有效的方法，相当于一般科学方法，即第二个层次或中间层次的方法。这种方法在自然工程系统（工业、农业、企业、能源、运输、生态环境等工程系统）和社会工程系统（经济、军事、智力开发、教育、发展战略制定等工程系统）中得到普遍应用，实际上是信息论、控制论、运筹学等在工程系统中的应用。

（4）工程起点：始于用户各类需求而制定的计划，包括个人、集团、不同国家等各自的多种需求而形成各类计划。

（5）建造结果：人工建造的物质性客体和精神性客体，前者包括已形成的种类繁多、各自特殊、非重复性（区别于生产）的物质性工程，如缺路工程、桥梁工程、加速器工程、登月工程；而后者包括许多社会工程，如各类社会组织、社会制度、法律制度。

（6）评价标准：成功与失败、基本成功与部分失误、实用与不实用、有效与无效、可行与不可行、正常运行与不能运行。

（7）目的或目标：如期地将研究客体转换成能满足不同用户需要的人工系

统（产物）。

（8）社会功能：①归根结底，人类的生存、发展、延续都只有依靠纷繁的工程系统才能实现。人类认识客观世界，其最终目的在于塑造人工世界或人工自然界，人类既生存在天然自然界，又生存在自己建造的自然界，或更直接地生存在人工自然界。②人类只有通过各类工程系统才能形成各类产业，从而发展生产，最终变成物质财富和精神财富。

（9）社会价值：从本源上判断，工程系统的价值与科学系统、技术系统的价值不同。一方面，它从一开始就在应用科学和技术，从而不具有价值中性，即具有“双刃剑”的两重性，这取决于工程系统计划的目的性，是有益于或有害于使用者或功能对象；另一方面，即使从善意的计划开始，因人类理性的局限，当下无法预见结果，从而可能导致恶果。因此，在总体上，工程系统福祸并存：有些是福祸均等；有些则是祸大于福，它们往往是人们充斥着贪婪欲望的任意膨胀，误判自己力量的无限性，可以剥夺、主宰自然界，导致精神迷失，最终引起天灾与人祸；大多数还是福大于祸，为人类带来巨大的正价值，特别是自 20 世纪下半叶以来，人类从祸中反思，有了新的觉醒，进而确立起新的工程观，“首先，转变与自然的关系，自觉寻求人与自然的和解。从思想上来看，必须把自然对人的他在（外在）性的对待关系转变为内在性的属我关系：认识自然界不仅‘是人的精神的无机界’，而且‘是人的无机的身体’”[①]。

（10）自组织系统与他组织系统相结合的典型系统：工程系统必然是自组织系统与他组织系统相统一的人工系统。在任何工程系统中，系统诸要素内在的自组织行为与外在的他组织控制作用，两者不可或缺，前者必须通过后者才能涌现出来，而后者必须通过前者才能起作用。在动态系统理论中，可用动力学非齐次方程描述他组织力的存在，即用驱动项或强迫力表示外在作用力。

### 1.4.2 相互联系

科学系统、技术系统、工程系统三者既有显著的区别，又有密切的联系。三者有区别，这是联系的前提；若三者之间不存在区别，就没有必要存在相互联系。因此，联系就在于三者之间的相互依赖、相互制约、相互渗透和相互转化。虽然三者之间都存在联系，但是其联系的程度却存在差异：科学系统与技术系统之间的联系更为直接和密切，而与工程系统的联系变为间接并且不十分紧密；工程系统与技术系统之间的联系更为直接和密切，而与科学系统的联系变得间接和不十分紧密；从技术系统出发，与科学系统、工程系统的联系均直

① 张秀华. 工程的“罪”与“罚”. 科学时报，2005-10-14.

接且密切。由此可见，技术系统突现出中介或桥梁作用，将一端的科学系统与另一端的工程系统连接起来，形成一个三联体。实际上，这个三联体之间的相互关系是十分复杂的。若建立数学模型，这个三联体就变成类似天体力学中的二体问题和三体问题，而三体问题是迄今尚未解决的难题。同样地，说清科学系统、技术系统和工程系统三者的关系更是复杂的难题。不过我们从历史演化视角，还是可以辨析它们之间的联系：从满足人类生存的关系而论，首当其冲的自然是工程，因而发端于工程，随后才演化出各类技术，再出现科学；从实践论和认识论视角，也是先有实践活动，再产生与经验知识相关的各类技术，再上升到与理论知识相关的科学。因此，就历史演化结构的联系而言：工程→技术→科学。接着，演化中又出现了转折点，人类的理性认识呈加速度发展的趋势，以至在工业时代，特别是在 19 世纪中叶，技术与科学（含自然科学和社会科学等）的关系变得密切起来了，如果说，在此前是科学更多地得益于技术，此后便是技术更多地得益于科学。科学与技术的关系是在历史演化中不断地发生变化的，以至出现了技术科学化、科学技术化，它们之间要素的交集也在不断地增多，乃至出现了科学技术一体化的趋势，科学与技术的交叉也出现了，而且交叉跨度在不断地增大，交叉方式也复杂化了。迄今，现代科学、现代技术和现代工程都已进入知业时代，从历史演化的趋势，我们越来越洞察到，工程越来越起着文化整合的作用，显示出的逻辑结构是：科学→技术→工程。这表明，科学、技术的涌流汇入了工程的海洋。在这里，科学要素、技术要素和工程要素都汇聚成庞大的“水体”。

总体上，工程既是源又是汇，技术和科学是从源头衍生出的千万条江河，最终都融入工程海洋，如下所示。

工程系统 ⇄ 技术系统 ⇄ 科学系统

## 1.5　工程系统论与系统工程学的区别

系统是广泛地存在于自然界、社会和思维之中的普遍现象。采用现代科学思维方式，运用现代科学方法研究一切系统形成的普遍原理，被称为一般系统理论。我们运用一般系统的概念、理论和观点，从普遍存在的种类纷繁的系统中，抽象出复杂的科学系统、技术系统、工程系统和知识系统，将其作为研究对象，研究其组成要素、结构、功能、进化和环境等，得出一些规律性的认识，从而形成特殊的系统论，称为科学系统论、技术系统论、工程系统论和知识系统论。

### 1.5.1 一般工程系统论

实际上，工程系统论研究一般工程系统，并不研究各类别的专门的工程系统。因此，它是一般工程系统论。

我们建立的工程系统论是适用于各类专门工程系统的普遍理论。一般工程系统通过管理起着他组织作用，将系统要素价值、科学和技术组织起来，形成特定的结构，从而对社会环境产生特定的功能，最终达到满足人类多种需求的目标。因此，工程系统论主要是论及自组织系统与他组织系统相结合的系统理论，即人工系统理论。

### 1.5.2 系统工程学

目前存在的几种系统工程学都属于系统科学本身的层次结构中的第四层次——工程技术。系统科学含有四个层次：①系统科学哲学（系统观）；②系统科学的基础科学（系统学）；③系统科学的技术科学（应用科学，如信息论、控制论、运筹学等）；④系统科学的工程技术——系统工程、控制工程、信息工程等。

系统工程学是一般工程学如工业工程学等的发展，是在一般工程中应用系统方法以求实现系统最优化的一门科学，主要是适应大系统的优化而发展起来的理论，有人称大系统理论为第三代控制论。

目前对系统工程与系统工程学尚无一致的合理的定义，有时将二者混为一体。例如将系统工程理解为组织管理技术、工程技术和方法，也有将系统工程、系统方法、系统分析视作同义语的。

# 2 工程系统的结构、环境与功能

苗东升

现实存在的工程都是具体的，我们把一个个具体的工程称为工程个体，或个体工程。本章只考察个体工程，不涉及一个社会的所有具体工程之集合，即全体工程。每个个体工程都是系统，作为系统的个体工程都是特殊的，须通过考察各自特定的要素、结构、环境、功能来认识这些系统的特性。但特殊性中有一般性，作为工程系统论的基础知识，本章拟通过对大量个体工程的概括，对工程作为系统的要素、结构、环境、功能进行一般性的阐述。

## 2.1 工程系统的结构

### 2.1.1 工程系统的结构概念

严格来说，系统分析中讲的要素和结构是两个紧密联系而又不同的概念，要素仅指系统的基本的或主要的组成部分（硬要素）或构成因素（软要素），结构仅指要素之间的联系方式的总和。在有些情况下，可以把系统要素的划分与要素之间关联方式的总和一起当作结构。本篇采用后一种处理方法。

最早把工程当成系统来考察的是系统工程学者。所谓系统工程，就是按照系统科学的原理和方法组织管理工程活动的科学思想和技术。系统工程中著名的霍尔三维结构也适用于一般工程系统，凡工程均可按照时间维、逻辑维、知识维分别考察其结构。国内最早提出工程系统论概念的是王连成，他把工程系统论界定为“以一般系统论为指导的工程理论”①。工程系统的要素划分有多种可能方案。王连成的专著《工程系统论》只讨论了工程系统的要素划分，列出了八种要素，没有明确提出和讨论工程系统的结构问题。但该书关于工程对象系统、工程过程系统、工程技术系统、工程管理系统、工程组织系统和工程支持系统的划分，蕴含工程系统的一种结构分析方案。钱学森则认为，工程作

① 王连成. 工程系统论. 北京：中国宇航出版社，2002：10.

为系统有六个基本要素，即“人、物资、设备、财、任务和信息这六个要素，都要满足一定的制约”①。他们的共同点是注重从工程这种社会现象中的人的活动和物的流动来考察工程的系统性。本篇则试图尽量撇开人的活动和物的流动，把工程理解为知识的集合体及其相互联系和演变，着眼于知识的运用、流动、组织、管理来考察工程的系统性。我们认为，具体的工程千万差别，工程系统论必须撇开工程的各种具体特性，只考察一般意义上的工程，揭示那些适用于一切工程的系统原理。本章的任务就是对一般工程系统的要素、结构、环境和功能进行分析。

较为大型的复杂的工程系统需要从不同维度划分要素，以便多侧面地了解工程作为系统的特征。系统结构分析的一条原则是，按照不同维度划分出来的要素应当分别讨论，不可并列起来，否则将造成概念混乱。王连成认为，工程系统由用户、目标、资源、行动者、方法与技术、过程、时间和活动八种要素构成，把工程系统定义为由这八种要素共存于一个工程框架内而形成的相干整体。这样处理就有概念混淆之虞。其一，客户（用户）不是工程系统的构成要素，而是它的环境要素。更确切地说，客户属于工程系统外在的功能对象。其二，包含于行动者中的供货商也不是工程系统的要素，而是与系统关系密切的环境要素。其三，过程和活动都是在时间维中描述系统的概念，但二者属于不同的层次：过程是由一系列活动构成的，在工程全过程和工程活动之间通常还有不同层次的工程子过程；活动则是最低一级子过程的要素，即整个工程系统的最小要素，具有不可再分性。

下面分别从知识结构、过程结构、信息结构和价值结构来考察一般工程系统的结构。

### 2.1.2 工程系统的知识结构

前面已经指出工程系统的四个基本要素，即价值、科学、技术和管理。这是按知识维给出的工程系统的要素划分。这四个基本要素在工程系统中的不同作用及相互关系的总和，就是工程系统的知识结构。

#### 2.1.2.1 价值

价值观既是意识形态，也是一种知识形态的存在。但在人类的知识总体系中，价值观念属于高层次的理性因素，有别于一般形态的知识。本篇不大讲价值知识，主要讲价值观念，意在强调它比其他三种知识更具有意识性、更少操

① 钱学森等. 论系统工程（增订本）. 长沙：湖南科学技术出版社，1982：15.

作性。科学系统中已有价值观念的作用，“科学系统论”篇第 2.1.1 节讲的基旨维，即科学活动中不可忽视的信念、预想等因素，实际上也属于价值观念。在技术系统中，价值观念进一步上升为重要因素，“技术系统论”一篇已有所涉及；但唯有在工程系统中，价值观念才取得支配地位。一切工程活动都是在价值观念的驱使下启动和展开的，并贯穿于工程系统的每个步骤和环节中。

#### 2.1.2.2 科学

一种观点认为，科学只能以技术为中介进入工程，因而不是工程系统的独立要素。的确，大量科学知识通过技术知识进入工程系统，通过技术要素中的科学含量对工程发挥作用，这类科学知识不是工程系统的独立要素。但在近现代工程中，科学知识越来越多地直接进入工程活动，逐步成为工程系统中有别于技术知识的独立构成要素之一。在中国的两弹研制工程中，著名的原子物理学家群体的理论研究起了决定性作用，他们的工作当然与工程的技术实现密切联系着，属于应用科学的理论研究，但毕竟是科学原理方面的研究，不能划归技术范畴。复杂控制工程的原理设计和试验研究中必须应用控制论原理，也是科学知识直接进入工程的事例。工程的技术实现中常会碰到瓶颈问题，有些瓶颈只需技术创新即可突破，有些瓶颈必须靠科学理论创新才能突破。一般来说，越是具有创新性的工程，越需要更多地求助于科学理论知识。

#### 2.1.2.3 技术

在工程系统的四要素中，技术占有最突出的地位。如果说凡改变环境的行为都是工程，那么，高等动物都有工程活动，其差别在于人类的工程活动一开始就或多或少地带有技术的因素或成分，动物的工程活动则没有技术因素，仅仅是一种本能活动。近代社会以来，一项工程可以没有科学知识的独立参与，但在工程的每一步上或每个环节中都不能没有技术知识的参与，而且技术成为工程品质高低的决定性要素。创新工程必定有技术的创新，且主要表现为技术创新，工程作为系统的进化主要得益于技术的进化。

#### 2.1.2.4 管理

凡工程都有管理，而且管理贯穿于工程活动的始终。作为个体劳动的简单工程已有管理，即不同事项或工序的安排，只不过工程管理者与工程操作者没有明确区分开来。多人分工合作从事的工程必有专职的管理，大型的复杂工程必有专职管理者群体，由他们组成工程系统的一个重要子系统，即工程系统自身内在的调控子系统。在以团队为主体的工程系统中，每个成员都承担一定的管理工作，至少要对自己职责范围的不同活动、工序做事前安排和事后检查，跟有关方面进行衔接、协调，这些都属于管理。这就使管理成为工程系统与生俱来的另一基本构成要素。知识包括理论知识、技术知识和经验知识三种形态。科学、技术、管理三要素互有交集，在现代科学技术中，管理理论既属于科学，也属于管理；管理技术（核心是系统工程）既属于技术，也属于管理。在本篇中，我们把管理理论、管理技术、管理经验和管理智慧都划归工程系统的管理要素（管理作为子系统的构成要素）。在没有管理科学和管理技术的时代，工程管理完全靠经验、艺术和智慧，在有了管理科学和管理技术的今天以及今后，管理经验、管理艺术、管理智慧仍然是不可或缺的，复杂工程尤其如此。正因为这样，管理才是工程系统的独立要素之一，不宜把它划归于前两个要素中。

在工程系统的四要素中，价值观念是软要素，其余主要是硬要素。在三种硬要素中，科学知识和技术知识是系统的构材件，即建筑砖块；管理知识则是组织件，即连接件或黏合剂，其功能是把不同构件组织整合在一起，形成系统整体。从知识运动的角度来看，一项工程从开始到结束的全过程所要完成的工作，一是从外在于工程的科学系统、技术系统和文化系统中选择所需知识，二是把选择出来的大量分散无序的知识组织、整合成一个高度有序的系统，以实现该工程系统的价值追求。尽管价值观念在工程系统中的作用常常是隐蔽的或潜在的，但决定选择哪些知识的深层依据是价值观念，工程的价值目标不仅从根本上限定了哪些知识是本工程所必需的，而且也规定了哪些知识是本工程不必或不得使用的，宗教信仰、伦理道德、政治立场的限制尤其明显。负责对所需知识进行整合与组织的是管理，工程系统实际上是通过对理论分析、技术设计、施工操作的组织管理而实现对分散无序的知识进行整合、组织的。工程的价值理念和追求也主要是通过组织管理才得以贯彻落实的。一般系统论的创立者贝塔朗菲指出，系统演化有一种中心化趋势，众多要素中逐渐分化出一个主导要素，它能够影响和支配所有的其他要素和系统整体①。管理就是工程作为系统的主导要素，存在专职的管理者乃是工程系统进化的结果，是工程作为典型的他组织系统的重要标志之一。

如果把工程系统看作一种网络，那么，网络的节点是各种各样的科学知识和技术知识，网络连线则是价值观念和管理知识。但管理知识起的是显在的连接作用，原则上可以用几何形式直观地表示出来；价值观念起的是潜在的（隐蔽的）连接作用，无法直观表示。基于以上分析，可以把工程系统定义为四要

① 冯·贝塔朗菲. 一般系统论：基础、发展和应用. 林康义，魏宏森，等译. 北京：清华大学出版社，1987：66-68.

素（3.2.1）或用框图表示为图 3.2.1。鉴于有些要素相互作用的两个方向具有显著的不对称性，忽略其弱作用方向，表示为单箭头；实线表示显在的作用，虚线表示潜在的作用。

$$工程系统=\{价值，科学，技术，管理\} \quad (3.2.1)$$

四要素在工程系统中的不同功用可简要表述为：价值决定工程的目的性，科学决定工程的合理性，技术决定工程的可行性，管理决定工程的有效性。

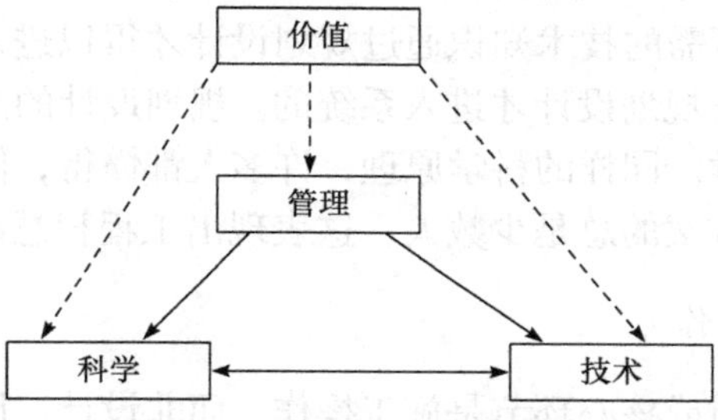


图 3.2.1　工程系统的知识结构

## 2.1.3　工程系统的过程结构

工程活动的展开表现为一个不可逆的行为过程，也是知识流动的过程，有明确的起点、中间点和终点，形成特定的过程结构。一项完整的工程由前后相继的四个环节构成，它们是：工程立项、规划设计、施工操作、评价验收。这四个环节也是一项完整的工程活动中所需知识的收集、选择、整合、组织、创新的四种形式，或前后相继的四个知识集群。我们从知识运动的角度来讨论这四个环节的分工和关联，即工程系统的过程结构。

### 2.1.3.1　工程立项

科学源于问题，工程源于需求。但需求是客户（确定的或可能的）提出来的，客户既然不是工程系统的内在组成部分，需求也就不是工程的起点，而是推动工程系统运转的外部动力源①。或者说，需求是连接环境和系统的界面，只有把客户的需求表述为工程项目，并且用经过认证的合同或契约确定下来，才算进入工程系统的边界以内。所以，立项是工程的真正起点。工程立项需要科学理论知识，越是具有重大创新性的工程立项，越需要新颖而深刻的科学理论知识，并且要善于把科学理论知识转变为工程设想，关键的知识是工程智慧，

① 客户需求是工程系统的外在组织力，工程的整体目标是由客户需求决定的，这从另一角度表明工程系统是典型的他组织。

而非一般知识。科学保证立项的正确性，技术保证立项的可行性，工程立项应用的主要是技术知识，技术上是否可行乃是能否立项必须考虑的关键因素。

2.1.3.2　规划设计

在四大环节中，知识密集度最高的是规划设计，对工程的品质起“灵魂”的作用，一项工程系统的特色和创新性主要取决于规划设计。如果设计方案是平庸的，无论施工操作多么完美，产品必定是平庸的。规划设计本身是一种技术活动，工程系统所需的技术知识通过规划设计才得以进入系统，而所需的科学知识也主要是通过规划设计才进入系统的。规划设计的高低优劣主要取决于工程智慧和工程科学。同样的科学原理，许多人都懂得，但最先把它转变为工程设计思想和具体方案的总是少数人，这表现出工程智慧高低的显著差别。

2.1.3.3　施工操作

工程活动的本质或核心环节是施工操作，而非设计。设计给出的只是观念形态的产品，再好的设计如果不付诸施工，也不过是纸上谈兵，真正的工程并未开始，还算不上工程系统。从知识结构来看，构成施工阶段的要素主要是技术知识和管理知识，科学知识在施工中基本是通过技术知识发挥作用的。进入工程系统的是所谓的现场技术，包含相互衔接的两部分，一是一般技术知识，或前工艺技术知识，二是工艺知识。在规划设计阶段发挥作用的主要是前工艺技术知识，在施工操作阶段发挥作用的主要是工艺知识。管理知识作为工程系统的构成要素，在每个阶段都发挥作用，贯穿于工程过程的始终，但管理知识的决定性作用是在施工中发挥的。

2.1.3.4　评价验收

此一环节是把工程主体和客户联系起来的另一界面，价值观念通过它重新由潜在因素上升为显在因素，发挥导向作用。但在评价验收中起决定性作用的是技术知识，关键是对工程的品质、性能作出技术上的评论判断，而科学知识和管理知识退居后面。

上述讨论可用图 3.2.2 表示，或者用图 3.2.3 表示。

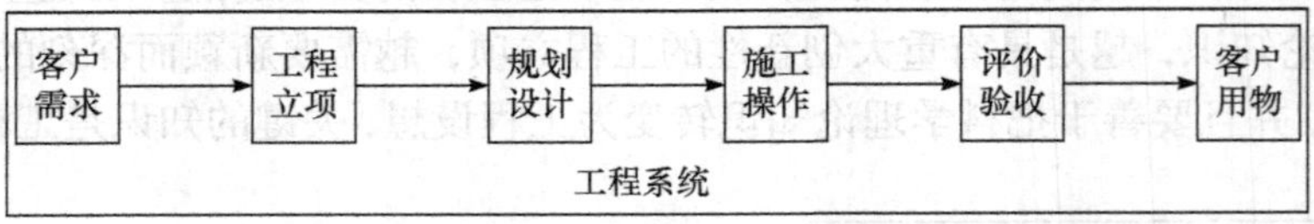


图 3.2.2　工程系统的过程结构（一）

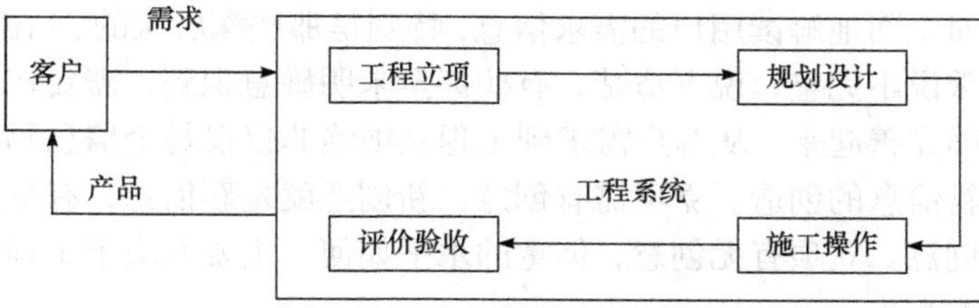


图 3.2.3　工程系统的过程结构（二）

如果把工程活动表示为点，把不同活动之间的联系及其方向用有向线段联系起来，就形成一种具有拓扑特性的网络结构，一种工程展开的路径图。系统工程指明，在一项工程的大量不同的行动路径中，必有一条是关键路径。理清路径图的结构，区分关键路径和非关键路径，抓住抓好关键路径，才能保证整个工程顺利完成。

过程结构往往也是逻辑结构，不同子过程之间、不同活动之间的因果关系，或不可逆的时间顺序，都是逻辑关系。

## 2.1.4　工程系统的信息结构

系统论认为，信息是系统的组织力，通信是系统的黏合剂，系统的诸多部分通过信息的交流变换组织成为一个整体。这一观点完全适用于工程系统。工程系统既有客户和工程主体（承包者）之间的通信，也有设计者与施工者之间、不同施工者之间的通信，以及施工者与管理者之间的通信。工程活动中的信息联系和运动不止通信一种方式。我们把有关信息的各种操作，包括信息的获取、表示、固定、编码、译码、加工处理、传送、转录、翻译、存储、提取、通信、控制、消除等，统称为信息作业。这些作业都出现在工程活动中，工程立项、规划设计、施工操作、评价验收代表四个不同的信息作业群，整个工程过程就是各种复杂信息作业的集成体。有信息作业，就可能有新信息的产生，每项工程都产生自己独有的信息。工程活动各部分之间的信息联系和信息运动的方式，亦即工程活动中不同环节之间的信息关系的总和，包括各种信息作业的管理，统称为工程系统的信息结构。下面着重从信息的产生、联系和运动的角度来解释图 3.2.2 所示的工程系统的过程结构(一)。

### 2.1.4.1　工程立项

工程立项是客户和工程主体之间的直接通信过程，是把客户需求这种工程系统的外在信息转变为其内在信息的第一站。客户的需求信息一般是用非工程语言表达的，工程立项就是用工程语言编码表达客户的需求信息。这里的基本要求是准确而全面地解读用户的需求信息，特别是那些深层次的、精微的信息，客户自己常常说不完整，说不清楚，有些甚至未明确意识到，需要在工程主体的帮助下明确完善起来。从客户需求到工程立项绝非仅仅是个信息码符的翻译问题，还有新信息的创造。立项需有创意，新创意就是新信息，有重大创新的工程必有大创意。立项有无创意，创意的水平如何，主要取决于工程主体的科学素养和技术水平。

2.1.4.2　规划设计

工程立项是用最精练的工程语言给客户需求以总体的、概括的编码表述，把客户需求这种工程系统的外在信息转变为其内在信息的决定性环节是规划设计，它的任务是用工程主体的专业语言创建观念形态（信息形态）的工程产品。挖掘工程项目内在的深层信息，也就是选择适当的科学技术知识（信息），以建构一个符合客户需求的观念形态的存在物。所谓工程创意最集中地体现在规划设计中。规划设计主要是工程主体内部的信息作业，把立项中的价值承诺转变为技术承诺，去指导和约束施工环节的信息作业。工程进入规划设计环节后，价值观念开始潜入工程活动的深层结构中，只通过表层的技术承诺发挥作用。大型复杂工程的规划设计者常常需要同客户继续进行对话，反复交流，反复修改设计，以保证把客户的需求信息用具有可操作性的工程语言完整、准确、详尽地表达出来。

2.1.4.3　施工操作

施工操作基本上是设计方与施工方之间、不同施工部门之间、管理者与操作者之间、施工者与施工对象之间的通信过程，目标是把信息形态的技术承诺准确而全面地转变为可以实际测试的技术性能，把观念形态的建构变成实际形态的产品。

2.1.4.4　评价验收

工程评价是借用产品的性能指标这种特殊语言进行的信息活动，并把它翻译成客户可接受的语言，相当于通信过程的译码活动。

香农提出了著名的通信系统模型，由信源、编码、信道、译码、信宿和噪声六大环节组成，如图 3.2.4 所示。如果把客户作为一身二任的信源和信宿，那么，工程立项可以比作通信系统的信源编码，规划设计可以比作信道编码，施工操作相当于信道，评价验收相当于译码，而工程从立项到产品验收的全过程中各种干扰、失误、曲折等就是工程系统难以避免的噪声输入。外在的科学技术系统相当于通用的信码符号系统和编码、译码理论，供编码和译码使用。信源编码的基本要求是编码表达的有效性，信道编码的基本要求是在信道中传输码符的可行性和可靠性，作为通信系统的工程活动亦如此。

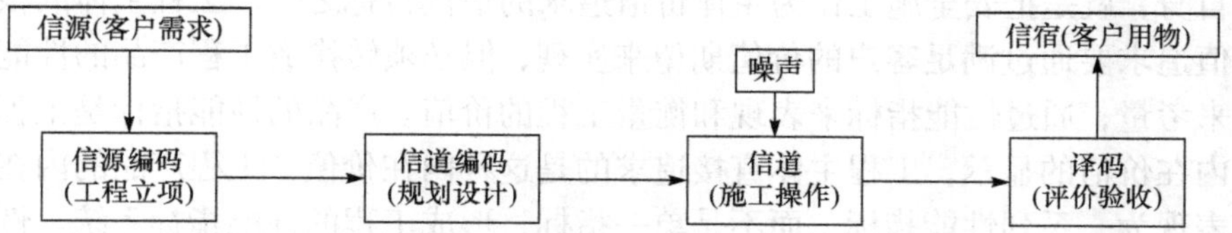


图 3.2.4 工程系统的信息结构

无论市场经济倡导的客户是上帝理念，还是社会主义倡导的为人民服务理念，都要求工程主体与客户之间进行发自内心的通信，从而达到深层次的相互沟通、相互理解，特别是工程主体应设身处地为客户着想，急客户之所急，最大限度地满足客户需求。

### 2.1.5 工程系统的价值结构

工程的总目标是客户和工程主体相互配合以实现客户的特定价值追求（价值期望），其起点是把客户的价值追求内化，再随着工程的展开变换和传递，并在工程结束时重新外化，形成某种价值流。立项是客户的价值观与工程主体的价值观在碰撞中融合的过程，任务是把客户的价值追求转变为工程主体的价值承诺。规划设计的任务是把立项中的价值承诺转变为技术承诺，去指导和约束施工环节的信息作业。工程进入规划设计环节后，价值观念开始潜入工程系统的深层结构中，主要通过表层的工程主体的技术承诺发挥作用。施工操作阶段的任务是把信息形态的技术承诺转变为实在的可以检测的技术性能，客户的价值追求潜藏于更深的层次，信息作业借助于技术性能的语言进行。客户的价值追求在评价验收阶段重新浮现出来，确定客户的价值期望是否实现。显然，工程过程中价值观念的运动呈现出否定之否定的螺旋上升的辩证结构，如图 3.2.5 所示。

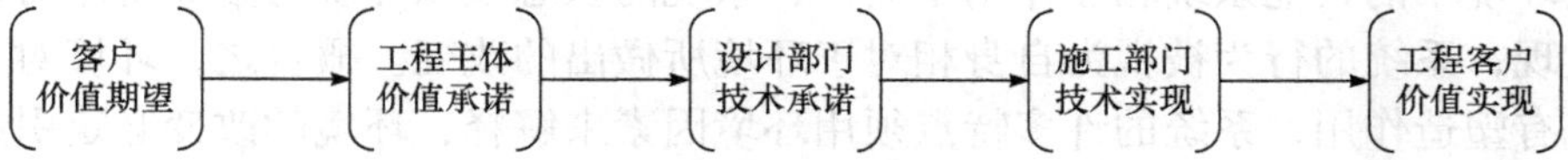


图 3.2.5 工程系统的价值结构

工程系统以客户的价值观念为导向，却是以工程主体的内在价值追求为载体而体现的。首先，工程作为过程有其内在的价值追求，即工程的有效性、时效性、快速性、安全性、经济性、审美性等，它们同客户的价值追求未必都有直接联系。例如，客户无须考虑施工者的安全保证，但施工单位若不考虑安全保证，则其自身的价值追求便无从谈起。工程必须以人为本，这体现在工程主体自身，就是把安全施工作为主体价值追求的最低目标之一。工程主体的核心价值追求要通过满足客户的价值期望来实现，但必须转换成工程产品的性能指标来考量，通过性能指标来表现和衡量工程的价值。产品的性能指标是工程系统内在价值的显示，工程主体直接追求的是这种内在价值。工程产品的内在价值表现为一系列性能指标，而不是单一指标，形成工程的性能指标系统。性能指标是价值观念的显在表现。价值观念还有其潜在的表现，尤其是那些由个人偏好、群体文化、政治倾向和宗教信仰决定的价值观念。

工程作为过程系统，由价值流动和知识流动（此处仅指科学、技术、管理知识）两个子过程交织而成，实现价值是目标，运用知识是手段。工程各环节中的知识流动还包含知识的收集、选择、整合、更新和创造，知识流动承载价值流动，价值流动主导和支配知识流动，当且仅当价值流动到达终点（实现工程目标）时，知识流动才能终止。

## 2.2 工程系统的环境

### 2.2.1 工程系统的环境概念

系统外跟系统有关联的存在物的总和，称为系统的环境。凡系统都有环境，系统跟它的环境密不可分。系统的形成、维持和发展需要从环境中获取资源，包括物质、能量、信息、时空条件等一切有利于系统生存发展的东西；同时，系统不可避免要承受来自环境的制约，包括干扰、限制、压力，甚至威胁、破坏等。环境就是系统可能得到的种种资源和承受的种种制约的总和。系统的要素是从环境中经过选择、分离、改造、聚集而形成的，系统的结构是在环境的支持和制约下建构和维持的，系统的运行须以环境为舞台，在与同环境中的其他系统相互作用中展开，系统的状态须以环境为参照物才得以显现，系统的行为被视为自身相对于环境所做出的改变。概言之，环境对系统有塑造作用，系统的许多特点须用环境因素来解释，环境的改变必定引起系统的相应改变。

工程系统的环境应划分为科技环境、文化环境、社会环境和自然环境四类，可以简略地表示为图 3.2.6。注意，四类环境之间的层次嵌套关系没有图中所示的那样严格确定，外层环境并非一定要经过内层环境才能对工程发生作用。

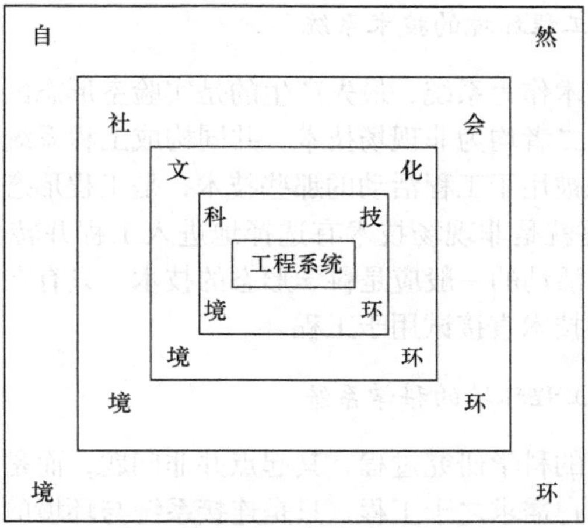


图 3.2.6 工程系统的四重环境

## 2.2.2 工程系统的科技环境

无论作为知识体系，还是作为社会活动或社会建制，科学都是独立于工程的一种系统存在，把科学系统作为工程系统的环境是没有分歧的。工程与技术之间特殊、密切的联系使人们长期以来把二者混为一谈，看不见技术也是独立于工程系统的一种存在物。在国内，陈昌曙①、李伯聪②最先明确指出，技术和工程有性质上的区别，提出科学、技术、工程三元论，阐明应把技术也看成工程系统的环境。鉴于科学与技术的密切关系，我们把二者合称为工程系统的科技环境。对于工程系统知识维的两种构材要素——科学知识和技术知识，以及作为组织要素的管理知识中的管理原理和管理技术，必须从工程系统之外的科学系统和技术系统中选择、吸取，当作系统的零部件，在设计和施工过程中按照立项目标所确定的价值标准进行加工、整合、组织，最后凝结于工程系统的产品中。科技发展水平总体上决定工程水平，现代社会尤其如此。如果没有原子物理学，就不会有核电站工程；如果没有分子生物学，就不会有基因工程；如果没有集成电路技术，就不会有电脑制造的工程；如果没有思维科学，就不可能提出思维工程的概念。具有重大创新性的工程必定有其科学技术的源头，愈向未来，科技环境对工程的影响愈大。

① 陈昌曙. 重视工程、工程技术与工程家//刘则渊，王续琨. 工程 · 技术 · 哲学——2001 年技术哲学研究年鉴. 大连：大连理工大学出版社，2002：27-34.

② 李伯聪. 工程哲学引论——我造物故我在. 郑州：大象出版社，2002：3-12.

#### 2.2.2.1 作为工程环境的技术系统

知识形态的技术作为系统，最先产生的是实验室形态的技术，然后发展为科学形态的技术，二者均为非现场技术，共同构成工程系统的技术环境。根据工程需要选择出来被用于工程活动的那些技术，是工程形态的技术，又称为现场技术。工程过程就是非现场技术有选择地进入工程并转化为现场技术的过程。能够进入工程活动的一般应是科学形态的技术，只有在某些特殊情况下才允许实验室形态的技术直接试用于工程。

#### 2.2.2.2 作为工程环境的科学系统

作为知识创新的科学研究过程，其起点并非问题，而是假说或假设。问题之于科学相当于客户需求之于工程，只是连接系统与环境的界面。假设的提出以及处于逻辑论证和实验检验阶段的研究成果是实验室形态的科学，经过逻辑论证和实验检验而被科学共同体接受了的研究成果，是成熟形态的科学。在通常情况下，实验室形态的科学一律不得进入工程，进入工程的只能是成熟形态的科学。成熟形态的科学又分两个层次，即基础科学和应用科学（钱学森称之为技术科学）。进入工程的只能是应用科学，一种还停留在基础研究层次的科学新理论是不可能直接转化为工程可用的现场科学的。

### 2.2.3 工程系统的文化环境

粗略地说，人类的文化系统由两大子系统组成：一是科技文化，即科学技术活动及其产品所携带的文化信息；二是人文文化，即人文社会活动及其产品所携带的文化信息，包括文艺素养、历史知识、哲学观念、伦理道德、法律意识、宗教信仰等。文化是一种社会化的信息存在，或信息形态的社会存在，因空间、时间、历史等条件的不同而形成不同的地域文化、民俗文化、民族文化、宗教文化等，总称为人文文化，对工程活动有着不可低估的影响。信息离不开物质载体，人文社会信息的载体有三种基本形式，即器物载体、制度载体和符号载体；相应地，人文文化有三种基本形态，即器物文化、制度文化和符号文化。上面讨论的是科技文化对工程系统的塑造，现在从三方面讨论人文文化对工程系统的塑造。

#### 2.2.3.1 工程系统的器物文化环境

人造器物本身不是文化，所谓器物文化指一切由人造器件或物品所载带的文化，器物只是文化这种信息的载体。现有器物都是已经完成的工程的产品，其中凝结着那个时代已掌握的工程化了的种种知识，也间接反映非工程化的知识水平。一项新工程，从客户需求到工程立项，到规划设计，再到施工操作，甚至评价验收，都是比照若干现有器物进行的，目的是从中吸收可用知识，确立本工程的参照系。杜牧诗云："折戟沉沙铁未销，自将磨洗认前朝。"前朝制造的战戟盛载着当时社会的多方面信息，即使折毁而长期沉没于泥沙中，只要尚未销毁，经过仔细辨认，即可提取出来。确切地说，器物文化首先是科技文化，但也有人文文化。未销毁的折戟既包含前朝的科技（材料技术、制造技术、工艺及其科学原理）信息，也包含当时的军事、政治、文化等人文信息，两者很难截然分开。人们在比照既有器物而设计创造新工程时，首先关注的是科技知识，同时也自觉或不自觉地吸收其中的人文信息。如果把已完成的和正在进行的工程之全体当成一个集合，那么，这个集合所载带的科技信息和人文信息构成每个正在进行的具体工程系统最切近的文化环境，人们在工程活动中通过对既有器物所蕴含的文化信息的分离、选择、重组、集成、改造，最后达成该工程的自主创新。所以，不论多么新颖的工程，工程主体都需要向既有的器物文化吸收营养。

#### 2.2.3.2 工程系统的制度文化环境

社会作为系统，其核心结构是它的各种制度，包括经济制度、政治制度、法律制度、教育制度、文艺制度等。制度既是可以直接感受的社会实在，也是文化信息的重要载体。以社会制度为载体的文化，称为制度文化。制度文化对工程系统的影响在工程立项、规划设计、施工操作、评价验收四大环节中都有不可忽视的表现。具体工程系统是在社会大系统中运行的，工程管理作为工程系统的组织件，不过是环境大系统的组织件，即社会制度的一种具体化、境域化的表现形式。一种社会或一个历史时期的制度文化，归根结底决定那个社会或那个时期的工程的组织管理方式。这就要求工程主体必须熟悉社会制度的方方面面，善于适应、驾驭和利用制度文化为工程开路，把工程必须接受的外在制度的制约转化为工程系统的内在要素，以便建立工程系统自身的规章制度和运行机制。

#### 2.2.3.3 工程系统的符号文化环境

我们把一切用文字、数字、图像等人工符号记录、表达、保存、传承的文化，以及由活人言语动作所表达和传承的文化，统称为符号文化，大体上就是波普尔"三个世界"理论中讲的"世界 3"。工程主体的内部文化通常称为企业文化，集中表现为工程活动的现场文化，主要来源于这种符号文化环境。

总之，尽管文化没有作为一个独立要素参与工程系统的建构，但文化的影响在工程系统中无处不在，无时不有。如果说工程主体的科技水平是工程系统的硬实力，那么，工程主体的文化素养就构成工程系统的软实力。随着人们由小康生活走向富裕生活，对工程产品的人文文化品位和含量的追求越来越大。

## 2.2.4 工程系统的社会环境

工程作为人类变革客观世界的活动，总是在一定的社会环境中进行。社会环境包括政治环境、经济环境、产业环境、消费环境、法律环境等，它们都在塑造工程系统的过程中发挥各自的独特作用。工程系统的成功建立在依靠、利用、适应社会环境的基础上，工程主体必须充分吸收有利的社会资源，削弱或避开不利的社会因素。

### 2.2.4.1 工程系统的工程环境

钱学森说："我们把极其复杂的研制对象称为'系统'，……这个'系统'本身又是它所从属的一个更大系统的组成部分。"①对于作为系统的研制对象而言，它所从属的那个更大系统是它最切近的环境。工程系统最直接的环境组分是客户、工程供货单位、工程的上级主管和监督部门等，它们因同一工程密切联系起来，工程的成败优劣跟它们有最直接的利害关联，一荣俱荣，一损俱损。工程系统连同这些社会部门一起构成一个如图 3.2.7 所示的工程大系统结构。工程主体必须努力驾驭这个更大的系统，善于运用它的系统性解决工程的各种问题。从时间维看，某一工程的工程环境由它的前行工程、后继工程、并列或交叉进行的其他工程共同组成，前行工程可能留下基础、储备、制约、问题、

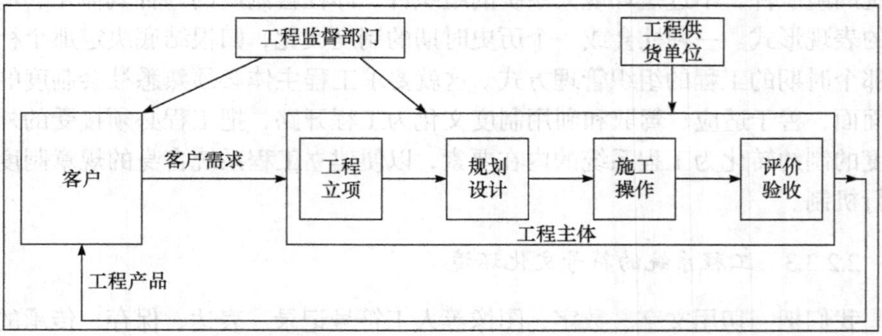


图 3.2.7 工程大系统结构

① 钱学森等. 论系统工程（增订本）. 长沙：湖南科学技术出版社，1982：10.

困境等，后继工程可能提出要求、限制、压力等，并列或交叉进行的其他工程与该工程形成竞争、合作、互补、制约等关系。这些方面都有其知识形态的表现，都会对该工程系统产生影响，工程主体必须充分了解、适应、利用、驾驭这个工程大环境。客户或为个人，或为群体，或为国家，或为国际组织，它们作为社会系统的组分都是工程系统的功能对象。

#### 2.2.4.2 工程系统的经济环境

工程需要经济资源，经济环境是工程的基础和后盾，此乃常识。但工程对经济环境的依赖不止于此。大量的工程是为经济发展进行的，经济考量主导工程全过程，贯穿于工程立项、规划设计、施工操作、评价验收诸环节中。经济知识是工程管理知识不可或缺的组成部分，经济头脑是工程智慧的重要源泉，即使社会工程、学习工程等也须讲究经济性。经济大环境对工程还有更深层次的影响。例如，计划经济体制下的工程与市场经济体制下的工程显然有不同的理念和行为规范。客户，特别是工程主体，都应当具有经济头脑，了解经济环境，追求经济价值。

#### 2.2.4.3 工程系统的政治环境

有社会就有政治，既然工程只能在社会中进行，它就与政治有天然的联系，直接或间接受到政治的影响。政治清明，鲜有“烂尾工程”；政治腐败，“烂尾工程”不断。社会政治决定工程活动离不开政策环境和舆论环境，遵守政策规范，接受舆论监督，用好政策武器和舆论武器，是工程顺利进行的必要条件。

#### 2.2.4.4 工程系统的法律环境

工程是通过一定的具有法律效力的契约或合同把客户、承包者、供应商等联成一体的。工程立项是工程主客体的法律对话过程，完成立项的标志是签署合同，工程由此进入法律的保护或惩治范围。客户与工程主体之间，工程主体的不同部分之间，工程主体与供货单位或监督部门之间，或多或少会有分歧、矛盾，甚至冲突。任何工程都把社会成员划分为受益者、非受益者和受害者（显在的或潜在的）三部分，而客户之外的受益者、非受益者和可能的受害者往往容易被忽视，但他们的存在以及对工程的应对行为迟早会反馈于工程系统，对工程的后续进展和产品质量产生影响。凡此种种，都需要靠法律来协调利益、解决问题、消除纠纷，以确保工程的顺利进行。法律知识是管理知识的必要组成部分，科学管理和依法管理不可偏废，甚至是相辅相成的。

### 2.2.5 工程系统的自然环境

环境的塑造作用直接影响系统的状态、特性、行为和功能。系统科学认定，系统的品性和功能既取决于自身要素和结构，也同其运行的环境有很大关系。即使系统的要素和结构均属上乘，但如果环境不适宜，系统也不能提供上等的功能输出。“橘生淮北则为枳”的古训说的就是这个道理。自然工程都是在自然环境中存续运行的，工程主体必须认真研究系统的自然环境，精心选择环境，以有利于客户享用工程产品预期的功能服务，避开有损产品功能发挥的环境。大量自然工程更是通过对自然环境的某些部分加以改造而建立的，自然界的某些山水生物等是这些工程系统的有机组成部分，整个工程系统又是大自然的有机组成部分，它们尤其需要考量自然环境的影响。我国古代兴建的都江堰水利工程是巧妙地利用岷江出山口的自然环境修建而成的惠民工程，现已运行了2200余年。它科学地解决了江水自动分流、排沙、控制灌溉需水量等，从而实现了自然造化与人类智慧的良好结合。

社会工程常常也需要考虑自然环境。希望工程是社会工程，但包括建筑校舍等硬件这样的自然工程。安居工程也是社会工程，其实质是通过修建民宅这种自然工程来达到改善居民生活进而实现安定和谐的社会目的。许多工程是改造自然和改造社会并存的复合工程，甚至学习工程等也涉及自然环境。可以说，绝大多数工程系统都受自然环境的制约，重视自然环境对工程的影响，是工程系统论的一条原则。

## 2.3 工程系统的功能

### 2.3.1 工程系统的功能概念

一个系统的环境是由该系统以外的其他系统或非系统存在物共同构成的，系统的存续、运行、演化必定作用于环境，支撑、影响、改变环境。从环境中获得资源，承受环境的压力，系统应对环境压力的行为，这一切都有改变和塑造环境的作用，改变就是塑造。所以，系统跟环境之间是一种互塑共生的关系，如图3.2.8所示。塑造不仅是相互的，而且有正负两个方向。广义地说，环境对系统生存发展的有利作用，是环境对系统的正面塑造，统称为环境对系统的输入激励；环境对系统生存发展的不利作用，是环境对系统的负面塑造，统称为环境对系统施加的压力；系统对环境生存发展的有利作用，是系统对环境的正面塑造，统称为系统对环境的功能输出；系统对环境生存发展的不利作用，是系统对环境的负面塑造，统称为系统对环境的污染。

迄今为止的系统科学只按照图 3.2.9 来描述系统与环境的关系，这样有很大片面性。环境对系统的负面塑造不能都归结为干扰，干扰一般指不确定的、作用时间短暂的外界负面因素，而环境一般还对系统施加长期起作用的负面影响，尤其环境中的敌对势力对系统的破坏性作用不能仅仅归结为干扰。环境对系统必有约束、限制作用，限制系统的自由发展属于负面塑造；但限制也是肯定，肯定也是限制，而肯定就是正面塑造，正所谓“没有规矩，不成方圆”。例如，河床对河流的约束是一种肯定和支撑作用，没有河床的约束，就不可能有今日地球上的任何一条河流。更为片面的是，系统科学迄今不考虑系统对环境的负面塑造，如污染环境、破坏生态平衡等。随着环境科学、生态科学的兴起，这种片面性已暴露无遗，系统科学必须做出必要的修正。工程系统论作为一个新学科，在开始建立时就应注意这一点，重视考察工程系统对环境的负面塑造。

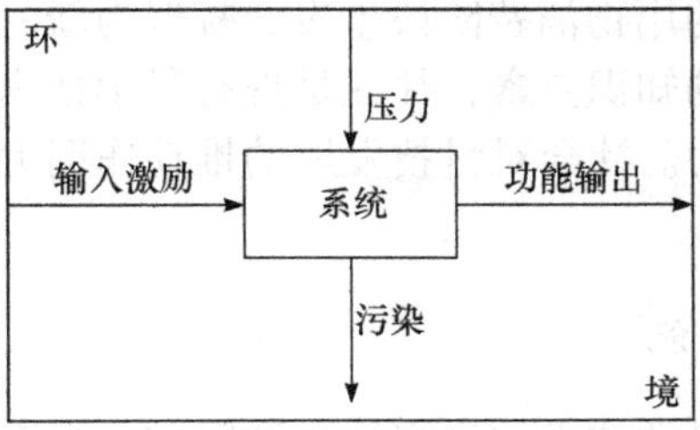


图 3.2.8 系统与环境的关系一

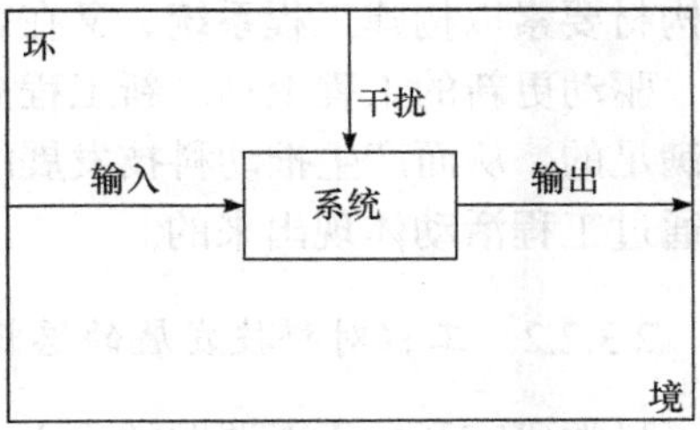


图 3.2.9 系统与环境的关系二

在系统科学中，功能是反映系统与环境关系、表征系统价值的概念。如果引入内环境概念，整系统（母系统）作为子系统的环境，还需要讨论要素或子系统对母系统的功能，不同要素或子系统对母系统提供不同的功能服务，各司其职，相互配合，共同支撑母系统的存续运行。这就是所谓系统的功能结构。但在通常意义上，系统科学着重考察的是系统的外环境，以及系统对外环境的功能。问题还在于，现在的系统科学讲的是狭义的功能概念，仅限于考察环境中确定（特别是由人设定）的功能对象，有利于该对象生存发展的作用才是系统的功能。例如发动机作为系统，功能对象是飞行器，功能输出是给飞行器提供推力；教师讲课的功能对象是学生，功能是对学生传道、授业、解惑；大学合并的功能目标是提高学校竞争力；希望工程的功能目标是帮助所有贫穷家庭的子女获得上学机会；等等。系统科学并不一般地讨论系统对其功能对象之外的其他事物以及整个环境的功能问题，这也是一种片面性。环境是由系统的功能对象和非功能对象共同组成的，前者数量极少，一般只有一个，后者却难计其数。系统对环境中非功能对象的存在物也可能有正面塑造作用，应当加以研究。本章坚持在外环境中讨论工程系统的广义功能问题，泛指系统给环境造成的一切变化、施加的各种影响、带来的所有后果，因而有正功能和负功能的区分。

## 2.3.2 工程系统的科技功能

依据系统与环境的互塑共生原理，科学技术既然是工程系统的环境，必然受到工程活动的反作用，工程系统具有影响和促进科学技术发展的重要功能。它表现为以下四方面。

### 2.3.2.1 工程对科技发展的动力功能

从图 3.2.7 来看，促使工程上马的客户需求，是在以往的工程大系统的用物消费阶段中生发出来的，工程主体在这种需求的驱动下到它的科技环境中选择构材要素以构建工程系统，又在客户新的用物消费阶段生发、凝聚为新的需求，驱动更新的工程上马。新工程需要新的知识要素，往往是现有科学技术不能满足的，从而产生推动科技发展的新动力。社会对科技发展的推动作用大多是通过工程活动体现出来的。

### 2.3.2.2 工程对科技发展的思想源头功能

科学研究开始于新课题的确立。现有科学技术的许多缺失和问题，在实验室试验阶段和逻辑论证阶段难以发现，常常要在进入工程实践后才能充分暴露出来，形成新的研究课题。工程中的重大疑难问题直接引出重大科学问题，工程是应用科学新发现的主要源头。工程更是技术发明的基本源头，发明家或者直接为解决现实的工程问题而发明，或者为解决可能的工程问题（包括满足未来需要的未来工程）而发明。工程也可以产生好奇心，即造物的好奇心，孕育新的科学技术课题和新技术的灵感。应用科学的疑难又催生基础科学的研究课题，形成工程对基础科学发展的间接推动。

### 2.3.2.3 工程对科技发展的支撑功能

粗略地说，工程承包者交给客户的是工程系统输出中的“硬件”，留给科学系统和技术系统的是“软件”。从图 3.2.7 所示的工程大系统结构来看，评价验收是工程认识（集中体现于规划设计阶段的成果）付诸工程实践后的再认识，客户用物（包括售后服务）是工程认识回到更大的社会实践中去的再认识，因而是产生新经验、积累新资料和新数据、萌发新思想、激荡新灵感、涌现新猜想的过程，能够使后续工程系统的科技环境和文化环境更丰富、更厚实，为后续工程提供强有力的环境支持。

#### 2.3.2.4 工程对科技成果的检验功能

自然科学认识成果的科学性首先要在实验室的可控性实验中接受检验，同时还要在生产实践中接受检验，而生产实践对科学技术的检验功能主要靠工程实践。完全以揭示客观奥秘、满足人类好奇心为目标的科学研究永远只是一小部分，绝大多数科学研究是以改造世界为目标的，其成果的正确性、有效性、可用性最终要在工程实践中经受检验。社会科学的认识成果归根结底要在改造社会的工程实践中经受检验，计算机模拟试验的检验功能是有限的。新兴的生态科学、环境科学等交叉科学更加需要经受工程实践的检验。而以检验理论为目标进行的科学实验，包括计算实验，不过是一类特殊的工程实践。实验室检验的是专利技术，专利技术毕竟不等于现场技术。技术的发明都是以改造世界为目的而进行的，其成果的检验归根结底要靠工程实践来完成，并在工程实践中有所修正、补充、完善。总之，对科学原理的正确性和技术手段的有效性的检验，工程实践具有实验室可控性实验不可替代的作用。

### 2.3.3 工程系统的文化功能

在社会文化环境中进行的工程活动及其产品都是人文文化的载体，不仅反映工程设计者和施工者的文化素养，而且记录和展示一定的时代、地域、民族、国家的文化特色和品位，是文化得以保存和传承的基本手段之一。

#### 2.3.3.1 工程过程的文化功能

在一定的社会文化环境中由一群或多或少具有文化素养的人来实施的工程活动，同时也是一种文化活动。工程主体的企业文化（团队文化）和工程现场文化是社会大文化系统的组成部分，负有陶冶其成员、影响社会大众的责任。工程活动是否富含人文精神，集中体现于施工过程。文明施工能推动社会文明建设，野蛮施工将毒化周围环境，引起社会纠纷。要建立和谐社会和学习型社会，就应使所有工程过程都成为职工学习文化的过程，使传播先进文化成为所有工程部门必须承担的社会责任。

#### 2.3.3.2 工程产品的文化功能

一切工程产品都蕴含人文文化，新工程载荷新文化。客户的价值追求中或明或暗都有其文化追求（文化禁忌是反向的文化追求）。为特定客户立项的工程有特定的文化内涵。开拓新的旅游文化是三峡工程的重要功能目标。希望工程带来的新教室、新设备、新气象，既是新的文化成果，更是创造新文化的平台。为大批可能客户立项的工程应提供不同的文化价值，供客户选择。庭院、屋宇、家具、日用品等的选择，体现出用物主人的文化素养和文化偏好。工程产品的文化价值首先是为满足当代人的需要而确立的，同时也可能为后代留下可贵的文化价值。已经没有实用价值的古老工程，如埃及的金字塔、中国的万里长城等，成为具有永恒价值的文化遗产。

2.3.3.3　器物产品包装的文化功能

包装是展示工程文化的重要窗口，古代文物在今天的巨大市场价值与器物的造型、图案、色彩等内包装密切相关。市场经济催生了工程产品的外包装，形成所谓包装文化。经包装而提高的产品价值，其实是迎合消费者短暂心理需求的文化投资，只有瞬间的文化价值。但过度包装不仅联系着高浪费、高污染，还可能联系着政治腐败，属于腐朽文化。

工程产品是跨时空传递和交流文化的重要信息载体，具有符号载体不可替代的独特作用。传统典籍记录的古代盛况，须有相关的实物相佐证才能被深入理解，这也是工程器物产品的文化价值。器物的实用价值有时效性，随时间流逝而降低，直至完全消失；器物的文化价值却可能是永恒的，甚至可能随时间流逝而增值，愈久远，文化价值愈高。

## 2.3.4　工程系统的社会功能

工程系统的社会功能是多方面的，主要有以下三方面。

2.3.4.1　工程系统的工程功能

一个工程按照客户需求立项，客户就是系统的功能对象，满足客户需求是工程系统最直接的功能输出，这是工程系统的狭义功能。既然作为工程系统功能对象的客户是社会系统的组分，满足客户需求也属于工程系统的社会功能，而且是它的本征功能。工程系统常常可能给客户提供在立项时未提出要求的服务，即工程系统的非本征功能。任何工程都对其供货商作出贡献。工程系统还可能惠及非客户、非供货商的社会成员，这也是其社会功能。

2.3.4.2　工程系统的经济功能

大量的工程是以创新和生产大众消费品为功能目标而进行的，满足大众消费是工程系统的基本社会功能之一，即工程系统的消费功能。也有大量的工程系统不是以满足大众消费为目标的，它们的产品在经历评价验收环节后，都进入社会产业链或产业网，能够丰富产业系统的构成，优化产业结构和布局，提高产业系统的品位（升级换代）。这是工程系统的另一种基本社会功能，称为工程系统的产业功能。消费功能和产业功能一起构成工程系统的经济功能。

#### 2.3.4.3 工程系统的政治功能

一切工程都直接或间接具有政治意义，核心是工程能否以民为本。大型复杂工程往往以国家部门为用户，必须从政治方面考量。如菜篮子工程、安居工程、就业工程，这些关系到广大民众切身利益的工程，也关系到社会的安定祥和，具有明确的政治功能。但政治只应通过价值观念进入工程，不可直接参与工程过程的展开和运行，特别是不应该插手工程的规划设计和施工操作，这两个环节应完全置于科学和技术的主导之下进行，对科学技术负责就是对政治负责。工程常常和政绩相联系，以民为本而不追求政绩的工程，往往是最有价值的政绩工程；以追求政绩为主轴进行的工程，即那些受到普遍指责的政绩工程，常常是害民的恶绩工程。这就是工程辩证法。

既然工程系统的社会环境还包括大量非客户的社会成员，工程系统难免对他们产生直接或间接的影响，特别是负面影响。工程过程或多或少会扰民，引起不良社会反应。有些工程对客户有利，却给非客户造成伤害，导致社会纠纷。工程的特点是唯一对象性或一次性，不允许失败，失败是科学实验中的正常现象，却是工程中不允许的非正常现象。但失败工程事实上屡见不鲜，带来种种恶劣的社会后果，越是大型复杂的工程，一旦失败，其负面影响越大。工程主体必须具有承受失败的高度警觉性和心理准备，有避免失败的高度责任心；一旦工程失败，工程主体应力求把负面影响降到最低。

### 2.3.5 工程系统的生态功能

狭义的生态系统指自然界的生物群落及其物质地理环境的总和。一切自然工程都以自然生态系统的某一部分为加工改造的对象，以其余部分为环境，工程过程就是改变自然生态系统的过程。工程活动的总后果是形成人化自然，即处处打上人的烙印的自然。一切自然工程都会对生态环境产生或大或小的消极后果，许多工程会严重破坏自然生态系统。环境污染的后果尤其会破坏自然生态系统。那些自然和社会复合而成的工程原则上亦如此。人类行为所造成的环境污染和生态破坏，基本是通过工程系统的施工过程和工程完结后的用物消费所产生的。工程的生态后果应成为一切工程活动的基本价值考量之一，客户和工程主体双方都要负起责任来。

在历史上，人类长期把自然界当成取之不尽的资源库，认为自然生态环境具有容纳、消解污染的无限能力，因而自觉地为保护和改善自然生态系统而立项的工程几乎没有过。工业化的理论和实践把这种片面认识推向极致。工程系统论必须跳出这个认识误区，重视工程对自然生态环境的正反两方面的塑造作用。任何工程项目，只要涉及改动现在的自然环境，就要考量它给生态环境可能带来的负面后果，力求把负效应减少到最低程度。还应当认识到，现代社会有可能用工程手段来保护和改善自然生态环境，应当有计划地实施一些以保护和改善自然生态环境为功能目标的工程项目。

生态概念正在不断扩展其应用范围，使其内涵广义化，形成社会生态、经济生态、政治生态、文化生态等概念，甚至讲产业生态、教育生态、学术生态等。这些概念都有工程意义。在更概括的意义上，所谓生态就是多样性（异质事物）的和谐共生。多样性是生态系统存在的前提，没有多样性就谈不上生态问题；但多而杂乱，相互倾轧，意味着生态和谐被破坏。无论国内还是国际，无论政治生活、经济生活、文化生活还是学术生活，都需要有一个多样性、和谐共生的外部生态环境。而这样的生态环境可以而且只能通过环境中的所有主体的工程活动来建设和改善。

# 3 工程系统的演化

董光璧

包括自然工程、社会工程和思维工程三个子系统的工程系统，在人类学意义上的文化系统背景下，通过彼此之间的相互作用不断地演化。而文化系统的演化表现为社会中轴的转换，即社会的主导凝聚力（德、权、财、智、情）的更替，它是一种基于价值抽象的描述体系。在我们把工程抽象为由价值判断组成的价值链或价值网的模型中，其演化的历史逻辑可以表征为权势主导、经济主导和智力主导三大阶段。从工程活动历史中归纳得到的这种演化规律性，虽尚难以做出逻辑论证式的理论说明，但提供一些有助于理解它的典型工程事例或许是最好的说明方式。

## 3.1 权势主导的工程系统

权势主导的工程系统是农业文明时代的工程系统的特征，在权（力）本位的文化背景下，自然工程、社会工程和思维工程都围绕着权势这一社会中轴运转。炫耀权力的巨型埃及法老陵墓、国王立法的罗马法律体系和知识权力化的中国科举制度是三大典型工程。

### 3.1.1 埃及法老陵墓

古埃及法老（国王）的形似汉字“金”的巨石塔陵墓，作为权势主导的工程系统中自然工程的典型，闪耀着古埃及人民的智慧光芒。渴望永生并保持权力的法老们相信现世的暂时性和来世的永恒性，死亡是开往永生的大门。他们为此利用自己掌握的权力，建造能使他们的尸体永存并留下余威的陵墓。在崇拜太阳神的古埃及人们的眼中，金字塔形是太阳神的象征，阿蒙拉神庙里就供奉有包铜或镏金的正四面形锥体小石块。屹立在埃及沙漠中的金字塔陵墓，就是放大千万倍的正四面形锥体，顶端安置类似的包铜或镏金的小四面形锥体石块。这正四面锥体形的金字塔直插天际，不仅反映了国王们企图让自己的亡灵进入天堂的愿望，也是在炫耀其权势坚不可摧和高不可攀。但今日它早已失去昔日的权势威严，而成为考古研究的对象和旅游观光的胜地。

埃及法老佐塞尔是金字塔陵墓的始作俑者，他以改进技术的倡导者闻名后世。他要求他的建筑师和宰相伊姆霍特普设计陵墓，伊姆霍特普遵命设计了一座材料和造型都是全新的陵墓，以巨大的石块砌筑成六阶方形尖塔。以往的陵墓都是用泥土建造的长方形平顶结构，而佐塞尔金字塔是埃及最早的石建筑物。它坐落在古城孟菲斯附近塞加拉，长约 30 米的墓道通往以壁雕装饰的墓穴，周边配有用汉白玉建造的几座神庙，以围墙环绕而形成一座规模宏大的陵园。以建筑金字塔陵墓炫耀权势的做法为其后的埃及法老们仿效，建造了大大小小的金字塔。

最大的金字塔群位于开罗西南的吉萨高原，它们耸立在尼罗河两岸的沙地上。保存最完好的三座金字塔是胡夫、海夫拉和门卡乌拉三位法老的陵墓，它们建于公元前 2700～前 2500 年。其中胡夫金字塔最大，用 230 多万块巨石砌成，后世称其为“大金字塔”。胡夫是埃及第四王朝的第二位法老，他为自己建造的大金字塔陵墓原始高度为 146.59 米，经几千年风化后，现在的高度为 136.50 米，在法国巴黎的埃菲尔铁塔落成（1889 年）之前，它一直是世界最高的建筑物。正方形的塔基占地 5.29 万平方米，四边各长 230 多米，四个斜面正对东南西北四个方向。塔身由大小不等的 230 多万块巨石组成，石块重达 1.5～160 吨，平均每块重约 2.5 吨。据考古学家估计，为建造这大金字塔需动用 10 万人并花费 20 年时间。大金字塔四周整齐排列着许多贵族的平顶石墓，众星捧月般地衬托出大金字塔的雄壮和威严。

考古学家们对吉萨金字塔区的考察发现，墓里的象形文字记录了金字塔修建时的情况，墓壁上的绘画生动地展现出金字塔修建时的情况。但有关金字塔建筑工程的许多细节问题仍然不清楚：如何把巨大的石块开采出来？如何把它们搬运到这里来？又是如何把它们垒砌起来的？准确的朝向和坡度是如何计算的？它们何以能抗侵蚀直至今日？这一神奇建筑的许多未解之谜，吸引许多科学家、考古学家和历史学家前往探究，为了揭开谜底而进入大金字塔探秘的尝试也从未停止过。最近一次也是迄今最受关注的一次行动便是 2002 年全球 142 个国家同时直播的考古发掘过程。

### 3.1.2 罗马法律体系

作为社会工程的法律建设旨在调整社会关系、人与人之间的实实在在的各种日常关系，通过对各种各样的行为模式的分类，并以抽象的语词概括成规范行为的律条。古罗马的完备法律体系，包括市民法（仅适用于罗马公民）、自然法（适用于所有人）和国家关系法（用于调节罗马人与其他民族之间的关系），是权势主导的工程系统中社会工程的典型。在公元前 5 世纪制订的《十二铜表法》的基础上，经公元 2～6 世纪几百年的发展和完善，在公元 6 世纪完成了集大成的罗马法典《国法大全》。该法典对西方文明的影响被认为仅次于《圣经》，其中的证据、公正、思想自由和契约精神等基本思想和原则，都已融入西方乃至世界各国的法律体系之中。

罗马人的历史可以追溯到公元前 753 年罗穆卢斯和雷穆斯兄弟俩创建罗马城的故事，公元前 510 年一个雅利安式的共和国出现在罗马。罗马社会按传统划分为贵族、平民和奴隶，贵族是统治阶级，平民有选举权而无被选举权，奴隶没有任何权利。政权的组织形式是：执政官主持贵族元老院；后来，又增加了保民官主持的公民大会。这个庞大的奴隶制共和国，从公元前 27 年起转变为专制君主政体的罗马帝国。公元 395 年，罗马帝国分裂为东西两个帝国：公元 476 年，西罗马帝国灭亡；直至公元 1453 年，东罗马帝国灭亡。罗马人的真正伟大不在于其强大和辉煌，而在于其对法律制度和法治政府的追求，《十二铜表法》奠定了其法律制度的基础，而其发达的标志则是《国法大全》的问世。把许多不同文明整合到自己版图之内的罗马人的法律体系，其市民法源自罗马人自己的法律，而万民法则是来自迦太基人和埃及人的法律。

《十二铜表法》是罗马最古老的法律文献。该法是罗马小农平民与贵族奴隶主之间长期斗争的结果。公元前 454 年，元老院被迫承认公民大会制定法典的决议，任命了一个十人委员会来负责编纂法典，在公元前 451 年，就制订出法律十表，翌年又补充二表，最终完成了《十二铜表法》。它将长期以来约定俗成的习惯形成诸文字，而不再依靠执法贵族们往往不合习惯的记忆力。据说，它被分刻成十二块铜牌，并竖立在罗马城内的广场上，因此而得“十二铜表法”之名。公元前 390 年，铜表被入侵罗马的高卢人毁坏，完整的《十二铜表法》原文散佚。我们今天所知的《十二铜表法》是根据罗马人后来的引述形成的，因引述人的损益和法学家们的批注相杂，其原貌已无法完全恢复，但基本内容及其排列顺序仍可确定。它的全部律条包括传唤、审判、求偿、家父权、继承及监护、所有权及占有、房屋及土地、私犯、公法、宗教法、前五表之补充、后五表之补充等 12 篇。作为协调与明确区分小农与奴隶主权利和义务的《十二铜表法》，不仅是共和国时期罗马法律的主要渊源，也是帝国时期罗马法律的基础。

《国法大全》的编撰要归功于东罗马帝国的国王查士丁尼一世，他即位第二年就成立了一个罗马法编撰委员会，由著名法学家特里波尼安领导，对 400 多年来罗马历代元老院的决议和国王的诏令进行编辑：公元 534 年，《查士丁尼法典》问世；接着，又把历代解释法律的著作整理成《学说汇编》，并编撰了训练学生用的《法理概要》；公元 565 年，继而又将查士丁尼时代的法令编辑成《新律》。在中世纪，以上四部法书被统称为《国法大全》（也称《查士丁尼民法大全》或《罗马法大全》）。查士丁尼也因这部历史上最完备的奴隶制成文法典被后人称为“法律之父”。君主制公开确立后的罗马，立法权被视为国王个人的神圣权力，所以国王敕令在罗马法律体系中占据统治地位，大致包括敕谕（对全国发布的命令）、敕裁（对非常诉讼及主要上诉案件所作的裁判）、敕答（对官吏或个人提出的法律疑难问题做出的解答）和敕示（对官吏下达的训令）四种。

适应奴隶社会私有制和商品经济要求的罗马法，全面维护了罗马统治阶级的政治统治，保证了国家机关实现权力。随着罗马帝国的衰亡，罗马法律体系几百年湮没不张。直到文艺复兴才在意大利的大学里恢复了对它的研究，中世纪末期又开始了它的近代影响。罗马法体系的历史地位，不仅在于它曾服务于罗马奴隶社会，而且也在于它通过各种形式直接或间接地促进了资本主义经济的形成，推动了资本主义社会商品和货币关系的发展，为后世调整和保障商品生产以及以私有制为基础的社会经济关系提供了借鉴。罗马法律体系不仅影响了欧洲各国，并通过殖民活动影响到亚洲、非洲和美洲。

### 3.1.3 中国科举制度

中国的科举制度是通过分科考试选拔官吏的制度。605～1905 年，持续了 1300 年之久，一直是连接知识和权力的纽带。它作为专制君主政体选拔官吏的一种制度，自由报考、固定时间、公开考试、不论出身、不讲资历、不限年龄、公平竞争、择优录取，与封建的世袭制和贵族垄断的各种举荐制相比要先进得多，这为社会上升性的流动提供了一种制度保障。但是，从科举制度的实施与教育的密切联系来看，它把对真理的追求引向了对功名利禄的追求。科举制度不仅在中国存在了 1300 年，还影响过东亚的一些国家，甚至世界。日本、韩国、越南以及东亚地区的小国琉球都曾实行过科举制度。韩国的科举制度长达 936 年，是在中国域外的典范。科举制度不仅被东亚一些国家复制和模仿，作为文官考试制度，也为英、法、美等西方国家所借鉴。科举制度的知识权力化的本质特征，使之成为权势主导的工程系统中思维工程的典型。

科举制度创始于隋朝，确立于唐朝，完备于宋朝，兴盛于明、清两朝，废除于清朝末年。科举制度最终发展到背离它的初衷，从求才为本退化为防奸为本。面对来自西方的各种严峻挑战，作为儒学知识与专制权力连接纽带的科举制度，难以为继，随着钱权交易各种途径的日益发展而在清朝末年被废除。

科举制度作为权力控制知识流向的主要手段，在中国完成了以儒学作为国家意识形态的地位。自汉代以来，在权力的支持下，儒家思想日益制度化：五经立于官学，使儒学文献经典化；孔庙的建设和祭孔又使儒家圣人化；而科举制度则是维系儒家价值体系正统地位的根本手段。以对儒家经典的理解作为考试标准的科举考试，完整地体现了专制君主权力对于意识形态的控制。科举考试作为传达权力意志，完全确立了儒家观念标准解释之最有效的途径，使儒家对社会秩序的解释确立为官方所承认的正统的信仰系统，从而儒家关于自然和社会的理念就成为真理性的表述。作为意识形态的儒学与专制君主权力的这种直接的联系，确保那些熟悉儒家思想的人进入社会上层的优先地位，导致对儒学的了解成为人们改变社会地位的唯一途径，即通过科举考试进入“士”这一社会特权阶层。作为儒家意识形态化设计核心的科举制度，成功地将社会成员吸引到某个个人对儒家政治理想和社会道德之解释的理解，从而窒息了发现真理的创造冲动。

科举取士与教育制度的实质合一，使科举考试兼具教育考试的性质，从而深远地影响了中国教育制度的发展取向，使整个教育体系日益以科举为唯一取向。不仅官学和私学都自觉选择儒学作为教育的主要内容，连民间的知识传播体系也日益转向科举准备，甚至儿童的启蒙教育都成了科举应试的准备。科举考试要求的那种格式化的八股文，严重地束缚了读书人的自由思考。与科举相联系的道德精英教育，虽然曾经产生了 700 多名状元、近 11 万名进士、数百万名举人和更多的秀才，但却少有对自然经验研究方面有所建树的人才。清人吴敬梓的小说《儒林外史》辛辣地抨击僵化了的科举考试制度及其所带来的严重社会问题。

## 3.2 经济主导的工程系统

经济主导的工程系统是工业文明时代的工程系统的特征，在财（富）本位的文化背景下，自然工程、社会工程和思维工程都围绕着经济这一社会中轴运转。金钱取代权力的法国大革命、黄金水道苏伊士运河和智力商品化的知识产权制度是三大典型工程。

### 3.2.1 法国大革命

革命这个词在中国最早出现在战国时期成书的《周易·革卦·彖传》中，以“汤武革命顺乎天而应乎人”论说商、周两朝改朝换代的合理性。在西方，革命则是近代文明的现象，即金钱取代权力的资产阶级革命，后来又扩展为用于无产阶级革命。资产阶级革命意味着旧制度的崩解与新制度的确立，它是一项艰巨而复杂的社会政治工程。历史学家把这种革命区分为两种类型：其一，在旧社会中，通过革命确立已经成熟的新制度；其二，与旧传统彻底决裂，并凭借革命理论创建新制度。在 18 世纪末，发生在法国的大革命属于后一种类型，无论就革命事件本身，还是就其广泛影响的后果论，都可以说是一场最不平凡的革命。法国大革命体现了社会中轴从权势中轴向经济中轴的转换，是在工业文明时代社会工程系统中政治工程的典型。

18 世纪的法国是欧洲大陆典型的君主专制国家，社会按传统划分为三个等级：第一等级为教士，第二等级为贵族，第三等级为平民。第一和第二等级为不纳税的特权等级，他们人口很少，却占有全国 1/3 以上的土地。第三等级包括农民、工人、市民和资产阶级，其中农民的数量最多，但人均土地极少，这些少地或无地的农民由于背负了沉重的地租和其他贡赋，即使在丰收年也很难维持温饱。第三等级中的工人和市民，其生活也并不比农民好多少。第三等级中的资产阶级，包括银行家、船主、商人、工场主和律师等，他们不仅腰缠万贯，而且享有相应的政治权利。当时，法国的经济结构仍然是农业经济占统治地位，工商业的发展由于高税盘剥和关卡林立而受阻，皇家和特权阶级也感到其奢侈生活难以维持。资产阶级经济势力的壮大、社会的严重阶级对立和殖民战争造成的财政危机导致了法国大革命的爆发。

法国大革命的直接导火线是 1789 年的三级会议。截止到 1789 年，法国三级会议的历史已约 500 年，其渊源可追溯到 13 世纪行会代表机构。三级会议的必要根源：王权和教权的势均力敌，法王腓力四世因向教会征税与教皇卜尼法斯八世发生冲突，为寻求第三等级的支持而于 1302 年 5 月 10 日召开法国历史上第一次三级会议。此后不时召开的三级会议多为国王增税和索取现金的要求，但 1614 年以后的 170～180 年里却未召开过一次，因为王权对教权已成压倒的优势。路易十六参与美国独立战争（American Revolutionary War）导致了法国政府财政的严重危机，因税收不足以应付正常开支而借公债。1788 年 8 月 8 日，法王路易十六宣布召开三级会议，接着又于 12 月 17 日下令加倍选举第三等级的代表，以期通过取消教士和贵族的免税权等改革解决财政危机，结果却是一场把他送上断头台的大革命。

1789 年 5 月 5 日，三级会议开幕，参加会议的代表共 1214 名，第一等级 308 人、第二等级 285 人和第三等级 621 人。1789 年 6 月 17 日，第三等级拒绝纳税，迫使国王同意将三级会议改名为“国民会议”。路易十六试图以武力驱散第三等级，而士兵们拒绝行动，但面对凶险的国王屈服了。但同时他又秘密调动边防军进驻巴黎凡尔赛宫，并将主张改革的财政部部长芮克撤职，于是巴黎和全法国的人民起来造反了。1789 年 7 月 14 日，巴黎市民攻陷巴士底狱。巴黎起义的行动迅速影响到整个法国，东部和西部诸省的农民都起来造反，他们焚毁贵族的住宅和地契，庄园主们不是被杀，就是被赶走。在短短的一个月内，巴黎和法国大多数城市都建立了临时政府，并建立了国民自卫军。古老腐朽的贵族阶级的专制体制崩溃了，皇族的许多重要成员们逃亡到国外。

国民会议在备受干扰的混乱中，经过两年（1789～1791 年）秩序井然、卓有成效的工作，完成了废除教士和贵族特权的决议，并通过了《人权宣言》和宪法。《人权宣言》规定，所有的人在法律面前一律平等和人民享有信仰、言论、出版等自由。新宪法采用孟德斯鸠的三权分立学说：司法权归各级法院，行政权归国王、各级官吏，立法权归民选的议员组成的立宪会议。在接下去的三年里，法国革命复杂而多变，在反对国外干涉的斗争中，拿破仑率领的法国军队横扫了欧洲各国的封建势力，接着欧洲各国相继建立起共和政体。

### 3.2.2 苏伊士运河

苏伊士运河位于埃及北部，是连通地中海和红海的海运航道。1869 年 11 月 17 日，它正式向国际运输开放。其前身可上溯到公元前 1874 年开凿的“法老运河”——主要靠贯通尼罗河支流和湖泊的一条古老的人工运河。出于军事防御考虑，埃及人将其堵塞，连续废弃一千多年，直到 19 世纪欧洲殖民者的到来。1798 年 5 月，法国殖民者占领埃及，法军统帅拿破仑曾寻找“法老运河”的遗迹，并计划重新开凿，其后又有其他一些欧洲殖民者试图开凿，最终由法国外交家雷赛布（Ferdinand de Lesseps）将其实现。

雷赛布劝说埃及领导人同意法国开凿苏伊士运河，并于 1854 年 11 月签订了《关于修建和使用苏伊士运河的租让合同》，遂于同年成立了国际苏伊士运河公司。根据这个合同，法国获得 99 年租期的苏伊士运河开发权；埃及政府无偿提供为开凿运河所成立的国际苏伊士运河公司所需要的土地和必要的劳动力，并给予公司进口开凿运河所需要的机器设备的免税权，将有权分得纯利润的 15%，并在合同期满后收归国有。经过 5 年筹资和设计准备，1859 年 4 月，破土动工，历经 10 年（1859～1869 年），花费四亿多法郎，终于完成了这一巨大工程。因此，雷赛布被称颂为“伟大的工程师”。

苏伊士运河的开凿是一项艰巨而复杂的工程，克服了许多技术、政治和经济上的困难。运河设计基本上为南北走向，中间利用了三个湖泊以减少工程量。但整个工程存在相当大的难度：因为有北段的盐渍地、中段的沙漠以及浅水湖区；又因为饮水需要，还同时开凿了一条与运河平行的淡水引水渠，以致工程量几乎增加了一倍。整个工程的土方量约达 7400 万立方米，1 万～2.5 万名民工同时挖掘。为完成伟大的苏伊士运河工程，埃及数十万劳工流出了血汗，其中约 12 万人为此付出了宝贵的生命。

早期，苏伊士运河主要被法国殖民者占有；1875 年，英国乘人之危以低价购买了埃及的股权之后，为英、法共同占有。苏伊士运河被英国视为连接英国和印度的“主要公路和生命线”，从 1882 年起派兵 10 万名保卫这个交通要塞。欧洲各国对运河的战略地位也极为关注，1888 年 10 月，英国、德国、奥匈帝国、西班牙、法国、意大利、荷兰、俄国、土耳其等国代表，在君士坦丁堡（现称伊斯坦布尔）签订了《君士坦丁堡公约》，承诺运河对所有国家公平开放并禁止任何国家在运河水域作战。

苏伊士运河作为连接欧亚非三大洲的一条捷径，迄今仍具有巨大的商业价值和重要的战略地位。从赛德港到苏伊士港全长约 190 千米，水深 8 米，河底宽 22 米，河面宽 70 米。为了容纳更多更大的现代船只，经几次加深和扩宽后，几乎使所有数据都增加了一倍多。1976 年，制定了分两期进行的扩建工程，这大大增加了运河的通航能力。苏伊士运河大大缩短了东西方的航程，因为它连通了大西洋、地中海和印度洋。与绕道非洲好望角到印度洋的航道相比，苏伊士运河使欧洲大西洋沿岸各国缩短了 5500～8009 千米，使地中海沿岸各国缩短了 8000～10 000 千米，使黑海沿岸各国缩短了 12 000 千米。这条具有重要战略意义的国际海运航道，每年承担全世界 14%的海运贸易，欧亚两洲之间货物海运的 80%都经过苏伊士运河。运河管理局公布的年度报告表明，2001 年通过运河的各类船只共有 13 986 艘，这些船只的总载重量达 4.56 亿吨。英、法两国在长达六七十年间从运河获得了丰厚的利益，对埃及政府来说，运河国境税提供了仅次于侨汇和旅游的第三大外汇收入。自 1975 年 6 月至 2000 年 6 月的 25 年里，船只过境税的收入达 300 亿美元，是苏伊士运河自 1869 年 11 月正式建成启用到 1969 年 6 月因中东战争而关闭期间过境费收入总和的 6 倍。在 2002 年 7 月 1 日至 2003 年 6 月 30 日的财政年度里，苏伊士运河的收入达到 23.08 亿美元。

### 3.2.3 知识产权制度

知识产权（intellectual property）是一种财产权，即把知识作为与动产和不动产并列的第三种财产的权利。知识产权以知识的创新或商品化为前提，不进入商品活动的知识不涉及产权。知识产权通常区分为专利（工业产权）和版权（著作权）两部分，它是从中世纪的封建特权发展成为合法的私权。在中国，专利一词早在两千多年前的《国语·周语》中就已出现，版权概念在宋代也已萌芽。在欧洲，公元前 5 世纪的雅典国王授予一位厨师独占其蒸调法的特权，公元 1236 年英王亨利三世授予波尔多市一位市民独占色布制造的特权，公元 1331 年英王爱德华三世授予约翰·肯普独占织布与染布的特权，公元 1421 年佛罗伦萨共和国授予一位建筑师机械发明专利。知识产权制度是随着中世纪封建制度的衰亡和近代社会市场经济的建立逐渐发展起来的。15 世纪以降，随着欧美国家的产业结构从农业到工业的转变，由专利法和版权法组成的知识产权制度，在限制与反限制的复杂斗争中日臻完善。20 世纪 80 年代，世界进入了知识产权时代。保护发明创造者权益的知识产权制度，其法制性、科学性、公开性以及地域性、独占性和时间性等，对知识扩散的促进和阻碍作用几乎同在，知识产权的发展史实际上是一部对知识产权限制与反限制的历史。

世界上第一个专利法是威尼斯共和国发布的《发明人法》(1474 年)，接着有了英国的专利法《垄断法》(1624 年)和版权法《保护已印刷成册之图书法》(也称为《安娜女王法》，1710 年)。随着工业文明的发展，专利法在美国、法国、奥地利、俄罗斯、荷兰、瑞典、西班牙、墨西哥、巴西、阿根廷、意大利、印度、加拿大、德国、土耳其、日本、中国等国家公布，到 1900 年全世界有 45 个国家建立了专利制度，当今建立专利制度的国家和地区已达 175 个。在建立专利制度的同时，商标法和版权法也跟进发展。随着国际竞争与合作的加强，知识产权在最近的一百多年里日益国际化，《保护工业产权巴黎公约》(1883 年)、《保护文学和艺术作品伯尔尼公约》(1886 年)、《商标国际注册马德里协定》(1891 年)、《工业品外观设计国际保存海牙协定》(1925 年)、《商标注册用商品和服务国际分类尼斯协定》(1957 年)、《保护原产地名称及其国际注册里斯本协定》(1958 年)、《专利合作条约》(1970 年)、《关于集成电路的知识产权条约》(1989 年)相继出台，还建立了"世界知识产权组织"(1967 年)并在尔后成为联合国的一个专门机构(1974 年)。一个打破国界的全球专利权制度，包括全球专利局、全球专利法和全球专利法庭的全球专利制度，也在酝酿之中。

中国的知识产权制度萌芽于 19 世纪中叶，洪仁玕在其《资政新篇》(1859 年)中提出建立专利制度的主张。清政府曾批准几项工业专利，上海织布局被批准专利 10 年(1882 年)，钟锡良广州开设的造纸厂被批准专利 10 年(1889 年)，烟台酒厂采用的葡萄酿酒被批准专利 10 年(1895 年)，王承准改革旧机器织造东西洋布被批准专利 15 年(1896 年)。清政府颁布的有关知识产权的法规有《振兴工艺给奖章程》(1898 年)和《大清著作权律》(1910 年)，前者规定依发明的性质分别给予 50 年、30 年和 10 年的专营权。在民国时期，先后有北洋政府颁布的《奖励工艺品暂行章程》(1912 年)、《著作权法》(1915 年)

和《商标法》(1923 年)以及南京政府颁布的《奖励工业品暂行条例》(1928 年)、《著作权法》(1928 年)、《奖励工业技术暂行条例》(1932 年)和《中华民国专利法》(1944 年)。在新中国成立后，先后公布了《保障发明权与专利权暂行条例》(1950 年)、《商标注册暂行条例》(1950 年)、《有关生产的发明、技术改进及合理化建议的奖励暂行条例》(1954 年)、《商标管理条例》(1963 年)、《发明奖励条例》(1963 年)；19 世纪 80 年代逐步完善，并制定了《商标法》(1983 年)、《专利法》(1985 年)、《著作权法》(1990 年)；1980 年，加入了世界知识产权组织，并遵守《保护工业产权巴黎公约》《商标国际注册马德里协定》《专利合作条约》《保护文学和艺术作品伯尔尼公约》《世界版权公约》等主要国际公约；1985 年成立了中国工业产权研究会（1990 年更名为中国知识产权研究会）。

## 3.3 智力主导的工程系统

智力主导的工程系统具有知业文明时代工程系统的特征，在智本位的文化背景下，自然工程、社会工程和思维工程都围绕智力这一社会中轴运转。连接知识和经济的科学工业园、作为公共知识库的国际互联网和认识自然界的科学工程是三大典型工程。

### 3.3.1 科学工业园

以知识为基础的经济被称为“知识经济”，引导知识经济时代到来的是大学周边的科学工业园，它的兴起是知识主导工程系统的一大特征。20 世纪下半叶是高技术和高技术产业蓬勃发展的时期，基于科学的高技术及其产业已开始成为促进经济变革和社会进步的先导力量。微电子芯片、电脑、网络和生物技术等高技术产业的快速迅猛发展，不断地改变市场的格局，加剧市场的竞争和加快企业结构调整的步伐，企业、地区和国家之间的差距也随之日益扩大。高技术及其产业化的发展也推动社会生产方式和生活方式的变革，形成新的人际关系和社会文化。高技术正在有力地推动科学的进步，为人类节约资源和保护环境提供有效手段，为发展中国家创造新的发展机遇，促使人类社会向可持续发展的方向迈进。现代高技术的发展进程与现代高技术产业形成和发展的历史相一致，产业化是高技术发展的动力和归宿。高技术及其产业兴起于第二次世界大战后美国一些著名大学的周边地区，国家目标和政府投入发挥了重要的催化作用。

大学工业园区肇始于美国斯坦福大学物理系的一些教授，其中，斯坦福大学校长特尔曼（F. E. Terman）一直主张将大学研究工作和企业需求结合起来，他不仅支持物理学教授们创办公司，还亲自建立了斯坦福工业园。几年之内，斯坦福工业园就集聚了一批公司，创造了学校与企业密切结合的先例。这些公司就近聘请大学教师和学生参加公司的研发工作，企业的文化和理想的传播也激发了学生投身企业的热情，为硅谷的兴起创造了人才和知识的条件。1956 年，晶体管发明人之一的物理学家肖克利（W. Shockley）也来到斯坦福工业园，半导体工业在这里迅速发展起来。在美国斯坦福工业园之后，接踵而来的是苏联的新西伯利亚科学城、日本的筑波科学城、法国的索菲亚-安蒂波利斯科学城，包括中国新竹和中关村两个科学园在内的工业园区在世界各地兴起。

中国科技产业始于台湾新竹科学园区，兴起于中关村科技园。以美国斯坦福工业园区为蓝本的新竹科学园区，从 1976 年开始建设，1980 年 12 月第一期建设完成。中关村科技园的创建者是中国科学院物理研究所的物理学家陈春先。1980 年 10 月 23 日，在北京等离子体学会常务理事会上，他提出建设科技企业的动议。在北京市科协和海淀区政府的支持下，他与中国科学院的物理研究所、电子学研究所、力学研究所和清华大学的一批科学技术人员，创立了“先进技术发展服务部”。他们试图在以中国科学院、北京大学、清华大学为中心的智力密集的中关村地区，探索在中国的条件下发展类似美国“硅谷”和 128 号公路的技术扩散模式。

### 3.3.2 国际互联网

人类的生存范围总是与其所能达到的有效通信范围相一致，安放在地球轨道上的通信卫星、光缆铺成的信息高速公路和电脑网络连接技术结合，把人类的通信能力提高到了覆盖全球的程度。全球化的通信网的基本格局的形成及其进一步完善，已经并将继续极大地改变人类社会生活的各个方面，包括通信、学习、生产、生活、经济、娱乐、言论以及战争，甚至犯罪等活动。20 世纪 60 年代才开始萌芽的互联网在 20 世纪 90 年代成为风行世界的国际互联网。由于搜索引擎技术和数据库技术的结合和发展，互联网提供了一个空前巨大的知识库，创造了一个虚拟生存空间。长篇科幻小说《神经漫游者》（1984 年）的作者吉布森（W. Gibson）叫它“赛博空间”（cyberspace），一个看不见摸不着却真实存在着的网络世界，其中只有庞大的三维信息库和各种信息在高速流动。

“国际互联网”（亦称“因特网”）是从美国国防部高级研究计划署的军用“阿帕网”发展而来的。随着电脑应用的迅速扩展，电脑之间的有效连接被提到日程。1961 年，美国麻省理工学院的罗克（K. Roque）发表了论文《大型通信网络中的信息流》；1962 年，美国兰德公司的巴兰（P. Baran）发表了论文《论分布式通信网》；1965 年，英国物理学家戴维斯设计了数据包传送的可能方案，他独立地提出了有悖于传统“中央控制式”的电脑网络模型。1966 年 10 月，美国国防部高级研究计划局（Defense Advanced Research Projects Agency，DARPA）信息处理技术办公室的罗伯茨（L. Roberts）在一次会议上提出了一个划时代的报告——《通向分时的电脑网络》，1967 年 10 月他在另一次会议上又提出了建立“阿帕网”的计划——《多电脑网络和电脑间的通信》。1969 年底，由 4 个节点构成的阿帕网正式投入运行，到 1971 年 4 月阿帕网已扩大到包括 15 个节点并管理 23 个大学工作站的规模。1972 年 10 月，通过在“国际电脑通信大会”的展示，阿帕网的网络工作方式得到业内同行的认可。

随着接入阿帕网的电脑的增加，1989 年美国国家科学基金会（National Science Foundation）建立了国家研究网，以接替美国国防部高级研究计划署已运行 20 年的阿帕网。美国国家科学基金会以 2 亿美元的投资把国家研究网建成高速、远距离的电脑网，使之成为包含 21 个节点和几万个网站的因特网的主干。国家研究网包括高容量的电话连线、微波、激光、光纤和卫星，从而把各个网络、计算机站和全世界各地的人都连接了起来，人们可以通过因特网利用世界各大图书馆的资料以及其他的资源。1991 年，欧洲核子研究中心的伯纳斯-李发明了用超文本链接网页的万维网（world wide web，WWW）（中文称“万维网”，是因为“万维网”这三个汉字的汉语拼音字头恰好是 WWW）。超文本链接可以将相关多媒体资料文献和正在阅读文献的相关词联系起来，在电脑上点击相关词即可看到包含多媒体声像的相关文献，从而创造了全新的文献检索和查阅的方法。万维网作为因特网的服务系统不仅能提供文字，还能提供声音和图像，使整个网络成为一个巨大的信息库。

万维网的建立对国际互联网的发展起到了巨大的促进作用，仅在 1994 年就出现三个魅力巨大的进展：一是网景公司的安德里森（M. Andreessen）发明了网络浏览器，二是杨致远和费罗建立了“雅虎”（意为“分级的非正式神谕”）检索器，三是太阳微系统公司创建了制作网页的软件。因特网使多媒体进一步发展为第四媒体，即在网络上发布多媒体信息的一种传播方式。1995 年 4 月，美国国家科学基金会不再为因特网的主干网提供资金，因特网开始进入企业化的运行阶段。

### 3.3.3 大科学工程

大科学工程的出现是以科学技术产业化为标志的知业文明的一个重要特征。它与一般工程的不同在于，其目的主要是为科学研究服务。它通常使用正在开发、尚未发展成熟的技术，因而在工程进行过程中还需要进行实验研究，才能确定最终采用的材料、部件和方案。它与一般科学研究项目的不同则在于其规模宏大，常常需要多个学科的参与，需要按工程的要求有组织、有计划地进行。科学工程的成果是大型观测仪器设备和丰富的观测资料，它为科学前沿的研究提供重要的条件和手段。为实现科学工程而开发的技术是尖端技术，结合市场需求能开辟崭新的企业发展方向。在历史上，除美国单独进行的曼哈顿原子计划和阿波罗登月计划外，人类基因组计划、国际空间站计划和国际热核聚变实验反应堆合作计划是跨世纪的三大典型科学工程。

人类基因组计划的建议最早是美国科学家在 1985 年的一次会议上提出的，1986 年杜尔贝科（R. Dulbecco）在《科学》杂志上发表了题为“癌症研究的转折点——测定人类基因组序列”的短文，建议制定以阐明人类基因全部序列为目标的人类基因组计划，以便从整体上破译人类遗传信息，使得人类能够在分子水平上全面地认识自我。1990 年 10 月，美国正式启动了人类基因组计划，美国能源部和国立卫生研究院联合部署了“人类基因组的作图与测序”的重大科学行动，由美国政府投资 30 亿美元和各界资助 100 多亿美元。随后有日本、加拿大、巴西、印度和中国等国家或组织相继提出了类似的计划。人类基因组计划主要包括四项任务：遗传图谱的建立、物理图谱的建立、DNA 顺序的测定和基因识别。预计人类基因组计划完成之后，用“A、G、C、T”四个字母写成的这本“天书”将长达数百万页。人类基因组的工作草图已于 2000 年 6 月 26 日宣告完成，并向全世界公布，草图包含了 85%的基因碱基对排序。目前已经完成一批模式生物的基因组测序，有利于研究生物的进化过程和确定人类基因的功能。1999 年 9 月，中国科学家加入了这一研究计划，作为人类基因组计划成员负责测定人类基因组全部序列的 1%，也就是三号染色体上的 3000 万个碱基对。

国际空间站是在空间环境下进行生物、医学、材料、地球环境变迁和基础科学试验的国际合作项目，它始于 1984 年美国的自由号空间站计划，1988 年欧共体和加拿大加盟，1993 年又共同邀请俄罗斯参加。1993 年 9 月，美国国家航空航天局和俄罗斯联邦航天局签署合作协议，决定共同建造一座名为“阿尔法”的国际空间站。1997 年 10 月，巴西加盟，成为国际空间站的第 16 个合作国。1998 年 3 月，俄罗斯与美国就合作建设空间站达成协议，美国承担国际空间站建设资金的 80%并负责从总体上领导和协调计划的实施以及在空间站运行期间发生紧急情况时进行具体指挥。国际空间站计划分三个阶段完成，总工期为 10 年，总投资超 630 亿美元。第一阶段（1994～1997 年）为准备阶段，主要进行联合载人航天训练活动。第二阶段（1997～1998 年）为国际空间站的初期装配阶段，也是建立国际空间站的关键阶段。第三阶段（1998～2004 年）将把美国的居住舱、欧洲航天局和日本各自的实验舱以及加拿大的移动服务系统等送上太空，最终完成空间站的组装，然后开始国际空间站 10 年寿命的运行。

国际热核聚变实验反应堆合作计划的目标是建造一个可控的核聚变实验堆，以验证热核聚变反应堆的工程可行性，并对实际应用核聚变能所需的要素进行试验。该计划始于美国和苏联两国首脑 1985 年的建议，1986 年美、欧、日三方决定与苏联合作，1992 年上述四方在国际原子能机构的框架内签署了合作协议。苏联解体（1991 年）和美国退出（1999 年）后，日本和欧盟成为这一计划的中坚，并在 2001 年完成了设计方案。2003 年，美国重新加入，随后又有韩国、中国和印度相继申请加盟。2005 年 6 月，有关各方在俄罗斯首都莫斯科达成协议，决定将实验基地设在法国南部马赛附近的卡达拉舍。2006 年 11 月 21 日，欧盟、日本、俄罗斯、美国、韩国、中国和印度七方，在法国巴黎正式签署了联合实验协定，国际热核聚变实验反应堆合作计划正式启动。这一计划的实施将历时 35 年，2025 年原型聚变堆投入运行，2040 年示范聚变堆投入运行。这一计划的技术方案体现了世界未来能源科技的最高水平，涉及的领域包括超导研究、高真空、生命科学、遥控密封、环境科学、等离子计量和控制、信息通信、纳米材料等许多学科。

# 4 工程系统的模式

董光璧

模式的概念最早出现在建筑工程领域，后来在计算机软件工程领域被广泛使用，其内涵涉及相关领域、预期目标和解决方案。我们这里关于工程系统的模式的讨论着重在工程的预期目标，将其区分为开发生活资源、扩大生存空间和保护环境安全三大类。

## 4.1 开发生活资源主导的工程系统

人类生存所需的资源在已有科学认识的水平上，可区分为物质、能量和信息三大类。有史以来人类开发生活资源的进展，在标志性意义上可以概括为农业文明的金属革命、工业文明的能量革命和知业文明的信息革命。

### 4.1.1 农业文明的金属革命

耕牧、纺织、建筑、车船、冶金和文字等重大的技术发明及其工程，从根本上改变了人类对大自然的寄生关系，作为支撑技术为农业文明的发展奠定了基础。在整个农业文明时代的诸多工程中，金属的冶炼、加工和使用在提高农业生产力方面起了关键的作用，也为农业文明向工业文明过渡准备了条件。首先，发现和利用的金属是天然的铜、金和陨铁等，很久以后人们才找到从矿石冶炼金属的方法。青铜、铁和钢的出现，导致金属工具替代了石制工具。金属用于制造礼器、兵器和农具，对农业文明的发展起了重要的推动作用。青铜的使用标志着原始社会的解体和奴隶社会的诞生，而铁器的普遍使用则标志着奴隶社会的解体和封建社会的诞生。世界上最早使用金属的地区是西亚，而东亚的中国则是后来居上而成为冶金的主角的。

青铜是红铜（纯铜）与锡或铅的合金，熔点在700～900℃，比红铜的熔点低。含锡10%的青铜的硬度为红铜的4.7倍。世界各地青铜器取代石器的年代早晚不同，大部分地区在公元前 3000 年间先后进入青铜时代。中国的青铜冶铸在商周时期已高度发达，并且在其整个发展过程中作出了众多技术贡献，以泥范、铁范和熔模三大铸造技术而著称。湖北大冶的铜绿山古铜矿遗址和秦始皇陪葬的铜马车，分别展示了中国冶铜业的发展和青铜器的精巧魅力。除青铜外，还应提到另一种重要的铜合金——铜锌合金黄铜，在含锌量不多于40%的条件下，其基本性能类似于青铜，而含锌量在20%左右的黄铜颜色似金。西亚人早在公元前8世纪就发明了黄铜，并且随着黄铜制造技术的扩散，黄铜被罗马共和国等用于铸造钱币。青铜的坚硬对提高社会生产力起到了划时代的作用，但中国的青铜器主要是礼、乐、兵、车四类，许多明器（陪葬器物）铸成后就被埋置地下。从世界范围来说，青铜时代与奴隶社会形态相适应，中国是否存在过奴隶社会一直是个争论问题。

铁是地壳的重要组成元素，地球上的铁矿分布极广。但天然的纯铁几乎不存在，加之铁矿石的熔点高且不易还原，所以铁的利用较铜、锡、铅、金等晚。人类最早发现和使用的铁是从天而降的陨石，它是含铁量较高的铁与镍、钴等金属的混合物，西亚古苏美尔人的古墓中就保存有陨铁制成的小斧。这种“天石”毕竟极少见，陨铁器具很珍贵，也很神秘。只有通过矿石冶炼得到的铁才有广泛利用的可能，经过千余年的长期努力，古人终于在冶铜的基础上掌握了冶铁技术。铁的性能在很大程度上取决于其含碳量，含碳量极少甚至几乎不含的熟铁性能柔而韧，含碳量在1.5%～5%的铸铁（生铁）性能硬而脆，含碳量介于两者之间（0.5%～1.5%）的钢性能坚而韧。在冶铁工程的发展过程中，熟铁硬化（钢化）和生铁软化（钢化）技术起到了重大的推动作用。铁器的坚硬、柔韧、锋利，使其功用远胜过石器和青铜器，它的广泛使用极大地提高了生产力，铁犁和牛耕的结合使得几亩地就能养活一口人。

### 4.1.2 工业文明的能量革命

在农业文明时期，人类凭借经验实现了机械能之间的相互转变和机械能到热能的转化；在工业文明时期，人类借助科学实现了各种能量的转化，如热能、电能和核能。在18世纪下半叶，蒸汽机开始成为工业的主要原动机，而到19世纪下半叶，电动机开始成为工业动力的主角，20世纪下半叶，核能又加入能源行列。热机和电机作为动力机的使用和工厂化生产一起推动了工业革命，各种机械替代了笨重的体力劳动，人类随之进入了工业文明时代。有了火车、轮船和飞机等交通工具，几乎世界的每一个角落都留下了人类的足迹。在工业文明时代，农业生产已降至次要的地位，使用机械耕种只需要百分之几的人就足以养活所有的人口。在这场“能量革命”中，热能和机械能之间的相互转化、电能和机械能之间的相互转化是主导技术群的核心技术。

热机包括蒸汽机、内燃机和火箭发动机等，蒸汽机主要是利用蒸汽在汽缸内推动活塞往复运动而做功的热力发动机，虽然很早就出现了蒸汽提水机，但真正可作为原动机使用的蒸汽机是英国铁匠纽科门（T. Newcomen）在 1705 年发明的。经英国发明家瓦特（J. Watt）多年改进，与汽缸分离的冷凝器、双向旋转推动、离心调速器和气压表，大大提高了效率，在 19 世纪成为安全有效的工业原动机。内燃机是在发动机的汽缸内不燃烧燃料以形成高温和高压的气体而产生动力的装置，包括汽油机（1883 年）、柴油机（1892 年）和煤气机（1860 年）等。19 世纪下半叶诞生了第一台可运转的内燃机，法国工程师德罗夏（A. B. de Rochas）的高效四冲程内燃机（1862 年）和喷气发动机是利用高温气体从圆筒形的容器尾部喷射产生的反作用力来达到维持推进的目的，它有风洞推进器和火箭推进器两种形式，其原则性的区别在于后者在没有空气的太空工作需要自带液体或固体的氧化剂。

电机包括发电机和电动机，都是基于导线与磁体的相对运动，载流导线相对磁体运动为电动机，而非载流导线的这种相对运动会成为在其中激发出电流的发电机。电动机和发电机几乎同步地并且在相互影响下发展起来。由于电池作为电源的先期存在，电动机的发展从直流电动机开始，有了交流发电机以后才能有交流电动机。发电机则正好相反，由于技术上的方便，首先发展的是交流发电机。

核反应堆是核物理发展的直接结果，从第一次实现人工核蜕变（1919 年）到发现核裂变（1938 年）的 20 年里，物理学家们认识到质量中等的元素的原子核最稳定。较重元素的核容易分裂成质量较轻的核而放出能量，较轻的原子核聚变为中等重量的核而放出能量。原子核反应堆分核裂变堆和核聚变堆、裂变堆早已工业化。1945 年第一颗原子弹爆炸成功，1954 年第一座核电站建成。

### 4.1.3 知业文明的信息革命

在几千年前的农业时代，人类已经发明了文字、纸张和印刷术，它们作为信息载体为人类的思想交流作出了不可磨灭的贡献。在 20 世纪中叶，信息作为与物质和能量并列的第三类资源，迅速进入人类开发资源活动的视野。包括获取、传输、显示、变换、储存、识别、比较、加工和复制等的工程，通常被视为扩展人类生理器官（包括感觉器官、传导神经网络、思维器官、效应器官和执行器官）的功能。只要注意到信息概念用于分子遗传学所取得的突破性进展以及对生物遗传之信息本质的认识，我们就有理由把遗传工程视为一种信息工程。信息工程外延的这种扩大使我们对信息本质的认识提高到控制，因而信息工程也就是形成信息控制的系统，它是可以区分为物理载体、生命载体和心理载体的信息控制工程。人类经历了材质时代和能量时代，即以生物和金属为主要材质的农业文明时代和以热能、电能和核能为主要动力的工业文明时代，正在步入以信息控制为主导的知业文明时代。

信息的物理载体工程基于电磁波，20 世纪以来的信息革命是以电磁波为载体的信息控制技术，作为信息处理装置的电子计算机的发明是其标志。电子电路集成化、信息处理数字化和信息传输网络化构成信息技术革命的三部曲。电脑网络连接技术、光缆铺成的信息高速公路和安放在地球轨道上的通信卫星，使得人类的通信能力已经达到了覆盖全球的程度。在地球上繁衍了几百万年的人类已经使地球本身发生了改变，造成了诸如生态问题、能源问题等全球性问题，而全球化的通信网的基本格局的形成及其进一步完善，将为人类联合起来解决生态问题、能源问题、环境问题等全球性问题提供强有力的技术手段。人类的生存范围总是与其所能达到的有效的通信范围相一致。

信息的生命载体控制工程是基于生命遗传物质的基因结构在生物体上实现的工程。生命的过程包括物质过程、能量过程和信息过程，从遗传学角度来看，信息过程比生命的过程可能更为本质。遗传物质 DNA 分子双螺旋结构的发现、遗传表达中心法则的提出和遗传密码的破译，使得人们对基因的具体结构及其作用方式等有关问题有了基本的了解。作为 DNA 分子上遗传信息功能单位的基因，其通过转录和翻译过程控制蛋白质一级结构的形成，以及控制蛋白质二级和三级结构形成的某些线索的发现，为信息的生命载体控制工程开辟了前景。基因工程是按照预先设计的施工蓝图，把需要的甲种生物基因（目的基因）转入乙种生物的细胞中，使目的基因被复制并表达出来，从而使乙种生物的细胞获得甲种生物的性状，形成新的生物类型。按照操作水平的不同，基因移植工程可大体区分为核移植、转基因和基因重组。三者之间的区别在于，核移植是作为细胞整体或其核的整体移入到非受精的受体细胞，而转基因和基因重组则是通过基因的人工操作将外源基因直接引入或组入受体细胞，但最终的目的都是使作为受体的单个细胞在一种特殊的环境下分裂、分化，从而发育成完整的生物个体。

信息的心理载体控制工程与物理载体、生命载体控制工程不同，是一种心理操作的过程。属于这种心理操作的工程有很多，其中形式逻辑推理和语法转换规则，无论在日常生活，还是在科学研究中都非常重要。逻辑是从一些判断合理地得出另一些判断的规则，凡运用概念、判断和推理都必须遵守。公元前 5 世纪～公元 5 世纪，古希腊哲学家亚里士多德的逻辑学三段论式、中国墨家学派的名辩学三物法和印度正理派的因明学三支论法中，只有亚里士多德的逻辑学三段论式由于在科学中发挥了作用而得到了发展。以演绎法为中心的现代逻辑学，在德国数学和哲学家莱布尼茨的“思维计算”思想的指引下，由英国数学家布尔和德·摩根奠定了符号逻辑的基础，逐渐发展出演绎逻辑、集合论、递归论、模型论、证明论等诸多分支。语法转换规则是把一种语法转换成另一种语法的规则体系，语言学已经先后发展出多种不同类型的转换规则体系，但迄今最为完善的还是美国语言学家乔姆斯基在其转换生成语法中建立的语法转换规则体系。转换规则的主要功能在于，把一个句子类型转换成另一个句子类型，也可以在一个句子中增减某些成分，改变一些句子成分的顺序，用一个句子中的成分代替另一个句子中的成分。

## 4.2 扩大生存空间主导的工程系统

人类的集群活动是从小到大逐渐发展着的，其活动范围由近及远地不断扩大，交通工具（马车、船、火车、汽车、飞机和航天器）和通信手段（电报、电话、广播、电视、网络）起到了重要的作用。在扩大生存空间的种种努力中，张骞出使西域开辟的连接东亚和中亚的丝绸之路、欧洲人哥伦布开辟的横跨大西洋的航海，以及近几十年来发展着的航天科学工程，是这种工程发展史上具有里程碑意义的典型工程。

### 4.2.1 张骞开辟丝绸之路

丝绸之路是连接东方和西方的古代贸易大道，以中国的长安（今西安）为其起点，沿渭水西行，过黄土高原，经甘肃河西走廊，到达当时中西交通枢纽的敦煌。在此分成南北两路：南路出阳关入新疆，经若羌、民丰、和田、叶城等地，登上帕米尔高原的塔什库尔干，再经阿富汗、伊朗西去；北路出玉门关进入新疆，经吐鲁番、库尔勒、库车、阿克苏、喀什，再经费尔干纳等中亚地区到伊朗西去。南北两路在伊朗交汇以后，又经伊拉克、叙利亚、黎巴嫩，过地中海，到达终点的意大利的罗马、威尼斯。还有第三条路取道天山以北，经准噶尔盆地至乌孙再到大宛。因中国的丝绸从这条贸易大道源源不断地运往西方，19 世纪的西方学者称其为“丝绸之路”，这一名称被广为接受。

张骞是丝绸之路的第一开拓者，公元前 138 年，作为使者他被汉武帝派往西域，以联络大月氏合击匈奴。张骞及其贴身随从匈奴人甘父一行百余人从长安启程，经陇西向西行进。他们到河西走廊一带，不幸被匈奴骑兵俘获。在被扣留 11 年之后，于公元前 127 年逃离匈奴。他们继续向西行进，越过沙漠戈壁，翻过冰冻雪封的葱岭（今帕米尔高原），来到了大宛国（今费尔干纳盆地）。在大宛王的帮助下，张骞先后到了康居（巴尔喀什湖和咸海之间的撒马尔罕）、大月氏（阿姆河中上游）、大夏（巴克特里亚）等地。因大月氏不愿再东进和匈奴作战，张骞未能完成与大月氏结盟夹击匈奴的使命。张骞在东归返回的途中，再次被匈奴抓获，后又设计逃出，终于历尽千辛万苦，于公元前 126 年回到长安。公元前 119 年，汉武帝派重兵进攻匈奴大胜的同时，再派张骞联络伊犁河流域的乌孙共击匈奴。张骞带了三百多人、六百匹马和牛羊金帛数万顺利地到达了乌孙，并派副使访问了康居、大宛、大月氏、大夏、安息（今伊朗）、身毒（今印度）等国家。但因乌孙内乱而未能实现结盟的目的，张骞先于公元前 116 年回到长安，其副使们继续完成使命后也陆续归来。张骞前后两次出使西域凡历三十六国，为丝绸之路的开拓奠定了基础。霍去病大军消灭了盘踞河西走廊和漠北的匈奴，建立了河西四郡和两关，正式开通了丝绸之路。

张骞第一次出使开辟了北道，返回时开辟了南道，而他第二次出使开辟了第三条道。其后又有东汉班超经营西域，并于公元 97 年派甘英出使大秦（罗马），到达安息西界（条支）的波斯湾，这是汉代中国使者在丝绸之路上所达到的最西端。公元 3 世纪以前，天山以南两道，以南道较为繁荣。公元 3～5 世纪，三国两晋南北朝时期，以天山以北的通道最为昌盛。东晋高僧法显从长安出发（399 年），横穿塔克拉玛干沙漠，翻越帕米尔高原，到达中印度。唐代高僧玄奘西游从长安启程（629 年），经凉州、流沙河、哈密，穿越天山山脉到撒马尔罕，再前行过雪山而最后到达印度。意大利旅行家马可·波罗来中国也大体踏着这条丝绸之路往返。

丝绸之路是东西各国经济、文化和政治交流的重要通道。在经济交流方面，中国的丝绸、贵金属、铁器、铜器、漆器、杏桃和甘蔗等经它运往中亚、西亚并直到罗马，中亚以西各国的毛织品、玻璃、宝石、玛瑙、香料和化妆品以及中亚各国的葡萄等瓜果蔬菜输入和引种到中国。在文化交流方面，正是大月氏人经它把印度佛经传入中国（公元 1 世纪末）和安息高僧安清（字世高）来中国传布佛教（148 年）引得法显和玄奘等中国高僧去印度取经，箜篌、琵琶、筚篥等乐器以及绘画艺术也传入中国，甚至祆教、摩尼教和景教也先后由此传入中国。在政治交流方面，在中国张骞、甘英等出使西域的同时，也有马其顿、色雷斯、罗马等遣使中国。

### 4.2.2　哥伦布横渡大西洋

最早的航行多在河流和湖泊中，两河流域的苏美尔人很早就有了船只，并且在河口的埃里杜城已经有船出海了。最早的海上探险者是迦太基人，大约在公元前520年，一位名叫汉诺的人沿着非洲海岸航行，从直布罗陀海峡远到利比里亚边境。埃及第二十六王朝尼科法老也曾派出几名腓尼基人试行绕非洲一周，他们从苏伊士湾出发南行，历经3年由地中海回到了尼罗河三角洲。中国航海家郑和肩负着外交兼贸易的使命，在28年间（1405～1433年）7次沿印度洋海岸航行，每次出海都率数十艘大船和数万人，所经之地凡三十余国，最远到达非洲。因郑和航行本质上是连通了已知的航线，被公认为最有影响的大航海是意大利航海家哥伦布（C. Columbus）的横渡大西洋。

哥伦布出身热那亚的一个纺织工匠家庭，但他却立志当水手，而不愿意像他父亲那样当羊毛工人。与一位意大利航海家的女儿结婚后，他与他的岳父一起服务于葡萄牙的航海事业，成为一名技术娴熟的航海家。《马可·波罗游记》使他对东方的印度和中国十分向往，而他相信地球周长只有18 000英里（1英里=1.609千米）的错误估计又增加了他横渡大西洋去东方的信心。他为实现西航到东方的计划，先后向葡萄牙、西班牙、英国、法国等国的国王请求资助。在地圆说理论尚不十分完备的情况下，他因被看作江湖骗子而被拒绝。1492年，西班牙扫清了穆斯林在伊比利亚半岛上的最后残余，在凯旋声中国王答应了资助他横渡大西洋的请求。

1492年8月3日，哥伦布带着费尔南多二世给印度君主和中国皇帝的书信，率88人（大部分是囚犯）分乘三条小船，从西班牙巴罗斯港扬帆出发，在茫茫的大西洋上向正西航去。三条船中的最大者是圣玛利亚号，它载重上百吨并装有甲板，而其余两条船没有甲板。经过70个昼夜的艰苦航行，1492年10月12日凌晨他发现了陆地。哥伦布以为到达了印度，其实到达的是现在的美洲。他把他登陆的地方命名为圣萨尔瓦多，即现在中美洲加勒比海的巴哈马群岛。1493年3月15日，哥伦布回到了西班牙，满载着黄金、棉花、珍奇的鸟兽和两名印第安人。此后他又三次重渡大西洋，登陆了美洲的许多海岸。哥伦布至死都认为他到达的是印度，而一位名叫亚美利哥（A. Vespucci）的意大利学者经多方考察证明，哥伦布到达的不是印度，而是欧洲人前所未知的新大陆。遂这块大陆就以这位学者的名字命名：亚美利加洲。

哥伦布的发现震动了欧洲，葡萄牙、西班牙、英国、法国、荷兰的海员们相继加入这个新的探险行列。首先是葡萄牙人重新开始绕道南非去印度的尝试。1497年，伽马（V. da Gama）从里斯本航行到桑给巴尔岛，在一名阿拉伯水手的帮助下，他从那里绕好望角航行到了印度的卡利卡特，连通了大西洋和印度洋的航线。最有科学意义的是葡萄牙航海家麦哲伦（F. Magellan）的环球航行，它从地理学意义上展示了大地球形说的正确性。他向西班牙国王建议沿着哥伦布到达的地方继续往西航行，于是他受命组织了一支探险队。1519年8

月，他率领船队从西班牙塞维利亚城的外港出发了，共 5 条船和 234 人，并装备有枪炮和刀剑等武器以及各种商品。越过大西洋到达南美洲的东海岸，向南航行找到一个横穿大陆的海峡（后来命名为麦哲伦海峡）继续西航，在菲律宾群岛麦哲伦因与当地人争执而被杀害。他的助手埃尔卡诺率队继续西航，越过马六甲海峡，经印度洋并过好望角，于 1522 年 9 月回到了西班牙。船队到这时仅剩下维多利亚号这条船和 18 名船员。

哥伦布十年（1492~1502 年）四次横渡大西洋所开辟的新航道，使海外贸易的路线由地中海转移到大西洋沿岸。它改变了世界历史的进程，开创了在新大陆开发和殖民的新纪元。西方世界从此走出了中世纪的黑暗，以不可阻挡之势崛起于世界。人口正在膨胀的欧洲找到了一个新大陆，这里有能使欧洲经济发生改观的各种经济资源。欧洲人源源不断地移居美洲，他们毁灭了印第安人的文明，他们强迫数以千万计的非洲黑人到南美种植园，他们在这里建立了一个新国家。这个新国家极大地影响着旧大陆的各国，一种全新的工业文明成为世界经济发展的主流。

### 4.2.3 雄心壮志的航天工程

人类自诞生以来主要生活在地球的陆地上，而且生活在自然条件比较好的区域。人类为了扩大生存空间，几千年来曾进行过各种各样的探险，科学技术又不断增强这种野心和雄心。飞离地球已成为扩展人类生存空间的方向，并一步一步地、脚踏实地地进行着。早在 300 多年前，伟大的科学家牛顿就为我们飞出地球确定了力学上的条件。根据力学理论可以算出，当飞行器的速度达到第一宇宙速度（7.9 千米/秒）时就能环绕地球飞行而不至于落到地面，将飞行器的速度提高到第二宇宙速度（11.2 千米/秒）就可脱离地球引力而飞向太阳系的其他行星，要想离开太阳系则必须达到第三宇宙速度（16.7 千米/秒）。在半个世纪以前，宇航科学的奠基人齐奥尔科夫斯基（K. Tsiolkovsky）就曾说，地球是人类的摇篮，但是人类不能永远生活在摇篮里，他们不断地争取着生存的世界和空间，起初小心翼翼地穿出大气层，然后就是征服整个太阳系。

今天在地球周围的高空已有四五千个空间飞行器和数架航天飞机在飞行，其中包括侦察卫星、气象卫星、通信卫星、科学卫星等。人们对于天空中的人造地球卫星已经习以为常，甚至移居月球也成为人们茶余饭后的话题。虽然第三宇宙速度可以实现，但以这个速度飞出太阳系要花费以万年级计的时间，而且进行太阳系之外的一次通信联络也要一年的时间。所以，尽管美国的“旅行者号”是为飞离太阳系设计的，但在相当长的时间内人类的航天活动主要是以地球为中心的。因此有人把航天定义为地球大气层以外的太阳系之内的活动，所谓的太空电梯、太空医院、太空发电、太空冶金、太空农业、太空旅行，也都是在太阳系范围内的太空活动。从对浩瀚天空的敬畏到飞天的幻想，从凭经验的试飞到理论指导下的航天，已经走过了漫长的道路的人类，正凭借自己的智慧朝着建立空间站、移居月球和征服火星的“三部曲”前进。1989 年，美国总统依此宣布，到 20 年以后一定要把人送上火星。

在地球上空建立轨道空间站是人类飞离地球的重要一步，苏联和美国从竞争走向合作促成了国际空间站的诞生。空间站首先源于苏联 1971 年发射的礼炮号，先后共发射了七艘，“礼炮 7 号”于 1982 年在太空停留 211 天，创造了当时的世界纪录。其次是美国于 1973 年发射的空间实验室，从发射开始就出现了太阳能电池板的故障，试验任务受到影响，原定在太空可停留 10 年，后因不稳定于 1979 年坠毁。最后是苏联于 1986 年发射的有名的“和平号”，在太空工作的时间超过了原设计的年限。在头 12 年内，“和平号”已绕地球飞行 71 000 圈，几十名宇航员在上面工作过，俄罗斯宇航员波利亚科夫( V. Polyakov )在上面连续工作了 14 个月，创造了世界纪录。1995 年 6 月，美国宇航员访问了“和平号”，并实现了航天飞机和“和平号”的对接。

## 4.3 保护环境安全主导的工程系统

人类的社会生活中总是受到来自自然的和文化的挑战，环境安全问题是人类生存的永恒需要。作为古代防御工程的中国的万里长城、基于分担风险的英国的劳合社和认识环境的科学工程是三大典型工程。

### 4.3.1 中国的万里长城

作为古代防御工程典型，中国的“万里长城”自公元前七八世纪开始延续不断修筑了两千多年，分布在中国北部和中部的广大土地上，总长约 50 000 千米。其修筑的历史可上溯到公元前 9 世纪，为防御北方游牧民族的袭击，周王朝开始修筑的连续排列的“列城”。在春秋战国时期，自楚国在自己的边境上修筑起长城之后，齐、韩、魏、赵、燕、秦、中山等诸侯国也相继在自己的边境上修筑了长城。公元前 221 年，秦始皇统一了六国，结束了列国纷争的局面，建立了中央集权的国家。为防御北方匈奴游牧民族奴隶主的侵扰而大修长城，除利用原来燕、赵、秦部分北方长城的基础之外，经增筑扩修而成一万里长城，“西起临洮，东至辽东，蜿蜒一万余里”。其后中国的历代王朝，汉、晋、北魏、东魏、西魏、北齐、北周、隋、唐、宋、辽、金、元、明、清等，都规模不等地修筑过长城，以汉、金、明三朝的长城规模最大，都达到了 5000 千米或 10 000 千米。

作为一个完整防御体系的万里长城，除主体城墙外，还有敌楼、关城、墩堡、营城、卫所、镇城和烽火台等，由各级军事指挥系统分段防守。以明长城为例，在长城防线上分设了辽东、蓟、宣府、大同、山西、榆林、宁夏、固原、甘肃等九个辖区，被称作“九边重镇”。从鸭绿江到嘉峪关全长 7000 多千米的长城上，每镇都设总兵官负责辖区防务，并再负有支援相邻军区防务的任务。明长城沿线陈兵百万，总兵官驻守镇城内，而其余各级官员则分驻于卫所、营城、关城和城墙上的敌楼和墩堡之内。

长城城墙，一般平均高七八米，底部厚六七米，墙顶厚四五米。城墙顶内侧设高一米余的宇墙以防止巡逻士兵不慎跌落，外侧设高约两米的垛口墙（上部有望口，下部有射洞和礌石孔）以窥测敌情及射击和滚放礌石。重要的城墙顶上还建有层层障墙，以抵抗登上城墙的敌人。明代抗倭名将戚继光任蓟镇总兵官时，对长城防御工事作了重大改进，在城墙顶上设置了敌楼或敌台，以供巡逻士兵住宿和储存武器粮秣，极大地增强了长城的防御功能。

关城是万里长城防线上最为集中的防御据点，明长城设大小关城近千处，著名的如山海关、黄崖关、居庸关、紫荆关、倒马关、平型关、雁门关、偏关、嘉峪关以及汉代的阳关、玉门关等。烽火台布局在高山险阻处，作为长城防御工程重要的组成部分之一，它的作用是迅速传递军情。传递的方法是白天燃烟、夜间举火，以燃烟举火数目的多少表示来犯敌人的多寡。明代又在燃烟举火之外加放炮声，以增强报警的效果，峰回路转的险要之处的烽火台能三台相望。烽火台除传递军情的功能外，还为来往使节提供食宿、供应马匹粮秣等服务。

### 4.3.2 英国的劳合社

保险业作为人类应对各种天灾和人祸的一种复杂的工程设计，其思想和行为在古代就已经萌发。古巴比伦王国就曾向居民收取用以救灾的赋金，古埃及石匠曾建立过丧葬互助基金组织，古罗马军队也建立过阵亡士兵遗属抚恤互助组织。最早的保险单是出现在热那亚的船运合同（1347 年），最早的保险法是《巴塞罗那传令》（1435 年）。保险业随着海上保险、火灾保险和人寿保险业逐渐发展起来，到 19 世纪保险对象扩大到财产损失、人身伤亡、生存保险、责任保险、信用保险和再保险。20 世纪，保险业快速发展，从世纪初的一千多家发展到世纪末的数以十万计。在世界保险业的历史上，历史最久、名气最大、信誉最好、资金最雄厚、赚钱最多的保险组织是英国的劳合社。

劳合社又称“劳合会社”，源于劳埃德咖啡馆，英国茶商劳埃德（E. Lloyd）在 1688 年创建于伦敦塔街的咖啡馆。由于海陆商人经常光顾而逐渐成为商业信息交流场所，看到商机的保险商人们被吸引来此经营业务。在一张写有船主姓名、船舶名称和保险金额的承保单的末尾，愿意承保的商人顺序签署自己的姓名和承保金额，所需的承保金额全部有人承保后保险合同即告成立。这是一种以个人名义承保的组织形式，承保成员各自独立地并以个人的全部财产承担其承保的风险责任。随着劳埃德承保人队伍及其影响的日益壮大，1871 年英国议会通过一项法案使它成为一个正式的社团组织——劳合社。劳合社整体作为一个保险人，不仅得到英国金融服务局和英国政府的认同，而且也得到欧盟和世界其他国家和地区的保险监管部门的认同。

劳合社的运营体制包括管理机构和市场结构，使这个由保险人组成的集团成为世界上最有实力的保险组织。管理机构是选举产生的理事会，其下设立劳合社监管委员会和劳合社市场发展委员会以监督和促进市场业务的发展，以及理赔、出版、签单、会计和法律等具体办事部门。市场结构包括出资者、辛迪加组织、管理代理机构和经纪人。劳合社的出资者由公司（提供 84%）和财力雄厚的个人（16%）两部分组成，辛迪加组织是若干出资者委托一位代表人的承保组合，管理代理机构是负责辛迪加组织承保业务的公司，经纪人是代表投保人而独立于劳合社市场之外的营销人。当今的劳合社拥有 160 亿美元的资本，由 18 名理事、108 个辛迪加组织和 57 个管理代理组织和更多经纪人有条不紊地运转着。

劳合社是一个敢冒风险又善于经营的保险人集体，它所承保的项目几乎无所不包，从人造卫星、航空客机到某些影星的人身安全。每年承保的保费约 78 亿英镑（合 105 亿美元），占整个伦敦保险市场总保费的 50%以上。它设计了世界上第一张盗窃保险单，它为世界上第一辆汽车和第一架飞机出具了保单，它也是计算机保险、石油能源保险和卫星保险的先驱。20 世纪几次震动世界的大灾难，劳合社都有承保并如数赔偿给所有投保人。1906 年，劳合社为美国旧金山大地震引起的火灾付出了巨额偿金；1912 年，为英国巨型客轮“大力神号”触冰沉没赔付了 250 万美元赔偿费；1937 年，为德国“兴登堡号”飞船在美国上空爆炸赔偿了数百万美元，竟还敢以 1.8 亿美元的巨额赔款为 1984 年卫星发射保险。

劳合社这个社团组织，确切地说，是世界唯一的专业保险市场。它只向其社员提供交易场所和相关的服务，制订保险单、保险证书等标准格式，出版有关海上运输、商船动态、保险海事等方面的期刊和杂志。至 1996 年，劳合社约有 34 000 名社员（其中英国 26 500 名，美国 2700 名，其他国家 4000 多名）

并组成了 200 多个承保组合（辛迪加组织）。劳合社的每名社员至少要具备 10 万英镑资产，并缴付 37 500 英镑保证金，同时每年至少要有 15 万英镑保险收入。劳合社曾长期规定每名社员要对其承保的业务承担无限的赔偿责任，鉴于近年来累计亏损 80 亿英镑已改为有限的赔偿责任。20 世纪 90 年代，劳合社的业务经营和管理进行了整顿和改革，允许接受有限责任的法人组织作为社员，并允许个人社员退社或转成有限责任的社员。这种改革无疑淡化了劳合社其个人承保人和无限责任的特色，但并没有影响劳合社在世界保险业中的领袖地位。

### 4.3.3 认识环境的科学工程

在全人类的生存条件和环境日益恶化的严重挑战面前，国际上不同学科的科学家共同提出了“全球变化”研究课题，以促进环境质量的提高，预测未来的变化趋势，协调社会发展与生存环境的关系。这种全球性环境问题及其对区域生存环境影响问题的研究，就其科学内容而言已经远远超出了传统学科的范围，不同等级的“自然系统”已经成为不同目标的研究对象，作为整体的环境科学研究是一项复杂的科学工程。20 世纪 70 年代以来，全球变化研究成为国际科学的一个前沿领域，先后设计了三个彼此独立而又相互联系的重大国际计划：世界气候计划（WCRP），主要研究与全球气候有关的物理过程；国际地圈-生物圈计划（IGBP），主要研究全球环境变化有关的生物地球化学过程及其与物理过程的相互作用；全球环境变化人文因素计划（HDP），主要研究人与环境的关系。而且由于全球气候观测系统（GCOS）、全球海洋观测系统（GOOS）和全球陆地生态观测系统（GTOS）的建立和完善，一个完整的全球监测系统逐渐形成。

从整体上解决环境安全问题的方法产生了“地球系统”的概念。从全球尺度来看，可以把地球看作是由相互关联和相互作用的各具特性的地核、地幔、地壳、水圈、大气圈、生物圈、人类圈和地球空间诸圈层综合集成的、连续开放的、复杂的动力系统，也可看成是由相互作用和相互关联的固体地球子系统、表层子系统和地球空间子系统组成的复杂动力系统。正在形成中的地球系统科学，摒弃单一学科的研究方式，开展多学科的地球环境的集成研究，试图发展一种包括地球系统各组成部分之间物理的、化学的、生物的和人工的相互作用的地球系统的模式，并在地球系统模式和全球监测系统可提供的信息和资料基础上建立具有预测能力的全球和区域的环境模式，以进行环境变化的定量预测。

全球变化研究中最大和最突出的问题是全球气候变化问题，它不仅成为国际科学研究的重要课题，而且已成为各国政府在制定政策与决策的依据。如何预测气候系统的年际和年代际变化已成为重大科学前沿问题。国际科联(ICSU)与世界气象组织（WMO）联合制定了世界气候研究计划（WCRP），并从1986年已开始实施。通过这个研究计划，可以更深刻地了解各种时间尺度的气候形成与变化机理，从而可以预测气候变化与异常。为实现WCRP这一目标又制定了各种研究计划，如热带海洋和全球大气（TOGA）研究计划、全球海洋环流试验（WOCE）研究计划、全球能量和水循环（GEWEX）研究计划和国际地圈-生物圈研究计划(IGBP)。围绕着气候系统变化的研究，组织全球性、多学科的综合研究计划正在蓬勃发展。并且，为了进行气候变化预测研究，国际上相继建立气候预测研究中心，如国际气候预测研究所（IRICP)、英国海德里(Hadley)气候预测研究中心、日本的气候系统研究中心、德国的马克斯-普朗克（Max-Planck）气候研究所、中国科学院大气物理研究所等。大气物理学家们设计了大气环流模型(GCM)来模拟地球气候和预报未来气候变化。关于月、季时间尺度的气候变化与异常的预测研究正在深入进行，气候系统的年际变化预测的研究也在逐渐发展。

国际全球变化研究的焦点和重心从20世纪90年代开始转向生态系统对全球变化的反应与反馈及其功能与过程方面。在国际地圈与生物圈计划中的核心项目“全球变化与陆地生态系”(GCTE)已成为最活跃和不断扩展的研究领域。这类研究包括四个基本科学问题：生态生理学问题、生态系统的结构变化问题、全球变化对农林的影响问题、全球变化与生态复杂性问题。受大气环流模型的启发，生态学家们开始设计全球变化的生态模型。已经有三种不同尺度的模型建立：生态系统水平上的斑块尺度模型、由若干相邻斑块构成的景观尺度的模型和由景观结合而成的区域模型。景观尺度和区域尺度的模型进而联合成大陆和全球尺度的模型。人类正以大大超过生物圈自然演变过程的速度改变着全球生态系统的自然状态，其消极的后果已从全球增暖、土地退化、物种减少等方面逐渐反映出来。人地系统研究本质上属于人类生态学的范畴，而人类生态学的主要任务就是研究各种不同类型的复合系统及其与环境间的各种生态关系。

# 5 工 程 分 类

胡作玄

工程系统与科学系统、技术系统有许多共性，但也有许多不同之处。从分类的角度来看，首先要对它们的差异有明确的认识。工程系统与科学系统、技术系统的最突出、最明显的差异就是其中的主观因素、人的因素、不同人和人群的个体或群体差异，这些在研究科学与开发技术时是明确拒绝或有意回避的，这就是科学与技术的客观性原则。工程和工程系统从一开始就渗透着全然不同的主观性原则：工程是某人群为达到某种目的而设计并实施的，工程实现全过程是人全程参与的，工程成果是人工物或人造物。工程全程体现人们的价值观，从而价值是工程中最基本的和不可或缺的组成部分。因此，从系统的观点来看，标准的系统模式是输入—过程—输出，工程作为一个系统，其输入的最主要的要件是价值，在整个过程与输出中也离不开价值取向。工程研究不妨以价值为切入点。

## 5.1 价值及其分类

### 5.1.1 价值学

价值学是关于价值知识的元理论，是哲学的重要组成部分。很长时期以来，哲学的基本领域是本体论和认识论。本体论也称为形而上学或存有论，自从亚里士多德以来即被称为第一哲学。认识论也称知识论，它探讨人认识的过程与知识的本质。由于科学的发展以及 20 世纪初起哲学的科学化，本体论遭到颠覆，认识论成为哲学中真正的第一哲学。虽然到 19 世纪，科学的威力已为人们普遍承认，但是在哲学内外所探讨的一系列问题仍然没有合适的归宿，特别是道德哲学或伦理学以及美学问题。此外，各门学科的分化与发展也形成了相应的哲学分支，特别是政治哲学、宗教哲学、法律哲学等。到 19 世纪末、20 世纪初，一些学者把涉及主观价值判断的知识的元理论统一为价值论，以区别于以实证知识为基础的认识论。到 2004 年，更有学者把价值论称为第一哲学。

不管如何，21 世纪哲学已明确形成认识论和价值论两大部分。

## 5.1.2 价值的层系

研究工程问题时，必须对复杂的价值体系进行分析。由于价值哲学研究尚处于初步阶段，更谈不上与具体工程相结合。因此，这里只对价值的层系（hierarchy）进行初步的分类，以求显示工程研究中的需求与需要。

本节把价值粗分为四层，由人类的普遍价值到个人需要分层，中间加入社会、国家、文化的价值以及社会的功利价值两层①。

### 5.1.2.1 人类的普遍价值

人类的普遍价值分为四种：真、美、善、神圣。

1. 真

真是人类文明的最高价值之一，也是迄今为止其研究获得较为成功的领域。以近代科学为代表，真的价值体现得十分充分。从牛顿的时代起，科学的地位不断上升，不仅影响技术进步和物质生活，也影响社会及思维方式的进步。正是因为科学的成功，人们往往把科学与真理混为一谈。现代科学哲学的研究表明，科学理论具有相对性，也并非一成不变。不可否认，300 多年的科学进步主要应归功于人们掌握了研究科学的方法，但是，仍有大量的科学问题有待解决。尤其重要的是，科学只是真理大海的一小部分，大部分的真理是历史的事实与个人心理的事实，其中大部分难以为科学所概括。尽管其中大部分不一定很重要，但是有相当一部分十分重要。例如各种事故的发生、案件的侦破、犯罪的动机以及责任的追究等都需要有求真的精神，偏偏弄虚作假往往是社会的常态。在这方面，“真”的价值就凸显出来。因此越到现代，与求真有关的工程和程序日益增多和完善。在科学方面，自古以来就有天文台或观象台，近代有气象台网、大型加速器，都属于科学工程。在刑侦方面，已有指纹识别体系、DNA 鉴定流程等，它们都是体现求真价值的工程系统。

2. 美

美是人类最重要的主观价值之一。从 1750 年起，美学就是哲学的主要分支之一。与科学知识具有极大的客观性不同，美的价值与文化、社会和时代密切相关。美的价值历来为世人所尊重，这不仅因为自然的美、艺术的美使人产生美感，有愉悦心灵的作用，而且因为美的追求、美的意识对于科学的思维方式也有重要的贡献。美最重要的价值是，它是创造性、原创性、创新性最主要

---

① McDonald H P. Radical Axiology: A First Philosophy of Values. New York: Rodopi, 2004: 388.

的体现者，抄袭、照搬、千篇一律、重复都是艺术精神的大敌，也是与美不相容的。与一般人的理解相反，科学精神的核心是求实而非创新，科学以求得真实结果为目的，而不问结果是否会冒犯宗教教条或意识形态，更不想所得结果的美丑。通常所谓科学的创新实际上是一种方法上的创新，使之能有效地接近真实。从这个意义来看，艺术（还有技术）体现人的最伟大的创造精神。艺术家真正像《创世纪》那样无中生有地创造整个世界，特别是古典音乐的大家，如巴赫、贝多芬、勃拉姆斯等大作曲家，甚至都很少受民间音乐的影响，次一级的艺术则是模仿及改进自然。大多数工程，特别是建筑物，在实现其功能的同时，往往体现崇高与美，希腊的神庙、中世纪的教堂、中国的园林建筑等无不体现美的价值。

3. 善

善恶、道德自古以来就是各种文化集中研究的对象，许多民族与文化没有知识论（认识论）、美学、逻辑等哲学分支，但有道德哲学或伦理学，这样，道德问题往往成为第一哲学。对大多数社会来说，道德构成社会最重要的原则及规范，形成文化传统和风俗习惯的主体。这些表现为道德具有社会性、文化性、民族性及时代性。它体现了道德发展的初级阶段，而且往往与政治、经济、法律、宗教等结合在一起构成统治者暴政的基础。这个阶段的道德已经反映在工程上面，例如有我国特色的贞节牌坊等。

这里所涉及的善是带有全人类性质的、最高级的善。它涉及两个方面：一是人的本质与人生的意义、人的价值，总之，什么是一个理想的人；二是人与人之间的和谐关系，其中既包括社会理想，如平等、自由、博爱等，也包括公德意识及公德心、自尊也尊重他人和平等态度。

伦理观念与工程密切相关，近年来已有工程伦理学的建立。从广义工程角度来看，许多问题已经涉及伦理问题，特别是生物工程，例如克隆人、干细胞研究，甚至转基因作物等。不久之前，生命伦理学与环境伦理学已成为公认的学科，其中有许多有争议的论题。

4. 神圣

神圣是有别于真、美、善的人类价值的最高理想境界，其主要显示方式是宗教。正如其他人类价值一样，宗教有积极的方面，也有与之对立的消极方面。这些消极方面包括迷信、狂信、盲目崇拜、宗教极端势力、与世俗制度合一实施残暴统治与宗教战争等。这些都是宗教与人性结合的产物。然而，宗教的价值在于它树立了一个完美的理想，例如基督教的上帝，他尽善尽美，全知全能，无处不在，无所不有，超越万物又内在于万物，代表最高的公平与正义等。所有这些都代表人的最高理想。

在历史上，宗教在政治制度、法律制度、教育体系、文化建设诸多方面有着不可忽视的影响。时至今日，许多与宗教有关的工程作为人类文明遗产仍然保留下来。

#### 5.1.2.2 社会、国家、文化的价值

同理想价值一样，这些价值也有正面和负面两方面。个人都生存在特定的国家、社会及文化的范围之内，因此会产生更狭隘的价值观。与普遍的人类理想不同，这些价值观仍具有强烈的社会性及社团性。它们不仅要考虑自身的价值，而且要考虑其他社会、国家、文化的价值。随着历史的发展和进步，文化冲突已是不可避免的现实。最典型的是国际主义、世界主义与国家主义、爱国主义、民族主义乃至种族主义的不同价值观所导致的各种后果。各种价值都体现在工程方面，也体现在历史进程当中，典型的是各国，特别是纳粹排犹政策等罪恶行径。

这方面的价值有四个方面。

1. 生存价值

主要是个人、社会乃至国家是否有存在的价值，得到基本的供给，有基本的安全保障，受到保护。这种最基本的价值至今仍受到挑战，从残害、杀戮、酷刑，到各种歧视，如性别歧视、年龄歧视、种族歧视、宗教信仰歧视等在各个国家都是存在的，只是程度上的不同。

2. 共存的价值

由于贫富悬殊而且逐步拉大，强弱差别加大，民族仇恨、阶级仇恨有增无减，理想中的和谐社会、和谐世界至今还是遥不可及的理想。专制制度，反对民主与法治，对人权的忽视，特别是利益的驱动，更使冲突与战争不断，和平共存在国与国之间仍有极多的困难。

3. 成长的价值

个人也好、社会也好、国家也好，在基本解决内在基本需要之后，在不同价值观的推动之下，以不同方式发展。在大多数情形下，出现享乐型和扩张型取向。这造成社会、经济、政治的不均衡，产生矛盾及冲突。由于国家主权的关系，许多国家不负责任的扩张是以全球资源和环境恶化为代价的。人们难以制止日本人捕鲸，也难以制止许多国家高能耗制造业的疯狂发展。功利价值与社会非功利价值永远处于矛盾之中。

4. 完善的价值

社会逐步由落后向先进方向转化。这不仅在经济上有所改善，而且在文化上有所发展，这种文化不仅局限在民俗文化，而在高雅文化方面应得到鼓励。

社会应该遏制恶性的浪费、享乐、权力集中、特权分配体制，使社会走向健康和成熟。对于未来文化，特别是科学、艺术、技术、学术，应该合理鼓励，而非放在市场之中，听任劣胜优汰，只有这样社会才会真正地进步，逐步完善，实现理想的目标。

#### 5.1.2.3 功利价值

前两个价值是偏重理想的、抽象的价值，它们对工程实践肯定有潜在的影响。但是，每一个具体工程的设想、设计、实施都涉及人或集体的意志、目标、理想、需要，而这些都最终落实到工程的功能和效益上。功能和效益显然有矛盾，任何价值标准都有侧重点。一个国家要发展核武器往往不计成本而只考虑功能，开发商盖楼很可能只顾经济效益，而根本不管工程质量。但不管怎样，所有工程都需要考虑功利价值。

功利价值主要有如下四方面。

1. 功能或功效

任何工程都要达到某种目标，得到某种成果。这种成果应该完成或接近最初的设计与设想，体现出各种价值。工程系统的复杂性在于，一个工程往往是多目标、多功能的，最典型的是水利工程兼有蓄洪和发电的功能，但它也有生态环境方面的负面影响。这些在工程设计中是必须考虑的。

2. 经济效益

简单说就是花较少的钱办更多的事，在完成同样成果的前提下，实现费用的最小化。对于复杂的工程，有专门的分支研究这个问题，这就是价值工程（value engineering）。

价值工程是 20 世纪 40 年代产生于美国的管理方法。在第二次世界大战期间，由于一方面军工产品需求量大，另一方面原材料紧缺，价格大幅上涨，而且采购也十分困难。这时通用电话电子公司设计工程师麦尔斯（L. Miles）采用同样功能代用品的方法，不仅解决了原材料短缺，而且降低了成本，提高了质量。他根据这些经验在战后对功能、费用与价值的关系，进行了深入系统的研究，提出了功能分析的方法，强调区分必要功能和非必要功能，消除不必要功能，最后得出一套以最小消耗提供必要功能、获得较大价值的科学方法。他在 1947 年所发表的论文《价值分析》标志着价值工程的正式诞生。价值工程的名称是美国国防部正式改名的，此后美国大多数工程项目普遍应用价值工程。1961 年，麦尔斯出版了第一部价值工程专著，价值工程在日本及其他各国得到推广。

在价值工程中，价值（V）、功能（F）及成本（C）由下述简单关系联系

$$V=F/C$$

由此可以得出提高价值的各种途径。从抽象的角度来看，成本是各种资源的消耗。因此，降低成本从消极方面来看是尽力减少资源的浪费，从积极方面来看则包含资源的保护及可再生能源的开发。

3. 时间效率

在完成同样的工程前提下，时间的节约往往是最大的节约。时间的节约往往带来工时的节省，从而节省开支，增大经济效益。

时间效率的考虑最早可以追溯到管理科学的产生与发展，泰勒（F. Taylor）对于工作操作的研究导致科学管理的产生，他也被誉为“科学管理之父”。他的着眼点还是初步的，着重于减少工人在操作中浪费的时间和多余的动作，然而单是这样已可大幅度提高生产效率。现代工程是复杂系统，由多种不同的过程链组合而成，它们之间不仅有整合问题，而且还有时间的协调问题，这些方面的问题在20世纪90年代形成了同时性工程或合流工程。

4. 可靠性

任何一项工程的目标最后都落实到使用上。工程寿命短、抗风险能力差或需要大批人力、物力、财力来进行维护、维修，都是工程的最大浪费。国内外有许多“豆腐渣工程”，还有各种有安全隐患的工程，这些工程更会造成大量的人员伤亡和财产损失。

不可否认，由于工程是复杂系统，其中体现的价值有很大不同，甚至相互矛盾。特别是近年来，人们更为注意环境价值和公共价值，而不仅仅是满足少数人或集团的私欲。从这个意义上来讲，功利主义的价值观应该受到关注，也就是功利目标应该是满足最大多数人的最大幸福。这一目标虽然只是一个理想的境界，但是含有合理内核，就是必须把各种资源的浪费降到最低。这也导致现代资源工程、环境工程、生态工程等的产生。

#### 5.1.2.4 个人需要

所有工程最初都来源于人类的动机，动机是人类生存与发展的内在动力，而需要则是动机产生的基础和源泉。心理学家对于动机和需要有很多研究，而公认的经典论述则是美国心理学家马斯洛，他的需要层次论最早出现在他在1954年出版的《动机与人格》一书中[①]。

马斯洛把人的基本需要分为五个层次，由低到高排列，低层次需要是高层次需要的基础。一般来讲，只有在低层次需要获得满足之后，才进一步产生高

① 马斯洛. 动机与人格. 许金声，程朝翔译. 北京：华夏出版社，1987.

层次需要。五个层次的需要依次为：①生理需要，维持个体生存乃至种族延续的需要，包括水、食物、性的需要。②安全需要，维持个体存续、提高生活质量的需要，包括维持健康，消除或降低安全隐患。③归属与爱的需要，它是在个体生理需要及安全需要得到基本满足后的社会需要，在灾害、战争等发生时尤为重要。④尊重的需要，个人对自尊以及被他人尊重的追求，这是人在社会群体中确定社会地位的需要，也是和谐社会的必需。⑤自我实现的需要，指实现个人理想、抱负，充分发挥个人潜能，成为自己所期望的人物。这个概念来自马斯洛的独创，而且与前四种需要有本质的不同。马斯洛强调前四种是缺失性需要，它体现个人的生物性及社会性方面，也是在个人发展的早期阶段陆续产生的。但是，人与其他动物的不同之处在于人具有个性、理想，能够超越自我、实现高级价值的诉求。它们的存在对于整个社会是极为重要的。最典型的是，正是由于人有自我实现的需要，人的社会才有创造性，才能进步，马斯洛特别强调个人一种不同于缺失性需要的成长性需要。缺失性需要不难满足，而成长性需要则是永无止境、永不满足的。自我实现推动社会向高级阶段发展，能使个人发挥创造性，使科学与艺术不断进步，到达真、善、美的高级境界。

上面的价值层系与个人基本需要的层次在现实生活中，特别是在工程实践中形成了一个复杂的价值取向的目标网。不同社会、不同文化以至不同个人都有一套现实的人生价值观，这些价值观的差异、矛盾导致社会的冲突。占统治地位的个人和阶层往往把自己的价值观以工程的形式加以传播，有的甚至形成一种传统。因此，我们不得不稍加分析。

最为常见的价值观是追逐财富、物质主义、拜金主义、享乐主义的价值观。由此派生的是追求权力、财富以及与之相关的谋求特权、争取社会地位的价值观。对于权力和财富的追求是造成社会斗争不断的根本原因。社会斗争造成价值变形，也就是好战、好斗、谋取成功、追求胜利乃至追求荣誉、地位的个人人生观。这些从根本上来讲是利己主义的。中国皇帝的目标主要就是夺取政权及巩固政权，所有的工程建筑均为其享乐服务。而其文化建设也完全为维护专制统治服务，这在清朝已达到登峰造极的地步。清朝已完成一整套维护皇朝统治的物质工程（如故宫、颐和园等）、社会工程（四库全书以及大量禁毁书籍）等。因此，在讨论工程时，不能不对这些价值取向有所考虑。

## 5.2　工程的范围

工程与技术一样，似乎没有一个公认的分类标准，而且把工程与技术混在一起分类。为了做出一个较为合理的分类，需要对已有的工程进行甄别，另外对于随着技术与社会进步不断出现的新的工程加以确认。因此，本章从两条途径考察工程的分类：一条是通过历史上工程的演化来分析新兴工程是如何逐步扩大及发展的，另一条是对于现有的工程及准工程从逻辑上进行合理的分门别类。

现有的工程门类比较多，最新的《美国百科全书》工程（engineering）条目中认为，工程至少包含 50 个专门领域，其中按字母顺序列出航空工程、航天工程、生物工程、陶瓷工程、化学工程、土木工程、电机工程、工业工程、材料工程、机械工程、冶金工程等。在其他条目中，还专门介绍一些非传统工程，例如人因工程（human engineering，它也称为 human factors engineering，也译人类工程等，人因工程最早是台湾译法）、系统工程等。而《不列颠百科全书》只强调土木工程、机械工程、电机工程和化学工程四大工程是近代最为主要的工程。这种分类法比较简要和科学，对于 17 世纪到 20 世纪上半叶，这种分法比较恰当，我们在讲述历史上的工程时，主要参考这种分类方法。其他各国的百科全书大同小异，多遵循《美国百科全书》的罗列方法。

工程系统论的研究同科学系统论、技术系统论的研究一样，也注重知识方面。国际权威的《工程索引》把工程分为 38 个分支，它们是土木工程，建筑材料，建材性能检测，交通运输，水利及供水工程，污染、卫生工程、废弃物，生物工程，海洋及水下工程，工程地质学，矿业工程，石油工程，燃料技术，综合冶金工程，金属冶金工程，综合机械工程，电厂与电力机械工程，核工程，液流力学、水力学、气体力学与真空，热与热力海陆空，航空和航天工程，汽车工程，船舶工程，铁路工程，物料搬运，综合电子工程，电子学与通信工程，计算机与数据处理，控制工程，光与光学工程，声与声学工程，综合化学工程，过程产业化学工程，农业工程与食品技术，综合工程，工程管理，工程数学，工程物理学，仪器与测量。

上面所涉及的工程主要是传统意义下的实物工程。在工程系统的研究中，工程的概念有相当广泛而深入的推广。这些推广往往并不严格，甚至很不严格，但是，应该在工程系统论的理论指导下，透视其工程或非工程的本质属性，在工程分类的研究中予以考虑，至少进行适当的澄清。[①]

广义的工程可以分为如下四类。

## 5.2.1 信息工程类

随着计算机、网络等技术的发展，形成了一组以软件为主的新工程门类，

① Mildren K W, Hicks P J. Information Sources in Engineering. 3rd edn. London: Bauker-Saur, 1996.

这些工程已得到公认，其标志是出现以学会为主要国际性的组织和会议以及专业期刊。换言之，它们已被划入正式工程的范围，只是其成果不是实体，而是软件、数据库、程序，甚至标准、协议等。这类工程包括软件工程、（狭义）知识工程、信息高速公路、快捷检索系统等。

### 5.2.2 一般知识工程类

这类工程与上述工程的不同之处在于它的成果不仅是工具，同时具有科学、技术、工程相互结合的特色。这类工程相当于在 1962 年形成的大科学的概念。这类工程在第二次世界大战前后已经出现，例如英国的雷达与战斗机协同的工程，这一方面导致德国轰炸英国的失败，另一方面导致运筹学的诞生。其他的工程还有密码破译与密码设计工程，这一方面导致德国深蓝密码的破译，另一方面推动密码学（cryptology）与密码术（cryptography）等热门学科产生。维纳对火炮系统的研究导致控制论的产生，大量计算工程导致电子计算机的诞生。战后多种类型的加速器、发射哈勃太空望远镜、发射气象卫星以至探月计划、火星计划以及类似的航天计划，地质勘探与遥感计划等都可以归结为科学工程，现代最有影响的科学工程包括曼哈顿计划、登月计划、人类基因组计划等。这些工程都体现现代科学工程极端复杂性的特点。

除了上述大科学工程之外，还有小科学工程，其中包括古生物发掘以及考古挖掘等。从技术结构上，它们与探测挖掘等似乎并无不同，但目的迥异，这显示工程中价值因素的主导地位。

科学工程也有网络性实体，例如气象台网、地震台网等。它们显示工程的多目标性，这是工程系统的主要特点之一。

人类现在已存有海量的信息，在部分知识湮没无闻，如何从这些文献中整理出有用的知识是知识工程的长远目标之一。

### 5.2.3 社会工程

社会是十分复杂的系统，与自然系统或食物系统不同，它的终极产品不是被改造的自然，也不是人工建造的实体，而是一种体制或制度。典型体制的建立完全带有工程的特色，具有设想、设计，实施及逐步改进，最终成果三部曲的过程，而且目标及目的也十分清晰。与社会科学四个门类相对应，社会工程可分为政治工程、经济工程、狭义社会工程、文化工程等，但除此之外还有具有强实践性的工程，最典型的是法律工程、教育工程、安全工程、福利工程等。

### 5.2.4 元工程

在一些粗糙的工程概论中，存在一些与每项工程都有关的问题和分支领域，我们把这类工程归入元工程，这样可以避免把比如说采矿工程与设计工程混分在一个层次上。

元工程最典型的领域是设计工程，只是通常简化为设计。但的确存在学术期刊《设计工程》[①]，设计和工程往往更多地命名工程设计，但两者并不相同。一切工程都由设想及设计开始，设计在工程中起着举足轻重的作用。工程在设计阶段也有着重要的流程。工程的流程与施工的流程都具有系统及复杂性，设计中有许多关键问题，特别是理想目标与现实可行性的矛盾，这些对于设计者的创造性是一个挑战，设计者体现前所未有的创造性，因此设计工程中包含创造工程的因素。

元工程另一重要领域是管理工程。管理工程常称为管理科学，实际上它既非科学，也非技术，而是具有特殊组织形式的工程。科学与技术都是相当客观的知识领域，但管理较多的是主观因素与工程现实的特殊性，管理贯穿在工程的整个阶段，它是决定工程成败的关键。

另外一些元工程都归因于工程中的个人因素与主观因素，工程从设计、施工、运作及使用都与人有关，因此，人的因素在所有工程中都应考虑。这类工程包括人因工程、人-机工程等。

工程中的调节控制以及自动化都产生相应的元工程，如控制工程、自动化工程等。

这四类广义工程已经比较多地得到公认，因此，必须纳入工程研究及分类的考查范围，但是，这里也必须提到国内对工程过多的象征性使用。比较接近工程含义的是一系列金融工程，如金卡工程、金桥工程、金税工程等，其意义只是表明大型项目。

## 5.3 历史上的工程

### 5.3.1 古代及中世纪的工程

工程贯彻人类历史当中。在传统社会中，工程基本上是建造工程，也就是利用自然的材料，主要靠人力，建造建筑物，供人类的需要。因此，建造工程

① 有两种以设计工程命名的期刊，月刊 *Design Engineering* 由 Mrampian Grampian 出版，另一种同名期刊，每年十期，由 Maclean Hunter 出版。

是最基本的工程，也是最典型的工程。建造工程的成果累累，现存的建造工程几乎都成为人类文化遗产。古埃及的金字塔、中国的长城是其中最典型的例子。这些建筑代表工程上的奇迹，至今也令人叹为观止。它们无一不显示出工程的典型特征，对它们的分析有助于了解工程的本质。

工程的时代性在这些古代工程中显示无遗，它们极其宏伟，但是思想却显示出当时的狭隘的价值观念，在宗教还不发达的地区，建筑都显示统治者（在中国就是皇权）的威严以及对来世的信念。中国的统治者不仅建造华丽的宫殿，而且盖有大的地下陵墓。地下陵墓往往比地上陵墓保存得更久远。除中国的建筑之外，其他国家的建筑大都与宗教和信仰有关。因此从一开始，公共建筑比较发达。

公共建筑主要体现在庙宇和神庙、教堂及清真寺等宗教建筑，它们不属于个人，而且体现共同信仰的神圣价值。马耳他神殿甚至比金字塔还要久远。雅典的巴特农神庙遗迹犹存。印度的阿旃陀石窟与中国后来的许多石窟更有宣传功能，北美印第安人也修建了阿兹特克大神殿。它们的认知价值、美学价值、神圣价值都不可低估。而最为宏伟的宗教建筑则是中世纪大教堂以及伊斯兰教清真寺。

真正意义的公共建筑似乎来自古罗马，典型的是公共浴场和大斗兽场。最具有实用价值的则是著名的罗马大道，它不仅有军事功能，而且对于个人及商贾都提供快捷的通道，有意思的是，它对基督教的传播也有深远影响。古罗马的公路网为另一类工程实体——网络提供了样板。另一项公共工程是罗马水道，它反映西方最古老城市的市政建设。而东方的公共建筑也有不少，主要是驿道与水运工程（如京杭大运河），如都江堰及大坝有利于农业生产。

从用途来看，古代的建筑还可分为民用工程及军用工程。有许多工程是军民两用的，例如桥梁。典型的军用工程就是堡垒、碉堡、要塞、城墙等防御性措施。

### 5.3.2 近代工程

到了 17 世纪，特别是 18 世纪工业革命以后，工程开始系统化、机械化并形成独具特色的专业分支。古代的建造工程发展成为土木工程，它是第一个工程分支，不仅发展了古代桥梁、道路及各种建筑类的工程，还发展了许多新的项目，特别是交通与运输工程，如铁路工程、隧道工程、港口工程、机场工程等。随着城市的发展，市政工程例如上下水工程、卫生工程的建设也逐步开展，属于土木工程的扩张还有城市规划这类大工程项目的设计和实施。由于社会的进步，公共建筑物也呈现多样化的趋势，如市政厅、会议厅、剧场、音乐厅、图书馆、博物馆、体育场馆、电影院等，另外大型工厂、商场乃至行政及事业单位的增多，完全改变了城市的面貌，土木建筑在任何时期永远是第一工程。

18 世纪末，工业革命的兴起及普及导致机械工程的产生，各类工业机械和发动机的设计、研制、试验及开发，导致工业化及机械化时代的到来。

19 世纪，电磁学与化学的发展改变了工程的面貌，电气工程与化学工程应运而生。电气工程完全改变能量供给与分配的方式，电磁波的产生与利用发展出通信工程、无线电工程、计算机工程等。化学工程则为大规模制造化工产品提供了基础，它进一步导致石油工程与材料工程的发展。

工业革命之后的 200 年间，由于社会及技术的发展，一种新型的工程样式——网络工程发展起来。现代社会可以称之为网络社会，人的各种必需品的供应方式有着明显的改变。自古以来，必需品的供应及消费方式基本上有四种，以水的供应为例来说明，显然它们都涉及工程：①自己供给自己消费，如自家打井，自己用；②个别供给、个别消费，如各地掌握淡水资源的人通过市场机制卖水，消费者通过交换获取水来用；③集中供给、集中消费，如古罗马的公共浴场；④集中供给、个别消费，如现在自来水公司供应自来水。

所有这些方式都在过去出现过。但只有在近代，第四种方式成为文明社会的主流，我们把它称为网络方式，它对工程的发展有重要影响。为此，必须建立网络工程，当然还有供给者的工程。古代的网络工程主要是道路或运输网络。工业革命以后，相继出现铁路交通网络、电报网络、自来水网络、污水污物排放网络（这在雨果的《悲惨世界》中有极为生动的描写）、电话网络、电力网络、煤气网络、集中供热、无线电广播网络、电视网络、有线电视网（这两项是第二次世界大战以后才有的）、公路网及超级公路网等，建立这些网络的工程一般都是技术含量高、耗资不菲的工程。典型的例子是 19 世纪后半叶建设的大西洋海底电缆，当时英国领头的物理学家汤姆森（W. Thomson，又称开尔文勋爵）就关注这件事。网络工程实现了许多功能，提高了效率和效益，在某种意义上也实现了一定的公平，对社会进步有重大意义。当然，网络工程也有不足之处，典型的是出现事故及故障，例如停水、停电等。这时需要其他方式来补充。这个缺点也显示工程的使用及维护问题在工程系统论中的重要性。

近代社会还包括一系列社会工程的创新。1750 年以前，几乎所有社会，政治制度均为君主制度、寡头统治、封建统治。其后，1776 年美国革命与 1789 年法国大革命出现了制度及法律的创新。有许多一直沿用（经过若干修补）至今。典型的是 1787 年通过的美国宪法与 1804 年颁布的《拿破仑法典》。在这个过程中，金融工程也日益完善，其中包括银行法、保险法以及 19 世纪末的证券市场制度和各种反垄断法。由中国的现实可以看出，这些“工程”是多么难以建立。另一项巨大工程是教育工程，先进国家的基础教育也是这时开始普及的。

### 5.3.3 现代工程

第二次世界大战以后，工程领域有着突出的、质的变化，它是我们据以划界的根据。当然，任何时期都具有同过去时期相似和相传的特点。从工程领域来看，随着科学和技术的进步，传统工程有着重大的发展，例如建筑工程出现更高的摩天大楼，桥梁工程出现更大跨度的桥，技术层面、施工方法等方面都有很大突破，自然由此也产生许多新问题。这些向高、大、精、尖等方面的发展从工程系统论的角度看，对整个工程系统的构架还不能说有着巨大的改变。

工程领域在这个时期比较大的变化是一系列全新的工程领域的出现，还有一些传统的工程领域有着明显的扩张以至于整个工程领域的面貌有着系统性的改变。这种情形在材料工程中表现得最为明显。在第二次世界大战之前，材料工程的内涵大都分散在化学工程、冶金工程、陶瓷工程等领域之中，而近50年早已超出这些狭窄领域，形成材料科学与工程的新概念。1960年左右，美国开始用“材料科学”一词，第一部《材料科学与工程百科全书》在1986年出版。但是，重要的不在于提出包罗万象的名词，而是内涵的改变。在第二次世界大战之后，材料的研制从以经验为主过渡到以科学设计为主，从而进入“材料设计”（materials by design）时代①。材料设计的概念始于20世纪80年代初，随着有关学科的发展，材料设计愈来愈受到重视。从工程系统论的角度看，设计不仅是工程的最重要的组成部分，而且还是启动工程的要件。正是由于设计的出现，材料工程大大改变了传统工程的面貌。

材料工程还不能算是崭新的领域，第二次世界大战后出现的全新工程有核工程、航天工程、生物工程，而最重要的则是信息工程乃至更为一般的电子工程。信息工程或电子工程的出现不仅仅是一个全新工程领域的出现，而且更影响了所有其他工程领域，这也是为什么把第二次世界大战结束作为划分工程分期的理由之一。

近代与现代的分期从工程的角度看还有一个更为重要的理由，就是第二次世界大战结束之后，形成了一个庞大的学科群，其中的思想直接影响了工程乃至其他领域的发展，其标志是维纳在1948年出版的《控制论或关于在动物和

---

① 师昌绪，钟群鹏，李成功. 中国材料工程大典（第1卷）：材料工程基础. 北京：化学工业出版社，2006：8-9.

机器中控制和通信的科学》。现在我们熟悉的许多概念及思想，大都在其中有所反映，有的也发展成为独立的学科分支，其中包括系统、控制、信息、通信、自组织、调节、反馈、自繁殖、自学习、自适应、自动控制等。另一位伟大的数学家诺伊曼（J. von Neumann）提供了另外一套概念，特别是对策论、决策理论、人工智能、计算机科学等，同时产生出系统工程、系统分析、运筹学等分支。

这些先驱的贡献最终导致一系列新学科的建立，特别是钱学森的《工程控制论》（1954 年）的出版为控制论与工程的结合奠定了基础。此外还产生生物控制论、经济控制论、社会控制论等，它们形成生物工程、经济工程、社会工程的理论基础。控制论和系统科学的思想与软件技术相结合影响近年工程设计及工程实践，促成整个工程领域的革命性变化。与此同时，工业工程、质量工程、价值工程等新兴领域也逐步建立及完善。

### 5.3.4 面向未来的四大新兴综合工程

根据工程系统论的分析，工程和工程系统具有明显的价值依赖性、价值综合互动性、扩展性、复杂性等特征，因此，从历史发展来看未来，四大新兴综合工程将是人类最为关注的工程系统。它们是：①安全工程；②环境工程；③资源工程；④文化工程。

这四类工程在一般研究中，往往互相包含或交叉，特别是前三类工程，这里进行如此分类的理由同前面一样，主要是依据价值的分类以及不同的个体和群体的社会目标的差别。

安全工程一般是处理威胁人或人群的生存与发展的突发性事件的。其中典型的代表是自然灾害的防灾、减灾工程。灾害具有很大程度的不可预测性，而且往往会带来严重的后果。在当今的条件下，大多数灾害是人力难以控制的，尽管从长远看，科学和技术对预报、减灾技术等会逐步进步，但当前的主要目标还是使人员及财产损失极小化，后果的影响面及持续时间减少。相反，环境工程则使人类的生存环境优化，使环境改善极大化，尽管对此仍有不同的认识，但环境工程与安全工程的价值取向是相反的：环境工程的目标是积极的、进取的，而安全工程是消极的、防御的。当然，它们之间也有密切关系，人对环境的破坏终将造成各种灾难，然而，对灾难的出现和后果的严重性仍有不同的评价，现存的体制也很难遏制环境的破坏。这两项工程又与资源工程有关。但是，这里的资源工程不仅是对自然资源的开发和利用，更重要的是对人力资源的开发及优化以及知识资源的创新。文化工程虽然包括知识工程，但它的内涵远远超过知识工程的范围，它同人类千百年历史一样，还涉及宗教、意识形态、原始文化等方面，更涉及人类多种文化如何和平共存、如何共同发展等一系列问题。这里面也有许多交流、沟通、相互理解许多哲学、科学、技术多层面的主题。早在一个多世纪之前，许多和平主义者创立多种世界语［最后只有柴门霍夫（L. L. Zamenhof）的“世界语”（Esperanto）得到流行］，但和平的梦想很快就破灭。这也许是最早的“语言工程”，时至今日，语言与文化传播仍然是当前世界一个非常重要的未解决问题。

#### 5.3.4.1 安全工程

安全工程是以消除或减少人及其他有价值的对象遭到毁灭、伤害、损失为目标的。造成不安全的原因主要分四类：自然灾害，由人类活动导致的资源、环境、生态灾害，人为灾害，社会灾害。因此，安全工程实际上是建立防灾、减灾、救灾的系统，其内涵包括科学与技术知识、预警及管理体系以及对风险的分析和评估等。这里所涉及的安全工程更大程度上是全球性的、大范围的体系，它与过去只局限一人、一家一户乃至一个单位的局部情形不太一样，正因为如此，它基本上需要国际合作，也是面向未来的大型、巨型工程。总之，它关乎全人类的未来发展。正因为如此，由于人与人、国与国之间的利害冲突，全球性的安全工程的建立是十分困难的。

自然灾害因其来源分为天文（或地外）、大气圈、地圈、水圈、生物圈引发的灾害。它们的发生频率与影响大小各有不同。比较频发且造成较大损失的为地震（以及引发的海啸）及气候灾害，特别是洪涝干旱以及飓风（台风、龙卷风）和其派生的滑坡、泥水流等地质灾害。自然灾害具有突发性且难以控制，因此，防灾减灾工程的重点在于监测系统的建设、信息和预警系统的完善。救灾系统的有效是减少损失的重要条件。

由于人类活动所造成的灾害主要是环境污染、生态破坏、资源枯竭，这导致人类的生存环境逐步恶化。这部分在环境工程及资源工程中有所论述。

人为灾害多由人的行为造成，典型的是火灾。很大的一类人工灾害由企业造成。核电站与化工厂也是事故多发的企业。人为灾害的重要一类还有交通事故，包括民航客机、火车，而最多的事故是由汽车引发的。

社会灾害典型的是战争，以及其他犯罪和非暴力活动。这种灾害对人的生命和财产造成巨大损失，也是建立和平世界和和谐社会的大敌。

安全工程可分为：①防灾减灾工程，其中包括监控系统、预警系统等的建设；②救灾工程；③灾后重建工程；④全球和平与安全工程。

5.3.4.2 环境工程

自从有人类以来，特别是工业革命之后，人的活动对环境与生态造成严重后果。现在往往不细分环境与生态的破坏，不过大致说，前者常指局部的、短期的灾害，特别是污染和废弃物的排放；后者则带有大面积甚至全球性的、长期的往往难以挽回的性质，例如水土流失、荒漠化、盐碱化、酸雨、湖泊富营养化等。当然，两者不能截然分开。

环境工程的分类按通常分法①，也作为应用环境学的一部分，分为环境污染、防治工程技术及原理、环境污染综合防治技术环境规划、环境系统工程、环境水利工程五部分。

我们对环境工程的分类如下：①环境保护工程，如建立自然保护区；②环境污染防治工程，如建立环境监测系统、污染整治工程等；③环境优化工程，如盐碱地改造工程、沙漠绿化改造工程等；④开发性生态工程，如按照生态学对生物种群进行选择的匹配的林业工程，建立起乔木、灌木、草本植物等互利、共生的复合生态系统。

5.3.4.3 资源工程

资源、环境、生态、灾害等问题经常是联系在一起的，本章做这种分割完全是从工程的角度来看的。人类有史以来为了生存及繁衍，必须要利用自然资源，其后，随着人类经验与知识的积累，更有效地利用资源并改造成为人所需要的人工产品，近年来，更是对自然资源进行掠夺性的开发，造成未来资源枯竭与环境和生态灾难。资源工程的提出在于合理而有效地利用自然。1972 年 6 月在瑞典斯德哥尔摩召开的联合国人类环境会议上，明确提出了可再生资源与不可再生资源的概念，并提出了必须维持地球可再生资源的生产力和不可再生资源必须共享但不应消耗殆尽。当时也提出了可持续发展（sustainable development），但没有详细展开来论述，但已明确注意到拓展永续资源，例如风、地热、潮汐、太阳能等以及可再生能源如生物质资源的开发和利用。遗憾的是，由于经济利益驱动，国际上对石油资源的掠夺一直没能得到有效的遏制。另外，人口、资源、环境、经济社会是互动的，根本问题还是人口过多和过快的增长。

从工程系统论的观点出发，本章讨论的资源不局限于传统的自然资源，更谈到其他方面的资源；不仅考虑资源的被动开发、利用与保护，而更考虑资源的主动创造及有效发展。我们把资源分为自然资源、人力资源、人工资源、社

---

① 孔昌俊，杨凤林. 环境科学与工程概论. 北京：科学出版社，2004：13.

会资源四大类，它们各自对应相应的工程。

自然资源按照地球四大圈分为气候资源、水资源、土及固体地球资源、生物资源。它们分别为人类提供物质及能量。人类近年来对它们有重大的破坏，造成诸多的环境灾害。尤其严重的是，已造成不可挽回的资源枯竭及短缺。

人力资源将是未来资源工程一项最重要的组成部分。长期以来，大量人口只是自然界生态平衡的一部分，到了近代时期，成为劳动力，只有少数人成为对未来社会发展的积极力量。未来的资源工程应该在原来教育体系的基础上更好地提供开发人的潜能的环境，使更多的人在各方面有利于全社会进步的发展，由一个简单的破坏者、劳动者、消费者变成建设者、创造者、价值的生产者。

人工资源是指经过人力改造和创造的实物资源和精神资源，特别是科学资源、技术资源以及过去的工程、建设成果。

社会资源包括传统文化、制度、历史等具有人文价值的文化工程。

资源工程可分为资源利用工程、资源开发工程、资源保护工程、资源改造及优化工程。

#### 5.3.4.4 文化工程

文化和文明尚没有公认的定义。一般认为文化包括物质文化、制度文化、精神文化三类。英国著名人类学家马林诺夫斯基（B. Malinowski）则把语言也归入文化的要素之中。物质文化由物质工程和技术来实现，制度文化由社会工程来实现，因此，这里的文化工程主要是在狭义的意义下理解的。这样，文化工程大致可划分为：①语言工程；②文化互动、交流、传播工程；③传统文化及文化多样性保护工程；④新文化创建工程。

## 5.4 工程系统的分类

根据前面的论述，现把工程系统按照各种分类标准总结如下。

### 5.4.1 狭义工程分类

在进行更一般的工程分类之前，我们对通常意义下的工程进行分类，这一方面要与一般的工程的概念接轨，另一方面呈现不同历史时期工程的发展和扩张。所有的工程都延续至今，但内涵往往有很大的变化，其中最主要的是范围的扩大以及各领域的综合和交叉。在这个意义下，我们按时期分类，只需注意不同时期，工程的内涵已有很大变化。工程的分类如下。

5.4.1.1 按时期分类

（1）传统工程：①农业水利工程；②制造工程；③矿冶工程；④运输工程。
（2）近代工程：①土木工程；②机械工程；③电机工程；④化学工程。
（3）现代工程：①电子工程；②生物工程；③材料工程；④能源工程。
（4）近未来工程：①安全工程；②环境工程；③资源工程；④知识工程。

5.4.1.2 按过程分类

每一项工程均为具有复杂程序的实践活动，在工程活动的全过程中，有一些工程带有通用性的特点，对这些工程，需要单独进行分类。

按过程将工程分为：①创意工程，包括知识整合工程、创造工程等；②设计工程，包括目标整合工程等；③施工管理工程，包括工业工程、价值工程等；④运行工程，包括可靠性工程、维护工程等。

5.4.1.3 按元工程分类

这些工程还有更高级的科学和工程基础，最典型的是系统科学与系统工程。它们已形成巨大的学科群，有些称为科学，也有些称为工程。下面我们把带有程序性、目标价值较强的分支称为工程：①系统工程；②决策工程；③控制工程；④（广义）过程工程。

## 5.4.2 一般（广义）工程的逻辑分类

按照工程关涉对象来分类，可分为四类。

1. 关涉自然界的工程

通常工程的概念大都属于这个范畴。它和人与自然的关系密切相关。自从人类出现以来，人对自然的态度随时代和地域文化的不同而有很大的差异，大体上包括敬畏自然、利用自然、控制自然、改造自然、主宰自然、顺应自然、与自然和谐相处，以及优化自然等，它们也反映在各个时期、各种文化的大小工程项目当中，近年来甚至有的达到破坏自然、毁灭自然的程度。有关的工程最明显的方面是从自然界索取物质资源和能量资源，如采掘工程、矿业工程、石油工程等。除此之外，人类还进行一系列自然改造工程，例如围海造陆、河道改造、各种农田水利工程以及盐碱地改造、沙漠绿化等工程。

2. 关涉人的工程

所有工程都直接或间接涉及人，但这里所谈的主要是与个人自身生存与发展有关的部分。对于自然人，首要的问题是其生存及健康维护问题。最典型的为医学工程或健康工程，其次为防残助残工程。残疾人在世界上占有相当的比例，在国内占有 5%以上，使他们能像正常人生活及工作是一项重要的社会事业。现存的改善残疾人状态的方式是人机结合的方式，即采用机械代用品，现在逐步过渡到电子代用品，可能的话，应转为生物代用品及自然人自我更新的方式，这些工程都依赖于科学技术的发展及大规模资金的投入。以上只是人的工程的消极方面。积极方面的工程包括芯片植入、基因改造、部分克隆技术等，它们使得人的体能有所提高，其中包括人对恶劣环境耐受性的短时段或长时段的改善。

人的心理及智能改善是关乎人的工程的最高目标，以信息工程为例，人的处理信息的自然能力与海量的并且越来越多的信息构成越来越突出的矛盾，芯片植入技术也许会对智能有所改进。但其中还存在主要问题：一是接口问题，如何把芯片上的电子信息转变为人脑的神经系统的信息；二是人脑由此产生机械化，而使自然脑的功能退化。

最主要的问题是人的体能、智能的提升由于一些人心理及道德素质的低下，造成新的社会矛盾与冲突。价值问题仍然会带来一系列文化问题。从技术上来看，电子的、化学的、生物的方法肯定会很快进步，而且“天才”和“智力障碍”的存在也说明人脑大有潜力可挖。只是人们的伦理道德长期滞后更需要社会工程来改善。

3. 关涉社会的工程

社会工程涉及人与人的关系以及社会制度及文化。从历史上看，首先是原始文化规范人们的行为，其后逐步出现国家、法律及制度。后者在一定程度上具有一定的刚性，在这个意义上的确相当于工程。我们把工程分为社会工程和文化工程。前者包括经济工程、政治工程、法律工程等，后者包括语言工程、传统文化、保护工程、历史工程等。

4. 关涉波普尔第三世界的工程

它指主要由人创造的知识和价值的工程，其中包括科学、哲学、艺术、技术等。本篇提出的学习工程、思维工程、虚拟工程等也可以归入这组。

最后，一般工程分类方案可分为八大类：①自然工程，分为自然利用工程、自然改造工程、自然控制工程、自然优化工程等；②人工实物工程，分为过程工程（它包括材料工程、化学工程）、建造工程等；③生物工程，分为遗传工程、细胞工程、组织工程、人工生命、生态工程等；④人类身心工程，分为医疗工程或健康工程、人机工程、修复与置换工程、能力改善工程等；⑤社会工程，分为经济制度工程（金融工程）、政治制度工程、法律工程等；⑥文化工程，分为语言工程、传统文化工程、历史工程等；⑦一般知识工程，分为科学工程、哲学工程等；⑧一般价值工程，这种工程现在还没有正式提出，主要涉及全人类价值重整、价值重估、价值建设等方面的工程。

# 6 自然工程系统

李伯聪

在日常用语中，工程[①]是一个经常使用的词汇，人们对它并不陌生；在日常生活中，工程活动是许多人都实际参与其中或受其影响的社会活动，人们对它有许多实际的亲身感受。

在日常生活中，人们会感觉到对于工程一词的使用在范围上愈来愈广泛了，在使用频率上愈来愈常见了。可是，在学术领域，对工程的系统研究却很少见。为了深入、具体地揭示工程现象的本质和特征，我们不但需要对其进行一般性的研究，而且需要对其进行分类的研究。

什么是工程呢？在日常话语和学术话语中，许多人不但会说到和讨论到古埃及的金字塔工程、中国的都江堰工程、现代的曼哈顿工程、阿波罗工程、三峡工程、三门峡工程、宝钢工程、西气东输工程、南水北调工程等，而且常常会说到和讨论到希望工程、再就业工程、三峡移民工程等。在现代社会中，工程活动的类型是多种多样的。

## 6.1 自然工程系统的性质

### 6.1.1 自然、工程与社会

在人类的多种类型的工程活动中，自然工程系统是居于“基础地位”的一种工程活动。恩格斯的《在马克思墓前的讲话》是一篇非常重要的文献，恩格斯在讲话中说过，正像达尔文发现有机界的发展规律一样，马克思了解人类历史的发展规律，即历来为繁茂芜杂的意识形态所掩盖的一个简单事实：人们首先必须吃、喝、住、穿，然后才能从事政治、科学、艺术、宗教等[②]。虽然从历史的角度看，原始人曾经也“茹毛饮血”——直接“吃”自然界中“天然”的动物或植物——和居住在天然的洞穴中，但人类早就超越了这个阶段。自传

① 汉语的工程一词，翻译成英语可以是 engineering 或 project。

② 中共中央马克思恩格斯列宁斯大林著作编译局. 马克思恩格斯选集. 第三卷. 北京：人民出版社，1972.

说中的“燧人氏”“有巢氏”时代起，人类就必须吃熟食和盖房居住了，后来人类又先后进入了农业时代、工业时代、信息时代，人类从事的工程活动的类型愈来愈多，规模愈来愈大。但无论如何，人类的生存在必须首先解决吃、喝、住、穿问题这一点上是没有发生改变的，而且不可能发生改变，而自然工程系统就是人类为解决自己的吃、喝、住、穿等生活和发展问题而直接或间接以自然界为对象所从事的工程活动。

在以上对自然工程范围的解释中，我们不但使用了“直接”这个修饰语，而且使用了“间接”这个修饰语，也就是说，根据我们的理解，自然工程的范围不但包括食品工程、纺织工程、通信工程、交通工程等直接为人类生活服务的工程，而且还包括冶金工程、矿山工程、机械工程等“间接”为人类生活服务的工程。

应该强调指出的是，虽然自然工程系统是直接地以自然为对象的活动，并且人类在自然工程活动中必须遵循自然规律而不能违背自然规律，但我们必须特别注意：自然工程活动中不但鲜明体现人与自然的关系，而且还深刻地体现出特定的人与人的关系和人与社会的关系；如果仅仅注意了自然工程系统中人与自然关系的方面而忽视了自然工程系统中人与人的关系和人与社会关系的方面，那就必然要错误丛生了。我们必须时刻牢记：自然工程活动绝不是单纯的科学活动或技术活动，它是包括了多种要素的、以价值为导向和以价值为灵魂的复杂的系统性活动。

### 6.1.2 自然工程与人的本性

在认识自然工程活动的本质时，最重要、最关键的问题是如何认识自然工程和人的本性之间的关系。我们知道，许多民族的先民在很早的年代就提出了关于人的“来源”和人的“本性”的问题。在古希腊的历史上，这个问题成为著名的“斯芬克斯之谜”。“斯芬克斯之谜”就是以神话形式提出的关于人的“本性”之谜。哲学产生后，这个问题又转化成为一个哲学问题。

人的本性是什么呢？或者说，人的本性何在呢？我们知道，对于人的起源和人的本性，古希腊有一个意味深长的神话，赫西俄德和埃斯库罗斯都谈到了这个神话，柏拉图在《普罗塔戈拉篇》[①]和《蒂迈欧篇》[②]中也谈到了这个神话。这个神话是，在神创造各种生物的时候，他们让普罗米修斯和伊比米修斯为各种生物进行装备，赋予其特有的性质，而伊比米修斯又建议由他来管理特性的

① 柏拉图. 柏拉图全集：回卷本. 第 1 卷. 王晓朝译. 北京：人民出版社，2017.

② 柏拉图. 柏拉图全集：回卷本. 第 3 卷. 王晓朝译. 北京：人民出版社，2017.

分配，由普罗米修斯负责检查，普罗米修斯同意了。伊比米修斯就进行了分配：他给有些生物分配了强大的体力而不给予其敏捷，他把敏捷给予了另一些生物；对于有些小躯体的生物，他给它们安装上了翅膀；如此等等。总而言之，他采取了取长补短的方法，以免某种生物生存不下去而遭到灭亡。可是，由于伊比米修斯不够聪明，他竟把全部的特性都分配给了各种生物，当他走到人的面前时，已经“无技可施”了。这时普罗米修斯来进行检查了，普罗米修斯看到各种动物都已经装备妥当，只有人还是赤身露体，然而，轮到人从地下出世的规定的时刻已经来到了，普罗米修斯就偷了赫斐斯特和雅典娜的制造技术，同时又偷了火（没有火是不能取得和使用这些技术的）送给人，于是，人就这样“出现”了。

这是古希腊的一个关于人的起源和人的本性的神话。这个神话中，既有对于人的本性的天才猜测，同时也难免有一些幼稚的认识。在这个神话中，人在“起源”时是“带着”制造技术和用火的能力来到世界上的。由于这个神话明确指出：火是使用技术的条件，而神是工具的创造者。所以，我们可以认为，这个神话提出了一个“天才”而“深刻”的猜测：人的本性就是人可以使用工具进行生产劳动。

随着历史的发展，人们往往会对以往的神话进行新的解读。法国学者斯蒂格勒（B. Stiegler）认为，上面那个神话的寓意是告诉我们，人类是双重过失——遗忘和盗窃——的产物。值得注意的是，与“双重过失”说相联系，斯蒂格勒还提出了一个“双重遗忘”说，认为伊比米修斯并非单单是一个遗忘者，他同时也是一个被遗忘者。他被形而上学、被思想所遗忘[①]。

哲学史家指出：神话阶段是哲学诞生的史前阶段，希腊神话是产生希腊哲学的温床。亚里士多德认为，哲学起源于闲暇。在奴隶社会中，“闲暇的”、脱离生产劳动的哲学家在思考哲学问题时，很自然地抛弃了、遗忘了“人是使用工具的动物”的“猜测”。

哲学诞生之后，哲学家没有忘记人的本性之“谜”这个问题，哲学家写了许多关于人性问题的著作。虽然哲学家没有遗忘人性问题，可是，古代和近代的哲学家们在思考人性问题时只注意到了人的“伦理本性”“理性本性”“政治本性”等方面的问题，却几乎没有人理睬“人的劳动本性”和“人的工程本性”的问题，哲学家们遗忘了工程主题和人的本性与工具的关系的问题。

在柏拉图之后的大约两千年的时间中，哲学家们虽然在其他许多哲学问题上都是众说纷纭，但在坚持认为人是理性的动物这一点上却是没有太大分

---

① 斯蒂格勒. 技术与时间：爱比米修斯的过失. 裴程译. 南京：译林出版社，2000：221，218.

歧的。

当代著名哲学家普特南（H. Putnam）曾谈到一种虚构的“缸中之脑”——假设从人身上切下来并放在一个“盛有维持脑存活的营养液的大缸”中的大脑，他说：“哲学家们经常讨论这样一种科学虚构的可能性。”[①]实际上，也有文学家对这样的虚构感兴趣，例如，一位保加利亚的小说家写了一本科学幻想小说《陶维尔教授的头颅》，小说中的陶维尔教授就成为一个“缸中之脑”。

我们可以把“缸中之脑”看作是“理性人”观点的一个直观模型，同样地，我们也可以把“持具人”（制造和使用工具的人）看作是“工作人”或“工程人”观点的一个直观模型。从哲学史的角度看，在这两种观点中，前一种观点备受哲学家的垂青，主张、坚持、运用这个观点的哲学家数不胜数，在哲学史上占据了明显的优势。而马克思主义哲学则提出了完全不同的另外一种观点和认识。马克思和恩格斯指出，把人和动物区别开来的第一个历史行动并不在于他们有思想，而在于他们开始生产自己所必需的生活资料。在《1844年经济学哲学手稿》中，马克思更直接和更明确地指出，工业的历史和工业的已经产生的对象性的存在，是一本打开了的关于人的本质力量的书。这就是说，人的本性和人的本质是从工程活动和产业发展的过程中得以表现和展开的，离开了工程活动和产业的发展，我们就不可能真正认识和把握人的本性和人的本质。令人遗憾的是，在马克思讲了这些话之后，仍然很少有哲学家去认真地分析和研读“工业的历史和工业的已经产生的对象性的存在”这本“书”的“本文”，在哲学界，“这本书”被“搁置”在了一个“被遗忘”的角落中。

在认识人和工程的关系时我们看到：一方面，工程活动是人类社会存在和发展的物质基础；另一方面，人的本性也在工程中得以表现和展开。

## 6.2 自然工程系统的发展

既然人的本性就表现和体现在工程活动之中，于是，工程——特别是自然工程——的发展史就成为人类社会发展进程的一个基本内容。工程是直接的生产力，而生产力正是人类社会发展的基础和基本内容。由于自然工程与人类的经济活动和经济发展有着密不可分的联系，我们以下就根据人类经济发展的四个阶段——原始工程时期、农业经济时期、工业经济时期和知业（知识产业）经济时期——对工程的发展历程进行一些简要的回顾和分析。

① 普特南. 理性、真理与历史. 李小兵，杨莘译. 沈阳：辽宁教育出版社，1988：7.

### 6.2.1 原始工程时期的工程

从人类起源到旧石器时期是人类历史的初期阶段。在这个时期，“人类开始收集和砸制石头，用于特殊的目的，这也成为后来工程的一个持续的特征。”[①]也是在这个时期，原始人开始了建造“房屋”——后代“土木工程”的前身——的活动。原始人不但建造了最初的房屋，而且随着技术的进步、原始人群体规模的扩大和社会组织程度的提高，他们还建造起了具有一定规模的“村落”。我们把这个时期的工程称为“原始工程”，这是人类工程活动发展的初期阶段。

### 6.2.2 农业经济时期的工程

应该顺便指出，所谓“自然工程”中，不但包括手工业和工业类型的活动，而且包括农业、畜牧业、林业等方面的活动。

在人类的历史发展中，农业的形成和发展具有非常重大的意义和非常深远的影响，有人甚至把它称为人类文明史上出现的“第一次浪潮”。

1万年前，人类开始使用新石器，从而进入新石器时期。在这个时期，人们开始饲养家畜，由于原始农业与畜牧的发展，原始人由逐水草而居变为定居式的生活。

在古希腊神话中，普罗米修斯“盗火”的传说是许多人都知道的，这个神话流传千古，给后人留下了从思想、文化、艺术、哲学、历史等不同角度进行多种解释的空间。在技术史上，火的使用是一件划时代的大事。现代技术史专家都高度评价了“用火”的历史作用。如果说在旧石器时期及以前的时期中，人类“用火”的主要方式和“火”的主要功用还是用于烧熟食物和抵御野兽的侵害，那么，在新石器时期，人类“用火”的划时代成就就是用火来“制陶器”。我们可以把“制陶”这个新的技术和工程类型的出现当作人类“自然工程史”上新的一页。

继“制陶”工程之后，自然工程发展的另一个重大进展是出现了“原始冶金工程”。人类先是进入了青铜时代，后来又进入了意义更深远的铁器时代。铁的普遍使用将人类的工程活动提高到了一个新的水平，因为铁制工具比青铜工具更为便宜有效，这使得大规模地砍伐森林、沼泽的排水以及耕作水平的提高都成为可能[②]。恩格斯在《家庭、私有制和国家的起源》中提到，铁使更大

① Harms A A, Baetz B.W, Volti R R. Engineering in Time: The Systematics of Engineering History and Its Contemporary Context. London: Imperial College Press, 2004: 209.

② 查尔斯·辛格，E. J. 霍姆亚德，A. R. 霍尔. 技术史. 第I卷. 王前，孙希忠译. 上海：上海科技教育出版社，2004：397.

面积的农田耕作、广阔的森林地区开垦，成为可能；它给手工业工人提供了一种坚固和锐利非石头或当时所知道的其他金属所能抵挡的工具。大量的铁制工具为大规模的、艰巨的施工提供了重要的手段，这就使大型水利工程的出现有了可能。

这个时期在建筑工程和水利工程等许多方面都取得了至今仍然令人赞叹的成就，例如，古代亚述及巴比伦之金字形神塔、埃及的金字塔和方尖碑、英格兰的索尔斯堡大平原上的巨石阵、罗马的大竞技场等。这些工程不但反映和表现出当时社会的技术水平和经济水平，而且反映出当时的管理水平和文化精神。

在古代社会时期，中国兴建和兴修了许多大型建筑工程和水利工程。始建于公元前 200 年的万里长城迄今仍是世界历史上伟大工程之一；建成的都江堰作为中国最古老的水利工程，今天仍在发挥灌溉效益，堪称世界水利史上的奇迹；秦代的阿房宫、汉代的未央宫虽然已经毁于战火，但都曾经是我国古代工程建设非凡成就的表现和"历史记录"。

以上谈到的都是两三千年前甚至五六千年前的工程成就，由于本节在此所进行的工程历史分期是一个"粗线条"的历史分期，所以，从"历史区间"来说，所谓"中世纪"也是属于我们在此所说的这个"农业经济时期"的。由于对东方和西方在"中世纪"的工程成就——包括农业领域的成就，许多人都是比较熟悉的，这里就不再多举实例了。

### 6.2.3 工业经济时期的工程

在人类历史上，近代工业的形成和发展是划时代的大事。正如马克思和恩格斯在《共产党宣言》中所说的那样："资产阶级在它的不到一百年的阶级统治中所创造的生产力，比过去一切世代创造的全部生产力还要多，还要大。自然力的征服，机器的采用，化学在工业和农业中的应用，轮船的行驶，铁路的通行，电报的使用，整个大陆的开垦，河川的通航，仿佛用法术从地下呼唤出来的大量人口，——过去哪一个世纪料想到在社会劳动里蕴藏有这样的生产力呢？"[①]

我们可以把文艺复兴时期（14 世纪～16 世纪）看作是近代工程时期的早期阶段[②]。在这个时期，"工程实践变得日益系统化"[③]，例如佛罗伦萨穹顶大

① 中共中央马克思恩格斯列宁斯大林著作编译局. 马克思恩格斯选集. 第二卷. 北京：人民出版社，1972.

② 英文 modern 既可翻译为"近代"，也可翻译为"现代"。

③ Harms A A, Baetz B.W, Volti R R. Engineering in Time: The Systematics of Engineering History and Its Contemporary Context. London: Imperial College Press, 2004: 81.

教堂的建造就显示出一些现代工程的管理和控制方法，如项目的设计和计划、财力和劳动力、管理、活动与物资的供应、预期、特殊案例的开发、工具和技术，还有顾问咨询和监督委员会的组建。为了远洋航行的需要，造船工程得到了发展。这个时代由于商业、手工业和交通运输的发达而造就了城市的繁荣。作为工程活动范围和规模的扩大的一个重要“动力”同时又是一个重要“结果”，“在文艺复兴时期，工程师成为新的更加通用的动力源的建造者和使用者”①。在寻求这种动力的过程中，终于导向了蒸汽机的发明和使用。蒸汽机的使用和工厂制度的出现使人类的工程活动真正进入了一个新的阶段。

蒸汽机成为工程和社会乃至整个世界重要变化的催化剂，从工程的视角来说，它促进了以下工程的出现和发展：①机械工程。继蒸汽机之后，人类又发明了水轮机、内燃机和汽轮机，在 20 世纪又发明了燃气轮机。动力机的出现标志着人类进入机器时代。以机器为代表的机械工程的出现，使大机器取代了手工工具和简单机械，用蒸汽机和内燃机取代了人和牲畜的肌肉动力，用大型的集中的工厂生产系统取代了分散的手工业作坊。②采矿工程（1700 年左右起）。采用了机器抽水，使煤井和其他矿井可以加深，采矿规模大大扩大了。③纺织工程（1730 年左右起）。虽然从历史先后顺序来看，纺织机的改进先于瓦特对蒸汽机的改进，但蒸汽机的引入无疑又使整个纺织业发生了革命性的变化，纺织业也从古代的手工业方式发展成为近代的纺织工程方式。④交通工程。蒸汽机用于交通运输后，出现了蒸汽机车、铁道、蒸汽轮船等，后来又出现了汽车和汽车工业，于是，社会的交通事业便进入了一个新阶段。

虽然近代科学的开端早于近代发生的第一次产业革命，但我们仍然需要承认：以蒸汽机为代表的第一次产业革命还不是一次建立在近代科学基础之上的产业革命。

科学和产业关系的革命性变化发生在第二次产业革命（或称第二次技术革命）——电力和电气革命——时期。如果没有电学的领先发展，人类是不可能在 19 世纪末 20 世纪初完成了第二次产业革命从而迎来“电气化世纪”的。

进入 20 世纪后，工程的领域还向空中扩展，出现了飞机制造和空中运输业。随着炼钢技术从转炉到平炉再到电炉的演进，以冶金工程为代表的重工业也得到了进一步的发展。

从 19 世纪到 20 世纪中叶，工程活动的种类和规模都急速膨胀，有人甚至把这个时期称为“指数增长的工程时代”。福特制和泰勒制的出现、零部件生

---

① Harms A A, Baetz BW, Volti R R. Engineering in Time: The Systematics of Engineering History and Its Contemporary Context. London: Imperial College Press, 2004: 90.

产标准化和流水作业线的结合、生产效率的空前提高、工程管理的“(管理)科学化”，都标志着工程史发展到了一个史无前例的新时期和新阶段。

### 6.2.4 知业经济时期的工程

从20世纪中叶起，人类社会逐渐进入了“后工业时代”(post-industrial era)(有人翻译为“工业化后的时代”)[①]。对于应该怎样认识和把握这个“后工业时代”的性质和特征，学者们进行了许多分析和研究，提出了许多有价值的观点。有人认为，与农业经济时代和工业经济时代相比，当前正在进行的这场产业革命和社会革命中最突出的特点是出现了“科学研究业”，简称“科业”，“现在人类进行的这场革命是‘科业革命’”[②]。依照这种观点和看法，人类社会正在进入“科业经济”——或者说“知业经济”的新时代。

由于在所谓的后工业时代或知业经济时代，工程活动和产业发展出现了许多新特征和新趋势，我们认为有必要把这个时期界定为工程发展历史上的一个新时期。目前，这个时期还正处在继续发展的进程之中。

在这个时期，出现了许多新种类的工程，例如核工程、航天工程、生物工程、微电子工程、软件工程、新材料工程等。有学者指出：在这个时期，“工程的理论和实践发生了重要变化，工程日益卷入到科学关注的焦点，尤其去适应社会的需要和期待”[③]。由于现代工程系统日益复杂，并且在工程与自然的关系上人类愈来愈重视对生态的保护和资源的保护，工程正在成为“全球适应的进化系统”，“传统的工程建立在物质的、几何的和经济的考虑之基础上，而当代的工程则还要牵涉到心理学的、社会学的、意识形态的以及哲学的和人类学的考虑”，于是工程变得“跟更宽广的世界相联系”[④]，而体现于其中最根本的特征也是整个当代社会的工程特征：信息化、人性化、生态化。

工程发展史是一个极其复杂的过程，于是，人们也就有可能和有必要从不同的角度、根据不同的“标准”对其进行分析和考察。当人们从不同的角度、根据不同的“标准”对其进行分析和考察时，其结论和历史分期就有可能出现某些歧异之处，这是很自然的，甚至有一定必然性的。例如，如果我们在主要

---

① 丹尼尔·贝尔. 后工业社会的来临——对社会预测的一项探索. 高铦，王宏周，魏章玲译. 北京：商务印书馆，1984.

② 刘吉，金吾伦，等. 千年警醒：信息化与知识经济. 北京：社会科学文献出版社，1998：417.

③ Harms A A, Baetz B W, Volti R R. Engineering in Time: The Systematics of Engineering History and Its Contemporary Context. London: Imperial College Press, 2004: 141.

④ Harms A A, Baetz B W, Volti R R. Engineering in Time: The Systematics of Engineering History and Its Contemporary Context. London: Imperial College Press, 2004: 141, 171.

考察工程的工具技术手段而研究工程技术史时，工程的技术发展史就有可能被划分为四个阶段：手工工程时代、机械工程时代、自动工程时代、智能工程时代。如果我们主要考察工程对象的演进，我们就会看到另外一个深化和演进的过程：工程对象从宏观物体（石器和土木工程）深入到微观世界，在微观世界中从分子（无机工业工程）深入到原子（有机工业工程），再从原子深入到原子核（核工程）和电子（电子工程）。在这个过程中，造物的精度也不断提高，从尺（1/3 米）、寸（1/30 米）、厘米时代（古代造物）进入到毫米时代（工业造物），再进入到微米时代（电子工程中的造物[①]），目前还正在向纳米时代（纳米技术及其用原子直接造物）推进。

如果我们考察工程材料史，由于材料本身就是工程的一个重要领域，于是，这就成为对材料工程史的研究。在这个领域中，已经有许多学者对石器（工程）时代、青铜（工程）时代、钢铁（工程）时代、高分子（工程）时代的许多问题进行了研究，而在信息时代的工程活动中，由于硅成为一种主要材料，也许我们可以再补充一个硅器时代。

在工程史的研究中，“工程动力进步史”无疑是一个非常重要的方面。在工程活动中，动力问题的重要性是毋庸置疑的。人类最初是使用自己的体力作为动力的，后来又使用了畜力、水力和风力作为动力的来源。在第一次产业革命中，蒸汽机的出现标志着人类在工程活动的动力方面有了突破性、革命性的进展。这个进展不但具有技术和生产力方面的意义，而且具有深刻的社会影响和社会意义。

由于工程所涉及的空间范围不断扩大，这就出现了工程空间扩展史，在这个方面我们看到了一个地面工程—地下工程—海洋工程—航空航天工程的演进过程。

自然工程不但体现了人与自然的关系，而且体现了人与人的关系和人与社会的关系，于是，工程社会史的研究也成为整个工程史的一个极其重要的方面。在工程发展的历史进程中，工程在社会组织程度上也是不断变化的，随着工程规模的扩大和合作性需要的增强，我们看到了个体工程—简单协作工程—系统工程—大系统与超大系统工程这样几个阶段；从工程的社会驱动上，我们看到了从维持生存的驱动扩展到财富增值的驱动、从物质驱动到精神驱动（宗教性、装饰性）的发展过程，尤其是，对工程的社会驱动因素和力量日益多元和复杂，政治因素、经济因素、精神因素、军事因素、宗教因素、文化因素等各种因素错综交织，工程的社会影响和社会作用日益复杂和强大，人们愈来愈深刻地认

① 这里不是指直接用电子来造物，而是指使用微电子技术在芯片上制造集成电路。

识到：工程不但可能产生积极的社会效果，同时往往也不可避免地导致某些负面效果，出现了生态环境问题、贫富问题（如数字鸿沟）、文化问题（工程中的文化多样性、文化趋同与文化交融）等[①]。

与科学史相比，工程史的“头绪”更加纷繁多样，内容更加丰富多彩，可是，就学术研究的实际状况和水平来看，目前的实际情况却是：科学史早已成为一个成熟的学科，而对于工程史的研究却只能说仅仅有了一个非常初步的开端。我们至多可以说工程史这个学科是一个处于“襁褓”中的学科。因此，以上对工程史的叙述不但是极其简单、挂一漏万的，而且不当和疏漏之处更是难以避免的，我们希望能够通过今后的研究对这个缺陷有所弥补。

## 6.3 自然工程系统的要素

在研究自然工程系统时，我们应该把现代自然工程系统当作理解历史上一切时代的自然工程系统的“钥匙”。

我们以下就以现代自然工程系统为典型，对自然工程系统的构成要素进行一些简要的分析。

### 6.3.1 工程价值

如果单独来看，自然和工程是两个完全不同的名词或术语。自然过程是一个因果性的过程，自然过程本身是没有目的的；而工程活动却是目的性的活动，任何工程都是在一定目的的引导下进行的活动。

虽然从表面上看，自然工程这个术语是自然和工程的结合，但自然工程的基本含义却绝不是二者的简单结合。对于自然工程这个概念来说，它的基本含义是指称一类以自然为对象的工程。从语法分析的角度来看，自然是起修饰、限制作用的成分，自然工程的本质和基本属性落在了工程上。从本质上看，自然工程是人类所进行的改变自然进程的活动。

人们不会无缘无故地从事一项工程。人们之所以兴建、从事一项工程活动，其目的都是实现、达到一定的价值目标。这个价值目标的具体内容有可能主要是某种经济目标（例如兴建一座钢铁厂），但也可能主要是其他类型的价值目标，例如政治价值目标（例如建设一座皇宫）、宗教价值目标（例如兴建一座教堂）、文化价值目标（例如兴建一座大剧院）等。实际上，许多具体的价值目标常常是互相联系、互相渗透的，所以，一般来说，工程的价值目标不大

① 本节以上对工程史的分析，参考和引用了肖峰教授为《工程哲学》一书所写的文稿中的部分内容。

可能是单纯的或单一目标的，往往是多目标或综合价值目标的。

在工程活动中，价值目标不但发挥引导作用，而且这个目标还在工程的实施过程中发挥着渗透性和灵魂性的作用。

应该强调指出的是，在确定工程活动的价值目标时，人们绝不能以单纯经济观点作为确定工程的目标的指导思想。在确定自然工程项目的价值目标时，我们必须正确处理经济价值和其他价值（特别是生态价值）的相互关系、眼前利益和长期价值的关系，坚决制止那些单纯追求经济利益但却污染环境、破坏生态平衡的工程，取消那些以为官员“涂脂抹粉”为目标但却无益于群众的政绩工程。

价值目标是工程活动的灵魂，在工程活动中，正确确定工程活动的目标是最重要和最关键的环节。

### 6.3.2 工程技术

在工程活动中，技术因素是一个绝对不可缺少的因素。任何忽视和轻视技术在工程活动中的重要作用和地位的观点和认识都是不正确的。对于技术在工程活动中的重要性，我们甚至可以概括成这样一句话——没有无技术的工程，因为任何工程活动都需要有一定的技术手段和技术条件作为前提和基础，如果缺少了必要的技术前提和技术条件，不但必然造成工程的失败，在许多情况下，甚至完全不可能设想工程，工程甚至连第一步也迈不出去。

技术的具体类型或具体形态是多种多样的[①]。在此我们只注意区分“研发形态”的技术和“工程形态”的技术：前者指诞生在研发机构中的技术，它可能在以后应用在具体的工程活动中，但也可能仅仅停留在研发机构中而未能走到具体的工程活动之中；而后者则是仅仅指那些已经具体应用在工程活动之中的技术。由此来看，并不是所有的技术都是工程技术。虽然非工程形态的技术有时也可能对工程活动发挥某种形式的作用，但我们应该承认：在工程活动中真正发挥重要作用的技术仍然只是工程技术。一般来说，新研发出来的技术需要经过一个工程化的过程，转化为工程技术之后才能在工程中发挥作用。

对于工程和技术的相互关系，我们不但必须看到没有无技术的工程这个方面，同时，还必须看到工程选择技术这个方面。

一般来说，实现某个工程目标时往往存在不止一条技术路线，存在不止一种技术手段。那么，究竟应该在一个具体的工程项目中采取哪个技术路线和技术手段呢？这就往往不单纯是一个技术问题，而是一个需要根据经济条件、管

① 李伯聪. 技术三态论. 自然辩证法通讯，1994，（4）：26-30.

理条件、环境条件和其他社会条件来考量和决定的事情了。在许多情况下，对于一项具体的工程来说，最合适、最恰当的技术往往并不是技术水平最高的那种技术。著名经济学家舒马赫提出了中间技术的思想[①]，我们不拟在此全面评价舒马赫的这个观点，我们只想指出：对于在许多发展中国家兴建的工程项目来说，盲目采用最先进的技术往往不是一个明智和恰当的决策，而其原因正是在具体的工程活动中，工程必然对技术有所选择。决策者应该根据工程本身的特定条件和要求来选择恰当——而不仅仅是最先进的——工程技术。

### 6.3.3 工程管理

一般来说，由于管理学在 20 世纪有了突飞猛进的发展，更由于现代工程实践给管理领域提供了许多深刻的经验教训，我们在此不再重复论述和强调工程管理的重要性。

我们在此仅想强调两个关于工程管理的问题。第一，在工程活动中，管理不但要起指挥作用，而且还要发挥把工程的各个要素黏合在一起的作用。从这个方面看，管理不但在工程活动中起发号施令的作用，而且还起着黏合剂的作用。虽然管理的发号施令作用和黏合剂作用是密切联系的，而不是互不相干的，但我们还是应该承认这是两种不完全相同的作用。第二，虽然我们已经有理由说：管理的发号施令作用主要是纵向的作用，黏合剂的作用主要是横向的作用。但我们还需要指出，管理还有另外一种纵向的结构：高层管理、中层管理和基层管理。而高层管理中又有高层技术管理、高层营销管理等。我们知道，管理学的开创者中，美国的泰勒和法国的法约尔是两个最重要的人物。从理论和实践的角度看，泰勒所涉及的主要是基层管理方面，而法约尔涉及的主要是高层管理方面。

### 6.3.4 工程科学

古代（成功的）工程虽然也符合现代科学的原理，但古人并不是在科学理论指导下进行工程活动的，我们可以把古代工程定性为以经验为基础的工程。

虽然我们不赞成把技术简单地说成是科学的应用，也不赞成把工程简单地说成是技术的应用，可是，这并不妨碍我们赞成“现代工程是以科学为基础的工程”这样一个一般性的判断。如果没有电学理论发挥先导和基础作用，现代电力工程是不可能出现的。所以，我们把科学也看作自然工程的重要组成要素之一。

---

① 舒马赫. 小的是美好的. 虞鸿钧，郑关林译. 北京：商务印书馆，1984：212.

在这里，我们想强调的是：虽然基础科学也可以被看作是工程活动的基础，但在更直接的意义上，我们这里所说的作为工程活动基础的科学，其所指乃是工程科学。

1957 年，钱学森发表了《论技术科学》一文[①]，后来，当钱令希问钱学森中文的“技术科学”应该如何翻译为英文时，钱学森说可以翻译为 engineering science[②]，而 engineering science 对应的中文又是“工程科学”。由此来看，在钱学森心目中，技术科学和工程科学这两个术语是没有什么区别的。

在《论技术科学》一文中，钱学森说：“为了不断地改进生产方法，我们需要自然科学、技术科学和工程技术三个部门同时并进，相互影响，相互提携，决不能有一点偏废。我们也必须承认这三个领域的分野不是很明晰的，它们之间有交错的地方。”钱学森的这个看法是非常深刻、具有远见卓识的。如果说钱学森的这个观点在 20 世纪还没有产生特别重大的影响，那么，我们相信，这个观点在 21 世纪就要产生愈来愈大的影响。

## 6.4　自然工程系统的过程

我们可以粗略地把工程活动的过程划分为三个阶段：计划决策阶段、实施建构阶段和使用解构阶段。

### 6.4.1　计划决策阶段

活动过程是怎样开始的呢?

工程过程和认识过程不同。根据我国流行的哲学教科书的观点，认识过程是一个从实践开始的实践—认识—实践的过程；可是工程活动却不是一个从实践开始的过程而是从思想开始的过程。

工程过程和自然过程的一个根本区别就是：自然过程是因果性过程，而工程过程是目的性过程。在自然过程的因果性关系中，原因在前，而结果在后；在工程活动的目的性过程中，目的和结果的关系却是目的（目标）在先，而结果在后。所以，在工程活动中，设定目的是具有起始性作用和意义的。如果没有预先确定的目的（虽然这个目的在整个工程活动的过程中有可能发生某些改变，甚至是重大的改变），任何工程活动都是不可能投入实施的。

---

① 钱学森. 论技术科学. 科学通报，1957，（4）：97-104.

② 钱令希. 钱学森与计算力学//刘则渊，王续琨. 工程 · 技术 · 哲学——2001 年技术哲学研究年鉴. 大连：大连理工大学出版社，2002：9-15.

在工程活动实际进行之前，有关人员不但必须确定工程的目的，而且必须预先确定工程的具体方法和具体路径，考虑到管理人员和技术人员使用术语的习惯，我们可以把这个确定目标、制订计划、作出决策、进行设计等工作的阶段称为"计划和设计阶段"或"计划决策"阶段。

对于许多小型工程来说，这个阶段的工作量不大，所需要的时间也不长，特别是在古代时期，很可能只有一个心中的设计方案，而并不存在一个成文的设计方案。可是，对于许多大工程来说，这个阶段的任务就很艰巨了。由于计划决策和方案设计中的错误必然导致工程实施中出现错误——甚至是灾难性的错误，现代工程活动的这个进行计划、决策、设计的阶段本身也成为一个程序严格的复杂过程了。在现代社会环境和条件下，一般来说，如果没有拿到全套的设计图纸，管理者是不会下令开工的。

### 6.4.2 实施建构阶段

虽然我们必须承认计划决策阶段的重要性，可是，在一定意义上，我们应该更加关注、更加重视工程的实施阶段，因为工程活动的本质是实践，而不是思维。由于许多仅仅停留在计划阶段而没有进行实施的工程确实存在着，而这些在计划阶段就夭折了的工程在严格意义上又不能被称为工程，所以，我们又有理由说：实施才是工程的真正开端——正像我们应该承认真正的战争是从打响第一枪才开始一样。

工程的实施过程是通过一系列的操作（或曰作业）完成的。对于自然工程活动，特别是较大规模的自然工程活动来说，其基本操作是利用机器设备完成的。在实际的工程实施过程中，由于多种原因，操作环节中出现错误（"误操作"）的情况往往是难以完全避免的。所以，在工程实施过程中需要建立一个监控和质量保证体系的重要性就显出来。

要想建设一个优秀的工程，搞出一个显出来优秀的设计方案自然是第一个重要的、决定性的环节，可是，无论多么好的设计方案，都必须通过优秀的施工过程才能变成工程的现实。在现实生活中，虽然有了优秀的设计方案，但由于在实施过程中出现重大问题，最终造成豆腐渣工程出现的情况也是屡有所闻的。

对于生产性工程任务——例如宝钢工程和青藏铁路建设工程——来说，在建设性工程完成之后，就要进入运行阶段了。工程施工的质量究竟如何，那是必须通过运行阶段的检验才能作出真正结论的。真正的验收不是在验收签字那个时刻完成的，而是在日后长期运行的检验中，才能作出最后结论的。

### 6.4.3 使用解构阶段

对于基本建设工程——例如建设一座电站——来说，发电设备的运行指的就是发电设备的使用。可是，对于那些以大量制造消费品——例如汽车或电视机——为目的的制造活动来说，我们就有必要把消费者对消费品的使用单独列为另外一个阶段。

在对经济活动的分类中，以上两个阶段都是属于生产活动的范围的，可是，消费品的使用阶段就是不再属于生产活动，而是属于消费活动。

在《〈政治经济学批判〉导言》[①]中，马克思深刻地分析了生产和消费的辩证关系。马克思明确指出，消费是生产的目的，生产活动是在消费过程中才得以最后实现和完成的。由此来看，在计划经济时期——无论是苏联和东欧的计划经济时期还是中国的计划经济时期——经常出现的“为生产而生产”的现象是一种畸形和异化的经济现象。

工程活动是以价值为灵魂的活动，如果我们把计划决策阶段看作是价值设计阶段，把实施建构阶段看作是价值生产阶段，那么，消费阶段就是价值实现阶段。应该指出，当人们使用消费这个概念时，其价值实现的基本含义是指经济价值的实现。由于本章所说的价值并不单单指经济价值，所以，我们在这里谈价值实现时，其完整含义也就不但是指经济价值的实现，而且还包括其他方面的价值的实现。考虑到这些非经济价值的方面，我们不把这个价值实现的阶段称为消费阶段，而称为使用阶段。

在历史和时间的长河中，任何具体的器物、设备、过程都不可能是永恒的，而是有开端又有终结的。在研究工程活动时，我们不但应该研究工程活动的开始和中间阶段，而且应该研究工程活动的结束或终结，正确处理由于工程活动的结束或终结而造成的问题。

在以往的研究视野中，工程的终结问题常常没有受到应有的重视，而这种忽视又不可避免地带来和导致产生了许多社会问题和社会弊端。例如，目前我国的一些老煤矿已经进入资源枯竭期，煤矿已经进入它的终结期了，由于人们预先没有对此准备对策，这就产生了一系列的经济和社会问题。我们由此得到的一个启示就是，我们必须把工程的终结当作一个单独的问题进行研究。实际上，目前人们在设计核电站时，法律已经要求在设计阶段就预先安排好核废料的处理问题。

① 中共中央马克思恩格斯列宁斯大林著作编译局. 马克思恩格斯选集. 第二卷. 北京：人民出版社，1972.

## 6.5 自然工程系统的价值

由于价值问题是工程活动的灵魂，并且价值问题又非常复杂，不可等闲视之，我们有必要在本节对有关自然工程系统的价值分析问题进行一些更具体的讨论。

### 6.5.1 自然工程系统的经济和社会价值

在自然工程中，大部分自然工程主要是属于经济范围或基本上是经济类型的工程。即使那些其基本性质不属于经济类型的自然工程——例如兴建一座教堂或寺院，其建设工程也是要花费一定的资金才能兴建的。从这个方面来看，这些工程都是具有一定的经济价值的工程。

在认识和分析自然工程系统的经济价值时，我们不但要对其经济价值进行评估，而且要注意，这些工程不但具有经济意义，同时还具有许多超越经济价值的更广泛的社会价值和意义。

从根本上看，自然工程系统塑造了现代社会的基本物质面貌，是现代社会存在和发展的基础——这才是自然工程系统的最根本的社会价值和意义。

在现代社会中，当人们环顾周围的生活场景时，人们看到：我们居住的房屋、工作的厂房、办公大楼、娱乐的大型剧场和健身的运动馆等，我们使用的电视机、电冰箱、手机、计算机等，我们外出乘坐的汽车、火车、飞机、轮船等，我们穿的化纤服装等，都是现代工程活动的产品。离开了现代工程活动，人类简直就不能生存下去，现代社会简直就无法维持下去，更不要说有什么进一步的发展了。工程活动不但体现了人与自然的关系，同时还建立和体现了一定的人与人和人与社会的关系，因而，自然工程建设活动的好坏和成败也就不但具有经济意义，同时还具有深刻的社会意义。自然工程建设的状况如何，绝不仅仅是一件具有经济意义的事情，同时更是一件影响到社会是否有了进步和社会是否和谐的大事。

### 6.5.2 自然工程系统的精神和文化价值

虽然从直接层面来看，自然工程建设是物质领域的建设工作或工程，但我们在认识和评价自然工程的价值时，必须注意自然工程系统同时还具有重要的精神和文化价值。

这里我们且不谈剧院建设、图书馆建设、印刷厂建设、体育场建设、体育设施建设、娱乐设施建设等所具有的文化作用和价值，我们想在此强调的是：

即使那些直接具有——甚至主要具有——生产属性的工程建设项目，常常也是具有重要的精神和文化价值的。例如，中国的万里长城最初主要是作为一项军事工程来兴建的，可是，现在又有谁能否认它已经成为中华文化和中华精神的一个重要象征了呢？再看西方文化，当我们通过帕特农神庙认识希腊文化时，通过悉尼歌剧院来认识澳大利亚的时候，人们也是在直观地认识自然工程所体现的精神和文化价值。

### 6.5.3 自然工程系统价值影响和价值评价中的副作用

以上我们在谈到自然工程的价值时，主要谈的是正面价值，可是这绝不意味着我们认为自然工程的价值都是正面的。相反，我们想强调指出的是：任何工程都不可能只有正面价值，而不存在某些负面价值，在某些情况下，一些工程的价值甚至可能基本上是负面的，在特殊情况下，其后果甚至是灾难性的。

所谓自然工程的副作用不但是指它可能造成污染，影响自然环境，影响生态平衡，而且是指它可能造成负面的社会效果——例如严重事故可能影响社会的和谐、工程活动中行贿、贪污事件频发严重败坏社会风气等。

在近代史上，许多人曾经对人类从事自然工程活动的作用和效果抱有过分乐观主义的态度，而忽视或轻视了自然工程所可能产生的负面价值或负面效果。由于在工业化过程中，自然工程系统的副作用愈来愈明显和愈来愈严重，同时也由于人们对此的认识也在不断深入，我们可以说，目前在舆论层面和理论层面一般性地承认自然工程系统会产生副作用已经不是一个问题了。可是，一般性地承认自然工程系统的副作用并不等于在现实生活中真正解决和消除自然工程的副作用。实际上，由于在现实生活中要真正解决和消除自然工程的副作用往往会直接影响一些人的经济利益，所以，要真正解决和消除自然工程的副作用往往是要遇到阻力的事情，要想在现实生活中充分发挥自然工程的正面作用、减少和尽量消除自然工程的副作用往往是相当困难的事情。可是，无论有多少困难和阻力，我们也不能无所作为，更不能气馁，我们应该努力前进，尽量强化和扩大自然过程系统的正面价值，努力尽量减少和化解自然工程系统的副作用。

# 7 社会工程系统

董光壁

作为工程系统一个子系统的社会工程系统，可以区分为政治工程、经济工程和社团工程三个子系统。如果把社会工程系统比喻为人体，那么政治组织中的政府好比大脑和中枢神经系统，经济组织中的企业好比心脏和血液循环系统，社团组织中的会社好比淋巴器官和免疫系统，它们彼此独立而相互协调地运转着。

## 7.1 政治工程系统

作为社会工程系统的一个重要子系统的政治工程系统，是整个文化系统中最重要的制度载体，包括作为主体的国家中央政府的组织形式以及中央政府与地方政府之间的关系和国家之间的关系。政治工程系统的演进历史主要表现为从农业文明时代君主专制到工业文明时代的共和民主制的转变，当今世界正兴起一种新的民主形式——协商民主。中国的君主专制、美国的共和民主和联合国的协商制，是政治工程系统演化过程中的三大典型工程。

### 7.1.1 中国的君主专制

君主制是农业文明时代最普遍的政权组织形式，作为国家最高统治者的君主（皇帝或国王等名号）拥有无限的权力，并且是终身的和世袭的，依靠庞大的军队和官僚机构维护其专制统治。君主制为奴隶制、封建制和中央集权制等专制政体国家普遍采用。迄今，仍有少数国家以君主立宪形式保留着君主制国体。君主制在中国的发展大体经历了夏、商两代奴隶制时期（公元前 21 世纪～前 11 世纪）、西周和东周列国的封建时期（公元前 11 世纪～前 221 年）以及秦至清的中央集权时期（公元前 221～公元 1912 年），最终在外来压力的冲击下通过暴力革命实现了从君主专制到共和民主的转变。中央集权的君主专制始于秦朝，巩固于两汉时期，完善于隋唐时期，经宋元时期的进一步加强，在明清时期达到其顶峰而走向衰亡。秦朝用中央官制和郡县制把专制主义的决策方式和中央集权的政治制度有机地结合，西汉通过推恩令和附益法、行刺史制和独尊儒术加强了中央对地方的直接统治，隋唐时期的三省六部制和科举选官制度以分权加强君权，宋朝强干弱枝改革和元朝的行省制分别加强了中央政府的权力和对边疆地区的直接管辖。明朝废宰相、设厂卫和清朝设军机处、行文字狱把君主专制推向极端。中国君主专制的特征在于中央集权，它是通过郡县制、宰相制和科举制实现的。

郡县制是把分散的权力集中得极为有效的行政手段。郡和县作为古代行政区划的名称始于周朝，从“千里百县，县有四郡”（《逸周书作雒》）和“上大夫受县，下大夫受郡”（《左传》），我们大体知道那时县郡的规模。春秋时期已有一些诸侯国置县、郡，并任命不得世袭的官员去管理，战国逐渐为各强国采用以减少分封贵族的地区。秦始皇并六国而统一天下时，不少大臣和各地贵族享有世袭的封号。秦始皇接受宰相李斯关于实行郡县制的建议，通过直接任免、监察和考核官员的方式把权力集中到中央。秦置三十六郡（《史记》），郡又辖若干县，郡（守）和县（令）由皇帝直接任命。郡县制取代分封制实现从地方分权向中央集权的转变，为而后两千多年地方行政体制奠定了基础。这种中央直接委派地方官的制度为历代承袭，通过增设和调整地方行政建制加强中央集权。汉代一郡约统 20 县（一县方百里），县下置乡、亭、里。汉末在郡上增州而成州、郡、县三级，隋罢郡而以州统县。这种自上而下的树状权力体系，治理并维系着君主的专制统治。

宰相制是君主专制体制下治权与政权相对分离的一种治国机制，它根源于家天下的长子继承制难以选择明君。辅佐国君处理政务的“宰”和“相”早就存在，在春秋时期成为正式官职，战国时期为各诸侯国普遍设立，秦始皇统一天下确立了“掌丞天子，助理万机”的宰相制度，遂成为后世沿袭相承的定制。秦朝以降的两千多年中，宰相长期是国家治理中枢的核心，但几经演变后相权日益削弱。汉初宰相的权力膨胀到“一人之下，万人之上”，几乎达到能制衡君权的地步。西汉武帝以“内朝”牵制外朝，西汉末年又一相变三公（太尉、司徒和司空）。两晋隋唐废三公而代之以三省（尚书、中书、门下）六部（吏、户、礼、兵、刑、工），尚书省是执行机构，中书省是决策机构，门下省是审议机构。宋朝分宰相为正（中书、门下的长官）副（参知政事），一相四参或二相二参相互掣肘。从元朝开始，宰相制进入衰亡期，金朝罢中书和门下两省而以尚书省总揽政务，元朝先后实行一省多相制、两省多相制和中书省取代尚书省。明代废除宰相代之以内阁大学士，清代又以军机处取代内阁。在相权从属于君权的前提下，君权和相权并立而相互制约。宰相制本为维护君主的权力而设，但君主的私家天下必定与贵族官僚地主的利益不完全一致。虽然支撑君主专制的儒学意识形态支持明君贤相的合作，但中国君主专制的政治史中始终存在君主与宰相的冲突。

科举制从两个方面维护君主专制，一是科举考官提供了一种上升性的社会流动机制，二是科举考试提供了一种儒学意识形态化的有效途径。通过分科考试选拔官吏的科举制度，自由报考、固定时间、公开考试、不论出身、不讲资历、不限年龄、公平竞争、择优录取，为社会上升性的流动提供了一种制度保障。平民可以通过考试进入官僚阶层，这也意味着平民有机会参与国家治理，并有可能在某种程度上使公共政策反映一些平民利益。这种制度为王室与政府分离和民众与政府接近创造了一定的条件，有利于社会的稳定发展，从而有利于专制政权的巩固。科举考试以儒家经典为标准答案，这导致对儒学的了解成为人们改变社会地位的唯一途径，从而实现了专制君主权力对意识形态的控制。儒家对于社会秩序的解释被确立为正统的信仰系统，把社会成员吸引到某个个人对儒家政治理想和社会道德之解释的理解，从而为君主专制统治提供了一种意识形态基础，但同时也就禁锢了人们对真理和自由的追求。

### 7.1.2 美国的共和民主

共和民主取代君主专制是人类政治史上的一个里程碑。天下为公的“共和”是人类古老的理想，中国西周时期曾有召公和周公的“共和”执政（公元前 841 年）接替厉王暴政（《史记・周本纪》）。现代共和民主可以溯源到古希腊的民主理论与实践，经文艺复兴时期的古典共和主义发展为自由共和主义，其代表作是英国洛克的《政府论》（1690 年）、法国孟德斯鸠的《论法的精神》（1748 年）、《美利坚合众国宪法》（1787 年）。这部美国宪法参考了英国立宪民主的《大宪章》（1215 年）和《权力法案》（1689 年），并充分体现了洛克的“自然权利”和“社会契约”思想以及孟德斯鸠的三权分立原则。但它并非只是欧洲先进制度和思想的简单移植和继承，而是依据美国人民自己的历史经验，针对他们所面临的各种政治问题，通过思考和比较后的一种选择和创新。它避免了专制的中央集权的弊害，补救了邦联制度的失败，告别了欧洲那种各国混战的局面，为建设和平而稳定的政治环境创造了条件。

美国的前身是英国在美洲的殖民。自哥伦布到达新大陆以降，欧洲殖民者纷纷来到美洲。从 1607 年第一批英国人在弗吉尼亚州的詹姆斯敦登陆，在半个世纪内在北美洲就建立了 13 块殖民地。伦敦对北美洲这些殖民地的统治，因路途遥远而只是理论上的，殖民者得以自治和自行立法。“康涅狄格基本法”（1639 年）、“马萨诸塞自由法”（1641 年）等成为美国宪法和权利法案的先例。

因为对英国议会制定了《糖税法》（1764 年）、《印花税法》（1765 年）、《茶税法》（1773 年）等举措不满，大陆级别的北美殖民地会议连续召开。第一次大陆会议（1774 年）通过了《和平请愿书》，由于英国认为这是叛乱，第二次大陆会议（1775 年）宣告建立军队，第三次大陆会议（1776 年）通过《北美十三国联合一致的共同宣言》和联邦条例宣告建立一个政治实体并且寻求外国援助（1776 年）。接着各州迅速地制定了自己的宪法，在 1781 年各州都批准了联邦条例后，13 个殖民地建立了一个邦联议会并将联邦条例修改为《美利坚合众国宪法》（1787 年），从而诞生了美国联邦政府（1789 年）。

美国宪法为保障每个人的权利、自由和人格，确立了五项基本原则：人民主权（政府由人民控制）、限权政府（政府的行为受法律限制）、共和政体（决定政策的代表由人民选举）、联邦系统（保障州级政府的权力）和权力制衡（立法、司法和行政三权分立）。虽然作为规定政府性质、职能及其权限的根本性法律或原则的这部宪法，没有预料到尔后很多新事物的出现，如政党、内阁、媒体辩论、电子选举系统等，但它创建的国会、行政和司法部门的灵活性使得政府可以不断适应新的情况。这部宪法不仅为美国的政治制度奠定了基石，使之后来居上一跃而成为世界强国，而且在近二三百年来还深刻地影响了世界上许多国家的政治发展和宪政实践。

美国宪法开辟了人类历史的新纪元，使共和政体取代君主专制成为潮流。美国立宪是公众参与政治过程成功的结果，公民就国家存在之目的、政府权力的来源、政府组织和运作程序、公民权利等一系列问题进行讨论，讨论的结果变成条理清晰的法律。美国宪法的制定过程是人类民主政治生活一次伟大的实践，依靠思考和选择参与政治，以自由建议、公开讨论和公民认同实现人民主权。人民主权这样的抽象概念通过一部宪法转换成现实的政治手段，政府的合法性得以真正确立。

### 7.1.3 联合国的协商制

协商民主（deliberative democracy）是 20 世纪后半期兴起的一种民主理论，其实践是当代世界政治工程发展的一个新方向。它作为政府组织形式（国家以及国家联合体）、政治决策过程和一种治理形式，在承认文化多样性和价值多元化的基础上，强调利益相关者通过对话、讨论和辩论形成共识。协商民主理论认为，政府与公民的协商是民主决策的必要环节，是政治民主最基本的要素之一，也是任何其他方式所不可取代的。协商民主的核心思想强调基于理性的公共协商，从而赋予立法和决策以合法性。协商民主的关键特征是多样性、合法性、程序性、公开性、平等性、参与性、责任和理性，作为协商民主主体的协商参与者包括作为公共权威机构的政府、区域性政府组织、普通公民和不同文化背景的族群等。虽然协商民主理论主要关注的是国内政治生活，但联合国的建立和发展却可以看作是协商民主政治的最好的实践。

联合国的成立（1945 年）和完善是一项全球性的巨大政治工程。它的历史可以追溯到 19 世纪中叶一些国际组织的建立，如国际电报联盟（1865 年）和万国邮政联盟（1874 年）的成立。1899 年，在荷兰海牙召开的第一次国际和平会议，一次旨在制订和平解决危机和防止战争的文件及编撰战争规则的会议，通过了《和平解决国际争端公约》并依据该公约成立了常设仲裁法院。第一次世界大战结束后的 1920 年，根据《凡尔赛和约》，国际联盟诞生于瑞士日内瓦，其宗旨是“促进国际合作和实现世界和平及安全”。其由于未能防止第二次世界大战爆发名存实亡，代之而起的是战争期间成立的联合国。1942 年 1 月 1 日，26 个国家联合发表了《联合国宣言》，承诺其政府将继续共同对轴心国作战。1944 年 8～10 月，中国、苏联、英国和美国四国代表聚会美国顿巴顿的橡树园，探讨并提出了成立联合国的提案及其章程草案。1945 年的 4 月 25 日～6 月 26 日，50 个国家的代表聚会美国旧金山，讨论并通过了《联合国宪章》，经中国、法国、苏联、英国和美国以及大多数其他签字国批准后，联合国组织于 1945 年 10 月 24 日正式成立。

联合国的宗旨是维护国际和平与安全，发展国与国之间以尊重各国人民平等权利及自决原则为基础的友好关系，进行国际合作以解决国与国之间经济、社会、文化和人道主义性质的问题，并且促进对于全体人类的人权和基本自由的尊重。联合国设有大会、安全理事会、经济及社会理事会、托管理事会、国际法院和秘书处六个主要机构。联合国大会由全体会员国组成，每年举行一届常会。新一届常会每年 9 月开幕，通常持续到 12 月中下旬。大会可在会议期间决定暂时休会，并可在以后复会，但必须在下届常会开幕前闭幕。根据《联合国宪章》规定，大会有权讨论《联合国宪章》范围内的任何问题或事项，并向会员国和安全理事会提出建议。联合国的最高行政首长是秘书长，由联合国大会选举产生，任期五年。秘书长既是外交官和活动家，也是调节人和带动人，在世界社会面前就是联合国的象征。

安全理事会是联合国最重要的机构，在维护国际和平及安全方面负有主要责任。安全理事会由中、法、俄、英、美 5 个常任理事国和 10 个非常任理事国组成，每个成员国均只有一票权。安全理事会主席一职由安全理事会理事国按照理事国国名英文字母次序轮流担任（任期一个月），10 个非常任理事国由联合国大会按地区分配原则选举产生（任期两年，不可连任）。关于程序问题的决定以 15 个理事国中至少 9 个理事国的同意票通过，而关于实质性问题的决定也需 9 票通过，其中包括 5 个常任理事国的同意票。这就是所谓的“大国一致”规则，通常称为“否决”权。安全理事会有权根据《联合国宪章》规定各会员国必须执行的决议，而联合国其他机构只是向各国政府提出建议。安全理事会秘书处由秘书长和联合国工作人员组成，其职责是为联合国及其所属机构服务，并负责执行这些机构所制定的方案和政策。

几十年来，联合国历经国际风云变幻，在曲折的道路上成长壮大，为人类的和平与繁荣作出了重要贡献。它在实现全球非殖民化、维护世界和平和安全、促进社会和经济发展等方面取得了令人瞩目的成就。截止到 2006 年 6 月，联合国的会员国由创建时的 51 个增加到 192 个，已成为当代由主权国家组成的最具普遍性和权威性的政府间国际组织。据联合国公布的材料，1948 年以来，安全理事会共授权进行了 60 余项维和行动。另外，联合国还先后组织制定了从不扩散核武器到和平利用外层空间等数百个国际条约。联合国的日益重大及其作用的日益重要性表明，协商民主在处理国际政治问题上卓有成效，其经验无疑也可以为处理国内政治问题和发展协商民主制度提供借鉴。

## 7.2 经济工程系统

作为社会工程系统一个子系统的经济工程，是整个文化系统中最重要的技术（物质）载体，包括生产、交换和分配等基本经济活动所形成的结构。经济工程系统演化的历史经历了农业文明时代的资源经济主导和工业文明时代的资本经济主导两个形态，当今世界已开始从资本经济主导向知识经济主导过渡。依赖土地资源的中国地主经济、积累原始资本的贩奴贸易和基于知识的创意产业，是经济工程系统演化过程中的三大典型工程。

### 7.2.1 中国的地主经济

农业文明时代的生产方式由土地所有制的性质所决定，土地所有制形式和经营方式决定人们在生产中的相互关系，以及劳动产品的交换和分配关系。土地是财富的载体和社会地位的象征。土地作为最重要的经济资源，被视为一切财富的原始源泉，拥有土地就拥有财富和社会地位。在整个农业文明的发展史中，土地所有权有一个从公有到私有的转变。在这个问题上，中国与欧洲不同，欧洲的土地私有化导致的是资本主义经济制度，而中国的土地私有化带来的却是长达两千多年的地主经济制度。在中国古代原始社会，土地是氏族和部落共有的。在奴隶制和分封制时期，土地为皇帝所有，王室重要成员和战功贵族因封赐而拥有部分土地，但只可以世袭而不可以买卖。随着分封制的衰落而日益走向土地自由买卖的道路，形成了一种人皆可以为地主的激励机制，越来越多地把购买土地看作是特别可靠的投资。但土地私有制和地主经济的产生和确立，经历了一个长期的发展过程。

中国的地主经济，即地主占有土地并采取出租或雇工经营的经济制度，大体与中央集权的君主制的发展同步。以秦国商鞅变法和秦始皇统一天下为契机，通过废井田、开阡陌，土地得以买卖，经济制度逐渐变为地主经济。地主经济的基本结构是，主要生产者是没有土地或有少量地的农民，主要经营者是拥有土地的地主，主要运营机制是租佃制。地主依其政治身份不同可区分官僚贵族地主和庶民地主，前者为地主中的权力阶层（依靠非经济权势获得土地和支配劳动），后者为地主中的非权力阶层（完全靠经济手段获得土地和支配劳动）。而农民可以区分为佃客、佃农、雇工和自耕农，对地主的依附程度不同。

从两千多年的地主经济历史总体来看，庶民地主阶层是地主经济的主体。西汉时期是庶民地主的形成期，他们可区分为田畜地主、商人地主和豪民地主三种经济成分。田畜地主主要来自过去的平民和小生产者，作为乡村经营地主的他们，主要致力于农牧业经营。商人地主多来自六国贵族及其后裔，靠经营工商业积累的钱财购买土地并经营。豪民地主是由大地主和大商人结合而成的豪强富民，是庶民地主中的上层。在东汉和三国两晋南北朝时期，官僚贵族凭借权势攫取土地，自耕农和庶民地主纷纷破产，官僚地主经济成为主导经济成分。北魏和唐朝的均田制抑制了官僚地主的土地兼并和放宽了土地私有化发展的空间，导致唐宋元三朝庶民地主经济得以恢复和发展，明清两朝是庶民地主经济成分高度发达的时期。

地主经济的主要经营方式是租佃制，它的产生和发展决定地主经济的形成和壮大。租佃制大约起于秦朝，在西汉时期仍然处于初级阶段。三国两晋南北朝时期租佃制大兴，但那是士家大族（官僚贵族地主）强权役使人身依附的佃客和部曲的租佃制。唐朝以降，庶民地主经济日益发展，租佃制转变为以实物地租役使佃农的租佃制为主导，包括分成地租和定额地租等不同形式。地主家庭作为土地财产营运的主体，从事土地买卖和租佃，向政府交纳赋税和向佃户收取地租，垦辟和改良所有权的土地，兼营工商业和高利贷，等等。作为使用土地劳动经营主体的农民家庭，将使用权、经营术和劳动者结合成一个整体，为其经济利益而以强烈的责任感关注生产的全过程。这种以家庭为生产和生活单位，把农业和手工业结合在一起，以满足自家基本生活需要和交纳租税而生产的小农经济，是一种自给自足的自然经济。在中国地主经济下，从奴隶劳动到租佃自营生产、从严格依附的佃客制到契约关系的佃农制、从分成租佃制到定额租佃制，每一步都有利于提高地主和农民双方的积极性，从而一步一步地解放了生产力。地主经济的这种租佃制度的综合作用，能容纳铁制手工工具生产力水平的高度发展，能容纳以个体生产为主体的商品经济的高度发展，从而保持其在社会经济中的主体地位和主导作用。

### 7.2.2 贩奴贸易

贩奴贸易指欧洲殖民者贩卖非洲黑人到美洲大陆等地的反人道的人口贸易，从 15 世纪中叶到 19 世纪末长达四百多年之久，17 世纪和 18 世纪是它的鼎盛期。除奥地利、波兰和俄国等少数国家外，几乎所有的欧洲国家和新兴的美国都先后参与了这一罪恶活动。对于欧洲人来说，美洲这个新大陆是他们巨额财富的新来源地，在他们榨干了美洲印第安人的血汗之后，又把目光转移到非洲黑人身上。他们把在非洲捕猎的青壮年黑人贩卖到美洲，为他们在美洲的种植园和矿山补充劳动力。奴隶贩子们还以“耶稣号”、“圣母玛利亚号”和“神的礼物号”等命名他们的贩奴船。经历了文艺复兴洗礼的欧洲人，竟无耻地以别人的生命和人格尊严为自己积累一枚枚硬币，把贩奴发展成为一个专门的贸易行业。这一特殊的历史现象深刻地暴露了资本原始积累的血腥，它成就了欧美资本主义的发展，却毁灭了一个文明——非洲原住民发展的文明。2006 年，英国首相布莱尔（A. Blair）为英国 200 年的贩奴罪恶道歉。英国青年工人霍金斯（A. Hawkins）亲赴西非冈比亚，在一个民族典礼上跪地替他的祖先谢罪。因为他的祖先霍金斯（J. Hawkins）在 1562 年把生活在西非塞拉利昂的黑人贩卖到西班牙。

作为一种特殊历史现象的贩奴贸易始于 1441 年，葡萄牙人安陶·贡萨尔维斯率领一艘船沿非洲西海岸向南绕过布朗角后上岸，把 12 名黑人奴隶从那里带回到欧洲。1510 年，一批约 250 名非洲黑人被带到西印度群岛的伊斯帕尼奥拉岛。贩卖黑奴的规模越来越大，到 18 世纪中后期，世界上最大黑奴贩卖国英国，平均每年从非洲运出的黑奴约近 10 万名。贩奴贸易的发展经历了垄断、自由和走私三大阶段。15～17 世纪为垄断贸易期，西班牙、葡萄牙及荷兰、英国、法国，以皇室特许公司形式垄断贩奴贸易。18 世纪为自由贸易期，随着工业资本冲破商业资本的垄断，贩奴贸易也进入自由贸易阶段。19 世纪为走私贸易期，由于奴隶贸易法案被废除，贩奴被迫以走私形式进行。在四百多年的贩奴贸易史上，数以亿计的非洲黑人遭受了捕获、贩运和奴役的灾祸，其中直接从海路贩运的约 4600 万，运到美洲大陆的只有 1200 万左右，其余都死在海运的途中。

贩奴贸易为欧洲殖民者带来的巨额利润，成为资本原始积累的重要来源。

贩奴是一种一本万利的买卖，利润高达几十倍，甚至上百倍。1730年，一个非洲黑人只需四码白布就可以换到，而在牙买加的卖价则高达60～100英镑。18世纪末，一艘装载三百多名黑奴的贩奴船，往返一趟就可获利19 000多英镑。欧洲的殖民者在贩奴贸易中大发横财，尤其是最先垄断奴隶贸易的葡萄牙人，为葡萄牙、西班牙、荷兰、英国和法国等国的资本主义发展积累了充足的资金。欧洲和美洲的那些极度繁荣的城市，如伦敦、阿姆斯特丹、马德里和纽约等，无不浸透着非洲黑奴的血泪。伟大的思想家马克思曾指出，非洲变成商业性猎获黑人的场所，是资本原始积累的主要因素之一，标志着资本主义生产时代的曙光。

贩奴贸易毁坏非洲原住民发展的文明。非洲本来也像其他大陆一样，曾经独立地发展出古代文明。尼罗河流域孕育的古埃及文明是世界最早几个古王国文明之一，撒哈拉沙漠以南的广大地区形成的黑人文化风格独异。作为地中海古文明圈重要组成部分的古埃及文明，在公元7世纪以后的进展主要是与伊斯兰文化的冲突和融合而达成的。欧洲殖民者的入侵基本中断了非洲原住民循着历史逻辑发展的道路，他们把非洲变成商业性猎获黑人的场所。数以千万计的非洲黑人被贩卖到美洲以及印度洋、亚洲由殖民者开办的种植园和矿井中工作，数以亿计的黑人在捕奴、掠奴战争及贩运途中死去。年轻力壮的劳动力被掠走的非洲，不仅正常的平静的生活被搅乱，生产力遭到了严重破坏，而且进入了历史上最黑暗的时期。

贩奴贸易自然要遭到受害者们尽其可能的反抗，包括拒捕和聚众起义。有统计显示，在英国和美国贩奴船的约150年间发生过55次起义，在美洲殖民区发生过250多次起义。震惊世界的海地黑奴大起义（1790～1803年）还建立了一个独立的海地共和国（1804年），世界上第一个由奴隶创建的国家。随着启蒙思想的传播和机械革命的扩展，18世纪末的欧洲废奴运动兴起，英国首先出台禁止贩奴的《奴隶贸易法案》（1807年），其他国家也相继宣布贩奴禁令。在19世纪80年代，输入奴隶最多的古巴和巴西也宣布了禁止奴隶贸易和解放奴隶的法令。两次反对贩奴贸易的国际会议，柏林会议中关于非洲的总议定书（1885年）和布鲁塞尔会议（1890年），彻底结束了罪恶的贩奴贸易。

### 7.2.3 创意产业

创意产业（creative industry）作为经济学中的新概念在20世纪90年代确立，虽然它的实践早已存在，并且有关它的研究也已有几十年的历史。英国创意产业特别工作组的成立（1997年）标志着创意产业的兴起，英国人将创意产业界定为“源自个人创意、技巧及才华，通过知识产权的开发和运用，具有创造财富和就业潜力的行业”，并根据这个定义把广告、建筑、艺术和文物交易、工艺品、设计、时装设计、电影、互动休闲软件、音乐、表演艺术、出版、软件、电视广播等 13 个行业确认为创意产业。源自英国的创意产业概念迅速影响了欧洲、美洲、亚洲等许多国家，英国、美国、韩国、丹麦、日本、德国、新加坡是创意产业的典范国家。中国的艺术家们也有了些创意产业的实践，2005 年组成一个代表团访问了英国伦敦，回来后就成立了“创意中国产业联盟”。

霍金斯（J. Howkins）是创意产业的积极倡导者，他从 20 世纪 80 年代起就研究创意产业，阐明了创意一系列特点及其经济意义。他的著作《创意经济》（2001 年），使创意学成为经济学的一支。他也因此成为国际公认的创意产业理论家，并被誉为“世界创意产业之父”。他的理论给他带来了英国创意集团主席、创意商学院主席和林肯大学创意产业客座教授等名衔，他多年积累的媒体运营经验也吸引了世界许多著名电视台等媒体。他强调，创意源自个人，创意源自我们的大脑。因为大脑是跟随着我们的，创意可以在任何地方、任何时间进行，我们随时都可以使用这种个人的资源。创意不需要依靠土地、金融资本或者工厂和机器，只要你有想象力，就能产生创意。他把知识产权看作创意经济中的“货币”，把推动建立知识产权制度者看作“货币”发行人。他强调，创意经济首先同文化艺术有关，但不能仅限于这些领域。

英国曾是创意产业发展最快的国家。自 1997 年 5 月成立创意产业特别工作小组以来的五年（1997～2001 年）间，在税收优惠等政策性措施的扶持下，创意产业迅速发展。创意产业已成为英国第二大产业（仅次于金融服务业），十万多家创意产业拥有近两百万员工。创意产业成功推动了英国出口贸易，提供了就业机会。伦敦的创意产业居全国第一，其产出值约占全国创意产业总值的 1/4。伦敦拥有很多创意产业的艺术基础设施的，全国广播电视产业员工、全国电影从业人员和全国设计师大多生活在伦敦，集中了全国大部分的音乐商业活动和影视业商业活动。伦敦的设计业产出和音乐业产出占全国产出总值的一半，而其出版产业产出也占全国出版产业总产值的将近一半。作为全球三个广告产业中心之一和全球三大最繁忙的电影制作中心之一的伦敦，它也是世界创意产业发展中心之一。

美国是创意产业最发达的国家。美国新经济的本质是知识经济，创意经济是知识经济的核心和重要表现。创意产业是当今美国最大的和最有活力并带来巨大经济收益的产业。美国创意产业从 1996 年开始就已经超过航空、重化工及汽车等传统产业成为最大的出口产业，其中音乐制品占全球市场份额的 1/3，海外销售额达到 600 亿美元，电影收入占全球市场份额的 60%。美国创意投资在数量、规模、种类等方面均超过许多欧盟国家。

## 7.3 社团工程系统

作为社会工程系统子系统的社团工程系统，是整个文化系统中最重要的观念载体，包括由信仰、理性和价值主导的团体所形成的结构体系。社团工程系统的演化历史经历了农业文明时代的信仰团体主导和工业文明时代的科学团体主导，当今正在走向知业文明时代的教育团体主导。超民族的信仰载体宗教、国际性的理性载体学会和价值多元化的大学，是社团工程系统演化工程中的三大典型工程。

### 7.3.1 宗教

主导农业文明时代社团系统的宗教团体，一般是由共同的信仰、道德规范、仪礼教化维持，并在发展中形成教派。从原始社会的自发宗教到现代社会的人为宗教，在几千年的发展中形成了三大教系。宗教团体曾经深刻影响了人类的精神面貌，尽管随着科学技术的发展其作用领域日益减少，但世界各大宗教长期流传不绝和众多新宗教的不断涌现表明，宗教赖以生存的社会条件并未消失。

基督教于公元1世纪中叶诞生在地中海沿岸的巴勒斯坦地区，其创始人是耶稣。基督教的经典是《圣经》(包括《旧约全书》和《新约全书》)，教义比较复杂且各教派强调的重点不同，但基本信仰还是为各教派所公认。基督教曾经几乎控制了中世纪的欧洲的思想，一度发展到教权与王平分秋色的程度，从而为民主思想的发展提供了生存空间。

伊斯兰教于公元7世纪初诞生于阿拉伯半岛，它的创始人是麦加的穆罕默德（Muhammad）。他以“安拉是唯一的真神”为口号，提出禁止高利贷、施舍济贫、和平安宁等反映当时社会要求的主张。顺从安拉旨意的人叫“穆斯林”，穆斯林都相信穆罕默德是“先知”和“安拉的使者”，其经典是《古兰经》。在伊斯兰的名义下，以阿拉伯半岛为中心，曾经建立了伍麦叶王朝、阿拔斯王朝、后伍麦叶王朝和法蒂玛王朝、印度莫卧儿王朝、土耳其奥斯曼帝国等一系列大大小小的王朝帝国。随着时代变迁，这些盛极一时的王朝都已成为历史陈迹，但是，作为世界性宗教的伊斯兰教却始终没有陨落；它从一个民族的宗教而后又成为一种文化、政治的力量，一种人们的生活方式，并且在世界范围内不断地发展着。

佛教于公元前6世纪诞生在南亚次大陆的印度北部古迦毗罗卫国，其创始人是释迦牟尼（Buddha）。他出身释迦（Sakya）家族，姓乔答摩（Gautama），名悉达多（Siddhartha），信徒尊称他为释迦牟尼（释迦的圣人），简称佛陀（觉者），所传宗教被称为佛教。作为反婆罗门教的沙门思潮之一的佛教，是一种温和理性的宗教，以众生平等反对种姓制度，其原始佛经为经、律、论组成的“三藏”。释迦牟尼逝世百年后，由于对戒律认识的不同而分裂为比较保守的上座部和比较开放的大众部，并在其后进一步分化出支脉“十八部”。在部派佛教的发展过程中，强调“普度众生”并标榜“大乘”的佛教团体形成（公元1世纪），它同时把原始佛教和其余部派佛教的“自我解脱”主张贬称为“小乘”。上座部（小乘）佛教南传而盛行于斯里兰卡和东南亚，大乘佛教北传入西亚和中国。

### 7.3.2 学会

主导工业文明时代社团系统的科学团体，是以英国皇家学会（1660年）和法国的巴黎科学院（1666年）为楷模而发展起来的。在它们的影响下，德国柏林科学院（1700年）、俄罗斯彼德堡科学院（1725年，现为俄罗斯科学院）和美国科学院（1863年）等相继成立。在欧洲各地效仿英国和法国的同时，英、法两国各自沿着自己的模式继续发展，先是在法国出现建立地方科学院的热潮，稍后是英国新兴工业城市地方学会的兴起。接踵而来的是伴随着学科分化和科学职业化的专业学会和全国科学联合会的兴起，植物学、地质学、天文学、化学、生物学、物理学和数学等专业学会纷纷成立，英国科学促进会（1831年）、美国科学促进会（1848年）、法国科学促进会（1870年）等国家级科学联合会纷纷建立。20世纪上半叶基本上实现了科学团体的国际化，1919年法国科学院和美国科学院与英国皇家学会成立了国际研究理事会，1922年天文、数学、纯粹与应用化学、纯粹与应用物理、测地学与地球物理、无线电科学等国际联合会建立。法国和英国的地方学会、美国科学家联合会（Federation of Atomic Scientists）和国际科学理事会(International Council for Science)的活动，典型地表现了作为社团组织的科学团体的独立品格。

地方科学团体首先在法国和英国崛起，在法国，17世纪下半叶兴起建立地方科学院的热潮。已有苏瓦松、尼姆、昂热、阿勒斯等地方科学院，到18纪末两万以上人口的城市几乎都有了科学院。这些地方科学院既是科学研究机构，又是科学普及机构，成为传播启蒙思想和科学知识的重要场所。在英国，18世纪下半叶在英格兰北部的新兴工业城市兴起讨论科学和技术问题的学会。从伯明翰、曼彻斯特、利物浦等建立学会开始，1870年学会发展到125个，其中最著名的是伯明翰的月光社和曼彻斯特的文哲会。月光社的发起者是第一台蒸汽机的制造商博耳顿（M. Boulton），文哲会的会员中有科学史上著名的亨利（W. Henry）、道尔顿（J. Dalton）和焦耳（J. Joule）。在英格兰之后，苏格兰和爱尔兰也兴起了这类学会。这些地方学会成为联系科学家、工程师和企业家的纽带。

美国科学家联合会的成立源于科学家们对原子弹政治含义和科学家社会责任的觉醒。在美国的原子弹爆炸实验成功之后，芝加哥、洛斯阿拉莫斯和田纳西州奥克里奇等地的原子科学家们就开始思考，并组成小组讨论他们所做工作的社会含义和政治含义。当使用原子弹袭击日本的广岛和长崎并获得对日作战胜利之时，作为军方代表指挥曼哈顿计划实施的格罗夫斯将军，精心策划了一个确保军方控制原子弹技术的法案，以“梅-约翰逊法案”的名义于 1945 年 10 月 4 日向议会提出。美国科学界对此迅速作出了反应，几十位青年科学家聚集在华盛顿全力投入反对“梅-约翰逊法案”的斗争。各地的讨论小组联合组成了一个全国性的组织——原子科学家联合会。该联合会在诺贝尔化学奖得主尤里（H. Urey）的领导下提出了一个修正案，其结果包含在民主党参议员于 12 月份提出的法案中。原子科学家联合会的成员增加到了几千人，他们怀着负罪的心情寻找控制原子能的有效方法，以使他们的发明创造能够造福而不是毁灭人类。原子科学家联合会于 1946 年 5 月成立紧急委员会，著名的物理学家爱因斯坦出任主席。紧急委员会的主要工作是筹集经费支持公众教育的各种刊物，以向普通老百姓说明原子弹带来的各种新问题。在原子科学家联合会为争取制订合理的原子弹政策的努力失败后，紧急委员会于 1949 年 11 月停止了工作，遂原子科学家联合会演变成任务更为广泛的美国科学家联合会。

国际科学理事会的成立（1931 年成立时名为国际科学联合会理事会，1998 年改称国际科学理事会，其前身是 1919 年成立的国际研究理事会），是科学团体国际化的最重要标志。科学家们在研究实践中逐步发展交流方式，并扩大交流范围。从最初信函往来、期刊公开发表和互相访问交流，到组织专业学会和专门学术讨论会，直到成立把几乎所有科学家联合在一起的国际性组织——国际科学理事会。国际科学理事会旨在推动科学的国际交流，协调各个国际性科学协会及国家科学组织的活动，维护科学界的正当权益，倡导科学界的社会责任和职业道德，促进公众理解科学。国际科学理事会特别关心对整个科学界和人类社会有较大影响的跨学科的课题，经常组织围绕这些课题的国际学术交流和国际研究计划。国际科学理事会虽然是非政府国际组织，但同联合国及其许多专门机构有密切的联系，是政府间国际组织与科学界之间的桥梁和纽带。国际科学理事会的成员分为国际科学团体和国家科学团体两类，前者为国际性的专业科学联合会，后者包括国家（地区）成员、附属成员和观察员。世界上只有一种四海皆同的自然科学，它打开了通向团结、自由和美好的道路。科学家的国际主义理想是推动科学国际化的动力，现代化的资讯设备为科学的国际化提供条件，现代经济的国际化也在促进科学发展的国际化进程，人类的全球意识的增长是科学国际化进一步发展的良好的社会环境。

### 7.3.3 大学

主导知业文明时代社团系统的大学有其悠久的历史传统，古时代的希腊学园和中古时代的中国书院是它的先驱。柏拉图于公元前 393 年开办的学园（Akademie），是雅典传统教育和毕达哥拉斯学派教育经验结合的产物。学园的教师和学生过着毕达哥拉斯学派式的苦行主义生活，通过灵活的教学形式（讲座、讨论和主题报告会等）把学生培养成好公民和社会中能干的政治家，它常常被看作是世界第一所大学。中国的书院，集教育、研究和藏书于一体的文化机构，从唐末至清末绵延千余年。讲会制度是书院的重要教学方式，学生参与管理是书院不同于官学的特点。在以自由讲学为主要特征的中国书院中，朱熹亲自主持的白鹿洞书院是其中的完美典型，似于现代的研究生院。大学，作为具有不纳税和不服兵役特权的教师和学生共同体，兴起于 12 世纪中叶以后的欧洲。在中世纪，欧洲的大学附属于修道院和大教堂，并以培养牧师为主要任务，而文艺复兴以后大学开始脱离教会的束缚而成为新思想的摇篮和科学进步的策源地。在走向知业文明时代的当今世界，大学教育已经从精英教育发展成为一种普适教育，美国哈佛大学的传统和法国大学区的演进，体现出大学作为社团的独立自主性格。

哈佛大学创建于 1636 年，初名新市民学院，1639 年改称为哈佛学院，1780 年始称哈佛大学，总部位于美国历史文化名城波士顿。1620 年移居马萨诸塞州的英国清教徒，以英国剑桥大学为榜样，在查尔斯河畔建立了哈佛学院。而“哈佛”之名则是为纪念它的第一个捐资人哈佛（J. Harvard），这位英国剑桥大学文学硕士出身的年轻牧师，在 1638 年去世时把他的图书和一半财产捐赠给新市民学院。哈佛大学建立在美国成立之前约一个半世纪，它是美国第一所大学并且享誉世界。哈佛大学的校徽上用拉丁文写着“真理”，昭示着哈佛大学的办学宗旨。尽管哈佛大学早年的许多毕业生成为整个新英格兰地区清教徒聚居地的牧师，但学校却从未正式加入过任何一个特定的教派。

法国的大学区制度是一种大学自治的制度，始于拿破仑时代的 1806 年并一直延续到今日。其自治传统可追溯到中世纪创立的巴黎大学（1180 年），以自治性和行会性为精神支柱和组织原则，以“罢教权”相威胁周旋于教权和皇权之间，最终建立起一个具有绝对特权的自治团体。在 18 世纪法国大革命之前，法国已经建立了许多所自治性的大型院校，在这方面其他欧洲国家都不能与法国媲美。1879 年的法国大革命使法国教育彻底摆脱教会的束缚，而拿破仑《关于帝国大学条例的政令》（1808 年）开创的大学区制又奠定了大学自治形式的基础，虽然其初衷是中央集权管理。经过一个半世纪的反复调整和不断改革，大学独立自主的地位终于得到了法律保障。在“五月风暴”（1968 年 5 月）的冲击下，法国议会通过了大学自治的《高等教育方向指导法》（1968 年），确定了自主自治、民主参与和学科相通三大原则，使法国高等教育走上完全独立自主的道路。它规定了大学校长由选举产生，学校章程和机构设置以及教学科研和对学生的考察全由学校自行决定，在财政方面学校具有独立法人资格。新的《高等教育法》（1984 年）以法律的形式重新肯定了 1968 年确定的大学办学原则，确定了高等教育机构的“科学、文化和职业性”的独立实体地位。

# 8 思维工程系统

董光璧

作为工程系统一个子系统的思维工程系统，按某种预定目标建造概念的世界亦即可能世界，可以区分为推理、演算和确证三个子系统，分别以合理、精确和可靠为主导目标。

## 8.1 推理工程系统

作为思维工程系统子系统的推理工程系统，其发展经历了农业文明时代的形式逻辑主导、工业文明时代的符号逻辑主导两个阶段，正在走向知业文明时代的异释逻辑主导。亚里士多德的三段论式、罗素的逻辑公理化和柯斯塔的弗协调逻辑，是推理工程系统演化过程中的三大典型工程。

### 8.1.1 亚里士多德的三段论式

形式逻辑以抽象的形式处理思维推理过程，其历史可以追溯到古希腊的逻辑学、古中国的名辨学和古印度的因明学，其中古希腊的逻辑学产生了深远的世界影响。为古希腊逻辑学做出最重要贡献者是亚里士多德，德国思想家康德把亚里士多德的逻辑学定名为“形式逻辑”。亚里士多德留存下来的著作多达47种，而历史上有记载的则不少于170种。这些著作都不是亚里士多德亲自编定的，而是其后学者们搜集、辨识和编辑成书的，并且是在他死后三百年的公元前 40 年前后才编成的。其中包括逻辑学、天文学、动物学、地理学、地质学、物理学、解剖学、生理学、心理学、伦理学、政治学和诗学等，几乎构成了他那个时代的一部科学知识百科全书。亚里士多德的逻辑学著作《工具论》，由范畴、解释、前分析、后分析、辩论和辨谬六篇组成，是其后学者们从他的哲学著作中选辑而成的。在亚里士多德看来，逻辑学既不是理论知识，也不是实际知识，只是获取知识的工具。《工具论》主要论述了演绎法，讨论了概念和范畴、判断和命题、证明和谬误等，为形式逻辑奠定了基础，对这门科学的发展具有深远的影响。

亚里士多德把论证分为“从个别到普遍”和“从普遍到个别”两种过程，前者是归纳法，而后者是演绎法。但是他着重研究和总结了演绎推理的一般原则——三段论式，是由大前提、小前提和结论三个判断构成的思维推理过程的抽象形式。波兰逻辑学家卢卡西维茨（J. Lukasiewicz）的精深研究指出，一个真正的亚里士多德式三段论实例的现代表达应当是：“如果所有人都是有死的，并且所有希腊人都是人，那么所有希腊人都是有死的。”把这种实例用现代表达形式表示，以 P、S、M 分别代表大中小词，就是：“如果所有的 S 是 P，并且所有的 M 是 S，那么所有的 M 是 P。”更精确的表达方式应当是：“如果 P 表达所有的 S，并且 S 表达所有 M，那么 P 表达所有的 M。”这三个命题都确定了两个概念之间的关系。这样的一种确定叫作判断。一个三段论式由三个判断组成：两个前提和一个结论。前提中的一个应该是全称判断，叫它大前提（major premise），另一个应当是肯定判断，叫它小前提（minor premise）。理由是，由两个特称判断或两个否定判断不能得出任何结论。

亚里士多德把科学研究程序看作一个完整的归纳-演绎过程，从观察上升到一般原理，然后再返回到观察，即从要求解释的现象中归纳出解释性原理，然后再把这些原理作为前提演绎出关于现象的陈述。演绎是以归纳达到的概括作为前提，运用三段论式演绎出观察的陈述。他对演绎前提提出四个逻辑以外的要求：一要求它必须是真的，二要求它必须是无须证明的，三要求它必须比结论更为人所知，四要求它必须是结论的原因。这些要求是要排除假前提，避免解释的无穷倒退，保证事物的因果关系。科学演绎的关键在于，根据要证明的陈述选择适当的中词。他认为，科学理论应当是通过演绎组织起来的一组陈述，每一门科学都应当有它的第一原理，第一原理作为该科学一切证明的出发点起着演绎前提的作用。他把公理和公设加以区别，公理是一切科学公有的真理，而公设则只是某一门科学所接受的第一原理，并且他把同一律、矛盾律和排中律列为公理。数学家欧几里得（Euclid）以其几何学、物理学家阿基米德（Archimedes）以其静力学，实现了亚里士多德科学理论演绎系统化的理想。

### 8.1.2 罗素的逻辑公理化

符号逻辑以数学计算的方法处理推理和证明等逻辑问题，所以也称其为“数理逻辑”，又因为它是现代的产物而称为“现代逻辑”。用数学计算代替人们思维中逻辑推理过的思想，早在 17 世纪就已占据了欧洲一些思想家的头脑。1656 年，英国哲学家霍布斯（T. Hobbes）提出用数学方法研究逻辑思维，德国数学家莱布尼茨设想以一种“普遍的符号语言”进行如数学推理那样严密的“思维演算”。英国数学家布尔在《逻辑的数学分析：论演绎推理的演算法》(1847年）一书中，通过构造抽象代数系统（后世称“布尔代数”），建立了第一个命题演算系统。德国数学家弗雷格（G. Frege）在《概念演算——一种按算术语言构成的思维符号语言》(1879 年）一书中，通过区分命题表达和真假判断，以及把数学中函数概念引进逻辑系统，建立了第一个谓词演算系统。英国数学家罗素和怀特海合作建立了一个包括命题演算和谓词演算的完整系统，对符号逻辑的发展起了承前启后的作用。

1900 年，罗素开始接触布尔和皮亚诺的符号逻辑；1901 年，他开始与怀特海合作研究数学的逻辑基础；1902 年，他作出了第一个贡献，在给弗雷格的信中指出了一个悖论，后来成为著名的罗素悖论。接着他进入建立数学的逻辑基础的研究，以解决他自己提出的悖论问题。在其著作《数学的原理》(1903年)中，他对自己成果作了概要的说明，后来又在其与怀特海合著的三卷本《数学原理》(1910～1913 年）中做了发挥。他们试图仅从逻辑本身的展开导出全部数学，而不需要数学所特有的任何公理。他们的这种数学逻辑主义的宏大计划，因为使数学只有形式而没有内容，遭到了许多数学家的批评。但他们在符号逻辑方面却作出了公认的重要贡献，以完全符号的形式彻底实现了逻辑的公理化。

《数学原理》建立的命题演算和谓词演算的完整系统，包括不定义的概念，如基本命题的概念、命题函数的概念、一些基本命题为真的肯定、一个命题的否定和两个命题的析取等。所谓命题是指陈述一个事实或一个关系的语句，一个命题的函数含有一个变量，将其代换为一个值就给出一个命题。一个命题的否定指“这个命题成立不是真的”。一个命题 p 的否定记作（$\sim P$），两个命题 p 和 q 的析取记做 $p \vee q$，表示 p 或 q。肯定 $p \vee q$ 就是指 p 并且 q，$\sim p$ 并且 q，以及 p 并且 $\sim q$。命题之间最重要的一种关系是蕴涵，即一个命题的真强制着另一个命题的真。蕴涵，$p \supset q$，定义为 $\sim p \vee q$，它意味着 $\sim p$ 并且 q，p 并且 q，或 $\sim p$ 并且 $\sim q$。《数学原理》中给出了六个公设：①一个真的基本命题所蕴含的命题是真的；②$(p \vee p) \supset p$；③$q \supset (p \vee q)$；④$(p \vee q) \supset (q \vee p)$；⑤$[p \vee (q \vee r)] \supset [q \vee (p \vee r)]$；⑥由 p 的肯定和 $P \supset q$ 的肯定可得 q 的肯定。他们从这些公理推得一些定理，包括形式逻辑中的归谬律、排中律和亚里士多德三段论式，它们都作为定理出现：$(p \supset \sim p) \supset \sim p$（归谬律），$p \vee \sim p$（排中律），$[p \supset r][(p \supset q) \supset (p \supset r)]$（三段论的一种形式）。

罗素之后的符号逻辑，在命题逻辑和谓词逻辑的基础上发展出的四大分支分别是：公理化集合论（axiomatic set theory）、模型论（model theory）、递归论（recursion theory）和证明论（proof theory）。20 世纪 60 年代以后的符号逻辑在扩展和变异两个方向发展，扩展逻辑（extended logics）发展出模态逻辑（modal logic）、时态逻辑（tense logic）、道义逻辑（deontic logic）、认知逻辑（epistemic logic）、优选逻辑（preference logic）、祈使逻辑（imperative logic）、疑问逻辑（erotetic logic），异释逻辑（deviant logics）发展出多值逻辑（many-valued logic）、直觉主义逻辑（intuitionist logic）、量子逻辑（quantum logic）、相干逻辑（relevant logic）、模糊逻辑（fuzzy logic）、弗协调逻辑（paraconsistent logic）和自由逻辑（free logic）等。

### 8.1.3 科斯塔的弗协调逻辑

弗协调逻辑，一种尝试处理矛盾的非平凡的（non-trivial）逻辑体系（非协调形式系统），由巴西逻辑学家科斯塔（N. C. A. da Costa）首创。面对逻辑学以及自然科学和社会科学等领域中许多不协调命题，人们因怀疑矛盾律的普遍有效性从而进行了改造经典逻辑的种种努力。卢卡西维茨(J. Lukasiewicz)发现亚里士多德曾设想过矛盾律不普遍有效的情况，他由此联想到否定平行公理导致非欧几里得几何诞生，并进而认为矛盾律不普遍有效可能导致一种非亚里士多德的新逻辑诞生。俄国数学家瓦西里耶夫（B. Vasilyer）提出了想象逻辑，设想通过引进新质把只包含肯定和否定两种质的亚里士多德二维逻辑扩大到 $n$ 维。波兰逻辑学家雅斯可夫斯基（Stanislav Jaskowski）提出了“会谈逻辑”，设想建立一个矛盾系统——包含正反两个相互矛盾命题的系统。瓦西里耶夫和雅斯可夫斯基等人的设想没能打动同行，真正获得成功的是柯斯塔创立的非协调形式系统。在 1976 年的国际逻辑学会议上，秘鲁哲学家奎萨达（Quesada）首次使用“弗协调逻辑”这一术语，用以表达柯斯塔创立的非协调形式系统的本质特征，即矛盾律被削弱而不再普遍有效之后仍能保持一种稍弱的协调性。

科斯塔的两篇论文，《不协调系统的命题演算》（1963 年）和《不协调系统的理论》（1974 年），构造了弗协调命题演算系统 $Cn$、弗协调谓词演算系统 $Cn^*$（不带等词）和 $Cn=$（带等词），以及弗协调的摹状词演算系统 $Dn$，从而开创了弗协调逻辑。他定义了一系列逻辑系统 $Cn$（$1<=n<=\omega$）。在 $C_1$ 系统中，$\neg(A\wedge\neg A)$ 成立时，归谬律才成立。在 $C_2$ 系统中，$(\neg(A\wedge\neg A))\wedge\neg((\neg(A\wedge\neg A))\wedge(\neg\neg(A\wedge\neg A)))$ 成立时，归谬律才成立。如此类推，可以定义到 $C_\omega$。在弗协调逻辑系统里，矛盾律和反证法不再普遍有效，A 和 ¬ A 可以同时成立。弗协调逻辑动摇了矛盾律的绝地地位，改变了否定词的原有概念。作为一种非经典的新逻辑体系的弗协调逻辑，它将矛盾区分为无意义的和有意义的两种，前者会在形式系统中扩散并使任何公式都变成定理而必须排除，而

后者在非协调形式系统中可以合法地存在并且不会扩散。弗协调逻辑体系以新的视角、新的途径、新的方式，为人们处理各种矛盾提供了具有辩证意味的“亦此亦彼”的逻辑模式和洞察力。作为迄今唯一能处理非协调性的逻辑理论的弗协调逻辑，适合作为经典逻辑所无法处理的那些非协调理论的基础。弗协调逻辑还具有深刻的哲学意义和实践价值，它有助于重新认识思维领域的矛盾问题，逻辑矛盾、辩证矛盾和悖论。

科斯塔创立弗协调逻辑之后，许多逻辑学家开始沿着科斯塔的系统做更为深入的研究，并将其应用于其他非经典逻辑，得到了许多全新的逻辑系统。国内张清宇在弗协调逻辑方面开创了新的方向，建立了弗协调条件句逻辑 PIW 和 CnW、弗协调模态逻辑 CnG′，以及弗协调时态逻辑 CnG′H′和 CnUS 等。当将弗协调逻辑运用于真值模态逻辑时，可得到一个避免了善良的撒玛利亚人悖论的道义逻辑系统。弗协调逻辑可以用来建模有矛盾的信仰系统，但不是任何东西都能从它推导出来的。在标准逻辑中，必须小心地防止形成说谎者悖论的陈述，而弗次协调逻辑由于不需要排除这种陈述而更加简单（尽管它仍然必须排除柯里悖论）。弗协调逻辑可以克服哥德尔的不完备定理蕴涵的算术限制。弗协调逻辑学家们倾向于认为悖论不能当作逻辑矛盾处理，它所包含的是有意义的真矛盾。

## 8.2 演算工程系统

作为思维工程系统子系统的演算工程系统，通过计算、证明和作图建造可能世界的概念体系，其演化经历了农业文明时代的常量演算主导和工业文明时代的变量分析主导两个历史阶段，正在进入知业文明时代的符号计算主导。欧几里得的《几何原本》、微积分学的创建和几何定理机器证明，是演算工程系统演化过程中三大典型工程。

### 8.2.1 欧几里得的《几何原本》

迄今，人们对欧几里得的生平仍然所知甚少，没有人知道他准确的生卒年月和出生地，这里给出的只是根据有关资料得出的一个大致估计。据希腊哲学家普罗克鲁斯（Proclus）的有关记载，欧几里得是托勒枚一世时期的数学家，据说他曾在雅典的柏拉图学园学习过，并曾任职坐落在亚历山大城的国家博物馆，后来还在那里创办了一所学校。他生前写了不少著作，包括数学、物理学和天文学。在数学方面，最重要的是《几何原本》，此外还有《几何习题集》

和《数据》因收在帕普斯（Pappus）的《分析集锦》中被保存下来，其他如普罗克鲁斯提到的《论（图形的）剖分》和帕普斯提到的《二次曲线》、学生用的几何学《辨伪术》、关于几何作图法的《衍论》《曲面-轨迹》等均已失传。在物理学方面，有《光学》和《镜面反射》传世。在天文学方面，有教本《现象》留给后人。《几何原本》的来源主要是古希腊的数学家赛翁（Theon）修订的抄本及其讲课的记录，作为现代研究者主要依据的抄本是皮拉德（F. Pryrard）发现于公元 10 世纪的希腊文抄本，它属于比色翁本的一种更早的抄本。

《几何原本》研究者们的考证表明，书中的大部分材料都能找到来源，实际上主要是柏拉图学派数学家们的研究成果。把它们汇聚成一个演绎系统是一项复杂的工程，众多定理的排列和证明以及其严密论证无疑应当归功于欧几里得。《几何原本》全书共 13 篇，除几何外还包括比例和数论：第 1～4 篇，论述直边形和圆的基本性质；第 5 篇，关于比例论；第 6 篇，关于相似形；第 7～9 篇，关于数论；第 10 篇，关于不可度量分类；第 11～13 篇，关于立体几何和穷竭法。欧几里得在《几何原本》第 1 篇中首先给出第 1 部分所用的点、线和面等几十个定义，接着给出 5 个公设和 5 个公理。欧几里得在《几何原本》中根据定义、公设和公理证明了几百条几何定理。公设如下所示：①从任一点到任一点作直线（是可能的）；②把有限直线不断循直线延长（是可能的）；③以任一点为中心和任一距离（为半径）作一圆（是可能的）；④所有直角彼此相等；⑤若一线与两直线相交，且若同侧所交两内角之和小于两直角，则两直线无限延长后必交于该侧的一点。公理如下所示：①跟同一件东西相等的一些东西，它们彼此也是相等的；②等量加等量，总量仍相等；③等量减等量，余量仍相等；④彼此重合的东西是相等的；⑤整体大于部分之和。

《几何原本》是最早的一本内容丰富的演绎体系的数学书，有条不紊地从简单到复杂编排了一系列的定理。尽管现代数学家们可以找出许多它的不够严密之处，但是由一小批公理证明出几百个定理，足见欧几里得体系的演绎系统化的尝试的成功。《几何原本》不仅对其后的数学发展有深远的影响，而且对其后整个科学理论模式的形成都有其深刻的影响。英国物理学家牛顿继承了欧几里得几何学的演绎体系传统，在其著作《自然哲学的数学原理》（1687 年）中，他把通过分析发现的力学定律作为公理，运用综合证明明晰地陈述所有力学定理，使力学形成了一个公理体系。

### 8.2.2 微积分学的创建

微积分学是欧几里得几何学后整个数学中最伟大的创造，使数学研究从常量演算阶段进入了变量分析阶段。“分析”这个词的含义，有一个从柏拉图指称逆向寻因到指称代数的转变过程。韦达（F. Viete）建议用“分析”（analysis）代替在欧洲语言中没有意义的“代数”（algebra）。对韦达和笛卡儿来说，分析只不过意味着代数对几何的应用。牛顿和莱布尼茨创立的微积分学是代数的扩展（无穷的代数），所以微积分学也被叫做分析学，如瑞士数学家欧拉（L. Euler）将其微积分学著作称《无穷小分析引论》（1748 年）。

微积分的思想渊源可追溯到古希腊几何学家使用“穷竭法”，即以曲线的内接和外切多边形近似地测量曲线的长度和曲线所包围的面积，并通过增加多边形的边数提高近似精度。德国天体物理学家开普勒（J. Kepler）曾利用类似穷竭法计算圆面积、球体积、锚环体积，还研究从圆经过椭圆、抛物线和双曲线到线耦的连续过渡，并首次把“轨迹”这个术语引进几何学。伽利略的学生意大利数学家卡瓦列利（B. Cavalieri）把开普勒的方法普遍化为“不可分量法”，即线是由无限多点组成的，面是由无限多条线组成的，和立体是由无限多个面组成的。英国数学家沃利斯（J. Wallis）又把卡瓦列利的方法同解析几何和更为高级的代数分析结合起来并求出了许多面积（1655 年）。牛顿的老师英国数学家巴罗（I. Barrow）改进了法国数学家笛卡儿和费马求曲线切线的方法，根据曲线方程计算该曲线上两个邻近点的斜率确定过其一点的切线的斜率。这些工作成为牛顿和莱布尼茨创建微积分的先导。

牛顿的微积分思想源于他对运动的“无限小量”之描述的不断探求。他在其早期的论文中就已摆脱了线和面是无限小量集合的纯几何学观点，他沿用英国数学家格雷戈里（J. Gregory）使用过的符号“O”表示无限小量，不仅用无限小量建立了求二次曲线切线和曲率的普遍方法，而且把无限小量引进对运动的描述。他假定运动物体所描绘的无限小的轨迹同其描绘此轨迹时的速度成正比，这意味线是由一个不断改变其运动的点描绘的。在其著作《运用无穷多项方程的分析学》（1669 年完成，1711 年出版）中，他以“0”表示的无限小增量“瞬”（moment），不仅给出了求一个变量对另一个变量的瞬时变化率的普遍方法，而且证明了（由无穷小面积和表示的）面积可以由求变化率的逆过程得到。在其著作《流数法和无穷级数》（1671 年完成，1736 年出版）中，他把变量看作是点、线、面的连续运动产生的，并把变量叫作流（fluent），而把变量的变化率叫作流数（fluxion），论述了已知的两个流之间的关系而求相应两个流数之间的关系及其逆问题。在其著作《求曲边形的面积》中，他以“消失量的最后比”和“初生量的最初比”取代无穷小量（流数），走向了一种极限概念。

莱布尼茨独立于牛顿奠定了微积分学的另一种形式的基础，他从几何学的角度以研究曲线的切线和曲边梯形的面积为出发点。他的微分原理第一次公布在论文《一种求极大值、极小值和切线的新方法，它也适用于分式和无理量，以及这种新方法的奇妙类型的计算》(1684 年)中。他把微分学的主要问题归结为：计算当自变量 $x$ 有一无限小变量时，因变量 $y$ 的增量问题。他把这种增量称为“差分”，他通过添加字母 d 来标记它，d$x$ 或 d$y$。他导出了由 d$y$/d$x$ 表示的切线的斜率，并从而创建了求 d$y$/d$x$ 的算法。他的积分原理第一次公布在论文《潜在的几何与分析不可分和无限》(1686 年)中。他从求曲线图形面积出发得到积分的概念，积分是微分的反问题，即由一给定式子的微分确定该式的原形。他用符号 ∫ 表示积分，它是 summa(和)这个词的字头 S 的拉长变形，∫ 运算意味着和，而 d 运算则意味着差。虽然莱布尼茨的微分和积分符号在这两篇论文中首次公布，可是从他的笔记中可以知道，它们在他 1675 年的笔记中早已被使用。对于微分他记为 $x$/d 或 $y$/d，对于积分他用前缀 omnia 标志。他的著作《微分学的历史和起源》(1714 年)给出他有关思想的发展。

牛顿和莱布尼茨的微积分学是能够应用于许多函数的一种新的普遍方法，它不再是古希腊几何学的附庸延展，而是作为一门独立的学科，用来处理广泛的问题。他们两人使用的代数记号和方法，不仅提供了比几何学更为有效的工具，而且可以用来处理许许多多不同的几何学和物理学的问题。以前作为求和处理的问题，如面积和体积问题，现在归结为反微分问题。

### 8.2.3 几何定理的机器证明

由于计算机和算法研究的进展，本来只会数值计算的电子计算机，在 20 世纪 50 年代中期发展到可以进行符号计算了，于是由计算机实施的演算就有了数值计算、符号计算和数值与符号混合计算三种方式。数值计算的长处是快速，其短处是只能得到近似值。符号计算的长处是精确，其短处是计算量大并且表达形式庞杂。混合计算折中两者，善取其长而规避其短。由机器实施的符号计算，即机器代替人工对代表数学对象的符号进行演算，这些符号可以代表整数、有理数、实数、复数或代数，也可以代表其他的数学对象，如多项式、有理函数、矩阵、方程组以及群、环、域等抽象数学对象。由于不断提出各种强有力的算法，如计算多项式理想的 Grobner 基方法、多项式分解的 Berlekamp 算法和计算有理函数积分的 Risch 算法等，除标准的代数计算以外，极限计算、符号微积分计算、微分方程的符号解和几何定理的证明也逐步发展起来，其中最引人注目的几何定理的证明。

几何定理机器证明的探索可以上溯到 17 世纪。法国数学家笛卡儿发明了统一处理几何问题的坐标法，它为发展解析几何奠定了基础，在此基础上发展出用计算机解决几何问题的种种方法。德国数学家莱布尼茨提出了推理机器的设想并创立了二进制数学，它为发展符号逻辑奠定了基础，在此基础上发展出电子数字计算机。在几何定理机器证明的道路上，中国数学家吴文俊的工作具有里程碑的意义。

吴文俊不仅在代数拓扑学和微分拓扑学等领域作出了重要贡献，而且提出了一种数学机械化纲领。他在论文《初等几何判定问题与机械化证明》（1977年）中，提出了一种证明等式性初等几何定理的新代数方法；他在著作《几何定理机器证明的基本原理（初等几何部分）》（1984年）中，阐明了各类几何定理机械化证明的基本原理；他在论文《关于代数方程组的零点—Ritt》（1985年）中，正式建立了求解多项式方程组的消元法。他将其机械化定理证明概括为里特（J. S. Ritt）原理和零点分解定理，并进一步把它们精密化为作为机械化数学基础的整序原理和零点结构定理。他认为，他的这些开创性成果得益于西方代数学出色成果与中国古代优秀数学思想的融合。他提出的“数学机械化”思想，创立了机器证明的“吴方法”，影响深远，并推进了几何定理机器证明及其相关领域的研究。周咸青用吴文俊方法编程从而证明了几百个非平凡的几何定理。张景中发展了一种基于几何不变量面积的消点法，实现了如通常几何教科书中几何定理证明那样便于人们理解、掌握和检验的可读证明，开辟了几何问题机器求解的另一条路线。

## 8.3 确证工程系统

作为思维工程子系统的确证工程系统，可以区分为观察、实验和模拟。确证工程系统的演化，经历了农业文明时代的观察主导和工业文明时代的实验主导两个历史阶段，正在进入知业文明时代的模拟主导。中医脉诊法、牛顿分光实验和 FPU 模拟计算，是确证工程演化过程中三大典型工程。

### 8.3.1 中医脉诊法

基于经验观察形成的中医四诊法，望诊、闻诊、问诊和切诊相互参合确诊病症的方法，在科学史上具有非常独特的地位。望诊作为诊断病症的一种方法，指医生用肉眼观察病人外部的神、色、形、态，以及各种排泄物（如痰、粪、脓、血、尿等）。闻诊作为诊断病症的一种方法，指医生通过听觉和嗅觉收集病人说话的声音和呼吸咳嗽散发出来的气味等材料。问诊作为诊断病症的一种方法，指医生通过与病人或知情人的交谈了解病人的主观症状、病情演变、治疗经历和家族病史等。切诊作为诊断病症的一种方法，指医生用手对患者体表进行触摸按压的诊法，主要是用手指按压病人腕部动脉以察脉象变化的脉诊，也包括以手触摸按压病人体表某些部位以察局部之病变。概而言之，通过视、听、嗅、触等感觉功能全面了解和系统掌握与疾病相关的各种信息，以求对病症做出正确的判断。四诊法中最具特色的是切诊中的脉诊法。

脉诊法是根据病人体表动脉搏动显现的部位、频率、强度、节律和脉波形态等因素组成的综合征象，来了解病人所患病症的内在变化。它是长期以来众多医生经验的总结和升华，特别是战国时期的扁鹊和三国两晋时期王叔和等名医。脉诊法作为中医所独有的诊断方法，从草创到成熟曾经出现过三部九候法（比较头、手、足动脉大小变化以确定病症所在）、人迎寸口法（比较颈动脉和桡侧动脉之大小以确定疾病归经）、四时脉法（脉象配四时，各有所常，春弦、夏钩、秋毛、冬石）和脉象法（包括分经候脉、独取寸口和寸口脉法）。通过两千多年的诊疗实践，各种不切实际的脉法被淘汰，各种脉象与疾病关系的正确经验不断补充到脉法中来，最后形成了独立而成熟的寸口脉法（寸口被区分为寸、关、尺三部，以诊五脏六腑之病变）。有关脉诊的论述长期杂在各种医书中，如西汉成书的《素问》《难经》和张仲景的《伤寒杂病论》等，直到三国两晋时期才有名医王叔和整编出脉诊专著《脉经》。

王叔和的《脉经》（成书年代不详）是中国最早的脉学专著，经历代辗转传抄而形成不同的古本，至北宋始有校正刻本，它成为后世祖本。它建立了一个独立统一的脉诊体系，成为此后历代脉诊实践和著述的基础。《脉经》共 10 卷 97 篇，前 6 卷比较系统地阐述了脉诊的方法和理论，第 7～9 卷辑录《伤寒杂病论》有关条文，而第 10 卷将寸口脉推广到十二经脉和奇经八脉等。第 1 卷的第 1 篇“脉形状指下秘诀第一”为总纲，首次将脉象总结为浮、芤、洪、滑、数、促、弦、紧、沉、伏、革、实、微、涩、细、软、弱、虚、散、缓、迟、结、代、动等 24 种并分别给予简要描述。此书的问世和流传，使“独取寸口”诊脉法，从《素问》和《灵枢》的不分部以及《难经》的两部（尺和寸），归于寸、关、尺三部及其分候脏腑定式。

### 8.3.2 牛顿分光实验

作为实验确证理论之典型——牛顿分光实验，即光束通过三棱镜分散成彩色光带的现象，是科学史上讨论实验与理论关系的著名案例，经常作为英国哲学家培根所谓的“判决实验”被讨论。1664 年，牛顿加入了光学研究的行列，他最初的研究是消除光学仪器缺陷的几何光学问题，但很快就转入物理光学问题的研究，在 1666 年他设计并完成了一个太阳光的分光实验。他把日光从窗户的一个小圆孔引进黑暗的屋里来，让它通过一个三棱镜的折射再投射到墙上。他发现在墙上呈现的不是圆像，而是一个伸长的椭圆像，并且其顶部呈现浅蓝色而底部呈淡红色。为了理解这个现象，牛顿又做了许多实验。其中有一个实验使光束连续通过两个棱镜，第一个棱镜使光束分散成光带，通过转动第一个棱镜使这个光带的不同颜色的光分别通过第二个棱镜。通过第二个棱镜的光不再发生色散，而且沿着从红到蓝的方向移动，其折射程度是逐渐增大的。通过分光实验，牛顿得到了他关于光的颜色的理论：普通的光是由折射能力不同的射线混合而成的。在 1670～1672 年的卢卡斯讲座中，他公布了自己的实验结果；1672 年，在英国皇家学会上，他宣读了论文《关于光和颜色的理论》，以 13 个命题的形式陈述了关于光的颜色的新理论，并旋即发表在《哲学杂志》上。

牛顿关于光的 13 个命题来自一系列周密实验，而这一切都是对墙上显示的那条拉长的彩色光带的疑问而引起的。来自窗户圆孔的光通过棱镜为什么会变成拉长的像而不是圆像呢？起初他怀疑这可能与光投射在棱镜的不同厚度的部位有关，但使光束通过棱镜的不同厚度的部位时，他并没有观察到像的形状的任何变化，于是“厚度不同”这一原因就被排除了。接着他想到也许同窗孔的大小有关，而当他以不同大小的窗孔引进光线时，也没有观察到像的形状有任何变化。他又猜想，这可能是棱镜玻璃不均匀引起了像的形变，于是他把两块同形的棱镜一倒一正地贴合在一起以使不均匀相互抵消。光通过这种组合棱镜的结果还是没有任何形变的圆像，又排除了“不均匀”作为像变形的原因。那么入射角不同是不是像拉长的原因呢？他通过转动棱镜在不同入射角度下观察，而结果则是入射角的不同几乎不改变折射光线的方向。牛顿甚至奇怪地想到，从棱镜出来的光有可能像被打的网球一样走了一条曲线，由曲率的不同造成了像的拉长。于是他在棱镜后不同的位置处观察，也没有得到光线弯曲的任何证据。这些实验逐渐地把牛顿引向这样的结论：普通光是由折射能力不同的射线混合而成的，不同的折射能力的射线具有不同的颜色，这正是拉长的彩色光带的成因。为了证实这一推论，牛顿做了前面已经讲过的那个让光连续通过两个棱镜的“判断实验”。

牛顿分光实验典型地体现出，实验对一个科学陈述的可靠性的确证作用，以及实验理性和逻辑理性的关系。在这里，牛顿应用分析方法归纳出解释性原理：阳光是由颜色不同的光线组成的，棱镜使每种颜色的光以某个特定的角度折射。根据这一理论，他进一步用综合法去演绎某些推断。如果这个光的颜色的新理论是正确的，那么某种颜色的光就应该以其特有的折射角通过棱镜并且不应再分解成不同颜色的光，牛顿以其“判决实验”确证了他的理论的这个推论。但牛顿的论文《关于光和颜色的理论》在《哲学杂志》上发表后，还引起了一场争论，争论主要在他与英国物理学家胡克（R. Hooke）之间。为了回答胡克的指责，牛顿在其致皇家学会秘书奥尔登堡（H. Oldenburg）的信中强调，“我之所以相信我所提出的理论是对的”，“是因为它是从得出肯定而直接的结论的一些实验中推导出来的”。这场争论还使牛顿逐渐形成了他关于光的本性的思想：他先是以光的波动说解释颜色，接着又用微粒和波动结合的观点解释，最后他愈来愈倾向于微粒说解释。

### 8.3.3 FPU 模拟计算

FPU 模拟计算的开创者是费米，他与巴斯塔（J. Pasta）和乌勒姆（S. Ulam）共同完成了著名的 FPU 计算实验。费米是出身意大利的物理学家，为逃避法西斯的种族迫害起于 1938 年到美国。他在哥伦比亚大学研究中子物理，并于 1942 年建立起世界第一个自持链式裂变反应堆，1944 年到洛斯阿拉莫斯协助美国物理学家奥本海默制造原子弹，战后到芝加哥大学从事介子物理研究，但还经常访问他为之工作过的核基地。他很快就对洛斯阿拉莫斯那台世界最好的电子计算机产生了兴趣，并开始与巴斯塔和乌勒姆等人讨论它有可能的应用。费米想到那些解析数学无力处理的非线性系统的长时间行为和大尺度的性质方面的研究，并在 1952 年策划了一个研究弱非线性振子系统能量趋向均匀分配过程的计算机实验。他们的计算模型是一维非简谐振子，64 个质点排成一条线，相邻质点之间除普通的弹性力外，还有很弱的非线性作用。在这样的一维动力系统中，各质点的坐标位移的重新组合，可以得到 64 种运动模式。让能量集中在第一个模式上为初始状态，计算其后的能量分布状况，并预期会很快地就热化到“能量均分”。但计算结果的“近回归”大出所料，这个系统完全没有“热化”的趋势，经过相当长一段时间后，能量重新集中到第一种运动模式上。

FPU 实验报告《非线性研究》（LA-1940 号）于 1955 年写成，但直到 10 年后，才在赛格瑞（E. Segre）主编的《费米文选》（1965 年）中发表。他们在报告中指出，他们的计算机实验结果真正构成了一点发现，它暗示，人们普遍相信的非线性系统中的混合和热化的普适性，并不总是被证明是正确的。FPU 模拟计算实验本身及其发现，标志着计算物理学的兴起。FPU 模拟计算是计算机助发现的先驱工作，它不仅开数学实验之先河，而且还直接导致了计算物理学的三大发现：罗伦兹（E. Lorenz）发现相迹弥散的“混沌”现象（1963 年），札布斯基（N. Zabusky）和克鲁斯卡尔（M. D. Krusdal）发现非线性场的“孤子”现象（1965 年），温利特（T. E. Wainwright）等发现速度相关的“长时尾”现象（1967 年）。这三大发现导致计算物理学出现三种代表性的方法和研究领域：混沌物理学、孤子物理学和分子动力学。

作为模拟发现新概念之典型的 FPU 实验——弱非线性一维动力系统的计算机实验，是物理学中确证的一次革命。物理学的研究方法从此除了有先后成熟起来的实验方法和理论方法之外，又增添了数学实验方法，并因而形成了实验物理学、理论物理学、计算物理学三足鼎立的新局面。计算物理学以电子计算机为主要工具，它的主要特征不在于"计算"，而在于通过计算对自然过程进行模拟实验从而做出发现。FPU 实验的"近回归"结果，实质上是对 1871 年玻耳兹曼（L. Boltzmann）提出的"各态历经"假说的一个挑战。"各态历经"指保守力学系统的运动经过足够长的时间后要经历等能面上的一切状态，统计物理的表述是系统处于等能面各点的概率相等，它是对动力系统的状态求平均这一统计物理学方法的根据。这些数学实验的发现，由理论物理学作进一步的论证并由实验物理学去检验。数学实验是一种介于古典演绎法和古典实验方法之间的一种新的科学认识方法，其实质在于，它不是对客体或现象进行实验，而是对它们的数学模型进行实验。数学实验包括四个基本方面：建立数学模型、拟定分析模型的数值方法、编制实现分析方法的程序和在计算机上执行程序。

# 9 学习工程系统

金吾伦

我们在“技术系统论”一篇中已经讲到了学习技术系统。我们把学习技术系统纳入社会技术系统中，学习技术系统是社会技术系统的一个子系统。美国数学家和控制论创始人维纳在 1940 年曾经给学习下过一个明确的科学定义：能够在过去经验的基础上改变自己的行为模式，通过反馈使个体（或系统）行为模式能更加有效地应对其未来环境。这种学习定义既适用于动物，也适用于机器系统，为机器学习理论奠定了基础。艾什比发现适应与稳定机制之间的联系，指出生物体的适应和维持生存这类行为从结构上看就是稳定性，适应行为等价于稳定系统的行为。这样就把适应系统的反馈机制与生物的适应行为联系起来，将学习看作生物体从不适应变为适应的过程，个体发育和系统发育的学习都是动物界根据环境变化调节自己行为的方式。动物的学习能力和生殖能力从表面上看起来如此不同，但这两种现象却密切相关，动物的学习指在环境的影响下改变自己，而动物的生殖指繁衍出相似的后代①。

学习是人类的天性，是适应环境的本能。学习是最自然的活动，是人类体验的基本组成部分，伴随我们每个人的成长历程。然而，对于我们来说，大部分学习活动是无意识的，是在不知不觉中发生的，其中也有些神奇色彩：开始时我们蒙昧无知，随着时间的流逝，蓦然回首，我们已掌握了许多新知识。我们从小就开始学习，常常是通过“试错”学习。例如，我们从小就在大人的指导下学走路，跌倒了爬起来再走，这样反反复复，最后学会了走路。人都有渴望学习的动机，学习是生命的源泉，是人类进步的不竭动力。

学习就是获得新知识，理解新知识，并在实践中应用新知识。在这个意义上，学习就是创新。通过学习，人类逐步达到与自然、与别人之间的和谐相处，增进适应环境、创造更美好未来环境的能力。

为了把学习纳入工程系统，我们需要把原有的工程的定义加以改造。按照原有的工程的定义，工程是人类改造物质自然界的完整的、全部的实践活动和

---

① 李喜先等. 技术系统论. 北京：科学出版社，2005：109.

过程的总称。但从今天现实情况来看，这个关于工程的定义显然是狭义的。例如，它包含不了今天人们已经普遍认可的知识工程。这是因为知识在今日和未来的生产和社会活动中的重要性正在与日俱增，知识已成为一个重要资源、一种生产要素，它与其他生产要素相结合，将共同发挥巨大作用。然而，知识工程没有被纳入旧有的工程的含义中。旧有的工程概念仅仅指大型的物质生产活动，如土木工程、机械工程、化学工程、采矿工程、水利工程、航空工程等。甚至连组织管理中的流程再造工程，更有安居工程、希望工程等，许多重要的工程都未被纳入工程的定义和释义中。在以知识为基础的社会中，旧有的工程概念需要加以拓宽。

我们要讨论的学习工程系统就是在这种拓宽了的工程概念基础之上进行的。这里需要强调的是，学习工程系统包括两个方面：一是教育工程系统，它主要是指学校教育，即学生在学校中学习知识与技能，为未来服务社会作贡献；二是日益重要的组织学习。前一个方面是集体受教、个人学习，而后一个方面则是当前知识经济与创新时代最为重要的一个方面，尤其是在技术创新主体企业中。虽然个人学习不可缺少，但关键的是组织学习，它是一个真正的学习工程系统。所以，这里所指的“学习”主要指组织学习，也是本章讨论的中心议题。

组织学习的重要性越来越受到国际社会的广泛重视。1998～2000 年，经济合作与发展组织连续召开了关于“学习型经济”的研讨会。此后，包括中国在内的许多国家都纷纷提出创建学习型社会、学习型城市和学习型企业。学习型经济表明，学习已成为知识经济进程的核心驱动力，学习工程系统的意义更加明显。学习型社会、学习型城市和学习型企业是不同范围内的学习工程系统。

## 9.1 学习工程系统的价值取向

我们把学习工程系统的目标简要地概括为三个方面：①催生一种新的价值观念，把学习、获取知识、创造文明看作是最有意义、最具价值的生命存在形式；②形成一种新的思维方式，克服传统的线性思维，运用考虑整体利益的系统思维方式；③创造一种新的生活方式，积极进取，为争取人类更美好的生活而努力。

具体而言，学习工程系统的目标包含以下四个内容。

### 9.1.1 适应不断变化的环境

人们越来越认识到，随着全球化进程的加速，环境的变化很大，不确定因素越来越多[1]。对一家企业或一家公司来说，要想在变幻莫测的环境中获胜，唯一关键的战略与策略就是学习。有一个公式表示学习的重要性，即L≥C（L是学习，C是变化）。德赫斯（A. de Geus）指出，历史上那些长寿公司之所以能长寿，靠的就是组织学习；而历史上那些倒闭与失败的公司，之所以失败归根结底就是这些公司“不学习或学习得不是很快”[2]。例如，1970年被《财富》杂志列为500强的工业公司，到1983年已有1/3已不复存在，原因是那些进行了学习和调整适应的公司生存下来，而那些不能进行学习和调整适应的公司逐渐淘汰了。新环境下，竞争不再是“阵地战”，而是“运动战”，注重战略的动态特征，或动态实力，也就是一个组织随着时间变化、适应、改变和更新的能力。

环境在不断地变化，无论个人，还是组织都得不断学习，才能适应这种变化。

### 9.1.2 避免系统危机

前面说的是要适应环境的变化，这里要说的是，我们需要通过学习去理解我们所处的环境是什么。只有真正理解了环境，我们才能有正确的对策。我们处在一个什么样的环境中呢？这是一个相互联系与相互制约的复杂系统的环境。

发明“随机存取存储器”、创建第一台通用字计算机又是系统动力学的创始人福瑞斯特（J. Forrester）说过这样的话：技术进步或多或少是一种生产过程，即如果你将更多的钱和优秀的人员投到某个有着巩固基础的领域，那么技术的进步就多少获得了保证。人类面临的真正的大问题是没有能力理解和掌握人类自己的种种复杂系统[3]。

我们人类正处在一个大范围的复杂系统环境中，人类社会自身也是一个复杂系统。它包含技术、经济、文化以及政治子系统。如果我们仅以其中之一为中心，就有可能导致系统间的失衡。工业时代发展经济而造成环境破坏所带来的生态危机，对人类发展是一个极其沉痛的教训。如果我们在加速技术发展的同时，忽视了其他系统的发展，轻视了与其他系统的协调，我们就将陷入“系

---

① 休·考特尼，简·柯克兰，帕特里克·维格里. 不确定条件下的战略//休·考特尼等. 不确定性管理. 北京新华信商业风险管理有限责任公司译校. 北京：中国人民大学出版社，波士顿：哈佛商学院出版社，2000：1-32.

② 阿里·P. 德赫斯. 规划与学习//休·考特尼等. 不确定性管理. 北京新华信商业风险管理有限责任公司译校. 北京：中国人民大学出版社，波士顿：哈佛商学院出版社，2000.

③ 彼得·圣吉. 经受考验//罗文·吉布森. 重思未来. 杨丽君，彭灵勇，倪旭东译. 海口：海南出版社，1999：152.

统的危机”。系统间相互作用的思想虽然已越来越为人们所认识，但没有完全融入我们的实践中，还没有真正影响我们的思维方式以及我们领导和管理社会机构的方式。“因此，在发展着的相互依赖性和加速的变化面前，我们要经受大规模的制度解体，以及大规模的等级制度权力机构的中枢神经系统的瘫痪。”[①]

我们至今还没有学会这一切。事实上，如果缺乏诸系统之间的协调，技术进步也将受阻。所以，我们必须通过组织学习，认识和理解事物之间的相互联系性和相互依赖性，意识到整体要大于各个组成部分之和，从而真正改变我们对各个层次上的学习和相互影响的认识方式和思维方式，并学会组织创新。

毫无疑问，思维方式的根本改变和组织管理的重大创新，同样存在巨大的不确定性和风险，需要我们深入学习，要求我们培养起传统组织中所缺乏的特殊的学习能力。

### 9.1.3 提升竞争力

在知识经济条件下，经营成功所面临的最大挑战是要创建出能将人的创造力充分发挥和生产率最大化的社会性组织。

组织好比知识的蓄水池，不是一潭死水，而是不竭的源泉，新观念、新知识不断从中涌出又汇入其中。关键是要获得并维持核心技术能力。为此，管理者需要懂得两点：①学会管理创造知识的活动；②深刻理解什么构成核心能力，核心能力包括哪些方面。为此，需要建立一个有机的学习系统，形成一种基本的价值观念。这种基本的价值观念被称为“文化范例”：它们是一系列相关的假设，组成了和谐的模式[②]。

圣吉（P. Senge）指出：“学习组织的基本特征将是生产力的大幅度提高，以及人们觉得自己所处的工作环境更接近于他们真正崇尚的价值观。”[③]鉴于价值观的意义，我们可以说，一个学习型组织的建立代表了组织文化的一个根本性的转变，从而带来一种适应提高竞争力的新型组织。

① 彼得·圣吉. 经受考验//罗文·吉布森. 重思未来. 杨丽君，彭灵勇，倪旭东译. 海口：海南出版社，1999：152.

② 多萝西·伦纳德·巴顿. 知识与创新. 孟庆国，侯世昌译校. 北京：新华出版社，2000：31.

③ 彼得·圣吉. 经受考验//罗文·吉布森. 重思未来. 杨丽君，彭灵勇，倪旭东译. 海口：海南出版社，1999：175.

### 9.1.4 创新的需要

创新需要知识，知识需要学习。20 世纪 70～90 年代，创新源泉空前丰富，创新活动居主导地位，创新速度与力度不断增长。创新日益成为在高度竞争和全球化的经济中生存和发展的唯一途径，创新需求日益强烈，其可能性也不断增加。

创新与科技、研发之间有一个公式，即

创新＞科技＞研发

创新需要整体性思考，需要系统集成、创造性的发挥和心智模式的转变。一句话，创新需要组织学习。

组织学习的目标可以有不同的层次，城市、企业、学校、社会都可以成为学习型组织，形成一个学习工程系统。例如，中关村科技园这种知识层次比较高，人员素质比较好的特定组织也一直需要提出较高的目标。对于层次不及中关村的城市、地区的相关组织来说，学习型组织还有一个重要意义就是提高人员的素质。例如，有的地市提出“建立学习型城市，全面提高市民素质”的战略目标是适合这些地市的具体情况的。因为，中国已加入世界贸易组织（World Trade Organization，WTO），需要国际交流。

综合起来说，学习工程系统的目标是：①使企业成为长寿公司；②学习本身就是享乐；③合作竞争中求发展；④价值观的转变；⑤建设和谐社会的内在要求，活出生命的意义；⑥组织深层变革与管理创新需要学习工程系统。

## 9.2 学习工程系统的观念基础

学习工程系统的提出并不是空穴来风，也非随心所欲的，而是有其广泛深刻的原因，换句话说，它具有深厚的观念基础。它是建立在特定的价值目标、学习科学、认知科学、学习技术和管理变革的基础之上的。而其中最现实、最根本的是，人们在长期的实践和理论探索中发现了传统组织的严重弊端，同时也看到，通过提高学习与创新可以实现未来组织变革的新希望。学习工程系统可能就是未来组织发展的新希望，而且人们正在使它变成现实。

学习型组织的提出者圣吉在他的《第五项修炼——学习型组织的艺术与实务》中就传统组织的弊端提出了两个尖锐的问题：①为什么在许多团体中每个成员的智商都在 120 以上，而整体智商却只有 62？②为什么 1970 年列在《财富》杂志“500 强大企业”排行榜的公司到了 20 世纪 80 年代却有 1/3 已销声匿迹？

圣吉对此回答说：“这是因为，组织的智障妨碍了组织的学习及成长，使组织被一种看不见的巨大力量侵蚀，甚至吞没了。……因此，九十年代最成功的企业将会是‘学习型组织’，因为未来惟一持久的优势，是有能力比你的竞争对手学习得更快。”①

为什么“有能力比你的竞争对手学习得更快”就成为“未来惟一持久的优势”呢？这就涉及我们所处的时代已进入知识时代，这一时代特征规定了组织变革的必然性以及学习工程系统或组织学习价值观的新特征。

学习工程系统的观念基础是以下在逻辑上有内在联系的五个方面。

### 9.2.1 知识的地位和作用空前提升

从工业时代发展到知识时代，知识成为社会中最重要的资源。当前知识已成为促进经济增长、推动社会进步和创造就业机会等最主要的驱动力量，成为增强国家、组织和企业竞争能力的最基本的战略资源。按照以资源为基础的发展模式，发展战略的重心正在从以物质为基础的发展战略转向以知识为基础的发展战略。知识是创新的源泉，是获得并维持核心竞争能力的关键。人们对知识的理解已经发生了根本性的改变。

首先是知识的含义有了重大的变化。古代的学者仅把知识看作是“学问”；近代以培根为代表的学者把知识看作是“力量”；而现在的学者把知识看作是一种“能力”，是“产生有效行动所需要的能力”。知识的意义已经从过去的“是什么”（what is it）变成了今天的“做什么”（what to do）。由于这一改变，知识出现了两种新含义：①知识变成一种资源和有用的东西；②知识从私有变成了公共财产。

其次，在已经过去的一百多年里，知识的应用经历了三次巨大的转变：①知识被应用于工具、工艺和产品，造成了第一次工业革命；②知识被应用于劳动，带来了生产力革命；③知识被应用于知识自身，将形成正在发生的组织机构的变革和管理革命②。

在这种新意义上，人们不可将知识看作是一种静止不变的东西。1973 年前后，美国投向知识创造和人力资本的无形资本的份额超过了有形资本，如基础设施和设备、财产、自然资源等；1996 年以知识为基础的经济的提出，表明了知识在经济中的地位和作用的空前提升。这表明，我们应当将知识当作一种动

---

① 彼得·圣吉. 第五项修炼——学习型组织的艺术与实务. 2 版. 郭进隆译. 上海：上海三联书店，1998：1.

② 达尔·尼夫. 知识经济. 樊春良，冷民，等译. 珠海：珠海出版社，1998：35-59.

态的流程来对待，因为它是产生有效行动所需要的能力。

### 9.2.2 知识生产、获取和传播的机制被进一步认识

前述两点强调了知识的重要性和知识含义的转变，而关于知识如何获得机制并没有加以说明。知识必须独立地建构，它需要组织成员之间深入、艰辛地相互作用和相互影响，需要人与人之间的互动。日本学者野中郁次郎（I. Nonaka）和竹内广隆（H. Takeuchi）在他们所著的《创造知识的公司》一书中指出：

> 知识是新的竞争资源这一认识如闪电一样袭击了西方。但是，所有这些谈论知识重要性的言论——关于公司和国家的——对我们理解知识是如何得以创造出来的没有多大帮助。尽管企业和社会的主要观察家都关注知识，但他们当中没有一个人真正探讨过知识创造的机制和过程。[①]

在我们所理解的知识中，有一大部分是隐性知识或意会知识（tacit knowledge）。隐性知识是高度专有的，难以表达和规范化，也就难以传播，也难与他人共享。它具有主观性和直观性的特点。它植根于个体的行动与经验之中，植根于个体所拥有的思想、价值观和情感之中。隐性知识的认识内容反映我们对现实的印象（即是什么）和我们对未来的憧憬与价值观。为了在组织内部传播和共享隐性知识，就必须将其转化成每个人都能理解的文字或数字，编码化成为显性知识或言表知识（explicit knowledge）。正是在这种转化过程中，群体知识便被创造出来[②]。所以知识必须在人与人之间的学习互动中才能产生。

### 9.2.3 知识创造与传播的关键是学习

我们已经了解到，知识的创造与传播、知识的转化必须通过人与人之间的相互作用来实现。而人与人之间的相互作用，就是一个组织学习的过程。学习不只是为了适应和生存，更重要的是为了开拓创新。学习促使创新的速度和力度不断增长。通过学习，我们重新创造自我；通过学习，我们能够做到从前所未能做到的事情，重新认识这个世界及我们跟它的关系，提高自我价值以及扩展创造未来的能力。组织学习是切合人性更高层的需要，让人们追求更具创造力的生命。

---

① 野中郁次郎，竹内广隆. 创造知识的公司. 北京：科学技术部国际合作司，1999：3-4.

② 野中郁次郎，竹内广隆. 创造知识的公司. 北京：科学技术部国际合作司，1999：4.

组织学习必须强调学习能力的提升，特别是人际关系的品质，进行深度会谈，对相互依存的共同理解、建立共同愿望等以利于团队和组织的学习。知识的扩散与知识的生成一样，很少通过正式的报告和资料库扩散，它同样是一种学习的过程。其重点是系统思考和对话。通过思想碰撞，产生火花；通过碰撞，加深理解，付诸行动。从这个意义上说，学习，尤其是组织学习，是一项重要的系统工程。

### 9.2.4 破除还原论，确立系统整体观

人类的无数实践表明，需要破除还原论，建立系统整体观。而这项任务的完成特别有赖于学习，这也是学习工程系统的任务。在这里，有必要说一说还原论。

还原论主张“消除复杂性并把复杂性约化为某个隐藏着的世界简单性”的原则，它坚持任何事物都是通过对客体的微观解剖来发现的。托夫勒称之为“拆零”，即把问题分解成尽可能小的部分，这种“拆零”的过程是最突出的，恰如圣吉所说，自幼我们就被教导把问题加以分解，把世界拆成片段来理解，而这种拆分首先是从区分“自我”与“环境”开始的。这种“分割思想”的根源就是还原论。还原论在笛卡儿的哲学中得到了充分的发展。笛卡儿把宇宙视为机械，此系统由相互分割的客体构成，而这些客体又可以还原为基本的物质构件，构件的性质和相互作用决定一切自然现象。笛卡儿的自然观还被引申用来解释生命机体，生命机体也被视为由相互分割的部件构成的一部机器。

这种机械论的观念现在仍然是我们大多数科学的基础，并对我们生活的各个方面继续发挥着极大的影响。它导致了学术界和政府部门支离分割，自然环境与社会被分割为许多部分，兴趣不同的小组分别征服、开发其中之一。还原论既是一种本体论，又是一种方法论，它以构成论为基础，相信高一层次的东西是由下一层次的东西构成的。所以它相信自然界的每一样东西，包括生命机体和人类行为，最终都可以用化学和物理学的术语来解释。随着科学研究的进展、经济社会的发展，还原论的观念已在各个领域受到了严重的挑战。

破除根深蒂固的还原论就必须借助学习工程系统的力量。

### 9.2.5 文化是关键

学习要求建立一套组织成员共享的信念系统：尊重个人的创造性与价值观；建立学习和创新的氛围（milieu of innovation）；鼓励冒险和容忍失败；创立团结合作、和谐一致的（synergistic）人际关系。

组织文化也需要强调个人品格以人为本，以诚信为本。美国培基教育学院

品格训练中心主任、美国瑞精公司总裁何霆翱先生在谈到“品格第一”时说，影响公司最大的阻力不在于产品质量差和生产能力低，而在于这些现象背后的深层问题，即公司员工的品质障碍，公司员工的不满、不忠和不负责任的工作态度。从这个意义上说，提高组织成员和公司员工的素质同样是学习型组织必须重视的一项工作，并为组织学习扫清心理障碍。

2003 年 1 月 1 日，《天下》杂志刊登记者对前 IBM 首席执行官郭士纳（L. Gerstner）的一篇专访，其中说到，1990 年初，IBM 差点寿终正寝，濒临破产，郭士纳这位“卖饼干”的老板使 IBM 起死回生，他在谈到原因时说 IBM 能够起死回生靠的就是员工们的拼搏、专业、愿意变革、才能与勇气。他认为，最关键的一个（成功的因素）甚至比重要决策、重要变革、投资并购更具决定性的因素就是改变 IBM 的企业文化。他认为，企业文化是企业赛局本身。组织学习的一项根本目标就是要创建良好的组织文化。组织文化是由组织成员所共享的信息和知识构成的①。其中，价值、信念、意义、承诺等人为因素起重要作用。每一个成功的公司都有自己独特的企业文化。这种文化确定了一个公司的思维方式和行为方式。公司如此，其他组织也如此。学习工程系统首先是从系统的观念出发，认识、理解阻碍学习的智障，认识系统观念对学习工程的决定性意义，使学习有一个正确的导向，从而在时代变革中发挥基础性作用。

## 9.3 学习工程系统的概念框架

### 9.3.1 学习工程系统的学习是指组织学习

组织学习是一项系统工程，它涉及组织的方方面面，其内容亦繁多。从不同角度来看，可将组织学习划分为不同类型：从学习活动来看，哈佛大学教授、著名组织学习专家加尔文（D. Garvin）把组织学习活动归纳为五种类型，即系统地解决问题、试验、从过去经验中学习、向他人学习以及在组织内传递知识；从知识流程来看，组织学习包括获取知识、传播知识，还包括解释、赋义、记忆储存与使用等环节；从学习深度来看，组织学习包括从局部调整到彻底改革之间的各种类型，小到在生产工艺上的一点改进，大到进行战略调整、过程重组、组织变革，都是组织学习的结果与表现；从学习的渠道方法来看，可将组织学习分为内部学习与外部学习、从行动中学习与从过去经历中学习、直接学习与间接学习等；从学习范围来看，组织学习包括个体学习、团队学习、组织

① 野中郁次郎，竹内广隆. 创造知识的公司. 北京：科学技术部国际合作司，1999：27-28.

学习、联盟学习等不同层次。

关于组织学习的定义也是多种多样的，这里列举以下几种：①组织学习指通过更好地获取知识，增进理解而改善行为的过程；②组织学习是通过采取有效的行动而提高组织能力的过程；③一个组织能学习是指通过处理信息，使组织的潜在行为范围得以扩展；④组织学习是探测并修正错误的过程；⑤组织学习是了解组织与环境之间的行为与结果关系的过程；⑥组织学习是指从历史中汲取经验，形成惯例用以指导行为的过程；⑦组织学习通过共享观念、知识和心智模式而进行，并建立在过去的知识与经验（也就是组织记忆）的基础之上①。

毫无疑问，这里的组织学习也包括虚拟网络的组织学习。组织学习的基本含义是指各种各样的实践和原则，它们能使一个组织不断地探索新的方向，提升组织的创造能力。

### 9.3.2 组织学习的概念框架②

组织学习的概念框架如图 3.9.1 所示。

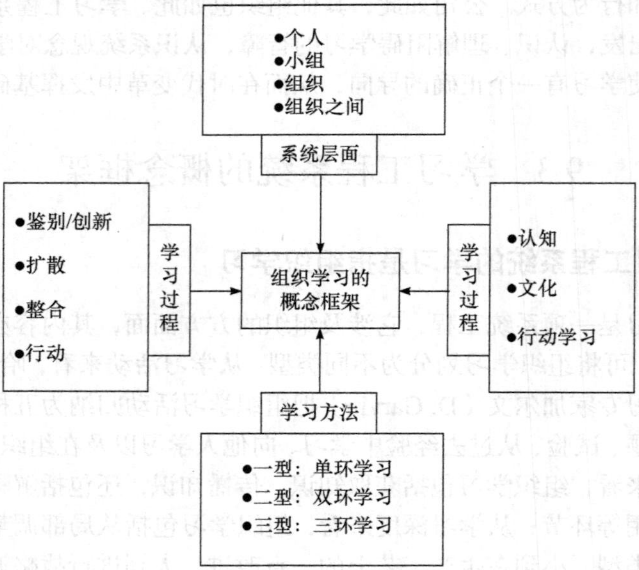


图 3.9.1　组织学习的概念框架

① 经济学家情报社，安达信咨询公司，IBM 咨询公司. 未来组织设计. 王小波，王立梅，张锦宏，等译. 北京：新华出版社，2000：201.

② 经济学家情报社，安达信咨询公司，IBM 咨询公司. 未来组织设计. 王小波，王立梅，张锦宏，等译. 北京：新华出版社，2000：14.

这个框架表明，组织学习是一个系统工程，这里我们重点谈三个问题，即学习基础结构（learning basic infrastructure）、学习方法与组织学习集成模型。

### 9.3.2.1 学习基础结构

学习基础结构类似于信息基础结构（information infrastructure）。任何一项工程都必须有其自身特具的基础结构。信息高速公路或信息网络就是信息基础结构[①]。

学习工程也有自己的基础结构，我们称其为学习基础结构。不过组织学习的兴起时间不长，基础结构建设刚刚开始。我们这里只能列举一个案例，即荷尔曼·米勒公司的学习基础结构。这是美国密歇根州一家从事家具设计和制造的公司。它被人们称为“学习者成长的地方”。它的学习结构包括以下四部分：①公司学习小组。由 14 位负责公司战略的最高级官员组成。②学习教练的网络工作。24 位教练是从各部门的最高级官员中挑选出来的。他们负责在公司战略上提问，以鉴别战略的学习需要，学习五项修炼（即圣吉的五项修炼：自我超越、改善心智模式、建立共同愿景、团队学习和系统思考）并传授给其他人。学习教练接受 20 天的脱产学习技术培训。③学习发展小组。设计新的学习经历以反映个人能够学习的各种环境（如在职监测、以电脑为基础的自我推进式学习、学习班的要求等）。④战略小组。由学习副总裁领导，包括学习发展专家和教练网络小组，负责监督和支持整个公司学习的战略进展。每月与公司总裁会面一次。

这一学习基础结构的建立，以达到以下几个目标：①把学习作为一项战略；②为学习制定计划；③学习如何学习并分享知识；④推进主动学习并转变学习态度；⑤将基础结构当作一个转变主持系统使用。

但这一学习基础结构最后并没有取得预期的效果[②]。看来学习基础结构的创建还需要有一个漫长的探索过程。

### 9.3.2.2 学习方法

学习方法有单环学习、双环学习和三环学习。这里只介绍单环学习与双环学习，如图 3.9.2 所示。

学习方法的应用与企业创新有直接关系。单环学习、双环学习和三环学习直接影响到企业创新。企业创新能力的高低与企业组织学习具有正相关性，如

---

① 金吾伦. 塑造未来——信息高速公路通向新社会. 武汉：武汉出版社，1998：56-58.

② 经济学家情报社，安达信咨询公司，IBM 咨询公司. 未来组织设计. 王小波，王立梅，张锦宏，等译. 北京：新华出版社，2000：232-234.

图 3.9.3 所示。

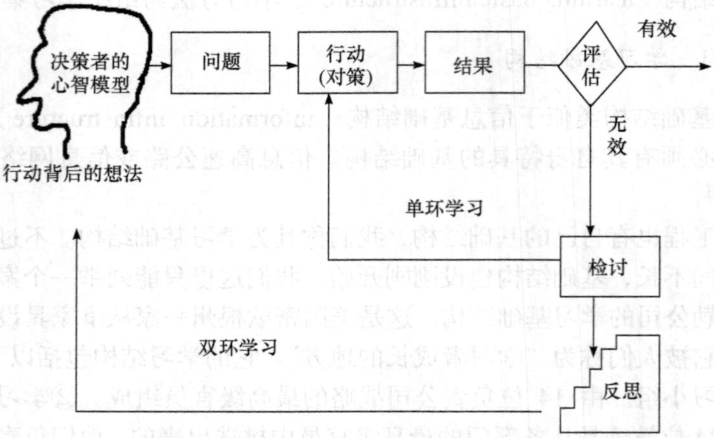


图 3.9.2　单环学习与双环学习

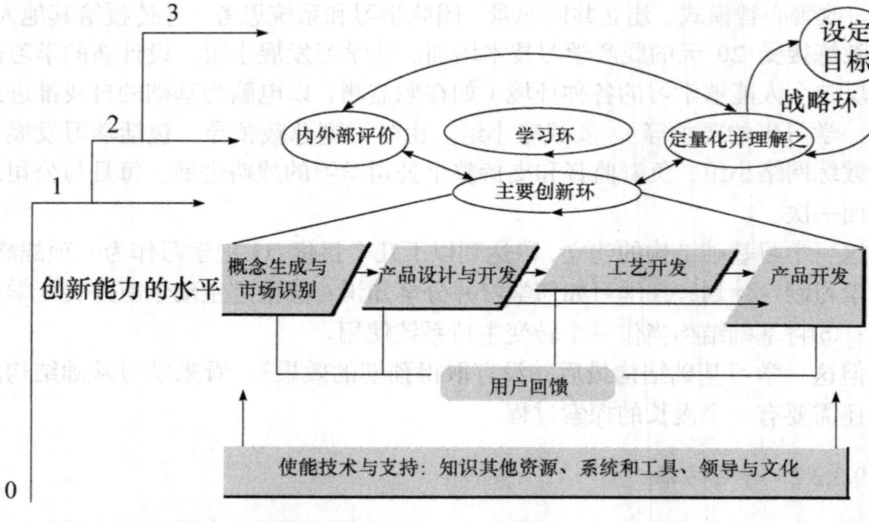


图 3.9.3　企业创新能力的高低与企业组织学习的正相关性

图 3.9.3 中各数字代表：⓪静态型企业，无创新或很少创新，它们在目前的环境中有稳定的市场定位；①创新型企业，在稳定的竞争和技术环境中有管理连续创新过程的能力；②学习型企业，有适应变化环境的能力；③自生型企业，有运用其核心技术在不同的市场环境中自我再定位或创造新市场的能力。

这可以表达为，⓪停滞型公司：公司不加入系统创新，但就现有条件而言，可以有稳定的市场位置。①创新型公司：公司进行一系列过程，包括生产方案和辨别市场，产品和工艺的开发、生产，市场引入和反馈等。它能产生创新并有效地服务于已知市场。②学习型公司：公司能适应变化的环境，并能质疑现有的规范和标准，寻求新的途径，从而进行所谓的双环学习。③自生型公司：公司有能力重新进行战略定位，它能质疑、改变和重塑其所在的行业，并能学会如何学习（三环学习）以及通过先进的学习和适应来改造自身。

#### 9.3.2.3 组织学习集成模型

组织学习集成模型是基于考夫曼学习循环的个体学习（OADI 循环模型）。OADI 循环模型即是“观察—掌握—设计—实践”循环。观察和掌握阶段的学习是操作性学习，而从设计到实践阶段的学习是概念性学习，见图 3.9.4。

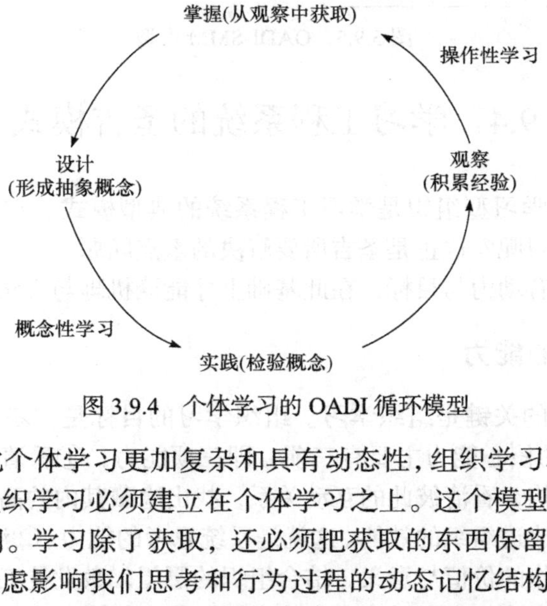


图 3.9.4 个体学习的 OADI 循环模型

组织学习比个体学习更加复杂和具有动态性，组织学习不等于个体学习的简单加和，组织学习必须建立在个体学习之上。这个模型还不完备，它忽略了记忆的作用。学习除了获取，还必须把获取的东西保留下来，这就是记忆。所以必须考虑影响我们思考和行为过程的动态记忆结构，使学习与记忆连接起来，这就引入了个体学习的精神模型，从而得出 OADI 循环模型。

将个体学习与组织学习加以适当的集成，得出组织学习集成模型——OADI-SMM 模型（图 3.9.5），指导人们寻找组织学习的工具。

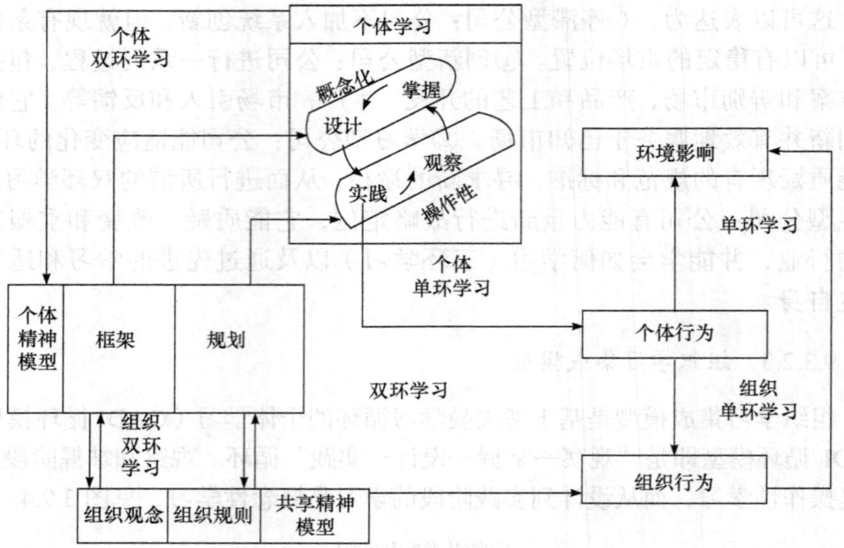

图 3.9.5 OADI-SMM 模型

# 9.4 学习工程系统的圣吉模式

圣吉提出的学习型组织是学习工程系统的典型模式。它的核心是组织学习。组织如何学习呢？这正是圣吉所要解决的重点问题。

学习首先要有动力与目标，在此基础上才能谈机理与方法。

## 9.4.1 三项核心能力

学习型组织的关键是组织学习。组织学习的目标是"获得创造未来的能力"。创造未来的核心能力主要有三项，即三项能力，①看清复杂的能力：了解复杂的系统结构，看清彼此的互动关系，找出隐藏其内的高杠杆点，进一步学习从整体观点改进组织的效能。这就是系统思考的能力。②滋育热望的能力：培育员工找到工作的价值与意义，结合组织的愿望，激发员工的潜能，建立共同体的良好环境，让每个人活出生命的意义。③开创性交谈的能力：开展困难议题的讨论技巧，在不确定性中找到确定的解决方案，从深度会谈的气氛中，改变组织的文化。

这三项核心能力的关系可形象地用图示来表达，见图 3.9.6。

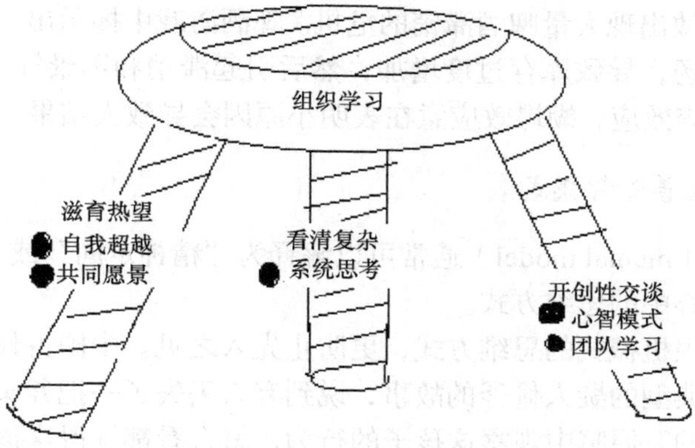


图 3.9.6 三项核心能力的关系

组织学习的目的就是要创造未来的能力，而未来的能力重要的是创新能力。

## 9.4.2 五项核心技术

为了达到增强创造未来的三项核心能力需要巧用五项核心技术。五项核心技术就是圣吉提出的“五项修炼”。

### 9.4.2.1 系统思维

凡是有机体都是系统，如生命系统。系统强调整体性，不能分割，一辆自行车可以拆卸、组装，但身体就不能组装，系统整体大于部分之和。城市经济系统、生态系统等，对这些系统进行研究，从而形成一种方法叫做系统思维，它是一种思维方式。

系统思维是思考、描述与理解系统诸要素之间相互关系的方式，帮助我们看清如何才能有效地改变系统。系统思维是五项核心技术中的关键技术，它可以整合其他四项技术，发挥整体的协同作用（synergy），使原本各不相干的部分结合起来，产生完美的整体动态式的搭配，协助我们找到问题的根本解决之道，而不是头痛医头，脚痛医脚。

圣吉用啤酒游戏来说明系统思维的重要性，告诉我们要重视系统的结构，防止蝴蝶效应。啤酒游戏用来演练一个生产和营销啤酒的系统。游戏中主要有三个角色，分别是零售商、批发商和制造商。游戏中显示出缺乏系统思维和运作，就会导致啤酒产销系统产生危机。首先是大量缺货，整个系统的订单却不断增加，库存逐渐枯竭，欠货不断增加。随后好不容易达到订货量，大批发货，但新收到的订购数量开始骤降。到实验结束之前，几乎全部参加游戏的人都坐看他们无法降低的庞大库存；制造商库存已有好几百箱，而批发商只有每周 8～

10 箱订单，导致出现大量啤酒滞销的危机。啤酒游戏中揭示出一个现象——需求有一小幅上扬，导致库存过度增加，然后引起滞销和不景气①。这相当于混沌理论中的蝴蝶效应，蝴蝶效应意在表明小原因会导致大结果。

#### 9.4.2.2 改善心智模式

心智模式（mental model）通常可以解释为“精神定向”或“思维定势”，是根深蒂固于心中的思维方式。

首先是克服机械式的思维方式，更防止先入之见。中国古代《列子》的书中讲了一个很典型的疑人偷斧的故事，说到有人丢失了一把斧头，他怀疑是邻居家的孩子偷的，便暗中观察这孩子的行为，怎么看都觉得这孩子的一举一动都像是偷他斧头的人，肯定错不了。后来他在自己家里找到了原以为丢失的斧头，知道是自己冤枉了邻居家的孩子，以后看到这孩子时，就怎么看都不像会是偷他斧头的人了。这表明他的心智模式转变了。“情人眼里出西施”，实际上也是心智模式。一旦爱情破裂，就会反目成仇。中国还有许多有关心智模式的表达，如“人之初，性本善”“人之初，性本恶”等，它们影响我们的世界观和行为方式。

#### 9.4.2.3 自我超越

自我超越（personal mastery）是学习不断深入，不断追求个人价值观的实现，使梦想变为现实。自我超越是个人学习的动力，是组织学习的基础；没有个人学习，组织学习就无从谈起。个人学习也有不同的学习态度，有的可能是被动学习；有的可能是书本知识的学习，不联系实际；一个人有了自我超越的心态和精神，就能敦促自己努力去实现内心深处最想实现的愿望，促使个人学习的意愿和能力不断提升。

自我超越要求提出新目标、高要求，然后全身心投入，不断创造条件去达到它。学无止境，活到老，学到老。自我超越一定要确立一个奋斗目标，要为这个目标的实现而活着，不达目的，誓不罢休；要克服学习中可能碰到的困难。合理安排好时间，要有为人类进步作出自己贡献的愿望。尤其是科学技术迅猛发展，只有百倍的努力，才能跟上时代的步伐。确立一个远大目标，不断追求，不断自我超越，才能使我们真正活出生命的意义。

---

① 彼得·圣吉. 第五项修炼——学习型组织的艺术与实务. 2 版. 郭进隆译. 上海：上海三联书店，1998：29-45.

9.4.2.4 建立共同愿景

建立共同愿景（building shared vision）是将个人愿景整合为组织共同所具有的愿望，一个组织、一个企业必须能够使全体人员齐心协力为一个共同目标而奋斗。一个组织，如果没有共同的目标、共同的价值观和共同的使命，就不可能成大器、成就大事；不是说，大家齐心，有一个共同的目标与愿景就能成就大事，但如果没有共同的目标与愿景就肯定成不了大事。

共同的目标与愿景不应该是虚无缥缈的，而是要尽量切实可行的。最突出的一个例子是英荷皇家壳牌石油公司的"未来情景规划"使它从世界石油企业中的第七位成为数一数二的世界石油大王。

共同愿景能够培养组织成员主动而真诚地为共同愿望的实现做奉献和投入，而非被动地遵从，有了衷心渴望实现的目标，大家会努力学习、追求卓越，不是他们被要求这样做，而是因为自己衷心想要这样做。

9.4.2.5 团队学习

有了共同的目标与愿景，也就是大家有了初步的共识。但要真正化为行动，在实践中贯彻，还需要进一步沟通。这种沟通需要通过团队学习（team learning）来达成。

团队学习提高群体沟通的效率，提高共同思考、共同创造的能力，让群体发展出超乎个人才华组合的伟大知识与智慧。这要求一个团队中所有成员，摊出心中的想法，从而真正地一起思考、共同创造。当团队真正学习的时候，不仅团队整体产生出色的成果，个别成员成长的速度也比其他的学习方式更快。

为什么在许多组织中每个成员的智商都在 120 以上，而整体智商只有 62？原因就是缺乏团队精神，中国有句老话："一个和尚挑水吃，两个和尚抬水吃，三个和尚没水吃。"这就是缺乏团队精神。

## 9.4.3 五项核心技术的互动

五项核心技术是相互联系与相互作用的，其中，系统思考是关键。它要求我们实现三个转变。

9.4.3.1 从部分转到整体

学习型组织或组织学习强调的都是组织。组织是一个整体、一个系统。我们每个人都是整体和系统的一部分，我们必须把自己放到这个系统中去，例如非典事件，如果没有整体观点或系统观点来处理，我们就会失控，事情变得越来越严重。有的人只考虑自己方便，反对隔离，或逃离，进而把病毒传染给别人，这就是缺乏整体观念，没有系统的思想。企业是一个整体，市场变化是企业的环境。如果企业各部门都从各自的利益出发，就会造成企业的分裂；地球生态环境也必须整体考虑；一个国家的发展也必须考虑全球利益与全球价值。这就是系统思考。圣吉在《第五项修炼——学习型组织的艺术与实务》一书中说，"系统思考的精义在于精神的转换"，"心灵的转换"就是我们通常所说的"思维方式的变革"。"心灵的转换"或"思维方式的变革"的重点是两条：①观察环境状况因果的互动关系，而不是线段式的因果关系；②观察一连串的变化过程而非片段，这就是从部分转到整体的转变①。关于这方面的详细内容有兴趣的读者可阅读《生成哲学》一书，对此笔者有详细的论述②。

### 9.4.3.2　从被动转为主动

所谓从被动转为主动就是从把人们看作是无助的反应者，转变为把他们看作是改变现实的主动参与者。我们作为企业内的成员尤其是工程技术人员，变被动为主动更加重要。企业的技术创新不是都由经理、企业主管去实施的。许多新的技术构想常常由技术人员产生，有的可能导致突破性创新。技术发展中充满不确定性，提倡技术人员主动积极地参与创新，这在当前有着特别重要的意义，学习也必须从被动学习转为主动学习。不是因为领导让学习就学习，而是因为要让自己的生活更充实、生命更有意义而主动地学习。

作家刘心武在《光明日报》上发表一篇题为"步行街的心理空间"的文章，其中谈到步行街是如何从被动转为主动的。他在这篇文章中谈到，最早，步行街的出现仅仅是出于解除交通上出现的困局，禁止车辆通行，开放整个马路以供众多逛街的人们步行，是一种被动的应变措施。后来，人们渐渐从被动到主动，把步行街布置得亮丽舒适，步行街的功能得以扩展。我们的学习也一样，应从适应形势所迫的被动学习转变为主动学习。

### 9.4.3.3　从重视过去转为创造未来

从重视过去到重视未来，这是人们心灵转换或思维方式转变的一个非常重要的方面。我们必须使我们的工作方向与目标投向未来，而不是老是回顾过去。以前总认为过去的东西是宝贵的，我们都能搬来用。实际上，环境变了，世界改变了，过去的东西已经过去了，已经不适用于今天。以前常有人说："知道你的过去，就知道你的现在，知道你的现在，就知道你的未来。"这是一种历

---

① 彼得·圣吉. 第五项修炼——学习型组织的艺术与实务. 2 版. 郭进隆译. 上海：上海三联书店，1998：79.

② 金吾伦. 生成哲学. 保定：河北大学出版社，2000：141.

史决定论的观念，应当抛弃。未来不在过去的延长线上，未来是要我们去创造出来的。比如，微软公司总裁盖茨（B. Gates）写了《未来之路》，不是沉湎于过去，而是不倦地追求美好的未来，迎战未来。美国麻省理工学院教授、计算机科学实验室负责人德图佐斯（M. Dertouzos）写了《未来的社会》，让人畅想未来，知道将来是什么。

从未来看今天已经形成一种重要的战略方法，叫“未来情境规划”（future scenario planning），组织学习中要建立共同的愿景，大家为实现这种愿景而共同奋斗。只有这样，我们才能与时俱进。

五项核心技术的互动关系可以用图 3.9.7 来表示。

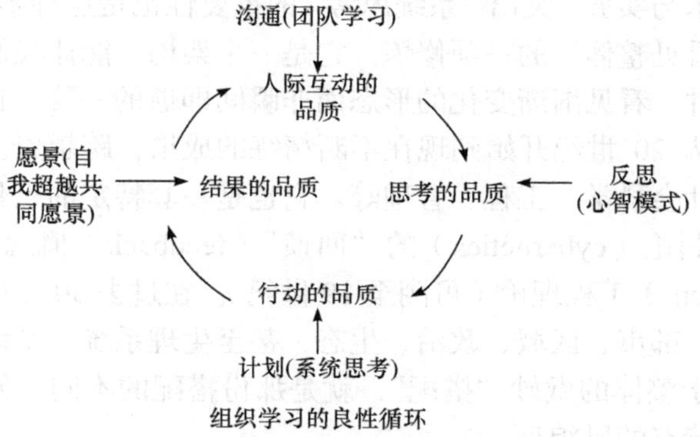


图 3.9.7 五项核心技术的互动关系

硅谷的成功是五项核心技术互动从而促进企业成长的好典型。有人把硅谷的企业家分成四种类型：①眼光长远型企业家（远见者）；②收购型企业家；③转型式企业家；④持续创新型企业家。

第一类企业家是眼光长远型企业家，对他们来说，金钱与权利不是主要的，主要的是创建企业的过程与整个世界共享新的远景，创造更美好的未来；第二类企业家是收购型企业家，他们将别人的构想吸入自己公司宏伟的远景规划中，使别人的构想融入一个完整的而又不断演化的远景之中。例如思科公司（Cisco）的钱伯斯（J. Chambers）就是这种类型企业家的典范。他们有三个特征：①有能力表达高瞻远瞩的远景以适应每次收购；②将不同类型公司整合、集成为一个成功企业的能力；③维持一个有效管理团队的能力。第三类企业家是转型式企业家以及第四类企业家是持续创新型企业家[①]。所有这

① 李钟文. 硅谷企业精神的四种类型//李钟文，威廉·米勒，玛格丽特·韩柯克，等. 硅谷优势——创新与创业精神的栖息地. 北京：人民出版社，2002：211.

些企业家都是创造未来的企业家，也是实践五项修炼使五项核心技术互动的企业家。

### 9.4.4 五项核心技术的工程学基础

学习工程系统的许多重要概念直接来源于工程系统。圣吉的组织学习理论就有以下三方面的工程学基础。

（1）他将他在麻省理工学院博士生导师福瑞斯特的系统动力学应用于组织学习并成为组织学习的核心概念。系统动力学又是源于维纳为创始人的控制论。所以圣吉的组织学习有着深远的工程学的影响。书名“第五项修炼——学习型组织的艺术与实务”突出“系统思考”的重要性也是这种影响的标记之一。系统思考是“看见整体”的一项修炼。它是一个架构，能让我们看见相互关联而非单一的事件，看见渐渐变化的形态而非瞬间即逝的一幕。它是一套蕴含极广的原理，是从 20 世纪开始到现在不断精练的成果，跨越繁多的不同领域，如自然科学、社会科学、工程、管理等。它也是一套特定的工具与技术，出自两个来源：控制论（cybernetics）的“回馈”（feedback）概念与“伺服机制”（servo-mechanism）工程理论（可溯至 19 世纪）。在过去 30 年中，这些工具被用来了解企业、都市、区域、政治、生态，甚至生理系统。系统思考可以使我们敏锐觉知属于整体的微妙“搭配”，就是那份搭配的不同，使许多生命系统呈现它们自己特有的风貌[①]。

（2）五项修炼是圣吉把学习过程比照为飞机从发明到创新的宏伟工程。他在《第五项修炼——学习型组织的艺术与实务》一书的第一章开头谈到了这个类比：“在工程上，当一个构想从发明演变成创新，必定会经历各种配合技术聚合的阶段。这些关键技术往往都是在个别的范畴中单独发展出来，逐渐聚合、相辅相成，才使得在实验室中被证明行得通的构想，成为实用的创新。”[②]在谈学习的五项核心技术时，他作了一个鲜明的对比：

> 一九三〇年十二月，一个冷冽的清晨，莱特兄弟于北卡罗莱纳州小鹰镇，试飞成功。但又过了三十年，才有第一架准商业飞机 DC-3 的发明。它融合了五项重要技术，形成一架成功的飞行器，使商业航空的美梦成真。今天，“学习型组织”的核心修炼——自我超越、改善心智模式、建立共同愿景、团体学习——加上系统思考，也如同 DC-3

① 彼得·圣吉. 第五项修炼——学习型组织的艺术与务实. 2 版. 郭进隆译. 上海：上海三联书店，1998：74.
② 彼得·圣吉. 第五项修炼——学习型组织的艺术与务实. 2 版. 郭进隆译. 上海：上海三联书店，1998：6.

的五项技术，正逐渐聚合，以开拓那一大片尚未被发掘的、个人与组织的成长空间。①

（3）学习是否有新的修炼？上面所说的 DC-3 型飞机导致了空运商业化革命。但空运工业要到十几年以后，喷气引擎与雷达这两种技术被广泛使用之后，才成为一项主要的工业。喷气引擎和雷达孕育了飞机场、飞行员与机师、飞机制造厂，它们与商业航空公司组合从而形成新兴产业基础结构；现代的空运工业就是建立在这个基础之上。学习工程系统也将如航空工程系统的发展那样，基础将会越来越扎实，技术将会得到不断的发展。

学习工程系统的工程学基础也将在不断发展中得到夯实。

## 9.5 学习工程系统的技术支撑

### 9.5.1 学习过程

学习工程系统把学习过程作为中心环节来处理。

第一，克服路径依赖或“惯例”。学习必须有好奇和开放的心态。以为自己的组织或企业一切都好，就必然阻碍学习。学习需要新知识和新方法，路径依赖和惯例就难以为新视角或创造性的新思想留下足够的空间。为了确保组织学习能够发生，学习者们首先需要更好地理解学习过程，建立必要的促成因素和支撑环境，以便新思想能突破学习过程中常见的各种偏见和能力缺陷的阻碍，不断突现出来，才能抗击根深蒂固的惯例束缚，开始主动促成学习。

第二，明确学习计划。学习过程通常包含三个阶段：①获取信息；②解释信息；③应用信息，即把信息应用于任务、活动和新行为。

第三，消除学习能力缺陷。学习能力缺陷在学习的三个阶段都存在。在获取信息阶段，主要能力缺陷是盲点，过滤和缺乏信息共享；在解释信息阶段，由于学习者各有自己的认知模式，对各种信息有不同的理解和解释，会出现严重偏差的解释；在应用信息阶段，在解释的基础上，采取行动时表现出能力不足与惰性，导致行动不力。

第四，创建支持学习的环境。为使学习蓬勃发展需要四个条件：①对差异的认知和接受；②定时提供不加修饰的反馈；③采用新的思考方式以及未被探

① 彼得·圣吉. 第五项修炼——学习型组织的艺术与务实. 2 版. 郭进隆译. 上海：上海三联书店，1998：165.

索的信息资源；④将错误、失误和偶尔的失败视为改进的代价而接受它们[①]。

这里将加尔文学习过程中通常所遇到的“学习的障碍与促进原因”一表引录，如表 3.9.1 所示。

表 3.9.1　学习的障碍与促进原因

| 学习的阶段 | 学习的障碍 | 学习的促进原因 | 工具和技术 |
|---|---|---|---|
| 获取信息 | 依靠有限的传统数据源难以从噪声中分离出信号数据的收集的偏差、过滤可用数据难以共享 | 贡献者和数据具有广泛的基础<br>分享不同视角和观点的过程<br>愿意接受矛盾、意料之外的矛盾 | 头脑风暴、产生新想法、激发创新性思想的论坛<br>定期的标杆瞄准和同行比较<br>快速反馈和市场情报 |
| 解释信息 | 有偏差的、不正确的估计<br>不恰当的因果分析<br>判断时的过度自信 | 一种能够检验流行观点的冲突和辩论过程<br>及时提供准确的反馈 | 试探、挑战性的审查过程<br>辨证式质询，“魔鬼的辩护士”过程<br>审计小组 |
| 应用信息 | 不愿意改变行为<br>缺少练习新技能的时间<br>害怕失败 | 鼓励新方法的激情<br>为学习创造空间<br>心理安全的感觉 | 将提升、工薪和地位同新创意与技能的开发相联系。添加新任务的同时消除不必要的、过时的活动。接受由于系统的错误、未预期的事件以及缺乏经验带来的失误<br>在主动汇报错误时给予部分豁免权 |

### 9.5.2　群体创造知识的五个阶段

学习是为了创造新知识。新知识的创造是一个群体学习过程。按照野中郁次郎的研究，群体知识的创造过程包括五个阶段：①分享隐性知识；②建立概念；③检验概念；④建立原始模型；⑤交流共享知识。

这五个阶段从个人拥有的隐性知识开始，通过组织学习，也即是工程操作，最后成为群体共享知识，也就是使分散化的、个人所拥有的隐性知识转化为组织化、结构化和体制化的群体知识。这是一种动态的、螺旋式的发展过程[②]。

### 9.5.3　系统基模

系统基模是学习型组织强调系统思考中引入学习的最关键的一个概念工具和实用技能。系统思考是一个概念框架，它集知识与工具为一体[③]。按照圣吉的观点，在“系统思考这门刚发展出来的新领域中，最重要、最有用的洞察

① 加尔文. 学习型组织行动纲领. 邱昭良译. 北京：机械工业出版社，2004：28.

② 野中郁次郎，竹内广隆. 创造知识的公司. 北京：科学技术部国际合作司，1999：58-66.

③ 野中郁次郎，竹内广隆. 创造知识的公司. 北京：科学技术部国际合作司，1999：5.

力，是能看出一再重复发生的结构型态。'系统基模'（archetype，系统的基础模型）是学习如何看见个人与组织生活中结构的关键所在。……熟习系统基模是组织开始将系统观点应用于实务的第一步。……对学习型组织而言，只有当系统基模开始成为管理者思考的一部分，系统思考才会发挥巨大的功效，使我们看清行动将如何产生一连串的结果，尤其是我们想要创造的结果"[①]。

现在已找出大约 12 个系统基模。所有的系统基模都是由增强环路、调节环路与时间滞延等几个关键环节组成的。其中用得较多的是"成长上限"的系统基模，如图 3.9.8 所示[②]。

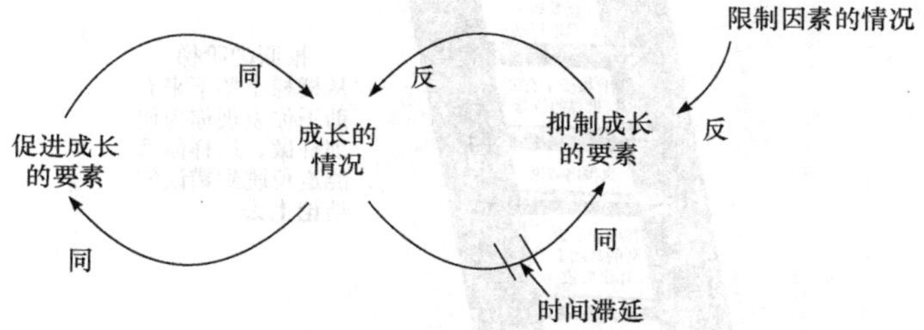


图 3.9.8 "成长上限"的系统基模

注：图中箭头"同"指增强环路，"反"指调节环路

### 9.5.4 学习实验室

学习实验室是学习工程系统的一个重要组成部分。运用电脑在微观世界进行模拟实验是团体从实验中学习的一种重要工具和方法。通过电脑使复杂的团体互动整合成为可能。这些以电脑为基础的微观世界可以让小组反思、揭露、检验和改善他们愿景的策略和政策。

微观世界有三种类型。"微观世界 1"是未来的学习，其中包括：①显现内隐的假设；②发现策略的内在矛盾；③洞见未来的窗户。"微观世界 2"包括看出隐藏的策略性机会。"微观世界 3"包括发现尚未运用的杠杆点。

微观世界是组织学习通过实验用以开创未来的主要工具。实验主要有两种类型——探索性实验和假设检验性实验，都可以在微观世界中进行，其目的是要提供一个与真实工作环境相似的学习培训机会，演练"组织学习"的工具与技能。

① 彼得·圣吉. 第五项修炼——学习型组织的艺术与务实. 2 版. 郭进隆译. 上海：上海三联书店，1998：102-103.

② 彼得·圣吉. 第五项修炼——学习型组织的艺术与实务. 2 版. 郭进隆译. 上海：上海三联书店，1998：103-110.

### 9.5.5 其他工具

9.5.5.1 推断的阶梯

推断的阶梯是哈佛大学教授、组织学习最早的提出者之一的阿吉里斯（C. Argyris）创造的一种对话技巧，它让人们意识到并且思考会导致错误观点的仓促判断和心智模式。爬楼梯的比喻，表现了人们的意识从一个匆促的观察转到一种确定的结论会有多快（图 3.9.9）。

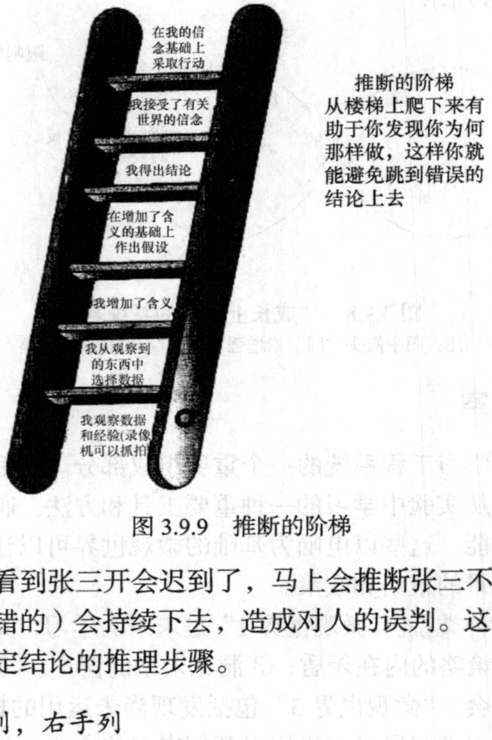
在我的信
念基础上
采取行动
我接受了有关
世界的信念
我得出结论
在增加了含
义的基础上
作出假设
我增加了含义
我从观察到
的东西中
选择数据
我观察数据
和经验(录像
机可以抓拍)
推断的阶梯
从楼梯上爬下来有
助于你发现你为何
那样做，这样你就
能避免跳到错误的
结论上去

图 3.9.9 推断的阶梯

例如，一个人看到张三开会迟到了，马上会推断张三不可靠。没有思考，第一印象（甚至是错的）会持续下去，造成对人的误判。这个梯子也有助于人们解释得到一个特定结论的推理步骤。

9.5.5.2 左手列，右手列

用来鉴别一个人真正想的和实际所说的。如图示：左手列是某人心中所想的，右手列则是他在对话中所表达的。

| 左手列 | 右手列 |
| --- | --- |
| 他所想的：<br>“我不希望张三得到提升” | 他所说的：<br>“我不认为张三的水平有多高” |

利用这样的工具可以检验心智模式中的问题，发现组织学习互动中深度对话的差距。

## 9.6 学习工程系统的组织管理

学习工程系统不同于一般的物质工程系统，如土木工程系统、机械工程系统、化学工程系统等，学习工程系统的要素是人本身，内容是知识及其应用。因此，它的组织管理内容与物质工程系统的有很大的不同，它更多地涉及人的精神层面，而不在物质层面上。

就组织学习而言，自圣吉的《第五项修炼——学习型组织的艺术与务实》一书出版以来，以企业为主导的组织学习在世界各地兴起，学习工程系统有了许多新的进展。中国基本上是政府倡导，企业自主地组织学习。从大环境而言，它以自组织方式进行，可以被认为是自组织系统。其动力与价值目标是，企业经营者充分认识到，在知识经济与高科技时代，知识被视为组织的关键资产，并以知识为杠杆，为企业与组织营造持久的竞争优势。

学习型组织所倡导的组织学习，是一种以自组织系统为主导的学习系统工程，它的一个重要方面就是摆脱传统权威的控制和线性思维方式，在竞争中学习，从而确立一套全新的组织模式。传统的管理、组织与控制正在被“愿景、价值观与心智模式”的新信条所取代。

领导者的角色在这种学习系统中也有着重大的转变。领导者不再是发号施令者，领导者的角色因此要作彻底地改变。组织学习领导者的职责，不只是领导下属学习知识并取得信息，关键的问题是领导者本身并使下属共同修炼其行为，改善心智模式，提升创新能力。“领导者应该勇往直前，有勇气、有能力、有信誉，能在不同程度上激起变革。”[①]这就要求领导者更多地关心员工，尊重他们，聆听他们的意见，与他们进行交流沟通，深度会谈，创造学习环境和文化以有利于组织学习。正如圣吉所指出的：“在学习型组织之中，领导者是设计师、仆人和教师。他们负责建立一种组织，能够让其他人不断增进了解复杂性、厘清愿景，和改善共同心智模式的能力，也就是领导者要对组织的学习负责。”[②]

学习工程系统的领导者作为设计师的第一项要务是设计组织学习的蓝图，

---

① 彼得·圣吉，卡特里因·考弗. 要团体领导或完全不要领导//Chowdbury S. 21 世纪的管理：世界知名管理大师谈管理. 高核，等译. 昆明：云南大学出版社，2002：325.

② 彼得·圣吉. 第五项修炼——学习型组织的艺术与实务. 2 版. 郭进隆译. 上海：上海三联书店，1998：392.

组织学习是一项系统工程。设计师要提出愿景，并根据条件和环境将其转化为对组织有意义的策略。所以，领导者的设计工作包括设计组织的政策、策略和系统，并促成其发挥作用。学习型组织的领导者更重要的设计工作包括整合愿景、价值观、理念、系统思考，以及心智模式这些项目；更广泛地说，就是要整合所有的学习修炼，并使之获得综合效应①。

领导者应该像小说家黑塞（H. Hesse）的名著《东方之旅》中一位叫列奥（Leo）仆人那样，他带领一批旅行者东行，由他服务左右，一路顺利。直到有一天他不见了，旅行团先是迷路，继而种种不幸发生。大家这才意识到原来一路走来，全靠的是他的指导和细心照料才能如此顺利。他才是真正的领导者。这正是“领导人是仆人”（The Leader is the Servant）的含义所在。这个故事意味着，领导者要有为共同愿景献身的精神，不把自己看作是高居于组织之上的“英雄”，而是全力以赴，自己具有奉献精神；要观照全局，使他人产生奉献精神；谦恭地、诚心诚意地为理想而工作，以满足别人的需要为己任；不把个人的成败得失看得过重，重在提升集体的创造能力和适应环境变化的能力。当然不用说，领导者自己首先应该是一个积极的学习者。

领导者的首要责任是界定真实情况，他们能在四个层次上影响人们对真实情况的看法：①事件；②行为变化形态（趋势）；③系统（整体）结构；④使命。学习型组织的领导者应将焦点集中在使命和结构上，并教导组织中的所有人都这样做。他们教的不只是如何形成愿景，而是如何促进每个人的学习，培养每个人都能看清复杂性并对系统有深刻理解的能力。学习型组织的学习更重要的是组织学习。因为个人学习所得到的知识只是个人知识，而个人知识是分散的，而且会随着他的离开而失去这种知识，只有当个人知识转化为政治的结构知识时，知识才能转化成为组织的有效知识。

学习工程系统的建立需要有一群愿意全心全意为之奋斗的人，更要有一群集“三位一体”（设计师、仆人和教师）的领导者。学习型组织的五项修炼既是学习的修炼，也是领导的修炼。精熟五项修炼的人，也将是学习型组织自然的领导者。在这里我们可以毫不讳言地说，中国企业的领导者要能扮演“三位一体”的新角色还将有一段长长的路程要走。首先应从传统体制模式中解脱出来，努力克服路径依赖，培植与创建学习型组织相适应的企业文化，逐步建立起真正“以人为本”的价值观。因为价值观是企业的灵魂。正如海尔总裁张瑞敏所说：“企业价值观如同一个人的灵魂，人若没有了灵魂就如同行尸走肉。”

---

① 彼得·圣吉. 第五项修炼——学习型组织的艺术与实务. 2 版. 郭进隆译. 上海：上海三联书店，1998：397.

[1]在圣吉那里，这种价值观主要体现在“共同愿景”和“心智模式”上，并且要从“工具性”的工作观（工作为达到目的之手段），转变为“精神面”的工作观（寻求工作的“内在价值”）。为此就要从“五项修炼”入手，因为按圣吉所言，“精熟这几项‘修炼’，是创造学习型组织、挥别传统威权控制型组织的先决要件”[2]。

新的时代呼唤新式的领导者，他们能让组织更多地释放出集体的智慧，开发出更丰富、更具价值的智力资源！

① 张瑞敏. 让创新的价值观成为企业增长的基因//吴维库，富萍萍，刘军. 基于价值观的领导. 北京：经济科学出版社，2002：序二.

② 彼得·圣吉. 第五项修炼——学习型组织的艺术与实务. 2 版. 郭进隆译. 上海：上海三联书店，1998：4.

# 10 复杂工程系统

苗东升

## 10.1 从简单工程系统到复杂工程系统

如果把一切造物活动都算作工程，那么，一个社会在一定时期的个体工程五花八门，难计其数，彼此差异极大，很难看到它们之间存在什么普遍联系。但若放在足够长的时期，特别是从历史的大尺度来看，又不难发现这些难以计数的个体工程之间还是存在某些普遍联系的。例如，工程这种社会现象在总体（个体工程的全体）上一直处于演化发展中，同一时代的各种个体工程表现出共同的工程理念和共同的方法论，承受共同的局限性，等等。这些共同的东西构成所有个体工程之间的共时性联系，而演化过程则构成它们之间的历时性联系，由此决定研究所有个体工程的总体也需要运用系统观点。

一个社会的全部个体工程的集合作为一个系统，被称为工程全系统。从历史的大尺度来看，工程全体显然是圣菲研究所（Santa Fe Institute，SFI）所说的复杂适应系统中的一类，随着社会需求和社会条件的逐步多样化、精致化、动态化，以及自然环境的不断变化（特别是自然环境的人工化），总之是工程环境的复杂化，工程全系统一直在发生适应性变化，经历了特定的生成发展过程。人类社会在与动物社会分离开来的过程中已有工程活动，只不过极其简单平庸，谈不上总体联系，无法整体地谈论其要素之间的关联互动模式（即无系统结构可言），也无法谈论它的整体属性和功能，因而把这个时期的所有个体工程构成的集合看成一种非系统的社会存在，更能反映它的本质。但由于人的自觉能动性和人的社会性，这个集合总体上经历了一种从非系统到系统的演化过程，即系统化过程。系统化了的工程全体的第一种历史形态是古代工程，它的主体是劳动密集型工程，主导技术是手工技术，它所支撑的文明形态是农牧文明。取代古代工程的第二种历史形态是近现代工程，它的主体是那些资金密集型工程，主导技术是机器制造技术（机械化技术），它所支撑的文明形态是工业-机械文明。正在形成中的是它的第三种历史形态，不妨暂时称为后现代工程[①]，它的主体是各种知识密集型工程，主导技术是“去机械化”“去工业化”的多种高新技术（信息技术、生态技术、社会和谐技术等），它所支撑的文明形态是正在形成中的信息-生态文明。

复杂适应系统理论的第一原理，可以概括表达为“适应造就复杂性”[②]。原本简单的系统由于不能适应环境，或者期望更好地适应环境，便从变革自身入手重建与环境的关系。变革的方式或者是增加要素的数量、种类，或者是改进要素的性能、素质，或者是改进系统的结构模式，或者是增多、增强、改变系统的属性和功能，等等，其结果都导致系统自身的复杂化。系统演化是多方向、多途径的，从简单到复杂就是一个重要的演化方向。人们今天看到的复杂工程或工程复杂性，正是工程作为系统在对环境的不断适应中产生、发展起来的。从极其简单平庸的、在现代人眼里几乎算不上工程的人类早期工程活动，演变到形成一定形态的古代工程，从古代工程到近现代工程，都是工程全系统的复杂性增大的过程。无论古代工程，还是近现代工程，都存在某些应当看成复杂系统的个体工程，但它们不能代表工程全系统的那两种历史形态。近现代工程的主体本质上还属于简单工程。现代和未来社会仍然存在大量的简单工程系统，但决定后现代工程全系统的基本特征和整体面貌的是，那些各色各样的复杂工程系统，只有在现代工程形态下，工程这种社会现象才算在总体上复杂化了。需要说明，此处对工程全系统历史形态划分的思想源[①]，即关于工程全系统三种历史形态（古代工程、近代工程和当代工程）划分的见解，做了重要修正。所谓现代工程并非工程全系统的一种独立历史形态，而是指第二种历史形态达到顶峰并迅速暴露其弊病，亦即孕育后现代工程阶段的工程形态。故把第二种历史形态称为近现代工程，而把第三种历史形态称为后现代工程，即工程全系统的未来形态。从近现代工程到后现代工程的转变，就是工程全系统的主干从简单性到复杂性的演化过程。宏观地看，这至少表现在以下四方面。

### 10.1.1 工程概念的扩展

人类在创造工程这个词之前，早就萌发了工程意识和工程概念，只是长期处于潜意识状态。工程一词是古代工程形态下的创造物，表明人类工程意识的初步觉醒，开始自觉运用工程概念来思考这一类实践问题。但传统工程基本上

---

① 汪应洛，王宏波. 当代工程观与构建和谐社会//杜澄，李伯聪. 工程研究——跨学科视野中的工程. 第 2 卷. 北京：北京理工大学出版社，2006：43-47. 笔者曾指出，西方学者所谓后现代指的其实是后期现代，我们这里讲的后现代指的是现代之后。

② 约翰 · H. 霍兰. 隐秩序——适应性造就复杂性. 周晓牧，韩晖译. 上海：上海科技教育出版社，2000：37，76，82. 译者把 adaptation 译为适应性，笔者认为译为适应较好。

专指那种加工、改造自然物的造物活动，即自然工程（又可细分为两个主要类别，一类是建造屋宇、兴修水利、冶金、制陶等民用工程；一类是制造兵器、构筑工事等军事工程），概念内涵和外延都过分狭窄，这正是传统工程属于简单性范畴的真实写照。从近现代工程向后现代工程的演变正在极大地扩展工程概念，人的一切有目的的造物活动都被视为工程，特别是接纳了社会工程、思维工程、学习工程等概念。传统的工程概念只认可硬工程，不承认软工程，现代工程概念区分了软工程与硬工程，越来越重视软工程和虚拟工程的作用。工程类型的多样化还提出了工程全系统的结构问题，即各类工程的相互关系、工程总体布局等，这也是传统工程无须考虑的复杂性问题。工程概念的这种扩展，反映了工程全系统由简单到复杂的演变。

### 10.1.2 工程观的演变

所谓工程观，指的是人们对工程的本质、规律、功能、优劣评价以及工程与社会、经济、科技、文化甚至政治的基本关系等问题的根本看法。工程观渗透于工程问题的一切方面和环节中，是制定工程战略的观念基础。有工程实践，就有孕育工程观的土壤。但古代工程极不发达，工程观处于无意识的萌发状态。工程概念的自觉运用是形成工程观的起点，但工程观的形成要晚于工程概念的形成，明确提出工程观问题则是从近现代工程开始向后现代工程转变时期的事，因为只有把工程问题提到工程观的高度方可有效对付现代社会迅速增加的工程复杂性。汪应洛和王宏波对传统工程观和当代工程观做了比较分析，把当代工程观的要点概括为四个方面：工程生态观、工程的系统协调观、工程的多元价值统摄观、工程社会观。这四种工程观还处于形成过程的早期，其基本思想都属于我们所讲的后现代工程观。显然，传统工程观属于简单性范畴，后现代工程观属于复杂性范畴。

### 10.1.3 工程系统论的确立

尽管与科学、技术相比，一切工程都讲究综合集成，重视从整体上解决问题，但近现代工程的方法论原则上同样建立在还原论之上，托夫勒所说的“拆零技术”[①]对工程理论和实践起到基本作用。这一点在今天的工科课程设置中仍然明显可见。但自 20 世纪中期以降，现代工程的巨大成功把这种方法论的弊病暴露无遗。诚如贝塔朗菲所说：“我们被迫在一切知识领域中运用‘整体’

---

① 阿尔文·托夫勒. 前言：科学和变化//伊·普里戈金，伊·斯唐热.从混沌到有序. 曾庆宏，沈小峰译. 上海：上海译文出版社，1987：5-25.

或‘系统’概念来处理复杂性问题。”[①]这当然也包括工程领域。在现代社会中，工程系统的复杂化趋势已经发展到这样的地步：只有自觉运用系统概念和原理方能有效对付工程复杂性。工程系统复杂化的趋势强烈要求超越还原论，采用系统论。学术领域继系统工程的兴起，在近年来又提出建立和发展工程系统论，正是这种发展趋势的反映。

### 10.1.4 工程哲学的确立

传统观点认为，工程最讲实际功效，最远离哲学思辨。这种观点的影响根深蒂固，即使在钱学森的现代科学技术体系中也有反映：工程知识处于最底层，只有通过应用科学和基础科学两个层次才能与哲学联系起来。这种认识既有非常合理的一面，又反映出对现代工程的复杂性缺乏足够的认识，以为现在和未来的工程同样无须直接求助于哲学理论，只要具有必要的科技知识和经验知识足以解决问题。但事实上，现代工程的复杂化已经达到这样的程度，在求助于科学技术之外，还需要自觉求助于哲学，从哲学高度思考工程问题，同时也需要对工程现象做哲学概括，建立工程哲学。发达国家的工程哲学概念萌发于从近代工程向现代工程转变的时期，试图沿用分析哲学的思路考察工程问题，自然不得要领；倒是后现代主义开创了从工程视角解构现代性的大思路，使我们看到工程哲学和复杂性研究的内在联系。在国内，工程哲学的提出和强劲发展趋势恰好跟复杂性研究同步启动，使我们有可能避免走分析哲学的弯路，符合后现代工程发展的需要。

以上讨论的是工程全系统。工程全系统的复杂化必然反映在个体工程系统中，造成个体工程的复杂化。因此，10.2～10.4 节将主要针对个体工程来讨论工程复杂性问题。

## 10.2 工程系统要素的复杂化

### 10.2.1 工程系统价值要素的复杂化

从工程方面看，价值观主要是用物者对工程造物和工程行为如何评价、选择、奖惩的思想理念（意识形态），价值观付诸实践则表现为一定的价值关系（社会关系）。我们从这个视角考察工程系统价值要素的复杂化。

从历时性维度看，工程价值观在不断演化，演化的总方向是从单一、低级、

① 冯·贝塔朗菲. 一般系统论：基础、发展和应用. 林康义，魏宏森，等译. 北京：清华大学出版社，1987：2.

简陋到多样、高级、精致、复杂。古代工程的价值追求极其简单低微，面对严酷的环境条件和极其低下的生产力，考虑的基本是满足生存需要的最低使用价值。近现代工程的价值追求日趋多样化、精细化、高级化，区分了经济价值、社会价值、文化价值、精神价值，以及军事价值和政治价值等。但其核心是经济价值，对物质价值的追求远胜于对社会价值、文化价值、精神价值的追求，严重忽视了对环境价值和生态价值的兼顾。由此造成了种种严重后果，迫使人们开始反思和解构现代工程的价值理念，在回归对社会价值、文化价值、精神价值追求的同时，更突出了生态价值、环境价值。对工程价值的这种全面追求，正在孕育后现代工程的价值观。

从共时性维度看，社会的发展进步给工程价值追求的复杂化既提出了必要性，也提供了可能性。既然价值观是通过社会关系得以实现的，一定时代的价值观必定是那个时代社会关系的产物，价值观不过是全部社会关系的观念性凝聚和升华。一方面，社会发展进步的重要内涵是社会内在差异的增加，地域、民族、国家的不同，职业、收入、地位、文化程度、信仰、阶层的差异，甚至不同年龄段，都会转化为价值追求上的差异，最终落实为对工程的不同价值期望。社会越向前发展，这种差异越大，工程的价值要素越复杂。从所谓个性化设计、小批量生产的主张中，不难窥见人们对工程价值追求的一种发展方向。另一方面，作为能够造物的存在物，人的生存发展越来越依靠自己所造之物；随着造物能力和产品性能的提高发展，社会也就具备了满足人们价值追求多样化、精致化、复杂化的现实可能性。

社会发展在不断加速，这导致价值观的加速变化。在社会转型时期，价值观的变化尤其快速而剧烈。仅从住房标准的要求来说，近十几年来我们对国人价值观变化之大都有切身体验，并由此略窥一斑。价值观演变的快速性和动态性，也是工程价值要素复杂化的动因。

### 10.2.2　工程系统技术要素的复杂化

尽管古代时期工程的技术含量极为低下，技术却是工程系统与生俱来的构成要素。工程的技术要素也是不断演变的，演变的方向是从单一到多样、从低级到高级、从粗糙到精细、从简单到复杂。工程系统技术要素的复杂化主要表现为以下五方面。

#### 10.2.2.1　技术的科学含量剧增

古代技术一般谈不上科学含量，基本属于经验性技术。随着还原论科学兴起而产生的近代技术，主导部分是以机器制造为核心的机械化技术，技术中的科学含量成为衡量技术高低优劣必须考虑的因素。科学含量的增加是导致技术复杂化的重要内因，所用技术的科学含量越高，工程系统的复杂性也越大。电气化技术、化工技术等的发明进一步增大了现代技术的科学含量，而电子技术、信息技术、航天技术、生物技术等高新技术的出现使技术中的科学含量达到空前的水准，以至于学习这些技术不再是单纯的技术训练，同时需要科学理论的训练。不掌握背后的科学原理，就不能驾驭这些高新技术。

#### 10.2.2.2 工具设备的系统化

技术的表现形式首先是工具器械，工程离不开工具器械的使用。可以把工程理解为运用适当的工具器械按照一定程序的造物过程（包括创造社会事物），简称为工程，所造之物凝结了这些工具和程序的精华。即使社会工程也离不开工具设备的使用，召开一次大型会议就需要多种信息高技术设备。现代工程使用的不是单一机器，而是需要加以规划和安排的一系列机器组成的机器系统，须按照系统思维协调不同的机器。机器在工程中的系统应用提出了人-机关系问题，人与机器构成更大的系统，需要人-机协调。这些发展趋势都促进了工程技术的复杂化。

#### 10.2.2.3 技术的集成化

简单工程靠的是单一技术，至多是几种相近技术，易于集成整合，谈不上集成化。近代工程已经向多种技术集成的方向发展，只是集成度不够高而未被意识到。现代重大工程的主导技术都是集成化技术。集成不是堆砌，不是拼盘，而是对异质事物进行系统的收集、选择、简化、重组、整合、改造，使它们有机地融合为一体。集成就是创造，必然涌现出单项技术及其总和所没有的整体特性。例如，航天技术是机械、电子、化工等技术的集成，管理技术是系统工程、信息技术、控制技术等的集成。这样的集成必定产生复杂性。要把多种异质技术集成起来，往往已不完全是技术问题，同时也是科学理论问题，甚至是思维艺术问题，这样的集成化将赋予技术要素更大的复杂性。

#### 10.2.2.4 技术的软化

传统工程主要使用硬技术，虽然也离不开某些软技术，但软技术始终被当成无关紧要的问题而未引起注意。自然工程向社会工程、思维工程的扩展，意味着技术成规模的软化。自然工程的技术、物理技术一般是硬技术，社会技术、思维技术本质上是软技术。从近代工程到现代工程的发展意味着承认并重视软技术在工程中的作用。即使那些以制造和使用机器为核心的技术，随着工程活动的大型化和复杂化，不可避免地会创造出某些软技术。重大工程都离不开软技术。软化是复杂化的一种方式，软技术本质上属于复杂技术，软技术的大量使用既是应对工程复杂性的需要，又进一步增加了工程复杂性。

10.2.2.5 *技术更新换代加快*

传统技术可能在几十年或几百年中保持不变，现代技术呈现出明显的动态性。最典型的是信息技术，更新换代越来越快，简直是日新月异。这反映到工程中，必然加剧技术要素的复杂化。

### 10.2.3 工程系统科学要素的复杂化

系统演化的一种途径是构成要素的增减，一种新的异质要素的加入必定引起系统结构的改变，进而导致系统性态的显著改变。构成要素的增加一般都导致系统复杂性的增大。一个系统若由二要素演变为三要素，必定会涌现出崭新的特性；在其他条件大体相近的情况下，三要素系统要比二要素系统复杂。在工程、技术和科学三大系统中，科学是最晚出现的。科学系统形成后，在相当长时期内与技术发展没有密切联系，科学知识不可能成为工程系统的独立要素，只能以技术为中介（即科学知识作为技术的构成要素）进入工程。此乃古代工程和近现代工程属于简单性范畴的重要根源。但技术中一旦包含科学因素，工程就具备了走向多样、精致、复杂的内在动因。

随着社会对工程需求的逐步多样化、精致化和复杂化，越来越多的工程问题不再是单纯技术问题，而成为科学问题，除了技术可行性论证，还需要科学合理性（原理的正确性）论证，科学知识终于演变为工程系统的独立要素。从工程创新的三种模式来看，在引进基础上的再创新和集成性创新主要是技术方面的创新，原创性创新则首先依赖于科学原理的创新。科学发展到足够复杂时，便无法附加在技术要素中影响工程，而转化为工程系统的独立构成要素。科学知识成为工程的独立要素，工程从三要素系统演变为四要素系统，是工程系统复杂化最重要的内在根源。

现代科学包含大量边缘科学、交叉科学，特别是各种跨学科研究。现代工程越来越具有多学科性和跨学科性，成为跨行业、跨学科的工程。只需要单一学科知识的工程是简单的，必须综合应用诸多学科的工程是复杂的。航天工程需要空气动力学、材料科学、控制科学、信息科学、医学等，把如此多的不同学科综合集成于同一工程，工程岂能不复杂？

### 10.2.4 工程系统管理要素的复杂化

既然管理是工程系统的组织件，通过它把价值观、技术、科学整合组织成为系统，那么，价值观、技术、科学的复杂化必然要求并且迫使工程管理复杂化，用复杂的管理对不断复杂化的价值观、技术和科学进行整合、组织，确保复杂的工程活动有序展开，创造出复杂的工程产品。经验性的管理是简单的，需要管理科学提供理论指导。借助高新技术实现的管理是复杂的，对于现代重大工程，即使深谙管理科学理论，熟练掌握计算机技术，管理经验、管理艺术仍然不可或缺，唯有把理论、技术、经验、艺术四者有机地结合起来，才能有效应对日益增加的工程复杂性。

就本意来讲，管理是他组织，工程主体分为管理者与被管理者，管理者是工程活动的组织者，其他成员是被组织者。纯粹的他组织管理是简单的，管理者与被管理者界限分明，管理方法机械化。经营管理史上著名的泰勒制是其典型代表，为了最大限度地挖掘职工的劳动效率，把人当成机器来使用和管理。但它忽略了人的复杂性，违反了人性，把管理者和被管理者对立起来，破坏了工程系统的内部和谐，也不利于社会和谐。现代管理虽然在管理技术上有诸多改进，但仍然无视人的复杂性，把人视作经济动物，收入最大化是唯一价值追求，单纯以物质刺激调动职工积极性，实质上还是一种简单化的工程管理。后现代工程的管理必须抛弃这种模式，尊重人的复杂性，承认价值追求的多样性，奉行以人为本的管理原则。这就要求在管理中引入自组织因素，全面调动人的积极性，培养职员的工程主人翁感。他组织与自组织相结合的管理是复杂的管理，管理者与被管理者的界限模糊化，管理既发号施令，也提供服务，被管理者参与管理，管理者也受管理，包括接受被管理者监督、尊重下属参与管理的权利等。毛泽东倡导的“两参一改三结合”（鞍钢宪法）就属于建立他组织与自组织相结合的管理模式的一种尝试。圣吉倡导的学习型企业的管理，强调培养工程团队的共同愿景，以求“创造出众人是一体的感觉，并遍布到组织全面的活动，而使各种不同的活动融汇起来”[①]，实质也是在工程管理中注入自组织因素，使他组织与自组织结合起来。

工程管理中既有物的管理，又有人的管理。大量使用高新技术的工程管理又提出了人-机关系的管理问题，成为管理复杂化的另一动因。现代重大工程都是由大量人员和大量机器按照复杂的互动关系组成的系统，人本身就是一种复杂系统，再加上和异质的复杂机器互动，为工程管理添加了许多新的复杂性。

① 彼得·圣吉. 第五项修炼——学习型组织的艺术与实务. 2 版. 郭进隆译. 上海：上海三联书店，1998：238.

人机结合的管理存在两种截然不同的技术路线，一条是人机结合、以机为主、人伺候机器的路线。其背后的技术理念是相信机器能够胜过人，其哲学理念是物质因素重于人的因素，在军事领域就是唯武器论。但人的复杂性要靠人来把握，机器无法理解和把握由人的智慧和心理因素产生的复杂性。采用这条技术路线，难免给工程带来人为的复杂性。另一条是钱学森倡导的人机结合、以人为主的技术路线，让机器伺候人，而非人伺候机器①。技术的发展永无止境，更高明、更神奇的新技术还会不断被发明出来，但欲驾驭工程系统中日益增加的管理复杂性，只能采取后一条技术路线。

## 10.3 工程系统结构的复杂化

### 10.3.1 工程系统知识结构的复杂化

系统组成要素的复杂化，必然导致系统结构的复杂化，以复杂的关联方式把复杂的要素整合起来。工程作为一种知识系统，具有层次结构。构成工程系统的四大要素实际是工程系统的四个一级子系统，即科学知识子系统、技术知识子系统、管理知识子系统、价值知识子系统，仍属于系统的宏观层次。工程系统所用的四类知识分别储存于社会巨系统的不同子系统中，经过工程主体的选择、吸纳、加工，再同主体自身的知识储备相融合，形成工程系统的四个知识子系统。四个子系统又有各自的结构。建筑在多学科基础上的工程的这些知识子系统（特别是科学知识和技术知识），本身又是由不同层次、不同子系统构成的，可以表示为一种多分支、多层次的树状结构。树状结构是一种简化表示方式，不同分支之间没有交叉，因而许多对工程有价值的知识无法纳入其中，这从一个侧面反映了工程系统知识结构的复杂性。工程作为系统最重要的结构关系，是科学、技术、价值、管理四个一级子系统的整合方式，当代工程系统的知识结构不能够再用树结构来表示，因为四者之间最本质的关联方式是相互交叉、融合和更新的，即使复杂网络也只能表示其交叉方式，无法反映相互融合、新陈代谢这种关联方式。

工程作为一种知识系统，是以承担该工程的团队为载体而存在的，并通过工程团队的知识结构表现出来。一个工程团队的知识结构在很大程度上可以归结为它的人才结构，人才类型是否齐全，人才素质是否达标，人才自身的知识结构是否合理，各自的长处能否互补、短处能否相互屏蔽，是一个复杂的管理

① 钱学森. 创建系统学. 太原：山西科学技术出版社，2001：85-88.

科学问题。如何选择、招聘、培训人才，如何搭配、整合、使用人才，实际就是如何整合、组织工程需要的各种知识，以期产生最佳的整体涌现性。总之，一项重大工程的人才群体也是一个复杂系统，它的组建和使用有赖于复杂的组织管理。大型复杂工程系统的人才结构必须有显著的异质性，既要有各种领域专家和技术能手，又要有通才、帅才，解决疑难问题还需要某些怪才，需要不拘一格用人才，形成合理的“人才生态”，这尤其要靠复杂而高明的结构模式来整合。

人类从创造出文化那天起，工程活动就包含文化因素。但古代工程中的文化因素属于系统的“微量元素”，而非基本要素，长期未曾引起注意。社会发展到今天，文化因素在工程中的作用越来越突出，仍然把文化作为工程系统的环境因素，轻视文化的作用，工程求善求美的价值目标就难以圆满达成。特别是大量文化工程的建造和运营，文化、历史知识成为构成这类系统的主导要素，科学技术知识退居辅助因素，现行的工程文化理念显得过时了。现代社会日趋激烈的竞争使人们认识到，不论是国家，还是企业，甚至个人，竞争力取决于综合实力，包括硬实力和软实力，而软实力的核心是文化要素。在成熟了的后现代工程那种历史形态下，文化知识很可能成为工程系统的另一构成要素，那时的工程系统论将采用五要素说。从四要素演变为五要素，工程系统的结构将显著地增加其复杂性。

### 10.3.2 工程系统过程结构的复杂化

社会对工程需求的多样化、精致化和复杂化，工程系统要素的复杂化，以及工程环境的复杂化，必然导致工程过程的复杂化。

对于较为大型的工程系统来说，科学、技术、管理、价值四个环节本身也都是作为过程而展开的，构成整个工程过程的四个一级子过程；每个一级子过程又由若干二级子过程构成，二级子过程还可能包含若干三级子过程，一直划分到不能再细分的单元，称为活动，活动是过程系统的最小组成单元。具有层次结构是复杂系统的共性，工程过程即如此，第一层由四个一级子过程组成，第二层由所有二级子过程组成，等等。因此，较为大型的工程系统都呈现多层次的树状结构，每个一级子过程都是工程大树上的子树。

工程过程看似是一种线性系统，四个环节按照线性链连接起来。但只要深入到二级以下的子过程就会发现，工程过程实质是一种非线性系统。立项中也有设计，即工程框架的预设计。三峡工程立项前早就有从孙中山到毛泽东几代人的设想，新中国成立后还有工程技术人员的多次预设计，历时约 70 年。复杂的工程设计中可能有补充立项，还有试施工，即解剖麻雀式的施工，现代社会的重大工程设计阶段还要利用计算机进行模拟施工，以取得必要的设计数据。大型复杂工程的施工过程中常有补充设计或修改设计，甚至还可能有新的子项目的立项，有新立项就有新设计。即使评价验收往往也需要反复多次进行，不同阶段都有阶段性评价验收，不同层次的子系统有各自的评价验收，工程总体的评价验收也可能分多次进行。其结果，一是使工程阶段的划分带有模糊性，彼此界限不清；二是使实际的工程过程形成一种回环往复、大小嵌套的结构模式，呈现明显的非线性特征，工程过程实质上都是非线性系统。

还须注意工程过程的动态复杂性。工程决策不周、不以工程主体意志为转移的突发事件、重大故障、外部环境未曾预料到的变化等，都会使工程过程发生意想不到的变化。修正决策，修改设计，停工待料，收拾事故残局，采取补救性措施，如此这般的现象，在重大工程过程中也并非罕见，它们既是工程过程的复杂性使然，也必然增加工程过程的复杂性。

### 10.3.3　工程系统信息结构的复杂化

撇开物质、能量、人员在工程中的流动，仅仅就信息流动看，任何工程过程都是信息作业过程。在大型复杂工程中，工程立项、规划设计、施工操作、评价验收都是一级信息作业子过程，还可以进一步划分出下一级子过程。根据10.3.2 节的分析，工程系统的信息作业无疑也具有多层次的树状结构，同样呈现出模糊性、非线性和动态性，使得无论是信息的测记采集、编码表达、加工处理，还是信息的传送、使用和控制，以至信息作业的全过程，都变得复杂化。

所谓工程系统的信息结构，既指工程过程的信息结构，又指工程造物的信息结构。我们首先考察前者。在信息化时代条件下，工程环境的变化不断产生信息，工程过程时时都在产生信息，工程系统与环境的互动、不同子系统的互动既是使用信息的过程，又是产生信息的过程。大型复杂工程过程所涉及的信息常常达到海量规模，对信息进行管理的必要性异常突出。工程的管理实质就是信息的管理，通过管理信息流来管理工程中的物质流、能量流、人员流。工程管理的信息化是社会信息化的题中应有之义，一切现代工程，特别是重大工程都力求引进以计算机为中心的信息技术，建立管理信息系统，实现信息化管理，以提高工程的效率，保证工程的质量。这既是工程管理复杂化的需要和表现，又是工程管理进一步复杂化的原因。

工程所造之物都是系统，凡系统都有信息结构。工程所造之物可以根据其信息结构粗略地分为两类：死物和活物。前者指产品系统各组成部分的相互关系固定不变，其信息结构简单，一向没有成为值得重视的工程问题。后者既有固定不变的框架结构，又有可变的运行结构，须在用物过程中加以调节控制，这类工程产品的信息结构值得重视。这类产品又可分为三个档次。最低级的是用物过程依靠人工操作的机器，信息结构问题基本是造物者考虑的事。较高档次的是自动机器，具有相当复杂的信息结构，它们的设计和使用都需要控制理论的指导。更高级的是智能化的工程造物，其信息结构要比第二类更复杂，就连操作使用都属于高智力劳动。就目前来看，从玩具、居室、交通工具、办公室设备到作战武器都已开始追求智能化，微软公司创建者盖茨在西雅图修建的智能化居室就是一件代表作。工程造物的自动化，特别是智能化，其成败优劣的关键是该造物作为系统的信息结构的设计和制造。而创造这种产品的工程系统本身必须具有复杂的信息结构，智能化产品的信息结构只能是信息结构复杂的工程过程的结晶。

### 10.3.4 工程系统价值结构的复杂化

一项工程就是一个价值关系集合，主轴是用户与工程主体的价值关系：用户以一定的付出换取工程造物，工程主体以一定的工程造物换取用户物质的和精神的报酬。现代社会的复杂化带来用户的多元化，同一工程的用户可能是多个用户的联合体。三峡水利工程的用户包括多个省市、部门、行业，涉及政府、企业、居民三个层次。多用户工程要考虑不同用户之间的价值关系，非个人的工程主体要考虑不同下属部门之间的价值关系，即设计与施工、管理层与被管理层、个人与团队之间的价值关系，以及不同设计部门、不同施工部门、不同个人之间的价值关系。这就使得现代社会的重大工程都是巨大的价值关系网络，不同价值追求之间的对话和整合、价值观念从工程起点到终点的转化和流动呈现复杂的态势。

文明的进步导致人们价值追求的多样化、精致化和复杂化，现代社会达到前所未有的水平。同一用户对同一工程有多方面的价值期望，不同期望往往相互矛盾，甚至相反，既要 A，又要非 A。在多用户工程中，不同用户各自抱着多种价值期望同时关注和影响同一工程，不同价值取向（有些可能是相互否定的）把同一工程向不同目标拉动，相互间形成复杂的互动、互应、相互制约的态势。如何在多种多样的、相互矛盾甚至相互否定的价值追求中达成平衡协调，形成各方都满意（至少可以接受）的总目标，顺利地把用户价值追求向工程主体的价值承诺转化，即工程立项，成为一个复杂的过程。

重大工程由价值期望向价值承诺转化的复杂化，还与工程主体自身的特点有很大关系。现代重大工程的主体也是由诸多团队组成的联合体，各自在技术力量、科学文化素养、工程经验、自身的价值偏好上都有差别。由价值期望向价值承诺的转化既是翻译，也是创造。翻译不是一一对应，创造更体现个性，工程主体的这些差别都会对由价值期望向价值承诺转化的方向、方式、质量产生影响。某些由不同团队分段负责的同一大型工程，常常显示出风格的不一致，甚至有质量的差别。即使由单一主体完成的工程也可能存在这类问题。总之，由用户的价值期望向工程主体的价值承诺的转化具有复杂奥妙的机制，目前工程科学和工程哲学对其尚无实质性的了解，工程中的许多关卡是靠人们的经验和意会知识取得突破的。

工程主体的不同部门在技术力量、科学文化素养、工程经验以及自身的价值取向上的差别，同样影响由工程立项环节的价值承诺到规划设计环节的技术承诺的转化，以及向施工操作环节的技术实现的转化，这导致工程价值流程的复杂化。

还需要注意，在现代社会的重大工程中，工程立项、规划设计、施工操作和评价验收四个阶段的界限模糊化了，用户和施工单位都可以参与设计，设计者也参与施工，相邻阶段往往你中有我，我中有你，价值观从工程起点到终点的流动和转化不再是线性、单向的，而是通过各种反馈互动环路回环往复进行的，因而异常复杂。新兴的复杂网络理论可以从一个侧面描述这种复杂性，但更多的方面仍需靠经验来把握。

## 10.4 工程系统环境的复杂化

按照系统与环境的关系，钱学森把系统分为四类：简单环境中的简单系统、简单环境中的复杂系统、复杂环境中的简单系统、复杂环境中的复杂系统。工程系统也有此四类。社会属于复杂系统，即使自然工程也是在社会环境中进行的。所以，单就社会环境看，所有现代工程都是复杂环境中的系统，大型社会工程更是复杂环境中的复杂系统。

### 10.4.1 工程系统科技环境的复杂化

在 10.2～10.3 节中已说明，随着科学技术从小科学向大科学、从简单性科学向复杂性科学、从传统技术向高新技术的发展，工程系统的科技环境越来越多样、丰富、精深、复杂，工程活动与科学技术的联系更为密切。在这样的科技环境中选择工程要素，进行加工、改造、组合，进而建构系统，不可避免会导致工程的复杂化。

#### 10.4.1.1 复杂性科学

这个概念越来越得到主流科学界的认可，但关于什么是复杂性科学，目前人们的认识很不一致。粗略地说，复杂性科学由三大块组成：一是各个学科中的复杂性研究，二是各种跨学科研究，三是作为复杂性研究方法学的复杂系统理论。如此庞大的知识领域，无法归结为一个学科，至少应看成一大学科群，而系统科学、信息科学、生态科学、环境科学、生命科学、智能科学、思维科学、经济科学、社会发展理论等新兴科学，构成复杂性科学的主干。随着复杂性科学的发展，科学与人文、科学与非科学的界限将模糊化，这种趋势对工程将发生怎样的影响，目前难以预料。复杂工程系统不一定都以复杂性科学为理论基础，但以复杂性科学为理论基础的系统一般都属于复杂工程系统。

#### 10.4.1.2 复杂性技术

对应于复杂性科学，可以提出复杂性技术的概念，目前同样难以给出确切的定义。传统技术建立在经验基础上，属于经验性技术；现代技术越来越依赖于科学理论，属于科学性技术，对科学理论的依赖是技术复杂化的主要内在根源。一般来说，经验性技术比较简单，科学性技术比较复杂；处理宏观对象的技术比较简单，处理微观对象的技术比较复杂；非集成性技术比较简单，集成性技术比较复杂；人工操作的技术比较简单，自动化技术比较复杂；非智能化技术比较简单，智能化技术比较复杂；硬技术比较简单，软技术比较复杂；自然技术比较简单，社会技术比较复杂；不直接触及伦理问题的技术比较简单，明确触及伦理问题的技术比较复杂；等等。但比较复杂的技术不等于复杂性技术，其间的界限并不分明。粗略地说，建立在复杂性科学基础上的技术，如信息技术、系统技术、航天技术、海洋技术、环境技术、生物技术等新兴技术，以及各种社会技术、思维技术，一般都属于复杂性技术。建立在复杂性技术基础上的工程，一般都属于复杂性工程。

### 10.4.2 工程系统文化环境的复杂化

以农业社会为参照系，现代化的重要表现之一是社会的复杂化，包括文化的复杂化。工业社会的文化比农业社会的文化要复杂得多。当代中国的器物文化、制度文化、法律文化等都在经历不断复杂化的演变，这一点我们每个人都在直接感受着。而经济全球化更伴随着世界上不同文化的交流、碰撞、融合，前所未闻的文化事件、文化现象层出不穷。这两方面共同导致现在和未来的工程活动的文化环境在不断复杂化。

随着人们生活水平的提高，人们对自然工程的文化追求日趋多样化、精致化，工程造物的文化含量不断增加，工程对文化环境的依存度将不断提高。科学文化和人文文化、传统文化和现代文化、不同民族文化、不同地域文化、中国文化和外国文化之间的差异、冲突、融合等问题将日益突出，并在工程活动中以复杂多样的方式反映出来。

随着人类文明的发展，社会工程、思维工程等各种非自然工程在工程全系统中所占的比重必然增加，这类工程对文化环境的依赖性明显大于自然工程，文化环境的复杂化对它们的影响更显著。

跨地域的大工程常常涉及不同民族的利益，无论是建设过程，还是产品的使用过程，民族文化和宗教文化都是不容忽视的重要因素，工程主体难免遇到工程的科学性与宗教信仰的矛盾、不同地区或不同民族文化的差异协调之类麻烦问题。青藏铁路运行于中国西部少数民族地区，工程系统必然受到地区的、民族的、宗教的文化环境的塑造；将来还要和相邻的中亚、南亚国家接轨，建设跨国铁路网，那里的民族文化和宗教文化更是工程必须慎重对待的国际问题。2008 年的北京奥运会是一项大型复杂的社会文化工程，首先要体现主办国的中华文化，但作为一次国际体育盛会，同时要考虑所有参赛国的文化，以实现"同一个世界，同一个梦想"的承诺。

随着经济全球化、社会信息化的发展，中国将越来越多地参与，甚至负责某些世界范围的大工程，如国际维和行动、灾害救援行动等。国际维和属于社会工程，所在地区的文化环境陌生而复杂，应深入了解、熟悉、尊重那里的文化，要善于运用这种文化于维和工程中。我们参与的每项国际行动都是一定的工程项目，都有助于构建和谐世界。

极端强调物质因素，追求齐一性、普遍性、标准化等，这类文化要素是现代性在工程活动中的突出表现，因而成为后现代主义全力解构的对象。从近现代工程向后现代工程的转变伴随着对现代性的文化解构，后现代主义成为这一时期工程活动的文化环境的重要组成部分。但西方近几十年来盛行的后现代主义具有很大的片面性，它们在很大程度上反映的主要是西方社会对现代化后期的文化诉求，还不是取代现代社会的未来社会的文化诉求。我们的工程活动应意识到这一点，审慎对待后现代主义文化观的影响。

创造和使用符号是人的本质特征之一。工程活动是在由各种人造符号组成的环境中进行的，符号环境是文化环境的子系统。除了各民族的自然语言文字，工程还有自己特有的语言，不同的工程类型有不同的工程语言，并随着工程的发展而不断丰富。语言符号的使用产生了虚拟现实工程，文学艺术创作就是一种虚拟现实工程，文艺作品的功能是给人类提供一种能够产生美感的虚拟现实的生活。信息高新技术的发明造就了一种全新的虚拟现实工程，使符号文化对工程活动产生了前所未有的广泛而奇妙的影响，开辟了工程复杂化的新途径。

### 10.4.3 工程系统社会环境的复杂化

简单工程活动在简单的社会关系网络中进行，实际上是对复杂的社会关系网络作了高度的切割，无须复杂的公关活动。复杂工程活动在复杂的社会关系网络中进行，必定伴随复杂的公关活动，这既有利于工程系统充分吸纳社会资源，也易于滋生工程腐败现象。简单工程系统的一个显著特点是，工程的利害相关者和利害无关者彼此界限分明。复杂工程系统则拥有大量潜在的利害相关者，他们却常常处于工程主体的视野之外。特别是当用户和工程主体都是强势社会群体时，弱势群体的利益一般都处于工程决策者的考虑范围之外，其实质是人为地消除了工程固有的复杂性，迫使这种复杂性隐蔽地发生作用。侵犯弱势群体利益的工程，其有害后果经过积累放大，迟早会由隐到显，危害社会和谐安定，最终反馈于该工程或后续工程中，产生意想不到的严重后果。在工程活动中如何合理抑制强势者对弱势者价值期望的蔑视和侵犯，保障应有的社会公平，是尖锐而艰难的社会问题。大型复杂工程涉及各种不同的价值追求，以政府为客户的工程更须顾及社会的方方面面。在越来越复杂的现代社会中，我们应当把潜在的利害相关者看成潜在的用户，充分照顾他们的价值追求。这无疑会增加工程的复杂性，但若从整体、长远来看，却是十分必要的。

一种工程哲学观点认为，工程是各种社会因素建构的结果。工程的社会建构者不仅有用户、供货商、监督部门等明确承担建构任务者，而且有各色各样、或隐或显的利害相关者，他们以种种难以明言的方式参与工程的建构。社会大环境主要通过工程主体来建构工程，来自不同地区、分属不同阶层或民族、生活于各个不同的社会关系中的工程主体，代表社会大系统从事塑造工程的活动。这些不同角色以无法描述的方式把形形色色的社会因素带进工程中，工程活动的展开实质就是通过他们对社会因素的综合集成。社会大环境具有分形结构，部分与整体有某种相似性，整个社会的态势、特点都会反映在所有个体工程中，一项具体工程就是一个小社会。

现代社会的发展使工程评价大大复杂化了。工程评价不再只是用户和工程主体的事，一切利害相关者，不论显在的或潜在的，都参与工程评价。对于重大工程，整个社会都有知情权，都应参与评价。许多大型工程，如青藏铁路，还要接受邻国乃至全世界的评价。特别重要的是舆论界的评价，舆论监督对工程进程和质量有重要影响，舆论界实际上也是重大工程的重要社会建构者，它可能帮助某些重大工程成功立项，或取消立项，迫使某些工程改变设计方案，或推倒重来，等等。

### 10.4.4 工程系统自然环境的复杂化

在今天的地球上，没有打上人类烙印的纯自然环境早已不复存在，自然环境越来越人工化，这使得每一项个体工程都是在人工化了的自然环境中进行的。“人工性和复杂性这两个论题不可解脱地交织在一起”①，人工性造就复杂性。人工性主要是通过工程活动改变自然环境的。每一项工程都在改变自然环境，所有工程的全体更在整体上改变自然环境，这种改变的某些方面总是工程的设计者们和施工者们未曾预料到的，因而给后续工程的自然环境打上新的意想不到的人工烙印。新工程须以正在进行的工程和已有的工程造物为环境来进行工程立项、规划设计、施工操作等环节，视它们为既成事实，补充它们，将就它们，修正它们。失败工程的无用产物（如烂尾楼）、过时工程的废墟、古代工程的遗迹，都增加了新工程的环境复杂性。即使最成功的自然工程也会使自然环境产生某些不良变化，许多消极影响要到产品投入使用很长时期以后才会暴露。南京长江大桥限定了过往船只的高度，南水北调工程有可能破坏诸多情况不明的地下文物，等等，都是人工化了的自然环境为新工程带来的必须应对的复杂性。

航天科技的初步开发已经使太空成为人类工程活动新的自然环境。太空环境具有地球环境没有的特征和独特的复杂性，从地面到太空，从地球到月球（人类在月球上开展的工程活动日益增多），再到别的星球，将把工程活动推向一个陌生而又浩瀚无边的自然环境中。人类到别的星球上开展工程活动，必然会遇到前所未有的环境难题。问题还在于太空也在人工化，不断增加的太空垃圾威胁新的航天工程，霸权主义谋求垄断太空更使航天工程的自然环境人工化、复杂化。

生物学的巨大进步催生了生物工程。生物工程正在改变生物物种，改变生育方式，制造基因食品，克隆动物，等等，总之是深刻地改变着地球的自然生态环境。未来的许多工程要在包含大量生物工程产品的新生态环境中进行，福兮祸兮，眼下谁也说不清楚。这本身就使工程系统的自然环境复杂化了。自然环境的人工化、生态因素的内化②，导致工程系统与其自然环境的分界线模糊化。近期就能暴露其弊病的生物工程易于制止，不会对生态环境造成不可恢复的破坏。近期看似很有利，足够长时期以后将显露出不可逆转的重大危害，这样的生物工程将造成很可怕的生态后果。

---

① 司马贺. 人工科学——复杂性面面观. 武夷山译. 上海：上海科技教育出版社，2004：第二版序.

② 汪应洛，王宏波. 当代工程观与构建和谐社会//杜澄，李伯聪. 工程研究——跨学科视野中的工程. 第 2 卷. 北京：北京理工大学出版社，2006：44.

## 10.5 工程系统的复杂适应性

系统的本质特征包含内在和外在两方面，要素和结构赋予其内在规定性，环境赋予其外在规定性。工程要素、结构、环境的复杂化，带来工程系统内外规定性的复杂化。以上面的讨论为基础，将讨论工程系统整体的形态复杂性。

科学理论的任务是提供描述对象的模型，据之引出关于对象的规律性认识。系统科学提供了描述现实系统的各种模型。描述复杂工程系统应向复杂系统理论寻找理论模型。以耗散结构论和协同学为代表的自组织理论，可以有效地描述激光器之类的简单巨系统，阐明物理世界如何产生出最小复杂性，但对于在复杂社会环境中进行的复杂工程系统则无济于事。混沌理论能够解释确定性混沌这种迄今所知最复杂的动力学运动，但大型复杂工程无法写出确定性方程，除了某些局部问题，混沌理论少有用武之地。对于复杂工程系统，目前较为有效的理论工具是复杂适应系统（complex adaptive system，CAS）理论和开放复杂巨系统（open complex giant system，OCGS）理论。

CAS 理论优越于自组织理论之处，首先在于它把所谓复杂适应系统的组分界定为具有主动性的行动者（agent，中文译者多半译为主体），它们能够在复杂多变的环境中主动采取行动，调整自己以适应环境。由人构成的工程主体，从职工个人到各级下属单位，再到工程整体，本质上都是这样的行动者。特别是在激烈的市场竞争中，面对不断进步的科学技术，工程主体这种行动者必须不断学习和创新，积极主动地适应环境，在适应环境中发生相互作用，形成各色各样的系统，呈现出各自的协调性、持存性等整体涌现性。历时 17 年的三峡工程是在中国开始向市场经济转变时上马的，始终面对强大的质疑之声，受到全国舆论的密切监督，乃至世界的关注，又面临新技术革命浪潮，因而只能在体制改革、社会转轨的大环境中不断学习，不断调整自己，坚持技术创新，它的历史乃是工程作为复杂适应系统发生发展的典型案例。神舟飞船工程上马时，中国航天事业已被推向市场，从部委管理转变成公司运作，社会环境日趋复杂化，航天科技快速更新，加上国际航天领域的激烈竞争和超级大国的封锁和遏制，复杂多变的大环境把它造就成一个通过反复学习、试错、改进而走向成功的复杂适应系统。

在 CAS 中，任何特定的适应性行动者所处环境的主要部分都是由其他适应性行动者组成的，每个行动者在适应上所做的努力就是要去适应别的适应性行动者。这个特征是 CAS 生成的复杂动态模式的主要根源。现代工程系统一般都具备这个特征。在现代社会条件下，同一时期的工程全系统中的大量个体工程之间的联系前所未有地多样化和紧密化。客户和工程主体都被推向市场，用户的招标与主体的竞标构成一种复杂的博弈关系。许多重大工程一般由不同用户的联合体招标，彼此在合作中有竞争；为了承包一个复杂工程，诸多工程主体在项目、资金、资源、人才、技术等多方面展开竞争。大型复杂工程一般由多家工程单位共同承包，形成联合主体，彼此既合作又竞争。除了承包单位，大型工程需要成百上千个单位提供帮助，神舟飞船就是由数以千计的工程单位合作研制的。所有这些行动者都在相互适应着，在适应中相互改变着，在适应环境中共同造就了工程系统的复杂性。

CAS 理论的主要提出者是霍兰，他认为，任何 CAS 都呈现出七个基本特征：四个属性（聚集、非线性、流、多样性）和三个机制（标识、内部模型、元件）。“同时具有这 7 种性质的，没有哪个系统不是复杂适应系统。”[①]CAS 理论基于此七个基本特征来说明这类系统做什么和怎么做，并在此基础上建立系统模型。容易看出，除了简单平庸的工程，一般工程系统都具有这七个基本特征，多样性是显然的，非线性在下一节讲，此处只对其余五点作简要考察。

聚集。一个正在运行的大型工程主体，它的各级成员，它的规划、设计、施工、管理部门，都是由社会大环境中无数代理人经过聚集而成的，个人聚集为小团队，小团队聚集为大团队，为完成共同的工程任务而寻找、选择、试行、修改、创造合理的聚集（整合）方式，简单的行动者经过聚集涌现出复杂的大尺度行为，最终形成 CAS 非常典型的层次组织。

流。任何 CAS 中都有物质、能量、信息的流动，统称为资源流动。流动的始点、中继站和终点站，称为节点。连接节点的线，称为连接者。通过流动使系统凝聚为一体，去适应环境，求得生存发展。故 CAS 可以一般地表示为三元组{节点，连接者，资源}，在数学上用网络来表示。工程系统存在资金、设备、材料、技术、人员、信息等多种资源流，工程的实质就是资源的流动，或齐头并进，或前后相继，形成网络结构。流具有两个重要特性，即乘数效应和再循环效应，在工程系统中都有表现。

标识。标识即旗帜，或赖以识别的标牌，是系统为了聚集和生成边界而存在的一种机制，能够使系统各部分建立选择性相互作用。工程系统的标识就是它的目标和立项，有了标识，就可以启动分散于社会大环境中的各色各样的行动者的聚集过程，发生对称性破缺，经过竞争、筛选而确定系统的组分，它们

① 约翰·H. 霍兰. 隐秩序——适应性造就复杂性. 周晓牧，韩晖译. 上海：上海科技教育出版社，2000：42.

再经过分工、特化、组织，形成功能齐全、结构有序的工程系统。标识在作为CAS的工程系统运行过程中始终发挥作用，“CAS用标识来操纵对称性”[①]，凭借标识实现各种对称性破缺，直至工程任务的完成。

内部模型。内部模型代表行动者行动前进行预测的机制。行动者要适应环境，先得对环境有所预测。要预测外部环境，行动者需有一定的内部结构和机制，据之感受外部事物的特征和变化，获得并处理信息，在大量涌入的模式中进行选择，在做出应对行为的同时，将这些模式转变为内部结构，以便当再次输入这类模式时，行动者能够识别。内部模型是进化的结果，在适应环境的过程中，支持和强化有效的模式，弱化和剔除无效的模式，从而把经验转化为内部模型。所以，如果考察一个行动者的内部结构就能推断出它的环境，这个行动者的内部结构就是它的一个内部模型。

元件。元件指构成CAS的最小组分，或称积木块。CAS是由相互作用的行动者组成的多层次系统，行动者的基本行为方式是对来自环境的刺激做出反应，他们的主动性及其行为方式可以用一组刺激-反应规则来描述，这些规则具有“如果……，则……”的形式。不同行动者之间的相互作用、行动者对环境的适应性行为，都归结为一套刺激-反应规则的重复应用。CAS有可还原的一面，上一层次的积木块可以还原为下一层次积木块的相互作用和组合，较高层次的规律是从较低层次的积木块中推导出来的。从微观行动者出发，反复进行刺激-反应规则的各种组合，即可生成各个层次的行动者，直至生成整个CAS。

作为CAS的工程全系统也是多层次结构系统，可粗略地划分为四个层次。系统整体层次之下，首先是由自然工程、社会工程、思维工程等一级子系统构成的层次。组成这些一级子系统的二级子系统，如自然工程中的水利工程、宇航工程、海洋工程等，社会工程中的科技工程、教育工程、人才工程等，构成下一层次。这两级子系统仍然是CAS，但都属于一类工程的集合，而非个体工程。进一步划分就可能是个体工程，如水利工程中的小浪底工程、三峡工程等。这类个体工程千差万别，那些在工程起点上即可全部规划设计好、然后完全依照设计方案施工操作的工程，属于平庸工程或简单工程，不被视为CAS。除此之外，凡是在起点上只能给出大纲式的规划设计，需要在工程进展中依据不断变化的情况加以细化、补充、调整，通过创新攻克难关，即不断自我学习和改进以适应环境，在适应中造就出复杂性，这样的个体工程都是CAS。特别地，创新是系统最有效的适应性行为，通过不断创新而开拓前进的工程必定是

---

① 约翰·H. 霍兰. 隐秩序——适应性造就复杂性. 周晓牧，韩晖译. 上海：上海科技教育出版社，2000：13.

CAS。三峡工程就是一个 CAS。

CAS 理论提供了一套概念体系，有较强的解释力，有助于定性地理解大型复杂工程系统的特点及其演变历程。CAS 理论还包括一套建模理论和方法，核心是霍兰首创的遗传算法，以及在此基础上制定的软件，如 SWAM 程序，都可能在具体的工程中派上用场，获得工程系统的某些定量结论。

## 10.6 开放复杂巨系统

钱学森把现实存在的系统划分为简单系统、简单巨系统和复杂巨系统，复杂巨系统又分为一般复杂巨系统和特殊复杂巨系统（社会系统）。鉴于复杂巨系统都是对环境开放的系统，为强调开放性对它们的特殊重要性，钱学森又称之为开放复杂巨系统，制定了描述它的初步理论框架，即开放复杂巨系统理论。现代社会的大量工程项目都属于这类开放复杂巨系统，或者说，后现代工程具有代表性的项目都是开放复杂巨系统，需要应用开放复杂巨系统理论来认识和处理它们。工程系统论应主要研究这类对象。

能够被看成开放复杂巨系统的工程应具有以下特征。

### 10.6.1 巨型性

规模主要是工程系统的一种空间属性，由工程展开的地域范围、参与人员和部门的数量、工程产品的几何尺度等表征。反映到时间尺度上，规模表现为工程系统工期的长短。古代工程大多不属于规模性造物活动，近代工程的主干已经成为规模性造物活动，从前者到后者是工程全系统演化史上的一大进步。对于现代和后现代工程，规模性成为一个重要的系统属性，有代表性的工程一般都是大型或巨型项目。当年的“两弹一星”工程有数十万人员、上千单位参与，跨行业、跨地域、跨部门，巨额投入，牵动着从普通民众到国家最高层的神经，是典型的巨型工程。当时中国高教领域的“211 工程”，全国范围的希望工程，涉及中国和东南亚数国利害的澜沧江-湄公河次区域开发工程，由联合国等国际组织发起和组织、往往在世界范围展开的工程，都属于巨型工程。事物一旦形成规模，就会产生规模效应，正规模效应能提高系统的竞争力。但规模大有大的难处，内部关系复杂，行动不灵活，周期长，滞后现象多，等等，将产生负规模效应。具有足够大的规模是系统产生复杂性的必要条件之一，复杂性研究的各个流派都承认这一点。

## 10.6.2 组分的异质性

决定系统结构复杂与否的因素主要不是系统的规模，而是组分或要素的异质性。即使有巨量的组分，如果属于同类或少数几类，彼此异质性很小，系统的结构也是简单的，属于简单巨系统。组分的异质性越显著，把它们整合为一个统一体的方式就越复杂、越困难；结构越复杂，工程系统的整体特性也越复杂，越难以驾驭。复杂巨系统的复杂性主要来自组分的异质性导致的结构复杂性。宇宙飞船工程集机械、电子、信息、控制、医疗等诸多异质技术于一身，是自然工程系统中少见的复杂系统；但它的复杂性不止于此，还在于工程所涉及的不同部门之间责任的分配、利益的兼顾、行动的协调、关系的梳理等社会因素，航天员的训练则是关于人的工程，人本身就是复杂巨系统。现今牵动国人神经的各种社会工程，小到安居工程、人民币汇率调整，大到改革开放、构建和谐社会，都是组分的异质性极其显著的系统，组分的异质性造就了系统结构的复杂性。

## 10.6.3 开放性

工程系统都是开放的，一切工程造物都是耗散系统，工程建造过程更是人类高度集中耗散物质、能量、信息的活动。因而除了系统科学讲的一般意义上对环境开放，工程系统还需要强调两点：一是工程向整个社会开放，包括向与工程没有直接利害关系的部门、群体、个人开放，听取其意见，照顾其潜在利益，接受舆论的监督；二是工程向未来开放，多从社会的长远发展考虑，进行代际对话。

## 10.6.4 动态性

结构、状态和特性随时间延伸而改变的系统，被称为动态系统。工程过程的展开原则上都是动态的，动态性的表现形式各种各样，大型复杂工程尤其呈现出不可忽视的动态性。工程要讲速度，速度是动力学概念，快速性是工程系统追求的性能指标之一。平稳性是动态系统的另一重要特性，工程系统力求避免大起大落；大型复杂工程进展中快速性与平稳性的矛盾比较突出，必须妥善处理。工程实施是资金、材料、设备、人员、信息流动过程，任何流动都是动态的。简单工程的投资可以看作是静态的，市场经济下的大型复杂工程的投资则不同，因市场价格、银行利率等因素的波动，一定的投资金额的真实价值处在变动之中，需要区分为静态投资与动态投资，才能妥善管理。

同时进行的不同工程子项目、前后相继的不同施工阶段，相互之间的协调配合必定是动态的，不能指望经过一次协调就万事大吉；工程系统与环境的协调、工程内部的协调，是贯穿于工程全过程的动态行为。工程进程中经常出现问题都是过程动态性的表现，施工周期越长，工程的动态性越明显。环境的动态变化必然反映到系统中，转化为系统自身的动态变化。由高度集中的计划经济向社会主义市场经济的历史性转变是极其深刻而剧烈的动态过程，在这样的环境条件下运行的工程系统，必定呈现出特有的动态复杂性。若就工程全系统来看，一波接一波的工程创新、一波又一波的技术革新，以至工程全系统总体形态的历史性转变，都呈现出过程的动态特性。我们从当前各种大型复杂工程的经历中，不难看出工程全系统由近现代形态向后现代形态转变的动态性，以及它所带来的复杂性。

### 10.6.5 非线性

现实的工程都是非线性系统，工程涉及的各种关系都是非线性关系，工程的时间展开是非线性过程，工程作为系统整体上呈现出种种非线性特性。从经济学视角来看，可以把工程活动看成办事，办事的目的是获得预期的功利，工程的实质是一种事功关系，事与功之间呈现典型的非线性关系，或者事半功倍，或者有事无功等。从管理运筹视角来看，工程全过程是由大量活动构成的网络，从起点到终点有种种不同路径，它们在工程整体中的影响显著不同，因而有关键路径和非关键路径的区别，这也是一种非线性现象。从系统学视角来看，工程使大量异质技术集成化，目的是获取某种整体涌现性，整体可能大于、等于或小于部分之和，这表明部分与整体呈非线性关系。从社会学视角来看，一项工程牵涉的利害关系是非线性的，同一政策在此时产生正社会效应，在彼时可能产生负社会效应。从哲学视角来看，工程过程是多种矛盾的统一体，如水利工程中的疏与导、泄洪与防洪，冶金工程中的绝热和传热，桥梁工程中桥体的摇摆与稳定，等等。矛盾关系是非线性关系的一种哲学表述，工程名家、大家都深谙此道，重视辩证地处理矛盾。

动态性和非线性相结合，使工程过程都呈现为非线性动态系统，非线性动力学所揭示的种种系统特性，如稳定性、鲁棒性、非严格的回归性、恒新性（永恒的新颖性）等系统特性，瓶颈、时延、不应期、非线性放大、非线性衰减等系统现象，甚至混沌和分形，在大型复杂工程中应有尽有。

### 10.6.6 不确定性

大型复杂工程，尤其大型社会工程，都有不确定性。不确定性的表现形式多种多样，有变化就有不确定性，工程系统自身在变化，环境在变化，系统与环境的关系在变化，这些都会给工程带来不确定性。现代科学揭示的各种不确定性，如偶然性、随机性、灰色性、模糊性、含混性等，甚至混沌性（确定性系统的内在不确定性），都可能出现在工程活动中。非线性、动态性和不确定性是内在相通的，非线性和动态性内在地孕育着不确定性。非线性动态系统的恒新性和不确定性相结合，造成系统的某些不可预测性，导致工程具有或大或小的风险性。大型复杂工程都有风险性，以改造社会为目标的重大工程尤其有风险性，工程部门必须有风险意识。

粗略地说，同时具有这些特征的对象就是开放复杂巨系统。现代社会的重大工程都可以视为开放复杂巨系统。

复杂工程系统需要独特的方法论，中国学者在这方面有自己的若干创造性工作。钱学森以《实践论》为哲学依据，提出关于处理开放复杂巨系统问题的方法论，即从定性到定量综合集成法。其实质是把专家体系、数据和信息体系、计算机体系三者结合起来，构成一个高度智能化的大系统，充分发挥这三个体系的整体优势和综合优势，以便把专家群体零散的定性认识转化为关于系统整体的定量认识。具体做法是，建立一个按照系统科学原理组织和运转的研讨厅体系（称为从定性到定量综合集成研讨厅体系），针对一个给定的复杂巨系统问题，设法把有关的专家意见、数据、各种信息用数学模型整合起来，上计算机做模拟试验，将试验结果与专家意见对照，找出问题，改进模型，再上机做模拟试验，再与专家意见对照，如此反复进行，直到把所有的专家意见综合起来，最终实现从零散的定性认识到整体的定量认识的飞跃①。从定性到定量综合集成法明显具有工程方法论的色彩，适用于大型复杂工程的预测和决策，故钱学森又把它称为综合集成工程。

大型地下工程建设的一大难题是隧道围岩稳定性问题。地下工程周围岩体（围岩）是地质体的一部分，软弱围岩常常具有非匀质、非连续、非线性、各向异性、流变性等特点，在施工因素的触发下，力学特性复杂多变，工程设计风险大，事故多，也可视为一类开放复杂巨系统。李世煇②长期从事地下工程建设，熟悉国内近半个世纪以来隧道工程建设的成功与失败的各种事例，积累了丰富经验。受毛泽东“胸中有全局，手中有典型”思想的启发，他从理论上进行总结，参照国外有关资料，形成了一套解决隧道围岩稳定性问题的独特方法，称为复杂工程系统的典型信息方法，在实际应用中取得了良好效果。

---

① 钱学森. 创建系统学. 太原：山西科学技术出版社，2001：192-194.

② 李世煇. 复杂性工程技术问题研究实践与科学方法论思考. 中国工程科学，2002，（11）：71-81.

受钱学森和许国志提出的事理概念和美籍华人系统科学家李耀滋提出的人理概念的启发，吸取某些实际工程项目由于忽视人理因素而失败的教训，顾基发[①]于 20 世纪 80 年代末提出了物理—事理—人理方法论，提倡在解决实际问题时做到懂物理、明事理、通人理，并形成了一套方法论原则和具体操作步骤。在工程系统中应用物理·事理·人理方法论，明确考虑人理的影响，可以使分析情况、出谋划策、提供选择方案更符合实际，有助于工程决策科学化。

① 顾基发. 物理—事理—人理（WSR）系统方法论//许国志. 系统科学与工程研究. 上海：上海科技教育出版社，2000：35-48.

# 第 4 篇　知识系统论
# KNOWLEDGE SYSTEM THEORY

# 导　论

李喜先

生物的进化是在通过变异和自然选择而适应各自环境的过程中实现的，即通过遗传因子适应环境而实现的，其中人类也在这一过程中产生了生物适应性；同时，随着人类的形成，进化过程就转向了相反的方向，不再是遗传因子适应环境，而是人类改变环境以适应遗传因子，而且只有人类才能创造预定的环境，即超越本能地创造文化，从而形成了一种文化适应性。

广义的文化是指人类创造的一切物质和精神产物的总和；而狭义的文化则专指精神产物，即精神文化，主要包括哲学、科学、宗教、艺术、伦理道德和价值观念等。因此，我们认为，要回答人类知识的起源，就要追溯到创造文化的始端，以至要追溯到人类的起源。

“认识”与“知识”的发展是相互依赖、相互作用和相辅而行的。经过古代和近代，进入了现代时期，知识发展成了庞大的复杂系统，即知识系统——意识化、符号化和结构化的信息系统。

人类对认识和知识本身的研究，形成了认识论和知识论，并与哲学的发展紧密地联系在一起。然而，哲学中长期地混淆了认识论和知识论，我们将在本篇论及二者的区别和联系。

我们坚持生成论和系统论的融合，从而建立起新的知识系统理论。我们研究的知识系统具有客观实在性和部分自主性，主要是关于精神活动导致的产物的理论。在 1972 年，英国科学哲学家波普尔系统地提出了“三个世界”[①]的理论，即关于“世界 1、世界 2、世界 3”的理论。他认为，宇宙是多层次倏忽进化的，可以把多样化的宇宙现象分为三个基本层次或先后出现的三个亚世界：首先，“世界 1”存在，即先存在无机界，而后出现有机界和生命；其次，“世界 2”在新的层次上突现，即精神现象突现；最后，“世界 3”在更高层次上突现，即文化现象突现。同时，他进一步阐明：首先有物理世界——

① 这里，波普尔的“世界”只不过是个方便的术语，因为没有更合适的名称，只要不是过于认真对待“世界”或“宇宙”这些词，就可以区分出“世界 1、世界 2、世界 3”。

物理实体的宇宙；他称这个世界为‘世界 1’。第二，有精神状态世界，包括意识状态、心理素质和非意识状态；他称这个世界为‘世界 2’。还有第三世界，思想内容的世界，实际上是人类精神产物的世界；他称这个世界为‘世界 3’。”[①] “世界 3”主要包括：“由猜测性理论、待解决的问题、问题情境和论据组成的客观知识。”[②]此外，他在多处论及，人造的语言也是文化的“世界 3”对象，以及未具体化的“世界 3”对象，如奇数和偶数甚至在任何人指出这个事实或注意到它以前，就已经存在的事物。认识到这些问题的客观的、尚未具体化的存在先于它们被有意识地发现，正如珠穆朗玛峰的存在先于它被有意识地发现，这很重要。还有，物质化、具体化在“世界 1”中的“世界 3”对象，以及存在于物质形式中的许多对象，在某种意义上既属于“世界 1”，又属于“世界 3”，如雕塑、书籍等，其物质形式属于“世界 1”，但其内容则属于“世界 3”。

我们主要阐释“世界 3”的理论，即人类精神活动创造的产物的理论——知识系统论。对此，我们就要区分知识论与认识论的差别。

1. 知识论不同于认识论

长期以来，在哲学中混淆了认识论和知识论的差异，坚持认识论就是知识论，即 epistemology 就等同于 theory of knowledge。例如在《中国大百科全书》的哲学卷中，就将认识论解释为知识论：认识论（theory of knowledge）——哲学的一个组成部分，指研究人类认识的本质及其发展过程的哲学理论，亦称知识论，其研究的主要内容包括认识的本质、结构，认识与客观实在的关系，认识的前提和基础，认识发生、发展的过程及其规律，认识的真理性标准等。英语中的 theory of knowledge 一词，是德语 erkenntnis theore 一词的英译；epistemology 一词则是由苏格兰哲学家 J. F. 费利尔在《形而上学原理》(1854)一书中首先使用的，他把哲学区分为本体论和认识论两部分。[③]迄今，在我国哲学界，包括科学哲学界，不少学者在其著作和译著中，仍将认识论与知识论等同起来。

1）认识论中的经验论和唯理论

在以往的认识论或知识论中，尽管各派林立，但基本上可归为两大互相

---

① 波普尔. 科学知识进化论：波普尔科学哲学选集. 纪树立译. 北京：生活·读书·新知三联书店，1987：409-410.

② 波普尔. 科学知识进化论：波普尔科学哲学选集. 纪树立译. 北京：生活·读书·新知三联书店，1987：325.

③ 中国大百科全书总编辑委员会《哲学》编辑委员会. 中国大百科全书：哲学 II. 北京：中国大百科全书出版社，1987：718-719.

对立的认识论，即经验论和唯理论。前者又称经验主义，是一种片面地强调经验在认识中的作用的理论，认为经验是认识的唯一可靠的来源，强调归纳和分析的认识方法；经过古代、近代的演变，现代的经验论思想主要表现为实用主义、新实在论、批判实在论、逻辑实证主义、分析哲学、逻辑实用主义（逻辑实证主义与实用主义的结合）等。后者在广义上又称理性主义，也是一种片面地强调理性作用的认识论，认为具有普遍必然性的可靠知识不是来自经验，而是与生俱来的，或是从先天概念出发的逻辑推理中得到的，偏重演绎和综合的方法；古代的唯理论将理性作为真理的标准，做为知识的最高等级，直到近代的唯理论才形成了系统的认识理论，而且现代的唯理论仍在继续发展。在认识论上，虽然经验论和唯理论都因历史的局限性而产生片面性，但是都对哲学的发展产生了重大的影响。概言之，在以往的认识论或知识论中，最大的局限性莫过于混淆了认识论和知识论的差别。

2）认识论和知识论的区别和联系

实际上，认识论不同于知识论，它们是既有区别又有联系的两个不同概念、术语。认识是人类的精神活动，是作用于客观世界的过程，其中包含极其复杂的生理和心理发生过程，即整合生成过程；而知识则是整合生成的结果，即精神活动创造出的产物。波普尔认为，“世界 2”导致“世界 3”，即“世界 2”创造出了“世界 3”——人造物的“世界 3”，这正如蜜蜂采花粉的活动与创造出蜂蜜的结果这两者之间的区别和联系一样。

特别是，当波普尔提出了“三个世界”的理论后，我们就更能系统地从理论上区分出认识论和知识论了。以往的认识论把知识看作主观活动的一部分，是主观意义上的知识，包括精神或意识的状态，行为或反应的倾向，这种认识属于“世界 2”的知识，是与认识主体不可分离的知识，只能是精神世界中的知识，即“主观知识”。因此，这种认识论只停留在“世界 2”或精神世界中，因而就混淆了认识论和知识论的差别。这种只能在“世界 2”中的认识论，即主观认识论，是把研究者引向枝节问题从而背离主题的认识论。

我们坚持的知识论是客观意义上的知识论。实质上，客观意义上的知识是没有认识者的知识，即没有认识主体的知识。因而，这种知识论并不关心认识主体，而只是高度抽象为无认识主体的客观知识论或知识本体论。这种不关心认识主体的活动，就像有一些动物学家的研究着眼点不在动物的活动或行为，如蜜蜂如何采花粉、蜘蛛如何结网，而在其结果，即它们活动的产物——蜂蜜、蛛网，包括其结构、性质和用途等。

要研究客观意义的知识，即研究精神产品或知识，要采用客观研究法，即“第3世界研究法”，从果求因，引出问题，并通过解释性假说来解决问题；而主观研究法，即“第2世界研究法”，是行为主义研究法，在于从因求果。因此，“从果求因”研究法的意义大于“从因求果”研究法。我们认为，“世界3”对知识论具有决定性的意义，特别是通过“第3世界研究法”所形成的知识论，是不同于以往停留在“世界2”中的认识论，而是既具有客观性又具有部分自主性的现代新的知识论。

2. 知识的整合生成

宇宙中的一切存在物都是由“本原”生成的，知识也是随宇宙的创生而继续创生的存在，是在进化的更高层次上突现的精神世界的生成物。

我们认为，持生成论的观点，更能合理地解释许多复杂现象，特别是解释知识这类复杂的精神产物，而且还要进一步地坚持整合生成论的观点，即强调生成物最本质的特征具有动态性和整体性。金吾伦在其著作《生成哲学》中强调：“这种生成过程的一个重要特点是整合生成。例如，一个粒子的生成，不是从原先就已存在于潜在状态中游离出来，而是整合了有无统一体网络内的全部信息所得的结果。它不像从西瓜中剥离出一颗西瓜籽来，倒是像从西瓜籽内发出一个嫩芽来。所以，这种生成不是一种机械的割裂，而是一种整合生成。”①

人类的认识活动或精神活动就是在“生成”知识，因而知识是人脑整合生成的结果。知识的生成始于提问，提问打开了通向知识的世界，而有创造性的提问就成为知识的“种子”。而且，知识往往整体突现，“突现”即“生成”，并通过“三个世界”之间的相互作用，客观知识得以增长，以致引起知识爆炸；知识可跨越时空传递，过去的知识可流传至今，今天的可以传至未来，而一地的知识可传播到其他任何地方。知识因类别不同，扩散速度也不同；知识还会变得陈旧、转移，以至消失。因此，我们要不断学习，寻找新的知识空间，以再获得越来越多的高质量的新知识。

知识整合生成论坚持生成论和系统论相融合的观点，类似于在一般哲学意义上的知识论研究，因而它区别于具体的专门学科研究。尽管许多专门学科与认识论和知识论研究在共同感兴趣的交界面上、交叉领域中有着密切联系，如心理学、认知科学、认知神经科学等，但它们各自的研究对象不同，目的不同，研究方法也不同。

3. 知识的客观实在性

我们研究的“知识”，即“世界3”客体，包括问题、理论和论据等。这

① 金吾伦. 生成哲学. 保定：河北大学出版社，2000：197.

种知识与任何人的信仰、学术倾向无关，从而具有客观性，即知识本体。这种知识本体，即思想的客观内容的世界，人类精神产物的世界，并具有可交流性。从"世界 1、世界 2、世界 3"之间的相互作用，可以进一步地证明其客观实在性。如前所述，在本体论中，泾渭分明的三个亚世界先后出现并发生相互作用："世界 1"→"世界 2"→"世界 3"，即可视为正向作用；反过来，"世界 3"→"世界 2"→"世界 1"，则可视为反馈作用；虽然，"世界 3"与"世界 1"之间不能直接发生相互作用，但以"世界 2"为中介而发生间接相互作用，即通过主观经验或个人经验世界的干预，使得两者之间建立起一种间接联系，从而显示出知识具有客观实在性的决定性论据，并对"世界 1"产生巨大的影响，如科学理论通过技术专家、工程师的介入，就会引起"世界 1"的巨大变化，如图 4.0.1 所示。

同时，知识的实在性还表现出自主性，虽然就其起源来说，它们是人类的产物，但从本体论方面来说，它们则是自主的，或者说具有一定程度的（部分的）自主性。这表明，它们一旦存在，其生命就会开始，就会产生以前不能预见到的结果并产生新的问题。

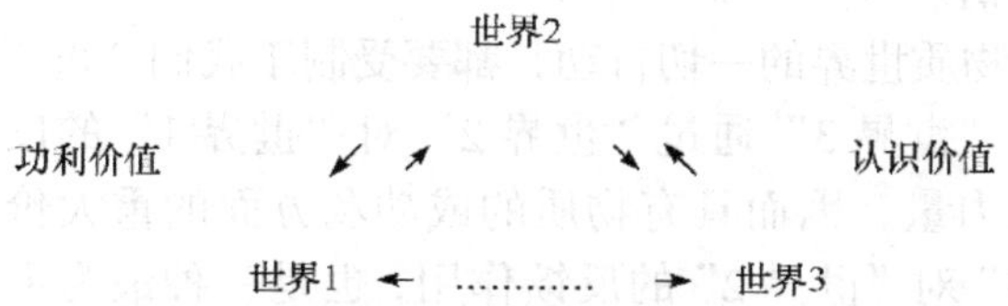

图 4.0.1　"世界 1、世界 2、世界 3"相互作用示意图

我们认为，信息是被人类赋予了特定意义的符号，自然而然地成为知识的最佳载体。波普尔认为："……或者我们读到柏拉图主义，或者读到量子理论，这时我们说的是某种客观的含义，说的是某种客观的逻辑内容；也就是说，我们说的是通过说或写而传达出信息所具有的第三世界的意义。"[①]由此可见，知识就是信息化、客观化的本体；知识系统就是意识化、符号化和结构化的信息系统。

4. 知识的多种价值

客体的属性能满足主体的需要，具有积极意义，从而具有价值。客体的属性多种，人们的需求多种且追求的价值也多种。因此，价值本身能够形成，

① 波普尔. 科学知识进化论：波普尔科学哲学选集. 纪树立译. 北京：生活·读书·新知三联书店，1987：367.

且只能是“客体的属性”与“满足主体的需要”两者的交集：离开客体的属性，价值就失去了客观基础和源泉；价值虽不完全由人的需要来决定，但离开了人的需要和如何满足这种需要，就不可能有价值。一般地，客体有用的属性不会自动地暴露出来，更不会自动地满足人的需求，而只有通过人类的认识活动，才能发现和掌握关于客观事物属性的知识，使价值得以实现。价值概念、理论广泛地渗透到了经济学、伦理学、美学、认识论以及广义社会科学（狭义社会科学和人文科学的统称）中。

在知识时代，人类生活在进化、变动着的符号系统或知识网络之中，只有运用知识才能更好地满足生存和发展的需要，并通过它来认识、审视、规范一切。知识已全面地渗透到社会系统的各个领域，包括政治、经济、军事、法律、道德以及社会生活等。特别是，知识是提高民族文化素质和智慧水平的基础。进而，知识具有共用性和无限的延伸性：可被人类同时共用，重复使用而不损耗。知识系统虽然是人类创造的精神产物，但它又反作用于人类自身，并通过我们作用于物质世界。图 4.0.1 既表示了“世界 1、世界 2、世界 3”之间的相互作用，同时我们又可从“世界 3”强烈的反馈作用中发现其所具有的多种价值。

（1）我们在物质世界的一切行动，都要受制于我们“世界 2”对“世界 3”的把握程度，而“世界 3”通过“世界 2”对“世界 1”的反作用，成为改变物质世界的巨大力量，因而具有物质的或功利方面的重大价值。

（2）“世界 3”对“世界 2”的反馈作用，也是一种最为重要的反馈作用，以此就显示出知识对精神世界产生的价值，在认识上产生的价值，即通过已有的知识提高认识水平。因为，新问题、新知识的突现，将推动我们去做新的创造，使客观知识得以增长，为建立新的世界观奠定基础，从而就能形成新的思维方式，如有了系统理论的知识基础，才可能产生出崭新的系统思维方式。

（3）我们既不能把“世界 3”解释为不过是“世界 2”的表现，也不能把“世界 2”解释为不过是“世界 3”的反映；我们只有深入地理解“世界 3”，才能理解人类精神。实际上，人类就是通过正确地理解“世界 3”，即从已达到的知识水平来看待一切：人不能直接地认识自然界，而必须凭借知识才能认识外部世界，反省自我、分析自我，以及在美学、伦理学等方面表现出各自的观点。因此，具有不同知识水平的人会有不同的价值观。

（4）知识的最大价值在于推进了人类社会的发展。知识的价值持续而广泛地渗透到社会的各个领域，而且越来越起着加速社会变迁的重要作用，以至在当今社会里，尤其在未来的社会里，知识必定会起着支配作用。由此，许多学者都认为知识在未来社会中有重要价值。

1）知识成为未来社会的中轴

1987 年，董光璧在所著《传统与后现代——科学与中国文化》一书中，提出了“社会中轴转换原理”，用以说明社会的发展，其中强调：每一个维系社会的基本因素构成起控制作用的“中轴”，人类社会依次经历了以“道德”“权势”“资本”为中轴的社会，现转向以“智力或知识”为中轴的智力社会。继而，在未来的高级社会里，还将转向以“情感”为支配力量的理想社会。

2）高质量权力转向知识

1990 年，托夫勒在《权力的转移》一书中，论及了武力（权势）、财富（金钱）和知识三要素转移的关系，其中强调：在工业革命前的社会，武力是权力的象征，有了武力就可以统治或称霸一方；在工业社会里，金钱是权力的象征；在未来的世界里，谁拥有大量的知识，谁就能获胜。高质量权力正在转向知识，而知识将成为高质量权力的象征。

3）从知识社会迈进知识主义社会

在知识时代，全球都在研究知识的巨大意义。最早，罗伯特·E. 莱茵采用了“知识社会”这一术语。接着，许多学者都提出了类似观点，其中美国著名管理学家德鲁克认为，后资本主义社会是一个知识社会，即以知识为主的社会，但是他强调，知识社会仍然是资本主义社会，后资本主义社会不会是一个“反资本主义社会”，也不会是一个“非资本主义社会”，资本主义的制度、机制将会继续存在。[①]

2008 年，李喜先在《构建知识主义社会——面临现代社会系统加速变迁的战略选择》一文中提出，知识主义社会高于“类资本主义社会”。进而，他系统地论述，在知识主义[②]社会里，知识优于资本，知识胜过资本，知识将取代资本的地位，武力会知识化，财富也要知识化，知识可以代替多种形式的资源，知识决定生产方式，决定生产什么、如何生产；知识会导致社会更加科学化、有序化、合理化、人性化，更加容易实现公平、公正、平等、富

---

① 沈国明，朱敏彦. 国外社会科学前沿. 上海：上海社会科学院出版社，1998：94.

② 知识主义是知识阶级的整个思想和理论体系，它坚持只有以知识为基础才能建立起更加合理的社会制度，并必须通过“共知识”才能构建起高于、优于、胜过“类资本主义社会”的知识主义社会制度。

裕和和谐；唯有知识才能成为社会系统的“序参量”[①]，长期地起着支配作用。

因此，李喜先强调，“知识社会”≠“知识主义社会”，知识社会必然迈向知识主义社会，但知识主义社会绝不再是资本主义社会，也不是后资本主义社会，而是高于“类资本主义社会”[②]的总体社会制度。知识主义是知识阶级[③]的整个思想和理论体系，它坚持以知识为基础才能建立起更加合理的社会制度，知识的真正革命性意义还在于，它具有无限的延伸性、共用性、共享性和公有性，进而必须坚持。只有构建以知识为支配力量的知识主义社会，才能高于、优于以资本为支配力量的“类资本主义社会”或工业社会。

① 在系统科学中，“序参量”是协同学的核心概念，也是精髓之所在，它阐明，在大量性质不同的元素组成的复杂巨系统中，只要抓住了长期起支配作用的序参量，就掌握了系统演化的本质。

② 凡以资本为支配力量的社会制度统称为“类资本主义社会”或工业社会，主体上包括资本主义社会、多种形式的社会主义社会和混合经济形式的社会，如市场社会主义社会和民主社会主义社会等。

③ 按社会不断地产生垂直分化的原理，在知识主义社会里，按拥有信息或知识的程度来划分，仍有富有知识的知识阶级和相对缺少知识的无知识阶级之间的差异，但这种性质的差异，不像对物质性生产资料的占有所形成的生产关系所引起的冲突那样，而是容易得到化解的。

# 1 知识系统

李喜先

知识是人类的精神活动整合生成的产物。精神活动就是人类认识客观世界的行为，其中包含极其复杂的生理和心理发生过程，即整合生成过程，其结果为创造出知识。归根结底，认识和知识都是进化的产物，是与人类文化的起源紧紧地联系在一起的。

知识的生长类似于生物的个体发育，而知识系统的生成也十分类似于生物的系统发育。《科学论——对科学多方位的分层研究》一书对科学进行了分层研究，其中提出："科学既有个体发育又有系统发育。"[①]在现代科学哲学中，波普尔等提出的科学发展模式，主要在微观上集中单个理论的更替过程，因而可以被视为个体发育研究；而库恩等提出的科学发展模式，主要在宏观上集中科学整体的发展，因而可以被视作系统发育研究。

## 1.1 知识的起源

在生物进化中，人类的认识和知识也在发展，并将一直延续下去。然而，要回答知识的起源，这类似于要回答宇宙起源、生命起源和智力起源等本原性科学难题一样，是难以准确回答的重大科学难题。不过，基于现有的研究水平，我们总要进行试探性的回答，进行不懈的探索。

从生物进化的观点，人类祖先可能出现在更新世时代。现代科学，特别是人类学、考古学、地质学、血清学、解剖学等，经过长期的大量研究证实，人类从动物进化而来，进而再从灵长类分化出来，进化进程如图 4.1.1 所示。

在更新世时代，地球经历了四次大冰期和三次间冰期，引起了自然环境的剧烈变化，迫使所有动物必须适应新的环境。生物经过长期的演化，产生了适应性；同时，人类祖先已具有相对发达的大脑，从而产生了能适应环境变化的智力，以至能超越本能地、有意识地与自然界发生关系，如制造石器

① 黄顺基. 科学论——对科学多方位的分层研究. 开封：河南大学出版社，1990：156.

等，并有目的地进行社会活动，出现了各种各样的人造事物，即产生了创造文化的活动，从而形成了一种文化适应性。特别是，这两种适应性不断地互相促进、互相影响。“人类学家把在坦桑尼亚奥杜韦峡谷发掘出的能人使用的石器，称之为奥杜韦文化（Olduvai culture）。这是目前所发现的人类最早的文化，它标志着人类的开端，也标志着旧石器时期的开端。”[①]若干杰出的生物学家，如赫胥黎、梅多沃和杜布赞斯基等都讨论过遗传进化与文化进化之间的关系。由此，波普尔认为：“文化的进化用不同的方式，即通过世界 3 的对象继续遗传的进化。”[②]因此，我们认为，人类知识的起源就在创造文化的始端，从其渊源上说，与人类史同样久远。

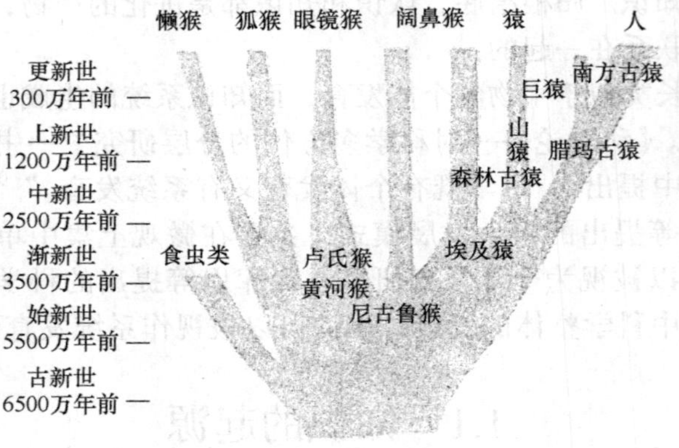


图 4.1.1 人类系统树

资料来源：中国大百科全书总编辑委员会《生物学》编辑委员会. 中国大百科全书：生物学Ⅱ. 北京：中国大百科全书出版社，1991：1209.

在《科学知识进化论：波普尔科学哲学选集》一书中，波普尔在多处强调“世界 3”的起源是人造的，是我们的产物[③]。客观知识的“世界 3”是人造物，正如蜂蜜是蜜蜂的产物、蛛网是蜘蛛的产物一样，我们是发展客观知识的工人。

---

① 陈阅增，张宗炳，冯午等. 普通生物学——生命科学通论. 北京：高等教育出版社，1997：503.

② 波普尔. 科学知识进化论：波普尔科学哲学选集. 纪树立编译. 北京：生活·读书·新知三联书店，1987：422.

③ 波普尔. 科学知识进化论：波普尔科学哲学选集. 纪树立编译. 北京：生活·读书·新知三联书店，1987：370，412，416.

# 1.2 知识系统的生成和发展

## 1.2.1 认识导致知识

认识的结果产生了知识，因而“认识”不同于“知识”，它们是既有区别又有联系的两个不同概念。在我国明末时期，徐光启等将欧洲传来的知识称为“格物穷理之学”，并借用《大学》中“致知在格物，格物而后知至”的理念，即“格物致知”，把知识简称为“格致”。这里，正是通过我们“世界2”与“世界 3”之间的相互作用，即“认识”与“知识”之间的相互作用，使知识得以增长。我们应该看到，认识是主观活动的过程，而知识是认识得出的结果，它们的生成和发展十分类似于生物的进化。因此，我们引入生物个体发育和系统发育的基本概念，以渗透到知识系统的生成和发展中。

每个物种都是由无数的个体组成的，而每一个个体都有发生、发育以至成熟的过程，这一过程被称为个体发育（ontogeny）。在发育过程中，除外形发生一系列变化外，其内部结构也随之出现组织分化，直到分化完全结束，才能达到比较完善的程度。在个体发育中，新一代的个体，既有继承上一代的遗传性，又有不同于上一代的变异性。由此，自然界对新一代无数的大同小异的个体进行选择，使有利于种族发生的变异得以巩固和发展，由量的积累到质的飞跃，以至产生出新的物种，使生命绵延不绝。

与个体发育相对的是系统发育（phylogeny），即指某一个类群的形成和发展过程。各类大小群都有其发展史，即存在界、门、纲、目、科、属、种的系统发育，甚至在一个包含较多种以下单位（亚种、变种）的种中，也存在种的系统发育。研究系统发育就是探索种类之间历史的渊源，以阐明亲缘关系，为分类提供理论依据，如图 4.1.2 所示。

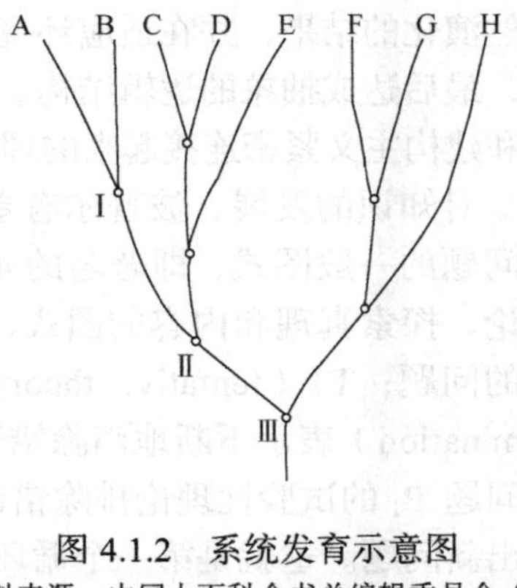

图 4.1.2　系统发育示意图

资料来源：中国大百科全书总编辑委员会《生物学》编辑委员会. 中国大百科全书：生物学 I. 北京：中国大百科全书出版社，1991：344.

个体发育与系统发育是推动生物进化的两个不可分割的过程，系统发育建立在个体发育的基础上，而个体发育又是系统发育的环节。

### 1.2.2 知识的生长类似于生物个体发育

知识是在长期进化过程中生成和发展起来的复杂系统，既有个体发育又有系统发育。物种内每个个体的生命总是有限的，但它可以通过生殖细胞把上下两代的个体联系起来，而且是遗传信息沿着一定的模式和程序表达的结果。因此，个体发育构成了系统发育长链中的一环，使生命得以绵延不绝。正是人类的知识既有个体发育又有系统发育，才使得知识也在绵延不绝的进化中生成和发展着。因此，人类的认识活动必须从生物发生和心理发生的复杂过程中去寻找，即从“世界 2”中去寻找。瑞士哲学家、心理学家皮亚杰正是采用了发生学的方法，创建了发生认识论，特别是从儿童心理学和生物学的角度，论及了认识的个体发生、发展和各种知识的起源。

皮亚杰在《发生认识论原理》一书中，系统地阐释了知识、认识活动、认识结构等一系列基本观点，强调认识论的历时性研究。他认为，认识起因于主客体之间的相互作用，并且必须通过“认识结构”这一中介物才能发生，因为客观现实存在于人的外部而不是内部，所以不能被主体直接认识。认识结构具有整体性、转换性和自我调节性：①整体性表明，结构内部成分是有机联系的，而非简单叠加；②转换性表明，旧结构可转换为新结构，结构的运动由变化的规律所控制，通常用一个以上的数理逻辑公式表示，而公式是从具体运算中抽象出来的，是形成结构的关键，因而“认识来源于运算”是动作内化为表象的结果；③自我调节性表明，结构自身内在规律可自动调节而无须外因。他进而指出，认识结构是遗传和本能系统发展而来的机体结构自然演化的结果，并在适应环境的过程中不断地进行新的各种水平的同化和顺应，最后达成抽象的逻辑结构。因此，他认为，认识结构的获得必须用结构主义和建构主义紧密连接起来的理论来解释，而认识就是连续不断地建构的产物。

对知识的发展，波普尔有着独特的观点，他论及猜测和反驳的方法以解决问题的一般图式，即著名的 4 段论图式：$P_1 \rightarrow TT \rightarrow EE \rightarrow P_2 \rightarrow$。这是用理性讨论、探索真理和内容的图式，用处很广，其中，$P_1$（problem）是最开始提出的问题；TT（tentative theory）表示经过试探性的理论或假说；EE（error elimination）表示不断地消除错误，进行批判性检验；$P_2$是问题情境，它是通过问题 $P_1$ 的试验性理论排除错误后产生的复杂客体。$P_2$ 又导致第二次尝试，提出新问题。这就是第一个循环，还可能引起新的问题 $P_n$，[①]并通过 $P_1$ 与 $P_n$ 之间的比较来衡量取得的进步。

---

① $P_n$是继 $P_2$之后的一系列新问题，经逐步地尝试后，如果猜测性理论被证明能够解释新问题，阐明出乎意料的更多的问题，就会得到令人满意的理解，并通过 $P_n$ 与 $P_1$ 之比较，就可以衡量我们取得的进步。

特别要严格区分：科学家提出的问题、理论是处于 $P_1$ 层次上要解决的问题；科学史家要研究的元问题、元理论，是处于理解问题 $P_u$[①]层次上的元问题，即更高层次的问题。

为此，波普尔举出一个极其普通的命题：777 乘以 111 是等于 86 247 还是等于 86 427？

只要经过 4 段论图式，把这一命题或理解分成更多的等级，就可以得到解答。这样，他提出："只要我们试图诠释或理解一个理论或命题，甚至像这里讨论的等式那种普通的命题，我们实际上就是提出一个关于理解的问题；而这总要变成一个关于问题的问题，也就是说，一个更高层次的问题。"[②]总之，$P_u$ 比 $P_1$ 处于更高的层次上，在不同层次上，并不存在共同的问题。

微观层次上单个理论发生的不断更替，即知识的个体发育，是构成知识系统发育的一系列环节。他强调，从问题提出，知识就开始增长。因此，我们可以把提出有意义的问题作为知识生长的起点，即将"问题"视作知识个体发育的"种子"，继而进入独立自主的生长阶段，最终长成枝叶繁茂的"参天大树"。

"问题"从何而来呢？波普尔认为，问题当然不是凭空而来的：来自爱因斯坦的"自由创造""自由想象"，问题是知识增长的动力。实际上，在 19、20 世纪之交，英国物理学家开尔芬（L. Kelvin）认为，物理学已晴空万里，只剩下"以太漂移和黑体辐射"这两朵"乌云"。其实，何止两朵，正是朵朵"乌云"才带来了一场物理学革命，导致了量子理论（量子论、光量子论和量子力学）、相对论等的产生。这朵朵"乌云"就是各种"问题"，是在科学发展的过程中出现的多种冲突或矛盾，包括观察、实验与理论之间的矛盾，不同学科的理论之间的矛盾，同一学科内部理论之间的矛盾等。正是问题激励着科学家去研究、去观察，如果连问题都提不出来，那么该如何观察，又该观察什么？纪树立在《科学知识进化论：波普尔科学哲学选集》一书的编译前言中指出："波普尔强调，只有人的创造精神，人们把他们对大自然的永无穷尽的好奇心像探照灯一样不断地把光线聚焦到一个照明圈之中，才能推动科学不断

---

① $P_u$ 是对理论的"理解问题"，与 $P_1,\cdots,P_n$ 不同，$P_u$ 处在更高层次上，"理解问题"是一个元问题（metaproblem）：既是关于 TT，从而也是关于 $P_1$ 的问题。相应地，为解决这个"理解问题"而提出的理论就是一种元理论（metatheory），因为它是这样一种理论，其任务是发现每一特定情况下 $P_1$、TT、EE 和 $P_2$ 实际是由什么构成的。因此，必须区分科学史家研究在 $P_u$ 层次（元层次）上的元问题、元理论，与科学家在 $P_1$ 层次（客体层次）上研究的问题、理论。而且，$P_u$ 与 $P_1,\cdots,P_n$ 表明，在不同层次上，不存在共同的问题。

② 波普尔. 科学知识进化论：波普尔科学哲学选集. 纪树立编译. 北京：生活·读书·新知三联书店，1987：378.

地发现新的现象，提出新的问题，发明新的假说和理论。”①

科学史也表明，在古代、近代科学中，科学家最初主要面临的是搜集大量的观察资料，积累足够的实验数据，如天文学家成年累月地进行大量的天文观测，达尔文在五年环球航行中进行动植物的观察等，即通过经验、归纳方法，建立起早期的许多理论。在现代科学中，各门科学、学科领域都出现了种类繁多的观测和实验，形成了大量的理论。同时，也出现了多种问题或矛盾。因此，科学研究表现出从“问题”出发、追寻“问题”的特征。这就能进一步地激励科学家勇于、善于提出问题和解决问题，从而导致知识的生长。

### 1.2.3 知识系统的生成类似于生物系统发育

正如我们在“科学系统论”、“技术系统论”和“工程系统论”三篇中所论及的那样：在古代，科学知识、技术知识和工程知识各自都处于比较分散的状态，彼此之间还难以有密切的、系统的联系；直到近代，在经历了很长时间的发展，才基本上形成了各自专门的知识系统；而到了现代，知识在整体上得到了迅速的发展，以至形成了庞大的知识系统。这非常类似于生物生成和发展的演变历史，即展现出物种在长期进化中种族发展的历程。每一个物种都有共同的起源，要求同一系统内的物种必须起源于共同的祖先，形成自然系谱。一个物种形成的单系系统必然起源于一个祖种，复杂系统则起源于两个或多个祖种。此外，还可以从分支发展的观点，阐明一个最初的祖种由少到多地进行横向分支发展，并表现出分支间的亲缘关系。再者，也可以从级进发展或级序发展的观点，阐明物种从纵向上升发展。

历史主义学派的主要代表库恩坚持社会历史主义科学观，发现科学知识在历史发展过程中的特点，注重科学知识的整体性发展和长时间的总体变化，从而提出了科学发展图式：前科学时期→常规科学时期→科学危机→科学革命→新常规科学时期→。这个图式是库恩从宏观上发现的整个科学系统具有的周期性发展的规律。我们可以说，这是知识系统存在着的大规模的、有机的系统发育模式。

新历史主义学派的代表拉卡托斯（I. Lakatos），坚持系统的研究方法、新历史主义的科学观。他在《科学史及其理性重建》著作中指出，科学史的研究不是材料的堆积，应当包含对知识的逻辑或一般认识方法的合理重建。

---

① 波普尔. 科学知识进化论：波普尔科学哲学选集. 纪树立编译. 北京：生活·读书·新知三联书店，1987：16.

在拉卡托斯以前，科学哲学家们在研究科学时，大多都是针对一些较小的知识单元或理论命题。他却认为，应以更大的科学系统和理论系列为单元进行研究。因此，他提出的研究纲领是由一个有联系的理论系列所组成的，而且每个研究纲领含有“硬核、保护带和启发法”三个基本部分，形成了有层次的研究纲领系统结构。他创造性地综合了不同的认识论，提出科学研究纲领的系统发展模式，对科学系统进行总体性描述，从而揭示了科学系统生成、发展的复杂性和系统性。

## 1.3 知识系统的定义

对事物的认识存在构成论（含机械论）、系统论和生成论等观点，它们在人类的不同发展时期，对不同对象的认识分别都产生了重要的作用。针对不同的对象，采用适宜的观点都能得到适度的、比较正确的认识。因此，我们对知识系统采用生成论和系统论相融合的观点做出这样的定义：知识系统是意识化、符号化和结构化的信息系统。

第一，对复杂对象的定义，要采用生成论的观点，即强调知识系统是在精神世界中生成的。第二，知识经过个体发育和系统发育才整体突现——成为复杂系统，既然是复杂系统就必然是由众多的相互联系的要素组成的有层次结构的庞大系统，从而具有系统化的特征。第三，主体上，知识系统总是要采用符号，包括语言、文字、手势等表达出来才能进行交流，而且越来越多地表现为具有符号化的特征。第四，知识系统具有客观实在性，用语句表达则是从头脑中出来的产物，而非自然信息系统，如概念、判断、推理、论证等就是精神活动的结果，从中便产生出语言、文字、消息、电码、数字、指令等多种信息形式，从而形成信息系统。第五，正是以信息系统为载体，才可能使事物之间发生普遍联系和相互作用。简言之，知识系统就是典型的人造信息系统。

波普尔认为，在“世界 3”的“居住者”中，非常突出的是理论系统，而数学则是最富成效的“居民”。“世界 2”导致“世界 3”，即“世界 2”创造出了“世界 3”——人造物“世界 3”。他进一步强调：“我的第一个论点包含两种不同意义的知识或思想：（一）主观意义的知识或思想，包括精神或意识的状态，或行为、反应的倾向；（二）客观意义的知识或思想，包括问题、理论和论据等。这种客观意义的知识全然同知道任何人的声称无关；也同任何人的信仰、不同意的倾向或坚持、行动的倾向无关。客观意义的知识是没有认识者的知识，也即没有认识主体的知识。”[①]在逻辑上，理论系统是以概念、判断、推理和论证而构成的严密的逻辑系统，因而是知识系统的基本部分。

王众托在所著《知识系统工程》一书中提出了类似的观点。其中，在知识及其分类一节中，他提出了“言传性与意会性”两类知识。对于后者，他进一步地阐明：“这类知识具有很强的个人特性，包括人的价值观和眼界，很难甚至根本不能通过语言表达和传递。它在人类获得知识的过程中起着极为重要的作用。其中有一些经过转化而能够独立表达和传授，就形成了言传性知识了。但在转化过程中，一些富有个性的因素也就遗失掉了。另外一些是不能转化的，只有掌握这类知识的人才能亲自使用它。”[②]实际上，我们认为，意会知识，即闭口不言的知识，这就是波普尔区分出的典型的“世界 2”的主观知识，经过大脑的转化就导致能表达的“世界 3”的客观知识，即言传性知识了。

胡军在所著《知识论》一书中，对知识的定义进行了综合性的深入研究。首先，他指出在传统观念中，知识是真的信念，知识是以真命题表达的；而现在，一些哲学家却从信息的意义上来定义知识，认为知识就是正确的信息。这就使知识论的研究具有了现代的意义。最后，基于“信念、真和证实”三要素的构成论的观点，他提出了传统知识的定义：知识就是证实了的真的信念。[③]三要素中还包含有三种证实理论，即基础主义、联贯主义和外在主义证实论。他认为，哲学家们对传统的知识构成论取得了相对一致的看法。但是，传统的知识构成论及其定义，又遇到了挑战。

1963 年，盖特尔（E. Gettier）提出，还要加上第四个条件，即不能有假信念。盖特尔还认为，知识必须是不可错的。盖特尔所持的这一观点和笛卡儿一样，同样地混淆了经验知识与逻辑知识之间的区别，因为，逻辑知识不可错，而经验知识可错。接着，哲学家们还提出知识精确定义的可行性问题等。

托夫勒在所著《权力的转移》一书中，论及了知识与信息、数据之间的关系，从中也给出了“知识”的含义：知识是信息经过进一步修饰成含义较广的结论。[④]

---

① 波普尔. 科学知识进化论：波普尔科学哲学选集. 纪树立编译. 北京：生活・读书・新知三联书店，1987：312.

② 王众托. 知识系统工程. 北京：科学出版社，2004：9.

③ 胡军. 知识论. 北京：北京大学出版社，2006：11，66.

④ 阿尔文・托夫勒. 权力的转移. 吴迎春，傅凌译. 北京：中信出版社，2006：13.

美国著名社会学家默顿认为："科学制度的目标是扩展被确证了的知识。为达到此目标而使用的技术方法给出了知识的相关定义：经验上证实了的和逻辑上一致的预言。"①

## 1.4 知识系统的研究方法

科学方法的进步对知识的发展起着重要的促进作用。特别是，科学方法的创新往往会引起知识的加速增长，以至出现突破性的进展。因此，知识增长的同时，人们也创造出各种各样的方法，以至出现了把研究方法作为专门的研究对象，以发现其规律性，从而形成了与认识论和知识论紧密相关的方法论。

一般地，依其抽象和适用的程度不同，研究方法可分为三个层次：①哲学方法，具有普适性和最高的抽象性；②一般方法，适于自然科学、社会科学等广泛领域，如观察方法、实验方法、经验和逻辑方法、系统思维方法，以及创造性思维和非理性方法等；③具体方法，适用于各门具体学科的特殊方法，如各种操作程序，通过调查、观察与实验获得资料、数据加工等。实际上，各个层次的研究方法都是相互联系、相互促进的，而且随着认识的发展和知识的增长，新的研究方法也将不断地产生出来。

我们所研究的知识系统是极其复杂的巨系统，因而主要采用系统思维方法，同时还要采取怀疑方法，以及在波普尔理论意义上的"世界 3"研究法或客观研究法。

### 1.4.1 猜测与反驳的"试错法"

实际上，波普尔著名的知识增长"4 段论图式" $P_1 \to TT \to EE \to P_2 \to$ 中就贯穿着猜测与反驳的"试错法"。从提出问题 $P_1$ 开始作为知识的起点，经过试探性的假说或理论 TT 的提出，可能部分地或整个地出现错误，不管怎样都有待不断地排除错误 EE，这可由批判讨论或实验检验组成，这就完成了一个阶段。接着，无论如何，新问题 $P_2$ 都会从我们自己的创造性活动中产生出来，而这些新的问题一般并不是我们有意创造的，而是从新的关系领域中突现的，然后开始新一阶段的循环，知识的增长就这样周而复始地、不断地循环下去。经过反复循环后，我们可以通过比较 $P_1$ 与后来的新问题 $P_n$ 来衡量

---

① 罗伯特·K. 默顿. 社会理论和社会结构. 唐少杰，齐心，等译. 南京：译林出版社，2008：712.

我们取得的进步。这一有效的图式借助系统的理性批判，通过排除谬误以发展知识的图式。它成了用理性讨论、探索真理和内容的图式。它描述了我们依靠自己的力量提高自己的方式。它对突现进化和我们通过选择和理性批判而自我超越提供了理性的描述。甚至，为了阐明不断地消除错误的试错法的普遍适用性，波普尔将伟大的科学家爱因斯坦与一种低等生物阿米巴变形虫的试错行为进行了类比。面对茫茫宇宙，面临无数的未知问题和难题，爱因斯坦和许多科学家一样，都会在不断地消除错误中前进。

在知识生成的早期，经验方法与逻辑方法是获取知识的最基本的方法。在近现代，虽然知识已生成和发展成复杂系统，但是许多传统的方法，如分析与综合、归纳与演绎等，依然是行之有效的方法。迄今，知识系统不断地向复杂性、动态性和整体性方向发展，相应地也出现了许多新的方法，如创造性的思维方法和非理性的方法等，其中系统方法成了主流。

### 1.4.2　怀疑方法

知识的生成和发展总是与怀疑方法相伴而行的，以致存在多种怀疑论，进而形成了科学精神中须臾不可离的、有条理的质疑精神。事实上，知识之所以能不停地增长，就是依赖于怀疑方法和质疑精神。在哲学和科学发展史上，多种怀疑论乃至怀疑主义针对所怀疑的具体对象的不同，在不同时期各有其特点，都起到过积极的和消极的作用。不过，在哲学发展中，特别是在认识论和知识论的发展中，怀疑方法仍然起到了重要的推动作用，成为学术研究的必要条件。

在中国，一些现代哲学家都十分推崇怀疑方法，如在中国近现代新文化运动中叱咤风云的人物胡适就大力地提倡怀疑精神和方法，并以此来系统地重新评判中国的传统文化。他认为，凡事都要问一个“为什么”，对历史、社会上公认的教训、遗训、信仰等都要重新拷问其存在的价值和合理性。为此，他坚持衷心信服的实验主义方法论总围绕着困惑和疑难。

在西方哲学中，怀疑论和怀疑主义更多。其中，有古代和中世纪的怀疑论、文艺复兴时期的怀疑论，以及近现代时期的怀疑论。在 17 世纪，法国哲学家笛卡儿就系统地提出了做为方法论的怀疑论，不过，他只是把怀疑或困惑作为方法或手段，而不是作为目的，继而他强调，之所以要怀疑是因为有许多偏见妨碍我们追求真理，而且我们的感官可能会欺骗我们。在 18 世纪，英国哲学家贝克莱（G. Berkeley）的怀疑论对知识论有着一种瓦解作用，他认为，物是感觉的复合，从而使主客体分化。英国哲学家休谟认为，我们很难有资格很自信地说，这些信念就是知识，因为人类获取这些信念的途径或方法并没有同时给我们提供充分的理由展示这些信念就是知识，进而又反对在知识论研究中的独断论和专制主义。

胡军在其所著《知识论》一书的第一章“知识与怀疑论”中，专门对怀疑论进行了研究，并系统地作出了评价。他提出：怀疑论者的某些结论即便在现在看来还是具有强大的逻辑的或理论的力量，足以将人类从我们自己关于知识论讨论的独断论迷梦中惊醒，促使我们去寻找更充分的理由，拿出更有力量的证据，来推进知识论的研究。①

1942 年，默顿在《科学的规范结构》中，第一次把科学的精神气质概括为四种道德规范；1968 年，他在增订版《社会理论和社会结构》一书中，再次明确地提出：“四项制度性的规则——普遍性、共有性、无私利性、有条理的怀疑主义——构成了现代科学的精神气质。”其中，他进一步强调：“有条理的怀疑主义与科学精神的其他要素之间有着各种各样的相互联系。它既是方法论的戒律也是制度的戒律。”②

面对极其复杂的知识系统，我们必须采用怀疑方法。实际上，质疑精神或怀疑精神，就可被视作怀疑方法，即对于已有的学说、理论和观点，不应盲目信从，要善于进行修正和批判，从而增进知识的发展。可以说，一切学术的进步都要依赖于怀疑精神和方法。如果对一切都习以为常、不加怀疑，那么思想就会陷于僵化，停顿起来，致使学术研究变成一潭死水。因此，我们强调，应有分析地、不盲目地接受任何东西，坚持“学贵有疑”的精神；科学探索不应受其他社会规范的束缚，科学家要勇于向涉及研究对象的各方面的事实提出疑问，探索真理、逼近真理。

### 1.4.3 客观研究法

波普尔强调，“世界 1”“世界 2”“世界 3”之间的相互作用表明其客观实在性，特别是，通过“世界 2”“世界 3”之间的相互作用，使客观知识得以增长，而且知识的增长与生物的发展，即动植物的进化，十分相似。因此，在他研究“世界 3”的方法时，既采用了猜测与反驳的“试错法”，同时又采用生物学方法，并称后者为“客观”研究法或“世界 3 研究法”。此外，把研究知识的行为主义、心理学和社会学的方法，称为“主观”研究法或“世界 2”研究法。

实际上，一些生物学家对动物的活动或行为感兴趣，如蜘蛛的行为方式，

---

① 胡军. 知识论. 北京：北京大学出版社，2006：44.

② 罗伯特·K. 默顿. 社会理论和社会结构. 唐少杰，齐心，等译. 南京：译林出版社，2008：712，721.

如何织网、如何使用网，以及蜜蜂的行为方式，如何采花粉等；这属于第一类问题。另一些生物学家却对动物行为引起的结果感兴趣，如蜘蛛制造的网的结构、性质和功能等，以及蜜蜂酿出的蜂蜜的结构本身，其化学成分、用途、环境引起的变化等；这属于第二类问题。以至这些结构本身与动物的行为倾向的反馈关系也显得十分重要。

然而，第二类问题，即制造出的结构本身比起第一类问题来说，则在许多方面更为基本，更为重要。因为研究第二类问题而引起对第一类问题的了解所获得的知识，比研究第一类问题而引起对第二类问题的了解所获得的知识要多。也就是说，我们研究“世界 3”比研究“世界 2”重要得多，即使是为了理解如何创造知识的行为方式及其采用的方法。

我们还是坚持，从结果求原因的方法。因为从结果去找原因，可以引出问题来，并通过解释性假说来解决提出的问题。一般地，在科学研究中，通常选用的研究方法都是“从果求因”法，它更为有效。

# 2　知识的种子

金吾伦

世界上任何事物都处于产生和消失的分形过程，并在这个分形过程中进化，创造力就在这个进化中体现出来。

——格尔德·宾宁（又译宾尼希，Gerd Binnig，因发明扫描隧道显微镜而荣获 1986 年诺贝尔物理学奖。引自上海《世界科学》1992 年第 1 期）

大家都说，树木来自种子。但是，一颗渺小的种子，如何能成长为雄伟的大树？种子并不具备孕育大树所需要的资源，这些资源必定来自树木生长的媒介或环境。但是，种子的确提供某种关键性的东西：它是整株树从开始到成形的立足点。随着环境中水分和养料等资源的挹注，种子组织着整个树的生成与成长过程。在某种意义上，种子是一扇门，通过这扇门，生命之树的未来可能性才得以实现。

——彼得·圣吉（Peter Senge，学习型组织创始人。引自 *Presence: Human Purpose and the Field of the Future*，2004）

## 2.1　知 识 之 树

我们可以把知识类比为一棵大树。我们知道，所有植物都是从种子开始生成，逐渐发育、成长，直到成为参天大树或成熟的庄稼。正如每一个农民都知道，要想有收获，就得先播种，也就是先得将种子散播到土地里。树木成长到了它的高峰期之后，就逐渐衰退，最后枯萎。知识这棵大树也如同树木成长一样是从种子开始的。

混沌学家把由种子生成成熟的庄稼这个过程称为“突现”（emergence，

有人主张译为“涌现”)。例如，霍兰(J. Holland)的名著《涌现——从混沌到有序》。该书一开始，就有一段有关从种子生成为庄稼的描述，内容如下：

> 当杰克把一粒种子种到地里时，一棵美丽的蔓藤葡出现了，慢慢地它变为一棵成熟的巨大的葡萄树。在孩提时代，我们往往觉得杰克奇怪的豆苗和日常其他类似的事物，如秋天的落叶、发芽的种子都是不可思议的。长大以后，这些有关种子的奇妙现象仍然令我们着迷。一些小而结实的种子竟能够长成巨大的红杉、日常的雏菊和豆苗这样复杂和独具特色的结构！这些正是涌现现象的体现：复杂的事物是从小而简单的事物中发展而来的。现在我们已经知道，是种子里的基因使生化作用按照某种规则一步步地展开，从而决定了有机体的成长和发育。但是，对于这个复杂的过程，我们目前仅仅弄清楚了其中的一些片段。实际上，只有完全弄清楚基因是通过怎样的一系列相互作用，使得一粒种子或一个受精卵逐步发育成一个成熟的有机体，我们才能算真正了解基因和染色体。总之，我们只有弄清楚涌现现象，才会真正弄清楚生命和有机体本身。①

知识的演变与植物的发育、生长一样，也经历着同样或类似的过程。由此，我们可以将知识比作一棵大树，它同样经历了一个从种子萌芽、发育、成长到成熟的过程。故而，我们把知识的发育、成长过程比作知识之树。

关于知识的本质，我们这里借用波普尔的基本观点。波普尔关于知识的本质提出三个基本的主张：第一，知识是客观的，其本质上是猜测性的。它是独立于“世界 1”(物质世界)和“世界 2”(精神世界)的“世界 3”——知识世界。第二，知识是进化的，它有一个生成、演化和发展的向上过程，同时也存在着一个老化、衰亡和被淘汰的向下过程。第三，知识起源于问题。问题可能是实际问题，也可能是已经陷于困境的理论；知识的成长是借助于猜想与反驳，从老问题到新问题的发展。②

我们获得知识，总是从问题开始，我们一旦碰到问题，就可能开始研究它。我们可以将知识的这一进化过程表达为以下图式：问题(知识种子)→反驳(知识萌芽、生长)→知识发展与成熟→知识老化与消亡。

---

① 约翰·霍兰. 涌现——从混沌到有序. 陈禹，等译. 上海：上海科学技术出版社，2001：2.

② 卡尔·波普尔. 客观知识——一个进化论的研究. 舒炜光，卓如飞，周柏乔，等译. 上海：上海译文出版社，1987：270.

我们用知识之树来描述这个过程的前面三个阶段，即种子萌芽、发育、生长这三个阶段。

由种子到形成参天大树要经历三个阶段：最底层是种子，种子萌芽是第一阶段；然后进入第二阶段，即成长阶段；最后阶段是发育成长为参天大树。不过，也有人不认为知识之树类似于生命之树。例如哲学家尼采（Friedrich Nietzsche）就喜欢这样的诗：

> 痛苦即是知识，那最深地体味了痛苦的人，
> 才能悲悼致命的真理，
> 知识之树并不等同于生命之树。①

我们则认为，把知识之树类比为自然界的生命之树是合适的。我们也可以运用波普尔的观点，说明知识之树与生命之树是相类同的。用自然界中的树木比作知识，有助于直观地理解知识，其中可最直观地理解的就是种子——知识的种子。

在波普尔看来，知识的种子是问题。按照波普尔的意见，知识起源于问题。这里的问题可能是实际问题，也可能是已经陷于困境的理论问题。有了问题，人们为了解决问题，也可以说是为了让知识的种子——问题萌芽，于是有了期望或猜测，进而提出假设、概念，再用实验或其他理论对其进行反驳，从而生成一个不成熟的问题解答，这就形成了知识的萌芽（新知识的生成）。新知识生成以后，经过各方面的培育，知识随之而成长，并且渐渐成熟；经过或长或短的时间，有的知识开始老化，最后就渐渐消退，以至消亡。

在这里需要说明的是，也有人并不同意“知识种子”这样的说法。因为他们主张，知识是创造的。这意味着，知识本不存在，它们是人创造出来的。即使有“种子”，那也不是存在论意义上的，仅仅是类比意义上的。关于这些意见，我们就不在这里讨论了。

下面我们从“问题是知识的种子”的假设前提出发，来进一步讨论知识的种子问题。

## 2.2 问题是知识的种子

首先要说明什么是种子？《现代汉语词典》（第 7 版）中显示，种子是

---

① 丹尼尔·哈列维. 尼采传——一个特立独行者的一生. 刘娟译. 贵阳：贵州人民出版社：2004：10.

显花植物所特有的器官，是由完成了受精过程的胚珠发育而成的，通常包括种皮、胚和胚乳三部分。种子在一定条件下能萌发成新的植物体。

种子是生命的起点。知识的成长是从知识的种子开始的。这就涉及知识的进化问题。知识世界的进化同样也是从种子（这里是知识的种子）开始的。那么，知识的种子是什么呢？首先我们应该明白，知识的种子本身最多还只是潜在的知识。我们在前面已经说过，知识的种子是问题。艾莉（V. Allee）在她的《知识的进化》一书中指出："提问是知识的种子。"她强调："真正的知识始于提问。……一个有生命力的问题，一个有创造性的提问吸引我们的注意力。所有创造性的力量都集中在这一个提问上。"[①]事实上，我们都知道，从不同的角度提问题，就会有不同的答案，也就会生成不同的知识。如果我们从科学知识的角度出发，那么，这里的问题就是科学问题。按照波普尔的观点，科学知识是进化的，它有一个生成、演化和发展的向上过程，同时也存在一个老化、衰亡和被淘汰的向下过程。这个进化过程是从问题开始的，其4段论图式如下：$P_1 \rightarrow TT \rightarrow EE \rightarrow P_2 \rightarrow$[②]。完成了这个程序，实际上就生成了新知识。这种新知识是从问题 $P_1$ 开始的，所以，它是生成新知识的种子。这意味着，必须先有问题产生，人们才能在解决这个问题的过程中逐渐生成新知识。所以，问题是知识生成的种子。

美国科学哲学家劳丹以研究科学问题闻名。他的代表作《进步及其问题——科学增长理论刍议》广受科学哲学界的重视。劳丹认为，科学的目的就在于解决问题，因为，问题构成了科学的疑难，问题是科学思想的焦点。

劳丹把问题分成两类：经验问题和概念问题。凡是自然界发生的许多奇特的事情，需要我们去作出解释，就构成经验问题；概念问题是理论的特征。理论的发展常常起源于对概念的发难，例如马赫通过对牛顿的绝对时间和绝对空间概念的批判，认识到牛顿力学的局限性所在，而爱因斯坦对同时性概念的分析，催生了相对论的创立。这些都表现出概念问题的重要性。不论是经验问题还是概念问题，它们都是科学赖以进步、知识赖以成长的起点，是知识的种子。

中国科学技术大学（简称中科大）地球与空间学院孙立广在一篇文章中提出了问题与学习知识的密切关系。他说，中科大同学向权威提问甚至挑战是常有的事。有一次，一位世界著名的地球物理学家到中科大作报告，一位本科二年级学生用结结巴巴的英语提出了几个问题。这个大胆的学生叫宋晓

① 维娜·艾莉. 知识的进化. 刘民慧，等译. 珠海：珠海出版社，1998：338.

② 波普尔. 科学知识进化论：波普尔科学哲学选集. 纪树立译. 北京：生活·读书·新知三联书店，1987：373.

东，后来作出了巨大的科技成就。孙立广告诉我们，这与他当年学习时不断地提问题，从而播下知识的种子，为其后知识的生长繁荣、开花结果是分不开的。

## 2.3 知识创新的种子

创新是新知识的产生和应用。所以，讨论知识的种子不能不讨论创新——新知识生成的种子问题。

美国一家创新公司的创立者和首席战略专家丹敦（E. Dundon），写了一本题为《创新的种子：解读创新魔方》的书。他在书中把创新思维的能力称为“创新的种子”：创造性思维的种子、策略性思维的种子和变革性思维的种子。丹敦认为，创新思维能力是“创新的种子”，而创新思维包含三类思维，即创造性思维、策略性思维和变革性思维。①前面，我们已经说过，波普尔认为，知识的种子是问题；而丹敦则认为，创新的种子是创新思维。正如我们在前面讨论时所指出的，知识的种子还只是潜在的知识，类似生物个体发育开始的萌芽；而创新的种子本身也只是创新的开端，还只是一种创新思维。

在这里，首先要问的是：问题与思维这两者之间是什么关系？或者也可以问：比较起来说，问题与思维之间，哪一个更加基本？为了了解两者的关系，首先就得分清楚什么是问题、什么是思维。也就是说，我们必须对问题和思维两者作一辨析。

什么是问题？问题就是在我们的理解活动中所遇到的疑难，为了解决此疑难，我们通过学习、研究和探索提出解决它的办法、主张，在这一探索与解决过程疑难的中，获得知识，实现知识的增长。不过，这中间需要进一步思考的问题是，这个疑难之所以成为问题，就是因为研究者具有特定的知识背景，才能确定它是一个疑难，也即成为问题。但在其成为问题的过程中必须进行思维，因而思维就成为比问题更基本、更初始的东西。因为是思维是认识主体所特有的，只有思维才能确定哪个问题是真正的问题，或者是伪问题，或者是不成问题的问题。这里包含波普尔的“三个世界”的关系。其中认识主体的思维，即精神活动，属于“世界 2”；一旦提出了问题或形成了问题，即思维活动的结果就进入到知识增长四阶段的始端。

正是在这个意义上，我们认为，丹敦所提出的思维是知识创造或创新的种子有其一定的合理性。因为创新是新知识生成最根本的途径，而创新思维

---

① 伊莱恩·丹敦. 创新的种子——解读创新魔方. 陈劲，姚威，等译. 北京：知识产权出版社，2005：13.

和问题相互结合才能真正恰如其分地成为创新的种子。为了深入理解这一点，让我们对丹敦关于创新的种子内容作一简要的介绍。

丹敦将创新思维分成三类，即创造性思维、策略性思维和变革性思维，因此种子就是创造性思维的种子、策略性思维的种子和变革性思维的种子。

创造性思维有三项原则。第一项原则是相信创造，即相信每个人的创造天赋；第二项原则是保持好奇心；第三项原则是发现新联系。

策略性思维同样也有三项原则。第一项原则是心中要有统揽全局的观念；第二项原则是展望未来；第三项原则是超凡表现。策略性思维的本质就是把创意与组织和市场需求结合起来。

变革性思维与个人内心以及人际关系两方面都有关系。通常，阻止创新的不是缺少创造性观念或战略观念，而是个人或团队集体的态度和习惯。所以，首先要清除这方面的障碍。变革性思维的第一项原则是更加清醒，要变革心智模式；第二项原则是点燃热情，把自己和别人的创新激情燃烧起来；第三项原则是付诸行动。

从思维方式的角度来看，知识生成的关键点是主体，在于主体的思维方式。法国哲学家福柯认为知识来自凝视，这也是从知识主体的思维方式入手的。这些都表明，只有经由思维提出的问题，才真正是知识的来源。据此，我们认为，通过思维提出的问题才真正是知识的种子。

## 2.4　知识的种子是生长的开端

前面，我们已经说到，知识的种子是问题，而问题本身是知识的潜在态、萌芽。知识的种子只有在萌芽之后，才能不断地生长下去。当然，提问题也需要原有的知识，因为如果提问者没有任何知识，就不可能提出新问题。但是，提问者所提问题的知识则是另一类知识，而不是我们所讨论的新知识。从这个意义上说，提问者原有的知识越丰富，他就越有可能得到他所需要的新知识。

那么，究竟知识是什么？这个问题回答起来非常困难。英国著名的大哲学家罗素曾写有一本名为《人类的知识——其范围与限度》的书。他并没有回答什么是知识的问题。在书的序言中，他说了这样一段话："在我们成功的情况下，我们知识的增长好像旅行家在雾气朦胧中走近一座高山：最初只能辨清某些轮廓，甚至连这些轮廓的界限都看不分明，但是慢慢就能看到更多的东西，山的边崖也变得比较清楚了。所以在我们的讨论中，不可能先解决一个问题然后再去解决另外一个问题，因为中间的朦胧雾气笼罩着一切。”[①]

为了避免这种困难，我们不妨先从知识的内容说起。按照当代的理解，知识可以分为两类：隐性知识和显性知识。隐性知识是我们通常所说的“只可意会而不可言传的知识”。这种知识高度个人化，具有难以形式化的特点；显性知识是一种编码化的知识，也就是我们通常所说的“形式化的知识”，是以文字、数字、声音等形式表示的知识。它是以数据、科学公式、视觉图形、声音磁带、产品说明书或手册等形式进行分享的。一个人的显性或形式知识可以很方便地用形式或系统的方式传递给他人。[②]隐性知识和显性知识既可以相互转化又可以相互整合。从中我们也就很自然地意识到知识可以分为个人知识与社会知识。

这样还是没有回答知识是什么的问题。我们要说知识有别于智慧，知识是智慧的基础，而智慧是知识的升华。我们可以说，“知识就是力量”或者“知识是行动的指南”；知识是一种能力，它能带领我们步入智慧的殿堂，了解世界的本质。知识可以分为确定性知识和非确定性知识，而在波普尔看来，知识都是猜测性的。但更多的学者认为，知识是对真实信念的验证或确认。

有关知识系统的定义，我们前面已有基本的表述：知识系统是意识化、符号化和结构化的信息系统。这里，我们不再展开了。

## 2.5 知识的种子具有的性质

请注意：这里讨论的是知识种子的性质，而不是知识的性质。有关知识的性质不是本章的讨论内容。

我们在前面已经说过，从知识进化的观点出发，知识种子如自然种子一样，在适宜的环境和人的培养下，就会发育、生长。我们把这个过程称为“新知识的萌生”，关于知识的萌生或生成，我们将在下一章进行讨论。这里所讨论的知识种子的意义就是它将带来或者说发育成新的知识。“萌生”便是它的第一步。这就自然引申出两个相关的性质：①知识种子能生成知识。但它究竟能生成什么样的知识，这需要根据提问者的提问方式来回答，而提问方式又离不开他的思维方式。②知识种子生成知识与其生成知识的情景及相关的文化传统之间有着密切的关系。

---

① 罗素. 人类的知识——其范围与限度. 张金言译. 北京：商务印书馆，1983：著者序.

② 竹内弘高，野中郁次郎. 知识创造的螺旋——知识管理理论与案例研究. 李萌译. 北京：知识产权出版社，2006：3.

这些问题需要作专门的讨论。

## 2.6 科学革命知识的种子

让我们从当代科学哲学中影响最大的美国科学哲学家库恩的知识理论出发来认识知识种子的含义。我们知道，库恩的知识理论的核心是“范式”，知识变化的过程是范式的改变。他的名著《科学革命的结构》一书阐明了这一观点。《科学革命的结构》为人们提供了有关科学革命的知识。

《科学革命的结构》这本书在一段时间内曾经引起了巨大的反响。关于这一点读者可以从笔者为《科学革命的结构》一书所写的译后记中看到[①]，在此不再重复。这里，让我们通过分析库恩关于科学革命知识的生成过程，来进一步体悟和理解知识的种子。我们只要了解了“范式”成为新知识生成的种子，也就知道了库恩式科学革命知识的种子了。库恩也把知识比作演化之树，起源便是种子。

我们在前面已经说过，问题是知识的种子。那么，库恩的问题是什么？这需要作一回顾。

1947 年，库恩为准备一场关于 17 世纪力学起源问题的讲演，而研究了亚里士多德的力学。他原来希望能从中了解一下亚里士多德传统力学到底为伽利略、牛顿等人奠定了什么样的知识基础，结果却使他大失所望。库恩最后得到的结论是新知识不是从先前的知识中来的，“并非由于有了新的观察或掌握了新的原始资料，而是由于科学家……有了另一种思路而在内心发生了概念转化。”[②]库恩由此孕育出科学革命是范式转化的新思想。这种观念与以前人们关于科学知识是累积成长的观念完全不同，而是新问题导致新知识的成长。

---

① 托马斯·库恩. 科学革命的结构. 金吾伦，胡新和译. 4 版. 北京：北京大学出版社，2003：197-200.

② 托马斯·库恩. 必要的张力：科学的传统和变革论文选. 纪树立，范岱年，罗慧生，等译. 福州：福建人民出版社，1981：36.

# 3　知识的突现

金吾伦

讨论这个问题，首先需要澄清两个概念：第一，什么是知识？第二，什么是突现？由于本篇都是讨论知识,有关知识的含义在前面已经进行了阐释，所以，这里只讨论知识的突现概念。也就是说，这里要探讨的中心问题是知识是如何突现的。

## 3.1　突 现 概 念

突现的英文是 emergence，也有人翻译成涌现。我们认为将 emergence 翻译成突现要比翻译成涌现更贴切，因为涌现类似于水从地底下涌出来。请读者注意，涌出来有两个特点：第一，它们是成批地冲出来的；第二，它们原来就存在于地下，一旦找到出口，就蜂拥而出，这里没有质的改变，所以才可以称其为涌现。然而突现的情形就不同了。突现是指原来并不存在的东西（与原来的东西完全不相同的东西）产生和出现，这样的现象才可称为突现现象。

突现现象很早就引起了人们的注意。

杰弗里·戈得斯坦（Jeffrey Goldstein）认为，突现是指在复杂系统的自组织过程中产生出新的、连贯的结构、类型和性质，相对于它们出自微观水平的分量和过程，突现现象被定义为在宏观水平上出现的现象。

新英格兰复杂系统研究所（New England Complex Systems Institute，NECSI）在其创办的杂志《突现：组织与管理中的复杂性问题》中提到：

> 在复杂系统中，突现的概念是指似乎不能由已经存在的部分及其相互作用充分解释的新形态、结构与性质的兴起。当系统呈现出以下特征时，作为说明结构的突现变得日益重要：

（1）当系统的组织，也就是它的整体秩序显得较部分更为重要且与部分不同时；

（2）当部分可以被替换而不同时损害整个系统时；

（3）当新的整体形态或性质对于已存在的部分来说是全新的时；这样，突现似乎不能通过部分预测与推导，也不能还原到那些部分。①

以上的相关材料在讨论突现问题时人们大多用过了。其中关键的一点要指明，事物原先没有的性质无中生有地产生出来，我们才可称其为突现。

现在，让我们来看看图 4.3.1。这是从日本的两位作者竹内弘高和野中郁次郎所著的《知识创造的螺旋——知识管理理论与案例研究》一书中引来的。②按照这两位作者在书中所说，这是一个创造知识的过程，但这个过程是以情境为转移的。知识不可能在真空中创造出来，它需要一个场所，在这个场所里信息通过解读被赋予含义，然后转变（也可以认为是突现）成知识。从图 4.3.1 中我们可以看到，新知识是在一个复杂的情境中产生的。

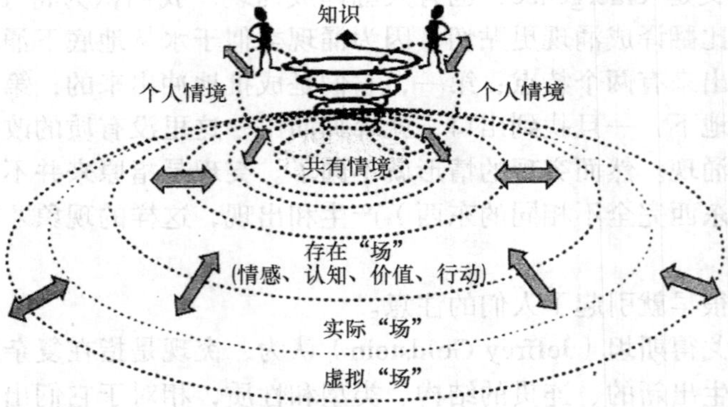


图 4.3.1 “场”的概念图

突现由知识创造者通过个人情境与共有情境之间的相互作用产生。

美国著名哲学家内格尔（E. Nagel），在他的名著《科学的结构——科学说明的逻辑问题》中非常详细地考察了突现论，他所说的突现是要强调自然

① Goldstein J. Emergence as a construct: History and issues. Emergence: Complexity and Management, 1999, (1): 49-72.

② 竹内弘高，野中郁次郎. 知识创造的螺旋——知识管理理论与案例研究. 李萌译. 北京：知识产权出版社，2006：96.

界产生出不可预言的新奇事物。我们所讨论的突现的内涵要比内格尔所说的突现宽泛一些，其中还包括了知识现象和社会现象。

我们学者张华夏对突现问题深有研究，并作了相当全面和深刻的论述。他指出，“突现”已成为当代复杂性科学研究的中心概念之一，这已经是一个公认的事实。以研究复杂性著称的美国 SFI 已明确提出：复杂性，实质上就是一门关于突现的科学，我们面临的挑战，就是如何发现突现的基本规律。另一个著名的复杂系统研究所 NECSI 将突现与复杂性并列为复杂系统的两个基本概念①其所办杂志《突现：组织与管理中的复杂性问题》在其发刊词中特别阐述了为什么要用突现这个刊名，编辑们认为，当复杂系统的总体模式与性质不能从系统的组成部分以及它们之间的关系做出适当解释时，突现思想就变得愈发重要，于是系统科学家们便重新使用哲学上早已存在并几乎被人们遗忘的突现概念，并在形式和内容上加以充实发展。华南师范大学的几位教授都在努力研究与探索突现问题。他们还邀请了对突现问题深有研究的系统科学家切克兰德（P. Checkland）到校作学术讲演。切克兰德在讲演中阐述了“突现与层次”的系统思想及其在当代复杂性科学中得到的新发展。

根据华南师范大学范冬萍教授的介绍，切克兰德提出了以下三点。首先，突现研究的进路发生了根本性的转变：从静态的观点转换为动态的观点，从只是将突现看作是一种不必解释也不可解释的黑箱现象转换为力图打开黑箱、揭示突现产生的机制。其次，依据突现产生的机理，揭示了复杂系统突现与层次之间的因果关系及其新特征。最后，承认突现性具有下向因果作用，因而，对突现的解释，还需要宏观层次上的理论解释。

关于切克兰德的这些观点，国内关心突现问题研究的学者大多已经有了了解。关于突现的宏观特征有四点：①突现是一个由独立组成元素经局域的相互作用扩展到并导致了全局组织秩序的自发过程；②突现是通过涨落、分叉而达到整体有序的过程；③突现是一个由微观的简单性经迭代转化为宏观模式的复杂性的过程；④突现的微观动力学对组织动力学研究有重要意义。

张华夏认为，突现是一个古老的哲学范畴，复杂性科学重新发现了它，使它具有更精确的含义和更广泛的应用。这里关键的转变是对突现的静态特征研究转向对复杂系统突现的动态分析。

另外，我们还可以认为，突现是一只黑箱，其形成过程、机制与结构，如图 4.3.2 所示。

---

① Yaneer Bar-Yam. 新英格兰复杂系统研究所，1997：9-10.

图 4.3.2　突现黑箱

波普尔在他的知识理论中，把知识归入“第 3 世界”或者说“世界 3”，即知识世界。这个“世界 3”具有三个特征：①它与物质对象一样是真实地存在的，它能改变物质对象世界，它对我们的影响与我们的物质世界对我们的影响一样大，甚至更大。②它具有部分自主性，例如一个理论有未被预期和未及推断的内容，它们是“世界 3”自己产生的，所以有自主性。③它是永恒的，无始无终的。它是人心（“世界 2”）创造的，反过来也影响人心。

波普尔主张知识世界是进化的。他认为，“三个世界”在历史关系上是进化的，先有“世界 1”，物质世界，其中又演化出生物有机世界，成为“世界 1”的一部分；“世界 2”是有机体世界进化的产物，然后又进化出“世界 3”；“世界 3”是人类精神的产物，是作为“世界 2”的进化成果而出现的。“世界 3”本身即知识世界是长期进化的产物。在知识起源问题上，波普尔批判了传统的知识起源说。按照传统的知识起源说，所有知识都是从知觉或感觉开始的，而科学知识则是从观察开始的。波普尔则主张，知识不是起源于观察，而是起源于期望或问题。“我们不是从观察开始，而总是从问题开始”，“理论，至少一些基本的理论或期望，总是首先出现的；它们总是先于观察”。[①] 知识的成长则是借助猜想与反驳，从老问题到新问题。这就是波普尔著名的理论成长的公式——$P_1 \rightarrow TT \rightarrow EE \rightarrow P_2 \rightarrow$其中 $P_1$ 代表老问题，TT 代表试探性理论，EE 代表排除错误，$P_2$ 代表新问题。

知识的成长是一个与达尔文的“自然选择”类似的过程。知识的增长与生物进化一样，都按照试错法进行，经受不住检验的理论（知识）被淘汰出局，没有被驳倒的暂时生存下来。知识的进化与理论的进步连在一起。理论的进步意味着新突现的问题与旧问题不同，理论真正对我们要解决的问题产生了影响。波普尔关于理论进化观的一个显著特点是批评理论还原论，主张突现论。

波普尔讨论了突现和还原的关系。波普尔对通常的还原持怀疑态度。他

① 卡尔·波普尔. 客观知识——一个进化论的研究. 舒炜光，卓如飞，周柏乔，等译. 上海：上海译文出版社，1987：270.

认为，想把所有的化学发现还原成物理学定律（即从物理原则演绎出化学发现）是成问题的。波普尔认为，还原主义无法解决理论进化或科学知识增长的根本问题，因而必须引入突现。因为彻底的还原论将导致历史决定论，而波普尔是坚决反对历史决定论的。

## 3.2 知识突现的机制

任何人类知识都是从生命世界，即从生物学意义上的生命世界中不断突现出来的，……任何哲学的，科学的或诗学的知识都是从普通的文化生活世界中突现出来的。

——[法]埃德加·莫兰

任何受限生成过程都能表现出突现的特性。突现的本质就是由小生大，由简入繁。……突现确实是我们周围世界普遍存在的一种现象。

——[美]约翰·霍兰

知识如何起源，知识怎样突现？诸如此类的问题越来越受到人们的关注。人类对知识的研究与人类历史一样古老。自古希腊以来，知识一直是哲学和认识论的中心问题。但对其意义的认识还远未达到今天的水平。我们知道，以知识为对象进行研究并做出理论的陈述，就是人们通常所说的知识论。按金岳霖先生的看法："知识论不在指导人们如何去求知，它的主旨是理解知识。"[①]所谓理解知识，就是回答知识是什么。为了回答知识是什么，就不能不涉及知识的起源、历史及其基础。

西方的知识论是一种构成主义知识论。它研究的是知识基础与知识本身的构成。例如英国大哲学家罗素为了研究知识，就从研究心的构成和物的构成出发，在此基础上再研究知识的构成。他所使用的方法就是分析方法。凡是构成主义，都必然使用分析还原方法。分析方法是与构成主义密不可分、结伴而行的。罗素的《人类的知识——其范围与限度》一书就是用分析方法研究人类知识的。因为罗素是"分析哲学的奠基人"，罗素"第一次把分析方法引进了哲学研究领域"。[②]

构成主义知识论不但用分析方法研究知识的构成、类别，而且也用分析

① 学术基金会学术委员会. 金岳霖文集. 第三卷. 兰州：甘肃人民出版社，1995.

② 罗素. 人类的知识——其范围与限度. 张金言译. 北京：商务印书馆，1983.

方法研究知识的起源。在知识的起源问题上，西方哲学中存在两大传统：理性主义传统和经验主义传统，这两种传统对知识起源的研究都使用分析方法。

理性主义传统和经验主义传统的对立主要是建立在笛卡儿关于主客二分、精神和实体的二元论假设基础之上的。笛卡儿的二元论认为，人的本质在于理性的思维本身。思维通过将自身与外部世界隔离来寻求知识。但这种认识，在当代已受到了严重的挑战。实际上，在知识的起源中思维自身与外在世界之间存在某些形式的相互作用，正是这种不可分离的相互作用在知识的获得中起着重要的作用。在这方面，胡塞尔（E. Husserl）的“生活世界”、海德格尔的“世界人”以及存在主义的“存在”等概念都是对理性主义传统和经验主义传统对立的一种挑战和批评。

构成主义知识论的局限性来源于对知识本质认识的片面性。知识不但具有“结构”（structure），更重要的是它是一种“过程”（process）。这说明，知识是由许多要素组成的复杂系统，它具有结构，更具有流动性。它难以用文字来形容，很多是直觉性的，不能完全透过逻辑思考来把握。这就是所谓的“显性知识”与“隐性知识”的区别。后一类知识是与个人经验密切相关的，只可意会不可言传的知识。知识存在于人们心中，是人性中复杂与难以预测的一部分。

为了真正理解知识，阐明知识的本质，就需要用一种新的知识观来取代传统的知识观。本篇欲论述用知识生成论取代知识构成论（即构成主义知识论）；在知识的研究中用复杂性的整体方法取代传统的分析方法。

## 3.3 知识整体突现

日本学者野中郁次郎和竹内弘高在他们合著的《创造知识的公司》一书中提出了“日本的知识传统”概念。他们认为在日本的思想中很难发现笛卡儿理性主义的踪迹。但是，确实存在“日本式”的获取知识的方法。它集中了佛教、儒教，以及主要的西方哲学思想。他们将日本的知识传统归结为天人合一、身心合一、人我合一。[①]这三个合一构成了日本人知识观的基础。

其实，野中郁次郎和竹内弘高等人所说的“日本的知识传统”基础的三个合一，并非日本所特有，而是东方哲学的特质。季羡林先生就一再强调，“‘天人合一’命题正是东方综合思维模式的最高最完整的体现”[②]。这就是

① 野中郁次郎，竹内弘高. 创造知识的公司. 北京：科学技术部国际合作司，1999：18.

② 季羡林. “天人合一”新解. 传统文化与现代化，1993，（1）：15.

说，日本知识传统的基础是东方知识传统，更是中国的知识传统。

关于这一点，我们可以从中国传统文化研究的著名学者钱穆先生的论述中找到。钱穆先生高度赞扬中国传统文化中的“天人合一”观。他认为，“天人合一”观是中国文化对世界人类未来求生存之主要贡献。“天人合一”的思想是中国传统文化中的一个极重要的思想，李慎之说：“我深深感到‘天人合一’确乎是遍及中国传统文化各个方面的一种思维定势与终极追求。”他指出，“就中国传统文化的主流正脉而言，对‘天人合一’的哲学的解释当然是最根本的解释”，“除儒家外，道家与中国化了的佛家也都以‘天人合一’为指归”，而且，“中国传统美学也是以‘天人合一’为最高境界的”。他把中国文化分成大传统与小传统，并认为，“‘天人合一’确实是中国文化大传统与小传统共有的原理”。①

强调三个合一在知识观上的意义在于，人们认识和获得知识的方式不全是逻辑思维，而常常伴以形象思维，在确定人类思想和自然的关系时，倾向于停留在个体的经验世界中，而不求助于任何抽象或形而上学的理论。②这种传统同人与自然分离的笛卡儿主义知识论是不相同的。

“身心合一”是强调认识中的“人格整体”。从“身心合一”的观点看，知识意味着透过完整的人格所获得的智慧。当知识同一个人的“个性”融为一体时，他便获得了知识。日本哲学家西田几多郎认为，真正的知识不可能通过理论思维来获得。他还坚持认为，完美的真理“不能用文字表达”。事实上，西田几多郎的这种见解，老子在《道德经》里早已表达了，即道可道，非常道；名可名，非常名。这些观点和论述表明了东方知识观与西方知识观的差异。

从中我们可以看出，东方认识论倾向于直接的个人经验的具体化，看重人的主观知识和直觉智慧，强调的是知与行的统一，是整体的认识。

圣吉在他的名著《第五项修炼——学习型组织的艺术与务实》中，特别注意到我们上面谈到的东西方知识观和认识论的差异，并提出了“重新观照整体，为人类找出一条新路”的口号。圣吉认为，远古的人类并未把自己跟所处的世界加以区分。那时的人类所看见的世界是一个未被打破的整体，人与自然合而为一。后来人们学会了区分自己，区分“自我”与“环境”。没有这种区分，人类无从发展出现在的所有智能，也不可能发展出科学分析方法，更不用说创造出科技文明了。

---

① 李慎之. 泛论“天人合一”——给李存山同志的一封信. 传统文化与现代化，1995，（2）：4-5.

② 野中郁次郎，竹内弘高. 创造知识的公司. 北京：科学技术部国际合作司，1999：18-19.

但是，这种区分愈演愈烈，以至演变成了分割与孤立。农业革命和后来的工业革命加深了专业化程度、加深了社会的分化，更加深了人类思想的割裂。到后来，我们不仅独立于自然之外，而且还认为有权主宰自然。工业化的力量也是强大的分割力量；随着工业的进步，分割在西方以加速度的步调演进，并不意外。农业革命时播下的分割种子，在烟囱、工厂和传统工业管理的气候中，步调更加快了。[①]

结果是在西方世界，社会组织已被分割得四分五裂，导致了圣吉所说的“系统的危机”[②]。“系统的危机”导致的恶果正在逐渐显露，也越来越让人们认识到，我们把生理的健康与心理和精神的健康分割开来探讨，以至于人们虽然活得久些，但整体身心健康状况却每况愈下，所支付的社会成本也愈来愈高。学校的教育成为片段知识的传授和枯燥的学术演练，最后竟发展到愈来愈和个人成长脱节，成效也愈来愈差。政府各部门不仅被分割得各自为政，且被各利益团体的不同需求分割，变成一部老旧瘫痪、无法有效运作的机器。事实上，与现代管理系统有关的每一件事情，都基于这种分割的思想，这也不可避免地造成了竞争。[①]圣吉的学习型组织概念的核心是系统思维。学习型组织的概念已得到广泛的认同，“学习型企业”“学习型城市”“学习型社会”的口号不断涌现（突现），表现了分割思想的危险越来越为人们所认识与防治。

我们已在别处多次指出过，这种分割的思想恰恰就是构成论思想。“构成论的基本思想认为，宇宙及其间万物的运动、变化、发展都是宇宙中基本构成要素的分离与结合。”[③]构成论的思维方式是还原论的思维方式。这种思维方式的最本质的特征是把世界看作一只上帝已上紧了发条的大钟。钟表可以拆散成各部件，然后再拼装起来。还原论的基本信条则认为“整体是部分的总和”。这原本是机械论的自然观，而笛卡儿的自然观又被引申用来解释生命机体，生命机体也被视为由相互分割的各个部件构成的一部机器。

笔者在《生成哲学》一书中强调：“还原论的世界观，在引导人们认识世界和改造世界方面的确取得了辉煌的成就，但它也使自然和人类造成了深重的灾难与严重的恶果。还原论者首先把人与自然作了严格的区分，强调人

① 彼得·圣吉. 第五项修炼——学习型组织的艺术与务实. 2版. 郭进隆译. 上海：上海三联书店，1998.

② 彼得·圣吉. 经受考验//罗文·吉布森. 重思未来. 杨丽君，彭灵勇，倪旭东译. 海口：海南出版社，1999：154.

③ 金吾伦. 生成哲学. 保定：河北大学出版社，2000：2.

是自然的主宰，人要征服自然，‘人定胜天’，‘与天奋斗，其乐无穷’，‘喝令三山五巅开道，我来了’。于是，自然生态被严重破坏了。……还原论把人与自然分割以后，又把自然这一端无限细分，其最典型的代表性观点就是‘物质无限可分论’。还原论在把自然一端细分的同时，又将人的一端细分，其极端的表现就是‘阶级斗争永恒论’。由此造成的巨大而深重的灾难性恶果，人们至今还记忆犹新，令人不堪回首。”①

现在人们已经逐渐认识到，世界是一个相互联系的诸多部分组成的不可分割的整体。这也告诉我们，在我们理解知识和获取知识时，必须坚持整体论的立场和态度。李政道近年来多次强调指出，21 世纪科学研究必须要把宏观和微观结合起来研究，即用“整体论”（holism）的方法来研究，因为微观的世界与宏观的世界两者是分不开的。②

美国新罕布什尔大学（University of New Hampshire）教授贝克特（J. Beckett）在认真、深入地研究了东方与西方历史上主要思维哲学后，强调指出了“整体过程思考与事件式的片段思考两者间的差异，并主张以整体性系统思考的哲理，替代今日几乎风行所有领域的分解主义——将复杂问题以简约的方式不断切割、愈分愈细的当代主流的西方文化”。③

现在的确是到了抛弃那种打着辩证法旗号进行无限分割的还原思维方式的时候了；而分割思维、还原论思维等的理论基础是构成论，因而也是到了该抛弃构成论和还原论从而走向生成论和整体论的时候了！

## 3.4 知识突现即生成

由上所述，用二分法、还原论和构成论来看待知识及其起源已有很大的局限性，我们必须用一种新的思维方式来看待知识的形成和知识的本质，这就是我们所要提倡的突现生成的思维方式。具体理由笔者已在《生成哲学》一书中作了阐明④。笔者在书中论述了“突现即生成”的看法⑤。

突现现象正在被广泛而深入地研究着，它的性质也在被人们认识之中。从已有的研究成果中我们可以看到，不论何种类型的突现，都具有五个共同

① 金吾伦. 生成哲学. 保定：河北大学出版社，2000：15.

② 金吾伦. 生成哲学. 保定：河北大学出版社，2000：36-40.

③ 转引自彼得 · 圣吉. 第五项修炼——学习型组织的艺术与务实. 2 版. 郭进隆译. 上海：上海三联书店，1998：213-214.

④ 金吾伦. 生成哲学. 保定：河北大学出版社，2000：142-148.

⑤ 金吾伦. 生成哲学. 保定：河北大学出版社，2000：166-185.

性质：①基本新颖性。突现出来的东西是先前在复杂系统中所未观察到的。从这种新颖性出发，人们才能有理由主张，突现物的特点是既不可能预言也不可能从较低层次或微观层次的组成成分中推演出来。换言之，具有基本新颖性的突现物在它们显现于丰富多彩的世界以前，是不可能被预见的。②连贯性或关联性。突现物作为集成的整体显示出现，它们倾向于在时间进程中保持某种同一性。这种连贯性把彼此分离的较低层次的组成成分连接或关联成较高层次的统一物。③整体的或宏观的层次。由于连贯性代表了连接各孤立部分的关联，所以突现现象发生的场所都在整体的或宏观的层次上，而与之相反的是它们的组成部分都在微观层次的场所。因此，突现物的行为只有在这种宏观层次上才能观察到。④动态性。突现现象不是先赋的整体，而是复杂系统随时间演化而发生的。作为一种动态的建构，突现是与动态系统中新的吸引子（attractor）发生相关。⑤表观性（ostensive）。突现是通过显示它们自己而被认识的，即它们是在表观上被认识的，当用人工生命中发现的仿真来定义突现时，就涉及突现物表观的质。因为，突现的每一种表观都将在某种程度上与先前所显示的不同。

在复杂性理论中，突现要求系统至少有四个特征：①非线性。虽然早期研究者也曾用正负反馈环表达自然界一定程度的非线性特征，但他们既没有包括“小原因，大结果”，也没有对在突现现象中发现的非线性相互作用进行专门研究。②自组织。虽然早期系统思想家也偶尔使用这个术语，但主要指系统的自律过程，在复杂性理论中，自组织是指复杂系统的创造、自生长与寻求适应性的行为。突现现象是产生这种适应性的新结构。③超越平衡（非平衡或远离平衡）。早期系统论探讨如何趋向最后的平衡态（如一般系统论中的“平衡终极性”概念），而复杂性科学对推动突现产生的“超越平衡态”的条件更感兴趣。突现现象产生的原因之一是远离平衡的条件放大了偶然事件，这也是突现现象具有不可预测特征的关键原因。④吸引子。早期系统论中唯一可得到的吸引子是平衡终态，而复杂性理论中有各种不同的吸引子（如不动点、极限环及所谓“奇怪吸引子”）。如上所述，突现现象与系统的新特质重合，如同复杂系统进入了新的吸引子轨道。

以上四个突现的特征是复杂性理论中的突现特征，它们与早期突现进化论中的突现特征有所不同。它们表现为自组织系统中的突现[①]。

现在已有大量的案例表明了宇宙及万物的生成。首先是宇宙的生成。霍

---

① 金吾伦. 生成哲学. 保定：河北大学出版社，2000：177-178.

金曾在中国作了“膜的新世界”的报告，膜就是从“无”中生成的。霍金的研究表明，“宇宙”的确能够从“虚无”产生，因为有了“虚时间”，时空的世界和奇点都无法在“虚时间”里面存在，而只能从“生”中生成。[①]中山大学物理学教授关洪提出“光子是生成的”思想[②]；普林斯顿大学著名物理学家惠勒又提出了“万物起源于比特”的观念，如此等等，尽管他们揭示的是物的生成，但其中蕴含了知识的生成。既然无机世界都是生成的，那么生命世界的生成更在不言之中了。这里所说的生成也就是我们所讨论的突现。

需要强调的是生成突现都具有整体的性质，因此可以称之为“整体生成论”或“整体突现论”。

知识的生成突现可以等价地理解为知识的创造与建构。关于知识如何创造的机制已有了许多杰出的研究。例如，我们前面提到已有人研究了职场上知识（working knowledge）的产生和整合问题；日本学者野中郁次郎等人研究了个人和群体怎样在组织中创造知识；奥地利学者论述了知识制造的理论。[③]

按照野中郁次郎等人的意见，知识创造有两个维度，即本体论维度和认识论维度。

从本体论维度看，知识只能由个人创造。没有个人参与，一个组织是无法创造知识的。组织可以支持有创造性的个人或为他们提供创造知识的环境。群体知识创造就是“有组织地”把个人创造的知识放大，并将其具体化为群体知识网络中的一部分。

从认识论维度说，就是区分隐性知识和显性知识。隐性知识是个人的，由情景所限定，难以正式表述与交流，显性知识只是知识整体的冰山一角。人类通过主动创造和整理他们自身经验来获取知识。隐性知识在人类认识活动具有重要地位。人类通过自身介入客体来创造知识，如科学哲学家波兰尼（M. Polanyi）所谓的“存在于内心”。“存在于内心”打破了“精神和肉体、原因和情感、主观和客观，以及认识主体和被认识客体的传统两分法。由此，科学的客观性不是知识的唯一来源。我们的大部分知识是我们在与这个世界打交道时目的明确的努力结果”。这就是知识的建构。建构乃是生成的一种方式，而生成就是一种突现，生成即突现。

---

① 史蒂芬·霍金. 时间简史——从大爆炸到黑洞. 长沙：湖南科学技术出版社，1992：131-139. 王纪潮. 揭开“无中生有”的“膜”. 科学时报，2002-11-10.

② 关洪. 从现代物理学看构成论到生成论的转变. 自然辩证法研究. 2002，（11）：10-12.

③ 卡林·诺尔-塞蒂纳. 制造知识——建构主义与科学的与境性. 王善博，等译. 北京：东方出版社，2001：12.

## 3.5 知识突现的层次

知识突现概括起来可以分为三个基本层次：概念、定律和理论。以下我们将分别加以考察。

### 3.5.1 概念突现

在《辞海》(第六版)中，概念是指反映对象的特有属性的思维方式。人们通过实践，从对象的许多属性中，撇开非本质属性，抽出本质属性概括而成。在概念形成阶段，人的认识已经从感性认识上升到理性认识，把握了事物的本质。人类在任何一个知识创造活动中，概念创造都是必不可少的重要一步。日本学者竹内弘高等人的知识创造理论把组织知识创造过程分成五个阶段：分享缄默知识、创造概念、验证概念、建造原型、转移知识[①]。他们认为，创造概念是组织创造过程的五个阶段中的第二个阶段。我们从中不难看出，概念创造在整个知识创造过程中起着重要作用。

### 3.5.2 定律突现

定律是知识的一种表达形式。它是基于大量具体事实而作出的一种科学表达。物理学中有许多定律，如开普勒定律、伽利略定律、牛顿定律等。这些定律深刻揭示出自然界的运动规律。人们应用这些规律，并以数学计算作为工具，可以作出惊人的预见性，同时大大提升解决实际问题的能力。

定律在发现之前是潜在的，只有通过科学家努力的探索，才能把隐藏在大量具体事实之中的定律揭示并科学地表达出来。探索和表达过程就是定律的突现过程。

### 3.5.3 理论突现

理论也是突现的，我们可以用波普尔“三个世界”理论来加以说明。按照波普尔“三个世界”的观点，理论属于“世界3”，同时也是实在的，而且也是突现生成的。我们在前面已经提及波普尔的理论成长公式是：$P_1$→TT→EE→$P_2$→。

其中，无论是 $P_1$ 还是 TT 都是突现的。$P_1$ 是自主地从新的关系领域中突

① 竹内弘高，野中郁次郎. 知识创造的螺旋——知识管理理论与案例研究. 李萌译. 北京：知识产权出版社，2006：78-79.

现的，问题的突现推动我们去作新的创造。波普尔在一篇题为《自然选择和精神突现》的书中谈到理论突现和精神突现时说：

> 我想科学提示给我们（当然是尝试性的）一幅发明的，甚至创造的宇宙图景；提示给我们一幅其中在新的层次突现新的事物的宇宙图景。
>
> 在最初的层次上，有重原子核在大恒星中心突现的理论；在较高一级的层次上有有机分子在空间某处突现的证据。
>
> 在更高一级层次上有生命的突现……
>
> 在更高一级层次上，这一大步是意识状态的突现。随着意识状态和无意识状态之间的区别，又有些全新的、最重要的东西进入宇宙。它是一个新世界：意识经验的世界。
>
> 在更高一级层次上，是人类精神产物的出现，例如艺术作品，还有科学著作特别是科学理论的出现。①

以上论证足以表明，无论概念、定律还是理论都是经由一种突现的机制与过程而达到的。这就是我们关于知识突现的结论。

① 波普尔. 科学知识进化论：波普尔科学哲学选集. 纪树立译. 北京：生活·读书·新知三联书店，1987：433.

# 4　知识系统的进化

董光璧

在诸多知识演化理论中，波普尔的知识进化论和道金斯( Richard Dawkins )的文化基因说，备受当代学者关注。我们在此前对科学系统、技术系统和工程系统的演化问题的讨论运用了他们的基本思想。本篇第 2 章“知识的种子”和第 3 章“知识的突现”可以说是关于知识进化的“微观”讨论，而本章“知识系统的进化”则是“宏观”的，讨论人类知识系统整体的演化历史。在这里我们发展了法国哲学家和社会学家孔德的知识发展阶段论，把知识的进化阶段归结为信仰主导、理性主导和价值主导的更替。这种历史描述也可以说表达的是一种“历史的逻辑”，因为其思考依据的是观念系统三个亚系统之间的相互作用，遵循李凯尔特的历史哲学观，选择那些能反映本质的有意义的历史事件。

## 4.1　信仰主导的知识系统

信仰是观念系统最早发展起来的形态，并且经历了从神话到巫术再到神学的发展历程。近代以前的知识系统无疑是信仰主导的，甚至在当代理性达不到的领域，信仰仍有其重要作用。

### 4.1.1　神话与人类故事

神话学（ mythology ）的研究表明，人类早期的不自觉的艺术创造的神话，表现的是对自然及文化现象的理解与想象。神话作为人类精神文化的早期形态，教导人们什么是超自然现象的威胁以及如何应对它们。

神话产生的基础是远古时代人们为生存而产生的认识自然、支配自然的积极要求。神话中神的形象，大多具有超人的力量，是原始人类的认识和愿望的理想化。它是根据原始劳动者的自身形象、生产状况和对自然现象的理解想象出来的。

任何神话都是借助想象和幻想把自然力和客观世界拟人化。神话必须同时具备三个条件：第一，它必须是人类演化初期的故事；第二，神话必须是单一的事件；第三，神话的承传者一定得相信自己所述说的内容。

神话一般分为开辟神话、自然神话和英雄神话三种类型。开辟神话反映的是原始人的宇宙观，自然神话是对自然的解释，英雄神话表达了人类反抗自然的愿望。

不论是文明最早发生地区的民族，还是当今世界上仍处在原始社会的民族，他们都流传着许多神话故事。神话具有一定的地域性和区域性，不同的文明或者民族都有自己对神话的独特理解。但是，也出现过对同一种现象有着惊人相似性描述的神话。例如关于上万年前的全球大洪水的神话在许多地区都有类似的描述。

法国比较神话学家杜梅齐尔（G. Dumezil）持续致力于印欧语系的神话比较，提出所谓"三元体系"的结构模式。他认为王者、战士、生产者三者是神话最基本的三个意识形态。英国社会人类学家马林诺夫斯基（B. Malinowski）对美拉尼西亚神话所进行的调查中发现，神话的目的是给予社会制度一个正当性的根据。美国人类学家克拉克弘（C. Kluckhohn）以纳瓦霍人（Navaho）为例，说明部落能长期维持其团结的最主要的原因就是他们所有的成员拥有共同的神话和礼仪。

### 4.1.2 巫术与技术和艺术

巫术（magic 或 sorcery）是企图借助超自然的神秘力量对某些人、事物施加影响或给予控制的法术。巫术通过一定的仪式表演，利用和操纵某种超人的力量来影响人类生活或自然界的事件。巫术的仪式表演常常采取象征性的歌舞形式，并使用某些据认为赋有巫术魔力的实物和咒语。

巫术是神秘的、可以操作的、超自然的、在体验中调节人与自然关系的"术"；技术是现实的、可控的、在试验中改造自然的"术"；艺术是浪漫的、高度幻想的、能够安慰人心灵的"术"。巫术与技术的结合创造了原始艺术，巫术与人类早期的技术和艺术联系密切，甚至有人认为巫术影响了后工业时代艺术的走势。

巫术的主要内容由"降神仪式"和"咒语"构成。巫术可按其性质区分为黑巫术和白巫术。黑巫术是指嫁祸于别人时施用的巫术；白巫术则是祝吉祈福时施用的巫术。巫术按其手段可区分为模仿巫术和接触巫术。任何一种巫术都是根据人们的主观愿望，并把这些主观愿望建构在偶然的、片面的，甚至可以说是错误的联想上面。

马林诺斯基认为人类最早的专门职业是巫。史前时代的巫师不仅是巫教和巫术活动的主持者，也是当时科学文化知识的保存、传播和整理者，特别是在天文学、医学、文字、文学、历史、音乐、舞蹈、绘画等方面都有不少的贡献。虽然其所能掌握的科学文化知识有很大的局限性，但巫师是当时解释世界的精神领袖，是史前时代的智者或知识分子。

巫术与技术的目标往往是一致的，并且经常相互合作。通常是巫术支持和帮助技术，比如捕鱼、狩猎和耕作。有些技术则可以说完全被巫术所覆盖，譬如医药和炼金术。

艺术起源的巫术说①，是一种颇有影响的理论。泰勒在他的著作《原始文化》（1871 年）中，最早提出了艺术起源于巫术的理论主张，认为野蛮人的“万物有灵论”的思维方式，是原始巫术产生的直接原因，同时也孕育了艺术等原始文化。苏格兰社会人类学家弗雷泽（J. Frazer）在其著作《金枝——对巫术与宗教的研究》（1890 年）中进一步阐述了艺术起源于巫术的理论，认为原始部落的一切风俗、仪式和信仰，都起源于交感巫术，人类最早是想用巫术去控制神秘的自然界。

巫术的传统特征与艺术和工艺密切相关，但艺术或工艺跟巫术存在一种无形的方法上的差异。技术是通过个人的技能而对事物产生效果，传统的技术是经验可以控制的，人们不断对技术信仰的价值进行考验。在医药活动中，词汇、咒语、仪式和占卜都是巫术性的，这是神秘且被“精灵”所控制的领域，是一个赋予仪式活动和姿态以一种特殊效力的观念世界，这种效力跟它们机械性的效力截然不同。

### 4.1.3 基督教神学与自然哲学

公元 1 世纪中叶诞生的基督教对产生它的那个时代的文化和哲学思想体系是持敌对态度的。随着基督教向上层社会的传播，到 2 世纪下半叶就开始从古希腊和罗马哲学中寻找为基督教辩护的理论根据，进而发展出认识上帝的神学并且在整个中世纪成为知识系统的主导。

奥古斯丁（A. of Hippo）把新柏拉图主义哲学与基督教《圣经》结合起来发展教父哲学，提出上帝创世说和三位一体说并制定了原罪说和预定说等教义，奠定了基督教神学的思想体系。他坚持把《圣经》作为绝对的至

① 艺术起源于巫术说，是人类学家在研究原始习俗、原始艺术作品、原始宗教和巫术信仰活动之间的关系的基础上提出来的，英国人类学家泰勒和弗雷泽为其著名代表人物。

高无上的权威和判断是非的唯一标准，他贬低理性的作用而将其视为理解信仰的工具，他第一个宣布理性必须服从信仰和哲学必须服从神学。他的主要著作《上帝之城》第一次为神权政治思想提供了系统的理论论证，并成为欧洲封建社会中的教、俗两个集团相互斗争的思想工具。

进入中世纪以后，教会提倡和鼓励神学研究。由于宗教神学依靠哲学，这就引发了宗教信仰的权威和理性的关系问题。以法国哲学家和神学家、经院哲学奠基人之一、巴黎大学创始人阿伯拉尔（P. Abélard）为代表的理性主义主张“理解而后信仰”，而以意大利人、埃特伯雷的圣·安塞伦（Anselm of Canterbury）为代表的神秘主义则主张“信仰而后理解”。要解释神启真理就不得不采用逻辑思维方法，至少形式上是如此。不管理性论者的希望多么虔诚，但是借助于理性必然会得出违背教义的结论，给教会带来危害。但是这种同逻辑理性相对立的神秘主义的神学研究方法也不是完全安全的。因为神秘主义不仅具有宗教形式，也有非宗教的甚至反宗教的其他形式。这就使企图保持其神启真理唯一权威解释者地位的教会，在神学的理性论和神秘主义之间进行的抉择陷入困境。

意大利神学家阿奎纳（T. Aquinas），借助已经产生广泛影响的亚里士多德的哲学为基督教神学开辟了一条新路。亚里士多德的著作在 12 世纪传入西欧之初，出于对“二重真理说”①的警惕，被维护奥古斯丁经院哲学的教会明令禁止传播。当罗马教皇格雷高利九世（Pope Gregory Ⅸ）意识到新哲学思潮不可抵抗时，才开始对亚里士多德哲学采取宽松政策。神学家阿奎纳顺势而果断地以亚里士多德学说更新经院哲学的理论体系。他承认哲学和神学是两个不同的领域和两种不同的学问，哲学以“理性真理”和“自然真理”为对象，神学以“启示真理”和“信仰真理”为对象。他强调理性真理可以凭知识来理解并靠严格的逻辑推理来证明，而信仰真理是理性所不能认识的，只有借助天启才能洞察，并且归根到底它们至上的源泉都来自上帝及其伟大的智慧。所以信仰和神学能指示理性和补充理性，而理性和哲学可以为信仰和神学提供证明。阿奎纳关于神学和其他学问的关系的总观点就是其代表作《神学大全》开头提出的那个命题：“所谓其他科学，都是神圣理论的婢女。”他的继承者更明确地将其概括为“哲学是神学的婢女”。以自然哲学的名义进行研究的自然科学自然也是神学的婢女。

① 亚里士多德著作的注释者、中世纪阿拉伯学者阿威罗伊（Averroes）提出的“二重真理说”，主张区分信仰真理和理性真理。

## 4.2 理性主导的知识系统

“理性”作为一种思维方式，旨在寻求知识之确定性和可靠性，其思想源头可追溯到古希腊哲学。理性在知识系统中的主导地位是随着科学的发展而确立起来的，挑战神学的“科学革命”为之奠定了基础，融合经验论与理性论的批判哲学推进了理性认识的发展，哲学科学化运动的科学主义教条的形成标志其达到了顶峰。

### 4.2.1 科学革命

随着反对教会精神独裁的文艺复兴运动的兴起，自然科学从神学桎梏下解放出来的革命开始了。恩格斯在其著作《自然辩证法》导言中说过，自然科学借以宣布其独立并且好像是重演路德焚烧教谕的革命行动，便是哥白尼那本不朽的著作的出版，哥白尼用这本书（虽然是胆怯的而且可以说是在临终时）来向自然事物方面的权威发起挑战。从这时起，自然科学开始迅速前进。

#### 4.2.1.1 哥白尼革命

哥白尼的天文学研究成果，大约在 1529 年开始以手抄本的“提要”形式在朋友中传阅。1540 年一位青年数学家和天文学家雷蒂库斯（G. J. Rheticus）将这“提要”以“概论”为题名出版。1543 年由一位路德派的牧师和数学家奥西安德尔（A. Osiander）负责在纽伦堡印刷出版了全稿，将其奉献给在位的罗马教皇保罗三世（Pope Paul III）并要求予以关心和保护。300 多年后的 1873 年，根据新发现的哥白尼的手稿，在托仑出版了权威版本《天体运行论》。全书包括献词性的序言和六卷，除第一卷做概念性的讨论外，其余五卷都是数学性的，第二卷讨论太阳系的排列，第三卷讨论地球运动引起的各种现象，第四卷论述月球，第五卷论述行星的黄经运动，第六卷论述行星的黄纬运动。

在序言中，哥白尼首先向读者表明，他要解决的问题是古老的行星运动的几何定律问题。他指出历史上的两大宇宙体系的缺点：欧多克斯（Eudoxus）的同心球宇宙结构符合亚里士多德的物理原理，但不足以描述复杂的天文现象，而且从未成为制定星表的理论基础；托勒密（Ptolemy）的复杂的体系虽然适合于作为星表的基础，却由于引进偏心圆运动而违反毕达哥拉斯（Pythagoras）关于天体匀速圆运动的公理。哥白尼试图建立一个既符合亚里士多德物理原理又符合毕达哥拉斯匀速圆运动原理的宇宙几何体系。哥白尼借助于恢复阿利斯塔克（Aristarchus）太阳中心说和地动说，精心地构造了一个行星运动的几何体系。他假定太阳静止在宇宙的中心，地球有三种运动形式：第一，地球和其他行星一样绕太阳作匀速圆运动，每年绕日一周；第二，地球本身每天绕轴自转一周；第三，地球还有一种地轴的回转运动。利用这样的构想，哥白尼只用了 48 个圆就代替了 80 多个圆的托勒密体系。

哥白尼建立宇宙几何体系的思想出发点并不是革新，相反，他倒是力图取消托勒密的某些改革——偏心圆运动——以回到古老的同心球结构和匀速圆运动的原则上来。但是，他只是从数学和物理的角度出发，把地球和太阳换了个位置却导致在科学上和神学上宇宙观念的根本改变。从数学和物理上看，哥白尼的体系简化了对行星运动的解释。按照他的这个体系，所有的行星都遵循唯一的运动图式，都以同一方向绕太阳运行，绕行速度随着与太阳距离的增加而减慢。从宗教神学方面看，哥白尼的体系把地球从宇宙的中心降到普通行星的地位，对宗教观念的整个体系是一个严重的打击，因为亚里士多德-托勒密地心体系是教会思想的支柱。

#### 4.2.1.2 布鲁诺殉难

最早支持哥白尼革命性观点的是意大利思想家布鲁诺（G. Bruno）。在天主教会的眼里，支持哥白尼学说是极端有害的“异端”和十恶不赦的敌人。狡诈的教会施展阴谋诡计，收买布鲁诺的朋友，诱骗布鲁诺回国后将其逮捕入狱，在宗教裁判所囚禁和审讯 8 年后施以火刑处死。面对趾高气扬的刽子手们，布鲁诺高声斥骂他们宣读判决比自己听判决更加胆战心惊！1600 年 2 月 17 日，布鲁诺被带到罗马鲜花广场，剥去他的囚衣，给他披上浸过硫黄、画有火舌的粗布，用木夹夹住他的舌头，用铁链把他捆在火刑柱上，对他进行“宽容的、不流血的惩治”。

布鲁诺支持哥白尼的地动说，但不同意太阳是宇宙的中心。他把德谟克利特、伊壁鸠鲁、卢克莱修以及库萨的尼古拉（Nicholas of Cusa）关于空间无限和世界众多的思想与哥白尼的学说结合起来，发展了一个无限宇宙论。布鲁诺认为宇宙中根本没有绝对的中心。宇宙中的任何一个行星，甚至任何一个点，都可以被处于其上的观察者视为宇宙的中心。所以太阳不是宇宙的中心，而只是相对的中心，即我们这个行星系的中心。那些被认为不动的恒星实际上是距我们非常遥远的许多世界的太阳，我们的太阳只是许多普通恒星中的一个。

尽管布鲁诺的学说是纯粹思辨的，不具有数学上的严密性，但是由于它在历史上的巨大影响，其在科学和神学分离的进程中起到了巨大的作用。作为泛神论者和斯宾诺莎的先驱者之一的布鲁诺，被人们看成近代科学的第一位殉道者。1889年，后人为他竖立了一座纪念像，纪念他以及其他死于天主教黑暗势力的殉道者们。

#### 4.2.1.3 伽利略受审

教会可以烧死布鲁诺，但科学真理是烧不死的。布鲁诺的旗帜由意大利物理学家伽利略接了过来。他以《星际信使》（1610年）的出版开始了他传播哥白尼体系的斗争。这本书报告了他用望远镜观察天空的第一批重要的发现。特别是发现木星有四个“月亮”绕着它旋转，即木星的四颗卫星。作为对托斯坎尼公爵美第奇的敬意，伽利略把它们命名为“美第奇星”。这本书一方面使他赢得了“天上哥伦布”的赞誉，另一方面也引起了官方学者的明显敌意。因为伽利略把木星及其卫星系统作为哥白尼构想的太阳系的一个令人信服的类比，这一发现意味着为哥白尼体系提供了证据。宗教裁判所的黑名单里加上了伽利略的名字，迫害他的活动在秘密地进行着。

1611年底佛罗伦萨的大主教召集会议讨论如何对待天文学的新理论，一些卫道者开始援引圣经的词句来反驳伽利略的《星界信使》，此后伽利略被秘密监视起来。1616年审查部的神学顾问们宣布“太阳固定于宇宙的中心”和“地球有自转和绕日公转两种运动”这两个命题“确属异端之说”，教皇召见伽利略并警告他及早反省。在教皇裁判所的审讯室里，总裁判官向伽利略宣布，支持哥白尼学说就意味着是异端，为进一步对他进行迫害埋下伏笔。同年教会宣布了关于哥白尼学说的禁令，伽利略不得不采取伪装和隐蔽的手法传播哥白尼学说。

1630年，他把《关于托勒密和哥白尼两大世界体系的对话》书稿带到罗马请准出版。总检察官要求伽利略加一个前言，说明哥白尼体系是有争议的，他巧妙地应付了这个要求。伽利略的这本系统论证哥白尼宇宙体系的书，一方面在各国科学家中引起轰动，另一方面也激怒宗教界的卫道者们。天主教耶稣会很快就掀起反对它的浪潮，伽利略的敌人们还力图使教皇相信，书中的批判对象辛普里丘就是暗指教皇。教皇乌尔班八世（Pope Urban Ⅷ）非常愤怒，下令禁止出售该书并传讯伽利略。

1633年2月，伽利略由朋友们用担架抬着到了罗马，被监禁在托斯坎公爵使臣的家里。教廷经过一番准备之后，同年4月开始审讯。伽利略被指控为破坏教会发布的禁止毕达哥拉斯派和哥白尼学说的指令。考虑到伽利略的巨大影响及其难以压服的态度，教会决定以软化的措施使他自己放弃哥白尼学说，尽快了结此案。从 1633 年 4 月 28 日宗教法庭给红衣主教罗伯特·贝拉明（Robert Bellarmine）的信中，我们知道法庭通过个别谈话的方式达到了他们的目的。同年 4 月 30 日伽利略交了一份悔过书。

这次审判之后，伽利略先是被押到圣马丽修道院去忏悔，后又被送到佛罗伦萨附近的阿加特隐居。从此伽利略开始了与天文学无直接关系的《关于力学和位置运动的两门新科学的对话》的写作，1637 年完稿，1638 年在荷兰出版。但此时已经双目失明的伽利略，不能亲眼看一看自己的辛劳成果。

### 4.2.2 批判哲学

18 世纪德国哲学家康德把自己的哲学叫做“批判哲学”，后继者称其为哲学领域的“哥白尼革命”。这一革命的实质在于，通过经验论和理性论的综合巩固了理性在知识领域的统治地位。

经验论哲学强调一切知识都起源于感觉经验。它的创始人是英国哲学家培根。他认为哲学的本质是一种理性的劳作，研究的是由感觉印象而来的抽象观念。但是他强调感觉经验在认识中的作用并提出经验理性论的原则，认为知识和观念起源于感性世界，感觉经验是一切知识的源泉，理性主要是对可感性质的经验材料进行排列和整理、分析和排除。他在《新工具论》（1620 年）中明确写道：全部对自然的解释由感官开始，由感官的直觉沿着一条径直的、有规则的、谨慎的道路达到理智的知觉，即达到真正概念和公理。作为培根继承者的霍布斯、洛克、贝克莱和休谟等人，把他的经验论原则推向极端。

理性论哲学强调原则上所有的知识都可以通过单纯的推理得到，它的创始人是法国哲学家笛卡儿。他认为感觉经验所提供的知识是个别的，只具有或然性，只有理性才能提供科学知识的逻辑确定性、普遍必然性、科学有效性。笛卡儿在其《方法论》（1637 年）等著作中，提出的二实体说认为，现实世界是由两个实体构成的，一个是认识的实体即人的理性，另一个是具有伸延性的实体即被认识的对象。作为笛卡儿后继者的法国哲学家尼古拉·马勒伯朗士、荷兰哲学家斯宾诺莎、德国哲学家莱布尼茨等人将其发展成一种相对完整的理论系统。

康德以其三大批判，即《纯粹理性批判》、《实践理性批判》和《判断力批判》，对传统哲学发起了全面进攻。“批判”（德文 kritik，英文 critique）意指“限定效用或划定范围”，牟宗三曾建议译为“论衡”。康德以“先天综合判断”矫正经验论和理性论的偏颇，在划清理性在哲学各领域的不同权限的基础上建立有"界限"的、"成熟"的理性哲学。《纯粹理性批判》是三大批判的基础，这里的"纯粹理性"指独立于一切经验的理性。在康德看来，"知识"虽然来源于"经验"，但并不"止于"经验，还有赖于主体的先天条件。他的《纯粹理性批判》分"先验感性论"、"先验分析论"和"先验辩证论"三部分，全面细致地探索了人类认识的先天形式。他强调"理性"本身"依赖于"经验，喊出"人为自然立法"的口号，强固了理性在知识系统中的地位。

### 4.2.3 科学主义

"科学主义"（scientism）作为一个贬义词指一种哲学教条，主张人的知识只能建立在经验范围内，自然科学的方法应该成为人类认识世界的唯一科学的方法，并往往将自然科学看成唯一的科学。代替科学主义这个贬义词的是认识论的"基础主义"（foundationalism）①和本体论的"自然主义"（naturalism）②。科学主义理论发端于孔德的实证主义，但它形成的标志是科学哲学的兴起③，而其中起关键作用的是维也纳学派的哲学科学化运动。

维也纳学派肇始于一群青年学者和大学生。三个核心人物都是科学家——物理学家弗兰克、数学家哈恩（H. Hahn）和数学家纽拉特（O. Neurath）。他们在法国科学史家莱伊（A. Rey）的著作《当代物理学家的物理理论》（1907年）的影响下，开始关心科学哲学，经常在星期四晚上在一家古老的咖啡馆聚会，讨论如何打破莱伊所分析的"把科学和哲学隔离开来的那堵墙"。

通过研读德国哲学家康德、奥地利物理学家马赫、法国数学家庞加莱和法国物理学家迪昂（P. Duhem）等人的著作，他们寻找到了一种解释科学进化的途径。他们试图在迪昂的《物理学理论的目的和结构》（1906 年）的思想基础上④，把马赫的经验论①和彭加勒的约定论②综合起来。他们认为应当

① 基础主义旨在为人类的认识和行为寻找一种最终的无可置疑的绝对基础，把发现这种永恒的、非历史的基础并用强有力的理由去支持这种发现作为哲学家的主要任务。这种思想自古希腊以来逐渐发展为西方哲学的主流，特别是指笛卡儿在清楚明白的理性观念基础上构造知识体系的努力。

② 自然主义是指用自然原因或自然规律来解释一切现象的哲学观念，在方法论上它以主客二分为基础思考问题，即先设定主体与对象的客观存在，然后努力寻求二者的统一。狭义的自然主义指 20 世纪 30 年代形成于美国的一个哲学流派，实用主义者杜威（John Dewey）和批判实在论者桑塔雅那（George Santayana）被视为创始人。20 世纪 70 年代以降，随着代表人物的相继去世而走向衰落。

③ 赖欣巴哈的著作《科学哲学的兴起》（1951 年）系统地表述了哲学科学化的信念，宣告哲学研究是一项分析活动，科学的哲学是人类思想的一切形式的逻辑分析，哲学家必须在这个意义上成为一个科学家。

④ 迪昂认为物理理论并不是一种解释，而是从少量的原理演绎出数学命题的系统，其目的在于尽可能简单、完善、严格地描述实验定律。

建立一种理论，在这种理论中，马赫的观点和彭加勒的观点是一种更普遍的观点的两个特殊的侧面。依照马赫的观点，科学的普遍原理是对所观察事实的简略的经济描述。依照彭加勒，它则是人类心灵的自由创造，一点也不告诉我们有关所观察事实的东西。他们企图把这两种概念结合在一个统一的体系里，这就是后来被称为逻辑实证论体系的根源。

爱因斯坦的广义相对论的发表（1916 年），对科学哲学的发展有重大影响。试图根据新科学建立新哲学的人物开始显露头角。他们借助实证论，在马赫、彭加勒和迪昂打扫好了的科学基地上，大胆地建造一种新的哲学体系去代替亚里士多德或康德的传统体系。这种要用"新瓶装新酒"的新哲学运动，在第一次世界大战后发展了起来，在 1920 年前后达到了第一个高潮。可以举三本书作为标志：石里克的《相对论与先天知识》，赖欣巴哈的《相对论与先验的认识》(1920 年)，维特根斯坦( Ludwig Wittgenstein )的《逻辑-哲学论》( 1921 年 )。

石里克、赖欣巴哈和维特根斯坦这些人的出现，使弗兰克、哈恩和诺拉特那群人很高兴，他们找到了合作者。这时哈恩已在维也纳大学当教授，诺拉特在维也纳市组织社会科学方面的成人教育，弗兰克自 1912 年起就到布拉格大学任理论物理学教授。哈恩非常热心地同石里克、赖欣巴哈和维特根斯坦等人联系，1922 年石里克到维也纳大学任哲学教授[③]就是他努力的结果。石里克很快就成了维也纳这群人的学术领导人，1926 年卡尔纳普也来维也纳大学任教。

石里克和赖欣巴哈把"真认识"同唯一的表示事实的符号体系等同起来，卡尔纳普在其《世界的逻辑构造》(1928 年）一书里完成了这种体系的一个实例。在这本书里，他把马赫和彭加勒的观点综合起来，实际上完成了一个具有明显逻辑简单性的贯通体系。在这之后，维也纳的这群人转向"统一科学"的方向。他们认为在科学统一这个问题上，马赫是他们最好的老师，他们的发展是马赫所预想到的。

1928 年在维也纳成立了以石里克为中心的马赫学会。1929 年马赫学会与

---

① 马赫反对"形而上学"并主张彻底的经验论，他把感觉经验看作是认识的界限和世界的基础，理论是对现象的经济描述。

② 彭加勒断言，科学的普遍规律（惯性定律、能量守恒定律等）既不是由实验来检验的关于事实的陈述，也不是从人的心灵的组织必然生发出来的先验的陈述，它们都是关于怎样使用某些词或表达方式的任意约定。

③ 石里克在维也纳大学的这个职位就是1895年为马赫设立的那个"归纳科学的历史和理论"的讲座，马赫的继任者是玻耳兹曼（Ludwig Boltzmann）。

柏林的经验者学会合作，成功地组织了一次题为“精密科学的认识论”的国际会议。卡尔纳普、哈恩和诺拉特合写的《维也纳学派的科学世界观》(1929 年)问世，石里克在《认识》创刊号上发表《哲学的转折点》并宣告我们处在全部哲学最后的转折点的中间。维也纳学派就这样问世了，逻辑经验主义就这样兴起了。石里克被法西斯暗杀之后，维也纳学派的成员离散到各国，其思想几乎在全世界传播。

## 4.3 价值主导的知识系统

价值在知识系统中主导地位的趋向，体现在哲学的价值论转向、知识的社会学探索和经济学的知识嵌入。

### 4.3.1 哲学的价值论转向

哲学是人对世界（自然界和人类社会）的感悟和思索，包括本体论问题（世界是什么）、认识论问题（如何知道是什么）和价值论问题（为什么要知道是什么）。最初的哲学思考集中在本体论问题，近代以降侧重于认识论问题，在 19 世纪和 20 世纪之交开启的哲学的价值论转向，试图构造价值论哲学、价值论伦理学和价值论美学。

#### 4.3.1.1 价值论哲学

“价值论”一词，最早由法国哲学家拉皮埃（P. Lapie），在其著作《意志的逻辑》中最早提出，后由德国哲学家哈特曼（E. von Hartmann）作了系统说明，德国哲学家洛采（R. H. Lotze）被尊为“价值哲学之父”。洛采在其三卷本著作《微观世界》中提出，最需要研究和最值得研究的哲学问题是，人在宇宙中的位置和人生意义问题亦即价值问题。他主张哲学应该关注人类当下的活泼的生命体验，强调人类情感的重要性并断言哲学肇始于伦理学。他的“价值高于一切”的思想激起了哲学价值论的种种倡议。

德国哲学家尼采的重要著作《权力意志》，其副标题为“重估一切价值的尝试”。他认为一个不变的世界并不是人们的幸运，一切传统的价值观念和道德观念均应否定。他试图通过对文化基础的价值重估，颠覆了传统道德、宗教和理性所设置的二元世界，把人从虚无的外在世界拉回到本真的生命世界。他认为基督教文化、道德、价值观念与生命是敌对的，他把自己置于“杀死上帝的凶手”的地位，以“上帝死了”唤醒超越传统观念和道德的“超人”

出现了。

德国哲学家文德尔班认为哲学问题就是价值问题，他把世界分为“事实世界”和“价值世界”，相应地把知识分为“事实知识”和“价值知识”，认为任何知识都离不开价值，甚至提出社会历史科学也不外是关于价值世界的科学。他的著作《哲学史教程》（1892 年）在强调价值的道德规范作用方面影响深远。

#### 4.3.1.2 价值论伦理学

德国现象论哲学家舍勒（M. Scheler）的代表作《伦理学中的形式主义与质料的价值伦理学》，在批判康德的形式主义伦理学思想的基础上提出自己的质料伦理学思想。它摧毁了传统意义上的先天形式与后天质料的人为对立，并从不同角度论证先天质料（价值内涵）伦理学的可能性。舍勒认为，道德价值不是被追寻之物，而是存在于追寻方式中，它们只是意向性价值。我们通常作为最高道德价值的“善”，在内容上是不能被直接定义的，它存在于指向更高价值的趋势中。

德国新存在论哲学家尼古拉·哈特曼（N. Hartmann）的《伦理学》（1926 年）讨论的主题是道德要求和价值的客观内涵问题。他试图把康德与尼采和亚里士多德的观点统一起来，即把道德的先验主义和内容上的价值多样性统一起来。在哈特曼看来，价值的相对性实际上只是价值感的相对性，不同的价值团体会有不同的价值感。价值本身没有在实在世界实现自身的力量，它依赖于有预见、有目的性、有价值意识和自由意志的人。

海德格尔的学生约纳斯（H. Jonas）的代表作《责任命令》（1979 年），为环境伦理建立了形而上学的基础。他不是去研究人与人之间的道德规范，而是力图给科技时代的伦理一个本体论的解释。他批评事实与价值，或“是”与“应该”的现代性分裂，并认为这是整个现代哲学内在的价值主体性或者说主体性强大的意志的恶果，正是这种分裂造成了两个不同的学科门类，即本体论和伦理学。

#### 4.3.1.3 价值论美学

德国现象美学创始人盖格尔（M. Geiger）在其著作《艺术的意味》中反复强调美学是一门价值科学，是一门关于审美价值的形式和法则的科学，是对有关审美价值的那些法则所进行的分析。他认为直观的现象学方法对认识现象是绝对必要的，强调审美主客体的统一等都是对现象学方法的忠实应用。

英国哲学家亚历山大（S. Alexander）的著作《美和其他价值形式》

（1933 年）把美作为“价值”看待，强调美之所以是一种价值是因为它带给人特殊的快感冲动。他认为美是对象与满足了审美情感的个人之间的关系，美的价值是美的对象与创造或欣赏它的心灵之间的某种关系，因为欣赏是一种服从于创造者的创造，它是在作品业已完成之后重温对它的创造。

苏联美学家斯托洛维奇（Леонид Наумович Столович）的著作《审美价值的本质》（1972 年），从哲学的高度系统地论证了价值说的基本范畴，以价值说构筑了一种完整的美学体系。他对审美价值和艺术价值等一系列问题所提出的独到见解产生了广泛的影响。

### 4.3.2 知识的社会学探索

斯宾塞在其著作《社会学原理》中就已将科学列为社会学研究的内容。德国社会学家韦伯的《作为一种职业的科学》（1919 年）被看作是科学社会学研究的起点。最早提出知识社会学概念的是德国社会学家舍勒，他出版了专著《知识社会学的尝试》（1924 年）。这里的“知识”一词的含义包括思想、意识形态、法学观念、伦理观念、哲学、艺术、科学和技术等，他论述了知识或思想与社会生活的关系，认为知识或思想都是社会生活的产物，并力图阐明何种社会群体产生何种思想以及某种思想为什么得以发展。

德国社会学家曼海姆（K. Mannheim）是继舍勒之后对知识社会学的研究贡献最大的人物之一。他的著作《意识形态与乌托邦》（1929 年）强调，研究思想史上各种变动着的观念、知识对思想发展的影响和作用。他认为知识社会学的任务就是对思想的形成、发展、变化及各种观念的相互依赖关系进行有控制的经验研究，探讨思想意识反映社会存在的真实程度，确定思想意识与社会存在的关系及其结构，从而建立起检验知识或思想的正确标准。

美国社会学家默顿的《17 世纪英国的科学、技术和社会》第一次把科学作为一个有独特价值的社会系统进行功能分析。英国科学家和科学史家贝尔纳的《科学的社会功能》（1939 年）全面阐述了科学的外部关系与内部问题。美国科学史和科学哲学家库恩的《科学革命的结构》（1962 年）将科学革命与科学共同体的动态过程联系起来，成为一个影响很大的科学社会学模式。

兴起于 20 世纪 70 年代的“科学知识社会学”（Sociology of Scientific Knowledge，SSK），已经在欧洲大陆和北美洲形成三个学派，爱丁堡学派、巴斯学派和巴黎学派。爱丁堡学派的代表是布鲁尔（D. Bloor），他在其著作《知识和社会意象》（1976 年）中阐述了他们的研究纲领，把知识看作一种自然现象加以研究。巴斯学派的代表人物是柯林斯（H. Collins），他的著作《改变秩序》(1985 年)研究了许多科学争论案例，展示知识的生产是科学行动者之间偶然“谈判”(或译协商)的结果。巴黎学派的代表是拉图尔(B. Latour)，该学派的代表著作是他与伍尔加(S. Woolgar)合作的《实验室生活：科学事实的建构过程》(1979 年)。科学知识传到美国，遂有诺尔-塞提娜(K. Knorr-Cetina)的《知识的制造》(1981 年)和皮克林(A. Pickering)的《建构夸克》(1984 年)。

### 4.3.3 经济学的知识嵌入

知识进入经济学家的视野是价值主导知识系统的特征之一，其发展经历了创新经济学、技术经济学和知识经济学三大里程碑。

熊彼特(J. Alois Schumpeter)在其著作《经济发展理论》(1911 年)中提出“创新理论”，冯·哈耶克(Friedrich August von Hayek)把技术和知识纳入经济学视野，从而也就预告了经济学的知识觉醒。

熊彼特的创新理论最终获得其在经济分析中应有的地位，他的后继者们不仅发展出日益精致化和专门化的创新经济学，而且沿着他的创新理论方向，将其发展成技术经济学(包括制度经济学)。美国经济学家索洛(R. Solow)在其论文《技术进步与总生产函数》(1957 年)中宣告，在 1909～1949 年，美国制造业总产出中约有 88%应归功于技术进步。美国经济学家曼斯菲尔德(E. Mansfield)提出的“技术推广模式”，美国经济学家卡曼(M. Kamien)对市场结构与技术创新关系的研究，美国经济学家罗杰斯(E. Rogers)的创新扩散理论，从不同侧面推进了技术经济学的发展。

索洛在 20 世纪 50 年代开创的人均产出长期稳定增长中技术进步的核算，在 20 世纪 80 年代开始成为以研发促进技术进步的一个数理模型。美国经济学家罗默(Paul Romer)的论文《收益递增与长期增长》(1986 年)和卢卡斯(Robert Lucas Jr.)的论文《论经济发展的机制》(1988 年)，奠定了新经济增长理论的基础。随后，经济增长理论在经过 20 余年的沉寂之后再次焕发生机。1990 年联合国的一个研究机构提出“知识经济”概念，1996 年，经济合作与发展组织(Organisation for Economic Co-operation and Development，OECD)发表了《以知识为基础的经济》的报告，1997 年在加拿大多伦多举行了全球知识经济大会。

# 5 知识的消失

苗东升

## 5.1 系统衰亡论概述

一切现实存在的系统都处在忽快忽慢的演化中，演化的基本内涵是系统的发生、成长、鼎盛、转型（从一种历史形态转变为另一种历史形态）、衰老（老化）和消亡。略去中间环节，只考察两端，简称为系统的生灭。生指系统从无到有，灭指系统从有到无。有生就有灭，有灭就有生。古人已经懂得，生命系统、社会系统、文化系统都有其生成和灭亡，生灭现象司空见惯，但生灭通常只作为一般术语使用。现代物理学发现，无生命的物理系统也有生灭现象，生灭首先是在物理学中成为科学概念的。

一切在时间维中产生出来的系统，都将在时间维中消失。“神龟虽寿，犹有竟时。”一个现实存在的系统，从它生成到消亡都在一个有限时间段，称为系统的寿命。令 $T_0$ 为系统出生的时刻，$T$ 为系统消亡的时刻，则时间区间（$T_0$，$T$）是该系统的生存期，$\Delta T=T-T_0$ 是它的寿命。一切现实存在的系统都有其寿命，其寿命都是有限的。这是一条经验性定律，也是系统论的一个重要假设。系统从有到无的演变就是系统的消亡，这显然是一个过程。

就价值观而言，人们喜生恶死是合乎情理的，故系统科学迄今只谈系统的生成、存续和转型，不提系统的消亡。只有运筹学的更新论才涉及机器系统老化后的更新淘汰问题，但完全限制在工程技术层面，这缺乏理论深度。然而，既然有生必有死，凡在历史上生成的系统必将在历史上消亡，研究系统消亡问题就是系统论的题中应有之义。从基础科学的中性论看，系统生成与系统消亡是对等的，无所谓主次高低，系统科学应该给以同样的关注，在发展生成论的同时，应建立关于系统消亡的一般理论。从实践层面看，灾害系统（疾病是一类特殊的灾害）与人类相伴而生，灾害一旦发生，最紧要的是如何使它顺畅、平稳、快速、彻底、干净地消失，这就须有科学理论的指导。一切有益于人类生存发展的系统，都应当尽量延长其寿命，让它长期为人类服务。不过，既然知道这类系统也有衰老死亡的时候，所以当其进入消亡过程后，我们就应该像庄子为亡妻鼓盆而歌那样，豁达地面对其死亡，让它顺利地、合乎人性地消失。在正常情况下，系统并非在进入鼎盛期后突然消亡，从鼎盛到消亡之间有一个逐渐衰老退化的时期，即先衰后亡。研究系统消亡应从研究系统衰老开始，或者把衰老与消亡联系起来研究，故宜称为系统衰亡论。

推动系统衰亡的基本原因来自两方面：一是系统自身，二是外部环境。系统之所以为系统，在于它的组分之间存在足够的整合力或凝聚力，能够作为一个整体而存续运行，作为整体跟环境互动。但不同组分之间必然存在差异甚至矛盾，或多或少存在某种解体的趋势或作用力。整合力当然是系统的建设性因素，但过度强劲的整合力或不适当的整合方式，也会起到窒息系统生命力的有害作用。组分间的差异和矛盾总会生发出某种分离力，不利于系统的生存延续，只要系统具有合理的整合方式和足够强劲的整合力，组分之间的差异和矛盾也会成为促进系统生存发展、阻止其衰亡的积极因素。外部环境对系统的塑造作用也有两方面，既可能有利于系统的整合，也可能有利于系统的分离。总之，系统能否生存延续，能否健康地生存延续，能否发展进化，要看整合力和分离力的关系如何。简略地说，如果整合力 > 分离力，系统就能够生存延续。处在鼎盛时期的系统

整合力 > 分离力，即整合力远大于分离力，抗干扰能力强。如果整合力≤分离力，系统就会解体或消失。整合力=分离力是理论上的临界状态，相当于人到了风烛残年，微弱的扰动就可能使=（相等）变为<（小于），系统必定解体或消失。

何谓系统老化？一个系统能够从无到有地产生出来，必定具有必要的存续和发展能力，包括整合内部组分的能力、承受环境压力的能力、与环境进行互动的能力等。系统的这种能力往往还会在其产生后得到提高和优化，一直达到它的鼎盛期，有机系统尤其如此。然而，现实存在的系统的鼎盛期都是有限的，无论是整合内部组分的能力，还是承受环境压力的能力，抑或与环境进行互动的能力，终将在运行中被“磨损”，越降越低，直到有一天无力整合其内部组分，或者无法承受环境压力，或者无法实施与环境的正常互动，或者兼而有之，系统就会“寿终正寝”。系统在鼎盛期之后的这种演化，叫做系统的老化。对于那些有新陈代谢的系统，最重要的衰退是新陈代谢能力的老化、退化，导致其他能力逐步降低和丧失。

系统的老化表现在四个方面。一是组分的老化：无论最小组分（元素）还是各级分系统，都会在时间流逝中走向老化，或者在工作运行中因磨损或

运用不当而老化。即使有新陈代谢的生命体，细胞也会老化，老年人体内的新细胞与青年人体内的新细胞的活力显著不同。二是结构的老化，即组分之间互动互应能力的老化，系统整合、协调其组分的组织能力的老化。三是协调应对外部环境能力的老化。四是系统功能的老化，功能指系统为环境中的存在物（该系统的功能对象）提供的服务，以及为维护和改善环境所起的作用。前两种老化主要是就系统自身考量的，后两种老化必须紧密联系外部环境来考量，系统自身没有显著变化，但环境的剧变使系统无法适应环境，为环境提供服务的能力越来越差，或不能提供环境大系统不断产生的新需求，系统也会呈现出老化的态势。以人类来说，资源匮乏，生态破坏，水、气、土的污染，气温升高等变化如果得不到有效遏制，地球环境会越来越差，人类作为系统就会越来越老化，最终不可避免地走向消亡。

从消亡的动因和方式看，系统消亡不外乎以下三种情况：①自消亡。随着系统的组分、结构、机能越来越降低，终有一天无法再整合其组成部分，无法继续跟环境进行物质、能量、信息的交换，无法应对环境的约束和压力，因而停止运行。这叫作系统的自消亡。②他消亡。系统自身尚未衰老，或者未衰老到无法存续下去的状态,但自身无法抗御的外来作用把系统置于死地，即俗话讲的飞来横祸。这叫做系统的他消亡。鉴于外部环境的多样性、易变性、复杂性，这种系统消亡方式也司空见惯，原则上不可能完全避免，属于系统消亡论需要研究的问题。③一般情况下，系统消亡是内外因素共同作用造成的，属于自消亡与他消亡相结合的混合式消亡。

从另一个角度看，系统消亡可能有两种方式：一种是解体式消亡，如国家的解体、机器被拆卸为零部件、社会团体的解散，基本特征是组成部分基本不变而系统整体不复存在。另一种是非解体式消亡，系统并未分解为若干独立存在的部分而散落于环境中，暂时还作为一个整体存在着，但系统最基本的整体涌现性丧失，不再具有系统的基本属性、行为和功能，如死亡后的动物躯体。

一个系统消失了，是积极的，还是消极的？是建设性的，还是破坏性的？这是系统消亡论的另外的问题。回答是不可一概而论，应该具体问题具体分析。一般来说，应该从对环境的作用来评定系统的价值。一个系统能够在它的环境中生存发展，必定存在需要它提供服务的功能对象，有其获取生存资源的渠道，它的消失不利于功能对象的生存发展。一个系统能够在环境中生存发展，意味着它与环境中的其他系统或存在物有某种稳定的联系，共同支撑着环境的现有状态；它的消失势必影响这种稳定性，导致环境的失衡。这是该系统消亡的消极方面。鉴于环境能够提供的资源是有限的，任何系统都会跟环境中的某些系统存在争夺资源的竞争关系，它的消亡对于竞争者是积极的事件。通常我们总是以人类的生存发展为准绳来衡量一切，价值的正负一般容易判断：有利于人类的消亡是价值正向的，不利于人类的消亡是价值负向的。另一方面，即使能够为人类提供功能服务的系统，它的正常消亡总的说来也是积极的，因为旧的不去，新的不来，除旧布新才能发展前进。具体到知识问题，辛辛苦苦积累的知识消失了，令人惋惜。但如果人类事无巨细地保存一切知识，这不仅做不到，而且不利于创新，陈旧知识储存得太多常常会束缚人的创造性。所以，知识消失也有积极意义。

## 5.2 知识的非物质性

波普尔把知识分为主观的和客观的两类。不论哪一类，作为知识都是意识化了的信息。具体来说，存在于“世界 1”的各种客观信息是未意识化的信息（非意识信息），亦即非知识信息；人脑在实践中反映和处理客观信息而产生的意识，是主观知识；通过“世界 2”的反映和改造，最终记录、保存于“世界 3”中的东西，就是本篇重点谈论的客观知识。一个系统消亡了，但有关它的信息却有可能被保存下来。“尤物已随清梦断，真形犹在画图中。”系统存在，它的信息就存在；系统消亡，它的信息未必就消失。恐龙灭绝了，有关恐龙的信息几乎都消失了，但也有某些遗迹保留了部分信息。李白、杜甫早已逝去，有关他们的大量信息被保存了下来。信息的消失与客观事物或实在系统的消失又有明显不同，此乃信息的一种奇异性。知识既然是信息，它就具有一切信息所具有的共性，即知识具有信息性。知识的消亡属于信息的消亡，具有不同于物质系统消亡的特殊性。要讨论知识的消亡，首先要考察信息的这种奇异特性。

什么是信息？这是一个很难给出普适定义的概念。就通信工程和广义的通信活动来说，如香农所揭示的那样，信息是通信中消除了的不确定性，亦即增加了的确定性。在社会生活中，认知活动、报告会、讨论会、学术沙龙等都属于广义的通信，至少是主要内容为通信的信息运作过程。从认知意义上说，知识是认知活动中消除了的不确定性。你对某种现象、事件、过程存在疑问、感到困惑，是因为你没有相关的知识，因而存在不确定性，无法作出判决和采取应对行为。如果获得了相关的知识，你就消除了疑问和困惑，亦即消除了不确定性，增加了确定性，懂得如何作出判断。从人际交流意义上说，通常所谓消息、传闻、情报、数据、资料等都是知识，存在不确定性才需要传播知识，知识传播的功用在于消除不确定性，增加确定性。教与学也是通信，教育者通过传授知识以帮助受教育者消除疑惑，即韩愈所说的“解惑”，知识具有解惑的功能。从实践层面看，知识是消除行动不确定性的能力，没有知识，你就不知道做什么和如何做，或者感到怎么做都可以却又都没把握，甚至全然无从下手；如果有了知识，你就懂得应该做什么和不应该做什么，以及怎么做，如何做得好；知识越多、越精深，做事情成功的把握越大。

于是要问：信息是某种物质性的存在吗？香农信息论提供的是技术科学（通信科学）层次的知识，没有涉及这一问题。明确给出回答的是维纳，他曾说过：信息就是信息，不是物质也不是能量。信息既非物质粒子，也非物理学讲的场或能量，而是一种非物质性的客观存在。从字面看，维纳对这个命题给出的是一种否定性的回答，没有正面界定信息是什么，常常受到学界的责难。实际上维纳命题也包含肯定性的回答，肯定现实世界除了物质性的存在，还有信息性的存在，即非物质性的存在，这在知识发展史上是第一次。维纳命题是划时代的，它标志着人类信息意识的觉醒，是信息文明的思想源头。现实世界是物质与非物质的对立统一，有物质，就有非物质，这本是辩证哲学的题中应有之义。但在很长时期内，人们误以为意识或精神是非物质的唯一存在形式。既然承认意识是宇宙漫长进化史上近世的产物，把意识当成非物质的唯一存在形式就意味着承认在尚未进化出意识之前宇宙中只存在物质，不存在非物质，没有物质与非物质的对立统一。这实在是经典辩证唯物论的一个悖论，是 19 世纪科学发展水平给予它的历史局限性。维纳命题启示人们，意识属于信息，但意识不等于信息，还存在非意识的信息。非物质就是信息，信息就是非物质。存在两类信息，一类是非意识信息，它与物质同生共存，没有人类之前的世界就已经是物质与非物质即信息的对立统一。另一类是意识信息，是物质和信息进化到一定阶段的产物，意识信息的出现使物质与非物质的对立统一变得空前复杂而丰富了。

尽管信息是一种非物质的存在，但它离不开物质，信息必定是某种物质性存在所发送的，必定被载荷于某种叫作载体的物质实体或物质波上，最终被叫作信宿的物质性存在所接受和消化，不存在与物质无关的裸信息。信息是在运作过程中显示自己的存在和特性的，信息运作包括信息的发送、获取、表示（编码）、固定、传递、加工处理、存储、提取、解读（译码）、控制、变换、转录、使用、消除等。信息运作的任何方式都是通过对信息载体的运作而实现的：获取信息所获取的是携带信息的载体，加工信息所加工的是携带信息的载体，传送信息所传送的是携带信息的载体，存取信息所存取的是携带信息的载体，控制信息所控制的是携带信息的载体，等等，通过运作载体而运作信息；而每一次信息的运作都需要消耗能量。这就是信息对物质的依赖性。

知识作为意识化的信息，不能离开物质载体，故可以根据载体对知识进行分类。大体存在两类知识。一类是可以用语言文字符号表达的知识，即概念化的信息，叫作言表知识或显性知识。这种知识构成“世界 3”的主体，却非“世界 3”的全部。概念化属于意识化，但不等于意识化，意识化了的信息未必都能达到概念化。另一类是不能用语言文字等符号载体表达的知识，即意识化了但尚未达到概念化的信息，叫作意会知识或隐性知识，即通常所谓“只可意会，不可言传”的知识。意会知识首先是主观知识，但不完全是主观知识，个人形成的意会知识常常通过所谓“共同化”[①]在群体中传播，变为客观知识。必须说明，概念化的意识信息与非概念化的意识信息、言表知识与意会知识都是模糊概念，不存在截然分明的界线。存在这样的知识，它们虽然不能用自然语言和文字编码表达和交流，但可以借助形体语言等工具部分地表达和交流。禅宗用“棒喝”启迪修行者悟道，就是一例。能够作如此交流的知识也算作“世界 3”的成员，即客观知识的一部分。

物质最显著的特征是具有守恒性，物质不生不灭，能量不增不减，改变的仅仅是它们存在和运动的形式。信息不同于物质的根本特征之一是不守恒，可生可灭，可增可减。一种信息不存在了，但它并不一定转化为其他形式的信息，截然不同于物质和能量。老子生卒年月没有记载下来，中华文化的这一重要信息或知识丢失了，但它并未转化为其他信息。一种新的信息产生了，却并非某种既有信息的变性。北京奥运会主运动场“鸟巢”建成，它的外形、内部结构等信息产生了，承载这些信息的那些实体都来源于物质世界，但“鸟巢”的所有信息并非原有的别种信息变换来的，而是新生的。

物质的不守恒性导致物质的不可共享性。信息则不同，信息的不守恒性导致信息的共享性，“清风朗月不用一钱买”、“但愿人长久，千里共婵娟”，是古人对信息可共享性的深刻领悟和诗意刻画。知识作为一种信息，当然具有不守恒性，具有知识的可共享性。一本书你可以读，他也可以读，一个报告同时让许多人听，这就是知识的共享。物质的重复使用性差，有的只能一次性使用，有的虽然可以重复使用，但每重复使用一次，原则上就会减损其

① 竹内弘高，野中郁次郎. 知识创造的螺旋——知识管理理论与案例研究. 李萌译. 北京：知识产权出版社，2006：9.

使用价值。知识在使用中不存在有形消耗，可以重复使用，重复使用甚至可能增加知识的使用价值。物质的归属具有独占性，因而也就具有可剥夺性。人们已经占有的物质还可能被剥夺，分开的东西还可以重新收拢起来。知识则不同，“人们掌握了某种知识，就不可能被剥夺，某种知识一经传播开来，就不可能被收回”。[①]

但知识毕竟是意识化了的信息，具有意识性是它不同于非意识化信息的特殊本质。其一，知识是人脑加工过的信息，是一种反映性的东西，但不能说“知识是对意识的反映”。[②]知识反映的对象大多数并非意识，而是意识之外的存在，主要为“世界 1”的存在物；知识是“世界 2”对非意识信息加工改造的产物，“世界 2”还可以对知识再加工、深加工，每一次正确的加工都能够产生“附加值”，使知识获得更精深、更复杂的意识性。知识也可以改变形式，即改变载体的形式，故可按照载体形式对知识进行分类。其二，意识是“世界 2”创造的，具有人工性、可创造性；非意识信息则是一种客观存在，具有客观性，无创造性可言。物品的生产可以反复进行，可以批量生产。知识的创造具有一次性或唯一性，“知识一旦被创造出来，别人再创造出完全相同的知识是毫无意义和用途的”[①]。故知识具有优先权，还有产权归属的问题。其三，知识的意识性还表现在它具有特殊的能动性，能够反作用于非知识的现实存在并改变这种存在，知识具有改造“世界 1”和“世界 2”的巨大可能性。知识的能动性源自它的意识性，信息是客观世界中具有活性的存在，知识更是把这种活性提高到极致，意识的本性在于力求回到非意识的客观存在，以反映、驾驭各种非知识的信息。知识就是力量，不仅对“世界 2”产生反馈作用，而且通过“世界 2”转化为物质性力量从而对“世界 1”产生作用，即人类改造世界的实践活动。

## 5.3 知识的老化

信息论创始人之一的韦弗（Warren Weaver）把信息划分为语法信息、语义信息和语用信息三类，也可以推广应用于言表知识，言表知识需要考虑它的语法、语义和语用问题。意会知识谈不上语法问题，但既然是知识，同样存在含义和用途（效用）的问题。知识的老化问题是从知识的效用问题生发出来的。

---

① 王众托. 知识系统工程. 北京：科学出版社，2004：36.

② 王众托. 知识系统工程. 北京：科学出版社，2004：5.

主观知识取材于“世界 1”，形成于“世界 2”，经过人际交流和实际使用而进入“世界 3”，成为客观知识。“世界 1”中未意识化的信息无穷无尽，可供“世界 2”采集、加工、存储、使用，是客观知识无尽的源泉。人皆有好奇心，“世界 2”对新知识的追求永无止境。这两方面相结合，使知识创新在空间维和时间维上都具有无限的可能性，即“世界 3”的扩展具有无限的可能性。社会不断演化发展，人类有追求更美好生活的强烈欲望，新生活需要新知识来创造，故知识创新即“世界 3”的扩展具有无限的必要性，人类永远不会满足于既有的知识水平。所以，只要人类存在，“世界 3”就会不断补充新成员。新成员的出现意味着原有成员不同程度地变旧，“世界 3”由新知识与旧知识组成，新知识与旧知识既有承续、补充、发展的关系，又有竞争的关系：为获得“世界 2”的青睐而竞争。

5.1 节“系统衰亡论概述”讨论的主要是“世界 1”中系统的老化现象。知识也是新陈代谢的系统，原则上也有老化问题。但知识作为人造系统和意识化了的信息，与“世界 1”中一般系统的老化有原则上的区别，知识老化必有其特殊性，需要做具体的考察。

任何新知识都是人类在一定时空条件下为认识和改造世界而创造的，服务于当时当地的生活方式、交往方式、生产方式的需要。知识具有时效性，在产生后的一定时期内不可或缺，在某个时段还可能提升其价值，但总的趋势是随着时间推移，知识的效用、价值或迟或早会降低，总有一天将成为无用的知识。这是因为社会系统处于不断演化过程中，生活方式、交往方式、生产方式不断变化和提高，新的生活方式、交往方式、生产方式必须有系统化的新知识来支撑，世界上不存在主要甚至完全依靠已有知识支撑的新的生活方式、交往方式和生产方式。孔子一再哀叹他那个时代礼崩乐坏的局面，反映了周朝那套礼乐知识变得陈旧，不再满足人们的需要。今人所谓代沟，反映了当代社会中代与代之间知识更新的剧烈，以至于相邻两代人的共同知识已经显著地缺少，难以顺畅地沟通，一代人掌握的知识中必有一些迅速老化，不为下一代所重视。金融经济学有资本时间价值的概念，反映资本随时间延伸而改变其价值，一般是资本增值。知识论有必要引入“知识时间价值”的概念，以反映知识随时间延伸而改变其价值，一般是降低直至失去价值。

社会历史是由大小不等的事件即人类活动组成的，每个事件从始至终的过程都会产生大量该事件特有的现场知识。事件结束后，相关的现场知识中极少有可能用文字记载下来，保存在参与者记忆中的也很少，绝大部分将随事件的结束而消失。能够为局外人或后代所共享的都是离场知识，它们是“世界 3”的基本成分。一个事件的现场情景就是其信息和知识的载体，事件结束即作为载体的情景的消失，相关的知识也随之消失。

总之，知识是一种具有新陈代谢功能的系统。“知识作为一种资源的独特之处在于，它一经创造出来，便成为过时的东西。”[①]知识按其效用是有寿命的，新知识不断转化为旧知识，知识在一定时期内发挥其最大作用之后，就会降低其效用，开始老化，最终被实际生活所淘汰。知识作为一种社会产品也有保质期，各种价值都会逐步降低，直至完全没有价值。知识老化的标识不在于它自身内在整合力的下降，或内在机能的退化，而在于它对“世界 2”（精神状态世界）的吸引力降低，人们越来越少地提到它、使用它，逐步被效用更大的新知识所取代。所以，环境的选择压力是造成知识老化的决定性因素。知识作为一种意识化的信息，本身不会再变化，但它对“世界 2”的意义和价值在逐步降低，这就是知识的老化。知识总体上是复杂巨系统，内在差异极大，不同分系统的寿命差异极大，有些知识近乎即生即灭，有些知识老化速度极慢，有些知识则被长期应用，如人类祖先在数千年前创造的某些知识至今仍然有生命力。

总的来说，科学、技术、社会的进步都会加快知识老化的进程。社会变革越快，知识老化速度越快。数码照相技术的出现立即使原有的照相技术（特别是显影、洗印这种暗房技术）变得陈旧，原有的照相技术被淘汰的时日已经不远。计算机的发明和普及正在使大批原本很吃香的职业知识显得老化，它们同样面临被淘汰的命运。新旧知识的你消我长是“世界 3”内部的残酷竞争现象，从历史大尺度看，这也是“世界 3”的自我演化运动。

## 5.4 知识消失的原因和方式

系统老化不等于系统消亡。退役的战机是老化而非消亡，机器被拆卸或毁掉才是消亡。同样，知识老化不等于知识的消失。人人都有这样的体验，一些尘封几十年的无用知识突然涌现于头脑，表明它并未消失。一种知识老化到不为任何人所知，仍然不能断言它已经消失。它们是暂时被尘封而不知如何提取，还是已经消失而不再能够提取，往往难以断定。《红楼梦》八十回

① 竹内弘高，野中郁次郎. 知识创造的螺旋——知识管理理论与案例研究. 李萌译. 北京：知识产权出版社，2006：序.

以后的原稿多半是彻底消失了，但也不能说死，应该视为一个悬案。类似的悬案一定还有很多。地球上每个民族在历史上都积累了一些现在无人知晓却并未消失的知识，造成考古学和古籍研究的必要性。复杂系统老化与消亡的界限常常是模糊的，一般难以精确划定。生物系统的生死界线有模糊性，知识系统亦如此。但老化是消失的前奏，事物愈老化就愈逼近于消失。知识系统亦如此，这是知识系统具有不确定性的一种表现形式。这些都表明，知识的消亡是复杂的。

知识作为一类信息，它的消失不同于非信息系统的消失。信息和知识必须依靠一定的载体而得以保存，载体在，信息在，知识在；载体亡，信息亡，知识亡。知识消失论的基本原理是：存储知识的载体一经消失，知识必定随之消失，不同的只是具体表现形式。历史上许多人留下著作，但生平事迹无考，因为存储其生平事迹（知识）的载体没有保存下来，这些知识便随之而消失。古代先贤已经懂得这个道理。杜牧有诗云："折戟沉沙铁未销，自将磨洗认前朝。"在人类历史上，任何时期的人造器物都是当时的科技、经济、文化、社会等方面信息或知识的载体。折戟之铁只要"未销"，就还是载体，它所载荷的前朝信息仍然存在，通过磨洗（解码）即可获得这些知识。如果折戟锈迹斑斑，通过磨洗也无法辨认，不再成为载体，载荷的信息或知识就永远地消失了。

正是由于这个道理，欲消除某些知识，就要设法消除它的载体。欲帮助灾民走出灾难的阴影，就要帮助他消除受灾过程在大脑神经网络中留下的记忆，即忘记那些关于灾害的发生过程。历史教科书是历史知识的重要载体，具有以史为鉴、开拓未来的社会历史意义。反过来说，欲保存某些知识，可以通过保存它的载体来实现。敦煌壁画等文物载荷着大量宝贵的知识，由于地震、环境污染、气候变化、外来盗窃、过度开发等原因，大部分壁画正在日趋斑驳、褪色，如果任其下去，它所携带的知识可能将永远消失。文物复苏工程的任务是通过修复文物的载体来保护有关的知识。

知识的载体多样复杂，载体消失的原因和方式多样复杂，故知识消失的原因和方式也多样复杂。意会知识和言表知识的消失就有差别。意会知识的共同化是不借助语言文字等符号载体传播知识，知识在传播中最容易走样，走样就意味着有所消失，传播越多，丢失的知识越多。共同化还是同一群体中不同代个体之间的知识交流过程，传播的代际越多，知识丢失越多。某一代传播个体的消失将使传播进程中断，他那一代掌握的意会知识将随之消失。我国古代许多珍贵的技术和艺术知识就是这样消失的。

跟意会知识相比，言表知识的保存和传播要容易和有效得多。但直接借助口头语言来传播知识也难免发生知识丢失。一是讲述过程难免走样，同样的言表知识，由徒弟讲出来的内容，有别于师傅所讲的内容，必有所丢失。二是言说者一旦死亡，他所掌握的知识随之消失。羌族是中国历史上有影响的少数民族之一，由于习惯于生活在高山地带而被称为云朵上的民族。羌族拥有自己的语言、宗教、习俗，它所独创的历史的、文化的、经济的知识丰富而宝贵。由于它没有自己的文字，记录、保存、传承这些知识主要靠两种载体：一是羌民创造的物质文化产品（如用石块垒砌成的羌寨、羌族寺庙、器物等）；二是羌民的世代言传身教。由于自然灾害等原因，大批有民族特色的建筑物被毁损，大量知识随之永远消失。

用文字等人工符号编码出来，再记录、固定在物质载体上的知识，称为文本知识，最便于长期保存。复印技术、录音技术、录像技术等的发明创造，极大地提高了知识保存、管理和使用的可能性，近乎可以使文本知识无限期保存下去。但文本知识并非不会消失，因为作为文本载体的任何物质形式都可能被破坏、销毁，导致所载荷的知识消失。许多因素，如恶意破坏、不可抗拒的天灾、文本物质形式的变质等，都会通过毁坏文本而导致知识消失。社会系统的运转相当于一台硕大无比的电脑，不断更新的生活总是把现场实践需要的知识置于屏幕上，把海量的其他离场知识放置于屏幕后。这种操作时时都在进行，日积月累，存放于屏幕后的文本越来越多，越来越乱，越来越难以搜索提取，一些不经意的动作还可能使某些文本丢失。

就知识的存储、提取和消失看，我们可以对“世界 3”和人脑进行比较。人脑有记忆，也能忘记，两者都是重要的脑机能。个人会忘记许多知识，群体也会忘记（所谓集体遗忘），作为复杂巨系统的人类社会也可能忘记许多知识。

“世界 3”中的客观知识难以计数，不同知识消失的可能性有大有小，差异极为悬殊，原因十分复杂。有关家族的知识即一例。家家都有自己的独特知识，但社会地位、经济实力、文化积累的差异很大，这种知识能够保存和流传的可能性大不相同。有的家族知识广为人知，流传千古，有的家族知识只能流传三五代，寻常百姓家的知识连他们自己家族内部都难以流传。“旧时王谢堂前燕，飞入寻常百姓家。”王谢家族虽然早已凋零，有关他们的一些知识却成为寻常百姓谈论的语料。相反的知识传播和保存过程几乎不可能发生。其实，王谢堂前燕是从他们之前的寻常百姓家飞入的，但从来没有人去记录、评说、传播，都随生随灭了。笔者的家庭是穷山沟里的小户农家，没有家谱，家族史知识一片空白，以致我对曾祖父一无所知。社会知识保存传播中的这种差异性、不对称性，是导致群体公共知识保存传播能力显著不同的重要原因。

语言文字是不断演变的系统，同一民族语言在漫长历史中会发生显著变化，使后代难以读懂前代留下的文本，导致部分知识的消失。一些用古代汉语编码表达的知识，无法按照现代汉语解读，即使古汉语专家也不可能完全懂得古汉语，部分古代知识不可避免因之而消失。一些已经不存在的民族文字记载的知识，至少部分不可能被解读。古代典籍即使完整地保存下来，只要没有发现解码方法，它们就事实上等同于消失了。

人类积累的知识是以各种民族语言记录和传承的。语言既然是历史地产生出来的，也会历史地消失，语言史就是语种生灭史。工业文明的强势发展加快了弱势民族语言的消失，经济全球化更以空前的速度使众多语言处于濒危状态，它们所承载的知识正处于消失的边缘。联合国教科文组织曾绘制过一幅“世界濒危语言分布图”，标注了全球 2500 多种濒危语言的地理位置。在中国，科压卡拉语是近半个多世纪以来灭绝的语种，满族语言是极度濒危语种。汉语的方言特别发达，汉民族积累的大量知识是用方言记录和保存的。方言也在演变，特别是方音的变化快速而多样，许多知识因之而面临失传的危险。如何防止语种或方言的灭绝，以保护它们载荷的大量知识，日益引起人们的关注。

就知识消失的方式看，有正常的消失，也有非正常的消失；有渐进的消失，也有突然的消失；有暂时的消失（失而复得），也有永久的消失；有无意识的消除，也有有意识的消除；有自组织的消失，也有他组织的消失；有希望消失而没有消失的，也有不希望消失却消失了的；等等，多样而复杂。深入揭示其规律和机理是知识论的一大课题。

香农的信息论揭示，信息运作的每一种形式中都同时存在噪声，而且噪声与信息具有同样的载体形式，相互混杂，难以辨识，常常导致信息的丢失。所以说，噪声是通信的大敌，但人们只能在噪声中通信，在跟噪声斗争中完成每一种信息运作。这两点都是信息论的重要原理。知识既然是信息，也必然存在跟它相对立的噪声。知识既然是意识化的信息，跟它相对立的噪声也是意识化了的信息，即虚假知识。“世界 3”不仅有正确知识，还有错误知识、谎言知识，即知识系统中混杂的噪声，人们只能在跟噪声的斗争中进行知识运作。就通信系统看，人们从噪声中提取信息的能力相当有限，噪声严重时可能使信息无法从中分离出来。知识系统亦然，大量虚假知识混杂于“世界 3”而长期不能辨识，无法被人使用，形同消亡。久而久之，知识的所有者或管理者就会销毁有关文本，使真知识与假知识一同消失，这也是知识消亡的一种原因和方式。

有人对只有破坏载体才能使知识消失的说法存疑。他们问：知识作为意识化的信息，是否可以通过对携带知识的物质载体进行某种去意识化的操作而使之消失，载体本身却依然存在？答案是否定的，因为“世界 1”的非意识信息的意识化是一种不可逆操作，一旦把信息意识化而载荷于某种物质载体上，就不可能在保存载体的情况下使知识重新变为非意识信息。例如，用语言文字载荷的语义信息不可能在保留语言文字的前提下加以消除。

最后谈谈科学知识消失的三种情形：①按照波普尔的揭示，许多曾经传播一时的科学学说可能被证伪，其中除了少数被记录在科学史著作里，其余大多数随着时间延续而消失。②一个科学共同体的某些言表知识可能变为共同体的常识，彼此无须再讲出来，久而久之，用进废退，就可能重新内在化而成为共同体的意会知识，随着使用它们的人离世而消失。③前科学知识（经验知识）经过逻辑加工处理而变为结构化、系统化的专业科学知识，随着科学知识的发展、成熟和越来越广泛地应用，其中一部分就会逐渐向社会大众传播而转化为常识。常识是无须逻辑论证、不究其所以然、无须专门学习即可掌握的知识，亦即去结构化、去系统化的知识，因而也是易于消失的知识。常识是有时代性的，时过境迁，人们不再需要了，也就消失了。孔子时代的常识极少能够保存到现在，就是一百年前的常识也有许多已不可挽回地消失了。知识的这种生灭过程可以表示为：

$$\text{经验知识}\xrightarrow{\text{系统化}}\text{专业科学知识}\xrightarrow[\text{(部分的)}]{\text{去系统化}}\text{常识}\xrightarrow[\text{(部分的)}]{\text{载体灭}}\text{常识消失。}$$

# 6　知识的性质

苗东升

## 6.1　知识的客观性

主观知识产生于"世界 2"，即人的头脑凭借感官接收和感受到"世界 1"的信息，再通过一系列加工处理后所形成的意识化信息。在某个头脑中产生出来的主观知识，一旦向其他头脑传送而进入相互交流之中，或者加载于各种物质载体，或者被应用于实践活动，就转化为一种不再以"世界 2"为转移的客观存在，即进入"世界 3"。波普尔从多方面论证了"世界 3"的客观存在性，亦即"世界 3"成员的客观性，故称之为客观知识。

既然把知识定义为意识化了的信息，那就得承认："世界 3"的客观性归根结底在于被意识化的非意识信息的客观性，亦即"世界 1"（包括意识主体的肉身）的信息的客观性。"世界 1"的信息是客观信息，它们被认识主体反映到意识之中变为主观知识时，这种客观性并没有消失，而是转变为潜在的或隐性的存在，作为主观知识的内容表现自己。"世界 2"创造的主观知识一旦进入"世界 3"，便以不同于"世界 1"的另一种客观性呈现出来。波普尔没有正面谈论这样的客观性，但事实上他隐晦地承认这一点。他强调"世界 3"是思想的客观内容的世界，尤其是科学思想、诗的思想以及艺术作品的世界[①]，科学问题和问题情境、科学推测、科学讨论、批判性论据、科学实验等都具有客观性。作为证伪理论的创立者，他当然承认科学知识具有客观性，违背客观性的知识原则上都将被证伪。

知识之客观性的一种表现是可交流性。一切知识都首先产生于"世界 2"，只要还停留在"世界 2"中，它就仅仅是主观知识。如果命题仅仅作为一种意念在创造者的头脑中盘旋，那就只能是主观知识；只有当命题的创造者把它告诉别人，或者以文字表达出来，这一命题才会具有客观性。意识到了但

---

① 卡尔·波普尔. 客观知识——一个进化论的研究. 舒炜光，卓如飞，周柏乔，等译. 上海：上海译文出版社，1987.

无法或尚未进入与他人交流阶段的知识，完全是波普尔讲的主观知识。“世界 2”的主观知识转变为“世界 3”的客观知识有一个过程，起点之一是获得主观知识的主体跟其他主体进行信息交流。只要进行交流，哪怕只有两个交流者，也不管交流对象是否赞同，知识就开始获得一定的客观性，不再是纯主观知识。携带于物质载体上的知识进入交流后，交流对象须凭借感官感受知识的物质载体，才能获取这些知识，并对其做出评价，这就是客观性。简言之，知识的可交流性就是知识最低限度的客观性，知识被评价就是评价者对其客观性的认可。同样理由，所谓“我知道你正在试图激怒我，但我不会被激怒”，波普尔把这个句子当作主观知识的例证也不正确。既然“你”头脑里的意图已被“我”识别，它就已经通过两者的交流而进入“我”的头脑中，具有一定的客观性；“我”未被激怒这一事实反馈于“你”，意味着“我”的思想状态已传给“你”，也已进入交流之中，并产生了后果。故这些意识活动已具有客观知识的特征，不再是主观知识了。

知识之客观性的另一种表现是可实践性（可应用性）。实践是主观见之于客观的东西。辩论作为一种特殊的实践可归结于上述知识交流活动，无须再谈。主体应用自己的主观知识解决实际问题，或者说变革“世界 1”，哪怕仅仅是单个人的实践活动，只要是在社会范围内进行的，就必然留下某些可供他人感知的印迹、事件、后果等客观存在，它们载荷着实践者的意图、方法、程序等信息，能够供他人分析、检验、评价、借鉴，有经验教训可以总结和记取，因而已进入客观知识的范畴。所以，应用于实践是知识由主观向客观转变的另一种可能的起点，只要应用于实践，知识就开始具有客观性。应用性也是知识具有客观性的一种表现形式。

无论是交流，还是应用，都不是知识客观性的完整的、充分的表现形式。波普尔曾经告诫人们：只要谈到“世界 3”意义上的语言，最好设法避免“表达”和“交流”这类术语。这样说是有道理的，因为只要是交流，就必然牵涉到交流者实时的意识活动这种第二世界，客观知识和主观知识难解难分地交织在一起。知识传给交流对象固然表现知识获得了客观性，但紧密依赖于交流主体又是主观性，故这样的知识只具有部分的、不完全的客观性。知识的应用也类似，知识只能通过“世界 2”作用于“世界 1”，主观与客观不可分割地联系着。所以，仅仅谈交流和应用还不能充分揭示“世界 3”的客观性，这样的知识尚属于“世界 3”接近于“世界 2”的边缘部分，了解知识的客观性不能停留在这里。

知识一旦被作为信息加载于“世界 2”之外的物质实体，如刻在岩石上，或凝结于各种人造物质产品中，就成为独立于“世界 2”之外的存在物，这样的知识才可能具备完全的客观性。凝结或熔铸于物质产品中的知识尽管也具有完全的客观性，但不属于“世界 3”的核心部分，因为它们难以流通、传播，减弱了知识的客观性。“世界 3”的核心是各种文本，用符号语言把知识记载于书本、磁带、光盘等人工信息载体中，知识的客观性在这里获得最充分的表现。波普尔论证最多的就是这种知识客观性，颇富机智和说服力。我们再简略讨论以下几点。

“世界 3”是人创造出来的，但就像蜘蛛网那样，客观知识一经创造出来就具有独立于创造者头脑即“世界 2”的客观自在性，成为一个自在的世界：自在的石刻、自在的书籍、自在的磁带、自在的光盘等。它们载带着自在的问题、自在的问题情境、自在的论据、自在的理论等。不论创造者是否还在世，也不论是否有人去翻看或播放，是否有人能够弄懂其内容，“世界 3”的这些成员都自在地存在着。客观知识一旦被创造出来，即使创造者后来改变看法，试图否定它，也无法取消它的存在。正如成语“一言既出，驷马难追”，主观意向一旦经过语言表达而进入“世界 3”，不论是对是错，都成为表达者无法改变的客观存在，必将产生客观知识固有的效能。孔子对这种知识的客观性已有深刻认识，故把“讷于言”作为君子的重要行为规范。成语“祸从口出”说的也是这个道理。

只要主观知识被写进书刊，白纸黑字摆在那里，就如同自然界的任何存在物一样具有客观自在性。你在书摊上看到一本从未听说过的书，它就像新的天体现象一样客观，因为它早就存在于你的主观世界之外，不以你是否发现它为转移。例如，发现战国晋侯墓时，探测到地下有石油，晋侯墓的价值全在于保存了大量“世界 3”的成员，石油则属于“世界 1”，但它们所具有的客观性则是相同的。波普尔说得好，即使地球上的人类不幸灭亡，只要图书馆存在，人类文明就具有再次运转的可能。不过，这里又需要就他的观点再次商榷。学习能力基本上是由主观知识决定的，如果主观知识全部被损毁，我们从图书馆中学习的能力必定消失殆尽，仅仅留存图书馆，世界是不会再次运转的。当然，这一事实并不影响图书馆所存储知识的客观性。

“世界 3”成员的客观性，不在于它们作为知识的正误或真伪，而在于它们经过交流或应用而离开“世界 2”，进入“世界 3”，记录在文本或社会集体记忆之中。一旦进入“世界 3”，即使后来被证明是错误的，它仍然作为历史事实客观地存在着，随时可能重新进入交流。哥白尼的日心说取代托勒密的地心说之后，地心说仍然是“世界 3”的成员，继续自在地存在着，经常出现在关于科学史的新的交流中，至少出现在科技史教学这种知识交流中。杨度曾经是保皇党，后来转变为共和派，晚年又成为共产主义者。但他早年的保皇言论仍然作为客观知识保存于文本和社会记忆中，不仅是他个人历史的一部分，而且是 20 世纪中国社会急剧变革的象征性事实，被感兴趣者一再提及。

从科学和学术研究的角度看，具有证实或证伪理论这种功能是客观性的重要标志。具有证实或证伪功能的东西不仅存在于“世界 1”，而且存在于“世界 3”，“世界 3”能够提供与实时“世界 2”无关的资料、数据、证据等信息，具有证实或证伪某些猜想、传说、假设的作用。《孙膑兵法》的出土排除了孙武和孙膑为同一个人的传言。仡佬族《九天大濮史录》的发现，澄清了许多有关仡佬族的传说。“世界 3”成员的这种客观性不仅表现在科学和学术研究中，法治等社会领域也大量存在。例如，犯罪嫌疑人一旦开口，其口供立即进入“世界 3”，成为警察破案、定案和法院判决的重要依据，没有罪犯的供认，法律判决的客观性就很不充分。

“世界 3”的客观性常常表现为其中潜藏着创造者并未意识到的知识，却有可能在另外的问题情境中被他人或后代发掘出来。客观知识有被理解的可能性和潜在性，它有被理解或者解释、被误解或者误释的意向性。例如，技术专家应用已有的科学理论不断发明新技术、新产品，而科学理论的创立者却不知道自己的理论中包含这些技术的潜在性，并且这种潜在性或意向性即使从来不曾实现，也还是存在着的。整数系中被人类读过、想过、写过、用过的成员只是极其有限的一小部分，无穷多的整数永远不会被人们提起，但它们还是客观自在地存在着的。客观存在总是以显在的和潜在的两种方式表现出来的，潜在性存在的客观性绝不亚于显在性存在。

波普尔认为，“世界 3”具有客观性的重要表现之一，是它对“世界 2”有反馈作用。作为存在的一种家园，语言是“世界 3”的重要组成部分，语言一经创造出来就具有其创造者人类无法改变的客观自在性，对“世界 2”具有至关重要的塑造作用。“世界 2”的形成和发展离不开主体的亲身实践，但不能仅仅依靠实践，还必须充分利用“世界 3”的反馈作用来塑造“世界 2”。古人云：“腹有诗书气自华。”因为饱读诗书能够改造“世界 2”，使人的气质优雅，思维开阔、深邃。整个教育事业其实就建立在“世界 3”能够反馈于“世界 2”这一原理之上。如果没有客观自在的“世界 3”，今天的人类社会是不可想象的。

为了揭示“世界 3”的客观性，波普尔还提出自主性概念，因为“世界 3”的自主性联系着它的客观性，或者说自主性从一个方面表现了客观性。但自主性≠客观性，我们将放在本章最后从自组织的角度来讨论。

## 6.2 知识的社会性

客观知识的源头或前体是“世界 2”的主观知识，或个人知识。每个个体头脑中的“世界 2”并非作为一种纯粹的自然物独立地跟“世界 1”相互作用，而是依托一定的社会关系、社会存在跟“世界 1”相互作用的，因而从本质上规定了主观知识具有社会性。所以，主观知识尽管仅仅存在和运行于个人头脑中，却都已经具有无法摆脱的社会性，不存在没有社会性的主观知识。但主观知识既然只存在于“世界 2”，就只具有潜在的社会性，而不具备显在的社会性。没有这种潜在的社会性，主观知识不可能通过交流和应用进入“世界 3”。知识的可交流性、可应用性就是一种社会性。而主观知识只有离开“世界 2”，跟其他个体进行知识交流、思想碰撞，经过其他个体的“世界 2”的审视、批判、接受、传播，才能进入“世界 3”，而这种审视、批判、接受、传播只能在充满社会性因素的环境中进行。两个人的交流具有主体间性，主体间性已经是一种社会性。意识化了的信息一旦进入“世界 3”，就具有了显在的社会性，成为社会知识，可以为他人共享，被他人传送、辩驳、筛选。不仅载荷于社会制度、生活方式、社交方式、风俗习惯中的知识具有社会性，而且载荷于文本中的知识也具有社会性。所以，社会性是“世界 3”的基本属性之一，文本世界是作为社会系统的重要分系统而产生、存在和演变的，文本世界的规模、质量、品位反映一个社会的文明水平。而社会性也是知识具有物质依赖性和客观性的表现形式，不可不察。

知识作为一类高级信息，是“世界 1”的非知识信息通过“世界 2”加工改造而来的。能够实现这种转变的个体都是具有社会性的存在，生存活动于一定的社会关系网络之中，依靠这种社会关系网络对非知识信息进行加工改造。如此生成的主观知识必然打上特定的社会关系网络的印迹。在一定的社会关系网络中产生出来，在这种网络中不断传播和流动，被大小不等的社会群体所公认，这样的思想客体才算进入“世界 3”，成为客观知识。所以，非意识信息的意识化运作总是依托一定的社会关系进行的，意识化的过程就是赋予知识以显在社会性的过程。狼孩之类的生命个体由于不具备社会性，既不可能使非意识信息意识化，更谈不上使意识化的信息实现概念化。

与主观知识不同，客观知识的主要部分是经过验证的真实信念，从主观知识到客观知识是通过人际互动来证实个人信念为“真理”的动态过程。人际互动是社会关系动态展开的过程，所谓人际信息交流不仅仅是传送知识，更多的是相互质疑、辩驳、检验、修正、补充、更新知识。这样做的基础是交流活动参与者共同认可的经验事实，即体现“世界 1”的客观性的经验事实，以符合“世界 1”的客观性、在实践中取得成功或“灵验”为准则，来证实或证伪“世界 2”产生的信念。通过相互质疑、辩驳、检验使个人头脑中创造的知识进入“世界 3”，通过修正、补充、更新而不断丰富“世界 3”，这样的运作将进一步赋予“世界 3”的成员以更多更广更深刻的社会性。

前述知识的一切可能运作形式，即知识的创造、传播、加工、储备、应用等，也都是在一定社会关系中进行的，每一种运作都将规定和强化知识的社会性。大部分客观知识通常都沉睡于“世界 3”，又都具有可激活性。但只有生活于一定社会关系网络中的认识主体才可能激活和解读“世界 3”的客观知识,因为人只能依托一定的社会关系去激活和解读这些知识,为己所用。西方人常常误读中国书报上的知识，中国人常常误读西方书报上的知识。现代人难以读懂古人著作中的知识。凡此种种，皆因所谓客观知识的社会性使然。你要读懂不同文化的典籍，你就得深入了解那种文化的社会性，按照它的社会性去解读那种文化。

知识虽然具有可共享性，原则上可以被任何社会成员所掌握，但事实上知识远非均匀分布于所有社会成员中。不同社会地位的人从“世界 3”获取知识的条件不同、起点不同、途径不同，结果也就不同。人的社会地位一定会在他的知识储备中体现出来。掌握知识的多少、深浅、精粗也可能反过来影响人的社会地位。为全体社会成员（全人类）共有的知识只是“世界 3”的一小部分，“世界 3”的绝大部分成员都是具有局限性的客观知识，包括地域（空间）的局限性、时间的（历史的）局限性、社会地位的局限性、人生经历的局限性等。这种局限性是知识具有社会性的重要表现形式。

（1）地域性。社会是由不同地区的人类群体组成的，社会是整系统，地区是分系统。所谓社会性既有社会整系统的普遍性，也包含不同地区的特殊性。所谓客观知识大部分是一定地区的公共知识，带有该地区特有的社会性。一个村庄有自己特有的公共知识，一个县有该县特有的公共知识，一个国家有它特有的公共知识。如果存在地外文明，它们一定具有不同于地球人类的公共知识，地球人类的公共知识大多数也不过是一种更大的地域知识。

（2）团体性。由于爱好、政治倾向、历史沿革等原因，地球人类划分为各种各样的社会团体。在地球人类中，大量客观知识都是一定社会团体的公共知识，带有那个团体特有的社会性，包括特有的偏见。每一个社会团体或人群都有其特有的公共知识，有他们特有的行话，这种局域知识是进入该团体的通行证，识别该团体成员的身份证，赋予他们以归属感。杨子荣要打入威虎山，就得学会讲土匪的“黑话”。记者协会、作家协会、同乡会、校友会，都有自己独特的团体知识。

（3）职业性。每一种社会职业都具有自己专业特有的公共知识，每一行业都有它的行话，职业性、专业性就是社会性。同行之间那些尚未概念化的意会知识易于用非语言方式传送和接受，却很难传授给其他行业的职业者，这种差别也是因职业性这种社会性使然。

（4）阶级性和阶层性。人类社会分化出阶级之后，阶级性就成为一种特别强烈的社会性，极大地影响着知识的社会性。隶属于一定阶级也是一种局限性，不同阶级和阶层各有维护本阶级和阶层利益的理论体系，都属于客观知识，具有在许多方面互不相容的社会性。但同时，一个正常的社会也应具有足够的全民共有知识，以调解分歧和矛盾，整合社会；否则，社会系统就会陷入严重危机。

（5）民族性。大量知识还具有民族性，不同民族的文化就是不同的知识体系。除去进入民族文化典籍理论体系的那些民族知识，传说、歌谣、舞蹈、戏剧、礼仪、服饰、节日活动等也是民族历史和文化知识的重要承载者，弱势民族的文化知识往往更多地依靠独有的传说、歌谣、舞蹈、礼仪、服饰、节日活动等来传承。

（6）宗教性。在未来一个无法估计的长时期内，宗教信仰还将广泛存在，成为许多人的精神家园的承载者。不同宗教教义是不同的知识体系，是“世界 3”的重要客体。宗教性是一类特殊的社会性，不同宗教的知识体系呈现不同的社会性，有时可能因此而导致社会冲突。

社会性在时间维中的渐次展开，就是人的历史性。由人创造的客观知识也具有历史性，知识总体上呈现出不同的历史形态。在一个文本面前，人们可以辨认它是什么时代创造出来的，在什么时代属于核心知识，什么时代开始显得过时，等等。人们可以通过知识的历史性去了解它的社会性。而历史记载中不可避免存在虚假知识，令人感到“亦真亦幻难取舍”，此乃历史复杂性的重要根源。

## 6.3 知识的系统性和复杂性

一个事物被确认为系统，在于它具有组分、结构和环境三大要素，或者说具有多组分性、关联性（组分之间存在相互联系、相互作用）、开放性，呈现出组分没有而系统具有的整体涌现特性。较为复杂的系统还具有内外相互关系的非线性、行为的动态性和不确定性，等等。客观知识的全体，即波普尔的“世界 3”，是以系统方式存在和演变的，被称为知识系统，具有复杂系统的各种特征。

客观知识整体上是一种开放复杂巨系统，而非早期系统科学研究的简单系统（小系统和大系统）。按照钱学森的定义，所谓复杂性就是开放复杂巨系统的动力学特性[①]。说详细点，规模的巨型性、组分的异质性、结构的多层次性、对环境的开放性、内外关系的非线性、行为过程的动态性、内外的不确定性，这些因素整合在一起形成的系统特性，就是复杂性。知识系统显然具有这种复杂性。

知识系统的巨型性。不考虑无法用语言文字表达的意会知识，仅就概念化了的信息即言表知识看，如果把概念和命题作为知识系统的最小组分，则该系统具有的组分数量可以达到天文数字，甚至是不可计数的。现代社会的知识分化为大大小小的学科来整理、保存和传播，主要按照不同学科来研究和发展，每个学科都以系统方式存在。如果以现在公认的学科作为分系统，仅仅科学知识就有上千个分系统，非科学的其他知识领域还有难以计数的学科和亚学科。所以，知识的总体都是钱学森所讲的巨系统，规模的巨型性是“世界 3”作为系统的显著特征之一。

知识系统的组分异质性。组分数量巨大但属于同一种类，或只有极少种类，这样的系统不可能复杂。组分“花色品种”多（钱学森语），彼此间的相互作用、把它们整合在一起的方式必然复杂多样，这就是组分的异质性，是系统复杂性最重要的内在根源。“世界 3”作为系统，微观层次的组分即概念和命题在性质和种类上千差万别，难以穷尽。在宏观层次上，“世界 3”既有科学知识，也有非科学知识，而且还有伪科学、反科学知识。仅就科学知识看，不仅学科分类数以千万计，就是同一学科内部，往往有不同学派和不同理论体系，同一学科内部有可能有针锋相对的理论，相互竞争，异彩纷呈。可以说，在现实存在的各种系统中，组分异质性之显著者，少有更胜于知识系统的了。

知识系统的整体性。人之所以不满足于经验知识，一定要上升为理性认识，原因在于后者是高度有序的系统，具有经验知识所没有的整体涌现性，能够把握“世界 1”的本质和规律。概念把握的是一类对象的共同性、一般性，是感性知识经过理性概括所产生的整体涌现性。命题的认知功能在于作

① 钱学森. 创建系统学. 太原：山西科学技术出版社，2001：456.

出断定，单个概念不具备断定功能，多个概念整合成为命题才能涌现出断定这种逻辑功能。若干命题按照推理规则整合起来，才能涌现出从已有知识推导出新知识的逻辑功能。(注意，涌现有渐现和突现两种方式，顿悟产生的新概念和新命题是突现，逻辑推理产生的新概念和新命题则是渐现，一概称为突现是以偏概全。)一系列概念、命题、推理、论证整合为知识系统，才能涌现出理论体系独有的认知功能。对于一种技术、一种理论、一门学科，人们不能满足于一知半解，必须整体地掌握，因为知识的全部功效只有形成系统整体才能涌现出来。一次法律诉讼，仅有孤证不行，必须提出完整的证据系统才能涌现出足以办成铁案的法律效力。一项工程建设，只有经过完整地设计、规划和论证，才能涌现出足够的科学性、可行性和经济性。总之，所谓知识的理论解释力、实践指导力和思维穿透力，这些为人们津津乐道的品质，都是知识形成系统所产生的整体涌现性，零散的知识不具备这些品格。

知识系统的开放性。存在不同意义上的开放性，在知识系统中都有表现。其一，“世界 3”是以“世界 1”和“世界 2”为环境的系统，其中特别重要的是“世界 3”对“世界 2”的开放性，这已无须多言，需要讨论的是“世界 3”对“世界 1”的开放性。“世界 3”与“世界 1”的相互作用主要是以“世界 2”为中介而间接进行的，但“世界 1”也可以直接作用于“世界 3”，那种认为“世界 1”与“世界 3”只有通过“世界 2”才能发生间接相互作用的意见并不正确。因为“世界 3”是信息世界，必须依存于一定的物质载体，这就使它在某种程度上可以跟“世界 1”发生直接联系。自然灾害造成文物损害，使文物所载荷的知识消失，就是“世界 1”对“世界 3”的直接作用，并未通过“世界 2”这个中介。效仿波普尔论证“世界 3”客观性的方式，可以说：如果需要盖新图书馆，但人不插手，由计算机和机器人来完成，这个图书馆拔地而起就是“世界 3”对“世界 1”的直接作用。其二，知识系统内部不同分系统之间相互开放，物理学与生物学相互渗透，自然科学与社会科学相互渗透，科学知识与人文知识相互渗透，大量边缘学科、交叉学科、跨学科研究的不断出现，都是不同知识领域相互开放的表现。其三，向未来开放。整个知识系统及其大大小小的分系统总是随着时间向未来延伸而不断吐故纳新，不断扩展边界；一旦停止向未来开放，就意味着该系统走向封闭，没有发展前途了。其四，未完成意义上的开放性。波普尔曾经说过：没有任何人能够完全了解理论固有的全部可能性，不论是它的创立者，还是设法掌握它的人，都不行，理论创立者可能经常不理解所创立的理论。他举的例子是开普勒没有完全了解开普勒定律，薛定谔没有完全了解薛定谔方程。同样可以说：贝塔朗菲没有完全了解一般系统论，波普尔没有完全了解证伪理论，钱学森没有完全了解系统学，等等。每一种有生命力的理论都有些内涵、问题和价值只有在未来才会呈现出来。这从另一侧面证明“世界 3”的客观性和复杂性。

知识系统的非线性。线性与非线性原本是数学概念，应该就不同变量的关系来把握，可惜知识论研究尚未达到使用数学方法的地步，无法给知识系统的非线性以数学的刻画。但数学毕竟是反映客观事物的知识，客观事物中存在的非线性原型必定会反映到知识系统中，故可以对线性与非线性作定性的把握。哲学地看，知识系统是线性与非线性的对立统一。知识系统具有线性特征，如以语言文字记录表述的知识都呈线性链结构，已有知识可以经过线性的推广而产生新知识，等等。如果人的意识和知识自身绝对没有线性特性，就不可能有用语言文字表达的言表知识。但知识系统也有非线性特征，而且本质上是非线性系统。意会知识是以非线性方式存在于“世界 2”中的，经过所谓“共同化”而为其他个体的“世界 2”所接受，仍然是以非线性方式存在着，否则，它就转化为言表知识了。知识系统的非线性特征还表现在很多方面，可举例明之：①如果把所有学科联系起来看，知识系统是一棵具有分支结构的巨树，而分支现象是非线性系统独有的。②如果把概念作为节点，把能够组成命题的不同概念看作相邻关系，用一条边来表示，则所有概念构成一个网络，不同点的度指数不同，网络中的度分布不均匀，群聚性不同，这也是一类非线性。例如，系统与集合作为知识网络的两个节点，前者的度指数显然高于后者；信息和噪声作为知识网络的两个节点，前者的度指数比后者高得多。③《红楼梦》作为一种客观知识体系，其结构和写法都呈现出高度的非线性特征，鲁迅和周汝昌对此有独到的研究。例如作者运用伏线手法，一笔多用，多线交织，对称结构，等等，使小说情节曲折回环，却不留痕迹。如果用“‘单层单面单一直线逻辑’的思想方法去对待”，就不可能读懂甚至会歪曲这部伟大著作[①]。

知识系统的动态性。系统在时间维中呈现出来的变化，是系统的动力学特性，简称动态特性。本篇前面对知识生成和演化的论述，已经说明知识系统具有动态性，因为事物的生成和演化都是动力学过程。尽管无法借助数学模型来描述，但知识系统的动态性同样可以直观地了解。现代人尤其能够感受到科学在日新月异地变化，新概念、新理论、新学科、新思潮不断出现，就是知识系统动态性的表现。动力学过程有线性与非线性之分，“世界 3”只能是非线性动力学系统。知识系统的变化时快时慢，有时加速发展，有时平稳前进，有时停滞不前，这是非线性动力学系统特有的现象，线性系统只有

① 周汝昌. 红楼小讲. 北京：北京出版社，2002：104.

匀速运动。按照库恩的说法，科学发展是常规科学与科学革命交替发生的历史，这也是非线性的表现，线性系统必定是均匀地展开或延伸的。科学革命也是知识革命，一切革命都意味着连续过程的中断，属于本质非线性。“世界 3”的某些分系统还可能突然消亡，同样属于本质非线性。

知识系统的不确定性。一种理论只能产生于一定的社会历史条件下，必须反映“世界 1”和“世界 2”的客观规律，这是它的确定性。但具体出现在哪一年，由谁提出，由谁完成，经历怎样的曲折过程，或多或少具有偶然性，特别是人文社会知识在相当程度上带有创造者的个性特征，这些都是知识系统的不确定性、不可预料性。作为“世界 3”的重要成员，语言文字是约定俗成的，带有显著的不确定性。模糊性是不确定性的一种重要表现形式，自然语言普遍具有模糊性，人类使用的概念、命题、推理、论证大多是模糊的。语言是客观知识最重要的载体，语言广泛存在的含混性、歧义性也必然反映在知识中。

总之，人类社会发展到今天，知识系统已具有开放复杂巨系统的一切基本特征，本篇的不同章节实际上都从不同侧面来揭示这一点。

## 6.4 知识的辩证性

一本研究知识创新的世界名著是这样开篇的：“年代越动荡、世界越复杂，矛盾也就越多，矛盾、对立、两难境地及两极分化也就越容易充斥于世。成功的企业不仅要与矛盾共舞，而且还需要充分利用各种矛盾。”[①]作者断言：“矛盾、不一致、两难境地、两极分化、两分法及对立面等绝非是与知识背道而驰的事物”，因为知识“存在固有的矛盾特性”[②]。在作者竹内弘高和野中郁次郎看来，你要获得知识，你就得容纳乃至拥抱矛盾；要掌握全面而深刻的知识，就得“同时拥抱全部对立的事物”[③]。从知识创造的复杂性角度论述知识，在知识论中引入矛盾学说，深入剖析知识的辩证特性，是该书最出色之处。作者意在提醒读者，如果不用辩证法去理解知识的本性，就无法有

① 竹内弘高，野中郁次郎. 知识创造的螺旋——知识管理理论与案例研究. 李萌译. 北京：知识产权出版社，2006：1.

② 竹内弘高，野中郁次郎. 知识创造的螺旋——知识管理理论与案例研究. 李萌译. 北京：知识产权出版社，2006：3-4.

③ 竹内弘高，野中郁次郎. 知识创造的螺旋——知识管理理论与案例研究. 李萌译. 北京：知识产权出版社，2006：331.

效地应对日益复杂化的现代社会及未来。

一种在国内学界颇为流行的观点认为："'一分为二'的思维方式并不利于人们对世界的普遍联系和整体优化的把握"，"把认识事物的方法归结为'对立统一'""概括为'一方面'和'另一方面'"是"千篇一律的公式化的解释"，早已使哲学失去应有的魅力①。与此相反，竹内弘高和野中郁次郎却认为："辩证思维接受'两者兼顾'（both-and）的方式，避免'两者择一'（either-or）的专制。"②这两位日本学者运用两点论或两分法从不同角度深入分析了知识创造的规律和机制，得出许多颇富启发性的论断，显示了辩证思维的威力。毫无疑问，如果仅仅停留于"一方面，又一方面"的陈述是没有意义的，因为它并非对立统一规律，而是对这一规律的曲解，容易流于形式主义，不能解决任何问题，甚至把辩证法变成诡辩法，必须予以否定。但如果因噎废食，一概拒斥两分法模式，回归非此即彼的"专制"思维模式，那也是十分有害的，同样必须否定。辩证法是两点论与重点论的对立统一，既要看到两个对立方面，又不搞平权主义，要区分轻重、主次、缓急。重要的还在于，两个对立面的相互连接、相互制约、相互转化是一种动态过程，具体表现形形色色，矛盾哲学要求人们注重把握每一种具体矛盾的特殊性及其变化。只有思维僵化者才把两分法局限于讲到"一方面，另一方面"为止，在辩证法的名义下搞形而上学。

《知识创造的螺旋——知识管理理论与案例研究》一书论及这样一些对立统一：意会知识与言表知识、混沌与有序、微观（个人）与宏观（环境）、自我与他人、精神与身体、部分与整体、演绎与归纳、创造性与控制、从上到下与从下到上、层级体制与任务团队、东方与西方等。其中，讨论最多、阐释最精当的是意会知识与言表知识这对矛盾及其相互转化，构成该书的主线。知识本身就是由两分法所分割以及看似对立的两个部分构成的：即言表知识和意会知识。他们提出的关于知识创造的SECI螺旋模型（图4.6.1）③，对于理解知识的辩证性很有价值。知识的螺旋上升运动以知识创造者获得意会知识（主观知识）为起点，第一步是通过共同化（S）分享知识创造者的体验（使知识开始具有客观性）；第二步是将意会知识表出化（E），转化为言表知识；第三步是使言表知识联结化（C），把概念综合为知识体系；第四步

① 沈晓珊. 在反思中发展系统思维科学的理论. 系统辩证学学报，2004，（2）：10-12.

② 竹内弘高，野中郁次郎. 知识创造的螺旋——知识管理理论与案例研究. 李萌译. 北京：知识产权出版社，2006：10.

③ 竹内弘高，野中郁次郎. 知识创造的螺旋——知识管理理论与案例研究. 李萌译. 北京：知识产权出版社，2006：序. 笔者对两个概念的译文有所修正。

是内在化（I），将言表知识转化为意会知识；四个步骤的结束代表完成一次螺旋式循环上升运动[①]。

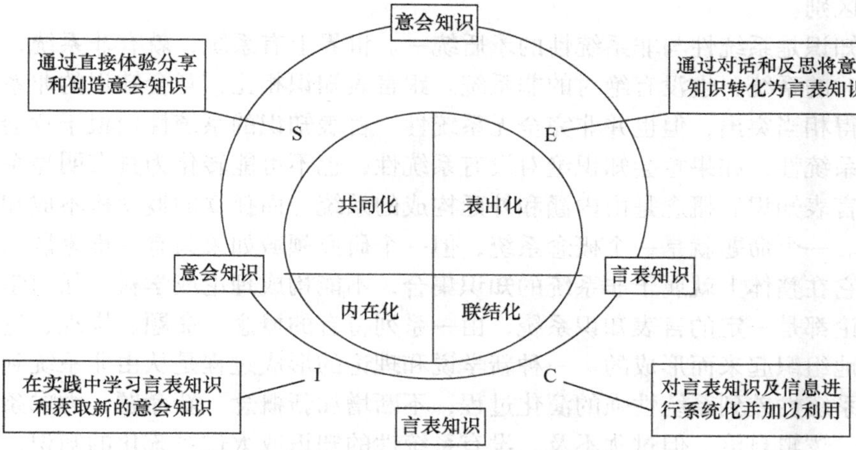


图 4.6.1 知识创造的 SECI 螺旋模型

其实，本章前面几节讲的内容都已经涉及知识的辩证性：知识既具有意识性，又来源于未意识化的客观信息；知识是经过“世界 2”加工制作而得到的，但又是客观的；知识既是非物质的存在，又离不开物质；等等，这些都是客观知识固有的内在矛盾，即辩证性。

知识同时具有信息性和社会性的特点，导致知识的多种矛盾性。其一是知识的共享性与专有性的矛盾。作为一类信息，知识原本是可以共享的，不会因为某人掌握了它，别的人就不能掌握。但作为社会生产力的一种构成要素，知识又是一种资产，须付出很大智力投入才可能得到，因而知识具有产权，归创造者所有，必须受到保护。在此意义上讲，知识又是不可共享的，知识产权的存在强烈地反映了知识的社会性和历史性，限制了知识的传播和利用。当然，随着社会进步，共享性与专有性的矛盾总有一天会消失。其二是共享性与隐私性的矛盾。有些知识不能共享不是因为它们具有产权，而是因为具有隐私性，只能在一个严格限制的社会范围内公开传送。社会生活中的商业秘密、技术秘密、军事秘密、政治秘密等，都是放大了的隐私。知识的社会性使知识有别于“世界 1”的非意识信息，隐私性与共享性、公开性

① 在《知识创造的螺旋——知识管理理论与案例研究》中言表知识和意会知识在逻辑上是对等的，但原图说明中意会知识出现五次，言表知识出现三次，明显不对称，与图中的螺旋不完全相符。为克服这一缺陷，笔者对说明做了一些修正。

与保密性、透明性与不透明性、知情权与保密责任的矛盾，是永恒存在的。社会越发达，隐私权越需要尊重，这是知识信息与非知识信息之间的一个原则性区别。

知识是系统性与非系统性的矛盾统一。世界上有系统，就有非系统，没有绝对的系统，也没有绝对的非系统。跟言表知识相比，意会知识的非系统性显得相当突出，但也并非完全无系统性，言表知识的系统性植根于意会知识的系统性，如果意会知识绝对没有系统性，也不可能转化为具有明显系统性的言表知识。概念是由内涵和外延构成的系统，而孤立的概念构不成知识系统。一个命题就是一个概念系统，但一个研究领域如果只有一堆零散的命题，它在整体上就属于非系统的知识集合，不能构成理论或学科。任何学说或理论都是一定的言表知识系统，由一系列特有的概念、命题、推理、论证有序地组织起来而形成的。一种新学说和理论的形成过程是从由非系统到系统、系统性差到系统性强的演化过程，不断增加新概念、新命题，力求条理分明、逻辑自洽。但过犹不及，没有系统性的知识或太过系统化的知识，都不是最优化的知识。知识要创新发展，就得突破现有知识体系，解构它的系统性，新学科常常是破坏既有学科之系统性的结果。一个学科的系统性越差，发展的空间越广阔；一旦系统性达到十分完善的程度，它的框架就很难突破，也就没有发展的可能，快要被挤出科学的前沿了。可见，知识的系统性也有消极的一面，非系统性也有积极的一面。总之，对于知识系统的创新发展，系统性和非系统性都既可能发挥积极的建设性作用，也可能起阻碍作用，要看人如何对待它们。

知识系统是有序性与无序性的矛盾统一。构成“世界 3”的各种知识不同于没有规定关系的集合，不是杂乱无章的知识堆积，而是具有有序结构的系统（下一章专题讨论知识的结构）。命题不是概念的堆积，而是有序连接而成的概念链。理论不是命题的堆积，而是有序连接而成的概念群。知识的有序性首先表现为理论的逻辑性，定义是把定义项知识与被定义项知识连接起来的逻辑手段，判断是把不同概念联系起来的逻辑手段，推理是把作为前提的知识与作为结论的知识联系起来的逻辑手段，论证是把论题与论据联系起来的逻辑手段，都是为了使知识有序化。这些都是知识系统中的无序性。“世界 3”的客观知识是用语言文字表达出来和记录下来的，语法、修辞等知识也是使知识有序化的工具。人们说话行文不仅讲究符合语法，而且讲究文采；语法的功能全在保证言表知识的有序性，文采表现的是更高层次的、隐在的有序性。在更宏观的层次上，学科的划分和联系就是知识系统有序性的集中表现，而不同人对知识系统划分的不同意见又是无序性的表现。

哥德尔（K. Gödel）关于形式系统完备性与不完备性的著名理论，也可以推广应用于一般知识系统。无论是整个“世界 3”，还是它的某个分系统，都是完备性与不完备性的矛盾统一。每个学科作为一种知识系统都追求完备性，鄙视不完备性，不完备性必定受到批评指责；但每个有生命力的学科都不完备，不完备才有发展前途，一个学科一旦走向完备，它就停止发展，被挤出科学前沿，甚至被人忘记。

知识的辩证性也得到逻辑学新近发展的支持，获得逻辑学的有力辩护。无论古代中国，还是古希腊，承认矛盾的辩证概念和辩证命题都被广泛使用。现代逻辑以排除辩证概念和辩证命题来获取逻辑的形式化、符号化，从而否定了知识的辩证性，以为只有如此处理，方能确保知识的客观性和科学性，否定矛盾性似乎从此有了不可动摇的经典性。但是，在现代逻辑大获胜利的20 世纪，同时兴起逻辑学非经典化的思潮。逻辑学家发现，即使形式逻辑的鼻祖亚里士多德也已经意识到逻辑学的矛盾律并非普遍成立，他的逻辑学只是逻辑体系可能方案的一种。20 世纪以来，随着复杂性研究的发展，要使科学能够应对日益增加的复杂性，一些逻辑学家开始意识到逻辑学必须容忍矛盾，通过在矛盾双方中取一舍一来谋求协调不再是普遍适用的逻辑法则，而应该转向在矛盾中求协调。针对波普尔视矛盾律为神圣不可侵犯的逻辑法则的观点，维特根斯坦曾提出责问：凭什么把矛盾当作鬼怪？①面对这一责问，聪明的波普尔无法给出令人信服的回答。

在逻辑学界，以卢卡西维茨的三值逻辑为起点，经瓦西里也夫的想象逻辑和雅斯可夫斯基的商讨逻辑，到达科斯塔的工作，终于制定出一套描述对立统一原理的新逻辑体系，称为亚协调逻辑，给人们初步提供了在矛盾中求协调的逻辑工具。札德则从描述亦此亦彼性的角度拓展逻辑学，把逻辑真值、逻辑量词、逻辑连接词、推理规则等模糊化，建立模糊逻辑，用以描述客观世界和思维领域广泛存在的中介过渡现象。既有排除矛盾的逻辑，又有承认矛盾的逻辑，既有尊崇非此即彼原则的逻辑，又有尊崇亦此亦彼原则的逻辑，逻辑学的这种新面貌反映出“世界 3”越来越具有鲜明的辩证性。

## 6.5 知识系统的自组织性与他组织性

知识作为复杂巨系统，也是自组织与他组织的矛盾统一。系统论断言，一切现实的系统都存在于一定的环境中，环境与系统互塑共生，环境给系统

① 桂起权，陈自立，朱福喜等. 次协调逻辑与人工智能. 武汉：武汉大学出版社，2002：前言.

提供资源和其他生存和发展的条件，又对系统施加约束，甚至压制系统，这是对系统的外在他组织作用，在不同程度上决定着系统的结构和性质，大大压缩了系统在生成演化中进行选择的可能性空间。我们把由客观知识构成的“世界 3”作为对象系统来研究，“世界 1”和“世界 2”就成为它的环境。按照波普尔的说法，“世界 2”与“世界 3”之间存在直接的相互作用，“世界 1”则必须以“世界 2”为中介与“世界 3”发生联系，故“世界 2”是客观知识作为系统整体运行演变的外在他组织者。对于不同类型的系统，环境他组织作用的强弱也不同，有时差别很大。“世界 2”对“世界 3”的他组织显然属于强作用，“世界 3”的结构和性质归根结底是由“世界 2”依据“世界 1”的规律决定的。

波普尔用图式描述知识创新的规律：$P_1 \rightarrow TT \rightarrow EE \rightarrow P_2$。实际上，这个图式也可以用来描述知识系统演化发展中自组织与他组织的相互关系。问题 $P_1$ 是在既有的“世界 3”中自发地即自组织地产生出来的，以潜在的形式存在着，至少在产生后的一定时期内不为它的创造者所知晓。“世界 3”中潜藏着数不清的这类问题，一旦适宜的问题情境形成，某个 $P_1$ 就会被“世界 2”所意识到。以此为起点，“世界 2”作为外在他组织者介入进来，启动了“世界 3”中一个局部的自觉他组织过程。$P_1$ 被发现后，“世界 2”首先要提出一个尝试性的解答，进入下一步 TT。最初的解答 T 之所以是尝试性而非肯定性的，原因在于知识系统存在自发的自组织性，它使人们不能在过程一开始就预见到 $P_1$ 的答案是什么，“世界 2”作为外在他组织者只能通过带有一定盲目性的试探去捕捉、适应、把握对象系统“世界 3”的固有特性，即自组织性。既然是试探性行为，新理论 T 难免有这样那样的缺陷和错误，甚至整体上完全错误也是可能的。因此，知识创新过程必须进入下一步 EE，通过他组织的批判性讨论或实验检验以消除错误。如此反复试探和改错，最终确立的 T（单 T）就是问题 $P_1$ 的答案，即“世界 3”增添的新成员。但同时，这一过程又导向新问题 $P_2$ 的自发产生，它同样潜藏于通过检验证实的 T 之中，未被 T 的创造者意识到。欲使 $P_2$ 作为新知识创造过程的起点，仍然需要等待新的问题情境的出现，才能被“世界 2”意识到。作为新知识发现过程起点的 $P_1$，往往并非某一个前行过程的 $P_2$，而是多个前行过程的 $P_2$ 的综合。可见，知识创新的复杂性主要来源于“世界 3”的自组织性。

作为环境他组织者的“世界 2”之所以能够启动并完成上述新知识的创造过程，客观根据在于“世界 3”固有的自组织性，这种自组织性反映的是“世界 1”的自组织性，“世界 2”必须尊重、适应和利用“世界 3”的自组织性，才可能把握“世界 1”的自组织性。波普尔把客观知识的自主性概念视为“第三世界理论的核心”。所谓知识的自主性包含两种含义，一是知识的客观自在性，二是知识的自组织性。在波普尔的笔下，所谓知识的自主性常常联系自发性、无意识性、意外性、无计划性、无目的性、潜在性等，它们都是自组织性特有的内涵。所以，他在自主性概念下实际上强调的多半是“世界 3”的自组织性。波普尔还用丛林中动物小通道的自发形成给自组织性以形象的说明。用鲁迅先生的话来说，地上本来没有路，走的人多了，便也成了路。人世间的许多道路，无论实体的，还是观念形态的，都是人类无意识、无计划的自发行为的产物，属于自组织，演进到一定程度后才变为有计划的他组织修建。知识创新发展亦如此，“世界 3”自身演进的路径往往首先是自发产生出来，然后才被“世界 2”意识到，转变为他组织的自觉拓展。

美国 SFI 是世界复杂性研究的一支劲旅，它们为“世界 3”奉献了复杂适应系统理论（CAS 理论）这个新成员，沿着信息论进路、生成论进路、计算机模拟进路为研究复杂适应系统做出一些有价值的探索。不妨以计算机模拟进路为例来说明知识创新的自组织性。SFI 的许多成员都是计算机高手，早在 20 世纪 50 年代就各自独立地利用计算机模拟研究某些难以用自然科学方法研究的复杂问题，但既没有形成复杂性和复杂适应系统的概念，没有意识到自己从事的是复杂性研究，也没有认识到计算机模拟在复杂性研究中的重要方法论意义。经过 30 多年各自独立的探索和积累，各自做出一些成绩，又都产生种种疑惑。在 20 世纪 80 年代的大环境下，这些分散的探索终于汇聚在一起，大家都意识到彼此有共同的研究对象，共同的研究方法，共同的理论旗帜——CAS 理论，通过建立 SFI 而确认了这一条基于计算机模拟的复杂性研究路径。SFI 诸成员的聚集过程，同时也是 CAS 理论所包含的知识的自聚集过程。

值得注意的是，波普尔讲到知识的自主性时，反复使用限制词“部分的”“基本上”，强调“自主性只是部分的”“基本上自主的”；而讲到知识的客观性时从不使用种类限制词，其潜台词为“客观性是完全的，自主性则是不完全的”。究其原因在于，人们可以仅仅就存在论来讲客观性，存储于图书馆的知识具有完全的客观性；讲自主性则必须联系知识系统的创新发展，亦即联系着“世界 2”的他组织作用，“世界 3”的演化发展不可能有完全的自主性。对于知识创新，“世界 2”的外在他组织作用是决定性的。

然而，如果“世界 3”本身不具有内在的自组织因素和他组织因素，且这两种因素没有相互依存又相互制约的关系，“世界 2”的他组织作用也无法发挥。“世界 1”蕴藏的非知识信息无穷无尽，原本是相互区别又相互联系、相互作用的，被“世界 2”意识化之后，所形成的信念、情感、概念、命题、形象等，也是既相互区别又相互联系、相互作用的。意会知识中的信念、情感等要素之间存在非逻辑的联系，言表知识中概念与概念之间、概念与命题之间、命题与命题之间存在逻辑联系。知识系统自身固有的矛盾，基础理论知识与应用理论知识的矛盾、科学知识与工程技术知识的矛盾、哲学知识与科技知识的矛盾、言表知识与意会知识的矛盾等，是推动知识自组织的内在动力。例如，意会知识具有向言表知识转化的自发倾向，头脑中萌生了某些意会知识的人有时会脱口而出，无计划地完成向言表知识的转化，有想法而无法表达则使人感到极为苦恼。而言表知识常常在无目的的状态下转化为意会知识，前述 SECI 螺旋模型就蕴含这些内容。这些都是知识系统的自组织现象。客观知识还具有复杂适应系统理论讲的自聚集性，人们在不知不觉中突然把一向以为没有关联的不同概念或命题联系起来,形成新的概念或命题，就是这种自聚集性的表现。交叉科学、边缘科学、跨学科研究的出现，首先在于客观知识具有聚集起来的自发要求和趋势，然后经过“世界 2”的他组织确定下来。反映“世界 1”同一客观规律的不同概念和命题一旦聚集起来，形成理论体系，就呈现出特有的协调性、持存性和整体涌现性，能够反作用于“世界 1”和“世界 2”。当然，这种聚集须借“世界 2”这个平台来实现，不可能由“世界 3”独立自主地完成；但如果“世界 3”的成员自身没有聚集的倾向和根据，“世界 2”也是无能为力的。在“世界 3”中随意选择一些成员，把它们人为地聚集起来，是不可能作为新知识而进入“世界 3”的。

许多系统还有内在的他组织者，组分由于在系统内的地位和作用明显不对称，可以区分为组织者与被组织者，前者发号施令，后者依令而行。小者如公司，大者如国家，都是这种系统。“世界 3”不存在这样的内在他组织者，但不同组分在系统的整合组织过程中所发挥的作用还是有区别的。复杂系统的组分大体分为两类，一类是构材件，即构成系统的基本成分；一类是连接件，其功用是把构材件连接起来，亦可称为组织件。知识系统即如此，语言知识、逻辑知识、方法论知识、哲学知识和思维方式知识等都是它的连接件，“世界 1”的客观信息被意识化后形成的知识是它的构材件。主观知识具有向外传送交流的倾向，这就需要借助语言文字编码表达，必须按照语言规则加以组织。通过人际交流进入“世界 3”的知识只有符合逻辑才有说服力，形成理论体系才能发挥知识系统的整体作用，因而必须接受逻辑知识的规范和组织。在更深层次上，哪些知识被公认为正确的，哪些被公认为错误的，常常受到方法论、世界观方面的知识的影响，甚至是支配作用。所以，尽管作为组织件的知识不可能成为“世界 3”内部独立的他组织者，却发挥着不可替代的组织作用，“世界 2”只有遵循和利用这种组织作用，才可能起到外部他组织者的作用。语言知识亦如此，违反语法的陈述总是迫使说写者和听读者力图修改它，这就是语法知识的他组织功能在发挥作用。总之，知识系统的生成演化都是自组织与他组织相互作用的结果。至于知识的消亡，同样是自组织与他组织相互作用的结果。

协同学作为一种自组织理论，认定自组织的内在动因和机制就是系统内部不同子系统之间既竞争又合作的辩证运动。科学哲学在谈论科学知识的发展演化时，也讲竞争与合作，但总是联系科学家和学派来讲，即联系“世界 2”。其实，不同科学学说和理论之间的合作和竞争固然只能通过它们的创造者来进行，但前提是这些学说或理论之间存在合作和竞争的需要和可能。哈肯认为：“科学是自组织的体系。……对于科学，我们只能用这样的思想来考虑：我们无法迫使明天搞出这个发明或那个发现。我们是否能取得成就，取决于很多事情，其中包括我们能否把一些分散性的思想正确地加以综合，最后又完全看能否自组织。”[①]把“世界 3”作为对象系统，科学家的努力就是他组织，它们能否成功，最终要看客观知识作为系统自身的自组织运动。但离开“世界 2”，“世界 3”自身绝不可能自动地生出新知识。

就“世界 3”的整体看，全部客观知识构成一个复杂适应系统，大大小小的学科作为分系统，都是具有适应性的行动者，具有 CAS 的七个基本特性。CAS 理论的基本信念（假设）是适应性造就复杂性。就科学系统而言，不同学科既相互适应，又必须适应“世界 2”，并通过“世界 2”去适应“世界 1”，承受环境（“世界 2”和“世界 1”）的选择压力。这种适应性过程是自组织与他组织的矛盾统一。正是这种既矛盾又统一的过程推动“世界 3”不断演化发展，变得越来越复杂：对“世界 1”和“世界 2”的适应性造就了“世界 3”的复杂性。

① 哈肯. 协同学——自然成功的奥秘. 戴鸣钟译. 上海：上海科学普及出版社，1988：211.

# 7 知识系统的结构

袁向东

顾名思义，知识系统是指以知识为元素的系统。而知识的内涵极其丰富，本书前三篇（即“科学系统论”、“技术系统论”和“工程系统论”）就讨论了科学知识、技术知识和工程知识。此外，常识无疑是涉及面更广的一类知识。它们不仅各自形成独立的系统，而且不同种类的知识还可以交叉形成更复杂的知识系统，比如人工智能领域的专家系统，是一种涵盖了常识、科学知识、技术知识的极其复杂的知识系统。如果把所有种类的知识视为一个整体，便形成了一个无比硕大的知识体系。为了方便讨论，我们称包括常识、科学知识、技术知识和工程知识在内的系统为“全知识系统”，以跟它的子系统相区分。到目前为止，我们还很少看到对全知识系统的结构进行讨论的文字。

按照一般系统论的理论，系统的结构指构成系统的“元素之间一切联系方式的总和，……，略去无关紧要的、偶发的、无任何规则可循的联系，〔可把〕结构看作元素之间相对稳定的有一定规则的联系方式的总和”①。为了讨论全知识系统的结构，我们需要对全知识系统所含的元素作一恰当的定位。为此，我们先回顾作为全知识系统的子系统的科学系统、技术系统和工程系统中的知识单元的定位。在科学知识系统中，我们把理论作为最基本的单元，理论本身是指由概念、定律及其逻辑结论整合而成的统一体；在技术知识系统中，我们把有效的可操作程序作为最基本的单元——有效的可操作程序指由输入确定的、可行的程序和输出整合而成的统一体；在工程系统中，我们把由价值取向决定的完备的综合知识体视为其单元，其内涵则包括为达到价值目标而整合在一起的，包括科学知识和技术知识在内的各种知识。现在，我们试图为全知识系统寻求一个与上述知识子系统的单元相协调的单元平台，进而在其上探讨全知识系统的结构。“基础资料”、“信息”和“结构化信息”最终成为我们选定的对象。

---

① 苗东升. 系统科学精要. 北京：中国人民大学出版社，2006：32.

前面我们已分别讨论了科学系统、技术系统和工程系统的结构。本章对全知识系统结构的讨论，一方面对上述子系统结构中具有普适意义的模式加以适当的推广，同时对包括常识、科学知识、技术知识和工程知识的系统的结构，从静态和动态两方面提出几种结构模式。通常，对某一事物的结构的讨论，往往多注意像建筑物的结构那样的静态结构。我们对知识系统也从静态的角度提出了数据-信息-知识的层次结构，以及认识主体、客体、知识和连接体（语言、符号）的四面体结构。在知识快速增长的时代，我们的注意力也关注到了知识系统的动态结构上。我们将探讨暗默知识和显性知识的互动结构，以及常识和工程、技术和科学等专门知识间相互渗透的网状循环结构。在这些讨论中，不可避免地要涉及什么是常识、常识的特征，以及常识和形式化知识的关系；以及目前在知识管理界热议的所谓暗默知识、“世界 1”、“世界 2”和“世界 3”等概念。对这些概念，我们都将作简单的介绍和初步的讨论。

## 7.1 信息是知识系统结构的中心要素

通常，人们认为凡作用于我们感官的一切事物都能带有某种信息。无论是天上的星星、周围的山川河流、各种岩石矿物乃至动植物（包括人类）和各种人造物(包括各式各样的文化产品),都蕴含信息。可以说万物皆有信息，它们以各种方式对人类的感官产生作用。我们能以此作为探讨知识系统及其结构的出发点吗？

### 7.1.1 信息与波普尔的“三个世界”

费尔斯通（J. Firestone）和麦埃罗格（M. W. McElrog）在 *Key Issues in the New Knowledge Management* 一书中，总结了当前存在的一些关于知识的定义，其中之一称：知识是处于语境中的信息（information in context）。胡军在《知识论》[①]中也提到：现在的一些哲学家认为，知识就是正确的信息。他们都把知识与加了定语的信息联系在一起。我们试图让信息跟波普尔的“三个世界”联系起来。

先回顾一下波普尔的理论。波普尔在提出他关于“世界 3”的理论时，极简明地区分了三种世界。

“世界 1”蕴含什么样的信息呢，或者说“世界 1”里的信息具有什么样

① 胡军. 知识论. 北京：北京大学出版社，2006：11.

的特征呢？毋庸置疑，物质客体的外形、质地、结构、功能和组分都是信息，是物质客体互相区分和联系的基础。物质世界亿万年的演化都在这些物质客体上留下了结构性痕迹（信息）：恐龙化石记录了地球上发生的灾变的信息，千年古树的年轮保留了它存活期间气候变化的信息，钟乳石的结构呈现了地质生态演变的信息等。

"世界 2"蕴含的信息及其变化是哲学的认识论最关注的一些问题。它应该是指人类大脑活动留下的痕迹，它可能只留存在大脑之中（心理活动），也可能以某种形式表达于人类的肢体活动中——这里的肢体活动是广义的，包括发声器官按某种规则的发声行为（语言）。这种信息都起源于个人大脑的活动，因而具有"主观"的特点。

"世界 3"蕴含的信息，按波普尔的说法是各式各样的"逻辑内容"，所谓的逻辑内容即按逻辑关系相联系的陈述（这里的逻辑关系应作广义的理解），主要包括问题、问题境况、批判论据、理论体系等。波普尔称其为客观知识。可以说，"世界 3"本身就是由客观知识组成的，它是客观知识的世界。因此，"世界 3"蕴含的信息与客观知识在本质上是同一的。

现在，我们可以提出这样的问题：有没有不属于"世界 3"的知识呢？显然有。波普尔所谓的"主观知识"就不属于"世界 3"。所以，我们下面来了解波普尔的客观知识与其他知识的区别和关系。

### 7.1.2 "世界 1"、"世界 2"和"世界 3"

从以上的讨论可知，信息存在于不同的载体、不同的世界中；因载体性质的不同，相应的信息也表现出不同的特性。据此费尔斯通和麦埃罗格明确提出了对三种知识的区分："世界 1"知识、"世界 2"知识和"世界 3"知识[①]。他们的这一区分实质上是根据波普尔"三个世界"的理论作出的。按他们的说法，以物质世界为载体的信息称为"世界 1"，它们是物质系统中编了码的某种结构，如 DNA 中的基因编码。树木的年轮所含的气候生态信息、各种岩石如钟乳石等等所蕴含的地质生态信息等都属于此列。他们还主张，我们生来就带有原生编码知识（"世界 1"），它使我们能跟外部世界相互作用和学习，并认定这是波普尔在《客观知识——一个进化论的研究》一书中的观点。据查，波普尔在该书第二章关于"客观意义的知识"一节中，确有一段文字提及此观点。实际上，波普尔在同一本书里批判所谓的常识知识论（波普尔

① Firestone J M, McElrog M W. Key Issues in the New Knowledge Management. Routledge: Butterworth-Heinemann, 2003: 1-4.

认为其核心错误是假定我们应从事对确定性的探求）时，还提到有机体在获取环境信息时哪些作为相关的输入而被吸收（并起反应），哪些作为不相关的输入而被忽视，这完全依赖于有机体的先天结构（“程序”）。而这种先天结构是指有机体与生俱来就有的一种倾向：把所获得的信息归于一种连贯的、在一定程度上有规则的、有序的系统。这似乎表明波普尔承认人作为物质世界的一部分，生来就含有“世界 1”知识。

关于“世界 2”，费尔斯通和麦埃罗格认为是人们心中的“信念和信念倾向”，并相信它们能经受住我们的试验、评估和体验而仍然存在。这无疑跟波普尔的看法雷同。“信念和信念倾向”即波普尔称为“主观知识”的东西。波普尔指出主观意义上的知识或思想，包括精神状态、意识状态，或者行为、反应的意向。

关于“世界 3”知识，费尔斯通和麦埃罗格给出的定义是“可共享的、语言的系统陈述”，亦称为“认识断言”（knowledge claim）；它们能经受住个人、群体、社团、团队、组织和社会的试验、评估而仍然存在。这基本上就是波普尔所谓的“客观知识”。波普尔认为客观意义上的知识或思想包括问题、理论和论据等。同任何人自称自己知道完全无关；它同任何人的信仰也完全无关，同他的赞成、坚持或行动的意向无关。正是在非个人“自称”，非个人“信仰”，非个人的“赞成”或“坚持”和非个人的“行动意向”的意义下，波普尔称客观知识是“无认识主体的知识”。波普尔还称客观知识为“自在的陈述”。波普尔也谈过客观知识的可共享性：客观知识应该在原则上或者实际上能够被某些人把握（或译解，或理解，或“认识”）。波普尔在谈及他的第三世界理论跟德国数学家、哲学家和逻辑学家弗雷格的第三王国理论之间的关系时也间接地提到过共享性。

从以上简要的分析可知，费尔斯通和麦埃罗格关于三种知识的定义是对波普尔思想的一种阐释和发挥。由于我们定义的知识需是经过人脑加工过的信息，所以“世界 1”知识不属于我们讨论的范围。

### 7.1.3 基础资料、信息和知识单元

由上节阐释不难看出，“世界 1”知识也是一种客观知识，而且是一种完全自主的客观知识，是自然界在长期演化中以各种形式在物质客体上“书写”的具有某种结构特性的密码。但波普尔主要关注的不是这类客观知识。波普尔认为，“世界 3”知识是基本上自主的客观知识，他强调研究基本上自主的客观知识的第三世界对认识论具有决定性的重要意义。本章最终关注的核心也是“世界 3”的客观知识的结构及客观知识跟其他知识的关系。

我们指出“世界 3”中的信息与知识本质上是同一的。但我们仍能够对“世界 3”这一知识系统中的知识单元作进一步的分析，剖析它的结构（或称微结构）状态。这里牵涉到在使用时界限难分的两组概念：data 和 information；information 和 knowledge。例如，《朗文当代英语大辞典》中对 data 的释义有两条：①fact；information。②Information in a form that can be processed by and stored in a computer system。它们都是用 information 来释义 data。似乎 information 是比 data 更基础的概念。对 information 的释义是：（something which gives）knowledge in the form of facts，news etc；而对 knowledge 的释义中有一条是：what a person knows; the fact，information, skills, and understanding that…。显然出现了互为释义的情况。我们注意到，在计算机科学领域，对 data 和 information 有了一种比较明确的区分，把上面提到的 data 和 information 的关系颠倒过来了。清华大学出版社出版的《英汉双解计算机辞典》（1996 年）指出：“数据”（data）是事实、概念或指令按某一规格化方式的一种表示，适于人或自动装置进行通信、解释或处理，和“信息”一词相比较而言，“数据”指的是源数据或原始数据；而“信息”则定义为通过对数据进行处理之后获得的知识。因此，在计算机领域，数据是比信息更基础的概念。我们将采用这样的观点。但对 data 的中译，为了突出它的原始性，我们觉得在我们讨论的范畴内译为“基础资料”更好些。因为它不一定以数字的形式表达，称数据容易引起它跟数字的联想。

《英汉双解计算机辞典》没有对信息和知识进行细分。近年来，经济学家、哲学家和计算机科学家都对知识经济和知识社会进行了探究。许多学者不约而同地对信息和知识作了某种区分。陆汝钤在《走向知识的数学理论：知识的范畴分析》（“Towards a mathematical theory of knowledge: categorical analusis of knowledge”）[①]中提出：“知识是用来解决信息无结构的那种东西，更简明地说，知识是结构化的信息。”王众托在《知识系统工程》[②]中认为：“信息是渗透了语境与意义的数据”，而“知识是对信息进行深加工，经过逻辑或非逻辑思维，认识事物的本质而形成的经验与理论”。这些都是极具启发性的。我们参考各家之见，对“基础资料”、“信息”和“知识”做如下的区分。①基础资料：属于“世界 3”的孤立的对象，如一个或若干声音单元、一个或若干图形或符号（包括文字）单元，其最显著的特点是具有某种不确

① Lu R Q. Towards a mathematical theory of knowledge: categorical analysis of knowledge. JCST, 2005, 20(6): 751-757.

② 王众托. 知识系统工程. 北京：科学出版社，2004：92，74-75.

定性。例如，“3 月 8 日”是一项基础资料，“2010 年 3 月 8 日”仍然是一项基础资料，它们可以和许多不同的事情相联系。②信息：至少包含两项基础资料，并具有确定含义的基础资料的平凡组合；它们表现为在某种语境中的基础资料集（这一说法吸收了香农关于“信息是用来解决不确定性的那种东西”的思想）。例如，“3 月 8 日是国际妇女节”，“2010 年 3 月 8 日是国际妇女节一百周年纪念日”，“赵楚来生于 2010 年 3 月 8 日”都可以看作是信息。信息只是对事物的简单陈述，而缺少不同事物之间的某种结构（逻辑的或非逻辑的）关系，因而缺乏“完整意义”。③知识：结构化的信息集，具有包括前提和结论在内的完整意义。例如，“1909 年 3 月 8 日，美国芝加哥女工为争取自由平等举行大规模罢工和示威游行”“1910 年 8 月，在哥本哈根举行了第二次国际社会主义妇女代表会议”“蔡特金提议为争取和平民主、妇女解放，每年 3 月 8 日定为国际妇女斗争日”“蔡特金的提议获得代表一致拥护，3 月 8 日遂成为国际妇女节”。上述四条信息便构成一个由三个前提条件和一个结论组成的知识单元。它不仅有确定的含义，并且有完整意义。我们对知识的定义跟上述陆汝钤、王众托的定义①中提到“知识是在语境中的信息”基本上相容。再举一个区分基础资料和信息的例子。“刘无名”“1972 年 8 月 10 日”“坐飞机”“到上海开会”“数学课上”这些基础资料，可有若干组合。“刘无名坐飞机”这一组合显然仍处于基础资料的层次而未达到信息的层次，因为“坐飞机”有多种含义，所以还需要扩大语境以给出确定的含义。“刘无名在 1972 年 8 月 10 日坐飞机到上海开会”（指乘作为交通工具的飞机去上海），“刘无名在 1972 年 8 月 10 日的数学课上‘坐飞机’”（指听不懂老师讲课的内容而晕头转向）。上述两者都有确定的含义，因而可认为进入了信息层次。再举科学系统中平面几何领域的例子。非确定的“点”“直线”“平面”“三角形”都是该领域中的基础资料；“两点间可引一条直线”“无限延长而不相交的两条直线为平行线”等定义和公理都处于信息的层次；由定义和公理演绎出的每个定理都可视为一个知识单元，如“三角形三内角和等于 180°”“直角三角形两直角边的平方和等于斜边的平方”。由所有这些定义、公理和定理生成一个平面几何知识系统。同样可以规定技术系统中的基础资料、信息和知识单元。例如，求解某个具体的 $n$ 元一次方程组，其中的变元及未纳入公式的运算符号是基础资料，每个方程都提供一条信息，确定的消元程序也是一种信息。当对这些方程施以消元程序得到方程组的解时就生成了一个完整的技

---

① Firestone J M, McElrog M W. Key Issues in the New Knowledge Management. Routledge: Butterworth-Heinemann, 2003: 1-4.

术单元。所有这类的技术单元生成代数学科中的一个技术（子）系统。工程系统的情况比较复杂。所有可供选择的各种技术单元和科学理论单元在被选定前都可视为是工程的基础资料，而工程的目标书、设计图、管理流程图属于信息层次。工程的实施记录和验收报告连同上述基础资料、信息生成一个完整的工程单元（它本身也已构成了一个系统）。

### 7.1.4 知识系统的一种层次结构

基础资料、信息和知识的上述区分，为我们讨论知识系统的静态结构提供了一个基础。

我们可以这样设想：任何一个知识系统都是由基础资料、信息和知识单元组成的。三者的关系可比喻为金属矿石、（经筛选、冶炼后得到的）金属原胚和（经加工成型后的）金属制成品之间的关系；形成如矿石、原胚和制成品搭建成的金字塔型的静态结构。“世界 3”中的任何一个知识系统中必有大量如矿石那样用于提炼金属的基础资料，它们处于最基础的底层；信息乃是由基础资料（经大脑的加工——如比喻中的筛选和冶炼）构建有确定意义的基础资料集；知识单元则是由信息（经大脑的加工——如比喻中的加工成型）构建的具有结构的信息集。这里有个有趣的现象，即知识单元的微结构基本上是知识系统层次结构的翻版：知识单元的内容由信息构成，而信息由最底层的基础资料构成。这似乎有点自相似的味道。

在计算机科学界，学者对知识结构的模式也有所涉及。我们仅举陆汝钤提出的一种层次结构模式为例。陆汝钤在讨论将知识从软件中分离出来，独自组成一种跟计算机硬件、计算机软件相并列的“计算机知件”（knowware），从而使知识也能成为一种商品的理论时，提出了一种跟知识的具体表现形式无关的、抽象的一般知识组织原理（他称为 knowledge schema）。其中，他讲到一种知识的四层次模式：①知识源（knowledge source）层次，其中尚无任何结构形式，如浩瀚的 web page（这有点像我们的基础资料和信息）。②知识岩石（knowledge ore）层次，即经压缩的知识源。这是按知识的内容对知识源进行半结构化和半组织化的结果，如数字化图书、技术报告、百科全书等。③知识岩浆（knowledge magma）层次，意为知识岩石经“熔化”实现进一步的组织化。用他的专业术语说：“熔化”即是按百科全书原理将岩浆变为小颗粒状组织。④知识晶体（knowledge crystal）层次，这是指按领域专家的习惯将知识岩浆结构化，如从某种动物的 DNA 序列中找出基因表。

不难看出，后三者在我们看来都已成为一种知识（子）系统。陆汝钤对知识本身在层次上的细分，跟他要在计算机上方便地操作知识有关。

## 7.2 常识在全知识系统结构中的地位

有关认识论和知识论的讨论中往往会涉及对常识的看法。我们有必要对常识的特征结构等做些探究。

### 7.2.1 常识的特征

在 18 世纪和 19 世纪初，有一派哲学家（里德、斯图尔特等人组成的苏格兰学派）主张一种所谓的“常识哲学”，他们认为：在一个正常的、质朴的人的实际知觉中，感觉决不仅只是观念或主观的印象，而是带有和那些属于外在事物的性质相一致的信念。他们提出：这种信念“属于常识和人类理性”，并认为就常识问题而言，有学问的人和无学问的人，哲学家和一般劳动者，都在同一个水平上。在他们看来，与“外在事物的性质相一致的信念”，是人类理性的产物，可以为所有的人所共享，这样的“常识”应该可以归属于“世界 3”。他们强调有专业知识的人和无专业知识的人，在“常识”层面上处于同一水平。如何解释“处于同一水平”对理解他们的“常识”概念很重要。我们试举一例。对于“太阳是从哪个方向升起”这个问题，不管是哲学家还是普通人的回答都是“太阳是从东方升起的”。也许未受过教育的人不知道太阳为什么从东方升起，而学习过太阳系运行规律的人都知道。但这个常识问题只要求回答“是什么”，并不要求回答“为什么”和其他类型的问题。因此，该哲学派别所指的常识往往是讲不清楚“为什么”的。

长期以来，人们通常将常识跟专门（专业）知识相区别（专门知识不仅要回答“是什么”，还要回答“为什么”“如何进行”等问题，并形成比较完整的体系）。非专门的知识可泛称为常识。常识也指一般人都能够掌握的那部分知识，它跟所有人的日常生活和工作相联系。

自人工智能研究开展以来，常识的性质及特点日益引起人们的关注。因为计算机在处理各种知识时，遇到的瓶颈就是“常识”；例如，许多医学专家系统不知道“死”这个概念，根本无法起到现实中的医生的作用。因此出现了以下看法：目前情况下，有无常识是人和计算机的最根本的区别！这里的“常识”概念包含两重含义：一是其内容（常识内容），指普通人无须专业学习就能具备的知识；二是常识推理。后者是针对经典的推理逻辑而言的。杰罗姆·麦卡锡（Joerome McCarthy）认为：经典逻辑是单调的，也就是说，已知的定理都是充分可信的，增加新公理只会导出更多的定理，绝不会使先前的结论无效。但我们对日常生活中事件发生的客观条件掌握得不充分（往往不可能做到充分），因此当新的事实被认识时，原来的某些结论可能要被推翻，从而使推理成为非单调的。在非单调推理或非单调逻辑研究中，出现了如“缺省逻辑”“自认知逻辑”“限定逻辑”“知道逻辑”“上下文逻辑”，等等，它们从不同方面对常识推理的某个特性进行形式化研究。目前在计算机科学界对常识和专门知识的共识是：专门知识的量大大小于常识的量；专门知识较便于形式化（有的已经形式化），而常识极难于形式化。

我们在前面论述中提到过“知识是语境中的信息”。常识作为一种知识必有它的语境。常识语境的特征是其复杂性。例如，有一条常识说“穿衣应该春捂秋冻”。这里的语境涉及衣服（质地、厚薄、长短、式样）、春天和秋天（气温、日照、雨雪、气候异常状态）、捂（什么样的衣服、数量、天数、如何增减）和冻（程度、时间长短），同时还隐含着间接的语境，如穿衣人所处的地理位置、居所和工作场所的环境以及交通状况等。因此说这条常识成立与否对语境的依赖极强。

普通常识的来源跟经验密切相关。同时，我们注意到在各专门知识领域中有部分内容会随着知识的传播而成为该领域的常识（指在该领域工作的人都应知道的知识）。在教育事业不断发展的过程中，将有更多的专门知识成为“领域常识”——这是一类特殊的“常识”。随着高等教育的普及，领域常识也可能转化为普通常识。

综上所述，我们认为常识的基本特征有以下四点：①普通常识内容源于经验，能为正常人所共享；它们通常以自然语言表达。②普通常识推理往往需要使用非单调逻辑。③普通常识往往蕴含复杂的语境（包括基础资料和相关信息），对语境有极强的依赖；同时由于语境的复杂，使得对它的检验、评价也变得十分复杂；很难形式化。④存在一类特殊的来自专门知识的常识（称为领域常识）。

从以上的介绍可知，我们的知识系统必须将常识包括在内，排除常识的知识系统是不完全的。

### 7.2.2 常识的三层次结构

史密斯（Barry Smith）从认识论角度研究常识的结构。他认为常识可分为三个层次：底层是常识世界，它是客观存在的（其存在和内容不依赖于人的认知活动，不依人群而转移）；中层是人们为获得常识而进行的感性和理性的认知活动（如看、听、写、读、推理、思维等活动）；上层是通过上述认知活动得到的前科学信念（未经科学验证或未用科学语言表达的信念），它们是常识世界中相对稳定和协调的成分，其稳定性和协调性高于人的认知活动的稳定性和协调性。①

按照我们的观点，这里的底层应属于“世界 1”的范畴，中层属于“世界 2”的范畴，上层属于“世界 3”的范畴。所以史密斯提出的层次结构是常识的一种认知结构。他的所谓处于上层的前科学信念，应该属于波普尔所讲的客观知识而非主观知识范畴。

由史密斯的理论可引出这样的问题：前科学信念如经科学验证或用科学语言表达后将进入什么样的层次呢？这实际上是要回答在客观知识范畴内，常识和其他类型知识的结构关系问题，这正是本章关注的重点之一。

### 7.2.3 知识认识的四面体结构

董光璧提出的科学认识的四面体结构。他所关注的是科学认识活动的要素间的一种稳定的联系，其要素有：作为认识主体的科学家（记作 S）、科学家认识的客体对象（记作 O）、作为认识活动结果的知识（记作 K）和作为前三者的联系媒介的语言（记作 L）。不难看出，这种结构关系可以外推，只要把其中的要素“科学家”扩展为“一般的认识主体”（记作 A），把“语言”扩展为“语言和符号”（记作 LS）——这里所指的符号是广义的，包括各种图形和文字，把知识理解为包括科学知识在内的各种知识（记作 K）。

那么，A-O-K 平面代表知识认识的基础平台（认识主体、认识客体和认识结果），A-LS-O 平面代表认识主体经由语言和符号表达的认识过程，A-LS-K 平面代表认识主体经逻辑或非逻辑的推理得到的结果，K-LS-O 平面代表知识和认识客体间经由语言和符号的表达和解释关系。基础平台中的顶点和三条连线的关系可作这样的解释：连线 A-O 和相对的顶点 K，反映知识是认识主体和认识客体发生关系的结果；连线 A-K 和相对的顶点 O，反映客体是认识主体和认识结果间的桥梁；连线 K-O 和相对的顶点 A，反映客观世界的事物经认识主体的思维活动生成属于“世界 3”的客观知识。

### 7.2.4 常识和科学、技术、工程知识的结构关系

如前所述，常识在数量上大大超过专门知识。它们就像波普尔比喻过的蜜

① 陆汝钤，姬广峰. 关于常识的研究//陆汝钤. 世纪之交的知识工程与知识科学. 北京：清华大学出版社，2001：506.

蜂酿造出的原蜜——它们直接来源于自然界的植物，经初步酿造而成。生活在世界各地的蜜蜂生产的原蜜，由于采蜜的地域和时间的不同而各具特色。常识也表现出极强的时间性和地域性。“穿衣应该春捂秋冻”产生于温带地区的居民，而不会出现在赤道地带的居民。原蜜在蜜蜂社会中有最广泛的使用者——普通蜜蜂；这和常识在人类社会中使用的频率相当。科学、技术和工程方面的专门知识犹如经加工提炼后的专用蜂产品，数量大大少于常识，使用者的数量也永远小于常识的使用者。当然，随着高等教育的普及，其绝对数量会不断增加。

我们现提出常识和专门知识间的一种结构关系——网状循环结构(图 4.7.1)。此示意图只表明它们之间的关系极其错综复杂。

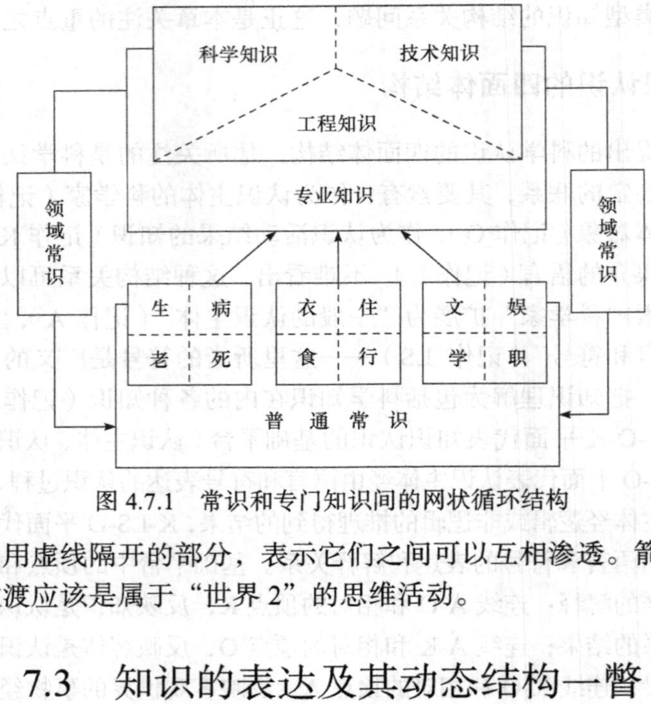


图 4.7.1　常识和专门知识间的网状循环结构

该图中用虚线隔开的部分，表示它们之间可以互相渗透。箭头表示两种对象间的过渡应该是属于“世界 2”的思维活动。

## 7.3　知识的表达及其动态结构一瞥

以上各节讨论的几种知识结构基本属于“世界 3”中的知识系统的静态结构。按照波普尔的理论，属于“世界 2”的主观知识和属于“世界 3”的客观知识既有明确的区分，又有紧密的联系。因此讨论它们之间的关系是有趣的事情。我们将关注的是它们之间的转化关系及其结构特点。这里不可避免地涉及知识的表达问题。

### 7.3.1 暗默知识、暗蕴知识和显性知识

知识的表达是学界关注的一个问题。在《知识创造的螺旋——知识管理理论与案例研究》①中，作者专门讨论了两类知识：一类是 tacit knowledge（TK），另一类是 explicit knowledge（EK）。该书中译者将前者译为暗默知识，后者译为形式知识。其他学者也有将前者译为意会知识或隐性知识，后者译为言表知识或显性知识，各有道理。我们在本章中采用暗默知识和显性知识的译法。实际上，暗默知识和显性知识的概念是波拉尼提出的②。在他的概念中，暗默知识是"表现出明确意向的信念"，但表达起来困难；某些暗默知识是"难以用语言形容的"。形象地说，这部分暗默知识=所知的知识－所能说出来的知识。对于暗默知识，我们容易从掌握"诀窍"的人身上理解这种无法表达的知识的存在。例如，身怀绝技的厨师、巧夺天工的手艺匠，他们具有稳定地制造某些产品的知识，但很难用语言表达。有一位对物件的重心敏感的表演者，他知道如何能徒手在保龄球上摞放同样大小的保龄球，一直能摞放七八个。这类知识具有强烈的个性化特点。但我们不能忽略创新者在创造知识时，往往会经过尚无法用语言表达的阶段，此时的知识形态即是暗默知识。波拉尼认为人脑中的心智模型（mental model）所固有的能力能够理解知识中的暗默知识。当然，对于无法用语言表达的暗默知识经过大脑的加工是有可能转化为能用语言表达的形式的。那些尚未转化的暗默知识往往靠非语言的动作、比喻或模型来传承，它们有被湮没的危险。所谓显性知识，是指以图形、文字和声音等形式表达的信念。显然，它们能在人类社会中持续存在和传播，如图书、专利文件、工程设计和施工档案、文字和音像资料等所表达的知识。波拉尼还提出存在一种所谓的 implicit knowledge（IK，我们不妨译为暗蕴知识，也可译为固有知识），《新知识管理的关键课题》的作者认为它在"世界 2"和"世界 3"中都存在："世界 2"中的暗蕴知识是格式塔（心理学的概念）的一部分，跟波拉尼的所谓 focal knowledge（焦点知识，它是相对于背景知识而言的）相联系，只要出现适当的条件就能用语言表达；"世界 3"中的暗蕴知识是指跟显性知识有逻辑关系的、有待表达的知识。我们倾向于不在"世界 2"中区分 TK 与 IK。

我们认为，波普尔的主观知识和客观知识在能否表达方面的特点可作如下说明。主观知识包括尚无法用语言表达的和可用语言表达的两类；客观知

① 竹内弘高，野中郁次郎. 知识创造的螺旋——知识管理理论与案例研究. 李萌译. 北京：知识产权出版社，2006：696，698.

② Polanyi M. Personal Knowledge. Chicago: University of Chicago Press, 1958: 696.

识则可分为三部分：尚无法用语言表达的知识（暗默知识）、可用语言表达的知识（显性知识）和跟显性知识有必然逻辑关系的尚未表达的知识（暗蕴知识）。

### 7.3.2 暗默知识和显性知识间的互动例证

我们以几何知识为例。人类在生产活动中首先积累了跟长短、大小、高矮有关的知识，以数字表达，从中引出点、线、面、体、面积、体积等基础性的抽象概念。最初的几何定理必定跟丈量土地面积、度量容器的体积有关。数学史显示在欧氏几何公理体系出现前先有了不少孤立的、有用的定理。我们可以想象，早期的哲人在寻找这些定理间的关系时，理解了存在于它们之间的某种逻辑关系，但尚无法用语言完全表达出来——可能是缺乏必要的表述语言。我们猜想，当时的数学家的思维逐渐聚焦于两类基本信息：有关几何对象的不证自明的公设（如两点间可引一直线等）和有关一般事物间不证自明的逻辑关系的公理（跟同一件东西相等的一些东西，它们彼此也相等），作为推理的出发点。而且，他们已经理解了他们研究的对象处在无限平直的空间中。但他们在一段时间内尚无法用精确的语言表达无限平直的概念，此时的几何处于暗默知识的阶段。经欧几里得（Euclid，还有其他数学家）的努力，他们终于找到了表达无限平直空间的所谓“平行公设”（若一直线与两直线相交，且若同侧所交两内角之和小于两直角，这两直线无限延长后必相交于该侧的一点。这只是表达空间无限平直的一种方式）。这样，就完成了由暗默知识向显性知识的转化，出现了人们得以共享的欧氏几何。

显性的欧氏几何作为“世界 3”的客观知识，其内容仍在扩展，与它对应的暗蕴知识随着时间推移不断显性化。这些显性几何知识对“世界 2”的影响是显著的：它大大提升了人们抽象思维的能力，以及解决生产和生活问题的本领。在此过程中，人们遇到了新的问题——新知识生成的种子：如何用其他公设和公理来证明平行公设？从数学史可知，这促使新知识的生成，即非欧几何的诞生——它同样经历了像欧氏几何从暗默向显性转化的类似过程。

暗默知识和显性知识间的轮转的示意图如下：

暗默知识 ⇒ 显性知识 ⊃ 暗蕴知识 ⇒ 问题 ⇒ 暗默知识

该式的中间部分可视为一个整体，它们的共同作用产生新的问题，从而导致新的暗默知识的生成。如此循环往复成为新知识生成的一种结构性特征。

### 7.3.3 认识主体在知识转化中的地位

在知识创新机制的研究方面，研究者还关注认识主体在其中的作用。《知识创造的螺旋——知识管理理论与案例研究》①的作者提出了暗默知识和显性知识间转化的四种模式：①共同化（认识主体通过直接体验分享和创造暗默知识）；②表出化（认识主体通过对话和反思将暗默知识表述出来）；③联结化（认识主体对显性知识及信息进行系统化并且加以利用）；④内在化（认识主体在实践中学习和获取新的暗默知识）。这里的认识主体是广义的，可以是个人，或是团队，或是机构组织。

我们在上一节中提出的知识转化的结构模式，若考虑认识主体的作用，可扩展为一种四棱锥结构，如图 4.7.2 所示。其中，A 代表认识主体，TK 代表暗默知识，EK 代表显性知识，IK 代表暗蕴知识，P 代表问题。注意，底平面各顶点间的转化皆需经过认识主体的加工才能实现。

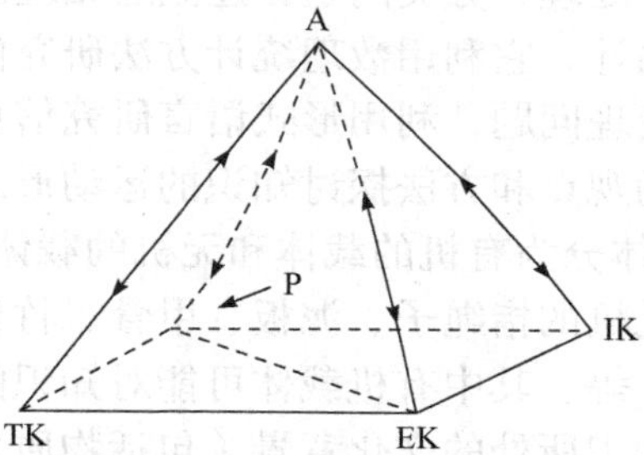


图 4.7.2 知识创新结构

① 竹内弘高，野中郁次郎. 知识创造的螺旋——知识管理理论与案例研究. 李萌译. 北京：知识产权出版社，2006：696，698.

# 8 知识的扩散、传播和宣传

袁向东

对于以信息为核心的知识和知识系统，我们可以从不同的角度来研究其运动形态。作为应用数学和控制论的一个分支的信息论，就是用数学方法研究信息的传输、存储、处理、分类问题，建立起相应的各种数学模型，并对传输过程的质量作出估计，它利用数理统计方法研究信息的采集问题，利用算法理论研究信息的处理问题，利用形式语言研究信息的描述问题。本章所关心的则是按文化学的观点和方法探讨知识的运动形态。我们把知识看作是运动的主体。知识的载体分为有机的载体和无机的载体两种：有机的指个人、群体和机构组织等；无机的指绳子、泥板、甲骨、竹板、纸张和电子存储装置（如计算机的硬盘）等。其中有机载体可能对知识的运动起控制的作用。知识运动的环境是指知识所处的文化背景（包括物质条件、政治态势、经济状况、社会风气等）。知识运动的传媒指运动得以实现的手段和方法，包括结绳术、雕刻术、印刷术（包括铅字排版术和激光照排术）、信号的空间传播术（电报、广播和电视）、信号的电缆和光纤传播术（电话、有线电视、计算机网络通信及各种通信软件）等。

我们首先探讨文化和我们的知识系统的关系。

## 8.1 文化系统和知识系统

### 8.1.1 文化与文化系统

"文化"一词的含义发生过很多变化。舒扬在《当代文化的生成机制》[①]中，考察了古今中外"文化"一词内涵的演变。他指出，汉语中"文化"一词最早见于刘向《说苑·指武》，其意包括了"文治和教化"，主要是指以伦理道德教导世人；在西方语言中，culture 这个词原本含有耕种、养殖、驯化

① 舒扬. 当代文化的生成机制. 北京：中央编译出版社，2007.

等意义。到了 19 世纪末，西方语言中的 culture 一词开始意指“一种物质上、知识上和精神上的整体生活方式”。我们的讨论就是在上述意义下理解文化的。

英国人类学家泰勒最早系统阐释了文化的内涵。他认为不仅应当根据艺术和精神文明成就去研究文化，还应当根据各个发展阶段的技术和道德的完善，去考察文化。他在《原始文化》（1871 年）中指出：“文化就是包括知识、信仰、艺术、道德、法律习俗以及人作为社会成员而获得的任何能力与习惯在内的复杂的全体。”[①]在这位首先使用文化学观点撰写有关人类社会发展的学者心目中，知识在文化中占有显著的地位。

文化人类学家怀特是 20 世纪推动文化学研究的重要学者。他称文化是人类文明的一种表现，文化现象乃是一切现象中的一个特殊的序列，其要素总是组成为系统的。在《文化的科学——人类与文明研究》中，怀特提出文化系统分为三个亚系统，即技术系统、社会系统和思想（意识）系统。这里，要注意，怀特讲的是广义的文化，不是我们平时理解的，仅包括文学、艺术、教育、体育、娱乐等精神文明范畴的狭义的文化。按怀特的说法，他讲的“技术系统”是“由物质、机械、物理、化学诸手段，连同运用它们的技能共同构成的。借助于该系统，使作为一个动物种系的人与自然环境联结起来”。[②]注意，怀特是从广义的文化角度给出他讲的“技术系统”的概念，跟我们在《技术系统论》[③]中从知识角度给出的技术系统的概念是有区别的。我们认为，他讲的“技术系统”可以作如下的理解：大体上，“技术系统”包括人造物质世界连同创造它所使用的相关技能。它相应于我们在《技术系统论》中所定义的技术的载体系统[③]。为了在概念的表达上符合我们关于三个世界的区分，我们可合理地改称怀特的“技术系统”为“人工物质系统”。怀特的“社会系统”由表现于集体与个人行为规范之中的人际关系构成；它涉及诸如社会关系，亲缘关系，伦理关系，经济、政治和军事活动，教会组织与活动，职业和专业，娱乐等领域；这些都是人类从事的有组织的具体活动。怀特的“思想（意识）系统”则由音节清晰的语言及其他符号形式所表达的思想、信念、知识等构成；诸如神话与神学、传说、文学、哲学、科学、民间格言和常识性知识等都属于这个范畴。显然，我们的知识与知识系统属于他的“思想（意识）系统”的范畴。

---

① 转引自莱斯利・A. 怀特. 文化的科学——人类与文明研究. 沈原，黄克克，黄玲伊译. 济南：山东人民出版社，1988：87.

② 莱斯利・A. 怀特. 文化的科学——人类与文明研究. 沈原，黄克克，黄玲伊译. 济南：山东人民出版社，1988：351.

③ 李喜先等. 技术系统论. 北京：科学出版社，2005：2.

### 8.1.2 知识与符号

按怀特的文化学观点，一切人类行为都是在使用符号中产生的，一切人类行为也皆是由使用符号（或依赖于符号）而构成的。他把符号定义为一种事物，并解释说：之所以称符号为“事物”，“盖因符号可以具有任何一种实在形态：它可以具有物质实体的、色彩的、声音的、气味的、客观运动的与味觉的等诸多形态”。“在任何情况之下，一个符号的含义和价值，都不是由其实在形态的固有特性所产生或决定的：……人类有机体将含义加诸于实在事物或事件之上，从而使它们成为符号。”[①]可见，一个事物能成为符号的必要条件有二：一是具有实在形态；二是具有人类赋予它的含义。该含义不是仅靠感性手段就能确定的。这里需要强调，人之所以赋予符号含义，是跟人的活动（行为）紧密相连的，没有人的活动（行为）就没有符号及其含义，反之亦然。为了区分人和其他动物在这方面的本质不同，文化人类学家特别分析了“符号行为”和“标记行为”的不同。例如，你可以利用∞这个实在形态，让一条狗见到它就在地上打个滚；此时狗的行为只是一种“标记行为”，它完全被动地接受∞这个实在形态的刺激，作出打滚的反应——这时我们称∞是个“标记”。在人类的数学活动中，∞已被数学家赋予了“无穷”的含义——这时的∞就成为真正的“符号”。按照文化人类学家的规范，人类还可以随心所欲地借助肢体的任何部分来从事符号活动。

现在，我们在文化学的意义下来考察我们的知识（人类思维行为的结果），它应该满足上述两个必要条件。在前面讨论知识的表达时，我们采用了暗默知识和显性知识的概念。显性知识可以用语言表达，显然符合这两个条件。那么暗默知识又如何呢？回忆波拉尼关于暗默知识的定义：它是人们“表现出明确意向的信念”，但表达起来困难。某些暗默知识是“无法表达的”或“难以用语言表达的”。这里的“无法表达”应理解为跟“难以用语言表达”是同一个概念；实际上，波拉尼是用后者给“无法表达”作了更明确的说明。按文化学的观点，暗默知识既然也是人类行为的结果，虽然其中一部分不能用语言这种符号表达，但应该能用人类的其他符号表达。对暗默知识进行了广泛讨论的《知识创造的螺旋——知识管理理论与案例研究》[②]一书，也承认暗默知识包含认知和技术两种成分。认知成分表现在“心智模式”上，例如

① 莱斯利·A. 怀特. 文化的科学——人类与文明研究. 沈原，黄克克，黄玲伊译. 济南：山东人民出版社，988：25.

② 竹内弘高，野中郁次郎. 知识创造的螺旋——知识管理理论与案例研究. 李萌译. 北京：知识出版社，2006：1-85.

图表、范式、视角、信念和观点。技术成分包括秘诀、手艺和技能。其中的“心智模式”是可以直接或间接地用语言表达的；有的“技术成分”则无法用语言表达，但必可用其他符号表达（如动作演示、实物模仿、示意图画等）。根据文化学对符号的定义，完全不能用符号表达的事物不存在被共享的基础，从而不能称为知识。

### 8.1.3 知识在文化系统中的地位

知识在文化系统中的地位随着人类文化的发展而变化。按传统的文化学的观点，推动人类文化前进的基础动力是能量的开发与运用：初期文化仅靠人类躯体的能量，进行狩猎（包括磨制石制的工具）和采集活动；之后出现了谷物耕种和动物饲养，即利用植物和动物作为能源，较大地提高了推动文化发展的总能量。煤、石油、天然气的开采和使用，使文化发展可以利用的能量迅速增长，导致了人口增加、较大政治单元的出现、大城市的产生、财富的积累、艺术和科学的迅速发展。原子核作为能量资源，是人类第一次使用太阳能以外的另一种能量形态，由于它作为能量使用的时间尚短，其最终对人类文化的影响尚不十分明朗。按怀特的观点，“可资利用的能量的增长会全面导致技术的进步……导致新工具的发明和旧工具的改善”，受这些“技术系统”要素的刺激，有次级重要性的“社会系统”将发生相应的改型，而处于末级地位、反映社会系统特征的“思想（意识）系统（知识属于其中）”将对人类的这些经验作出解释①。从上述引证可知，传统的文化学强调了能量、工具、技术在文化发展中的主导地位，但并未强调“思想（意识）系统”，特别是其中的知识对能量的发掘和有效、合理的使用，对工具的创新与改造所起的反作用越来越大。在本篇前面的章节中已从知识的生成和知识演化等方面阐述了知识在人类社会发展中地位的上升。知识也是新的资源，而且正在成为推动社会进步的支配力量，这里不再重复。

需要特别指出的是，自知识进入以理性为主导的发展阶段以来，分布广泛的、零散的知识便集结成各式各样的知识系统。在“科学系统论”中，我们讨论了数学由文化要素向子文化系统转变的判别标志，并大致把转变的时间定在 17 世纪。从一般要素转变成系统，是知识在文化系统中地位提升的关键因素之一。本篇第 6 章分析了知识系统具有某种自组织的特性，知识系统可以相对独立地、不直接受外界干涉的情况下，经相互作用而分化和整合成

---

① 莱斯利·A. 怀特. 文化的科学——人类与文明研究. 沈原，黄克克，黄玲伊译. 济南：山东人民出版社，1988.

新的知识和知识系统（本篇第 9 章将专门讨论知识的分化和整合）。它们在某种程度上，决定了能量的开发和使用，以及工具的改进与创新，从而使人类社会进入了知识经济的时代。

明确了知识的地位，我们将能较充分地认识知识的扩散和传播的本质和作用。

## 8.2 知识运动的三种形态

在讨论知识的运动形态的文献中，人们经常使用诸如“传播”“扩散”“转移”“传输”“传递”“传达”“宣传”等词语。我们将使用“扩散”、“传播”和“宣传”来描述从三个不同的视角看待的知识运动形态。

### 8.2.1 扩散、传播和宣传的含义

“扩散”（diffusion）原是物理学和医学名词。在物理学中，“扩散”指由于微粒（如分子、原子）的热运动而产生的物质迁移现象，主要由浓度差或温度差引起；在医学中，它指神经中枢之间发生相互作用的形式之一。二者所刻画的都是系统内元素间的运动和相互作用。在知识系统理论中，我们借用这个术语。所谓“知识扩散”，是指在知识系统内不同知识单元或子系统间的相互渗透、融合的过程，此时，主要关注知识系统内的自组织行为。

“传播”一词，在汉语中并不是一个普通词汇。商务印书馆 1979 年修订版的《辞源》①，在条目“传”之下列出的组词中，并无“传播”这个词。而在上海辞书出版社 1979 年版的《辞海》②中，条目“传”下的组词也无“传播”，只是在“传布”这个组词后用“传播、传扬”释义之。我们没有考证汉语中最早出现“传播”的场合，但从上面辞书的组词情况可以推想：“传播”应是个专业词汇，因为在“传”的组词中有“传播途径”和“传播媒介”，它们都跟病原体的行为有关。《简明不列颠百科全书》③将 communication 译为“传播”，其释义是：人们通过普通的符号系统交换彼此的意图。在西方学术界，该词常出现在社会学、心理学、语言学、人类学和文化学的研究中。综合上述情况，我们把“知识传播”定义为：在一定的文化背景下，知识经载体和传媒的作用所进行的有向运动。此时，我们关注知识系统和文化环境的

---

① 广东、广西、湖南、河南辞源修订组和商务印书编辑部. 辞源. 北京：商务印书馆，1915.

② 辞海编辑委员会. 辞海. 上海：上海辞书出版社，1979.

③ 李喜先等. 科学系统论. 北京：科学出版社，2005：26.

互动。从系统论的角度看，是知识系统的自组织行为和他组织行为的互动。

“宣传”一词亦未在上述《辞海》的词条“宣”的组词中出现，但有“宣传画”和“宣传弹”两个组词。“宣传画”通常指政治宣传画，广义则包括文化活动的海报和商品广告；“宣传弹”指战争中散发宣传品的弹药。上述《辞源》中倒是有“宣传”这个组词，因为《三国志》中就用它表达在战争中上级向下级“宣布传达”及“互相传布”有关信息。看来，这些和宣传相关的词都和政治及战争有关。在现代社会中，“宣传”在不同的文化环境里有了某种意义上的差异。在我国，这是个中性的词，本身并无褒贬之意。按商务印书馆 2001 年修订版的《新华字典》解释，“宣传”乃指：“用演说、文字、文艺等方式向群众说明讲解。”在英语中，跟“宣传”对应的词是 propaganda；上述《简明不列颠百科全书》对此词的释义是：“宣传是一种借助于符号（文字、标语、纪念碑、音乐、服饰、徽章、发式、邮票及硬币图像等）以求左右他人的信仰、态度或行动的有系统的活动。宣传皆有明确的目的……为求最大效果，宣传家可能抹杀一些事实或促使宣传对象只注意他的宣传而不理会其他的一切。”按此解释，“宣传”略带贬义。按罗杰斯在《传播学史》中的说法，“宣传”这个词在第一次世界大战后才被赋予了“非常否定性的含义，至少在英国是这样”①。我们在讨论知识的运动时，在“扩散”和“传播”之外把“宣传”作为另一种运动形态是有现实意义的，在后面我们将举例说明之。现先给出“知识宣传”的定义：知识是在有机载体（个人、群体、机构组织）的控制下的非自主行为；此时的知识运动主要表现为一种他组织行为。

### 8.2.2 知识扩散

知识扩散是知识运动最基本的一种形态，它由知识或知识系统内在的特性所决定，是知识系统的自组织行为。我们认为，知识扩散至少存在以下三种模式。

（1）布朗运动式的扩散。按我们的观点，知识单元是在基础资料和各种信息的基础上形成的。当大量的基础资料和信息（不排除结构化信息）汇聚在某个或某些有机载体（学者的头脑）中时，往往会在有机载体处于无意识的状态下发生大量碰撞（很像无序的布朗运动），再经所谓的“顿悟”而形成一个稳定的组合体，从而生成新知识。各领域的许多学者都叙述过此类过程，其中法国数学家庞加莱关于富克斯群和富克斯函数理论的发现过程最为著名。

① E. M. 罗杰斯. 传播学史——一种传记式的方法. 殷晓蓉译. 上海：上海译文出版社，2005.

法国数学家阿达玛（J. Hadamard）写了一部书，名为《数学领域中的发明心理学》[①]，其中除庞加莱之外还提到了数学家高斯、物理学家亥姆霍兹（H. von Helmholtz）、化学家奥斯瓦尔德（F. W. Ostwald）、音乐家莫扎特和诗人拉马丁（A. de Lamartine）等人的类似经历。这似乎是较重要的知识创新的必经之路。

（2）交互式的扩散。这是指属于不同领域的知识间的互动，它普遍地出现在交叉科学的生成过程中。耳熟能详的例子有17世纪在数学知识系统中发生的代数知识和几何知识的互动，最终生成了解析几何这一数学新学科。现代最为人们关注的例子之一是DNA双螺旋结构的发现。物理学家周光召在《21世纪100个交叉科学难题》的"代序"（"发展交叉科学，促进原始创新——纪念DNA双螺旋结构发现50周年"）中，简明扼要地阐述了这一结构发现的过程，指出物理的分析方法和化学关于分子结合键的知识对建立正确的DNA双螺旋结构模型起到了决定性的作用。知识交互式的扩散往往能形成无鲜明界限的知识连续区，此时较容易在适当的有机载体上发生布朗运动式的扩散，从而导致新知识的生成。

（3）单向式扩散。这是指能提供普适的方法、语言或工具的知识向其他知识领域的渗透。数学是最典型的能提供普适方法和形式语言的知识系统。数学研究的对象是高度抽象的。举例讲，几何中研究的点、线和圆，是无限小的点、无限窄的线和完全圆的圆周，它们是理想化的对象，不会在我们生活的世界中出现。但在理想化的抽象概念基础上发展起来的数学知识，恰好为现实世界中的各种复杂事物构建模型提供了方法和工具。目前，数学已渗透到包括自然科学、社会科学、思维科学以及技术和工程的绝大多数领域。有个例子也许能加深我们对这种渗透的理解。工程师科马克（A. M. Cormark）试图寻找一种不经手术而能准确确定某个人体内器官的位置和密度的方法，但当时只有X射线可利用——它们只能给出二维信息。最终，他利用数学家拉东（Radon）创立的一种数学变换（现称拉东变换），根据X射线从许多不同的角度照射体内器官从而测量出沿每一条直线的物质总量（一维的度量），造出了器官的三维图像。这就是CAT扫描技术（全称是"计算机轴X线断层扫描术"）。现在，这种技术已广泛应用于医学临床诊断[②]。

当然，知识的实际扩散过程，往往呈现为融合了以上三种模式的极复杂的运动状态，对此我们尚未进行细致的分析。

---

① 雅克·阿达玛. 数学领域中的发明心理学. 陈植荫，肖奚安译. 南京：江苏教育出版社，1989.

② 格里菲斯（P. A. Griffiths）. 数学——从伙伴到伙伴. 数学译林，1994年第3期.

### 8.2.3 知识宣传

如上所述，知识宣传乃是指知识在有机载体（个人、群体、机构组织）控制下的非自主行为。此时很容易出现异常情况：知识成为某些人玩弄于股掌之间的获取不正当利益的工具。当知识在文化环境中的地位逐渐上升，它已不仅仅是力量，它也是权力，是财富，是资本时，这种异常情况发生的概率便会提高。在知识宣传中，部分知识将出现“异化”现象——即其自身的价值被破坏，原有的客观性质被替换为或夹杂进主观的臆测（或信念）。

一般而论，“知识宣传”有五个特点：①“知识宣传”有所谓的“把关人”（gatekeeper），他们控制信息在信道里的流通，可以扣压信息、构成信息、扩展信息或重复信息[①]；②夸大所宣传的知识的适用范围和效用；③异化原有知识的内容——异化后的陈述经不起试验和评价；④回避或歪曲与所宣传的知识不符或相反的知识；⑤采用娱乐化或恐吓式的宣传形式，强化对宣传受众的心理影响。

## 8.3 知识传播

人类活动最基本的形式之一是人与人之间的相互沟通（包括动作模仿、主观经验共享和客观知识共享等）。对人类这项基本活动的探索已有上百年的历史，有着丰富的研究成果，并形成了独立的学科：传播学。大致了解一下传播学的内容，有助于我们对知识传播的理解。

### 8.3.1 传播学发展的脉络

罗杰斯的《传播学史》描述了1860～1960百年间传播学的发展脉络。

对传播的专门研究起源于欧洲——达尔文的进化论、弗洛伊德的精神分析理论和马克思对资本主义的批判，是当时欧洲传播学派研究人类传播行为的理论基础。

自20世纪初以来，美国学者对传播的性质、形式和效果进行了较深入的研究。主导的哲学思想也从欧洲传播学派强调批判的作用，转向实用主义的强调经验的作用。芝加哥学派为传播研究在美国生根发芽奠定了基础，其代表人物库利（C. Cooley）、杜威（J. Dewey）、米德（G. Mead）将传播置于他们关于人类行为的概念体系的中心地位。帕克（R. E. Park）是该学派的主

---

① 罗杰斯. 传播学史——一种传记式的方法. 殷晓蓉译. 上海：上海译文出版社，2005：84.

要代表，开创了对“大众传播”问题的研究。其后，在美国又出现了众多颇有成就的传播学家，比较著名的学者及其工作如下：拉斯韦尔（H. Lasswell）的“宣传分析”；拉扎斯菲尔德（Paul Lazarsfeld）对“大众传播效果”的研究；勒温（K. Lewin）的“群体动力学”；霍夫兰（C. Hovland）的“说服研究”；维纳的“控制论”和香农的“信息论”。一般认为，施拉姆（W. Schramm）最终确立了传播学作为独立学科的地位：他于 1943 年在美国衣阿华大学新闻学院创办了世界上第一个大众传播的博士课程。

美国传播学派的一些研究成果颇具启发意义，现摘列如下：

（1）传播是使“人民成为社会的完美的、参与性的成员的手段”，“社会不仅是由于传递、由于传播而得以存在，而且完全可以说是在传递、传播之中存在着”。

（2）传播通过符号及其意义的交流而发生。交流具有互动的性质，从而成为整合社会的一种力量。

（3）因为批评传播的“刺激-反应”模式过于简单，有学者提出了“刺激-解释-反应”模式。当一个信息作为刺激作用于个体，不同的个体会做出不同的反应：因为个体会根据其以前的经历（包括所获得的知识）对该刺激进行解释，进而作出适当的反应。他们把“解释”看成是人类行为的重要组成部分：个人是信息内容的活跃的解释者，而不仅是被动的接受者。

（4）人的行为都具有符号的意义。存在非语言传播（达尔文的《人类和动物的表情》开创了非语言传播的研究领域）个人的行为具有社会性，因为它由另外的个体来解释。

（5）文化要素的有效交流和共享，导致一种共同的文化。传播的作用超出单纯的信息传递和交流，它创造并维持着社会共同体。

（6）5W 传播模式：谁（who），说什么（what），对谁说（whom），通过什么渠道（what channel）和取得什么效果（what effect）。

（7）机构组织中的传播对成员参与管理有不可忽略的影响。

（8）信息被有选择地分享时，其价值增加；它可以过时，但不会因使用而贬值；信息的分发不影响分发者对它的继续持有，理论上信息可分发无穷多次。

## 8.3.2 知识传播的特点

上一节简述了针对人与人之间一般的相互沟通行为的若干特点。当沟通的内容是知识时，传播又呈现出哪些额外的特点呢？

（1）知识传播是知识生命周期的起点。任何一个知识体（指知识单元或知识系统）都是有生有灭的，从生到灭形成它的一个生命周期。知识只有在沟通（即传播）这种文化活动中才真正获得它的生命，得以开始进一步地发育、成长和生成新知识的路程。只停留在个人脑中，不见诸任何符号活动的“知识”是无生命力的知识，没有任何价值。

（2）知识是结构化的信息。知识体的结构越复杂，所含信息的精确度越高，其表达越形式化，其传播的难度也越大。就普通常识、领域常识和专业知识相比较，表 4.8.1 粗略地示意了它们传播难易的程度。

**表 4.8.1　各类知识传播的难易程度**

| | 普通常识 | 领域常识 | 专业知识 |
|---|---|---|---|
| 结构的复杂程度 | 低 | 中 | 高 |
| 信息的精确程度 | 低 | 高 | 高 |
| 表达的形式化程度 | 低 | 中 | 高 |
| 传播的难易程度 | 易 | 较易 | 较难 |

（3）知识在教学中的传播，应遵循一般的传播理论，应强调互动性，避免使用“刺激-反应”模式（灌输式的讲课即属于此列），而应采用“刺激-解释-反应”的传播模式。这种模式让传播的受众（学生）自然地进入“解释”环节，使传播得以比较顺利地进行。

（4）为了优化知识传播的效果，依据 5W 传播模式，应针对每一个知识传播行为，从效果（目的）出发，确定由什么人讲，讲什么知识，讲给哪些人听，最好通过什么方式（渠道）来讲。以学校的知识教育为例：为了让学生掌握给定的知识，选择适当的教师，确定教案，了解学生的水平，使用学生最易接受的方式教授，都是学校必须关注的问题。

（5）知识传播有助于知识共同体的建设。知识共同体的概念，可分为狭义和广义两种。狭义是指在相同或相近的知识领域工作的人群、团体和机构组织——如社会上的各种专业学会、专题研究组织、专科学院等，它们以推动某种专业知识的普及和创新为己任；广义是指以推动全知识系统的发展为己任的人群、团体和机构组织——如各国的科学院、科普协会、综合大学等。知识共同体的发展壮大，将大大提高知识在文化环境中的地位，是知识社会成长的必要条件。杜威曾提出仅凭传播就能够创造一个大的共同体。[①]杜威的大共同体并不是指知识共同体，他的理想是通过传播使城市化的大众社会普遍接受民主制，从而实现民主理念的共享，以此把人们彼此联结起来，使当时的资本社会得以存活下来。他对传播在促进共同体建设中不可替代作用的认识，值得我们在建设知识共同体的努力中借鉴。

（6）物质生产机构（如各类企业）内的知识传播，对推动企业的知识创新从而保持竞争力有重要意义。在前面的章节中，已介绍了《知识创造的螺旋——知识管理理论与案例研究》一书中有关企业内部知识转换的几种模式（由暗默知识到形式知识再到暗默知识的四种模式）。实际上，每一次转换都是一次知识的传播过程。掌握传播学的基本理论，对促进模式的转换会有所帮助。

以上只是从传播学角度对知识传播中的若干现象和问题提出了粗浅的见解，希望能引来更深入的讨论。

### 8.3.3 知识传播的分类

知识传播的种类和形式繁多。我们拟从人际关系（属于文化的社会亚系统范畴）、传媒的性质（属于文化的人工物质亚系统范畴）和知识的种类［属于文化的思想（意识）亚系统范畴］等方面对知识传播作一简略的分类。

#### 8.3.3.1 根据人际关系的分类

（1）师徒传承（一师对一徒，或一师对多徒）。这是人类社会早期就开始的一种知识传播模式并一直延续至今。例如：中医的秘方是靠这种方式传承的，父传子，子传孙……据称，意大利威尼斯水城中行驶的、独特的“贡多拉”船的制作技术，也是师傅口授心传给徒弟才得以代代相传。其他“诀窍”的传承也大都如此。在具规模化的近代学校出现前，专业知识的传播也常循此道，而且和当时的文化环境有关。这里举一个著名的例子。在十六七世纪，人们常对自己获得的发现严加保密，并以此向对手提出挑战，要他们解决同样的问题。意大利博洛尼亚的数学家费罗（S. del Ferro）解出了 $x^3+mx=n$ 类型的三次方程，并把解法密传给他的学生费俄（A. M. Fior）和女婿纳夫（A. d. Nave）。另一位意大利布雷西亚的数学家塔尔塔利亚（N. Tartaglia）也解决了上述问题，但只传授给了卡尔达诺（G. Cardano），后者发誓会保守秘密。后因卡尔达诺失信发表了塔尔塔利亚的解法，遂引起了数

① 罗杰斯. 传播学史——一种传记式的方法. 殷晓蓉译. 上海：上海译文出版社，2005.

学史上一场发明权的争论[①]。这个例子说明文化环境确实对传播方式有极大的影响。

(2)学校教学。这是群体对群体的知识传播模式。由教育主管部门人员和学校教职员工为一方，以人数更多的学生为另一方，知识在其间以“刺激-解释-反应”的方式传播。这是大家最熟悉的一类知识传播模式。(上文已说明了“解释”这个环节的作用，不少教育工作者往往容易忽略它，从而导致不理想的传播效果。)

(3)讨论班。这是群体内成员进行互动性知识传播的模式，19世纪早期，首先在德国大学中兴起，后在各国的大学和研究机构中普遍流行。讨论班的参与者中有一名或若干名担当主持者(或轮流担当)，所有参与者围绕共同感兴趣的研究课题沟通信息、交换看法、实现知识碰撞，以期新思想和新知识的生成。

#### 8.3.3.2 根据传媒的性质的分类

(1)借助以天然物质为载体的传媒进行的传播。古代巴比伦地区用黏土，古代中国使用龟甲、竹板、石板等做成的载体，用结绳术、雕刻术在这些载体上留下符号使之成为传媒。古人靠这些传播他们的知识，有的一直存留数千年延续至今。

(2)借助人工制造的布、帛、锦等织物和纸作为载体，用书写术、印刷术在其上留下符号成为传媒，其中尤以纸质传媒使用时间最长，使用范围最广(今日仍在大量使用)。书籍、报纸杂志、文件记录、科技报告等，在电子传播问世前知识都靠它们传播。

(3)借助电子器件为载体，用电报、电话、广播、传真、电视等作为传媒，实现了知识空前高速的传播。它们尤其适合知识的普及和新知识的告知。

(4)借助互联网络为载体，使用电缆和光纤通信技术为传媒，实现空间无障碍的高速知识传播。一篇论文靠纸质传媒从亚洲传播到美洲，要经过几天到几十天的时间(受天气制约的程度很高)，使用网络通信这种传媒，几乎瞬间就能送达。这使联结世界各地学者的知识共同体成长起来。为世界各国进入知识社会提供了保证。

---

① 莫里斯·克莱因. 古今数学思想. 第一册. 张理京，张锦炎，江泽涵译. 上海：上海科学技术出版社，2002：306.

8.3.3.3 根据知识的种类的传播分类

（1）普通常识的传播。这是每日、每时、每地都在世界各地广泛进行的一种知识传播：它不需要特定的传播者和受众——每个人既是传播者又是受众；没有固定的传播方式；效果却往往甚佳。

（2）领域常识的传播。这是各级学校的经常性活动。前述的 5W 模式和“刺激-解释-反应”模式体现了这类传播应遵循的规律。科普活动也属于此列。

（3）专业知识的传播。这一直是大学和科研机构进行创新活动的方式；近年来，也是企业中创新的任务。它是知识传播领域相对难度较高的部分。现在，各类教科书和专著、各式讨论班和专业学术会议也都担当了传播专业知识的角色。

综上所述可知，虽然已经有了关于一般传播学的学科体系，但关于知识这一特殊领域的传播理论，目前尚不多见。需要有志者共同努力创建之。

# 9 知识的分化与整合

李喜先

知识的生成和发展中普遍存在分化与整合相对应的两种主要形式，即相辅相成或正向与逆向相互制衡的趋势，并一直遍及全过程。实际上，分化与整合的概念是互相对应、相辅相成的互补的思维方式，并应用到广泛的领域。“分化”一词在英语中对应 differentiation，但后者具有多种含义，包括分化、区别、变异等，并在不同应用领域中有各自适宜的概念。而“整合”一词对应 integration，后者也具有多种含义，包括集成、综合、合成、同化、整合和整体化等多重意义，在不同的应用领域中有各自适合的类似的概念：在数学中，选用“集合”等；在化学中，采用“合成”等；在生命科学中，应用“同化”等；在微电子技术中，采用“集成”等。

一般地，分化是从整体中分离出各种有区别的事物；而整合是对一定的、确定的、可区别的各种事物或元素，包括分散的、零碎的各种事物或要素，进行逐级的系统整合、集成和集合，从而形成具有普遍的新意义的整体，因此，我们可以说，一个系统的生成就是差异整合的结果。

在认识事物中，人们同时采用分析与综合的有效方法，在相应的很多领域中，广泛地运用“分析”与“综合”概念，使得“分析与综合”成为相互依存的思维基本过程。

在知识系统中，知识分化是从整体中细分出各种专门的知识；而知识整合则是从纷繁众多的、条分缕析的知识以及从相邻乃至相距甚远的知识中进行整合，从而形成有机的整体。

我们坚持“分化与整合”的观点，特别是知识的系统整合。知识整合是指知识要素之间发生的相互作用，一般是非线性相互作用。一个“要素”只有针对“系统”时，才被称为要素；同时，一个“系统”只有针对构成它的“要素”时，才被称为系统。而且，系统与要素之间的关系是相对的，当一个要素向下针对更小的要素时，它就成为系统；当一个系统向上针对更高层次的大系统时，它就成为要素了。因此，在知识系统中，知识要素可以是“基本概念”，而由众多基本概念向上组成更高层次的理论时，理论就变成系统——理论系统。而理论作为要素，又可组成更高层次的学科时，学科就成为系统——学科系统。以至还可以继续分别地向上下递推，这样，知识要素之间的相互作用，既可以是基本概念之间、理论之间的相互作用，也可以是学科之间的相互作用，等等。

知识整合是知识生成和增长的有效方式：从不同类知识要素生成为另一类知识，类似于科学交叉、技术系统集成，产生出新的科学和技术；由各类不同知识衍生出新知识，利用归纳推理和演绎推理得出新知识，导致知识不断地增长；知识需要不断地整合，产生一般性的高质量知识、综合性知识和全面的知识，实现知识整体化，从而形成完整的知识系统。

## 9.1 分化与整合是知识生成和增长的方式

分化与整合是新知识生成的有效方式，而系统整合则是新知识生成的最有效方式。知识的分化与整合相互朝着相反的方向发展，从而导致知识不断地生成和增长，同时促进知识不停地运动：原始整合→分化→再整合→新的分化→新的整合……

在古代，各类知识的积累，包罗万象，浑然一体，形成了原始的整合状态。正是有了各类朴素知识的整合，才奠定了分化的基础，使分化得以形成。当分化的速度越来越快、规模也越来越大时，朝向相反方向的整合也相应地同时进行着。不过，在知识演化的不同时期，整合与分化何者起主导作用还存在差异：在近代时期，知识的分化占主导地位；而在现代时期，知识的整合则占主导地位。

知识的生成有多种方式，知识的增长也有多种方式，而知识的整合是将各类知识，分散和零碎的知识以特定的方式衔接、组合、重构起来，最终形成有意义、价值和效率的整体。乍看起来，似乎无意义或意义不大的知识，只要通过有机的结合，就可以变成有意义的知识，从而达到新的效果。这正如一个系统的一些元件不一定都是优质的，然而经过系统集成，即产生非线性相互作用，从而形成优化的系统结构。

### 9.1.1 知识的分化

一般地，分化表明，性质相同的事物向不同的方向变化和发展。在生命科学中，分化是比较容易理解的概念，如在生物个体发育过程中，胚胎细胞向不同的方向发展，各自在构造和功能上，由一般变为特殊的现象。知识的分化是知识生成和增长的一种方式，主要朝着垂直方向或纵向发展，从而表现出层次性和等级性，如自然科学知识系统向下分化出物理学、化学、天文学、地球科学和生命科学等分支系统，而物理学又向下分化出原子物理学、分子物理学、凝聚态物理学、等离子体物理学等分支系统，它们分别具有属种关系或上位和下位概念关系。化学、天文学等也分化出下一级的分支系统，等等，不一而足。特别是，在近代时期，知识系统的分化成为主要趋势，以至不断地细分，在知识的生成中强调分析方法，寻找“知识的分子、原子”，直到“拆零”。虽然知识的分化对知识的生成和增长起着重大作用，但是，对于知识的生成来说，具有很大的局限性，使得对客观世界的认识而生成的知识是分散性的、局部性的，甚至是支离破碎的，以致我们不能真正地认识客观世界的全貌，不能理解其属性。

### 9.1.2 知识的纵横整合

相反地，整合是与分化相对的概念，表现事物朝着相反方向发展的态势，引起我们产生逆向思维方式，将分化的事物进行整理、组合、重构，以形成统一的整体，达到抗衡分化的作用。特别是，在现代时期，知识的整合起着主导的作用，从而加速了知识的生成和增长。知识的整合存在两种方式，即纵向整合和横向整合。

#### 9.1.2.1 知识的纵向整合

知识的纵向整合是沿着与分化相反的方向整合，如将分散的、零碎的知识进行重组和重构，或将最小的知识单元、要素集合起来，逐级整合，形成高一级的、整体的知识系统，犹如自然界依层次整合一样，逐级形成高层次的物质结构，如在无机界，有夸克、基本粒子、原子核、原子、分子、物体、行星、恒星、星系、星系团、超星系团、总星系（我们观测所及的宇宙部分）等层次；在有机界，有生物大分子、细胞、组织、器官、系统、生物个体、种群、群落、生态系统、生物圈等层次；人类社会也是一个具有多层次的复杂系统。这些都表明，要素经由自组织而生成的系统，都是分层次地组合成逐级递增的系统。“H. A. 西蒙和 R. 罗森用数学证明，分层形成系统比由要素直接形成系统成功的概率要大、速度要快，而且能够发展到相当稳定的程度，足以经受住环境的干扰和破坏。而无层次结构的系统不够稳定，容易受到环境的干扰和破坏。这就是系统具有层次结构的内在原因。”[①]可见，任何

① 许国志. 系统科学大辞典. 昆明：云南科技出版社，1994：543.

事物从简单到复杂的发展都要分阶段、分层次，而且系统愈复杂，发展的阶段和层次就愈多。

类似地，知识的系统整合就是从分化的知识要素分层次地逐级整合，生成各类子系统，才能高效地、更快地生成更大的知识系统，以至生成知识系统的整体。例如，在自然科学知识系统的生成中，最小的知识要素，如科学事实（经验和观测事实、实验结果等）、科学概念、科学定律等整合成科学理论，再由众多的科学理论整合成不同的学科，然后再由众多的学科整合成自然科学系统，最后再由自然科学、社会科学、数学科学、人文科学、哲学等整合成知识系统的整体。再者，逻辑学，如形式逻辑学，也是知识逐级整合成一个完整的知识系统的典型范例。在形式逻辑学中，我们就可以看到，由已有的简单知识要素，能准确地推出很多的新知识来，如在欧几里得几何学中，有为数不多的几条公理，通过逻辑系统，就能推出许多新的定理，从而构成一个几何系统。进而，我们可以看到，在形式逻辑中，如何由知识要素的概念、判断、推理、论证逐级地整合成逻辑系统：①概念是思维的细胞——思维的最小单位，即知识要素，它借助语词作为载体反映事物的本质属性，表示认识的阶段性；借助概念，可以把同类对象统一起来，使不同类对象区分开来；可以由概念系统构建起科学理论系统。②判断由概念组成，它借助语句对事物及其情况做出断定，表达判断的语句就是命题。③推理是由一个或几个判断推出一个新判断的思维形式，推理由判断组成，即由前提和结论所组成，其中前提就是推理所依据的判断，结论就是根据已知判断（前提）推出的新判断，因而推理形式是前提和结论之间的逻辑联系方式，借助复句或句群表示。④论证是根据一个或几个真实判断来确定另一个判断的真实性或虚假性的思维形式，思维必须运用论证形式，唯有思维才能把握事物的本质和发展规律。

总之，我们可以认为，形式逻辑是由已有的知识整合出新知识、生成和增长新知识的有效方式，从而成为由知识要素不断合成高一级的知识系统的典型范例。

#### 9.1.2.2 知识的横向整合

知识的横向整合主要是在各个水平方向上进行横向整合或横断整合（cross-cutting integration），以形成完整的知识系统。在概念上，我们要注意知识整合与知识综合、知识总和的区别，尽管它们之间有一定的联系。知识综合主要针对同一的、复杂的认识客体，包括自然客体和社会现象，从全方位、多维度、多学科和多种方法认识所得的结果，表现为知识的渗透和融合，形成知识综合体——综合科学，如海洋科学、空间科学、环境科学等；而知识总和是指全部知识从数量上加起来的总体。

知识横向整合则主要以各种事物或过程的共同点为研究对象，从众多不同的一个又一个横贯于共同点的横断面上进行整合，而这些横断面就是从不同的视角、维度和侧面的一种抽象，具有高度的普适性，如系统、自组织、协同、信息、控制、数和形等。在这些横断面上进行横断整合，从而生成和增长一系列知识，即一系列横断科学。

1. 在“数和形”上整合成数学科学

现实世界中普遍存在数量关系和空间形式，因而“数和形”就成为最具有高度抽象性的、普适性的一个横断面，我们就可以在这一横断面上研究现实世界的一切事物，从而整合成了广义抽象的数和形的知识系统，一门最具有渗透力的典型的横断科学——数学科学，因其高度的抽象性、应用的广泛性、严格的逻辑性和语言的简明性，从而向各门科学广泛地渗透，为组织和构造知识提供方法，从横断面上把条分缕析的分支学科联结为一个整体。在各门科学，特别是理论科学中，数学化程度日益提高，乃至在社会科学中也广泛地采用数学语言、数学模型和数学方法，从而增强科学的抽象性、普遍性和统一性。同时，在更广的意义上，数学科学已被看作是关于“模式”（patterns）的科学，也就是说，它寻求尽可能简单的、适用的模式，以揭示和描述现实世界或数学自身的抽象世界所具有的各种结构。①

可见，在“数和形”上，我们进行横断整合对知识的生成和增长以及知识系统实现整体化有重大意义。

2. 在“系统”横断面上整合成系统科学

“系统”无处不在、无时不有，在自然界、社会和思维中具有共性，也是具有普适性的一个横断面。因此，在这一横断面上，我们可以整合一系列知识，形成横断科学，系统科学也是一门典型的横断科学。其中，又在一个个横断面上，如在“协同和合作”这一横断面上，整合成协同学；在“耗散结构”“最小熵”“不可逆”横断面上，整合成耗散结构理论等；以及在“信息”这一横断面上，整合成信息论；在“控制、反馈”横断面上，整合成控制论等。这使我们看到，在这些一个个相互联系的横断面上，整合生成的几门学科都具有横断学科的属性，共同构成了系统科学的知识大厦。

概言之，从纵向逐级整合、从横向横断整合是知识整合的主要形式和方法，是知识生成和不断增长的有效方式，从而才能实现知识系统的整体化。

---

① 21 世纪初科学发展趋势课题组. 21 世纪初科学发展趋势. 北京：科学出版社，1996.

## 9.2　知识整合即相互作用

在各类纷繁的知识要素之间，之所以能够进行整合，其根本的原因就在于其间能发生线性和非线性相互作用。在各门科学中，总要运用到线性和非线性这一对基本数学方法。

### 9.2.1　知识线性相互作用

在现实世界中，严格的线性系统并不存在。但是，凡能用线性数学模型，如线性代数方程、线性微分方程等描述的系统就是线性系统，其基本特性满足叠加性（加和性）原理和齐次性原理：叠加性表明，线性关系表示两个解加起来还是解，要素之间互不相干、各自独立起作用；而齐次性表明，系统的要素之间成比例、倍化关系，各自的改变不会使系统产生性质和结构性的改变。然而，在适当范围内，线性方法仍然有重要的作用，在许多知识领域中都取得了重要的成就。而且，线性相互作用可以作为非线性相互作用的特例。同时，弱非线性相互作用也可以看作是对线性相互作用的偏离，而且，在许多情况下，还允许忽略这种偏离，从而采用线性假设，以线性模型描述系统。

最简单的一元线性函数的一般形式为

$$y = ax + b \qquad (a \neq 0) \tag{4.9.1}$$

在几何学中，线性函数由平面直线段表示。

二元线性函数的形式为

$$z = ax + by \tag{4.9.2}$$

在几何学上代表三维空间的一张平面。

在最简单的情况下，两个知识要素的线性相互作用，可由两个线性系统$\frac{\mathrm{d}y}{\mathrm{d}t} = ax$和$\frac{\mathrm{d}y}{\mathrm{d}t} = ey$来表示。

设它们的耦合形式为

$$\begin{cases} \dfrac{\mathrm{d}x}{\mathrm{d}t} = ax + by \\ \dfrac{\mathrm{d}y}{\mathrm{d}t} = cx + ey \end{cases} \tag{4.9.3}$$

经过一定的演化过程，系数 $a$、$b$、$c$、$e$ 获得适当的数值，使这个联立方程组有了非 0 稳定不动点，就意味着二者已整合为一个新的二维系统，即整合成新的知识要素。这表明，线性系统并非完全不可能生成新的知识要素，但只能出现平庸的自生成。

实际上，在现实系统中，绝大多数系统都是复杂系统，其中存在非线性相互作用，这表明了非线性就是复杂现象的根源。知识系统就是复杂系统，不可能用线性相互作用来描述知识要素之间的复杂关系。在知识系统中，只有各个要素之间发生非线性相互作用，才可能真正实现知识系统的纵横整合。

### 9.2.2 知识非线性相互作用

用非线性数学模型描述的系统被称为非线性系统。当用数学模型描述一个系统，其中只要有一个非线性项时，这就是一个非线性系统。可见，非线性系统处处存在，不可避免，知识系统也是这样的系统。因此，知识整合必然存在非线性相互作用，即无论我们从知识要素整合，还是从纵横方向上进行逐级整合和横向整合，都会有新的质——新的知识产生出来，以至整合成知识系统整体。这显现在两个“不等式”中：一方面，在数学描述上，非线性方程的解不等于解的叠加；另一方面，在系统理论论述中，整体不同于部分之和。这两个否定性的论述表明，子系统作为要素被结合在一起时，不是简单地堆积起来，而只能依靠非线性相互作用才可能结合成为一个有机的整体，这就导致某种分离的要素所没有而只有整体才可能有的特性。

如在环境系统中，存在两个子系统，即两个知识要素，其动力学方程分别表示为

$$\frac{\mathrm{d}x}{\mathrm{d}t}=f(x) \tag{4.9.4}$$

$$\frac{\mathrm{d}y}{\mathrm{d}t}=g(y) \tag{4.9.5}$$

因环境或自身的变化，这两个子系统发生了耦合，这时方程变为

$$\begin{cases}\dfrac{\mathrm{d}x}{\mathrm{d}t}=f(x)+p(x,y)\\[2ex]\dfrac{\mathrm{d}y}{\mathrm{d}t}=g(y)+q(x,y)\end{cases} \tag{4.9.6}$$

其中 $p(x,y),q(x,y)$ 就是 $x,y$ 的耦合作用。这时，（4.9.6）组成的联立方程组

是一个两维系统。只要联立方程组至少有一个稳定定态，就能表明这两个子系统已经整合成为一个较大系统，即两个知识要素整合成了一个新的要素，如两个科学概念整合成为一个新的科学理论。

这种新特性的出现，正是非线性相互作用的结果，也是系统复杂性的根源。据此，纷繁众多的知识要素也正是通过非线性相互作用，才整合成为知识系统整体。

## 9.3 知识交叉实现整合

实质上，知识整合就是知识交叉，通过交叉最后实现整合。因此，交叉科学研究又可称为科际整合研究。交叉与整合使各种知识域连通一片，扩大了各种知识域，从而消除了各种知识之间的孤立和脱节现象，使知识系统真正成为一个完整的统一整体。

刘仲林在其所著《现代交叉科学》一书中，一开始就强调，“交”兴而万科通，即在不同领域中“交”而科学研究兴也，在不同学科中“交”而万科通也，并阐明在《易经》中就有“交”这一核心思想。然而，只是在近代时期，自然科学和社会科学等知识的交叉才开始萌芽，如在1670年，法国科学家莱莫瑞（N. Lemory）提出了植物化学和矿物化学。仅在约100年间交叉科学的学科数量就几乎占了学科总数的一半。

在19世纪末20世纪初，交叉科学兴起，首先出现跨学科运动，在国内外，相关、相似的概念频频出现，如跨学科（interdisciplinary）、学科际研究（interdisciplinary research）等。相应地，多种出版刊物出现，如《交叉科学评论》《中国交叉科学》《21世纪100个交叉科学难题》等；以及辞典《牛津英语辞典补本》等；其中也出现了类同的术语、词语等，如跨学科、交叉学科、交叉科学、学科际研究的整合（integration of interdisciplinary research）等。有关的学术机构、研究机构也建立起来了，如美国整合研究协会，国际跨学科研究会等很多研究和教育机构。这些都表明，“交叉”与“整合”的关系极其密切。

系统思维方式遍及广阔的领域，成为现代科学思维方式中的主要思维方式，从而在系统观念上增进了知识交叉和知识整合。在20世纪上半叶，出现过科学大整合运动，经过广泛的辩论，才对“跨学科或学科交叉”与“整合”思想、概念的实质有了深刻的认识，最后实现了二者的统一。确立交叉思维方式，以交叉教育培养交叉人才，采用交叉的方法进行交叉研究，从而实现知识系统整合。

## 9.4 哲学的分化与整合

在知识系统中，哲学的地位十分独特，其历史古老而悠久。哲学堪称一切知识的源头，是世界观的理论知识，即世界的普遍本质和一般规律的理论知识，以至被尊为最高的知识。在希腊语中，哲学（philosophia）意为爱智慧。最早，哲学家们知道，人生有限，而智慧无限，以至千百年来，哲学家们都在努力将智慧之爱变成智慧之学。德国哲学家施太格缪勒（Wolfgang Stegmüller）在其著作《当代哲学主流》中认为哲学虽然是一种无止境的、诚实的努力，但却又是一种不断遭到失败的努力。它之所以遭到失败，是因为人的有限性，这种有限性总是向人提出远远超过他微弱的智力所能解决的问题。①然而，人们仍然热爱和追求智慧并以之为人生的最高理想。

实际上，从哲学发展的历史中可以发现，哲学的所有方面几乎都存在着争论，众说纷纭，莫衷一是，很难形成基本的共识，这正是哲学的本性所在。尽管在科学上存在着很多重大的难以解决的问题和难题，然而从根本上说，哲学就是起源于难题，柏拉图和亚里士多德曾称之为“惊异”（thaumazein），在某种意义上说，哲学中的难题就是没有终极答案。这正表明，科学与哲学的研究对象和问题不在一个层面上，不能用衡量科学的标准来衡量哲学。

### 9.4.1 哲学的分化

在人类认识的早期，当时的各种知识都只能是包含在包罗万象、浑然一体的自然哲学之中，成为人类原始知识的总体。其后，自然哲学逐渐向两个方向分化：其一，各种分门别类的具体知识从自然哲学母体中分化出来，形成众多的独立学科；其二，自然哲学本体也开始分化，形成哲学自身的各种独立的分支学科、纷繁的学派，而且互相交织在一起，错综复杂。

哲学中存在着多种派别，其中分化出唯物论或唯物主义（物质主义，materialism）与唯心论或唯心主义（观念论，idealism）两大派别，它们之间长期存在着争论：凡主张物质是第一性，精神是第二性，世界统一于物质，精神是物质的产物和反映，称为唯物论，而且唯物论还分化出多种分支派别；凡主张精神、意识是第一性，物质是第二性，即物质依赖精神而存在，物

① 施太格缪勒. 当代哲学主流. 上卷. 王炳文，燕宏远，张金言等译. 北京：商务印书馆，1986.

质是意识的产物，称为唯心论，而且唯心论也分化出多种分支派别。此外，在认识论中，长期存在着经验论或经验主义与唯理论或理性主义互相对立的两类派别等。

张世英将西方哲学发展史分为四个时期：①公元前 6～公元 5 世纪的哲学，称为古希腊哲学；②5～15 世纪的哲学，称为中世纪哲学；③15～19 世纪 40 年代的哲学，称为近代哲学；④19 世纪 40 年代以后的哲学，称为现代哲学。张岱年将中国哲学发展分为三个时期：①奴隶制及其向封建制转变时期的哲学；②封建时期的哲学；③从封建社会经半殖民地半封建社会向社会主义社会转变时期的哲学。

无论是在西方还是中国的悠久哲学发展史中，这些大的哲学理论派系一直争论不休，各执一端，不断地引起人们的思考。现在看来，它们都各自有一定的合理性，也都有其片面性或偏执性，都不足以正确地解释物质和精神的关系，以及在认识论中经验与理论的关系，以致成为哲学上一些最大的难题。

施太格缪勒在《当代哲学主流》一书中，对当代哲学清晰地进行了综述，其中指出现代哲学的一个重要特征：向语言学的转向，使语言哲学出现了最重要的成就；逻辑起着越来越重要的作用，从而发展出哲学逻辑这个新的分支。他在绪论中提出当代哲学的一个重要特征，即哲学的分化过程：第一个形式方面的特征，可以称作是哲学职能上的分化过程。与这种分化过程相并行，作为第二个特征，还发生着不同流派的哲学家之间相互疏远和越来越失去思想联系的过程。由于“哲学”一词的多义性，我们只能对由不同成分构成的领域分别进行探讨。最后，他指出这个分化过程是不可逆转的，这听起来也许有些悲观，但是很可能是正确的。①

哲学分化的同时，也发生逆向的整合过程，而且在不同的发展时期，分化与整合都存在着不同的水平。

### 9.4.2 哲学的整合

哲学是一切学科的母学科，一方面它因自身的分化而整合；另一方面它又是超越一般学科层次的高层次上的超学科，因其具有高度的抽象性、更强的概括性和普遍性，从而在认识论和普遍方法论的高度上，对各门具体学科，包括自然科学和关于人的科学——精神科学，都产生整合作用。

在学科继续分化的涓涓细流中，还不可能造就哲学，而必须在更高层次

① 施太格缪勒. 当代哲学主流. 上卷. 王炳文，燕宏远，张金言译. 北京：商务印书馆，1986.

上整合，才能真正达到哲学的理性思维。如在19世纪的哲学中，黑格尔创建了庞大的客观唯心主义体系和思辨辩证法，完成哲学史上的一次空前的整合，建筑起宏伟的哲学大厦；而马克思和恩格斯公开声明自己是黑格尔的学生，批判地继承了黑格尔的辩证法，连同费尔巴哈的唯物论等哲学理论，创建了辩证唯物论，从而整合形成新的哲学派别。

### 9.4.3 哲学的趋同倾向

上面，我们主要论及了哲学自身不断地分化与整合。此外，各种分门别类的具体科学从哲学母体分化出去后，依然与哲学有着密切的联系。在现代哲学中，它们存在着趋同倾向，这里不是指不同哲学思潮之间的互相接近，而是强调哲学与自然科学基础研究阶段的接近、哲学与经验的趋同，即自然科学以经验的方式研究古老的哲学问题，并且为说明有关现象提出能经受经验检验的假说。施太格缪勒在《当代哲学主流》一书中，用比较大的篇幅（共两章）论述了当代世界的科学图景，包括宇宙的演化理论、天体物理学理论、基本粒子物理学理论的最新成就，特别是，艾根的物质进化理论，论及原始单细胞如何从大分子中产生出来的理论，即超循环理论。当代世界的科学图景，也可以看作现代哲学中趋同倾向的特殊形式。可能有人认为，这些都不属于哲学，但他却反驳道，这些都是构成一切哲学思考和一切科学推理的来源，如果偏偏对这些不感兴趣，那一定是对“哲学”有一种非常偏狭的概念。因此，译者在前言中指出：关于宇宙的形成和结构以及在宇宙中起作用的法则的问题，以及关于生命的形成和发展的问题，自从前苏格拉底学派的学者们起就被认为是基本的哲学问题。无论是谁，只要是感受到一点点隐藏在这些问题后面的真正哲学上的求知欲望，就应该对这些课题感兴趣。①

### 9.4.4 哲学思考的本原性科学难题

在哲学上，物质和精神的关系等最大难题要转变为科学难题，而且也只有对本原性科学难题的研究有重大突破，才利于做出哲学上的概括。迄今，人类仍然面临四大本原性科学难题：宇宙的起源、物质的结构、生命的起源、精神或意识（consciousness）的起源。这些重大的本原性科学难题还衍生出一系列难题，而且它们之间还互相关联在一起。因为只有了解了宇宙的起源，特别是，我们所能观测到的宇宙的起源，才能进一步地探索生命的起源和人

① 施太格缪勒. 当代哲学主流. 下卷. 王炳文，燕宏远，张金言译. 北京：商务印书馆，1986.

类的起源，进而才能正确地理解精神或意识的起源。

9.4.4.1　宇宙的起源这一难题本身就是最难解决的开端性难题

尽管目前有比较公认的"宇宙大爆炸"理论能有合理的解释，但还存在若干疑难，而且所指的宇宙还仅仅是我们所能观测的"物理宇宙"，大爆炸"之前"发生过什么？还有其他宇宙吗？"泡宇宙"概念对此能做出有限的回答：我们的宇宙是从另外一个暴涨时空区生长出来的一个泡。1982 年，宇宙学家林德（A. Linde）提出了改进的"新暴涨模型"；1983 年，他又提出了混沌（与日常所指一团糟相似，与数学理论中的混沌无关）暴涨模型；1986 年，他指出，宇宙可能是一个自我复制的婴儿宇宙系统的一部分。据此，我们的宇宙可能是从另一个宇宙分离出来的，是一个没有起始也不会终结的过程。这个分离过程是通过黑洞进行的，每当一个黑洞坍缩为奇点时，它就"跳"出来并进入另一组时空维度，创造出一个新的暴涨宇宙，称为婴儿宇宙。这个过程可以无限重复，"挤出"很多婴儿宇宙，所以我们的宇宙可能是无穷宇宙阵列中的一个"泡"，如图 4.9.1 所示。

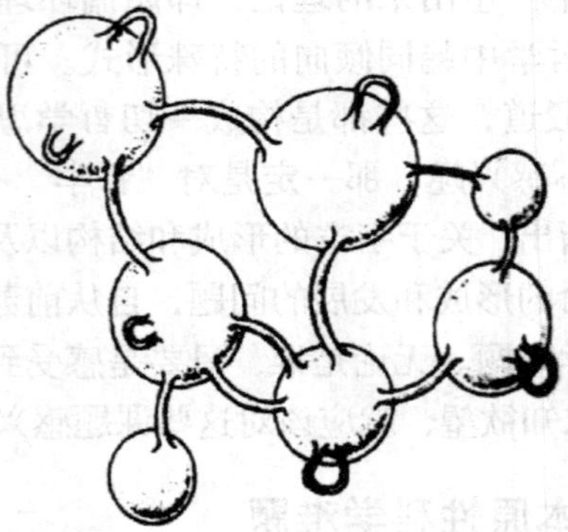

图 4.9.1　很多婴儿宇宙①

由此，英国天文学家格里宾（J. Gribbin）明确提出，"大宇宙"是包括一切宇宙在内的超级宇宙，我们的宇宙只不过是其中的一个"泡"。暴涨理论被认为是极早期宇宙的标准模型，是粒子物理学与宇宙学交叉的结果。因此，自最早暗示宇宙起源于大爆炸的宇宙膨胀被发现以来，暴涨理论被视为宇宙学的最重大进展。

① 约翰·格里宾. 大宇宙百科全书. 黄磷译. 海口：海南出版社，2001：23.

#### 9.4.4.2 物质结构的新层次成为深层结构性难题

19 世纪末，英国物理学家开尔文认为：物理学可以认为是完成了，下一代物理学家可以做的事看来不多了，但是，在物理学的晴朗天空的远处，还有两朵令人不安的小小乌云。这两朵乌云就是经典物理学无法解释的迈克尔逊-莫雷实验和黑体辐射实验，正是这两个难题的解决导致了相对论和量子论理论的出现。

今天，研究物质结构的科学前沿中也存在两大难题：①对称性破缺的本质是什么？②夸克囚禁的疑难。

目前，已发现的六种夸克、六种轻子被看成是物质结构的新层次。而夸克、轻子通过电磁相互作用、弱相互作用、强相互作用和引力等运动规律，就构成了自然界万物奥妙无穷、千变万化的物理现象。电弱统一理论与描述夸克之间强相互作用的量子色动力学理论一起被称为粒子物理中的标准模型理论。科学家把超对称性引入标准模型，称为超对称标准模型；而将电磁相互作用、弱相互作用和强相互作用统一起来进行描述的规范场理论，称为大统一理论；把超对称性引入大统一理论，就得到超对称大统一理论，而超对称性必须是一种破缺的对称性，对称性破缺的本质可能来自真空的不对称性产生真空对称性自发破缺机制。这些是研究物质结构的最新进展。

在夸克模型理论建立的同时，我们因在实验上找不到自由夸克而困惑。在量子色动力学框架里，虽然可定性地解释夸克在强子内部的结构图像，但要想定量地解释夸克囚禁疑难和强子结构图像仍然是一个重大难题。科学家认为，夸克囚禁可能是量子色动力学物理真空所致。

由上述可见，在研究物质深层结构中出现的疑难，都可能从真空中得到破解，而真空不是虚无，因此，关键在于揭示真空的物质本质。

#### 9.4.4.3 生命的起源是与宇宙的起源密切相关的难题

在大宇宙中，有哪些形状和性质不同的生命？我们来自何方？仅在我们可观测的宇宙中，自 20 世纪 60 年代以来，射电天文学家在银河系内外的星际介质中就发现了 100 多种有机分子的谱线。这表明，生命的种子早已飘浮在无垠的宇宙，包括太阳系行星际空间和我们的地球空间。谁知道是不是彗星或流星将这些生命种子，甚至将已有复制能力的分子植入了地球，也许我们的古老祖先是舶来品。

目前，关于生命起源的研究表明，无论生命是来自其他天体，还是来自地球自身，生命总是从无生命的物质经过化学进化的阶段而来。新的自然发生论认为，生命是宇宙在长期进化中某一阶段无生命物质所发生的进化过程，最早阶段是化学进化，先从无机分子生成有机分子，再从有机小分子生成生物大分子，直至多分子体系的形成，以至原始生命的萌芽，继续进化到原核细胞和真核细胞。

艾根的超循环理论表明，在生命起源和发展的化学进化和生物学进化阶段之间存在一个分子自组织阶段，所以生命起源共存在三个阶段：①在化学进化阶段中，首先是无机物生成有机小分子，然后是有机小分子生成生物大分子，再后是由生物大分子组成多分子体系；②在生物大分子的自组织阶段中，完成从生物大分子到原生细胞的进化；③在生物学进化阶段中，完成从原核生物到高等生物的进化。

#### 9.4.4.4 精神或意识的起源是最难的难题

最后，我们将涉及最深层面上的科学难题，也必然要涉及在哲学层次上唯物论和唯心论或物质和精神的关系上的难题。在生命的结构层次上，已经形成了递进的等级层次：分子、细胞、组织、器官、个体、种群、生物群落、生态系统和生物圈等。从化学成分来看，无机和有机物质组成的元素都含有C、H、O、N、P、S、Ca等，这些元素的原子以各种不同的化学键相互结合而成为各种分子。在分子层次以前，我们还可以用物理学和化学的观点来解释何以形成分子。但是，在有一定结构的细胞层次上，自然界才出现了生命现象。给生命下一个准确的定义虽是十分困难的，然而一些生物学家还是下了一个定义：生命是由核酸和蛋白质特别是酶相互作用，不断从外界摄取必要的物质和能而产生可以不断繁殖的物质反馈循环系统。在细胞层次上，完整的生命现象的出现已不能再用物理学和化学的观点来解释了，如单细胞生物鞭毛藻类、原生动物、菌类或藻类等可以对食物浓度差或光照强度差做出反应，游向食物或光线充足的地方，这也可以算是自主性活动或智力的萌芽。1906年，詹宁斯（H. Jennings）在其巨著《低等有机体的行为》中认为，在观察阿米巴的行为时，他不禁要赋予它以意识。基于科学实验可以看出，在细胞层次上，物质和精神的现象就紧密联系在一起了。如没有意识的自主性活动，细胞就不会向下一个高级的组织层次发展。一些生物学家和人类语言学家都不愿意把精神或意识赋予除人以外的任何动物。甚至一些哲学家完全否认精神的存在，他们认为，谈论精神或意识状态是纯粹的胡言乱语。波普尔则认为："与这些哲学家相对照，我把精神突现看作是生命进化中的巨大事件。精神照亮了宇宙，我认为像达尔文这样伟大的科学家的工作之所以重要，正因为他的工作对此作了那样多的贡献。赫伯特·费格尔报告说，爱因斯坦曾对他说过：'要是没有这种内部的光辉，宇宙不过是一堆垃圾而已。'"[①]在递进的更高层次上，物质和精神的关系更密切、更复杂。由此看来，宇宙中，物质和精神相互依存、协同进化。在哲学上，我们要概括物质和精神的关系，在很大程度上要依赖于在科学上对大脑和精神的关系这一重大难题研究的进展。

## 9.5 科学和人文文化的分化与整合

文化系统是由人类创造的物质文化和精神文化所组成的复杂系统。其中，精神文化主要包括哲学、科学、技术、宗教、文学、艺术、伦理道德和价值观念等，并可归为科学文化与人文文化。这两种文化构成的精神文化是文化系统中最具有活力的部分，是人类创造活动的动力，也是人类区别于动物的分界线。先进的精神文化"外化"为制度和器物，"内化"为价值规范，对社会进步起着整合和导向作用，而滞后的部分则总是社会发展的桎梏，在社会系统变迁中形成文化堕距现象，以致发挥着负功能。

科学知识是科学文化的基础，而且具有文化属性。爱因斯坦也强调，科学是"高尚的文化成就"。[②]离开了科学知识，科学文化就无从谈起。但是，科学文化并不等同于科学知识，还要包括科学思维方式和科学精神等深层次结构。我们可以认为，科学文化是在人类面向外界、面向自然界的认识活动中形成的精神文化，而人文文化则是人类在认识自我、发展自身的价值、求得精神自由、追求自我发展、寻求人类和谐以及内心美的活动中所形成的精神文化。如果说科学文化主要追求物质价值，那么人文文化则是以人为中心而追求精神价值。总体上，在人类历史的漫长道路上，这两种文化是结合在一起的伴侣，而仅仅是近 400 年才出现了分裂的倾向。李侠在其著作《断裂与整合》中对两种文化的分裂与整合进行了系统的论述。

### 9.5.1 两种文化经历分与合

在古希腊时期，人类创造的包罗万象的知识全部都统摄于自然哲学之中，因而科学文化与人文文化不曾出现分裂现象。后来的几个世纪里，各种形式的柏拉图主义代表了希腊思想，科学精神受到压抑，仅有的自然科学知识也

① 波普尔．科学知识进化论：波普尔科学哲学选集．纪树立译．北京：生活·读书·新知三联书店，1987：445.

② 爱因斯坦．爱因斯坦文集．第 3 卷．许良英，赵中立，张宣三编译．北京：商务印书馆，2017.

属于哲学，以至哲学成了人类文化的最高成就。古希腊思想为发端于14～16世纪的西欧文艺复兴运动奠定了基础，使人文主义思想得到高扬，以至出现了人类史上科学与人文文化和谐相处的黄金时期。

在17～18世纪，由于文艺复兴运动的有力推动，人文主义的启蒙运动（Enlightenment，当时中国译作“黎明运动”）在欧洲兴起，其中心在法国巴黎，并经过法国大革命的洗礼而达到了高潮。启蒙思想高举理性主义和自由精神的大旗，为近代自然科学的发展营造了良好的氛围。

在19世纪，科学理性得到了很大的张扬，科学获得了很大的发展，以至开始出现科学革命，因而把19世纪誉为科学的世纪。这时，人文主义却日渐衰落，并形成与科学理性对立的思潮，以致出现科学与人文文化的分裂，在20世纪50年代达到了顶点。

在20世纪，以物理学革命为代表的科学革命仍在进行着，一直持续到20世纪30年代。在物理学的基础上，信息科学和信息技术、太空科学和太空技术、生命科学和生物技术、系统科学等，都得到了巨大的发展，从而加速了社会系统的变迁。这使得社会思潮也发生了剧烈的变化，特别是，科学文化在社会中得到了张扬，以至发展到一种极端形式——科学主义登上了历史舞台后，各种人文主义思潮受到挤压。此时，在现代意义上的科学文化与人文文化公开断裂，进而招致人类精神文化出现整体性的畸形发展。1959年，英国物理学家、作家斯诺（C. Snow）在其著作《两种文化和科学革命》中指出，两种文化分裂和对抗的倾向使西方人丧失了整体的文化观。在20世纪60年代以后，人们在享受科学技术带来的巨大成果的同时，也日益感受到了科学技术的异化。科学技术的负面效应日益表现出来，这些包括：在两次世界大战中，军民死亡共达9.09亿人之多，人类面临极其残酷的争斗；对大规模杀伤性武器，特别是核武器产生的恐惧；“黑色工业文明”带来的非人性；地球生态环境遭到破坏，威胁着人类的生存和发展，以及可持续居住性；等等。许多人文主义者都把这些归罪于科学技术，因而公开地表现出一种对科学技术的敌视情绪，这正是人文主义者被迫做出的一种反应。到了20世纪末，人类日益觉醒，认识到任一种单向度文化都不利于人类的持续发展，因而渴望两种文化能够再一次地整合起来。

### 9.5.2 两种文化整合

科学文化与人文文化是人类共同创造的精神文化，都把追求价值作为共同的理念，只有实现两种文化的整合，人类才能解决当前面临的诸多危机与风险，使人类走向可持续发展的道路。李侠认为：两种文化整合的形而上学的基础是价值，实践基础是面临共同的目标：风险与危险，只有在这个基础上两种文化之间的整合才具有了现实的可能性。①

两种文化的整合是复杂的社会系统工程，人类要对近代以来造成两种文化分裂的原因进行深层的反思，才能进行重新整合。在传统观念中，文化存在明显的等级划分，亚里士多德首先就把各种形式的知识分为一个有价值的等级：底部是日常生活所需而发挥作用的知识，最高点是哲学知识。这种划分虽然还不至于构成文化的分裂，但毕竟为知识的等级观念留下了阴影。在文艺复兴以后，这种知识的等级关系却发生了逆转。历史表明，任何将知识进行人为的等级划分都是片面的做法。实际上，任何一类知识都只是知识系统中的一个子系统，是相互依赖、相互促进的，因而彼此都是平等的关系，通过相互沟通和理解、交叉与融合，就能够达成共识。

科学文化与人文文化都是人类理性的表现，因而两者的重新整合是能够实现的，正确的方法就是理性重建。董光璧认为：科学与人文的关系的实质是真与善的关系。真与善的关系具体化为科学理性与道德理想的关系问题，是当代科学与人文关系的核心问题。尽管科学与道德是独立的，但在一定条件下两者总是相互影响的。当涉及历史的和心理的动力时，科学需要以道德标准为基础；而在涉及规范的实现时，道德就不得不依赖科学了。②我们认为，科学文化与人文文化共同构成了人类的精神文化，体现了人类最高的价值，有着一致的最高精神境界。

① 李侠. 断裂与整合——有关科学主义的多维度考察与研究. 太原：山西科学技术出版社，2006.

② 21 世纪初科学发展趋势课题组. 21 世纪初科学发展趋势. 北京：科学出版社，1996.

# 10 知识的分类

胡作玄

人类知识演变到今天已经形成了庞大的知识系统，对它们进行的分类从古代就已经开始，特别是 17 世纪科学革命以后，学者不断地把知识加以分类，目的是使它们条理化、系统化，而最重要的是，分类可以使得未来的知识也能纳入其中。到了 20 世纪末的信息时代，随着知识经济逐步成熟，知识的分类也有新的角度和观点。本章对过去的分类进行概述，是为了今后研究的借鉴与参考。我们的分类当然是以系统论的方法为指导的，为此，我们就必须区别开系统的知识与非系统的知识。系统的知识无非就是系统化的知识，而系统化的关键则是结构化因子。在本章，我们将知识系统分为八大系统。

本章的知识的分类明显地超出“科学系统论”中的第 10 章“科学分类”，“技术系统论”中的第 4 章“技术的分类”与“工程系统论”中的第 5 章“工程分类”，特别是其中包括关于社会知识、社会实践与人文知识的分类。这里，笔者特别对社会理论知识系统、历史知识系统与法律知识系统、艺术知识系统作了较详细的论述。“技术的分类”和“工程分类”中已经详细地论述了各自的分类，本章就不再赘述。但本章与上面诸章合在一起可以构成对知识分类的相对完整的框架。

## 10.1 关于知识的几种定义与粗分类

### 10.1.1 关于知识的几种定义

从过去到现在，学者对知识的理解和分类很不一样，对此我们进行初步的概括。下面的知识的几种定义带有哲学味道，可供探讨，也是后面知识分类的基础。

（1）“知识是被证实为真的信念。”[①]这是已被许多哲学家批判的定义，特别是那些经验主义者，他们相信知识断言能够被事实所证实。

① 胡军. 知识论. 北京：北京大学出版社，2006：66.

（2）知识是语境中的信息。这个定义的根源来自笛卡儿的唯理主义认识论，在这个概念框架之下，如果一个知识断言成立，那么它对一个更大的知识框架的系统协调性能无矛盾地满足并有所补充。理性主义观点实质是语境下的信息。

（3）知识是基于经验的理解。这是现代实用主义及其相关认识论的一个中心思想，这也是在许多英语辞典中查出的定义，因为它指称“理解”，显然是一个着重于信念的知识定义。

（4）知识是可以交流和分享的经验或信息。虽然此处指称经验，但它所强调的显然是可分享的信息和共同体，而不是信念。

（5）知识，虽由数据和信念构成，可以认为是对于一种局势、关系、偶然现象更为扩大的理解，以及基于给定领域或问题的（明显的或隐含的）理论和规则。这是一种现代的，甚至后现代的定义。

## 10.1.2 知识的二元分类

从最广义知识概念出发，历史上已存在多种分类方法，最粗糙的分类当然是二元分类以及衍生出的三元、四元等分类。对任何事物和对象的分类也都是由此起步的，然后逐步分叉形成树枝状的分类系统，这种形式的分类的好处毋庸置疑，然而，过多的二分法（或三分法、四分法）标准会造成评价上的困难，如不深入研究，把它们等量齐观地罗列出来并无多大益处。不过，对以后的研究，下面的二元分类是至关重要的。

### 10.1.2.1 个人知识对社会知识

这是罗素的分法，与它类似的有私人知识对公众知识、个人知识对集体知识等。知识归根结底由个人创造，在个人的头脑中储存或加工，只有通过交流才会变成群体或社会的知识。

### 10.1.2.2 意会知识对言表知识

这种分类公认是波兰尼的贡献，这种提法大量被引用并成为知识管理的基础。类似的分法或提法有隐性知识对显性知识、非编码知识对编码知识、不可交流知识对可交流知识、背景知识对前台知识等。意会知识与言表知识的相互转化，或者外在化与内在化是知识管理研究的重要课题。

### 10.1.2.3 主观知识对客观知识

知识最初都是主观的，但其中的部分知识可以通过交流、加工、系统化过程形成客观知识，这是由“世界 2”到“世界 3”的艰苦过渡过程，波普尔对此有大量研究。

#### 10.1.2.4 特殊知识对普遍知识

这是从知识内涵与外延的角度来分类，也是科学革命以来自然科学知识的特征，其中涉及如何从特定的时间、空间、个体、条件等产生的零散知识产生出普遍的、抽象的、一般化、系统化的深刻知识，这是科学方法的胜利。正如怀特海所说，19 世纪最大的成就就是掌握获得这种知识的方法，它们的方法和结果也被泛称为“科学的”。当然在表述这两类知识的时候，它们也往往对应为事实的知识（what）和解释的知识（why），就连在演化过程中也不能截然分开。一切知识一开始都是具体的知识、特殊的知识，而后来才成为抽象的知识、普遍的知识，其中有归纳及系统化过程。但人类认识也有另一方面，即演绎过程，当然其前提也可以说是归纳的结果，但后来也成为自由假设（如数学中的公理与公设）。由此生成显赫的科学——数学。这也说明，普遍的知识逐步地通过自身产生更深刻的知识，成为知识产生知识的良性过程。由此派生出来另外一对：理论知识对应用知识。从普遍知识到特殊知识的过程称为应用，从特殊知识到普遍知识的过程称为推广。推广的内容很多，可以包括设计、创新等。

必须看到，普遍知识与特殊知识的区分是相对的，也可以进一步延伸。这不仅适用于科学知识，也适用于规范知识。因此，在任何知识系统中，特殊知识永远是必不可少的内容。

在后面的知识分类中还有一些分类标准需要特别强调，它们是构造知识系统的要素。

#### 10.1.2.5 简单知识对复杂知识

这里不是从知识内容来区分知识的简单或复杂，而是从知识的维度出发。所谓知识的维度就是知识的关联因素，知识越特殊，越有许多特定因素，如时间、空间、人、事、条件等。知识的产生及其适用也出现一些主观因素，如目的、动机、过程等。维度越高，复杂性也越大，知识的系统化也越难，知识也往往更加零散。

从这个角度来看，数学知识是最简单的知识系统，而像理论物理、理论力学等数学化比较高的知识也是如此。在其他知识系统中，如艺术知识系统中，则复杂性大大提升。艺术作品与人及其经历密切相关，而且受其时代背景、地域环境、技术条件、文化价值、思想潮流等因素影响。这样，他们的最高级的理论知识，如艺术哲学和美学与具体艺术家和具体艺术作品的知识的关联度更少、更微妙，更不用说艺术实践及艺术评价的知识了。

10.1.2.6 自然知识对人工知识

波普尔“三个世界”的思想对知识的生成有一种新的启发，即知识对新知识的产生有确定性的作用。在对自然界有了相当数量的知识以后，人们以简单的极小改动，创造出一个新的世界。在创造新世界的过程中，已经有对象及程序的差别。化学史上一个重要的里程碑式的实验是合成尿素，同一尿素可以通过不同方式得到。人工科学的目的是得出自然界不存在但具有更好性能的物质。这使得化学已不仅是自然科学而且还是人工科学。当前很重要的领域是人工智能领域，人的头脑当然足够聪明，但在某些方面则远远不及计算机，而计算机则完完全全是人工科学的产物。

## 10.2 历史上的知识分类

历史上的知识分类角度很多，主要是哲学及科学的，近年来由于知识工程以及知识经济和知识管理的出现形成另一种知识分类的角度。时至今日，百科全书仍然是现有知识的总汇，它们的分类法可供我们参考。

### 10.2.1 哲学

长期以来，知识均为哲学研究的对象。在大哲学家论述的知识和真理的著作中，都或明或暗地涉及知识的分类。西方哲学经过两千多年的发展，已经形成完整的体系，其中的知识分类对我们仍有参考价值。

哲学同其他知识领域一样，也有逐步分化和细化的趋势，就哲学本身而论，其核心部分为本体论及认识论。另外，公认的属于哲学门类中的学科有逻辑学、伦理学及美学。其他各个领域几乎都有相应的哲学分支，如数学哲学、自然科学哲学、政治哲学、法律哲学、经济哲学、教育哲学、宗教哲学、艺术哲学等，它们可以看成交叉学科，而更值得注意的是，其中反映哲学的元科学性、前科学性。关于这点，笔者在“科学系统论”中已经提及。正是由于这种特性，在近代，“哲学”逐步被“科学”所取代。正如17世纪牛顿的巨著《自然哲学的数学原理》那样，其内容已成为自然科学的基础，随后分化为物理学、力学、天体力学等，原有的哲学内容至今仍从哲学及非哲学方面继续探索，如时间、空间、宇宙、运动以及有关的物质、场等。在18

世纪末，化学哲学已成为化学科学。在 19 世纪，生物哲学已成为生物学。一般认为，心理学在 19 世纪末已部分地科学化了。至于社会科学是否成为一门科学，至今仍有争议，这与我们的分类角度密切相关。但毋庸置疑的是，知识的对象或范围远远比公认的科学要广泛得多，这种现象早在古代就已存在，尽管有些我们已经不列入现在知识分类的范围，如神学、灵魂学、占星术等，但它们往往在其他知识领域中出现，如宗教学等。不过需要注意的是，它们往往在以往的知识分类中占有显赫的位置。

伴随近代科学的兴起，科学从哲学中逐渐分化出来，但还应看到，在西方哲学中，认识论已超越本体论占据哲学的中心地位。古代希腊哲学中，认识论依附于本体论，其后更依附于神学，这种情况到 17 世纪初受到挑战，培根的经验主义与笛卡儿的理性主义同时推动近代科学的诞生。这种思想解放引导人们把目光从烦琐哲学移开，面向现实世界。理论方法（包括数学方法）及实验方法使人们终于能够得到可靠的知识和有用的知识，这在认识论上产生使之体系化的三大基本问题：①知识的对象；②知识何以为真？③知识的基础和源泉。

这就导致知识的对象及范围进一步扩张：它不仅包括现实世界，也包括虚拟世界、可能的世界，特别还有知识本身的世界。

西方哲学之父柏拉图，他的认识论散存于他的许多著作中。他在最重要的著作《国家篇》中的第六、七章中论述了他的理念论。由此，他得出一种由低到高的知识分类：最低级的是“愚昧”，上面则分为两部分：意见世界及知识世界。他不认为，物质世界和现象世界是知识的对象，这与我们现在的观点不同。他进而把意见世界一分为二——猜测与信仰（或信念），前者几乎不用思想，后者通过感官获取信息。柏拉图认为，真正的知识是对理念的回忆或对理念有清楚的认识。知识世界又可分为理智和理性两个阶段。他认为，数学是代表理智特征的知识，而其对象是形式的不变世界。他的理性世界是理念的最高形式，包括真、善、美、正义等。正如后来怀特海在《数学与善》一文中所说，数学是善的理念的特殊部分。柏拉图的理念论当然是唯心主义，但对后世仍有启发：①他区别了感性知识与理性知识，即物质世界的知识与观念世界的知识。②他明确地认识到数学不是自然科学，这至今对我们仍有很大意义。

在《智者篇》中，柏拉图特别指出，认识事物的本质和下定义与分类有关。他由类概念出发，每步一分为二，如此下去。例如，他把技术分为生产的技术和获得的技术等。

亚里士多德是百科全书式的人物，他的分类弥补了柏拉图忽视现实世界的不足。他还是开创系统知识的大家，虽然他的许多断言是错误的，但他的许多理论的确是后来研究的出发点。亚里士多德把知识分为三个部分，其中又进行了细分：①理论的部分：神学、物理学及形而上学、数学；②实践的部分：伦理学、政治学；③生产的部分：修辞学、诗学。

他在几乎所有这些领域都有贡献，其中最重要的是系统地建立逻辑学。另外，他的物理学大致相当于后来的自然哲学，其中包括天文、气象、生物、心理等多方面的知识。他对原因的分类、后来以“为什么”为主要问题的知识提出了不同的解读：质料因——构成要素；形式因——原型（archetype）；动力因——变化原因；目的因——理由目标。

### 10.2.2 科学

英国哲学家培根对 17 世纪科学的发展有着决定性的影响，即使在今天，我们依然可以看到培根所批评的种种现象的存在。培根是经验主义、实验科学、归纳方法和知识分类的奠基人。这里，只介绍他对知识分类的概要。

培根关于知识分类的论述首先出现在他的《学术的进展》（1605 年）一书中，其后又在《伟大的复兴》（第一部分）（1620 年）及《论学问的尊严和进步》（1623 年）中详加论述。这些构成了一个十分详细的知识的分类系统，并且他的眼光不限于当时，而是指向未来可能出现的学问。他的列表从简到繁，每次划分均明确划分的标准，对后世影响很大。其中两个例子是，狄德罗在其所著的《百科全书》（1751～1772 年）以及康德在其所著的《纯粹理性批判》（1781 年）中，都表明受到了培根的影响。培根关于知识的分类工作主要意义不仅在于其哲学基础，而在于通过细分把其观点具体化、明确化、系统化。许多科学的发展都离不开分类，道理也就在此。可以说，知识分类是由哲学迈上科学的阶梯。

培根首先提出知识分类的若干新原则。其一是把关于人的知识与关于神的知识作了明确的区分，从而使人的知识摆脱了神学的束缚。其二是他把人的知识与人的知性能力对应起来，并划为三大组成部分：①建立在记忆基础上的历史；②建立在想象基础上的诗；③建立在推理基础上的哲学。然后，他把每一部分进一步划分：①历史包括自然史、社会史、教会史；②诗包括叙事诗、戏剧、寓言诗；③哲学包括启示哲学、自然哲学、人本哲学。

其中，自然哲学划分为科学（含物理学、形而上学及数学）与技巧（含试验技巧、哲学技巧、魔幻技巧）。人本哲学分为个人哲学及社会哲学。个人哲学又分为身体与心灵两方面。培根的分类得到霍布斯的继承。

英国哲学家霍布斯在其名著《利维坦》中给出了知识分类[①]："知识共分两种，一种是关于事实的知识，另一种是关于断言间推理的知识。……关于事实的知识记录下来就称为历史，共分两类：一类是自然史，这就是不以人的意志为转移的自然事实或结果的历史，如矿物史、植物史、区域地理史等；另一类历史是人文史，也就是国家人群的自觉行为的历史。"哲学则是关于推理的知识，由于所论事物不同而有多种，他把哲学一分为二：自然哲学和人文科学。他对自然科学做了详细分类，终端为：①数量与运动的知识——非确定性知识（基本哲学）、确定性知识（数学包括几何学和算术；宇宙论包括天文学和地理学；力学与重学包括工程学、建筑术和航海术）；②物理学或品质的知识——暂存物体的知识（气象学）、永恒物体的知识（天体计时学、星学、空气学、矿物岩石学、光学和音乐）。特别是，他把人类特性也进行了分类：伦理学、语言推理、诗学、辩论术、逻辑学和正义论。

### 10.2.3 知识经济

"知识经济"一词曾在我国形成过热潮，出版的著作成百上千，究其来源，恐怕是经济合作与发展组织的文件《以知识为基础的经济》中，对以知识为基础的经济进行的界定：基于知识的经济是建立在知识和信息的生产、分配和使用之上的经济。同时，它对知识进行了分类：

Know-what：事实知识

Know-why：原理知识

Know-how：技能知识

Know-who：人力知识

然而，不管是基于知识的经济还是其简化的知识经济，都是建立在一种相对狭窄的知识概念基础之上。由于这类知识与经济挂钩，它必须满足：①知识有价值。②这种知识可以仿照实体经济学的方式来研究，例如研究其生产、分配、交换、消费的过程。③经济形成不可或缺的生产要素。职业体系中有知识工人、知识资本家（knowledge capitalist）和知识企业家（knowledge entrepreneur）等。④知识产业的形成。

第二次世界大战之后，许多经济学家开始讨论知识的作用，例如博尔丁（K. Boulding），他在其著作《形象》一书中明确把知识作为经济学的对象。他还发表了以知识经济学为标题的论文——《知识经济学与经济学知识》。顺便提一下，他还是一般系统论的主要开创者之一。

① 霍布斯. 利维坦. 黎思复，黎廷弼译. 北京：商务印书馆，1985：61-62. 译文略有改动.

真正仔细研究知识经济学的是奥地利裔美国经济学家马克卢普（Fritz Machlup），他在 1962 年出版的《美国的知识的生产和分配》可以说是这方面的奠基之作，其后他进行了一项系统的知识经济学研究，他把知识分为五类：学术知识、实用知识、闲谈与休闲知识、精神知识、不需要的知识。他还首次明确划分出知识产业，这对后世的影响不可低估。

### 10.2.4 知识管理

管理活动自古就有，但管理理论应从 20 世纪初开始，以泰勒和法约尔为代表，后者的《工业管理与一般管理》中提出管理活动五个方面——计划、组织、指挥、协调和控制，并提出 14 条管理原则。到第二次世界大战前后，管理科学出现了，它与运筹学、作业分析、决策科学等有相当的重合。后来，系统分析、系统工程等又出现，相应的管理理论以西蒙为代表，其后几十年发展出各种管理学派。知识管理的提出，主要是在 20 世纪 90 年代，与人们进入信息社会相平行，强调学习型组织和知识创新。

所有知识管理的著作都强调波兰尼关于隐性知识和显性知识的划分。隐性知识是与特定语境有关的个人知识，难于编码或用语言表述，它存储在个人头脑中，通常被称为直觉、经验、假设、默认、信念、价值判断、智慧等。在经济合作与发展组织的分类中，Know-how 及 Know-who 的知识往往是隐性知识。显性知识是可以编码的、可用语言传递的知识，它是可为他人理解的、可传播的客观知识。在知识管理中，它们的转化是重要的研究课题。在经济合作与发展组织的分类中，Know-what 和 Know-why 的知识均属显性知识。知识管理对知识分类还有另外的维度：①从关注的焦点来分（运营知识和战略知识）；②从设计知识类型来分（技术知识和业务知识）；③从结构与关系的知识来分（环境知识和组织文化知识）。

### 10.2.5 百科全书

迄今为止，几乎所有的百科全书都没有系统的知识分类。一个例外是出现在《不列颠百科全书》第 15 版中的分类框架，它出版后几乎每年重印。正文 500 多页包含人类知识的详细分类框架。由于知识分类对理解这个知识系统有着不可或缺的重要性，这个分类系统对我们有重要的参考价值。

《不列颠百科全书》的知识系统是一个层次结构，最高一级分为十大部分，每一部分分为若干分部，每个分部再分为若干节，每节下有三级结构，其下则是类及主题词。最有意义的是其知识系统的十大部分，每一部分前面都请专家写专文，显示出该部分知识的意义和作用，这对我们的知识系统分类有重要的启示。这十大部分是：①物质与能；②地球；③地球上的生命；④人和生命；⑤人类社会；⑥艺术；⑦技术；⑧宗教；⑨人类的历史；⑩知识的分支。

所有专文中都提到知识，特别是技术的专文引论标题是“知道如何与知道为什么”，这与我们后面的分类密切相关，知识的分支的标题是“知识变成自觉的”，在文中作者解释“关于知识反思自身”，而形成“知识的知识”，我们也可把它归结为“元知识”，不过，这部分划分为六个分部并不太合理：逻辑、数学、科学、历史和人文、哲学、知识的保存。实际上，真正属于“知识的知识”只有逻辑、数学和哲学。科学的各节实际上是科学哲学与科学史，有些应属于科学分支的概论，如化学的定义、范围、分科、主题、方法、交叉学科等。历史和人文也大致如此，也可列入哲学或元科学范畴。最后的知识的保存部分则与此不相干。

## 10.3 系统化知识

本篇所探讨的知识主要以系统化知识为主。知识系统是系统化知识的一个表述或表现。知识系统与非系统知识最大差别在于知识集体或集合之间的关联性的强弱。马克卢普特别设置闲谈与休闲知识，它们涉及不相干的人和事，生活上的琐事，商店的漂亮程度等，无疑这些也都是广义的知识，但是因为相关度弱，而且不处于一个大系统中，所以它们相当零散、相当特殊、相当个体化，缺少相互关联。这类知识占人类广义知识中的大部分。而从学术角度探讨的另一类知识则是关联度高的系统知识，它在许多情况下被称为“学”，最严密的学应该是数学，因此不少人把学科的数学化看成是学科高低的一个标准。

### 10.3.1 结构化因子

如果把系统的数学知识与零散的日常知识看成是[0, 1]区间的两端，那么许多知识的集合处于它们之间。靠近数学的一方是比较系统化的“学”，例如力学及物理学，紧随其后的是真正的自然科学——天文学及地学，其次是生物学、人体科学以及人智科学和心理学处于中间，再次是作为行为科学的社会科学，其后是以宗教为研究对象的宗教学等人文学科。

从这些较系统的“学”中我们可以看出，这些知识系统拥有强关联要素：

从知识内容来讲，它们有统一的对象，形成了概念系统，所有知识以命题的形式，依照一定顺序排列出来。从知识形式来讲，它有一个结构框架，每一个命题在这个框架上都处于一定的位置，它们之间由结构化因子相联系。

这样看，作为知识对象的概念与作为知识联结的结构化因子是形成知识系统的重要条件。最后的知识系统一般是可以进一步扩展的。另外，知识概念处于一定的普遍性、特殊性之中，例如，生物⊃动物⊃脊椎动物⊃哺乳动物⊃人⊃……。概念的复杂性和多样性往往决定了知识系统的丰富性及普遍性。一个概念虽也可以成为研究对象，但其形成知识系统的能力就比较弱。例如，幽默（humor）是一种社会文化现象，甚至有期刊乃至专门的书进行这方面的研究，但它作为一门学科或知识系统就显得不足。而要成为一个知识系统，主要对象必须有相当丰富的内涵以及方方面面的联系。例如，属性、数看起来很简单，但是它向内、向外以及向上的推广形成了许多的研究对象。它们是可以确切定义的。而有些学科，一个主要课题是给出一个较为完满的学科定义，这类知识系统往往又成为理论或学说的集合。例如美、艺术、文化、社会、善、伦理、法律、管理等。即便近乎自然科学的一些学科，也存在类似的问题，例如生命科学、认知科学等。

连接知识的结构化因子很多，其中最重要的是逻辑关联与历史关联。这也是黑格尔所说的“逻辑与历史的统一”。一个知识集体中的知识，如果用语句表示它们之间某种具体的逻辑关系，这样就可形成知识系统。最典型的是数学，这种结构因子所形成的知识系统可称为稳态科学，理论科学均属于此类。另一大类知识系统的结构因子是时间顺序。通过时间顺序形成的知识系统是历史知识系统。

有了结构化因子的概念，理论知识系统的同构和同态便会自然产生，例如医学知识系统与犯罪学知识系统的相似性。

社会是人群组成的，它具有复杂性。人的社会行为各式各样，其中有一类是犯罪行为。由于社会的复杂性，它可以是社会科学的主题，更多的是法律实践的对象。因此，对“犯罪学”也有不同的分类。类比于医学，可以有理论的、应用的和实践的侧面。理论上犯罪学的知识可分为规范性知识与学理性知识：规范性知识定义犯罪行为，而这种规范是由国家法律特别是刑法规范的；而学理性知识要解决“为什么犯罪”的问题。自古以来，在这方面有相当多的分析及研究。很长时间以来，大都将犯罪原因归结为遗传、外貌、体质、性格、智力等因素。这些研究可应用于犯罪预防，它属于应用知识。实践知识对应于医学中诊断与治疗的知识，关于犯罪的实践知识，则由侦查来确定，这是一门接近自然科学和技术的知识领域。与医学不同的是，对应于治疗疾病的是惩治犯罪，这是司法领域的事情。

### 10.3.2 八大知识系统

我们把知识系统分为八个。

#### 10.3.2.1 客观世界的知识系统

客观世界是波普尔的第一世界，从来源与生成来看，它可以划分为自然世界和人工世界。这两者的区分是十分明显的。尽管人类存在以后已经对自然环境产生明显的破坏，现在的自然界已经是人改造过的自然，但自然界依然还是主要按自身规律演化。近代科学兴起以来，科学家对自然规律的认识乃至对自然界演化的理解，已经产生出系统性的自然科学理论以及自然史的知识系统，这些理论加上人的经验和实践活动，一方面按照人的意志局部地、小规模地改造了自然界；另一方面创造出自然界没有的、可能除人以外也难以造成的实物，如自行车、圆珠笔、电话等。如果说科学规律、科学原理是发现，那么人工物则是发明出来的。人造物大部分反映人类对自然界的认识所产生的知识，这种本来属于波普尔“三个世界”意义上的“世界 3”，即认识的成果，反过来又形成一个与纯自然毗邻的人工物质世界。通俗来说，它是由“世界 3”，即已有知识再产生的或反馈而导致的“世界 4”。“世界 4”中的人造物除了服从自然科学的普遍规律之外，还服从人造物的规律，因此这个知识系统可分为三大领域：①物理科学；②自然科学（如天文学、地学、生物科学）；③人工物科学（如计算机科学）。

#### 10.3.2.2 人体知识系统

虽然我们承认人是自然界的自然产物，但从知识论的角度来讲，人占有不寻常的地位，其中最为特殊之处在于不能忽视个体差异，而这在人与人群的知识与活动中具有重要作用。换言之，对于人的知识，我们有不完整的普遍性，从而缺少一个标准模型，如正常人、健康人等概念有统计差异。然而，在人体方面，共性还是远大于个性，因此，正常人能够形成人体知识系统，这个知识系统可区分为：正常人体学和异常人体学。

除了这两大系统外，人体知识系统还有医学，它包括对人的自然生命进程的改造乃至对寿命的延续。医学知识系统是人体知识系统重要的子系统。另外的研究方向是人体工程，在许多情况下可以造出简单的元件（细胞工程、组织工程、遗传工程、蛋白质工程、酶工程等）。另一个方向属于跨学科领域，即机器人，它可以有类似于人的结构与功能，而且从某种意义上形成人工的人造物。

正常人体的结构与功能，形成正常人体解剖学、生理学、生化学等，但是另一方面，正常人体的结构与功能有许多知识缺陷：①什么叫“正常”，人只是统称，没有标准的个体人，正常是一种统计的说法。②后天发育环境的差异导致即使是同卵双胞胎也有功能差异。③在同一人的不同年龄段，生理功能有相当大的变化，必须看到个体差异及时间差异对人的影响。

对应的异常人体结构与功能，形成了病理解剖学、病理生理学等学科。疾病的知识可分为症状学、描述性知识与病因学、学理性知识。疾病的分类也相应地有按照表征的分类与按照病因的分类，前者多被用于中医，后者可分为外因和内因所致疾病，如物理原因、化学原因、病毒与细菌感染、寄生虫病以及代谢病（包括营养失调）、内分泌病、免疫性疾病等。遗传性及发育性疾病也可归结为病因学分类。然而许多常见病尚不确知原因，如癌症。

以上可称为理论性知识，而预防知识可称为应用性知识。医学的核心是治疗，其中有一系列实践性知识，特别是诊断性知识与治疗性知识。

#### 10.3.2.3 人的心理知识系统

这属于波普尔的“世界 2”，同样它的知识具有个体性与时序演进性。人智与人体有一定关系，但心理科学有其特殊方面，即主体性与主观性。虽然有“感同身受”的说法，但很难有客观的标准来实现同样的效果。例如他人的痛痒“痛”在不同人身上的感知及耐受程度均有差异。

心理科学更为重要的困难在于，必须区分开心理过程及心理产物，心理现象的解释谈不上科学，如对梦的研究、梦的内容与思想的相关性等。从知识论的角度出发，我们应该关注如何从一闪念以及偶然直觉整合成一些知识，这些知识如何表达以形成客观知识。这些过程的研究显然十分困难。

从古代到近代，哲学中的心物关系与心身关系是心理科学的前科学。物理科学与人体科学已取得十分可观的进步，但心理科学则远远落后。不过，从另一方面讲，人工智能和认知科学的出现在许多问题上出现了新的前景。

#### 10.3.2.4 社会理论知识系统

社会是由个人及群体构成的复杂系统，社会已经产生大量数据、信息及知识。比起自然科学来，关于社会的知识系统较差，这是由于构成社会的人的多样性及主动性。以社会为对象的知识大致可以分为理论知识、历史知识、实践知识以及关于社会人的思想与行为的知识，这里把前三者作为知识系统来考虑，而后者则是非系统知识，它与个人及群体的特殊性有关。

在“科学系统论”中，我们已对社会科学部分稍加论述，并把它分为经济学、政治学、社会学和文化学四个部分。这可以说是社会理论知识系统的最小内涵。现在我们对此稍加扩大及补充。

对于社会的理论知识，不同的学者有不同的观点，贝尔把社会分为三个领域：“社会结构”（包括经济、技术、职业层次等）、政治形态和文化。托夫勒把社会分成技术系统、信息系统、社会系统、精神系统、生产系统、政治系统等，笔者对贝尔“社会结构”的提法表示赞同，它在对未来社会的探讨中与农业社会、工业社会可以保持一致性。不过，按另外的标准，社会也可分为资本主义社会、社会主义社会、共产主义社会、信息社会、知识社会等。但这不是从技术、经济及职业的角度来划分社会发展阶段。这也是笔者把知业社会视为继农业社会、工业社会之后的社会的形态理由。

另外，我们还有构成人类社会基本要素及生存条件的知识，其中包括人口学、社会群体（如家庭、企业、城市等）与社会组织理论、社会地理学或人文地理学与部分的自然地理学和经济地理学（它们表明人群生存的生态环境），以及社会心理学或社会行为学理论等。它们构成上层社会科学的基础，也可以列为含义不太统一的社会学的基础部分。

社会知识系统的两个成熟的领域是经济学与政治学。经济学是关于财富的科学，其科学性和系统性在社会知识系统中首屈一指。但它还很难到达自然科学那样的普适性和预见性。政治学在西方成为政治科学，但它缺少科学性。政治研究的对象是权力，由此衍生出阶级、国家、革命、政治制度等基本概念。

文化的概念比较复杂，本身缺少公认的定义。文化在社会中的功能应该是其凝聚群体的作用，它的另外一个功能是规范人们的社会行为。文化可以分为四个部分：精神文化（哲学、科学、文学、宗教、意识形态、伦理道德、价值观念等）、制度文化（利益、等级、法律、风俗习惯等）、物质与技术文化、交流与传播。前三者是在一个层面上，交流与传播偏重技术层面，特别是在社群中建立文化语言这种交流工具是必不可少的。此外，文化还有其他分类。

#### 10.3.2.5 *历史知识系统*

历史是与“科学系统论”“技术系统论”“工程系统论”中论述的知识有很大区别的一类知识。西方的“历史”一词，与“故事”一词同源。它涉及人类过去的经验，特别是有文字记录或其他可以考证的史料的记载。狭义的历史指人类社会以往的变化过程，而广义的历史则包含一切事物的变化及演进过程。按照波普尔“三个世界”的理论，“世界 1”、“世界 2”和“世界 3”都各有其历史：“世界 1”的历史可分为自然史及人工产品或人工自然的历史，它们也可被统称为客观物质环境的历史；“世界 2”的历史为个人精神的发展历史及人类精神的演化史；“世界 3”是人类精神产品的总和，它们包括哲学的历史、科学史、数学史及艺术史等。值得注意的是，这里很清楚地区别开客观的自然史以及主观对自然认知的历史，也即自然科学史。但是，波普尔在客观知识之中并不涉及社会及其历史，而这正是通常历史研究的对象。当然，对历史的研究及其成果属于“世界 3”，但这只有哲学的意义，此处不再深究。

回到通常理解的狭义历史，我们可以看出历史研究的对象是生存过的所有个人的思想、言论、行为、活动的总和，这种研究的特殊之处在于个人对集体而言，有个人的特殊性（个体差异及多样性）以及他们之间的互动性，当然这也是社会科学研究的对象。历史研究与社会科学研究有许多共同之处，但其主要差别是前者强调时间顺序或时间结构，历史研究的对象是事件，事件必须有变化、先后顺序及前因后果。虽然黑格尔强调历史与逻辑的统一，然而历史绝非像黑格尔所说的那样是绝对精神演化过程，更谈不上有什么客观规律性。历史是特殊事件的总和，它们是一次性的，在很大程度上它们与个人的主观能动性有关。历史事件一经发生，就变成客观的，不以人的意志为转移，历史研究的正好是这种客观的对象。从这个意义上讲，历史与自然科学的差别不大。也就是说，历史知识与自然科学知识都是建立在客观的、可以验证的（或说有证据的）事实基础之上。这也是历史知识不同于历史文学、历史剧、史诗等艺术知识的地方。

由于社会历史远比自然界复杂，它很难形成像自然科学那样的普适知识，即发现自然界的规律性。历史规律性的说法充其量不过是意识形态的把戏，道理很简单，如果有什么法则，那么人们可以依据它预测自己的未来。然而从现存的各种群体、部落或文化来看，它们的发展并没有统一的公式，即使是战争时，也没有什么放之四海而皆准的规律。从《孙子兵法》以来的大大小小的军事著作，实际上都暗示一条“规律”：没有“什么都行”的规律。

历史事实到上层历史知识经历了“结构化过程”。这些结构化知识不是规律，但对后学会有所启迪。这也许是历史知识追求的目标所在。从学术追求来看，人们对历史事件希望寻求解释；从功利角度来看，人们希望吸取历史的经验和教训。

历史的知识系统由于其复杂性而有不同的分类维度，按照学科的普遍性可分为：

（1）史实研究。历史研究和历史事实，其核心在于对事实及事件的时间顺序的认定。这些是研究历史的基础，史实中最重要的要素是事件是否发生及事件的确认，它有相当多的辅助学科，从考古学到统计学。

（2）历史分析。历史事实有一个结构形式，这种结构形式是由时序决定的。这是在历史事实的基础上，进一步理解历史进程，进一步分析事实之间的关联以及它们如何形成整体历史。这里面主要探讨的题目有：事实的关联度、事件的互动与影响、引发事件及其变化的因素及条件（特别是因果性）。

（3）历史理论。它是在历史分析的基础上形成的系统理论，例如经济学定论、社会发展阶段的规律等。例如，汤因比所著的《历史研究》中的理论——文明发展的"四阶段论"。

（4）历史哲学。我们在"科学系统论"中谈到，哲学相对于其他知识领域的不同之处是它是前科学与元科学。前科学代表科学发展的不成熟阶段，由于思辨所产生的是零碎甚至是空泛的知识，这些知识由于观点、方法的改进或者革命导致真正科学（实证科学）的产生，例如牛顿的《自然哲学的数学原理》（1687 年）标志着真正自然科学的诞生。其他科学的早期阶段，也有"化学哲学""动物哲学"之类的提法。这种从哲学（形而上学）到科学的演化无疑是一大进步，尽管有些当代科学哲学家（如库恩等人）不这么看。与自然科学不同，社会科学与人文科学则有不同程度的落后，尤其是历史知识。

元科学与此大不相同，元科学涉及某门科学领域知识的本性以及研究这个领域的观点、方法、对象、目标、表述形式等原则问题，这类研究并不能随知识的进步而"消亡"，正如自然哲学可以式微，但科学哲学仍然极为活跃。其他学科更是如此，而且有不同的学派，例如马克思主义的历史唯物主义和各种唯心主义。历史知识的性质是更为重要的历史哲学研究课题，例如英国史学家科林伍德（R. G. Collingwood）提出历史学是一门特殊的科学，自然科学是从外部考察自然界，而历史学则从其内部考察。一切人类的活动都渗透着人们的思想。因此他提出"一切历史都是思想史"。理解历史事件就是对历史动因的再思考。从某种意义上讲，这是一种重构历史的理论。

历史知识系统除了上述按"高度"的分类之外，还有通常的按"内容宽度"的分类：

（1）按时间及跨度分类，如古代史、中世纪史、近代史、现代史、当代史等。历史时间及分期是历史研究最主要的标度之一。历史分期无疑有其主观性，但也是历史研究必需的预设，从某种意义上来讲，它也反映出研究者个人的历史哲学。这种哲学往往也有不同的解释，例如关于资本主义社会时期，不同的史学家有不同的起点。

（2）按空间范围分类，有全球史、各大洲或大陆区域史、国别史、地区史、城市及社区史等。由于这些地理划分不是一成不变的，它一方面从科学上联系历史地理学，另一方面与种族、民族、文化、宗教等有关，例如穆斯林世界史。

（3）按研究主题分类，传统历史研究的主题是政治史，兼顾社会史。近代历史研究完全突破这种狭隘的眼界，扩充到经济史，这与马克思主义强调经济基础有很大关系。除此之外，还有法制史、文化史、思想史等。到了20世纪，对历史发展有重大影响的主题也受到了更多的关注：主要是科学史、技术史以及许多其他知识领域的历史。特别是社会科学及人文学诸领域的历史，比如经济学史、社会学史乃至史学史等，其中文学史、艺术史等更受到重视，它们同哲学史及科学史等都反映人类精神的最高创造，因此，在有些国家成为学校的重点课程。在这里需要注意两个区别：首先，我们要区别客观世界的发展与主观认识的学问发展的历史，例如，经济学史反映经济的发展过程，它是客观的，而经济学则研究经济思想的发展历程，其中包括许多经济学家的创新。他们的主观见解往往也包含局限性及失误，两者之间有显著不同。这有点类似自然史与自然科学史的不同。其次，我们要区别继承的历史与创造的历史。

#### 10.3.2.6 社会实践知识系统

有一大类社会实践的知识与所谓社会科学的内涵有区别，例如法律、军事、教育、传播、管理等知识常有科学的提法，但这些领域的实践知识与“科学”相去甚远。这些实践知识的共同点有：

（1）它们不完全是客观知识，甚至很大程度上并非客观知识。当然，它们在实践中受自然界与社会条件的制约。但对事件的认识也有许多主观因素。法律证据有物证，也有人证及书证，所有这些都可能伪造。

（2）实践的知识形态均为复杂知识，它们不能完全由简单知识（如数学与自然科学）来完全概括。《管理科学》这个著名期刊主要登载运筹学的论文，但现实问题必须首先简化为数学模型，然后再求解。求解数学问题虽然是“科学的”，但在许多情形下它忽略了现实问题中的要素，因而结果并不完全可靠。但这不是数学或应用数学的问题，而是现实问题的复杂性造成的。

（3）实践知识与通常的科学知识的最大差别在于真理标准或真理判据。一般来讲，理想的科学知识是放之四海而皆准的，而实践知识的标准往往是实用主义的，也就是“成不成”或“行不行”，或者符不符合既定的规范，而这些规范实际上常常在变。在法律上，这种例子非常之多。过去认为同性恋是犯罪，著名作家王尔德（O. Wilde）因此坐牢。后来，多数国家不认为是犯罪，乃至有些国家有“同性婚姻”的条文。在这方面，法律（law）与科学定律（scientific law）完全不同。

（4）实践知识的创造者、获得者、应用者、占有者应该是有直接实践经验的人，只有在这个意义下，我们才可以说，实践是知识的来源之一。即便如此，经验主义和实用主义也非实践知识的唯一哲学。由此形成理论知识或由其他途径形成理论知识仍然是获得新知的重要方式，甚至是未来的主导方式。由于实践知识的复杂性，掌握并实践这些知识的人是社会中的专业人才（professional），如律师、法官、会计师、教师等。

下面以法律知识系统为例，来说明实践知识系统的分类。法律知识系统是最复杂的知识系统之一。过去的分类方法是多重标准的组合，这里从不同角度予以分析。

1. 从高度来分类

（1）理论法学，包括法律哲学和法律科学两部分。①法律哲学。它涉及四类问题：与法律有关的哲学问题，其本体论、认识论、逻辑与方法论；法律的基本概念，如法、权利、义务、权能、正义、罪、罚等；法律的本质与基本原理（如马克思主义认为，法律是统治阶级意志的体现）；价值理论，即法律应当是怎样的，法律知识系统与其他知识系统的交叉与区别。②法律科学也称法学、法理学。研究对象是法律本身这种特定的社会现象，以及研究法律的产生、特征、发展和社会功能等。

（2）实体法律知识系统，其主要对象是现存的各种法律体系、各种法律规范、各种法律制度、各种法律机构等。

（3）实践法律知识系统，其主要对象是依据各自的实体法律进行实践的知识，包括立法实践、司法实践、司法行政实践等，具体内容有规范性知识、程序性知识、操作性知识等。

（4）专业或技术法律知识系统，这类知识的主要特点在于大都是客观知识，与价值观和个人意志无涉，如犯罪的统计与计量、法医学、司法精神病学、证据收集及确认（指纹、笔迹等）。

必须指出，还有一部分知识不太完备与客观，如事故现场还原、事故责任确定、损失的评估、赔偿的份额等。另外，还有一些关于非常事件及突发事件，如何通过概率统计来推断涉及法律判定的重要问题。应该看到，这类知识同科学、技术知识类似，是随时间不断进步的。

2. 从法律内容分类

按照制定法律的机构及法律的实施范围，法律可分为国际法及国内法。国际法现在尚未有国内法的效力，主要是没有国际立法与强制实施的建制，而且它的主体是国家以及某些类国家实体与国际组织，与国内法的主体主要是个人及法人完全不同，因此国内法与国际法是两种法律体系。但随着各国关系的日益复杂，人员来往频繁，介乎国际法和国内法之间的国际司法也逐步需要明确化，特别是涉及民事（婚姻、家庭、继承等）以及经济关系等问题的法律。另一大类是国际经济法，国际环境法也属于这个范畴。

在国家主权管辖范围内的国内法有比较确定的分类，一般分为三大块：宪法（包括行政法）、民法（包括经济法、婚姻法等）、刑法。这三部分大致独立，但宪法是国家的根本大法，民法与刑法均不得与宪法相抵触，如果抵触即无效力。宪法是普遍法，应用于具体场合时往往需要解释。解释权一般属于立法机构。在许多情形下，民法与刑法之间也不能截然分开，有的学者提出经济法和社会法是介乎二者之间的法律。

法律的另一种分类是实体法与程序法，例如民法与刑法都有相应的民事诉讼法和刑事诉讼法。比较起来，实体法是立法，程序法是副法。后者还应该包括如法院的组织法。

#### 10.3.2.7 人类精神产品知识系统

由于人的存在，无比丰富的人工世界就会产生。人工世界可以简单地划分为人工实物世界，如建筑物、运河、飞机、电子计算机等，它们成就了社会的物质文明；而另一部分则是人工精神产品世界，如文学、艺术、音乐等。显然，这种分类颇有瑕疵。这是由于艺术品都有物质载体或者由人工制品生成，如用乐器演奏音乐。对此，我们还是可以从其价值方面来考虑，特别是其功能价值及美学价值。即使这样，功能价值及美学价值有时也很难截然分开，特别是建筑物，多数建筑物强调其功能价值，但还有少数建筑物也要强调其美学价值。正因为如此，建筑被认为是艺术的一个门类。

艺术作品显然属于波普尔的“世界 3”。它们大都是由个人制成的或者创作的，一经完成就成为大家欣赏的对象。伴随作品的产生，许多知识领域或学科分支开始出现，它们回答各种各样的问题。

1. 美学问题

作品是不是好，更纯粹一点说，作品是不是美？美和真有极大的差别，就是可能存在极大的个人认识上的差异。真的知识，的确存在不理解的问题，但对于专家，他们之间没有学理上的分歧。美则在专家之间也有所差别，这里不仅有什么是美的哲学问题，还有各种审美的条件及环境问题。

2. 知识在审美中的作用

这里讨论的是知识的分类，因此知识与审美能力有密切关系。虽然有人倡导直觉主义美学，然而，只有具备关于作家和作品的知识，特别是与其他作家及作品进行对比，才能对作品的理解更加深入。即便“科技创新”的提法不绝于耳。但是科学的真理可不是创造出来的，而是被发现的。艺术的灵魂是创新，模仿的艺术从美学角度讲不被看好。艺术创新的所在并不是所有人都能发现的，欣赏者不仅需要有一定的视听直觉能力，而且还要有相关知识的补充。这就是为什么在文学艺术领域产生许多相关的知识门类，特别是文艺批评和文艺史，由此产生出许多不同的理论，例如模仿理论（文学作品是自传说）、表现理论（艺术即表现）、形式主义理论（象征主义、唯美主义等）、实用主义理论（社会主义现实主义等）等。另外，设计艺术的本性、艺术的功能、艺术的效果等艺术基本问题介乎哲学与具体艺术理论之间，更是许多人探讨的对象。

3. 创作的技术知识

艺术活动正如许多其他人类活动一样，都需要相当多的程序知识和技术知识。许多艺术领域，如音乐、喜剧、舞蹈等，还有“再创造”的问题。甚至，音乐欣赏往往也是再创造。初学者特别想要知道 Know-how 的问题。我们特别应该提到意会知识在音乐甚至在其他艺术教育中的作用。在教会学生弹钢琴或者拉小提琴时，老师传达给学生的往往是意会知识，学生领会到的也是意会知识，这很难编码成现实的客观知识。

（1）艺术知识系统的高度分类：美学、艺术哲学、艺术理论、艺术批评、艺术史、艺术创作、规范、方法、艺术生产与消费、艺术教育与传播等。

（2）艺术样式分类，简单的大样式可分为：空间艺术（美术、摄影、书法、雕塑、建筑等）、时间艺术（音乐）、语文艺术（文学包括诗、戏剧、散文、小说）、动作艺术（舞蹈）等。

（3）大部分艺术均为混合形式，如电影、电视等。

#### 10.3.2.8 元知识系统

元知识是指关于知识的知识，它涉及两个方面：知识的构成要素、知识的表达结构。知识的构成要素是概念，特别是抽象概念，它们往往是知识的对象，具有普遍的特征。我们在“科学系统论”中提到哲学是元科学和前科学，哲学就是从这些概念出发而形成的理论体系。这些概念清晰且完整之后，就过渡到科学，如自然哲学到自然科学。也有大量概念及范畴即使在相当科学化之后仍然还是哲学内容，如宇宙、时间、生命、智能等。至于其他一些概念，如社会、文化、政治、宗教等更是元知识系统的研究对象。最普遍的概念，如精神、存在、理论、方法、真理、善、美、价值、规范等则是哲学的永恒对象。

我们在《工程系统论》中已经提到价值的维度。而在一般知识理论中，价值的维度或价值的因素起着更重要的作用。与价值中立的数学与自然科学不同，社会科学中大部分知识应该做到但难以做到真正的价值中立。长期以来，自然科学的进步强调实际的知识与知识论，甚至把其方法推广到更广阔的知识领域。然而，这显然是不完备的。至晚到19世纪末，许多学者已经明确自然科学与人文科学的差别。在这条路线影响下，哲学的基石不仅应该包括认识论，而且还应该包括与其平起平坐的价值论，更正确地说是价值哲学。价值哲学包括原来属于哲学范围的真理论、伦理学及美学，而且还包括更高或更低层次价值的探讨。这些在人类的实践（如法律）中显然更有意义。在这方面，德国哲学家舍勒对价值作出如下的分类：①感性价值；②功利价值，也可称为使用价值、效用价值等；③生命价值；④精神价值，主要是真、善、美；⑤宗教价值。

价值与知识的关系十分密切。科学知识通常被认为是真的知识，技术知识被认为是实用且可行的知识，在这些领域中评价已成为知识的重要组成部分。在其他知识领域中，则有各自的评价体系，有的也形成各自的学科，如文学与艺术批评、社会的规范、法律中合法与非法的认定乃至文化习俗、社会的潜规则等。

知识大都是隐性知识，难以表达，特别是抽象知识。为了知识的显性化，学者起码需要用言语表述，自然语言难以全面表达，特别是科学家必须用精密的人工语言，如数学及计算机语言等。这些语言的特点在于人工性、精密性、确切性，它们是人类认识不可缺少的工具，也是形成知识系统不可少的要素。这样，符号科学或形式科学连同哲学形成知识系统的必要条件。

元知识系统的分类：①哲学。基础部分分为存在论、知识论、价值论三论。②形式科学。基础部分分为语言学、逻辑、数学、系统科学四门科学。